Mathematik heute 6

Sekundarschule
Sachsen-Anhalt

Herausgegeben von
Heinz Griesel, Helmut Postel, Rudolf vom Hofe

Schroedel
westermann

Mathematik heute 6

Sekundarschule
Sachsen-Anhalt

Herausgegeben und bearbeitet von

Professor Dr. Heinz Griesel
Professor Helmut Postel
Professor Dr. Rudolf vom Hofe

Joachim Baum, Arno Bierwirth, Heiko Cassens, Frieder Henker, Bernhard Humpert, Dirk Kehrig, Wolfgang Krippner, Prof. Dr. Matthias Ludwig, Manfred Popken

An dieser Ausgabe für Sachsen-Anhalt wirkten mit:
Erika Beier, Silke Haumann, Dr. Bernd Liebau, Anke Wilke

Zum Schülerband erscheint:
Lösungen Best.-Nr. 87868
Arbeitsheft 6 Sachsen-Anhalt Best.-Nr. 87862
PALMA Kompetenzorientierte Aufgaben 5–7 Best.-Nr. 83094

westermann GRUPPE

Druck A^8 / Jahr 2021
Alle Drucke der Serie A sind im Unterricht parallel verwendbar.

Redaktion: Dr. Heike Bütow
Herstellung: Reinhard Hörner
Titel- und Innenlayout: Janssen Kahlert, Design & Kommunikation GmbH, Hannover
Illustrationen: Dietmar Griese; Zeichnungen: Günter Schlierf, Peter Langner
Satz: Konrad Triltsch, Print und digitale Medien GmbH, 97199 Ochsenfurt
Druck und Bindung: Westermann Druck GmbH, Georg-Westermann-Allee 66, 38104 Braunschweig

ISBN 978-3-507-**87856**-3

Inhaltsverzeichnis

Zum methodischen Aufbau der Lerneinheiten . . 4
Einheiten/Mathematische Symbole 5

1 Teiler und Vielfache natürlicher Zahlen 6

Teiler und Vielfache – Teilbarkeitsregeln 7
Primzahlen 17
Gemeinsame Teiler – gemeinsame Vielfache . . 19
Bist du fit? 25

2 Darstellen und Ordnen gebrochener Zahlen 26

Gemeine Brüche 27
Gebrochene Zahlen – Darstellungsformen 32
Anteile von beliebigen Größen – drei Grundaufgaben 43
△ Verhältnisse und Anteile 50
Vergleichen und Ordnen von gebrochenen Zahlen 52
Vermischte und komplexe Übungen 58
Bist du fit? 61

3 Rechnen mit gebrochenen Zahlen 62

Addieren und Subtrahieren von gemeinen Brüchen 63
Addieren und Subtrahieren von Dezimalbrüchen 70
Vervielfachen und Teilen von Brüchen 73
Multiplizieren von gemeinen Brüchen 82
Dividieren von gemeinen Brüchen 88
Multiplizieren und Dividieren von Dezimalbrüchen 95
Endliche und periodische Dezimalbrüche 105
Arithmetisches Mittel 107
Vermischte und komplexe Übungen 110
Bist du fit? 114
Im Blickpunkt: Ausbauen und Einrichten 116
Projekt: Wir vermessen die Schülerinnen und Schüler unserer Schule 118

4 Terme und Gleichungen mit gebrochenen Zahlen 120

Terme mit gebrochenen Zahlen 121
Vorteilhaft Rechnen mit gebrochenen Zahlen – Rechengesetze 126
Gleichungen mit gebrochenen Zahlen 128
Vergleich der Zahlenbereiche $\mathbb{N}$ und $\mathbb{Q}_+$ 131
Ausblick auf negative Zahlen 133
Bist du fit? 137
Projekt: Spiele mit gebrochenen Zahlen 138

5 Symmetrie – Achsenspiegelung und Verschiebung 140

Erzeugen von achsensymmetrischen Figuren durch Falten und Spiegeln 141
Achsenspiegelung und ihre Eigenschaften 145
Bandornamente – Verschiebung und ihre Eigenschaften 154
Im Blickpunkt: Parkettierung 160
Punktsymmetrische Figuren 162
Im Blickpunkt: Drehsymmetrische Figuren . . . 165
Vermischte und komplexe Übungen 167
Bist du fit? 169
Projekt: Spiegeln – Drehen – Verschieben 170

6 Winkelbeziehungen – Dreiecke 172

Winkel an sich schneidenden Geraden – Sätze über Winkelbeziehungen 173
Innenwinkelsatz im Dreieck – Einteilung der Dreiecke nach Winkeln 178
Ordnen der Dreiecke nach Seiten – Eigenschaften achsensymmetrischer Dreiecke . . . 182
Seiten-Winkel-Beziehung im Dreieck 186
Kongruente Figuren 188
Dreieckskonstruktionen – Kongruenzsätze . . . 192
Höhen des Dreiecks – Bestimmen von Abständen 203
Mittelsenkrechte und Winkelhalbierende – Eigenschaften 205
Im Blickpunkt: Konstruieren mit Zirkel oder Lineal 212
Flächeninhalt und Umfang eines Dreiecks 214
Vermischte und komplexe Übungen 218
Bist du fit? 222

7 Zuordnungen in der Umwelt 224

Zuordnungstabellen 225
Graph einer Zuordnung 231
Direkt proportionale Zuordnungen 237
Indirekt proportionale Zuordnungen 247
Vermischte und komplexe Übungen 255
Bist du fit? 258
Im Blickpunkt: Schätzen mit direkt und indirekt proportionalen Zuordnungen 260

8 Aufgabenpraktikum 262

Anhang 270

Lösungen zu Bist du fit? 270
Stichwortverzeichnis 274

ZUM METHODISCHEN AUFBAU DER LERNEINHEITEN

Einstieg bietet einen direkten Zugang zum Thema.

Aufgabe mit vollständigem Lösungsbeispiel. Diese Aufgaben können alternativ oder ergänzend als Einstiegsaufgaben dienen. Die Lösungsbeispiele eignen sich sowohl zum eigenständigen Nacharbeiten als auch zum Erarbeiten von Lernstrategien.

Zum Festigen und Weiterarbeiten Hier werden die neuen Inhalte durch benachbarte Aufgaben, Anschlussaufgaben und Zielumkehraufgaben gefestigt und erweitert. Sie sind für die Behandlung im Unterricht konzipiert und legen die Basis für eine erfolgreiche Begriffsbildung.

Information Wichtige Begriffe, Verfahren und mathematische Gesetzmäßigkeiten werden hier übersichtlich hervorgehoben und an charakteristischen Beispielen erläutert.

Übungen In jeder Lerneinheit findet sich reichhaltiges Übungsmaterial. Dabei werden neben grundlegenden Verfahren auch Aktivitäten des Vergleichens, Argumentierens und Begründens gefördert, sowie das Lernen aus Fehlern.
Spielerische Übungsformen unterstützen handlungsorientiertes Lernen.
Aufgaben mit Lernkontrollen sind an geeigneten Stellen eingefügt.
Grundsätzlich lassen sich fast alle Übungsaufgaben auch im Team bearbeiten. In einigen besonderen Fällen wird zusätzlich Anregung zur Teamarbeit gegeben.
Die Fülle an Aufgaben ermöglicht dabei unterschiedliche Wege und innere Differenzierung.

Vermischte und komplexe Übungen Hier werden die erworbenenen Qualifikationen in vermischter Form angewandt und mit den bereits gelernten Inhalten vernetzt.

Bist du fit? Auf diesen Seiten am Ende eines Kapitels können Lernende eigenständig überprüfen, inwieweit sie die neu erworbenen Grundqualifikationen beherrschen. Die Lösungen hierzu sind im Anhang des Buches abgedruckt.

Im Blickpunkt / Projekt Hier geht es um komplexere Sachzusammenhänge, die durch mathematisches Denken und Modellieren erschlossen werden. Die Themen gehen dabei häufig über die Mathematik hinaus, sodass Fächer übergreifende Zusammenhänge erschlossen werden. Es ergeben sich Möglichkeiten zum Arbeiten in Projekten und zum Einsatz neuer Medien.

Aufgabenpraktikum Das Kapitel 8 beinhaltet umfangreiches Material für das Aufgabenpraktikum. Außerdem können dafür die Blickpunkte und Projekte sowie Aufgaben aus den Teilkapiteln „Vermischte und komplexe Übungen" genutzt werden.

Piktogramme weisen auf besondere Anforderungen bzw. Aufgabentypen hin:

Teamarbeit

Suche nach Fehlern

Internet

Tabellenkalkulation

Zur Differenzierung

Der Aufbau und insbesondere das Übergangsmaterial sind dem Schwierigkeitsgrad nach gestuft. Etwas anspruchsvollere Aufgaben sind mit roten Aufgabenziffern versehen.

Nicht verbindliche Inhalte sind durch △ und ▲ gekennzeichnet. Sie dienen der Ergänzung und Vertiefung.

Einheiten

Längen

10 mm	= 1 cm
10 cm	= 1 dm
10 dm	= 1 m
1 000 m	= 1 km

Flächeninhalte

$100\ mm^2 = 1\ cm^2$	$100\ m^2 = 1\ a$
$100\ cm^2 = 1\ dm^2$	$100\ a = 1\ ha$
$100\ dm^2 = 1\ m^2$	$100\ ha = 1\ km^2$

Die Umwandlungszahl ist 100

Volumina

$1000\ mm^3 = 1\ cm^3$	$1\ dm^3 = 1\ l$
$1000\ cm^3 = 1\ dm^3$	$1000\ ml = 1\ l$
$1000\ dm^3 = 1\ m^3$	$1\ cm^3 = 1\ ml$

Die Umwandlungszahl ist 1 000

Massen

1 000 mg	= 1 g
1 000 g	= 1 kg
1 000 kg	= 1 t

Die Umwandlungszahl ist 1 000

Zeitdauer

60 s	= 1 min
60 min	= 1 h
24 h	= 1 d

Mathematische Symbole

Zahlen

$a = b$	a gleich b	$a \mid b$	a ist Teiler von b
$a \neq b$	a ungleich b	$\frac{a}{b}$	Bruch mit dem Zähler a und dem Nenner b
$a < b$	a kleiner b	a^n	Potenz aus Grundzahl (Basis) a und Hochzahl (Exponent) n; a hoch n
$a > b$	a größer b		
$a \approx b$	a ungefähr gleich (rund) b	p %	p Prozent
$a + b$	Summe aus a und b; a plus b	$y \sim x$	y ist direkt proportional zu x
$a - b$	Differenz aus a und b; a minus b	$\mathbb{N}$	Menge der natürlichen Zahlen
$a \cdot b$	Produkt aus a und b; a mal b	$\mathbb{Q}_+$	Menge der gebrochenen Zahlen
$a : b$	Quotient aus a und b; a durch b		

Geometrie

$\overline{AB}$	Verbindungsstrecke der Punkte A und B; Strecke mit den Endpunkten A und B	$P(x \mid y)$	Punkt P mit den Koordinaten x und y
AB	Verbindungsgerade durch die Punkte A und B; Gerade durch A und B	ABC	Dreieck mit den Eckpunkten A, B und C
		ABCD	Viereck mit den Eckpunkten A, B, C und D
$\overrightarrow{AB}$	Strahl mit dem Anfangspunkt A durch den Punkt B	$\measuredangle PSQ$	Winkel mit dem Scheitel S und den Schenkeln $\overrightarrow{SP}$ und $\overrightarrow{SQ}$
$g \parallel h$	Gerade g ist parallel zur Geraden h	$F \cong G$	Figur F ist kongruent zu Figur G
$g \perp h$	Gerade g ist senkrecht zur Geraden h	h_a	Höhe auf der Seite a

Teiler und Vielfa
rlicher Zahlen

Im Bild siehst du unser Sonnensystem. Um die Sonne kreisen acht Planeten in unterschiedlichen Abständen. Die Namen der Planeten und ihre Reihenfolge – von der Sonne aus gesehen – kann man sich nur schwer merken.

Mit folgendem Merksatz geht es leichter:

Mein	**V**ater	**e**rklärt	**m**ir	**j**eden	**S**onntag	**u**nseren	**N**achthimmel
Merkur	**Venus**	**Erde**	**Mars**	**Jupiter**	**Saturn**	**Uranus**	**Neptun**

Im Bild rechts siehst du drei Planeten, darunter die Erde, in einer besonderen Stellung. Sie stehen zusammen mit der Sonne auf einer geraden Linie.
Diese Stellung kommt manchmal vor. Sie ist für die Astronomen besonders interessant, da zwei Nachbarplaneten sehr nah bei der Erde sind. Man kann dann besonders gut Aufnahmen und Messungen vornehmen.

Man weiß, wie lange die Planeten für eine Sonnenumkreisung brauchen. Deshalb kann man berechnen, wann dieses Ereignis wieder eintritt.

Wir nehmen für die Umlaufzeiten der Planeten um die Sonne gerundete Werte:
Merkur: 90 Tage; Venus: 240 Tage; Erde: 360 Tage

➜ Versuche zu berechnen, nach wie vielen Tagen die drei Planeten wieder in der gleichen Position stehen wie in der Abbildung.

In diesem Kapitel lernst du ...
... wie man die Teiler und Vielfache einer natürlichen Zahl sowie die gemeinsamen Teiler und Vielfache von mehreren natürlichen Zahlen bestimmen kann.

TEILER UND VIELFACHE – TEILBARKEITSREGELN

Teiler einer natürlichen Zahl

Einstieg

Tim will 72 quadratische Spielkarten zu einem Rechteck auslegen.

→ Wie viele Karten können nebeneinander und wie viele untereinander liegen?

→ Versuche verschiedene Möglichkeiten zu finden.

Aufgabe

1. Landwirt Kortmann hat eine kleine Hühnerfarm. Sein Sohn Simon hilft ihm bei der Arbeit und sortiert 96 braune und 124 weiße Eier jeweils in 6er-Packungen. Wie viele Packungen gibt es von jeder Sorte?

Lösung

Wir müssen ausrechnen, wie oft die Zahl 6 in 96 und in 124 hineinpasst.

braune Eier:
$96 : 6 = 16$

96 ist ohne Rest durch 6 teilbar.

Ergebnis: Simon erhält genau 16 Packungen mit braunen Eiern.

weiße Eier:
$124 : 6 = 20$ Rest 4

124 ist ohne Rest *nicht* durch 6 teilbar.

Ergebnis: Von den weißen Eiern erhält Simon 20 Packungen; 4 Eier bleiben übrig.

Information

(1) Teiler einer Zahl

4 ist der achte Teil von 32

32 ist (ohne Rest) durch 4 teilbar, denn $32 : 4 = 8$.
Wir sagen: 4 **ist Teiler von** 32.
Wir schreiben: $4 \mid 32$

32 ist (ohne Rest) nicht durch 9 teilbar, denn $32 : 9 = 3$ Rest 5.
Wir sagen: 9 **ist nicht Teiler von** 32.
Wir schreiben: $9 \nmid 32$

(2) Strategie zur Bestimmung aller Teiler einer Zahl – Teilermenge

Es sollen Teiler einer Zahl, z. B. von 20 bestimmt werden. Finde jeweils zwei Zahlen, die miteinander multipliziert 20 ergeben, beispielsweise $4 \cdot 5 = 20$.
4 und 5 sind Teiler von 20.
Suche *alle* Möglichkeiten. Beginne mit der 1.
Die Zahlen 1, 2, 4, 5, 10, 20 sind alle Teiler von 20.

$20 = 1 \cdot 20$
$20 = 2 \cdot 10$
$20 = 4 \cdot 5$

20	
1	20
2	10
4	5

Alle Teiler einer Zahl fassen wir zu einer *Menge*, ihrer **Teilermenge**, zusammen.

Beispiel: Für die Teilermenge von 20 schreiben wir: $T_{20} = \{1, 2, 4, 5, 10, 20\}$.
2 ist ein Teiler von 20, also gehört 2 zu T_{20}.

Zum Festigen und Weiterarbeiten

2. Richtig oder falsch? Erkläre.

a) $8 \mid 56$; $7 \mid 7$ b) $8 \mid 48$; $1 \mid 29$ c) $8 \mid 5$; $3 \mid 96$ d) $15 \nmid 255$; $1 \nmid 145$ e) $6 \nmid 18$; $9 \nmid 46$ f) $7 \mid 78$; $4 \mid 279$

3. In einer Kiste sind 48 Apfelsinen. An wie viele Schüler kann man die Apfelsinen verteilen, sodass jeder Schüler gleich viele erhält? Notiere alle Möglichkeiten.

4. Übertrage die Tabelle in dein Heft. Bestimme die fehlenden Teiler.

a)

27	
1	
	9

b)

22	
2	

c)

34	
	34

d)

32	
	8

e)

44	
4	

5. Gib die Teilermenge an von **a)** 14; **b)** 18; **c)** 7; **d)** 16; **e)** 36; **f)** 42; **g)** 1.

6. Hier fehlen einige Zahlen. Vervollständige die Teilermenge.

a) T_{12} = {1, □, 3, □, □, 12} **b)** T_{38} = {1, □, □, 38} **c)** T_{56} = {1, 2, □, □, 8, □, □, 56}

Übungen

7. Setze das passende Zeichen | oder ∤ ein und begründe.

a)		b)		c)	
4 ▢ 36		6 ▢ 76		11 ▢ 111	
5 ▢ 56		5 ▢ 75		13 ▢ 260	
20 ▢ 20		8 ▢ 58		12 ▢ 60	
1 ▢ 13		8 ▢ 98		14 ▢ 96	
7 ▢ 29		6 ▢ 126		17 ▢ 138	

8. Teile die Schüler der Klasse in gleich große Gruppen ein. Notiere in einer Tabelle alle Möglichkeiten.

Anzahl der Gruppen				
Schüler je Gruppe				

a) 21 Schüler **b)** 26 Schüler **c)** 25 Schüler **d)** 22 Schüler

9. Schreibe die Zahlen heraus, die teilbar sind

a) durch 5: 17; 25; 44; 45; 65; 66
b) durch 6: 26; 36; 42; 54; 68; 48
c) durch 8: 56; 73; 88; 48; 51; 72
d) durch 13: 39; 56; 65; 91; 53; 52

10. Welche Zahlen zwischen 50 und 100 haben als Teiler

a) die Zahl 10; **b)** die Zahl 9; **c)** die Zahl 4; **d)** die Zahl 7?

11. Schreibe die Teilermenge auf.

a) T_{30} **b)** T_{64} **c)** T_{45} **d)** T_{17} **e)** T_{84} **f)** T_{101} **g)** T_{113} **h)** T_{361}

12. Hier hat Markus Fehler gemacht. Berichtige.

a) T_{32} = {1, 2, 3, 4, 5, 6, 8, 12, 16, 32}
b) T_{31} = {1, 3, 13, 31}
c) T_{48} = {1, 2, 3, 4, 6, 8, 10, 12, 16, 18, 24, 48}
d) T_{46} = {1, 2, 3, 4, 16, 23, 26, 46}

13. Welche Teilermenge ist angegeben? Vervollständige.

a) $T_{\square} = \{1, 2, \square, \square, \square, 12\}$ **c)** $T_{\square} = \{1, 3, 11, \square\}$ **e)** $T_{\square} = \{1, 2, 31, \square\}$

b) $T_{\square} = \{1, \square, \square, 35\}$ **d)** $T_{\square} = \{1, 2, 19, \square\}$ **f)** $T_{\square} = \{1, \square, \square, 106\}$

14. Schreibe drei Teilermengen auf, die genau

a) 2 Zahlen, **c)** 4 Zahlen,

b) 3 Zahlen, **d)** 5 Zahlen

enthalten.

$T_{17} = \{1, 17\}$ 2 Zahlen
$T_9 = \{1, 3, 9\}$ 3 Zahlen

15. Bilde die Teilermengen von (1) 4, 9, 16, 25 und von (2) 6, 10, 24, 30.
Vergleiche die Anzahl der Teiler von (1) mit denen von (2). Was fällt dir auf?

Spiel
(2 Spieler)

16. *Eins ist Spitze*
Ihr benötigt 3 Würfel. Würfelt zunächst mit 2 Würfeln und bildet aus den Augenzahlen – wenn möglich – 2 zweistellige Zahlen. Jetzt wird der dritte Würfel geworfen. Einen Punkt erhält man, wenn die Augenzahl des dritten Würfels Teiler einer der beiden zweistelligen Zahlen ist. Wer zuerst 10 Punkte erreicht hat, ist Sieger.

Vielfache einer natürlichen Zahl

Einstieg

Im Handel werden Farbstifte in 12er-Packungen verkauft.

➜ Wie viele Farbstifte kann man kaufen, wenn es nur volle 12er-Packungen gibt?

Aufgabe

1. Mini-Tafeln Schokolade gibt es in Packungen zu je 9 Stück.
Wie viele Mini-Tafeln kann man jeweils nur kaufen?

Lösung

Anzahl der Packungen	1	2	3	4	5	6	7	8	9	10	11
Anzahl der Minitafeln	9	18	27	36	45	54	63	72	81	90	99

Information

(1) Vielfache – Vielfachenmenge

Das ist doch die 7er-Reihe

Die Zahlen 7, 14, 21, 28, . . . heißen **Vielfache** von 7.

21 *ist Vielfaches von* 7, denn $21 = 3 \cdot 7$.
20 ist *nicht* Vielfaches von 7.

Alle Vielfachen einer Zahl fassen wir zu einer Menge, ihrer **Vielfachenmenge**, zusammen.

Beispiel: Für die Vielfachenmenge von 7 schreiben wir: $V_7 = \{7, 14, 21, 28, ...\}$
Vielfachenmengen haben unendlich viele Zahlen;
Teilermengen haben nur endlich viele Zahlen.

(2) Zusammenhang zwischen *ist Teiler von* und *ist Vielfaches von*

Aus $8 \cdot 4 = 32$ folgt: 4 —ist Teiler von→ 32, 32 —ist Vielfaches von→ 4; 8 —ist Teiler von→ 32, 32 —ist Vielfaches von→ 8

4 ist Teiler von 32,
also ist 32 Vielfaches von 4.

8 ist Teiler von 32,
also ist 32 Vielfaches von 8.

Zum Festigen und Weiterarbeiten

2. Notiere wahr oder falsch. Erkläre.

a) 25 ist Vielfaches von 5
65 ist Vielfaches von 8
9 ist Vielfaches von 9

b) 5 ist Vielfaches von 25
42 ist Vielfaches von 66
81 ist Vielfaches von 1

c) 88 ist Vielfaches von 11
50 ist Vielfaches von 7
36 ist Vielfaches von 36

d) 125 ist Vielfaches von 25
45 ist nicht Vielfaches von 15
24 ist nicht Vielfaches von 7

3. Notiere die Vielfachenmenge. Gib die ersten zwölf Zahlen an.

a) V_2 **b)** V_5 **c)** V_9 **d)** V_{12} **e)** V_{11}

4. Aus der Gleichung $18 = 3 \cdot 6$ lesen wir ab:

(1) 3 ist Teiler von 18
18 ist Vielfaches von 3

(2) 6 ist Teiler von 18
18 ist Vielfaches von 6

Lies entsprechende Aussagen aus der angegebenen Gleichung ab.

a) $24 = 4 \cdot 6$ **b)** $42 = 6 \cdot 7$ **c)** $36 = 6 \cdot 6$ **d)** $17 = 1 \cdot 17$ **e)** $39 = 3 \cdot 13$

Übungen

5. **a)** Nenne Beträge, die man mit 5-Euro-Scheinen bezahlen kann (ohne zu wechseln).

b) Kann man die folgenden Beträge mit 5-Euro-Scheinen bezahlen?
(1) 76 € (2) 135 € (3) 254 € (4) 245 €

6. Notiere jeweils die ersten 8 Zahlen.

a) V_{11}, V_{30} **b)** V_9, V_{14} **c)** V_{17}, V_{19} **d)** V_{20}, V_{15} **e)** V_{24}, V_{38} **f)** V_{23}, V_{47} **g)** V_{55}, V_{99} **h)** V_{101}, V_{304}

7. Von welcher Zahl sind jeweils einige Vielfache abgebildet?

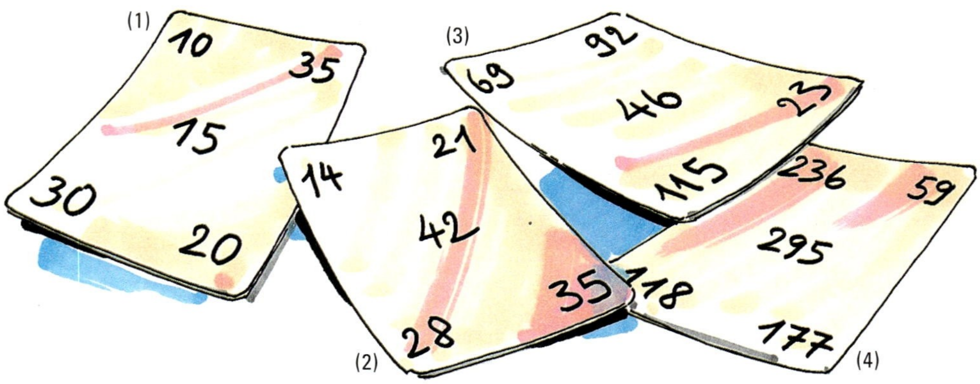

8. Hier hat Anne Fehler gemacht. Berichtige.

a) *54 ist Vielfaches von 7*	b) *63 ist Vielfaches von 9*	c) *108 ist Vielfaches von 12*
34 ist Vielfaches von 6	*54 ist Vielfaches von 8*	*168 ist Vielfaches von 14*
48 ist Vielfaches von 3	*45 ist Vielfaches von 7*	*270 ist Vielfaches von 15*

9. Welche Vielfachenmenge ist das? Vervollständige.

a) $V_{\square} = \{7, 14, 21, \square, \square, \ldots\}$

b) $V_{\square} = \{13, 26, \square, \square, \square, \ldots\}$

c) $V_{\square} = \{14, 28, \square, \square, \square, \ldots\}$

d) $V_{\square} = \{\square, 50, 75, \square, \square, \square, \square, \ldots\}$

e) $V_{\square} = \{\square, \square, 81, 108, \square, \square, \square, \ldots\}$

f) $V_{\square} = \{\square, \square, 96, 128, \square, \square, \square, \ldots\}$

10. Schreibe ab und setze – wenn möglich – *ist Vielfaches von* (V) oder *ist nicht Vielfaches von* (nV) ein.

a)	b)	c)	d)	e)	f)
32 ■ 4	6 ■ 6	6 ■ 18	65 ■ 15	147 ■ 11	1430 ■ 11
4 ■ 32	18 ■ 6	51 ■ 17	11 ■ 6	2808 ■ 12	1887 ■ 111
64 ■ 32	42 ■ 11	60 ■ 12	645 ■ 15	2112 ■ 12	5860 ■ 130

11. Welche Menge ist eine Vielfachenmenge?

(1) {1, 3, 5, 7, 9, 11, . . .} (2) {2, 4, 6, 8, 10, 12, . . .} (3) {1, 10, 100, 1000, . . .}

12. In einer Klasse werden für den Ausflug von jedem Schüler 6 € eingesammelt. In der Klassenkasse sind anschließend 158 €.
Kann der Geldbetrag stimmen?

13. Ein Bordstein ist 75 cm lang. Kann man mehrere Bordsteine zu einer Kantenlänge von 6 m aneinander legen?

14. Notiere die ersten 10 Vielfachen von:

a)	b)	c)	d)	e)
13	45	43	113	750
25	27	88	234	1111

15. Schreibe ab und setze – wenn möglich – *ist Vielfaches von* oder *ist Teiler von* ein.

a)	b)	c)	d)
63 ■ 7	11 ■ 110	135 ■ 25	158 ■ 158
7 ■ 84	96 ■ 12	180 ■ 15	26 ■ 146
1 ■ 9	54 ■ 226	22 ■ 222	168 ■ 1

16. Suche die Fehler. Korrigiere

a) *Teiler von 31: 1, 3, 13, 31*	d) *Teiler von 24: 1, 2, 3, 4, 5, 6, 8, 12, 16, 24*
b) *Vielfache von 16: 16, 32, 46, 62, …*	e) *Teiler von 46: 1, 2, 3, 4, 16, 23, 26, 46*
c) *Vielfache von 26: 26, 52, 88, …*	f) *Teiler von 91: 1, 3, 7, 13, 27, 31, 91*

17. Beim normalen Gehen beträgt Stefanies Schrittweite 65 cm.

a) Welche Entfernung kann Stefanie so mit 2, 3, 4, ..., 10 Schritten zurücklegen?

b) Stefanie will zu Hause näherungsweise die Grundstücksbreite bestimmen. Sie schreitet die Breite ab und zählt 32 normale Schrittweiten.
Gib das Ergebnis auch in m an.

Teilbarkeit durch 2, 5 und 10

Einstieg

Einige Ziffern wurden weggewischt.

→ Versuche für die Leerstellen Ziffern zu finden, damit die Zahl (1) durch 2, (2) durch 5, (3) durch 10 teilbar ist.

→ Formuliere für die Teilbarkeit durch 2, 5 und 10 Regeln.

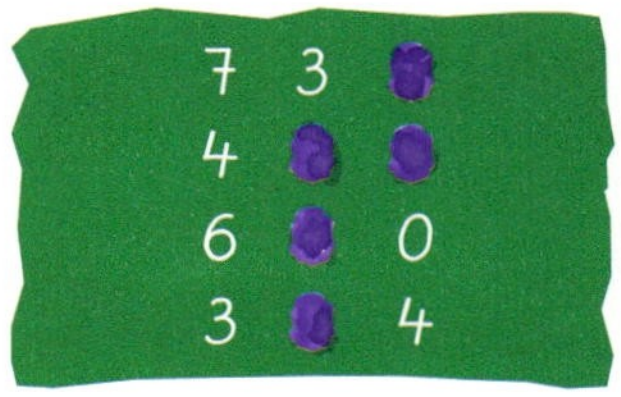

Information

Endstellenregel für die Teilbarkeit durch 2, 5 und 10

Eine Zahl ist

(1) teilbar durch 2, wenn ihre letzte Ziffer 0, 2, 4, 6 oder 8 ist, sonst nicht;
(2) teilbar durch 5, wenn ihre letzte Ziffer 0 oder 5 ist, sonst nicht;
(3) teilbar durch 10, wenn ihre letzte Ziffer 0 ist, sonst nicht.

Die letzte Ziffer entscheidet

Beispiel: 735 ist durch 5, aber nicht durch 10 und 2 teilbar, weil die letzte Ziffer 5 ist.

Durch 2 teilbare Zahlen heißen **gerade Zahlen,** die übrigen **ungerade Zahlen.**

Zum Festigen und Weiterarbeiten

1. Schreibe die Tabelle ab und kreuze an, falls teilbar. Beachte die Endziffer.

a)

Zahl	teilbar durch		
	2	5	10
245			
278			
650			
553			

b)

Zahl	teilbar durch		
	2	5	10
3 600			
6 102			
8 565			
7 483			

c)

Zahl	teilbar durch		
	2	5	10
10 005			
350 350			
721 309			
824 116			

2. Welche der Zahlen 23, 78, 666, 777, 7352, 43210, 12345 sind gerade, welche ungerade?

3. **a)** Bestimme alle durch 2 teilbaren Zahlen zwischen 2989 und 3015.

b) Bestimme alle durch 5 teilbaren Zahlen zwischen 78 und 129.

c) Bestimme alle durch 10 teilbaren Zahlen zwischen 355 und 411.

4. Suche die Zahlen heraus, die (1) durch 2 teilbar sind; (2) durch 5 teilbar sind.

a)

b)
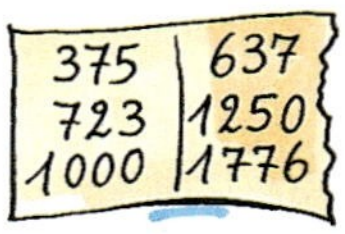

c)
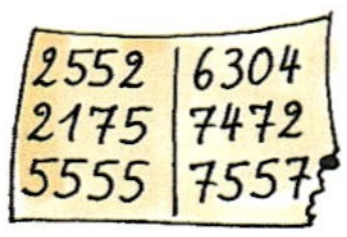

d)

Übungen

5. Suche die Zahlen heraus, die teilbar sind

a) durch 2; **b)** durch 5; **c)** durch 10; **d)** weder durch 5 noch durch 10.

348	572	712	1 250	8 656	2 175	8 415	17 700	124 110
375	855	700	1 770	4 131	7 475	7 025	44 447	324 805
441	725	780	5 216	3 555	7 557	3 175	35 296	942 107
624	635	1 000	2 552	6 300	2 936	1 065	34 572	701 234

6. Setze für die Leerstellen passende Ziffern ein, sodass die Zahl

a) durch 2, **b)** durch 5, **c)** durch 10 teilbar ist.

(1) 82 _ (2) 607 _ (3) 36 _ _ (4) 83 _ 7 _ (5) 735 _ (6) 125 _ 0 (7) 68 _ _ 0

7. Wie heißt die zu

a) 107 nächstgelegene größere Zahl, **b)** 3 491 nächstgelegene kleinere Zahl,

die teilbar ist (1) durch 2; (2) durch 5; (3) durch 10; (4) durch 100?

1+1=3

8. Beim Ausfüllen der Tabelle wurden einige Fehler gemacht. Suche sie.

Zahl	teilbar durch			
	2	5	10	100
98	x			
352	x			
950	x	x		x
2 875			x	
7 300	x	x	x	x

Zahl	teilbar durch			
	2	5	10	1 000
13 251	x	x		
34 000	x	x	x	x
123 456	x			
225 290	x	x	x	x
1 000 000		x		x

9. Schreibe die Tabelle ab und kreuze richtig an.

a)

Zahl	teilbar durch			
	2	5	10	100
340				
950				
872				
3 925				
7 800				

b)

Zahl	teilbar durch			
	2	5	10	1 000
23 000				
97 750				
123 210				
757 575				
630 876				

10. Notiere alle Zahlen zwischen 246 und 324, die teilbar sind

a) durch 2 *und* durch 5 **b)** durch 2 *und nicht* durch 5 **c)** durch 2 *und* durch 10

11. Gib eine vierstellige Zahl an, die

a) durch 2 *und* durch 5 teilbar ist;

b) durch 2 *und nicht* durch 5 teilbar ist;

c) durch 5 *und nicht* durch 2 teilbar ist;

d) *weder* durch 2 *noch* durch 5 teilbar ist.

12.

Man hat festgelegt, dass alle durch 4 teilbaren Jahreszahlen *Schaltjahre* sein sollen.
Ausnahmen: Die vollen Jahrhunderte 1700, 1800, 1900, 2100, 2200 usw., die nicht durch 400 teilbar sind.
Das Jahr 1600 war ein Schaltjahr, ebenso das Jahr 2000.

a) Waren 1926, 1904, 1884, 1924, 1968, 1978, 1984, 1987, 1988, 1991, 1996, 2002 Schaltjahre?

b) Gib die kommenden 5 Schaltjahre an.

Teilbarkeit durch 3 und 9

Einstieg

→ Überprüfe die beiden genannten Zahlen auf Teilbarkeit durch 3.

→ Notiere zwei Zahlen, bei denen
(1) die Summe der einzelnen Ziffern durch 3 teilbar ist;
(2) die Summe der einzelnen Ziffern nicht durch 3 teilbar ist;
Prüfe jeweils durch Division, ob die Zahl durch 3 teilbar ist.

Aufgabe

1. Überprüfe durch geschicktes Zerlegen, ob die beiden Zahlen durch 9 teilbar sind.

8 7 2 1
5 6 3 7

Lösung

Wir zerlegen die Zahl 8721 in Tausender, Hunderter, Zehner und Einer.
Teilt man die Stufenzahlen durch 9, bleibt jeweils 1 als Rest übrig:

$1000 = 9 \cdot 111 + 1;\quad 100 = 9 \cdot 11 + 1;\quad 10 = 9 \cdot 1 + 1.$

Für Vielfache der Stufenzahlen bleiben jeweils entsprechende Vielfache übrig:

$8000 = 9 \cdot 888 + 8;\quad 700 = 9 \cdot 77 + 7;\quad 20 = 9 \cdot 2 + 2.$

Für die erste Zahl erhalten wir:

$$\begin{aligned} 8721 &= \underbrace{8000} + \underbrace{700} + \underbrace{20} + 1 \\ &= 9 \cdot 888 + 8 + 9 \cdot 77 + 7 + 9 \cdot 2 + 2 + 1 \\ &= 9 \cdot 888 + 9 \cdot 77 + 9 \cdot 2 + 8 + 7 + 2 + 1 \end{aligned}$$

Die Summe $9 \cdot 888 + 9 \cdot 77 + 9 \cdot 2$ ist durch 9 teilbar, da sich jeder Summand durch 9 teilen lässt.
Wir müssen nun also nur überprüfen, ob sich der Rest $8 + 7 + 2 + 1$ durch 9 teilen lässt.

Beachte: Dieser Rest ergibt sich aus der Summe der einzelnen Ziffern der Zahl 8721.

Da sich $8 + 7 + 2 + 1 = 18$ durch 9 teilen lässt, ist auch die Zahl 8721 durch 9 teilbar.

Wir zerlegen die zweite Zahl in Tausender, Hunderter, Zehner und Einer:

$$\begin{aligned} 5637 &= \underbrace{5000} + \underbrace{600} + \underbrace{30} + 7 \\ &= 9 \cdot 555 + 5 + 9 \cdot 66 + 6 + 9 \cdot 3 + 3 + 7 \end{aligned}$$

Da sich $5 + 6 + 3 + 7 = 21$ nicht durch 9 teilen lässt, ist auch die Zahl 5637 nicht durch 9 teilbar.

Ergebnis: Die Zahl 8721 ist durch 9 teilbar, die Zahl 5637 ist nicht durch 9 teilbar.

Information

Die Überlegungen für die Teilbarkeit durch 9 können auf die Teilbarkeit durch 3 übertragen werden, weil 9 durch 3 teilbar ist.

Quersummenregel für die Teilbarkeit durch 3 und durch 9

Eine natürliche Zahl ist
(1) teilbar durch 3, wenn die *Quersumme* durch 3 teilbar ist, sonst nicht.
(2) teilbar durch 9, wenn die *Quersumme* durch 9 teilbar ist, sonst nicht.

Die Quersumme einer Zahl ist die Summe der Ziffern der Zahl.

Beispiele:

Ist 762 durch 3 teilbar?
Quersumme: 7 + 6 + 2 = 15
15 ist durch 3 teilbar,
also ist auch 762 durch 3 teilbar.

Ist 5827 durch 9 teilbar?
Quersumme: 5 + 8 + 2 + 7 = 22
22 ist nicht durch 9 teilbar,
also ist auch 5827 nicht durch 9 teilbar.

Zum Festigen und Weiterarbeiten

2. Für die Schüler einer Jahrgangsstufe wurden bei einem Elektrofachhändler Taschenrechner für 9 € pro Stück gekauft. Auf der Rechnung stehen 1286 €.
Kann die Rechnung stimmen? Begründe.

3. Schreibe die Tabelle ab und kreuze an, falls teilbar.

a)

Zahl	teilbar durch 3	teilbar durch 9
132		
243		
352		
798		
981		

b)

Zahl	teilbar durch 3	teilbar durch 9
1 236		
2 410		
2 475		
5 175		
7 869		

c)

Zahl	teilbar durch 3	teilbar durch 9
58 452		
84 798		
94 567		
662 874		
179 568		

4. a) Erläutere anhand der Zahlen 75 798, 786 585 und 85 986 878:
Ist die Quersumme größer als 9, dann kann man von der Quersumme wieder die Quersumme bilden und diese dann zur Prüfung nutzen, ob die Zahl durch 9 oder durch 3 teilbar ist.

b) Begründe wie in Aufgabe 1 auf Seite 14 die Quersummenregel für die Teilbarkeit durch 3 am Beispiel der Zahlen 2142 und 2417.

Übungen

5. Suche die Zahlen heraus, die teilbar sind (1) durch 3; (2) durch 9.

45, 105, 190, 270, 647, 816, 981, 1215, 4271,
6780, 7431, 11081, 31854, 42975, 87948, 278370

6. Übertrage die Aufgabe in dein Heft. Setze ein: *ist Teiler von* (|) oder *ist nicht Teiler von* (∤).
Benutze die Quersummenregel.

a) 3 ☐ 126; 3 ☐ 173; 3 ☐ 510
b) 9 ☐ 279; 9 ☐ 456; 9 ☐ 351
c) 3 ☐ 2714; 3 ☐ 6816; 3 ☐ 7577
d) 9 ☐ 8586; 9 ☐ 5837; 9 ☐ 7218
e) 9 ☐ 87 453; 3 ☐ 783 159; 9 ☐ 438 607

7. Am Montag gelten im Kino ermäßigte Eintrittspreise. Am Abend werden die Einnahmen gezählt.

Kasse 1:	Kasse 2:	Kasse 3:
1 656 €	2 087 €	1 962 €

Können die Einnahmen jeweils stimmen? Begründe.

8. **a)** Setze für ▯ eine passende Ziffer ein, sodass die Zahl durch 3 teilbar ist.
(1) 27 ▯ 3 (2) 58 ▯ 4 (3) 72 ▯ 573 (4) 8 ▯ 172 (5) 52 ▯ 3 ▯ 24 (6) 6 ▯ 125 ▯ 8

b) Setze für ▯ eine passende Ziffer ein, sodass die Zahl durch 9 teilbar ist.
(1) 58 ▯ 7 (2) 654 ▯ (3) 81 ▯ 54 (4) 7 ▯ 635 (5) 3 ▯ 7 ▯ 85 (6) 64 ▯ 9 ▯ 7

1+1=3

9. Wahr oder falsch? Begründe und korrigiere.

a) *9 ist nicht Teiler von 1 053*
3 ist nicht Teiler von 2 647
9 ist Teiler von 384
3 ist Teiler von 1 302

b) *7 425 ist Vielfaches von 9*
10 759 ist Vielfaches von 3
120 336 ist nicht Vielfaches von 3
123 456 ist nicht Vielfaches von 3

10. Setze passend ein: *ist Teiler von* (|) oder *ist nicht Teiler von* (∤).

a)	b)	c)	d)	e)
2 ▯ 3 412	3 ▯ 7 491	10 ▯ 7 380	9 ▯ 8 478	10 ▯ 9 002
3 ▯ 5 841	9 ▯ 5 472	2 ▯ 4 243	5 ▯ 8 459	5 ▯ 7 640
5 ▯ 2 007	10 ▯ 7 140	3 ▯ 8 313	2 ▯ 7 936	9 ▯ 5 353
9 ▯ 5 329	2 ▯ 6 223	5 ▯ 5 458	10 ▯ 9 435	3 ▯ 5 585

11. **a)**

Kennst du jetzt die Hausnummer?

b)

Weißt du jetzt die Postleitzahl?

12. Nenne die kleinste *dreistellige* Zahl, welche die folgenden Teiler hat.
a) 2 und 3 **b)** 3 und 5 **c)** 2 und 5 **d)** 2 und 9 **e)** 3 und 10 **f)** 5 und 9

Zum Knobeln

13. Finde eine möglichst kleine Zahl, die durch 2, durch 3 und auch durch 9 teilbar ist.

14. Untersuche die Teilbarkeit durch 6: **a)** 162 **b)** 177 **c)** 152 **d)** 233
Erläutere und begründe anhand der Beispiele:
Eine natürliche Zahl ist durch 6 teilbar, wenn sie durch 2 und durch 3 teilbar ist, sonst nicht.

PRIMZAHLEN

Einstieg

Natascha behauptet, dass große Zahlen viele Teiler haben müssen.

→ Was meinst du dazu?

Zahl	1	2	3	4
Teiler	1	1; 2	1; 3	1; 2; 4
Anzahl der Teiler	1	2	2	3

Aufgabe

1. Schreibe die Zahlen 12, 30, 19 und 55 als Produkt mit möglichst vielen Faktoren. Lasse den Faktor 1 dabei weg.

Lösung

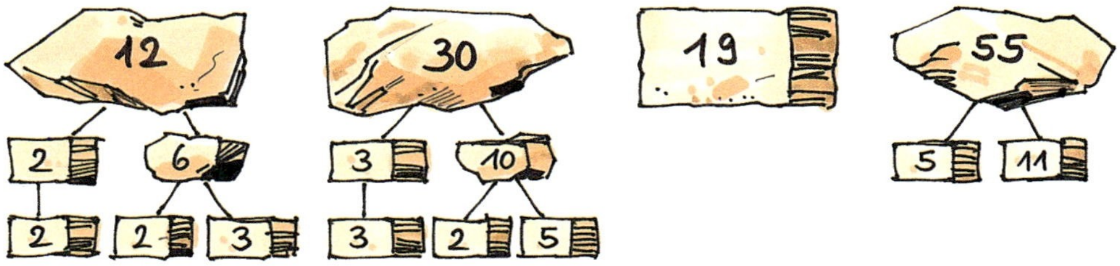

Information

Primzahlen

In Aufgabe 1 erhalten wir schließlich Zahlen, die sich nicht weiter in von 1 verschiedene Faktoren zerlegen lassen. Diese Zahlen heißen *Primzahlen*. 19 ist eine solche Zahl, sie hat nur die Teiler 1 und 19. Du erkennst Primzahlen daran, dass sie genau zwei Teiler haben. Man kann beweisen, dass es unendlich viele Primzahlen gibt.

Natürliche Zahlen, die *genau zwei* Teiler haben, nennt man **Primzahlen.**
Primzahlen sind: 2, 3, 5, 7, 11, 13, 17, 19, 23, 29, 31, 37, 41, ...
Keine Primzahlen sind z. B. 1, 4, 6, 8, 9, 10, 12, 14, 15, 16, 18, 20, ...

Primzahlen: genau zwei Teiler

Zum Festigen und Weiterarbeiten

2. Finde alle einstelligen Primzahlen.

3. Welche Zahl ist keine Primzahl. Begründe.
(1) 24 (2) 42 (3) 47 (4) 74 (5) 101 (6) 110

4. Schreibe alle Primzahlen auf, die zwischen den folgenden Zahlen liegen.
a) 0 und 20 **b)** 20 und 40 **c)** 40 und 60

Übungen

5. Suche auf dem Zettel die 5 Primzahlen heraus.

a)

b)

c)

6. Finde alle Primzahlen, die zwischen folgenden Zahlen liegen.

a) 10 und 30 **b)** 35 und 55 **c)** 65 und 85 **d)** 100 und 130

7. Suche die Primzahlen heraus. Du erhältst ein *Lösungswort*, wenn du die Buchstaben geeignet anordnest.

8. Mit Primzahlen könnt ihr Nachrichten verschlüsseln. Ordnet wie rechts den Primzahlen Buchstaben in alphabetischer Reihenfolge zu.

2	3	5	7	…
A	B	C	D	…

a) Entschlüsselt die Nachricht:
41-2-71-19-11 41-2-5-19-71 13-61-11-73-7-11

b) Schreibt euch selber verschlüsselte Nachrichten.

Eratosthenes von Kyrene (heute Shahat in Libyen) lebte etwa um 275 bis 195 v. Chr. Er war Erzieher am Königshof von Alexandria und Direktor der dortigen Bibliothek.

9. Ein Verfahren, das nach einem bestimmten Plan übersichtlich und schnell aus den natürlichen Zahlen von 1 bis zu einer Zahl (z. B. bis 30) alle Primzahlen „aussiebt", soll von dem griechischen Gelehrten *Eratosthenes* stammen.

a) Notiere die Zahlen von 1 bis 30.
(1) Streiche 1.
(2) Umrahme 2 und streiche das 2, 3, 4, … fache von 2.
(3) Umrahme 3 und streiche das 2, 3, 4, … fache von 3, falls noch nicht geschehen.
(4) Umrahme 5 und streiche das 2, 3, 4, … fache von 5, falls noch nicht geschehen.
Was für Zahlen bleiben übrig?

~~1~~	(2)	(3)	~~4~~	(5)	~~6~~	7	~~8~~	~~9~~	~~10~~
11	~~12~~	13	~~14~~	~~15~~	~~16~~	17	~~18~~	19	~~20~~
~~21~~	~~22~~	23	~~24~~	~~25~~	~~26~~	~~27~~	~~28~~	29	~~30~~

b) Warum muss man nach dem 3. Schritt nicht die Vielfachen von 4 streichen?

c) Warum endet das Verfahren mit der 5? Begründe dazu, dass die Vielfachen von 6 (bis 30) bereits gestrichen sind.

d) Führe das Verfahren für die Zahlen (1) bis 100, (2) bis 200 durch.

10. Man könnte denken, dass sehr große Zahlen keine Primzahlen sind, da sie bestimmt viele Teiler haben. Dies ist jedoch ein Irrtum.
Man kann zeigen, dass es unendlich viele Primzahlen gibt.
Viele Mathematiker versuchen heutzutage, mithilfe von Computern sehr große Primzahlen zu finden.
Die größte Primzahl, die man im Jahr 2008 kannte, passt hingegen auf keine Buchseite mehr. Sie hat 12 978 189 Stellen.

a) Ein DIN-A4-Blatt (kleinkariert) hat etwa 2 400 Kästchen. Stelle dir vor, dass du in jedes Kästchen eine Ziffer dieser Primzahl schreibst.
Überschlage, wie viele DIN-A4-Blätter zu beschreiben sind.

b) Wie viele Stellen hat die größte heute bekannte Primzahl? Informiere dich im Internet.

GEMEINSAME TEILER – GEMEINSAME VIELFACHE

Gemeinsame Teiler – größter gemeinsamer Teiler

Einstieg

Für eine gemeinsame Veranstaltung wird von jedem Schüler der Klassen 6a und 6b ein bestimmter Betrag eingesammelt. In der Klasse 6a werden 92 Euro, in der Klasse 6b 104 Euro eingesammelt.

→ Bestimme, welcher Betrag von jedem Schüler eingesammelt wurde.

→ Wie viele Schüler sind in der Klasse 6a, wie viele in der Klasse 6b?

Aufgabe

1. Melanie will für ihren Bruder Bauklötze basteln. Sie hat zwei Holzleisten, die 12 cm und 20 cm lang sind.
Alle Bauklötze sollen gleich lang (in vollen cm) werden und es sollen keine Holzreste beim Zerteilen übrig bleiben.

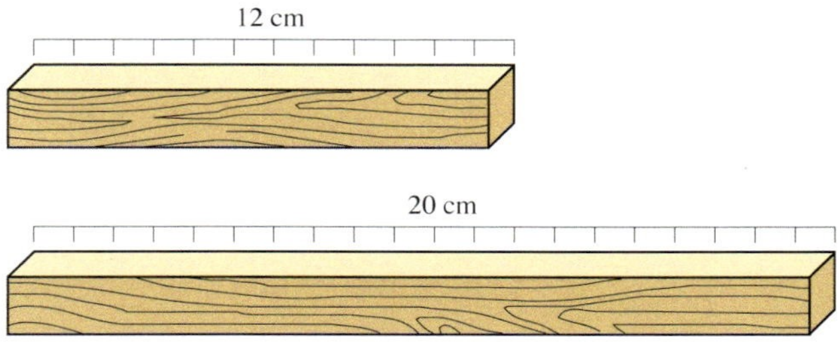

a) In welchen Längen (in vollen cm) kann Melanie die Bauklötze herstellen?

b) Wie lang (in vollen cm) ist der größte Klotz, den sie basteln kann?

Lösung

a) Die erste Leiste kann man in 1 cm, 2 cm, 3 cm, 4 cm, 6 cm oder 12 cm lange Bauklötze einteilen,
die zweite Leiste in 1 cm, 2 cm, 4 cm, 5 cm, 10 cm oder 20 cm lange Bauklötze.
Da alle Bauklötze gleich lang werden sollen, kann Melanie nur Bauklötze in den Längen 1 cm, 2 cm oder 4 cm herstellen.
Andere *gemeinsame Längen* (in vollen cm) sind nicht möglich.

b) Der größte Klotz ist 4 cm lang, dies ist die *größte gemeinsame* Länge.

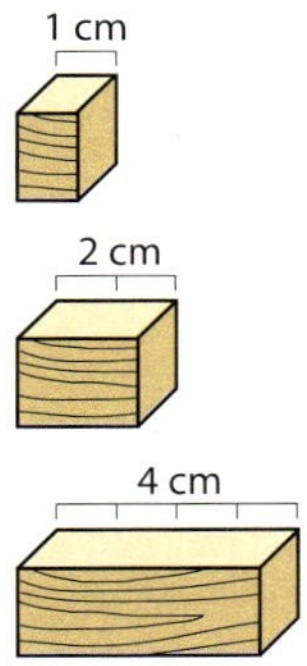

Information

(1) Größter gemeinsamer Teiler

In der Aufgabe 1 haben wir die Teiler von 12 und von 20 notiert, anschließend die *gemeinsamen Teiler* dieser beiden Zahlen bestimmt.
Dies lässt sich unterschiedlich veranschaulichen.

(a) *Zahlenstrahl*

(b) *gemeinsames Mengenbild*

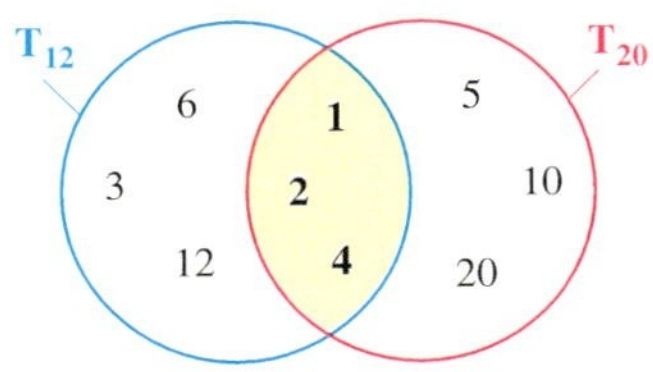

$T_{16} = \{1, 2, 4, 8, 16\}$
$T_{24} = \{1, 2, 3, 4, 6, 8, 12, 24\}$
Gemeinsame Teiler sind: 1, 2, 4, 8.

8 ist der **größte gemeinsame Teiler (ggT)** der Zahlen 16 und 24.
Wir schreiben: ggT(16; 24) = 8

(2) Schnelles Verfahren zum Bestimmen des ggT

(a) Bestimme die Teilermenge der kleineren Zahl (hier: der Zahl 40).
(b) Beginne mit dem größten Teiler (40) und prüfe, ob dieser auch Teiler der zweiten Zahl (hier: 144) ist.
Verfahre dann entsprechend mit dem nächstkleineren Teiler (20) usw., bis du den ggT der beiden Zahlen (hier: 8) gefunden hast.

ggT(40; 144) = ?
(a) $T_{40} = \{1, 2, 4, 5, 8, 10, 20, 40\}$
(b) Ist 40 Teiler von 144? nein
Ist 20 Teiler von 144? nein
Ist 10 Teiler von 144? nein
Ist 8 Teiler von 144? ja
ggT(40; 144) = 8

(3) Die Beziehung „ist teilerfremd zu"

Zwei natürliche Zahlen, die nur 1 als gemeinsamen Teiler haben, nennt man zueinander **teilerfremd**.

Beispiel: 4 ist teilerfremd zu 27; 4 ist *nicht* teilerfremd zu 6.

Zum Festigen und Weiterarbeiten

2. Schreibe beide Teilermengen auf. Markiere mit gleicher Farbe die gemeinsamen Teiler. Gib den größten gemeinsamen Teiler an. Du kannst auch ein Mengenbild zeichnen.

a) T_6, T_8 **b)** T_2, T_3 **c)** T_4, T_8 **d)** T_{17}, T_{19} **e)** T_{15}, T_{25} **f)** T_{27}, T_{36} **g)** T_{32}, T_{48} **h)** T_{54}, T_{96}

3. Bestimme den größten gemeinsamen Teiler von:

a) 6 und 18; 8 und 17; 21 und 28
b) 4 und 12; 3 und 4; 14 und 28
c) 19 und 27; 32 und 4; 60 und 75
d) 46 und 90; 60 und 97; 96 und 120

4. Bestimme wie in der Information (2) oben den größten gemeinsamen Teiler von:

a) 20 und 30; 35 und 45
b) 24 und 28; 30 und 48
c) 45 und 75; 64 und 72
d) 85 und 102; 80 und 128

5. Sind beide Zahlen teilerfremd zueinander? Begründe.

a) 5 und 7; 8 und 12
b) 9 und 15; 8 und 13
c) 17 und 19; 31 und 36
d) 27 und 57; 61 und 96

Übungen

6. Schreibe beide Teilermengen auf. Markiere mit gleicher Farbe die gemeinsamen Teiler. Gib den größten gemeinsamen Teiler an. Du kannst auch ein Mengenbild zeichnen.

a) T_6 und T_9; T_8 und T_{12}
b) T_{13} und T_{15}; T_{16} und T_{24}
c) T_{21} und T_{28}; T_{25} und T_{35}
d) T_{54} und T_{63}; T_{39} und T_{65}

7. Bestimme die gemeinsamen Teiler der Zahlen. Gib den größten gemeinsamen Teiler an.

a) 8 und 16; 10 und 25; 9 und 36; 14 und 21
b) 15 und 25; 16 und 32; 20 und 40; 18 und 24
c) 12 und 18; 48 und 64; 16 und 30; 20 und 30
d) 24 und 30; 15 und 45; 20 und 35; 12 und 36

Mögliche Ergebnisse: a) 3; 5; 7; 8; 9 b) 5; 6; 12; 16; 20 c) 2; 3; 6; 10; 16 d) 5; 6; 10; 12; 15

8. Sind beide Zahlen teilerfremd zueinander?

a) 4 und 5; 8 und 24
b) 15 und 32; 31 und 42
c) 54 und 56; 51 und 68

9. Wie groß ist der größte gemeinsame Teiler zweier Primzahlen?

10. Der größte gemeinsame Teiler zweier Zahlen ist:

a) 4 **b)** 7 **c)** 1 **d)** 12

Wie können die beiden Zahlen lauten? Gib drei Möglichkeiten an.

11. Angela braucht zum Basteln gleich lange Drahtstücke. Sie hat noch Stücke von 24 cm und 30 cm Länge.
Wie groß können die gleich langen Stücke werden, wenn beim Zerteilen kein Abfall entstehen soll?

12. Der Fußboden eines rechteckigen Badezimmers ist 200 cm breit und 250 cm lang. Er soll mit möglichst großen quadratischen Platten ausgelegt werden. Welche Kantenlängen kommen in Betracht?

13. Zu Beginn des neuen Schuljahres wird von jedem Schüler ein bestimmter Betrag für Kopien eingesammelt. In der Klasse 6c kommen so 60 € zusammen, in der 6d sind es 54 €. Stelle selbst eine Aufgabe und löse sie.

14. Bestimme den größten gemeinsamen Teiler von folgenden drei Zahlen.

a) 12; 18; 20 — 12; 20; 28 — 3; 18; 30 — 15; 25; 55
b) 6; 10; 30 — 8; 20; 32 — 9; 15; 27 — 24; 36; 42
c) 18; 20; 36 — 21; 28; 35 — 27; 36; 45 — 39; 52; 65
d) 30; 75; 90 — 16; 28; 48 — 32; 48; 112 — 22; 26; 40

ggT(12; 15; 24) = ?

$T_{12} = \{1, 2, 3, 4, 5, 12\}$
$T_{15} = \{1, 3, 5, 15\}$
$T_{24} = \{1, 2, 3, 4, 6, 8, 12, 24\}$

ggT(12; 15; 24) = 3

Mögliche Ergebnisse: a) 2; 3; 4; 5; 6 b) 2; 3; 4; 6; 7 c) 2; 4; 7; 9; 13 d) 2; 4; 12; 15; 16

Gemeinsame Vielfache – kleinstes gemeinsames Vielfache

Einstieg

Während der Hauptverkehrszeit fahren um 8.00 Uhr von Gleis 1 und Gleis 2 gleichzeitig zwei U-Bahnen ab.
Vom Gleis 1 fährt alle 8 Minuten eine Bahn ab, vom Gleis 2 alle 6 Minuten.

→ Bestimme, nach wie vielen Minuten wieder von beiden Gleisen gleichzeitig zwei U-Bahnen abfahren.

Aufgabe

1. Tanjas Vater möchte eine neue Leiste aus Metall an der Kellerwand anschrauben. Die neue Leiste hat Bohrungen im Abstand von 9 cm. An der Kellerwand befinden sich bereits Bohrungen im Abstand von 6 cm vom linken Rand.

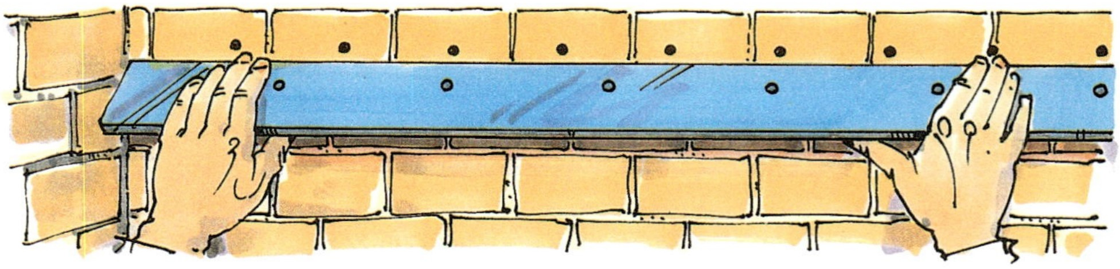

a) In welchen Abständen kann man Schrauben einsetzen, ohne zusätzlich bohren zu müssen?

b) In welchen Abstand vom linken Rand befindet sich das *erste gemeinsame* Loch?

Lösung

a)

Wand: Abstand der Löcher vom linken Rand in cm:
6, 12, 18, 24, 30, 36, 42, 48, 54, 60, 66, 72, 78, ...
Das sind die Vielfachen von 6.

Metallleiste: Abstand der Löcher vom linken Rand in cm:
9, 18, 27, 36, 45, 63, 72, 81, ...
Das sind die Vielfachen von 9.

Abstand der gemeinsamen Löcher vom linken Rand in cm:
18, 36, 54, 72, ...
Das sind die **gemeinsamen Vielfachen** von 6 und 9.

b) Der kleinste Abstand (vom linken Rand) für ein gemeinsames Loch beträgt 18 cm.

(1) Kleinstes gemeinsames Vielfaches

In Aufgabe 1 haben wir die Vielfachen von 6 und von 9 notiert und anschließend die *gemeinsamen* Vielfachen dieser beiden Zahlen bestimmt.

$V_2 = [2, 4, 6, 8, 10, 12, 14, 16, 18, \ldots]$
$V_3 = [3, 6, 9, 12, 15, 18, 21, \ldots]$
Gemeinsame Vielfache sind: 6, 12, 18, ...

6 ist das **kleinste gemeinsame Vielfache (kgV)** der Zahlen 2 und 3.
Wir schreiben: kgV(2; 3) = 6

(2) Schnelles Verfahren zum Bestimmen des kgV

Das kleinste gemeinsame Vielfache von zwei Zahlen können wir vereinfacht so bestimmen:

(a) Wähle die größere der beiden Zahlen (hier: die Zahl 10) aus.
(b) Bilde das 1fache, 2fache, 3fache, ... dieser Zahl. Prüfe jeweils, ob es auch ein Vielfaches der anderen Zahl (hier: 8) ist.
Das erste gemeinsame Vielfache (hier: 40) ist das kgV der beiden Zahlen.

Wähle 10.
Ist 10 Vielfaches von 8? nein
Ist 20 Vielfaches von 8? nein
Ist 30 Vielfaches von 8? nein
Ist 40 Vielfaches von 8? ja
kgV(10; 8) = 40

Zum Festigen und Weiterarbeiten

2. An einer Wand befinden sich Bohrungen im Abstand von 10 cm, auf einer Leiste im Abstand von 15 cm. In welchem Abstand befinden sich gemeinsame Löcher?

3. Bestimme die ersten drei gemeinsamen Vielfachen. Gib das kleinste gemeinsame Vielfache an.

a) 4; 6 **b)** 8; 10 **c)** 7; 12 **d)** 26; 39

4. Bestimme das kleinste gemeinsame Vielfache.

a) 5; 6	**b)** 6; 9	**c)** 50; 60	**d)** 21; 48
3; 7	8; 12	60; 120	125; 150

Mögliche Ergebnisse: a) 21; 30; 35 b) 18; 24; 28 c) 200; 300; 120 d) 336; 480; 750

5. Bestimme wie in der Information (2) oben das kleinste gemeinsame Vielfache.

a) 20; 30	**b)** 12; 15	**c)** 80; 100	**d)** 45; 60	**e)** 160; 180
15; 20	5; 15	40; 50	100; 120	320; 400

Mögliche Ergebnisse:
a) 60; 60; 90 b) 15; 60; 120 c) 200; 300; 400 d) 180; 300; 600 e) 1 200; 1 440; 1 600

6. Gibt es zwei Zahlen ohne gemeinsames Vielfaches? Begründe.

Übungen

7. Bestimme die gemeinsamen Vielfachen der Zahlen. Gib das kleinste gemeinsame Vielfache an.

a) 4; 8	**b)** 4; 10	**c)** 20; 18	**d)** 10; 155
5; 7	6; 8	15; 25	200; 800

Mögliche Ergebnisse: a) 8; 24; 35 b) 20; 24; 36 c) 75; 90; 180 d) 310; 600; 800

8. Bestimme das kleinste gemeinsame Vielfache der Zahlen.

a) 6; 10 / 3; 8 / 3; 11
b) 10; 12 / 6; 15 / 9; 12
c) 14; 21 / 15; 50 / 25; 35
d) 110; 160 / 260; 300 / 360; 480
e) 144; 180 / 56; 72 / 23; 13

Mögliche Ergebnisse: a) 24; 30; 32; 33 b) 30; 36; 60; 200 c) 42; 150; 170; 175 d) 1 440; 1 600; 1 760; 3 900 e) 299; 504; 720; 1 800

9. Bilde das kgV. Rechne im Kopf.

a)

kgV	3	4	6	7	9	11	15	25
2	6							
4								
5								

b)

kgV	3	5	6	9	10	15	20	25
7								
8								
9								

10. Bestimme das kleinste gemeinsame Vielfache der Zahlen. Was fällt dir auf?

a) (1) 4 und 8; 6 und 12 (2) 2 und 9; 3 und 8
b) (1) 8 und 40; 15 und 45 (2) 3 und 100; 11 und 13

11. Gib zwei Zahlen an, bei denen

a) 20 **b)** 40 **c)** 75 **d)** 100 **e)** 140 das kleinste gemeinsame Vielfache ist.

12. Dennis und Manuel bewerfen sich gegenseitig mit Schneebällen. Dennis wirft alle 6 Sekunden einen Schneeball. Manuel ist etwas schneller, er wirft alle 5 Sekunden einen Schneeball.
Nach wie vielen Sekunden bewerfen sich die beiden Jungen gleichzeitig?

13. Bei einem Trainingsrennen starten die Radrennfahrer Bernhard und Henning zu einem gemeinsamen Rennen. Für eine Runde benötigt Bernhard 30 Sekunden und Henning 50 Sekunden.
Nach wie vielen Sekunden überfahren sie gemeinsam die Start-Ziel-Linie?

14. Bestimme das kgV der Zahlen.

a) 6; 8; 12 / 5; 15; 20
b) 8; 10; 15 / 4; 7; 14
c) 8; 12; 15 / 12; 24; 36
d) 20; 30; 40 / 5; 20; 35
e) 6; 18; 24; 27 / 3; 6; 8; 12
f) 15; 20; 30; 45 / 7; 11; 13; 19

Mögliche Ergebnisse:
a) bis d): 24; 28; 50; 60; 120; 72; 100; 120; 120; 140
e) und f): 24; 180; 216; 600; 19019

kgV(5; 6; 10) = ?

$V_5 = \{5, 10, 15, 20, 25, 30, 35, \ldots\}$
$V_6 = \{6, 12, 18, 24, 30, 36, 42, \ldots\}$
$V_{10} = \{10, 20, 30, 40, 50, 60, \ldots\}$

kgV(5; 6; 10) = 30

15. Bestimme das kgV der Zahlen:

a) 4; 6; 12 / 5; 10; 25
b) 6; 9; 10 / 5; 8; 12
c) 2; 5; 11 / 3; 4; 5
d) 2; 5; 13 / 5; 8; 15

BIST DU FIT?

1. Setze passend | (ist Teiler von) oder ∤ (ist nicht Teiler von) ein.

a) 7 ■ 28; 7 ■ 40 **b)** 8 ■ 36; 9 ■ 54 **c)** 8 ■ 96; 12 ■ 112 **d)** 11 ■ 111; 9 ■ 144 **e)** 45 ■ 990; 17 ■ 153

2. Bestimme die Teilermenge von: **a)** 56 **b)** 68 **c)** 55 **d)** 104 **e)** 264 **f)** 380

3. Notiere die Vielfachenmenge. Gib die ersten zwölf Zahlen an.

a) V_7 **b)** V_8 **c)** V_{12} **d)** V_{14} **e)** V_{21} **f)** V_{17} **g)** V_{102} **h)** V_{125}

4. Wahr oder falsch?

a)	**b)**	**c)**	**d)**
$3 \mid 56$	$4 \mid 356$	$2 \nmid 2345$	156 ist Vielfaches von 12
$11 \mid 77$	$10 \mid 530$	$9 \mid 6543$	372 ist Vielfaches von 9
$1 \mid 34$	$6 \nmid 160$	$25 \nmid 3300$	270 ist Vielfaches von 15
$5 \nmid 93$	$12 \nmid 248$	$45 \mid 9945$	158 ist Vielfaches von 14

5.

35	72	927	6172	37 851	5 687 469
36	125	1017	7623	60 002	7 231 943
45	310	2225	9186	87 904	8 041 565
64	400	5316	9700	185 558	72 856 392

Suche die Zahlen heraus, die teilbar sind durch

a) 2, **b)** 3, **c)** 5, **d)** 9, **e)** 10, **f)** 100.

6. Welche Zahlen sind keine Primzahlen? Begründe.

12 15 17 33 13 19 29 39 56 49 101 81 71

7. Bestimme den größten gemeinsamen Teiler von:

a) 8 und 12; 20 und 30 **b)** 21 und 35; 30 und 75 **c)** 35 und 70; 78 und 96 **d)** 39 und 65; 132 und 84

8. Bestimme das kleinste gemeinsame Vielfache von:

a) 10 und 15; 15 und 6 **b)** 8 und 13; 15 und 25 **c)** 24 und 30; 9 und 12 **d)** 26 und 65; 25 und 80

9. Zwei Balken von 6 m und 10 m Länge sollen in möglichst große, gleich lange Stücke zersägt werden. Es sollen keine Reste beim Zersägen übrig bleiben.
Wie lang werden die Stücke?

10. Fahrradkontrolle auf dem Schulhof. Bei jedem dritten Fahrrad werden die Reifen untersucht, bei jedem fünften die Lichtanlage.
Bei welchen Fahrrädern werden zugleich Reifen und Licht überprüft?

11. Suche die Primzahlen heraus.

a) 12 15 11; 14 7 18

b) 26 34 23; 19 31 25

c) 42 47 41; 37 49 38

d) 85 63 73; 67 83 69

2 Darstellen und Ordnen gebrochener Zahlen

Auf dem Bild links siehst du an der Wand Hieroglyphen. Das ist eine Bilderschrift, die von den Ägyptern bereits vor über 5 000 Jahren benutzt wurde. Auch für die Zahlen benutzten die Ägypter Bildzeichen. Sie kannten auch schon Brüche mit dem Zähler 1 wie z. B. $\frac{1}{2}$ oder $\frac{1}{4}$.

$\frac{1}{2}$ wurde z. B. mit der Hieroglyphe  oder  für „Hälfte" ausgedrückt.

In der Tabelle siehst du einige ägyptische Zahlzeichen. Wenn die Ägypter einen Bruch, z. B. $\frac{1}{3}$, darstellen wollten, malten sie einfach über das Zeichen für 3 einen Mund.

$\frac{1}{3}$ war dann: 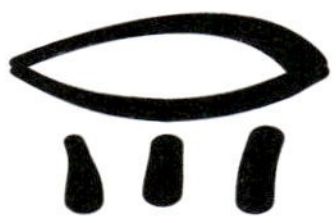

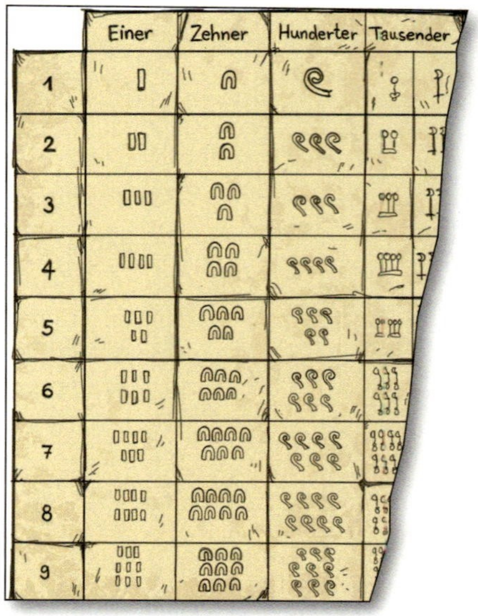

Die Zeichen in der Tabelle bedeuten:

Einer:	kleiner senkrechter Strich
Zehner:	Henkel (Hufeisen)
Hunderter:	Spirale (Tau)
Tausender:	Lotusblüte

➜ Versuche die folgenden Brüche mit dem Zähler 1 in der altägyptischen Schreibweise aufzuschreiben: $\frac{1}{7}$, $\frac{1}{25}$, $\frac{1}{30}$, $\frac{1}{12}$

➜ Denke dir selbst einige ägyptische Brüche aus. Dein Nachbar soll versuchen sie zu entschlüsseln.

In diesem Kapitel lernst du ...

... wie man gebrochene Zahlen darstellen und vergleichen kann.

GEMEINE BRÜCHE

Gemeine Brüche — Anteile an einem Ganzen

Zum Wiederholen

1. a) Welcher Anteil der Tafel Schokolade wurde gegessen, welcher Anteil ist noch vorhanden? Erkläre.

(1)

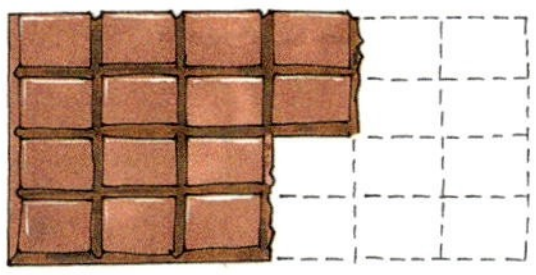

(2)

b) Rezept für einen Apfelkuchen:
$1\frac{1}{4}$ kg säuerliche Äpfel, $\frac{3}{8}$ *l* Sahne, …
Die Küchenwaage zeigt die Masse nur in g an; auf dem Messbecher findet man eine Skala für das Volumen in ml. Rechne um.

$\frac{5}{8}$ kg = $\frac{5}{8}$ von 1 kg
= $\frac{5}{8}$ von 1 000 g
= (1 000 g : 8) · 5
= 125 g · 5 = 625 g

$\frac{5}{8}$ von bedeutet:
Dividieren durch 8,
Multiplizieren mit 5

Wiederholung

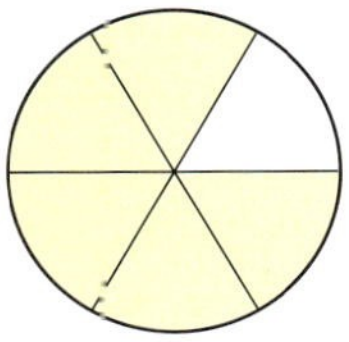

Echte Brüche geben Anteile an einem Ganzen an.

(1) Brüche

$\frac{2}{3}, \frac{5}{6}, \frac{6}{5}, \frac{7}{6}, \frac{7}{10}, \ldots$ sind **gemeine Brüche**.

Der Nenner eines Bruches gibt an, in wie viele *gleich große* Teile ein Ganzes zerlegt wird; er „benennt" die Teile.
Der Zähler „zählt" die Anzahl der Teile, die genommen werden.

$\frac{5}{6}$ ← Zähler ← Bruchstrich ← Nenner

Brüche, bei denen der Zähler kleiner als der Nenner ist, nennt man *echte* Brüche. Brüche, bei denen der Zähler gleich oder größer als der Nenner ist, heißen *unechte Brüche*.

Unechte Brüche kann man auch in der *gemischten Schreibweise* oder als natürliche Zahl schreiben: $\frac{11}{8} = 1\frac{3}{8}$; $\frac{21}{7} = 3$; $\frac{5}{5} = 1$

(2) Brüche als Maßzahlen in Größenangaben

Mit Brüchen kann man Größen wie Längen, Flächeninhalte, Volumina, Massen und Zeitspannen angeben.

Maßzahl → $\frac{5}{8}$ **kg** ← Einheit

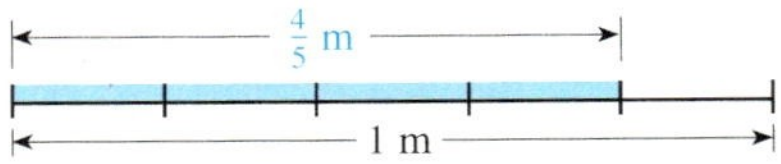

1 m $\xrightarrow{:5}$ $\frac{1}{5}$ m $\xrightarrow{\cdot 4}$ $\frac{4}{5}$ m

100 cm $\xrightarrow{:5}$ 20 cm $\xrightarrow{\cdot 4}$ 80 cm

Also: $\frac{4}{5}$ m = 80 cm

Übungen

2. Bäcker Becker hat noch die folgenden Torten vorrätig. Gib sie mithilfe von Brüchen an.

(1) Pfirsichtorte

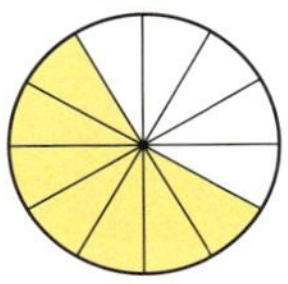

(2) Kirschtorte

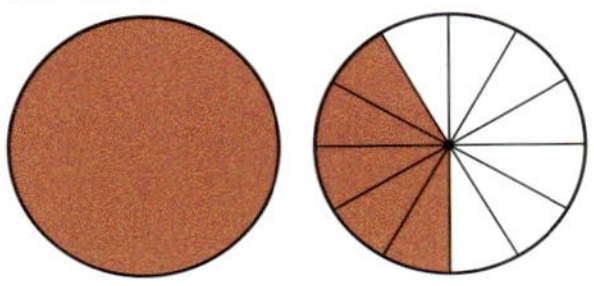

(3) Kiwitorte

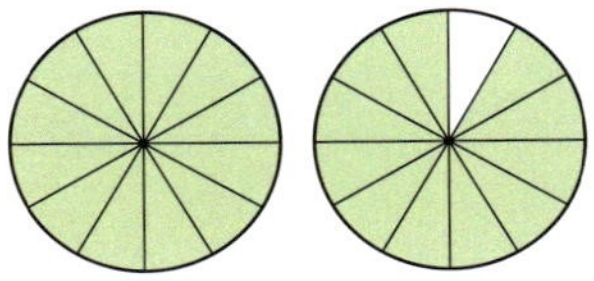

3. **a)** Welche Brüche sind dargestellt? Erkläre, wie sie entstanden sind.

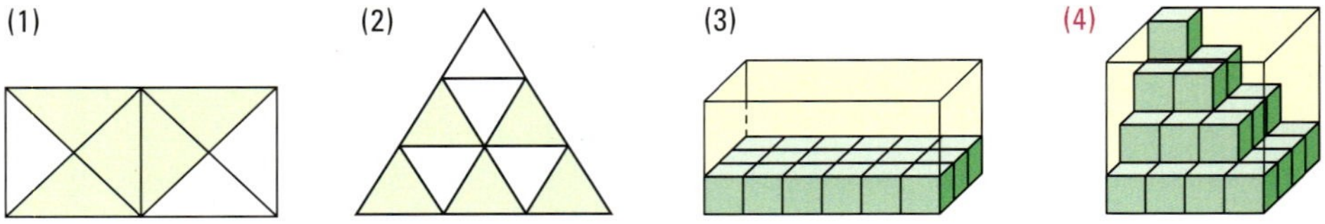

b) Welche Brüche sind dargestellt? Gib sie auch in der gemischten Schreibweise an.

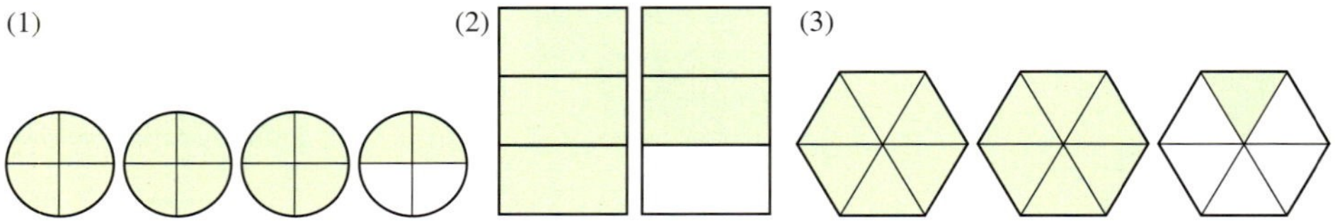

4. **a)** Die folgenden Flaggen bestehen aus verschieden farbigen Streifen. Gib jeweils den Anteil an, der rot gefärbt ist.

Deutschland

Österreich

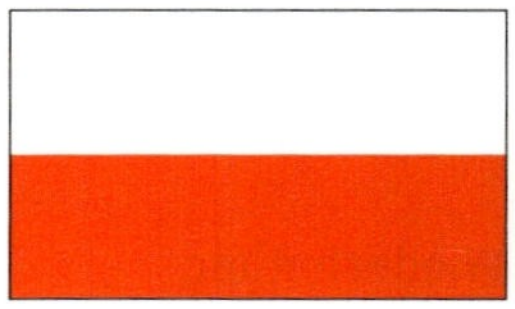
Polen

b) Suche in einem Lexikon oder im Internet weitere Flaggen, bei denen ein Teil rot gefärbt ist. Gib, falls möglich, jeweils den Anteil an.

c) Suche Flaggen mit anderen Farben, bei denen du den Anteil der Farben mit Brüchen benennen kannst. Skizziere die Flaggen. Gib Farbe und Anteile an. Begründe.

5. Gib die Größenangaben in einer kleineren Einheit ohne Brüche an.

$\frac{3}{8}$ *l* Brühe

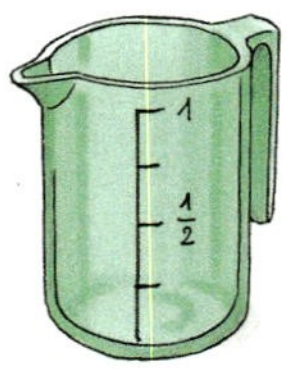

$\frac{1}{4}$ kg Butter

$\frac{3}{4}$ Meter Stoff

6. Wähle auf Kästchenpapier ein günstiges Rechteck als Ganzes. Färbe grün.

a) $\frac{3}{5}$ **b)** $\frac{5}{9}$ **c)** $\frac{7}{12}$ **d)** $\frac{3}{7}$ **e)** $\frac{7}{16}$ **f)** $\frac{7}{6}$ **g)** $\frac{11}{8}$ **h)** $1\frac{4}{5}$ **i)** $2\frac{7}{9}$

7. Wähle auf Kästchenpapier eine günstige Strecke als Ganzes. Färbe blau.

a) $\frac{9}{11}$ **b)** $\frac{7}{15}$ **c)** $\frac{3}{10}$ **d)** $\frac{9}{10}$ **e)** $\frac{11}{7}$ **f)** $\frac{13}{8}$ **g)** $\frac{13}{10}$ **h)** $1\frac{6}{7}$ **i)** $2\frac{9}{10}$ **j)** $3\frac{1}{10}$

8. Wie viel fehlt am Ganzen? **a)** $\frac{3}{5}$ **b)** $2\frac{4}{7}$ **c)** $4\frac{5}{11}$ **d)** $3\frac{7}{10}$ **e)** $2\frac{49}{100}$

1 m = 100 cm
1 m = 1000 mm
1 kg = 1000 g
1 km² = 100 ha
1 *l* = 1000 ml
1 m³ = 1000 *l*

9. Gib an

a) in cm: $\frac{7}{10}$ m; $\frac{4}{5}$ m; $\frac{51}{100}$ m; $1\frac{9}{10}$ m; $4\frac{51}{100}$ m

b) in mm: $\frac{1}{2}$ m; $\frac{1}{4}$ m; $\frac{9}{10}$ m; $1\frac{27}{100}$ m; $2\frac{321}{1000}$ m

c) in g: $\frac{7}{8}$ kg; $\frac{4}{5}$ kg; $\frac{3}{10}$ kg; $4\frac{53}{100}$ kg; $3\frac{104}{1000}$ kg

d) in ha: $\frac{3}{4}$ km²; $\frac{2}{5}$ km²; $2\frac{3}{10}$ km²; $1\frac{11}{100}$ km²

e) in ml: $\frac{3}{4}$ *l*; $\frac{7}{8}$ *l*; $\frac{2}{5}$ *l*; $\frac{6}{10}$ *l*; $1\frac{67}{100}$ *l*; $2\frac{345}{1000}$ *l*

f) in *l*: $\frac{3}{4}$ m³; $\frac{5}{8}$ m³; $\frac{4}{5}$ m³; $3\frac{7}{10}$ m³; $25\frac{77}{100}$ m³

Gemeine Brüche als Quotienten natürlicher Zahlen

Einstieg

Beim Mittagessen wollen sich Elias, Lukas und Julian 8 Eierkuchen teilen. Die Jungen bestehen darauf, dass jeder gleich viel bekommt.

→ Wie sollten sie dabei vorgehen?

→ Wie viel von einem Eierkuchen bekommt jede?

Aufgabe

1. Tanja, Melanie und Sarah haben nur Geld für zwei Pizzas.
Sie wollen gerecht teilen. Jedes Mädchen soll gleich viel bekommen.
Welchen Anteil an einer Pizza bekommt jedes Mädchen?

Lösung

Wir teilen jede Pizza in 3 gleich große Teile. Von jeder der beiden Pizzas bekommt ein Mädchen ein Drittel $\left(\frac{1}{3}\right)$, also insgesamt 2 Drittel $\left(\frac{2}{3}\right)$.

$2 : 3 = \frac{2}{3}$

Ergebnis: Jedes Mädchen erhält $\frac{2}{3}$ Pizzas.

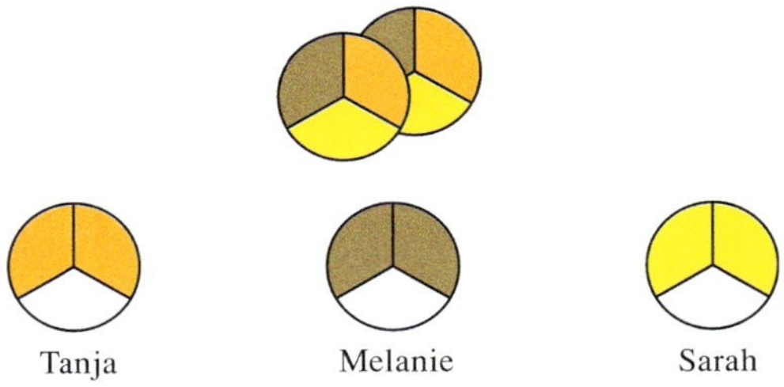

Information

Den *Quotienten zweier natürlicher Zahlen* kann man auch als *Bruch* schreiben.

Beispiele: $2 : 3 = \frac{2}{3}$; $3 : 2 = \frac{3}{2} = 1\frac{1}{2}$

Bruchstrich bedeutet Dividieren

Auch Quotienten mit dem Nenner 1, wie 3 : 1, oder Quotienten mit dem Zähler 0, wie 0 : 4, können wir als Bruch schreiben.

Beispiele: $3 : 1 = \frac{3}{1}$; $0 : 4 = \frac{0}{4}$

Zum Festigen und Weiterarbeiten

2. 5 Freunde teilen sich 3 Tafeln Schokolade. Wie viel bekommt jeder? Erkläre.

3. Welcher Quotient und welcher Bruch ist dargestellt?

a) 3 Riegel werden an 4 Personen verteilt.

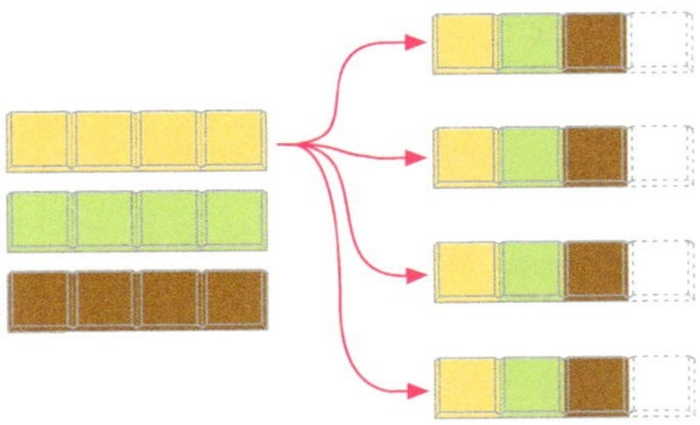

b) 2 Waffeln werden an 5 Personen verteilt.

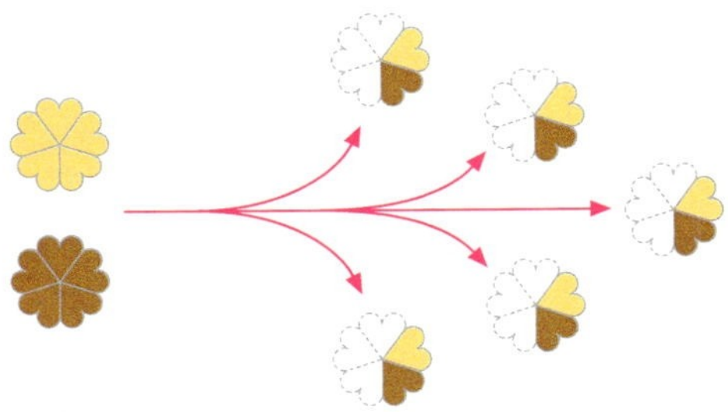

4. Der Bruch $\frac{3}{4}$ kann bedeuten:

(1) Von einem Ganzen 3 Viertel

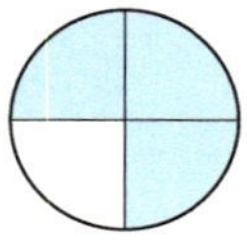

(2) Von 3 Ganzen je ein Viertel

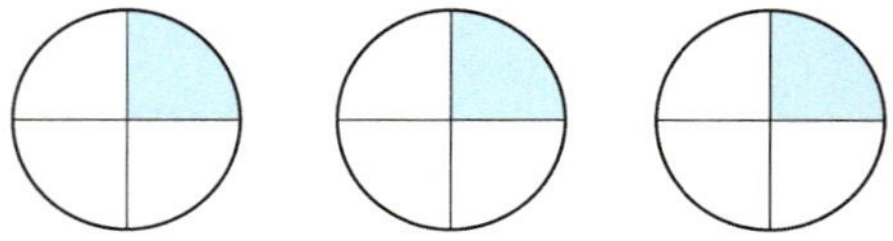

Erkläre ebenso:

a) $\frac{4}{5}$ **b)** $\frac{3}{7}$ **c)** $\frac{5}{6}$ **d)** $\frac{5}{8}$

Zeichne auch dazu.

5. Schreibe den Quotienten als Bruch.
Gib das Ergebnis auch in einer kleineren Einheit an.

Aufgabe: 3 m : 4

Denke dir 3 Meterstäbe nebeneinandergelegt und zerlege sie jeweils in 4 gleich lange Teile.

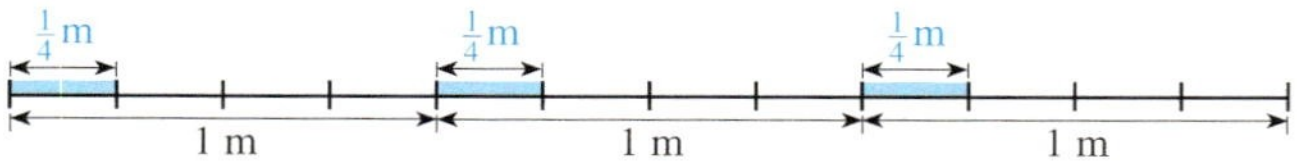

3 m : 4 = 3 viertel Meter = $\frac{3}{4}$ m *oder* 3 m : 4 = 300 cm : 4 = 75 cm = $\frac{3}{4}$ m

a) 3 m : 5; 3 m : 10; 4 m : 5; 5 m : 20

b) 3 km : 4; 3 km : 5; 9 km : 10; 7 km : 8

c) 3 dm : 4; 4 dm : 25; 7 m : 8

d) 4 cm : 5; 5 dm : 2; 9 m : 5

6. Notiere als Bruch. Gib das Ergebnis – falls möglich – auch als natürliche Zahl oder in der gemischten Schreibweise an.

a) 7 : 2; 1 : 2 **b)** 3 : 4; 7 : 4 **c)** 2 : 4; 4 : 2 **d)** 3 : 5; 18 : 5 **e)** 3 : 12; 28 : 12 **f)** 1 : 5; 5 : 1 **g)** 0 : 3; 0 : 5

7. Wandle den gemeinen Bruch durch Dividieren in die gemischte Schreibweise um.

a) $\frac{23}{7}$ **c)** $\frac{43}{3}$ **e)** $\frac{143}{12}$ **g)** $\frac{7428}{100}$ **i)** $\frac{190}{15}$

b) $\frac{29}{8}$ **d)** $\frac{99}{7}$ **f)** $\frac{133}{20}$ **h)** $\frac{3395}{1000}$ **j)** $\frac{511}{25}$

$\frac{13}{5} = 13 : 5$
$= 2 + (3 : 5)$
$= 2 + \frac{3}{5}$
$= 2\frac{3}{5}$

Übungen

8. Es soll gerecht verteilt werden.
Wie viel bekommt jeder?

a) 3 Äpfel werden an 4 Mädchen verteilt.

b) 4 Eierkuchen werden an 3 Jungen verteilt.

c) 6 Freunde teilen sich 15 Birnen.

d) 14 Personen teilen sich 2 Torten.

9. Notiere als Bruch. Gib das Ergebnis – wenn möglich – auch als natürliche Zahl oder in der gemischten Schreibweise an.

a) 5 : 8; 11 : 8 **b)** 3 : 4; 5 : 4 **c)** 2 : 6; 15 : 6 **d)** 17 : 25; 31 : 25 **e)** 9 : 1; 15 : 1 **f)** 0 : 7; 0 : 1 **g)** 1 : 7; 7 : 1 **h)** 1 : 9; 0 : 9

10. Wandle den unechten Bruch durch Dividieren in die gemischte Schreibweise um.

a) $\frac{67}{5}$ **b)** $\frac{100}{6}$ **c)** $\frac{133}{9}$ **d)** $\frac{93}{7}$ **e)** $\frac{131}{10}$ **f)** $\frac{387}{25}$ **g)** $\frac{876}{100}$ **h)** $\frac{9315}{1000}$

11. Notiere den Quotienten als Bruch und in der gemischten Schreibweise.
Überschlage zunächst, zwischen welchen natürlichen Zahlen das Ergebnis liegt.

$25 : 6 = \frac{25}{6}$
$= 4\frac{1}{6}$

a) 29 : 7 **b)** 43 : 6 **c)** 49 : 9 **d)** 93 : 8 **e)** 251 : 10 **f)** 84 : 5 **g)** 178 : 18 **h)** 113 : 12 **i)** 179 : 25 **j)** 1410 : 60

12. 3 kg Kirschen werden gerecht verteilt an

a) 4 Personen; **b)** 5 Personen; **c)** 10 Personen; **d)** 2 Personen.

Wie viel kg erhält jeder?

13. **a)** 5 *l* Saft sollen auf 8 Gläser gleichmäßig verteilt werden.

1 *l* = 1000 ml

b) 7 *l* Saft sollen auf 20 Gläser gleichmäßig verteilt werden.

c) 9 *l* Saft sollen auf 24 Gläser gleichmäßig verteilt werden.

Wie viel Saft ist in jedem Glas? Gib das Ergebnis auch in ml an.

14. Schreibe das Ergebnis als Bruch. Gib das Ergebnis auch in ml an.

a) 3 *l* : 4 **b)** 3 *l* : 8 **c)** 11 *l* : 25 **d)** 7 *l* : 8 **e)** 7 *l* : 20

15. Schreibe als Bruch. Gib das Ergebnis auch in einer kleineren Einheit an.

a) $3\ m^2 : 4$; $2\ km^2 : 5$; $7\ cm^2 : 10$ **b)** $7\ m^3 : 8$; $6\ m^3 : 40$; $11\ dm^3 : 125$

Spiel (2 – 4 Spieler)

16. Stellt euch wie rechts ein Anlegespiel her für die Brüche:
$\frac{1}{2}$, $\frac{1}{5}$, $\frac{2}{3}$, $\frac{2}{4}$, $\frac{5}{6}$, $\frac{7}{8}$, $\frac{3}{4}$, $\frac{8}{12}$, $\frac{3}{8}$, $\frac{4}{3}$, $1\frac{3}{4}$, $1\frac{1}{8}$.
Ihr erhaltet 12 Zahlenkarten und 24 Bildkarten.
Mischt die 12 Zahlenkarten und legt sie verdeckt als Stapel auf den Tisch.
Mischt dann die 24 Bildkarten und verteilt sie.
Jeder legt seine Bildkarten offen auf den Tisch. Reihum wird nun die oberste Karte des Stapels aufgedeckt.
Wer passende Bildkarten hat, legt sie dazu.
Sieger ist, wer zuerst alle Bildkarten anlegen konnte.

GEBROCHENE ZAHLEN – DARSTELLUNGSFORMEN

Zahlenstrahl – Gebrochene Zahlen

Aufgabe

1.

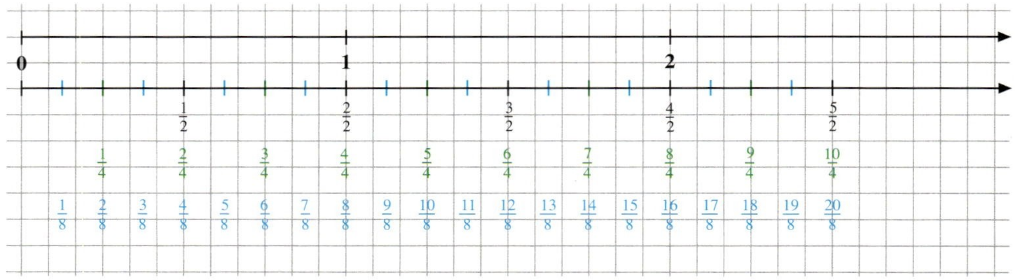

An diesem Zahlenstrahl sind bereits verschiedene Brüche dargestellt. Trage entsprechend die folgenden Brüche auf diesem Zahlenstrahl ab. Was fällt dir auf?

(1) $\frac{1}{3}$; $\frac{2}{3}$; $\frac{3}{3}$; $\frac{4}{3}$; $2\frac{1}{3}$ (2) $\frac{1}{6}$; $\frac{2}{6}$; $\frac{3}{6}$; $\frac{4}{6}$; $\frac{5}{6}$; $\frac{6}{6}$; $\frac{7}{6}$; $1\frac{5}{6}$; $2\frac{1}{6}$

Lösung

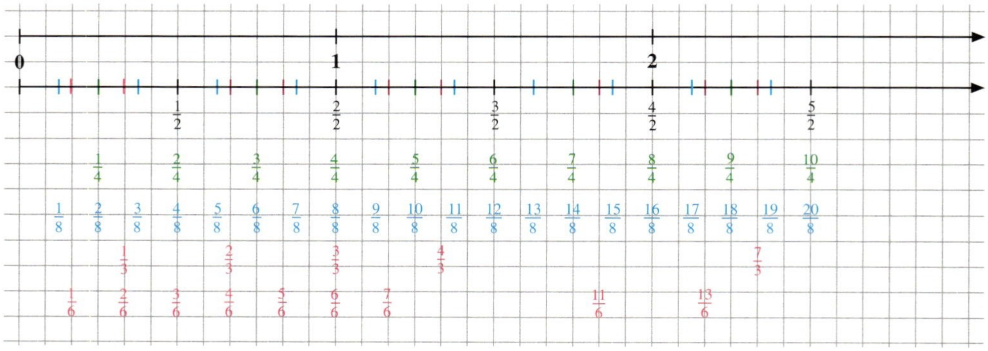

Gleichwertige Brüche gehören zum selben Punkt auf dem Zahlenstrahl.

Information

Ebenso wie die natürlichen Zahlen 0, 1, 2, 3, ... kann man auch gemeine Brüche wie $\frac{1}{2}$, $\frac{3}{4}$, $\frac{5}{8}$, $\frac{4}{3}$ durch einen Punkt auf dem Zahlenstrahl festlegen.

Wir nennen $\frac{1}{2}$, $\frac{3}{4}$, $\frac{4}{3}$, $\frac{5}{5}$, $1\frac{5}{6}$, $2\frac{2}{5}$, $\frac{0}{12}$, ... **gebrochene Zahlen.**

Zu einer gebrochenen Zahl (zu einem Punkt des Zahlenstrahls) gehören verschiedene Brüche.

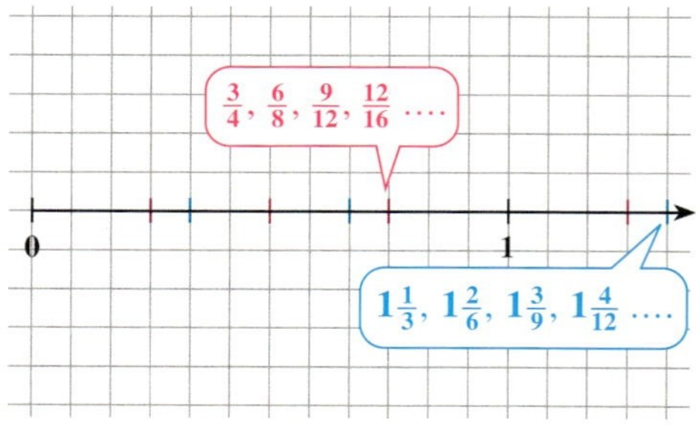

Beispiel: Die gleichwertigen Brüche $\frac{3}{4}$, $\frac{6}{8}$, $\frac{9}{12}$ gehören zu demselben Punkt:

$\frac{3}{4} = \frac{6}{8} = \frac{9}{12}$

Wir sagen: $\frac{3}{4}$, $\frac{6}{8}$ *und* $\frac{9}{12}$ *sind verschiedene Namen für dieselbe gebrochene Zahl*

oder auch: *Die Brüche* $\frac{3}{4}$, $\frac{6}{8}$ *und* $\frac{9}{12}$ *haben denselben Wert.*

Die natürlichen Zahlen sind besondere gebrochene Zahlen (z. B.: $2 = \frac{2}{1} = \frac{8}{4}$).

Dezimalbrüche sind andere Schreibweisen für gebrochene Zahlen. Der gemeine Bruch $\frac{7}{10}$ und der Dezimalbruch 0,7 sind nur *verschiedene* Namen für *dieselbe* gebrochene Zahl: $0{,}7 = \frac{7}{10}$

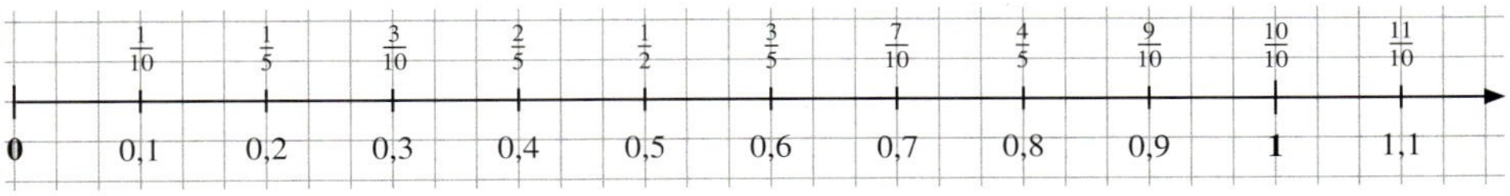

Zum Festigen und Weiterarbeiten

2. Notiere zu den angegebenen Punkten des Zahlenstrahls einen gemeinen Bruch und einen Dezimalbruch.

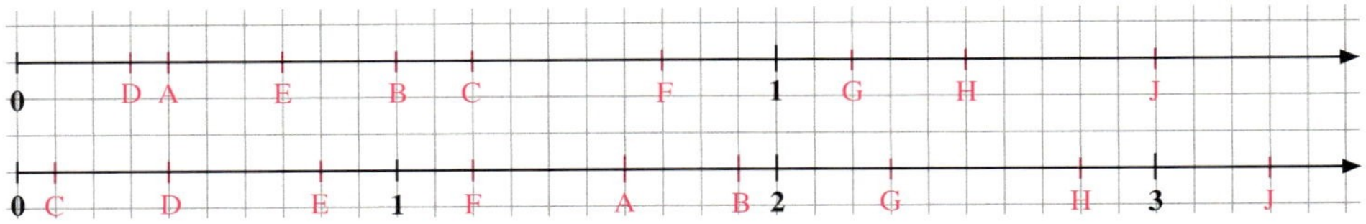

Übungen

3. Zeichne einen Zahlenstrahl; wähle 10 Kästchen für die Strecke von 0 bis 1.
Trage die Punkte für die angegebenen gebrochenen Zahlen ein. Notiere jeweils auch einen Dezimalbruch am Zahlenstrahl.

a) $\frac{1}{10}$; $\frac{2}{10}$; $\frac{3}{10}$; $\frac{7}{10}$; $1\frac{5}{10}$; $2\frac{3}{10}$; $\frac{0}{10}$

b) $\frac{1}{5}$; $\frac{2}{5}$; $\frac{3}{5}$; $\frac{4}{5}$; $\frac{5}{5}$; $\frac{6}{5}$; $1\frac{4}{5}$; $2\frac{2}{5}$

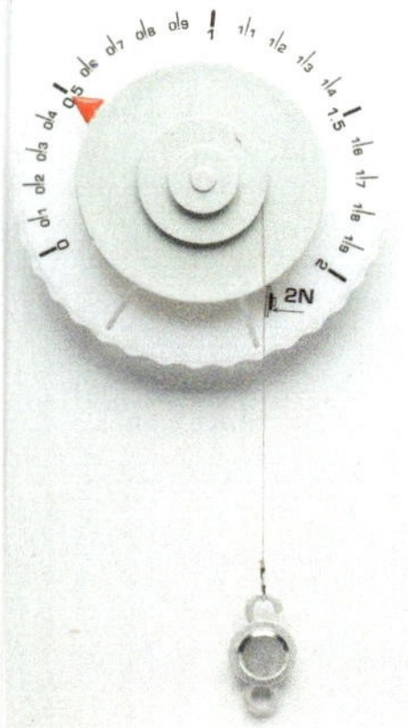

Kraftmesser

4. Zeichne einen Zahlenstrahl; wähle für die Strecke von 0 bis 1 die angegebene Länge. Trage die Punkte ein für:

a) $\frac{3}{2}$; $\frac{3}{4}$; $\frac{2}{3}$; $1\frac{2}{3}$; $1\frac{1}{6}$; $2\frac{1}{6}$ (6 cm)

b) $\frac{5}{12}$; $\frac{2}{3}$; $\frac{7}{6}$; $\frac{3}{4}$; $\frac{7}{12}$; $\frac{4}{6}$; $\frac{11}{24}$ (12 cm)

c) 0,4; 0,55; 0,75; 1,05; 1,35 (10 cm)

d) 0,35; $\frac{2}{5}$; 0,65; $\frac{17}{50}$; 1,25 (10 cm)

5. a) Gib zu den einzelnen Punkten des Zahlenstrahls die entsprechende gebrochene Zahl an.

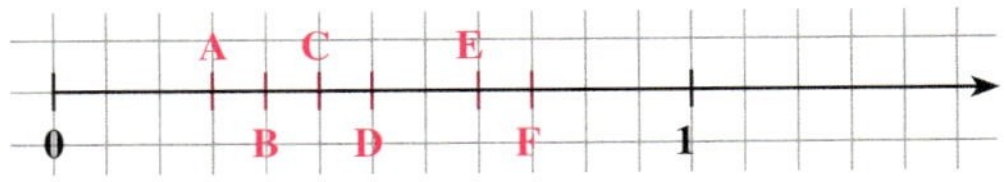

b) Markiere die Punkte für die gebrochenen Zahlen $\frac{1}{6}$; $\frac{5}{6}$; $\frac{11}{12}$; $\frac{1}{8}$ und $1\frac{1}{12}$.

c) Gib für jeden der Punkte von Teilaufgabe a) noch zwei weitere gemeine Brüche an.

6. Zum Punkt P gehört der Bruch $\frac{2}{3}$.

a) Lies aus den Abbildungen (2) und (3) andere Brüche ab, die auch zum Punkt P gehören.

b) Denke dir den Zahlenstrahl noch weiter unterteilt.
Welche Brüche gehören dann auch zum Punkt P?

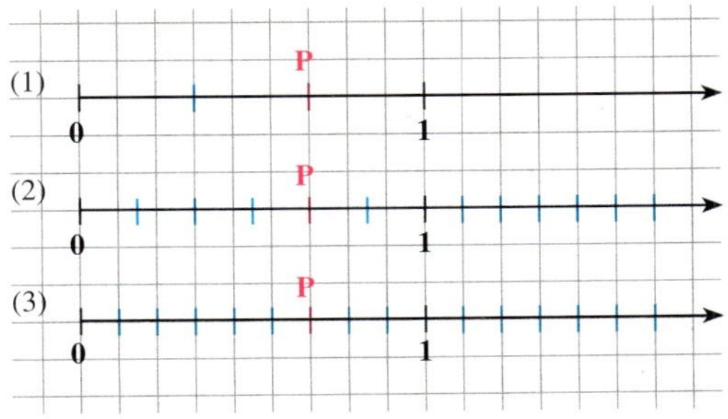

7. Welche der Brüche $\frac{1}{4}$; $\frac{10}{6}$; $\frac{8}{12}$; $\frac{4}{3}$; $\frac{2}{3}$; $\frac{2}{8}$; $\frac{15}{12}$; $\frac{5}{3}$; $\frac{3}{8}$; $\frac{9}{12}$; $\frac{4}{6}$; $\frac{3}{12}$; 0,25, 0,375 gehören jeweils zu demselben Punkt des Zahlenstrahls?

8. Welche der gebrochenen Zahlen $\frac{12}{6}$; $\frac{4}{8}$; $\frac{0}{10}$; $\frac{13}{1}$; $\frac{14}{2}$; $\frac{15}{3}$; $\frac{16}{4}$; $\frac{17}{5}$; $\frac{18}{6}$; $\frac{19}{7}$ können einfacher als natürliche Zahlen geschrieben werden?

Gleichwertige Brüche – Erweitern und Kürzen

Zum Wiederholen

1. Welcher Anteil ist in dem Bild rot, welcher gelb gefärbt?
Gib mehrere Brüche an.

a)

b)

c)

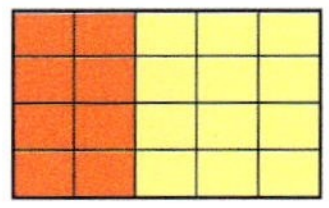

d)

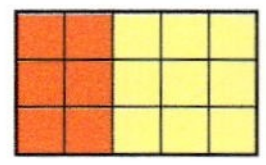

2. **a)** Erweitere $\frac{2}{3}$ mit 2. Stelle beide Brüche dar; wähle als Ganzes ein geeignetes Rechteck. Erkläre, warum sich beim Erweitern der Wert des Bruches nicht ändert.

b) Der Bruch $\frac{16}{24}$ ist durch Erweitern aus einem Bruch entstanden. Wie kann der ursprüngliche Bruch heißen?

Wiederholung

Erweitern eines gemeinen Bruches

Ein Bruch wird erweitert, indem man zugleich seinen Zähler und seinen Nenner mit derselben natürlichen Zahl ungleich 0 (Erweiterungszahl) multipliziert.
Beim Erweitern eines Bruches erhält man wieder einen Bruch (Namen) für *dieselbe* gebrochene Zahl.

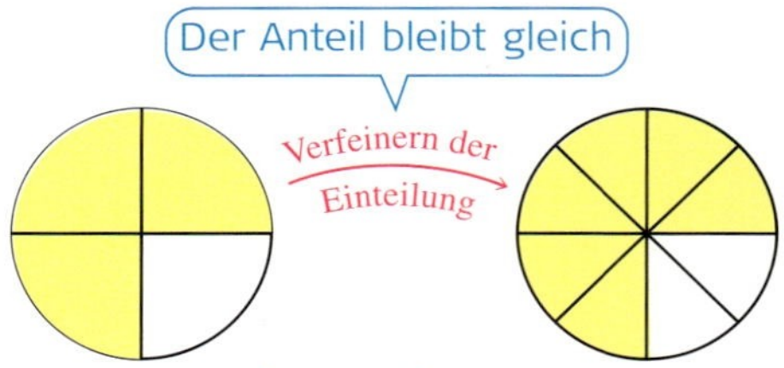

$\frac{3}{4} \overset{2}{=} \frac{3 \cdot 2}{4 \cdot 2} = \frac{6}{8}$

Beispiel: $\frac{3}{4} = \frac{3 \cdot 2}{4 \cdot 2} = \frac{6}{8}$; $\frac{3}{4} = \frac{3 \cdot 3}{4 \cdot 3} = \frac{9}{12}$; $\frac{3}{4} = \frac{3 \cdot 4}{4 \cdot 4} = \frac{12}{16}$; $\frac{3}{4} = \frac{3 \cdot 5}{4 \cdot 5} = \frac{15}{20}$;

also: $\frac{3}{4} = \frac{6}{8} = \frac{9}{12} = \frac{12}{16} = \frac{15}{20} = \dots$

Kürzen eines gemeinen Bruches

Ein Bruch wird gekürzt, indem man zugleich seinen Zähler und seinen Nenner durch dieselbe natürliche Zahl ungleich 0 (Kürzungszahl) dividiert.
Beim Kürzen eines Bruches erhält man wieder einen Bruch für *dieselbe* gebrochene Zahl.

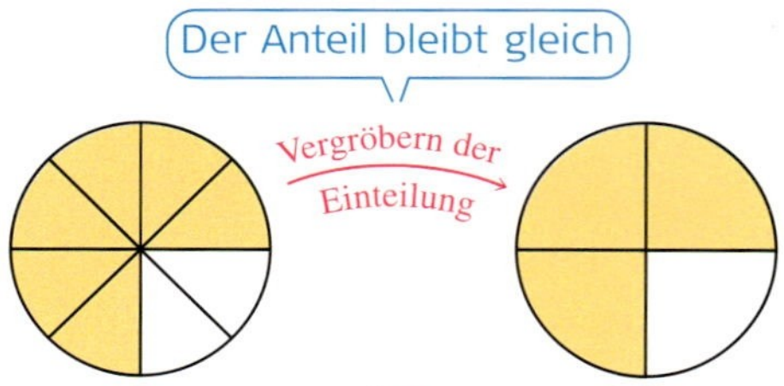

$\frac{6}{8} \underset{2}{=} \frac{6 : 2}{8 : 2} = \frac{3}{4}$

Beispiel: $\frac{12}{30} = \frac{12 : 2}{30 : 2} = \frac{6}{15}$; $\frac{12}{30} = \frac{12 : 3}{30 : 3} = \frac{4}{10}$; $\frac{12}{30} = \frac{12 : 4}{30 : 4} = \frac{2}{5}$;

also: $\frac{12}{30} = \frac{6}{15} = \frac{4}{10} = \frac{2}{5}$

Die Kürzungszahl ist ein gemeinsamer Teiler von Zähler und Nenner.

Zum Festigen und Weiterarbeiten

3. Erweitere den Bruch

a) $\frac{3}{7}$; **b)** $\frac{9}{5}$; **c)** $\frac{11}{8}$; **d)** $\frac{10}{2}$

nacheinander mit den Erweiterungszahlen 4, 5, 6, 7, 8.

$\frac{2}{3} \overset{4}{=} \frac{8}{12}$; $\frac{2}{3} \overset{5}{=} \frac{10}{15}$; …

4. **a)** Erkläre: Die Brüche wie $\frac{4}{7}$, $\frac{11}{5}$, $\frac{8}{9}$ lassen sich (außer mit 1) nicht kürzen. Gib fünf weitere solche Brüche an.

b) Erläutere, warum man 1 als Kürzungszahl ausschließt.

5. Erweitere die Brüche $\frac{2}{3}$; $\frac{1}{6}$; $\frac{3}{2}$; $\frac{8}{5}$; $\frac{4}{15}$; $\frac{4}{1}$ und $\frac{3}{10}$ so, dass
a) der Nenner 30 ist;
b) der Zähler 24 ist.
Gib jeweils die Erweiterungszahl an.

6. Gegeben sind die Brüche $\frac{36}{32}$; $\frac{36}{48}$; $\frac{180}{80}$; $\frac{72}{48}$; $\frac{72}{64}$ und $\frac{108}{144}$.
a) Kürze jeden der Brüche mit der Kürzungszahl 4.
b) Kürze jeden der Brüche so, dass du den Nenner 16 erhältst.
c) Kürze jeden der Brüche so, dass du den Zähler 9 erhältst.

7. Julia behauptet: Ich kann einen Bruch immer erweitern, aber nicht immer kürzen. Was meinst du dazu?
Finde Beispiele und erkläre.

8. Lies die Zeitungsnotiz.
Gib den Anteil der Kinder, die sich im Auto nicht anschnallen, als Bruch an.

Jedes fünfte Kind im Auto nicht gesichert

Halberstadt. Bei einer Schwerpunktaktion der Polizei im Landkreis Harz war jedes fünfte Kind im Auto nicht dem Alter entsprechend gesichert.

Übungen

Erweitern eines Bruches

9. Erweitere nacheinander mit 2, 3, 5, 10, 11, 12, 24 und 25.
a) $\frac{2}{3}$ **b)** $\frac{1}{8}$ **c)** $\frac{3}{5}$ **d)** $\frac{4}{7}$ **e)** $\frac{5}{12}$ **f)** $\frac{11}{1}$ **g)** $\frac{8}{15}$ **h)** $\frac{7}{12}$ **i)** $\frac{18}{25}$ **j)** $\frac{24}{13}$

10. **a)** Erweitere $\frac{5}{8}$, $\frac{2}{3}$, $\frac{7}{12}$, $\frac{5}{4}$, $\frac{4}{6}$, $\frac{3}{8}$, $\frac{5}{24}$, $\frac{5}{1}$ so, dass der Nenner 24 ist.
b) Erweitere $\frac{3}{5}$, $\frac{10}{15}$, $\frac{6}{10}$, $\frac{2}{30}$, $\frac{6}{1}$, $\frac{5}{2}$, $\frac{5}{6}$ so, dass der Nenner 30 ist.
Gib jedesmal die Erweiterungszahl an.

11. Erweitere jeweils so, dass der Nenner 10, 100 oder 1 000 ist.
a) $\frac{11}{5}$; $\frac{5}{4}$ **c)** $\frac{9}{20}$; $\frac{7}{25}$ **e)** $\frac{21}{250}$; $\frac{52}{125}$
b) $\frac{9}{2}$; $\frac{3}{25}$ **d)** $\frac{13}{40}$; $\frac{39}{200}$ **f)** $\frac{5}{8}$; $\frac{131}{200}$

$\frac{7}{20} \overset{5}{=} \frac{35}{100}$

12. Welche der Brüche $\frac{6}{5}$, $\frac{18}{25}$, $\frac{25}{6}$, $\frac{5}{8}$, $\frac{9}{20}$, $\frac{8}{15}$, $\frac{45}{11}$, $\frac{15}{4}$, $\frac{5}{12}$, $\frac{10}{9}$, $\frac{3}{50}$, $\frac{3}{125}$, $\frac{30}{7}$, $\frac{9}{40}$ lassen sich so erweitern, dass
a) der Nenner 10 oder 100 oder 1 000, ... wird; **b)** der Zähler 90 wird?

13. Setze für $\square$ die passende Zahl ein. Gib auch die Erweiterungszahl an.
a) $\frac{3}{7} = \frac{\square}{28}$ **c)** $\frac{7}{12} = \frac{35}{\square}$ **e)** $\frac{\square}{12} = \frac{48}{36}$ **g)** $\frac{3}{4} = \frac{\square}{8} = \frac{\square}{24} = \frac{\square}{120} = \frac{\square}{840}$
b) $\frac{5}{4} = \frac{15}{\square}$ **d)** $\frac{3}{\square} = \frac{24}{40}$ **f)** $\frac{\square}{12} = \frac{36}{48}$ **h)** $\frac{6}{5} = \frac{18}{\square} = \frac{72}{\square} = \frac{144}{\square} = \frac{720}{\square}$

14. Bestimme die Erweiterungszahl. Welche Aussagen sind falsch? Berichtige bei der zweiten Zahl dann nur den Nenner.
a) $\frac{5}{8} = \frac{35}{56}$; $\frac{7}{9} = \frac{42}{63}$ **b)** $\frac{4}{11} = \frac{36}{99}$; $\frac{13}{5} = \frac{65}{25}$ **c)** $\frac{12}{7} = \frac{48}{28}$; $\frac{8}{15} = \frac{48}{90}$ **d)** $\frac{11}{9} = \frac{110}{99}$; $\frac{25}{8} = \frac{125}{56}$ **e)** $\frac{17}{23} = \frac{51}{96}$; $\frac{37}{46} = \frac{111}{138}$ **f)** $\frac{16}{15} = \frac{256}{225}$; $\frac{52}{63} = \frac{364}{441}$

15. Erweitere die Brüche so, dass sie dann einen gemeinsamen Nenner haben.

$\frac{2}{3}; \frac{4}{5}$ $\quad \frac{2}{3} \overset{5}{=} \frac{10}{15} \quad \frac{4}{5} \overset{3}{=} \frac{12}{15}$

a) $\frac{1}{2}; \frac{3}{4}$ **b)** $\frac{5}{4}; \frac{1}{6}$ **c)** $\frac{9}{10}; \frac{4}{25}$ **d)** $\frac{5}{6}; \frac{3}{8}$ **e)** $\frac{3}{2}; \frac{2}{3}; \frac{4}{5}$ **f)** $\frac{15}{14}; \frac{10}{21}; \frac{3}{35}; \frac{9}{70}$

16. Erweitere die beiden Brüche so, dass sie dann den *kleinsten* gemeinsamen Nenner haben.

$\frac{5}{6}; \frac{3}{4}$ $\quad \frac{5}{6} \overset{2}{=} \frac{10}{12} \quad \frac{3}{4} \overset{3}{=} \frac{9}{12}$

a) $\frac{9}{10}; \frac{15}{4}$ $\quad \frac{1}{6}; \frac{3}{8}$ $\quad \frac{4}{5}; \frac{1}{3}$

b) $\frac{5}{12}; \frac{15}{8}$ $\quad \frac{18}{25}; \frac{12}{5}$ $\quad \frac{11}{10}; \frac{7}{15}$

c) $\frac{15}{8}; \frac{25}{6}$ $\quad \frac{10}{9}; \frac{8}{15}$ $\quad \frac{6}{25}; \frac{9}{10}$

d) $\frac{45}{14}; \frac{25}{21}$ $\quad \frac{22}{27}; \frac{55}{18}$ $\quad \frac{77}{36}; \frac{33}{40}$

17. Erweitere die Brüche; sie sollen einen möglichst kleinen gemeinsamen Nenner haben.

a) $\frac{3}{4}; \frac{7}{8}; \frac{5}{6}; \frac{11}{12}$ **b)** $\frac{7}{10}; \frac{13}{15}; \frac{21}{5}; \frac{9}{20}$ **c)** $\frac{13}{12}; \frac{19}{18}; \frac{9}{8}; \frac{10}{9}$ **d)** $\frac{5}{6}; \frac{7}{8}; \frac{9}{10}; \frac{14}{15}$

18. Kontrolliere Annes Hausaufgaben. Ändere gegebenenfalls den Bruch auf der rechten Seite ab.

a) $\frac{7}{3} = \frac{42}{18}$ c) $\frac{9}{14} = \frac{72}{126}$ e) $\frac{25}{19} = \frac{300}{209}$ g) $\frac{22}{27} = \frac{66}{81}$ i) $\frac{18}{32} = \frac{54}{96}$

b) $\frac{12}{13} = \frac{48}{52}$ d) $\frac{17}{8} = \frac{68}{32}$ f) $\frac{17}{41} = \frac{51}{132}$ h) $\frac{3}{5} = \frac{75}{45}$ j) $\frac{12}{45} = \frac{144}{900}$

19. Gib eine passende Zahl für x an.

$\frac{9}{4} = \frac{x}{44}$

x = 99, denn

$\frac{9}{4} \overset{11}{=} \frac{99}{44}$

a) $\frac{5}{8} = \frac{x}{32}$ $\quad \frac{42}{x} = \frac{7}{5}$ $\quad \frac{7}{9} = \frac{63}{x}$

b) $\frac{x}{90} = \frac{8}{15}$ $\quad \frac{13}{24} = \frac{78}{x}$ $\quad \frac{12}{35} = \frac{x}{210}$

c) $\frac{2}{11} = \frac{10}{x}$ $\quad \frac{3}{4} = \frac{x}{12}$ $\quad \frac{2}{x} = \frac{x}{18}$

d) $\frac{11}{7} = \frac{11 \cdot x}{91}$ $\quad \frac{4}{13} = \frac{4 \cdot x}{13 \cdot x}$ $\quad \frac{4}{5} = \frac{27 - x}{27 + x}$

Kürzen eines Bruches

20. Kürze die Brüche $\frac{12}{30}, \frac{18}{24}, \frac{24}{6}, \frac{48}{60}$ und $\frac{6}{54}$ **a)** mit 2; **b)** mit 3; **c)** mit 6.

21. Kürze; es gibt mehrere Möglichkeiten. Gib wie im Beispiel jeweils die Kürzungszahl an.

$\frac{30}{48} \underset{2}{=} \frac{15}{24} \quad \frac{30}{48} \underset{3}{=} \frac{10}{16} \quad \frac{30}{48} \underset{6}{=} \frac{5}{8}$

a) $\frac{30}{40}$ **b)** $\frac{28}{16}$ **c)** $\frac{18}{12}$ **d)** $\frac{45}{30}$ **e)** $\frac{34}{36}$ **f)** $\frac{16}{40}$ **g)** $\frac{40}{60}$ **h)** $\frac{20}{10}$ **i)** $\frac{80}{120}$ **j)** $\frac{144}{60}$ **k)** $\frac{108}{180}$

22. Kürze jeweils.

a) $\frac{14}{24}; \frac{15}{25}; \frac{16}{26}$ **b)** $\frac{21}{35}; \frac{27}{33}; \frac{33}{55}$ **c)** $\frac{32}{20}; \frac{17}{18}; \frac{36}{60}$ **d)** $\frac{84}{96}; \frac{60}{75}; \frac{78}{91}$

23. Kürze jeden Bruch auf zweierlei Weise.

$\frac{60}{90} \underset{2}{=} \frac{30}{45} \quad \frac{60}{90} \underset{15}{=} \frac{4}{6}$

a) $\frac{8}{12}; \frac{15}{30}; \frac{30}{18}; \frac{16}{4}; \frac{25}{50}$ **b)** $\frac{8}{20}; \frac{36}{48}; \frac{18}{6}; \frac{10}{20}; \frac{18}{30}; \frac{40}{60}; \frac{40}{100}$

24. Setze für $\square$ die passende Zahl ein. Gib auch die Kürzungszahl an.

a) $\frac{12}{20} = \frac{\square}{5}$ $\quad \frac{20}{25} = \frac{4}{\square}$

b) $\frac{15}{25} = \frac{\square}{5}$ $\quad \frac{16}{12} = \frac{4}{\square}$

c) $\frac{6}{8} = \frac{3}{\square}$ $\quad \frac{15}{20} = \frac{\square}{4}$

d) $\frac{10}{12} = \frac{\square}{6}$ $\quad \frac{40}{60} = \frac{2}{\square}$

e) $\frac{72}{96} = \frac{6}{\square}$ $\quad \frac{195}{52} = \frac{15}{\square}$

f) $\frac{90}{72} = \frac{\square}{4}$ $\quad \frac{88}{110} = \frac{\square}{5}$

25. Kontrolliere Pauls Hausaufgaben.
Berichtige gegebenenfalls bei dem linken Bruch nur den Nenner.

a) $\frac{36}{40} = \frac{9}{10}$ $\frac{56}{32} = \frac{7}{4}$
b) $\frac{63}{45} = \frac{7}{5}$ $\frac{35}{65} = \frac{7}{13}$
c) $\frac{49}{63} = \frac{7}{8}$ $\frac{33}{77} = \frac{3}{7}$
d) $\frac{48}{64} = \frac{3}{4}$ $\frac{45}{33} = \frac{15}{11}$
e) $\frac{165}{180} = \frac{11}{12}$ $\frac{64}{400} = \frac{4}{25}$
f) $\frac{78}{169} = \frac{6}{13}$ $\frac{108}{144} = \frac{9}{11}$

26. Kürze schrittweise so weit wie möglich.

$\frac{36}{96} \underset{2}{=} \frac{18}{48} \underset{2}{=} \frac{9}{24} \underset{3}{=} \frac{3}{8}$

a) $\frac{12}{16}$; $\frac{84}{21}$; $\frac{12}{18}$ **c)** $\frac{36}{90}$; $\frac{48}{80}$; $\frac{75}{60}$ **e)** $\frac{63}{36}$; $\frac{45}{54}$; $\frac{84}{48}$
b) $\frac{40}{50}$; $\frac{28}{24}$; $\frac{24}{36}$ **d)** $\frac{42}{28}$; $\frac{75}{45}$; $\frac{32}{48}$ **f)** $\frac{24}{60}$; $\frac{96}{120}$; $\frac{112}{84}$ **g)** $\frac{42}{30}$; $\frac{90}{135}$; $\frac{36}{40}$ **h)** $\frac{60}{144}$; $\frac{48}{128}$; $\frac{42}{126}$

27. Kürze mit allen möglichen Kürzungszahlen.
a) $\frac{24}{16}$ **b)** $\frac{18}{24}$ **c)** $\frac{40}{48}$ **d)** $\frac{36}{54}$ **e)** $\frac{80}{32}$ **f)** $\frac{96}{72}$ **g)** $\frac{105}{30}$ **h)** $\frac{72}{12}$

28. Setze für $\square$ die passende Zahl ein. Gib auch die Kürzungszahlen an. Mit welcher Zahl ist insgesamt gekürzt worden?
a) $\frac{360}{240} = \frac{\square}{120} = \frac{\square}{24} = \frac{\square}{8} = \frac{\square}{2}$ **b)** $\frac{144}{180} = \frac{72}{\square} = \frac{24}{\square} = \frac{12}{\square} = \frac{4}{\square}$

29. Kürze so weit wie möglich, falls noch nötig.
a) $\frac{4}{10}$; $\frac{5}{11}$; $\frac{6}{12}$; $\frac{7}{13}$; $\frac{8}{14}$; $\frac{9}{15}$ **c)** $\frac{40}{2}$; $\frac{39}{3}$; $\frac{38}{4}$; $\frac{37}{5}$; $\frac{36}{6}$; $\frac{35}{7}$ **e)** $\frac{56}{70}$; $\frac{18}{45}$; $\frac{72}{63}$; $\frac{32}{36}$; $\frac{65}{39}$; $\frac{45}{27}$
b) $\frac{16}{22}$; $\frac{17}{23}$; $\frac{18}{24}$; $\frac{19}{25}$; $\frac{20}{26}$; $\frac{21}{27}$ **d)** $\frac{32}{12}$; $\frac{33}{13}$; $\frac{34}{14}$; $\frac{35}{15}$; $\frac{36}{16}$; $\frac{37}{17}$ **f)** $\frac{10}{16}$; $\frac{23}{29}$; $\frac{33}{9}$; $\frac{38}{18}$; $\frac{39}{19}$; $\frac{84}{36}$

30. a) Gebt alle Brüche an mit dem Zähler 2, 3, 4, 5 oder 6 und dem Nenner 12, 15, 16, 18, 20 oder 24.
b) Kürzt diese Brüche soweit möglich. Welche verschiedenen gebrochenen Zahlen erhaltet ihr?

31. Es soll gerecht verteilt werden. Gib den Anteil an, den jeder bekommt.
a) 4 Birnen werden an 6 Jungen verteilt.
b) 8 Waffeln werden an 10 Personen verteilt.
c) 2 Torten werden an 12 Personen verteilt.
d) 4 Mädchen teilen sich 6 Äpfel.

32. Gib in der in Klammern angegebenen Einheit mit einem Bruch an.

$240\text{ g} = \frac{240}{1000}\text{ kg} = \frac{6}{25}\text{ kg}$

a) 750 g (kg) 750 m (km) **c)** 30 cm (m) 30 s (min) **e)** 48 s (min) 375 ml (*l*)
b) 20 min (h) 20 cm (m) **d)** 875 g (kg) 40 min (h) **f)** 375 mg (g) 625 m (km)

33. Ergänze durch Kürzen oder Erweitern:
a) $\frac{7}{5} = \frac{\square}{20} = \frac{14}{\square}$ **c)** $\frac{7}{\square} = \frac{21}{45} = \frac{\square}{180}$ **e)** $\frac{36}{\square} = \frac{\square}{100} = \frac{18}{25}$
b) $\frac{15}{100} = \frac{3}{\square} = \frac{\square}{160}$ **d)** $\frac{1}{\square} = \frac{13}{91} = \frac{\square}{273}$ **f)** $\frac{30}{\square} = \frac{90}{\square} = \frac{9}{15}$

34. Gib als Anteil an.
(1) Bei einer Grippewelle fehlte jeder vierte Schüler einer Schule.
(2) Bei einer Verkehrskontrolle wurde jeder zweite Lkw überprüft.
(3) Bei einer Schultombola ist jedes zehnte Los ein Gewinn.

Dezimalbrüche – Erweiterung der Stellenwerttafel

Zum Wiederholen

1. Bei sportlichen Wettkämpfen wird der 1. Platz, 2. Platz, 3. Platz usw. so genau wie möglich ermittelt. Es ist darum oft zu ungenau, Zeitspannen in ganzen Sekunden anzugeben.

a) Was bedeutet die Angabe 7,8 s auf der Stoppuhr?

b) Sieh dir die Zeitangaben beim 5 000-m-Eisschnelllauf der Frauen und beim Rennrodeln der Männer (Olympische Spiele) in Vancouver (Kanada) an. Was bedeuten die Ziffern rechts vom Komma?

5 000 m Eisschnelllauf Frauen
Olympische Spiele 2010

1. Martina Sablikova (CZE)	6 min 50,91 s
2. Stephanie Beckert (GER)	6 min 51,39 s
3. Clara Hughes (CAN)	6 min 55,73 s

Rennrodeln Männer
Olympische Spiele 2010

1. Felix Loch (GER)	3 min 13,085 s
2. David Möller (GER)	3 min 13,764 s
3. Armin Zöggeler (ITA)	3 min 14,375 s

Wiederholung

(1) 2,09; 8,145; 0,42; 0,706 sind **Dezimalbrüche.** Sie haben ein Komma. Rechts vom Komma stehen nacheinander die *Zehntel* (z), die *Hundertstel* (h), die *Tausendstel* (t).

Z	E	z	h	t
	2	0	9	
	8	1	4	5
	0	4	2	
	0	7	0	6

Dezimalbruch	*Zerlegung*	*Gemischte Schreibweise*	*Gemeiner Bruch*
2,09	$= 2 + \frac{0}{10} + \frac{9}{100}$	$= 2\frac{9}{100}$	$= \frac{209}{100}$
8,145	$= 8 + \frac{1}{10} + \frac{4}{100} + \frac{5}{1000}$	$= 8\frac{145}{1000}$	$= \frac{8145}{1000}$
0,42	$= \frac{4}{10} + \frac{2}{100}$		$= \frac{42}{100}$
0,706	$= \frac{7}{10} + \frac{0}{100} + \frac{6}{1000}$		$= \frac{706}{1000}$

Dezimalbrüche kann man in gemeine Brüche mit dem Nenner 10, 100, 1 000 umrechnen.

(2) Dezimalbrüche und gemeine Brüche sind verschiedene Schreibweisen für gebrochene Zahlen.

Aufgabe

2. Dezimalbrüche können mehr als drei Ziffern rechts vom Komma haben.

Spinnwebfaden
0,005 mm dick

Haarwuchs
0,00002 cm pro min

Dicke eines Ölflecks
0,000001 mm dick

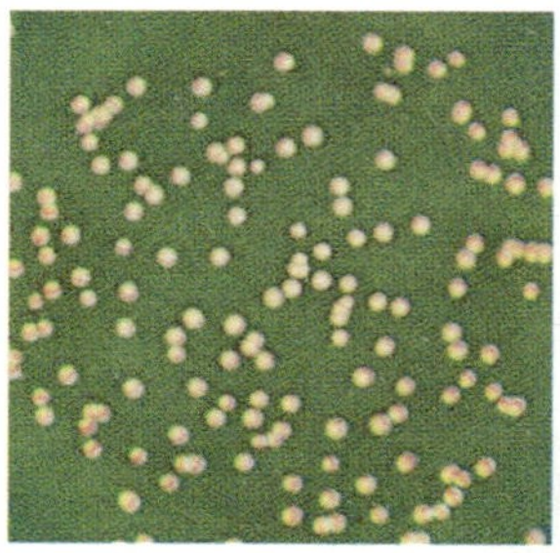
Bakterien
ca. 0,0005 mm groß

a) Trage die Dezimalbrüche in eine Stellenwerttafel ein. Damit du Platz hast, füge rechts von den Tausendsteln weitere Spalten an. Zu welchen Bruchteilen kommst du?

b) Rechne die Dezimalbrüche in gemeine Brüche um.

Lösung

a) Jedesmal, wenn du in der Stellenwerttafel eine Spalte weiter nach rechts gehst, wird die Zahl durch 10 geteilt. Rechts von den Tausendsteln (t) erhältst du die Zehntausendstel (zt), Hunderttausendstel (ht), Millionstel (m) usw.

: 10 : 10 : 10 : 10 : 10 : 10 : 10

Z	E	z	h	t	zt	ht	m
	0	0	0	5			
	0	0	0	0	5		
	0	0	0	0	0	2	
	0	0	0	0	0	0	1

b) $0{,}005 = \frac{5}{1000}$ $\qquad 0{,}00002 = \frac{2}{100\,000}$

$0{,}0005 = \frac{5}{10\,000}$ $\qquad 0{,}000001 = \frac{1}{1\,000\,000}$

Zum Festigen und Weiterarbeiten

3. Schreibe die Dezimalbrüche und zerlege sie. Gib sie zuletzt als gemeine Brüche an.

a)

E	z	h	t	zt
0	3	6	4	7
2	4	0	3	5
5	0	7	1	8
1	5	0	3	8

b)

E	z	h	t	zt	ht
0	3	6	9	0	1
0	1	2	3	5	7
7	0	1	4	7	5
2	4	0	0	6	7

$0{,}7506$
$= \frac{7}{10} + \frac{5}{100} + \frac{0}{1000} + \frac{6}{10\,000}$
$= \frac{7000}{10\,000} + \frac{500}{10\,000} + \frac{6}{10\,000}$
$= \frac{7506}{10\,000}$

4. Schreibe als Bruch. Wie kannst du an der Anzahl der Stellen rechts vom Komma sofort erkennen, welchen Nenner (10, 100, 1 000, 10 000, ...) der Bruch hat?

a) 2,765; 4,1265 **b)** 1,307; 4,0385 **c)** 1,6; 0,123 **d)** 1,2357; 0,0005 **e)** 0,00845; 0,010055 **f)** 0,007645; 0,32558

5. Verwandle in einen Dezimalbruch.

a) $\frac{2}{10}$; $\frac{3}{100}$; $\frac{7}{1000}$; $\frac{9}{100}$ **b)** $\frac{8}{100}$; $\frac{5}{10}$; $\frac{4}{1000}$; $\frac{1}{1000}$ **c)** $\frac{3}{10\,000}$; $\frac{5}{10\,000}$; $\frac{6}{100\,000}$; $\frac{1}{1\,000\,000}$

6. Schreibe als Dezimalbruch. Wie erkennst du am Nenner, wie viele Stellen der Dezimalbruch rechts vom Komma hat?

a) $\frac{12}{100}$; $\frac{56}{100}$ **b)** $\frac{354}{1000}$; $\frac{81}{1000}$ **c)** $\frac{46}{1000}$; $\frac{107}{1000}$ **d)** $\frac{7568}{10\,000}$; $\frac{106}{10\,000}$ **e)** $\frac{85\,625}{100\,000}$; $\frac{5673}{100\,000}$

$\frac{835}{1000}$
$= \frac{8}{10} + \frac{3}{100} + \frac{5}{1000}$
$= 0{,}835$

Übungen

7. Ein Birkenblatt verdunstet tagsüber in jeder Minute durchschnittlich 0,0003 ml Wasser, an heißen Tagen sogar 0,0015 ml. Schreibe diese Angaben als gemeine Brüche.

8. Der menschliche Körper braucht täglich genügend Vitamine. Täglicher Bedarf

Vitamin A	Vitamin B1	Vitamin B2	Vitamin C	Vitamin D
0,0015 g	0,001 g	0,002 g	0,075 g	0,000001 g

Verwandle die Dezimalbrüche in gemeine Brüche.

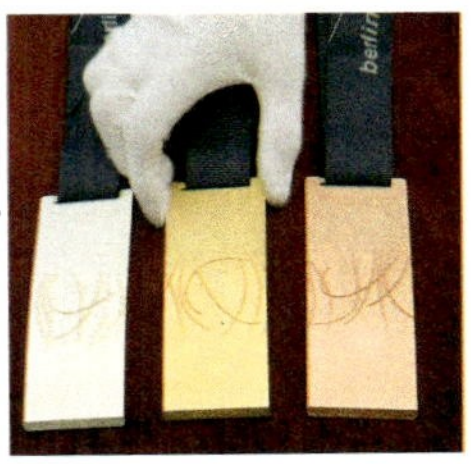

9. a) Zerlege die Zeitspannen in ganze, zehntel, hundertstel Sekunden. Gib die Zeitspannen dann in gemischter Schreibweise an. (Weltmeisterschaft in Berlin 2009)

	100 m	200 m	400 m
Männer	U. Bolt (JAM) 9,58 s	U. Bolt (JAM) 19,19 s	L. Merritt (USA) 44,06 s
Frauen	S. Fraser (JAM) 10,73 s	A. Felix (USA) 22,02 s	S. Richards (USA) 49,00 s

b) Verfahre wie in a): 14,357 s; 31,045 s; 25,902 s; 18,006 s; 20,165 s; 10,027 s

10. Schreibe die Dezimalbrüche und zerlege sie. Gib sie auch als gemeine Brüche bzw. in gemischter Schreibweise an.

a)

Z	E	z	h	t	zt
	1	2	4	3	0
1	6	3	5	9	4
0	5	0	3	2	7

b)

Z	E	z	h	t	zt	ht
4	0	5	1	0	8	
	0	0	0	3	9	4
2	0	0	5	8	6	

c)

Z	E	z	h	t	zt	ht	m
	6	0	0	4	5	0	5
	0	0	1	7	0	5	9
1	2	0	0	5	0	7	

11. Rechne die Dezimalbrüche in gemeine Brüche um. Du kannst die Zahlen auch zunächst in eine Stellenwerttafel eintragen.

a) 6,34; 7,048 **b)** 0,0446; 20,6805 **c)** 19,04704; 9,50065 **d)** 1,48059; 0,04306 **e)** 0,007053; 9,21055 **f)** 0,104073; 0,000342

12. Gib die Größenangaben in Bruchschreibweise an.

a) 8,4 cm; 10,1 cm; 0,6 cm **b)** 14,75 m^2; 2,56 m^2; 0,48 m^2 **c)** 3,045 kg; 1,408 kg; 3,450 kg **d)** 3,456 m^3; 0,862 m^3; 1,055 m^3

$1{,}45\text{ m} = 1\frac{45}{100}\text{ m}$

$1{,}569\text{ km} = 1\frac{569}{1000}\text{ km}$

13. Schreibe als Dezimalbruch.

a) $\frac{4}{100}$; $\frac{7}{1000}$ **b)** $2\frac{5}{1000}$; $4\frac{9}{100}$ **c)** $\frac{8}{1000}$; $\frac{2}{10}$ **d)** $5\frac{3}{10000}$; $1\frac{7}{10000}$ **e)** $\frac{6}{100000}$; $\frac{5}{100000}$ **f)** $\frac{3}{1000000}$; $\frac{4}{1000000}$

14. Schreibe die Summe als Dezimalbruch. Beachte das Beispiel rechts.

$\frac{3}{10} + \frac{7}{100} + \frac{1}{1000} = \frac{371}{1000} = 0{,}371$

a) $\frac{4}{10} + \frac{5}{100} + \frac{7}{1000}$; $\frac{5}{10} + \frac{1}{100} + \frac{2}{1000}$

b) $\frac{3}{10} + \frac{4}{1000}$; $\frac{2}{100} + \frac{5}{1000}$

c) $\frac{3}{10} + \frac{5}{1000} + \frac{2}{10000} + \frac{8}{100000} + \frac{8}{1000000}$; $\frac{9}{100} + \frac{1}{1000} + \frac{3}{100000} + \frac{7}{1000000}$

15. Gib die zugehörigen Dezimalbrüche an.

a) $\frac{14}{100}$; $\frac{265}{1000}$ **b)** $\frac{61}{100}$; $\frac{695}{1000}$ **c)** $\frac{26}{1000}$; $\frac{375}{10000}$ **d)** $7\frac{29}{100}$; $12\frac{21}{1000}$ **e)** $1\frac{7}{1000}$; $14\frac{4}{100}$ **f)** $\frac{35}{10}$; $\frac{11}{10}$ **g)** $\frac{635}{10}$; $\frac{955}{100}$ **h)** $\frac{875}{10000}$; $\frac{2155}{10000}$

16. Schreibe mit Komma.

a) $\frac{27}{100}$ m^2 **b)** $\frac{168}{1000}$ kg **c)** $1\frac{515}{1000}$ m^3 **d)** $\frac{4}{10}$ cm **e)** $6\frac{4}{10}$ s **f)** $\frac{195}{1000}$ l

17. Gib die Größenangaben in einer kleineren Einheit an.

a)

b)

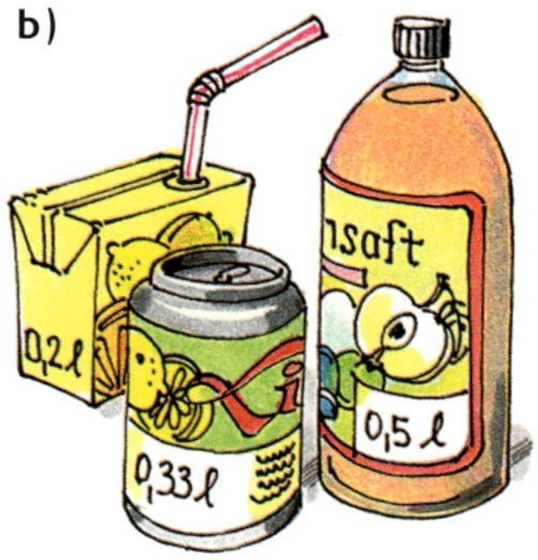

c)

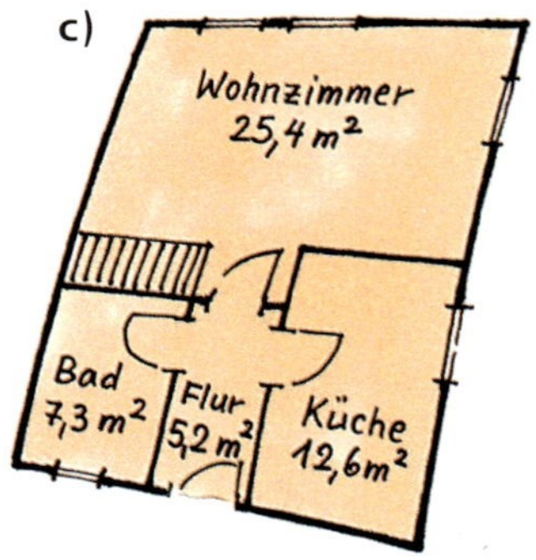

Umformen von gemeinen Brüchen in Dezimalbrüche durch Erweitern und Kürzen

Einstieg

Lukas benötigt für ein Erfrischungsgetränk neben anderen Zutaten $\frac{1}{4}$ *l* Orangensaft und $\frac{1}{4}$ *l* Ananassaft.
In einem Getränkehandel gibt es Flaschen mit 0,33 *l* Orangensaft und Packungen mit 0,2 *l* Ananassaft.

→ Vergleiche die Inhaltsangaben für Orangensaft und für Ananassaft.

Aufgabe

1. **a)** Lisas Mutter hat Apfelsaft hergestellt und nach dem Abkühlen in unterschiedliche Flaschen abgefüllt.
In welcher Flasche ist mehr Saft enthalten?

b) Rechne in Dezimalbrüche um:
$\frac{2}{5}$; $1\frac{1}{4}$; $\frac{1}{8}$; $\frac{36}{40}$

c) Versuche, den Bruch $\frac{1}{3}$ durch passendes Erweitern in einen Dezimalbruch umzurechnen.
Was stellst du fest? Erkläre.

Lösung

a) Du musst $\frac{3}{4}$ auf einen Bruch mit dem Nenner 10, 100, 1000, ... erweitern.
Versuche zunächst $\frac{3}{4}$ auf Zehntel zu erweitern: $\frac{3}{4} = \frac{6}{8} = \frac{9}{12}$. Das gelingt nicht.
Erweitere $\frac{3}{4}$ jetzt auf Hundertstel: $\frac{3}{4} = \frac{3 \cdot 25}{4 \cdot 25} = \frac{75}{100} = 0{,}75$
Vergleiche nun die Literangaben: $\frac{3}{4} > 0{,}7$; denn $0{,}75 > 0{,}7$
Ergebnis: In die $\frac{3}{4}$-*l*-Flasche passt mehr als in die 0,7-*l*-Flasche.

b) Erweitere oder kürze zunächst passend

auf Zehntel:	auf Hundertstel:	auf Tausendstel:	auf Zehntel:
$\frac{2}{5} = \frac{4}{10} = 0{,}4$	$1\frac{1}{4} = 1\frac{25}{100} = 1{,}25$	$\frac{1}{8} = \frac{125}{1000} = 0{,}125$	$\frac{36}{40} = \frac{9}{10} = 0{,}9$

c) $\frac{1}{3}$ kann man nicht auf Zehntel, Hundertstel, Tausendstel, ... erweitern. Warum nicht?
Überlege dir: 10, 100, 1000, ... sind keine Vielfachen von 3, denn:
10 : 3 = 3 Rest 1; 100 : 3 = 33 R 1; 1000 : 3 = 333 R 1; ...

Information

Merke:
$\frac{1}{2} = 0{,}5$ | $\frac{1}{4} = 0{,}25$
$\frac{1}{5} = 0{,}2$ | $\frac{3}{4} = 0{,}75$
$\frac{2}{5} = 0{,}4$ | $\frac{1}{8} = 0{,}125$

Umformen von gemeinen Brüchen in Dezimalbrüche

Man erweitert oder kürzt den Bruch auf Zehntel, Hundertstel, Tausendstel, ... und schreibt ihn dann als Dezimalbruch.
Nicht jeden Bruch kann man auf diese Weise in einen Dezimalbruch umformen.

Zum Festigen und Weiterarbeiten

2. Forme in einen Dezimalbruch um. Bei welchen Brüchen von d) gelingt das nicht? Warum?

a) $\frac{4}{5}; \frac{5}{4}; \frac{3}{5}; \frac{7}{10}$ **b)** $1\frac{1}{5}; 3\frac{3}{4}; 4\frac{1}{8}; 2\frac{57}{100}$ **c)** $\frac{18}{30}; \frac{49}{70}; \frac{36}{400}; \frac{60}{300}$ **d)** $\frac{5}{8}; \frac{13}{125}; \frac{2}{3}; \frac{1}{6}$

Übungen

3. Verwandle in einen Dezimalbruch.

a) $\frac{9}{20}; \frac{6}{25}; \frac{6}{5}; \frac{13}{25}; \frac{17}{20}; \frac{7}{8}; \frac{24}{50}; \frac{17}{50}; \frac{7}{4}$

b) $1\frac{3}{4}; 4\frac{1}{4}; 5\frac{7}{8}; 10\frac{3}{5}; 1\frac{7}{20}; 3\frac{1}{2}; 3\frac{11}{25}; 12\frac{3}{8}$

c) $\frac{1}{5}; \frac{3}{4}; \frac{3}{2}; \frac{4}{5}; \frac{7}{10}; \frac{1}{20}; \frac{1}{8}; \frac{3}{8}; \frac{1}{25}; \frac{1}{50}; \frac{1}{100}$

d) $\frac{27}{30}; \frac{24}{40}; \frac{48}{60}; \frac{24}{30}; \frac{20}{80}; \frac{110}{200}; \frac{21}{300}; \frac{180}{300}; \frac{84}{400}$

e) $\frac{23}{125}; \frac{7}{125}; \frac{11}{50}; \frac{19}{250}; \frac{74}{500}; \frac{49}{50}; \frac{221}{250}; \frac{176}{500}$

f) $\frac{24}{64}; \frac{84}{56}; \frac{45}{180}; \frac{27}{72}; \frac{21}{35}; \frac{36}{48}; \frac{21}{24}; \frac{27}{45}; \frac{28}{80}$

4. Welche Zahlen sind gleich? Schreibe Gleichungen: $\frac{1}{4} = 0{,}25$; ...

a) $\frac{1}{4}$ 0,8 0,04 $\frac{1}{25}$ $\frac{7}{10}$ 0,25 $\frac{4}{5}$ 0,7 $\frac{1}{20}$ 0,2 $\frac{1}{5}$ 0,05

b) $\frac{1}{8}$ 0,75 $\frac{3}{4}$ 2,625 $\frac{3}{8}$ 0,125 $\frac{7}{8}$ 0,875 $2\frac{5}{8}$ 0,375

c) $1\frac{3}{4}$ 1,25 $1\frac{1}{2}$ 1,5 $1\frac{1}{4}$ 1,6 $1\frac{3}{5}$ 1,75 $1\frac{1}{10}$ 1,4 $1\frac{2}{5}$ 1,1

d) $2\frac{1}{4}$ 2,8 $3\frac{3}{4}$ 3,5 $3\frac{1}{2}$ 2,25 $2\frac{1}{5}$ 2,2 $2\frac{4}{5}$ 3,75 $3\frac{1}{8}$ 3,125

5. Zu jedem Dezimalbruch gehört ein gemeiner Bruch. Ergänze die Tabelle im Heft.

$\frac{1}{100}$	$\frac{1}{10}$	$\frac{1}{8}$	$\frac{1}{5}$	$\frac{1}{4}$	$\frac{3}{10}$	$\frac{3}{8}$	$\frac{2}{5}$	$\frac{1}{2}$	$\frac{3}{5}$	$\frac{5}{8}$	$\frac{7}{10}$	$\frac{3}{4}$	$\frac{4}{5}$	$\frac{7}{8}$	$\frac{9}{10}$
0,01															

6. Welche Brüche kannst du durch Erweitern (oder Kürzen) in einen Dezimalbruch umformen? Bei welchen Brüchen ist dies nicht möglich?

a) $\frac{3}{25}; \frac{1}{40}; \frac{2}{3}; \frac{1}{9}; \frac{3}{12}$ **b)** $\frac{3}{5}; \frac{3}{15}; \frac{5}{15}; \frac{8}{12}; \frac{18}{24}$ **c)** $3\frac{2}{5}; 5\frac{5}{6}; 1\frac{11}{20}; 7\frac{7}{8}; 2\frac{1}{8}$

7. Wo steckt der Fehler? Erkläre.

a) $\frac{27}{10} = 0{,}27$ b) $5{,}41 = \frac{5}{41}$ c) $0{,}58 = \frac{58}{10}$ d) $7{,}20 = \frac{720}{10}$

8. Welche Zahlen sind gleich?

a) 0,4; 0,25; 0,5; $\frac{2}{8}; \frac{2}{5}; \frac{4}{8}; \frac{1}{4}; \frac{1}{2}; \frac{25}{100}$

b) $\frac{6}{10}$; 0,3; $\frac{8}{10}$; 0,6; $\frac{3}{10}; \frac{4}{5}; \frac{3}{5}$; 0,8; $\frac{3}{100}$

c) $\frac{1}{5}$; 0,5; $\frac{3}{15}$; 0,1; 0,2; $\frac{10}{100}; \frac{7}{35}; \frac{3}{6}$

d) 0,1; 0,05; $\frac{1}{10}$; 0,2; $\frac{5}{10}; \frac{1}{5}$; 0,20; $\frac{1}{20}$

9. Notiert auf der linken Seite eures Heftes 15 Dezimalbrüche oder gemeine Brüche untereinander und auf der rechten Seite in anderer Reihenfolge die zugehörigen umgewandelten Brüche – ebenfalls untereinander.

a) Tauscht die Hefte aus und ordnet durch Pfeile die Dezimalbrüche den gemeinen Brüchen mit demselben Wert zu. Wer schafft es fehlerfrei?

b) Ein Partner diktiert seine gemeinen Brüche, der andere notiert jeweils den zugehörigen Dezimalbruch. Wer macht weniger Fehler?

ANTEILE VON BELIEBIGEN GRÖSSEN – DREI GRUNDAUFGABEN

Bestimmen eines Teils eines Ganzen – Bestimmen des Anteils an einer Größe

Zum Wiederholen

1. Jans Mutter besitzt 96 ha landwirtschaftliche Fläche.

a) Auf $\frac{5}{8}$ dieser Fläche baut sie Getreide an.
Wie viel ha Land ist das?

b) Kartoffeln werden auf einer Fläche von 20 ha angebaut.
Wie groß ist dieser Anteil an der Gesamtfläche?

Wiederholung

(1) Brüche dienen auch zur Angabe von *Rechenanweisungen*.

Die Rechenanweisung **davon $\frac{3}{4}$** bedeutet:
Dividiere eine Größe **durch 4, multipliziere** dann das Ergebnis **mit 3** (bzw. zerlege in 4 gleich große Teile, nimm dann 3 davon).

Man erhält einen **Teil der Größe.**
Der *Nenner* des Bruches gibt die Anweisung zum Dividieren, der Zähler zum Multiplizieren an.

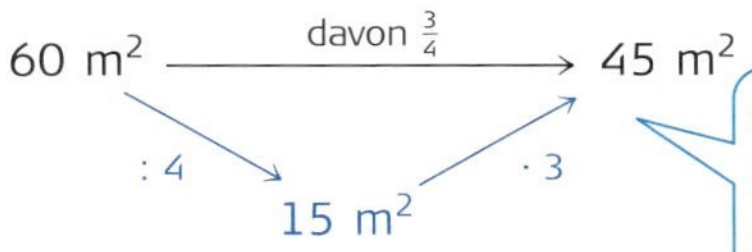

statt 60 m^2, davon $\frac{3}{4}$ sagt man auch $\frac{3}{4}$ von 60 m^2

Das Ganze beträgt 60 m^2
$\frac{1}{4}$ des Ganzen beträgt 60 m^2 : 4 = 15 m^2
$\frac{3}{4}$ des Ganzen beträgt 15 $m^2 \cdot 3$ = 45 m^2

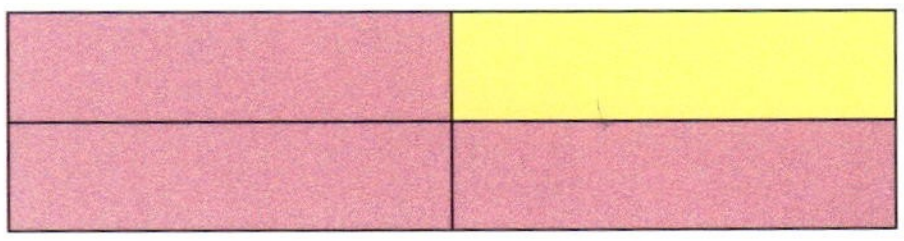

(2) Brüche dienen zur Angabe eines *Anteils*.

8 m^2 von 12 m^2 entspricht einem Anteil von $\frac{8}{12}$, gekürzt $\frac{2}{3}$.

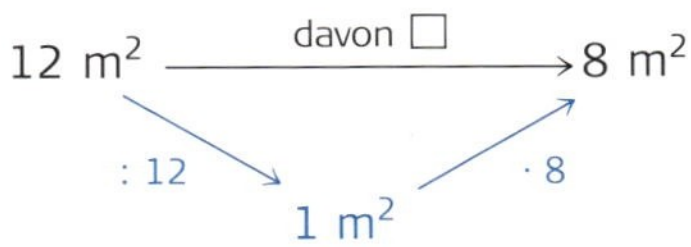

Zum Festigen und Weiterarbeiten

2. Der menschliche Körper besteht zu $\frac{3}{5}$ aus Wasser.
Julia wiegt 35 kg.

a) Wie viel kg Wasser ist in ihrem Körper enthalten?

b) Wie viel kg Wasser enthält dein Körper?

3. Bestimme; beschreibe dein Vorgehen.

a) $\frac{2}{9}$ von 45 km
$\frac{3}{7}$ von 28 m

b) $\frac{7}{12}$ von 36 min
$\frac{4}{5}$ von 60 h

c) $\frac{2}{6}$ von 54 m^2
$\frac{5}{12}$ von 48 cm^2

d) $\frac{11}{20}$ von 460 *l*
$\frac{5}{6}$ von 72 m^3

4. Tanja und Tim sollen $\frac{2}{3}$ von 6 m² berechnen. Dabei gehen sie unterschiedlich vor. Erkläre beide Wege und vergleiche sie.

Tanjas Weg:

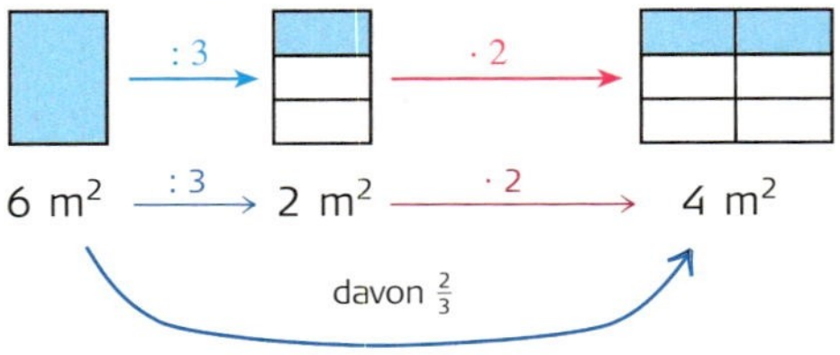

Tims Weg:

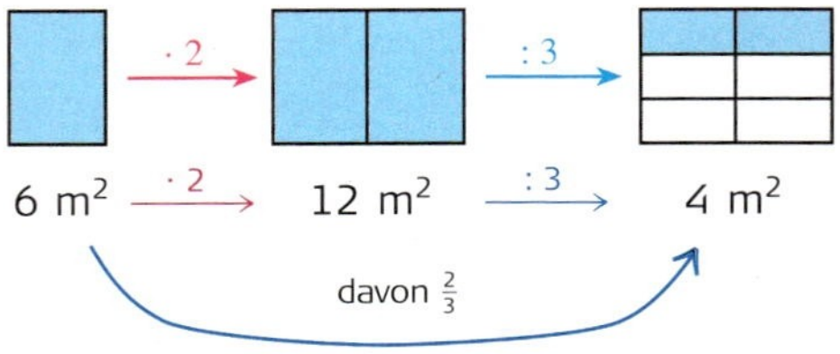

mögliche Maßzahlen

5. Bestimme:

(1) $\frac{2}{3}$ von 36 km; $\frac{2}{3}$ von 30 min; $\frac{2}{3}$ von 12 €; $\frac{2}{3}$ von 18 *l*; $\frac{2}{3}$ von 1008 cm²
(2) $\frac{5}{10}$ von 36 km; $\frac{5}{10}$ von 30 min; $\frac{5}{10}$ von 12 €; $\frac{5}{10}$ von 18 *l*; $\frac{5}{10}$ von 1008 cm²
(3) $\frac{3}{4}$ von 36 km; $\frac{3}{4}$ von 30 min; $\frac{3}{4}$ von 12 €; $\frac{3}{4}$ von 18 *l*; $\frac{3}{4}$ von 1008 cm²
(4) $\frac{4}{12}$ von 36 km; $\frac{4}{12}$ von 30 min; $\frac{4}{12}$ von 12 €; $\frac{4}{12}$ von 18 *l*; $\frac{4}{12}$ von 1008 cm²

Rechne auf eine der beiden Arten wie in Aufgabe 4. Überlege, ob es günstiger ist, zuerst zu dividieren und dann zu multiplizieren oder umgekehrt.

6. Julian hat eine Tafel Schokolade mit 24 Stückchen. Er teilt gerne. Welcher Anteil bleibt ihm? Du kannst auch zeichnen.

a) Er hat noch 18 Stückchen.
b) Jetzt sind noch 16 Stücke da.
c) 10 Stücke sind geblieben.
d) 2 Stücke bleiben ihm.

7. Welcher Anteil ist das?

a) 12 € von 18 €
b) 15 g von 35 g
c) 24 km von 54 km
d) 18 *l* von 54 *l*
e) 9 Stunden von 24 Stunden
f) 10 Stunden von 24 Stunden

Übungen

Bestimmen eines Teils einer beliebigen Größe

8. Bestimme:

a) $\frac{3}{4}$ von 20 kg
b) $\frac{5}{12}$ von 360 g
c) $\frac{5}{6}$ von 96 km
d) $\frac{3}{8}$ von 400 ml
e) $\frac{3}{20}$ von 120 km²
f) $\frac{4}{5}$ von 300 €

9. Bestimme:

a) $\frac{5}{10}$, **b)** $\frac{2}{3}$, **c)** $\frac{5}{6}$, **d)** $\frac{3}{9}$ von (1) 12 cm; (2) 24 cm.

Überlege, ob es günstiger ist, zuerst zu dividieren oder zuerst zu multiplizieren.

10. Die Klasse 6c hat 30 Schüler, und alle trinken Milch oder Kakao. Es tranken

a) vorgestern $\frac{7}{15}$ der Klasse Kakao,
b) gestern $\frac{3}{5}$ der Klasse Milch,
c) heute $\frac{7}{10}$ der Klasse Kakao.

Wie viele Päckchen von jeder Sorte werden zum Frühstück geholt?

$1\,\% = \frac{1}{100}$
$25\,\% = \frac{25}{100} = \frac{1}{4}$

11. Die Länge des Rheins innerhalb Deutschlands beträgt etwa 860 km. Davon sind $\frac{9}{10}$ schiffbar. Die Saale ist etwa 415 km lang, davon sind 20 % schiffbar.

12. Die Erdoberfläche ist 510 Mio. km^2 groß. 30 % der Erdoberfläche ist festes Land, der Rest ist mit Wasser bedeckt.
Wie viel km^2 der Erdoberfläche ist mit Land, wie viel mit Wasser bedeckt?

13. Julia hat 400 € auf ihrem Sparkonto. Nach einem Jahr werden ihr 2 % dieses Betrages als Zinsen gutgeschrieben.
Wie viel Euro hat Julia nach einem Jahr auf ihrem Konto?

14. **a)** Wie viel Euro kostet $\frac{1}{2}$ kg Brot, $\frac{3}{4}$ kg Mehl, 0,4 kg Mehl?

b) Stelle selbst weitere Aufgaben und löse sie.

Bestimmen des Anteils an einer Größe

15. Zum Schulfest hat jede Klasse etwas vorgeführt. Die Beteiligung der Klassen war unterschiedlich groß. Bestimme den Anteil der mitspielenden Kinder.
Es spielten mit:

a) 24 von 30 **b)** 25 von 30 **c)** 21 von 28 **d)** 12 von 26

16. Welcher Anteil eines Tages ist das?

a) Man verbringt 5 Stunden des Tages in der Schule.

b) 3 Stunden des Tages nimmt man sich Zeit zum Essen.

c) Um ausgeruht zu sein, muss man 10 Stunden schlafen.

17. In Annes Schule war Fahrradkontrolle. 120 Fahrräder wurden überprüft.

a) Bei 60 Rädern waren die Reifen abgefahren.
Wecher Anteil der kontrollierten Fahrräder ist das?

b) Bei 30 Rädern war die Beleuchtung defekt.
Welcher Anteil ist das?

c) Bei 24 Rädern waren die Bremsen defekt.
Welcher Anteil ist das?

18. In einer Klasse sind 14 Mädchen und 12 Jungen.
Welcher Anteil der Klasse sind Mädchen?

Bestimmen des Ganzen

Einstieg

Aufgabe

1. a) Miriam will sich einen MP3-Player kaufen. Sie hat dafür 13 € gespart.
Miriam sagt:
„Leider habe ich erst $\frac{1}{3}$ des Kaufpreises gespart."
Wie viel Euro kostet der MP3-Player?

b) Patrick will sich ein Fahrrad kaufen.
Er hat 290 € gespart.
Patrick sagt:
„Ich habe schon $\frac{2}{3}$ des Kaufpreises zusammen."
Wie teuer ist das Fahrrad?

Lösung

a) *Wir suchen:*
den Kaufpreis, das Ganze.

Wir wissen:
$\frac{1}{3}$ des Kaufpreises beträgt 13 €.

Wir überlegen und rechnen:
1 Drittel des Kaufpreises beträgt 13 €.
3 Drittel des Kaufpreises, also das Ganze, beträgt 3 · 13 €, also 39 €.

Ergebnis: Der MP3-Player kostet 39 €.

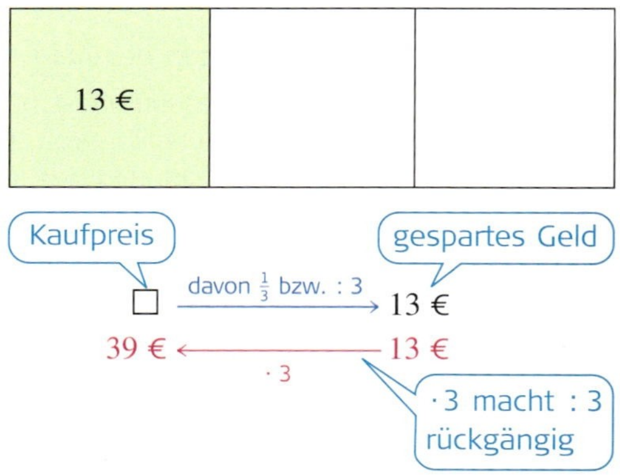

b) *Wir suchen:*
den Kaufpreis, das Ganze.

Wir wissen:
$\frac{2}{3}$ des Kaufpreises beträgt 290 €.

Wir überlegen und rechnen:
2 Drittel des Kaufpreises beträgt 290 €.
1 Drittel des Kaufpreises beträgt 290 € : 2, also 145 €.
3 Drittel des Kaufpreises, also das Ganze, beträgt 3 · 145 €, also 435 €.

Ergebnis: Das Fahrrad kostet 435 €.

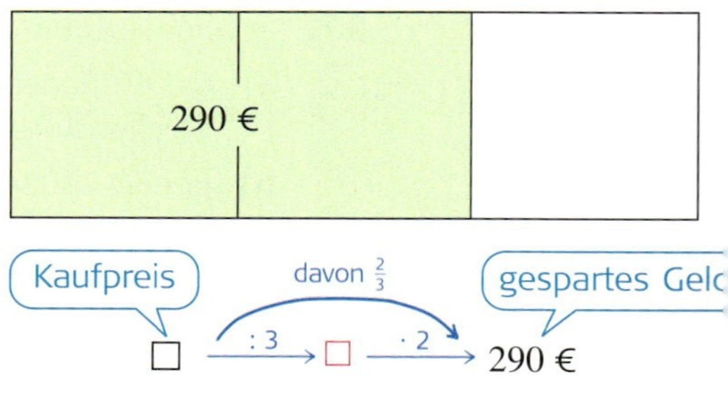

Rückgängig machen:

Zum Festigen und Weiterarbeiten

2. Bestimme die Rechenanweisungen. Beginne mit den kurzen blauen Pfeilen. Was fällt dir auf?

a)
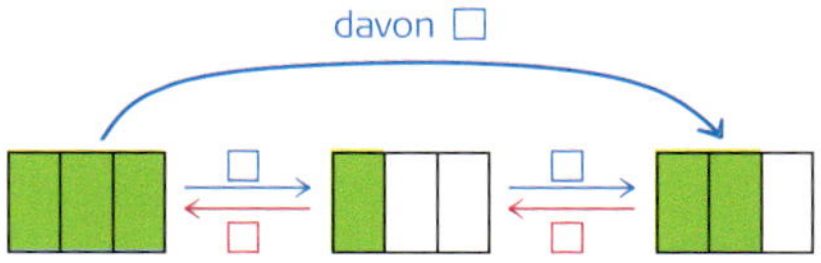

b)
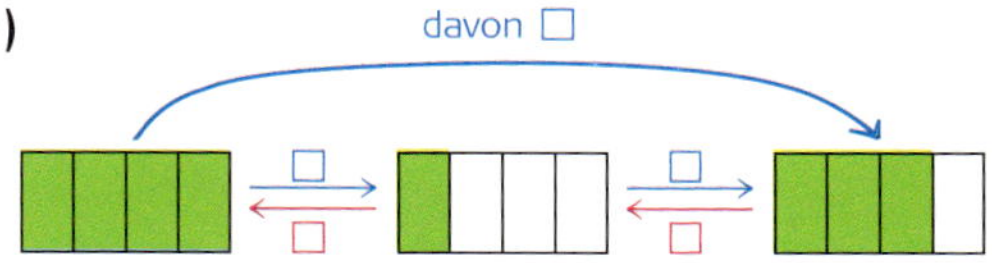

3. Übertrage ins Heft und fülle die Lücken aus.

a)
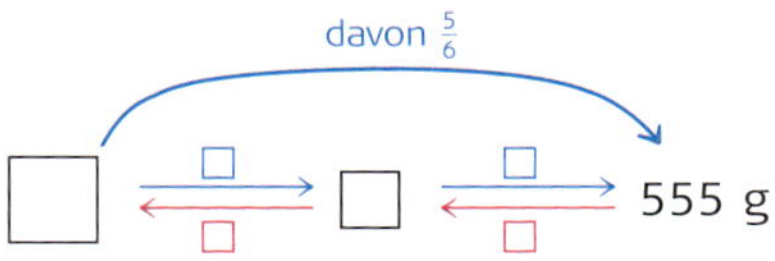

b)
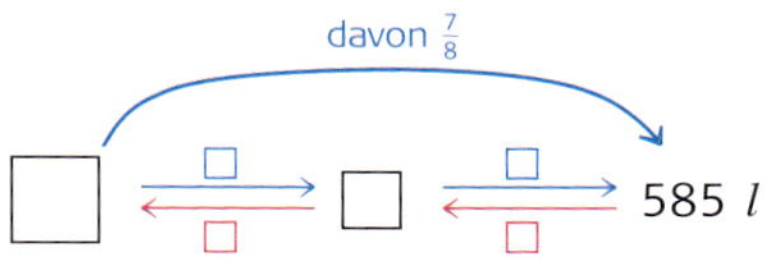

4. Bestimme das Ganze.

a) $\square \xrightarrow{\text{davon } \frac{1}{4}} 435\ l$ **b)** $\square \xrightarrow{\text{davon } \frac{5}{8}} 25\ t$ **c)** $\square \xrightarrow{\text{davon } \frac{6}{7}} 18\ l$ **d)** $\square \xrightarrow{\text{davon } \frac{2}{3}} 150\ €$

Mögliche Maßzahlen

5. Wie groß ist das Ganze? Beschreibe dein Vorgehen.

a) $\frac{3}{4}$ der Masse sind 9 kg
$\frac{3}{8}$ der Masse sind 12 t
$\frac{4}{5}$ der Weglänge sind 12 km
$\frac{7}{8}$ der Weglänge sind 56 km

b) $\frac{2}{5}$ des Volumens sind 14 l
$\frac{3}{10}$ des Volumens sind 15 m^3
$\frac{5}{6}$ der Zeitspanne sind 20 h
$\frac{2}{3}$ der Zeitspanne sind 18 min

Übungen

6. Übertrage ins Heft und fülle die Lücken aus. Zerlege dazu die Rechenanweisung in eine Divisions- und eine Multiplikationsanweisung; rechne dann rückwärts.

a)
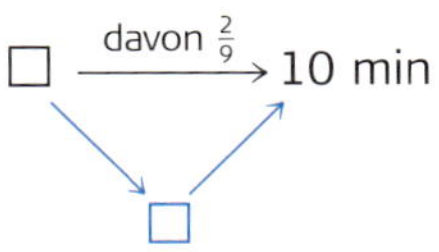

b)
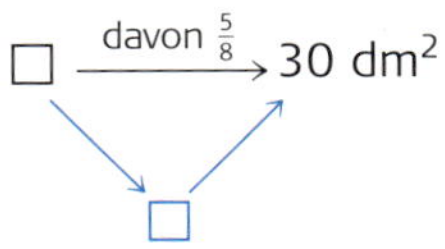

c)
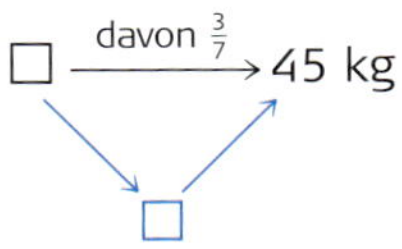

7. Wie groß ist das Ganze? Denke dir die Rechenanweisung in eine Divisions- und eine Multiplikationsanweisung zerlegt; rechne dann rückwärts.

a) $\square \xrightarrow{\text{davon } \frac{1}{4}} 21\ l$ **b)** $\square \xrightarrow{\text{davon } \frac{2}{4}} 300\ g$ **c)** $\square \xrightarrow{\text{davon } \frac{1}{5}} 12\ s$ **d)** $\square \xrightarrow{\text{davon } \frac{2}{5}} 60\ kg$

$\square \xrightarrow{\text{davon } \frac{3}{4}} 21\ l$ $\square \xrightarrow{\text{davon } \frac{3}{5}} 330\ €$ $\square \xrightarrow{\text{davon } \frac{1}{4}} 36\ s$ $\square \xrightarrow{\text{davon } \frac{5}{8}} 15\ kg$

8. Bestimme das Ganze.

a) $\square \xrightarrow{\text{davon } \frac{4}{7}} 16\ cm$ **c)** $\square \xrightarrow{\text{davon } \frac{9}{10}} 2\,700\ m$ **e)** $\square \xrightarrow{\text{davon } \frac{8}{9}} 56\ min$

b) $\square \xrightarrow{\text{davon } \frac{3}{5}} 90\ g$ **d)** $\square \xrightarrow{\text{davon } \frac{3}{4}} 36\ kg$ **f)** $\square \xrightarrow{\text{davon } \frac{7}{8}} 56\ s$

9. Wie groß ist das Ganze?

a) $\frac{1}{6}$ der Masse sind 9 kg **d)** $\frac{1}{10}$ der Länge sind 12 km **g)** $\frac{1}{12}$ der Zeitdauer sind 3 h
b) $\frac{5}{6}$ der Masse sind 45 t **e)** $\frac{9}{10}$ der Länge sind 540 m **h)** $\frac{7}{12}$ der Zeitdauer sind 28 h
c) $\frac{4}{6}$ der Masse sind 24 g **f)** $\frac{7}{10}$ der Länge sind 21 km **i)** $\frac{5}{12}$ der Zeitdauer sind 15 h

10. Wie groß ist das Ganze?

a) $\frac{3}{5}$ vom Ganzen sind 39 kg
$\frac{7}{12}$ vom Ganzen sind 49 l
$\frac{2}{3}$ vom Ganzen sind 16 min

b) $\frac{7}{10}$ vom Ganzen sind 91 m
$\frac{3}{4}$ vom Ganzen sind 93 ha
$\frac{4}{7}$ vom Ganzen sind 52 €

c) $\frac{7}{8}$ vom Ganzen sind 175 l
$\frac{9}{24}$ vom Ganzen sind 198 ml
$\frac{17}{30}$ vom Ganzen sind 136 m^3

11. a) Lege ein Pfeilbild an; rechne dann im Kopf.
(1) $\frac{3}{4}$ von □ sind 24 m (2) $\frac{2}{5}$ von □ sind 46 t (3) $\frac{5}{7}$ von □ sind 105 h

b) Schreibe wie in Teilaufgabe a); rechne dann im Kopf.
(1) □ $\xrightarrow{\text{davon } \frac{4}{5}}$ 32 l (2) □ $\xrightarrow{\text{davon } \frac{9}{10}}$ 72 € (3) □ $\xrightarrow{\text{davon } \frac{5}{6}}$ 85 m^2

12. Kai verlor beim Spiel 6 Spielmarken. Das waren $\frac{2}{3}$ seiner Spielmarken.
Wie viele besaß er vorher?

13. Anne wurde mit 18 Stimmen zur Klassensprecherin gewählt. Das waren $\frac{9}{14}$ aller abgegebenen Stimmen.
Wie viele Stimmen wurden insgesamt abgegeben?

14. Bei einer Fahrradkontrolle wurden an 34 Fahrrädern Mängel festgestellt. Das waren $\frac{2}{7}$ aller kontrollierten Räder.
An wie vielen Fahrrädern wurden keine Mängel festgestellt?

15. Marcus und Tim machen eine 3-tägige Fahrradtour. Nach 2 Tagen haben sie 108 km zurückgelegt. Tim sagt stolz: „Das sind schon $\frac{4}{5}$ der gesamten Strecke."
Wie viel km müssen sie noch zurücklegen?

16. Anna unternimmt eine Fahrradtour. Am ersten Tag legt sie 34 km zurück; das sind $\frac{2}{5}$ der gesamten Strecke.
Wie viel km muss sie noch zurücklegen?

17. In Lebensmittelgeschäften muss jeweils auch angegeben werden, was 1 l bzw. 1 kg der Ware kostet. Welche Schilder müssen hier zusätzlich angebracht werden?

Vermischte Übungen

Der Teil einer Größe ist gesucht	**Das Ganze ist gesucht**	**Der Anteil am Ganzen ist gesucht**
$\frac{3}{4}$ von 60 €	$\frac{3}{4}$ von einem Ganzen beträgt 90 €	30 € von 80 €
Gegeben Anteil: $\frac{3}{4}$ Ganzes: 60 €	*Gegeben* Anteil: $\frac{3}{4}$ Teil des Ganzen: 90 €	*Gegeben* Ganzes: 80 € Teil des Ganzen: 30 €
Gesucht Teil des Ganzen	*Gesucht* Ganzes	*Gesucht* Anteil am Ganzen
Ansatz $60\text{ €} \xrightarrow{\frac{3}{4}} \square$	*Ansatz* $\square \xrightarrow{\frac{3}{4}} 90\text{ €}$	*Ansatz* $80\text{ €} \xrightarrow{\square} 30\text{ €}$
Rechnung (60 € : 4) · 3 = 45 €	*Rechnung* (90 € : 3) · 4 = 120 €	*Rechnung* 30 € : 80 € $= \frac{30}{80} = \frac{3}{8}$

Überlege dir bei den folgenden Aufgaben, was gesucht ist.

1. Eine geplante Umgehungsstraße ist 12 km lang. $\frac{5}{6}$ der Straße sind schon fertig gestellt. Wie viel km sind das?

2. Wegen Grippe-Erkrankung fehlen 9 Schüler, das sind genau $\frac{3}{8}$ der Klasse. Wie viele Schüler hat die Klasse?

3. Jennifer ist mit 24 Stimmen zur Klassensprecherin gewählt worden. Es wurden insgesamt 30 Stimmen abgegeben. Welchen Anteil der Stimmen erhielt Jennifer?

4. Ingo hat mit seinen Eltern vereinbart, dass er nicht mehr als $\frac{2}{5}$ seines Taschengeldes im Monat für Süßigkeiten ausgibt. Im Moment sind das 6 €.
Wie viel Euro Taschengeld bekommt er?

5. Ein Landwirt besitzt 56 ha Land. Auf 32 ha pflanzt er Kartoffeln.
Welcher Anteil seines Landes ist das?

6. Herr Neumann hat Rasensamen eingekauft. Jakob schaut sich die Verpackung an und sagt:
„Das reicht aber nur für $\frac{3}{5}$ der Fläche."
Wie groß soll die Rasenfläche werden?

7. Beim Mahlen von Weizen entsteht Mehl; es macht etwa $\frac{2}{3}$ der Weizenmasse aus.
Wie viel kg Mehl erhält man etwa aus **a)** 174 kg, **b)** 345 kg, **c)** 471 kg Weizen?

8. Tanjas Vater bekommt monatlich 1 500 € Lohn ausgezahlt. Er gibt 30 % seines Einkommens für Miete und Heizung aus; $\frac{1}{25}$ braucht er für Kleidung und $\frac{2}{15}$ für sein Auto.

a) Wie hoch ist die Miete (einschließlich Heizung)?

b) Wie viel Geld gibt er monatlich für Kleidung, wie viel für das Auto aus?

△ VERHÄLTNISSE UND ANTEILE

Einstieg

Anne will bei ihrer Geburtstagsfeier ein Fruchtgetränk durch Mischen von Sodawasser (Mineralwasser) und Himbeersirup herstellen.

→ Wie viel Fruchtgetränk kann Anne mit einer Flasche Himbeersirup höchstens herstellen?

→ Stelle selbst weitere geeignete Fragen und beantworte sie.

Aufgabe

△ **1.** *Mischen in einem Verhältnis*

Zum Kochen von Konfitüre mit einer besonderen Sorte Gelierzucker sind Früchte und Gelierzucker im Verhältnis 3 : 2, gelesen: *3 zu 2*, zu mischen. Das bedeutet: Für 3 Teile Früchte sind 2 Teile Gelierzucker zu verwenden.

a) Für wie viel Früchte reicht eine 500 g-Packung Gelierzucker?

b) Gib andere Früchte- und Gelierzuckermengen an, die zusammen gehören. Vergleiche jeweils die Früchtemenge mit der Gelierzuckermenge.

c) Welchen Fruchtanteil hat die fertige Konfitüre, welchen Zuckeranteil hat sie?

Lösung

a)

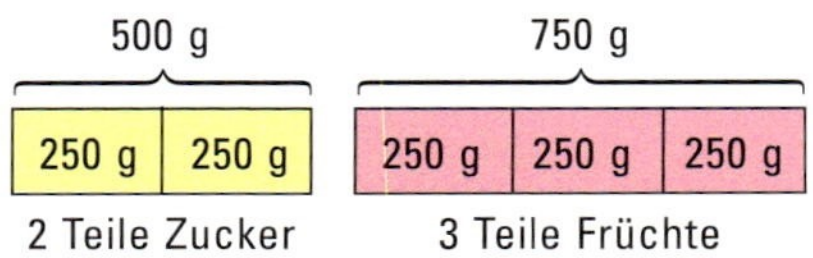

500 g Gelierzucker sind 2 Teile, also wiegt 1 Teil 250 g. Dafür sind dann 3 solcher Teile Früchte, $3 \cdot 250$ g, also 750 g zu verwenden.

Ergebnis: Die Packung reicht für 750 g Früchte.

b) In Teilaufgabe a) haben wir die Fruchtmenge aus der Gelierzuckermenge wie folgt berechnet: 500 g : $2 \cdot 3$, also $\frac{3}{2}$ von 500 g. Das gilt auch für andere Mengen. Die Fruchtmenge muss also jeweils anderthalb mal so groß sein wie die Gelierzuckermenge, zum Beispiel:

Menge an Gelierzucker (in g)	100	200	300	400
Menge an Früchten (in g)	150	300	450	600

c)

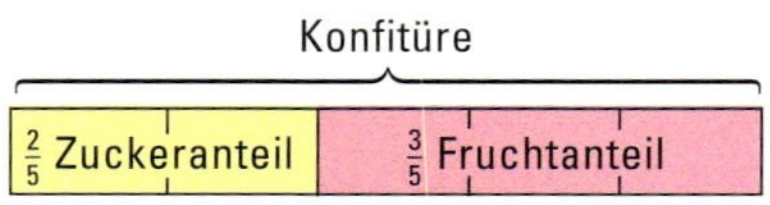

Mit 200 g Gelierzucker und 300 g Früchten erhält man 500 g Konfitüre. 300 g von 500 g Konfitüre sind Früchte.

Also beträgt der Fruchtanteil $\frac{300}{500} = \frac{3}{5}$.

Dieses Ergebnis kannst du auch sofort dem Mischungsverhältnis 3 : 2 entnehmen. Aus 3 Teilen Früchte und 2 Teilen Gelierzucker erhält man 5 Teile Konfitüre.

Also beträgt der Fruchtanteil $\frac{3\text{ Teile}}{5\text{ Teile}} = \frac{3}{5}$.

Der Zuckeranteil beträgt $\frac{200}{500} = \frac{2}{5}$ bzw. $\frac{2\text{ Teile}}{3\text{ Teile}} = \frac{2}{5}$.

Zum Festigen und Weiterarbeiten

△ **2.** *Teilen eines Betrages in einem Verhältnis*
Herr Klein und Frau Groß teilen sich einen Gewinn von 2400 € im Verhältnis 3 : 5.
Wie ist der Gewinn aufzuteilen? Welchen Anteil erhält jeder der beiden?

Information

Mischen und Aufteilen erfolgt häufig nach einem bestimmten *Verhältnis*, z. B. 3 : 5, gelesen: *3 zu 5*.

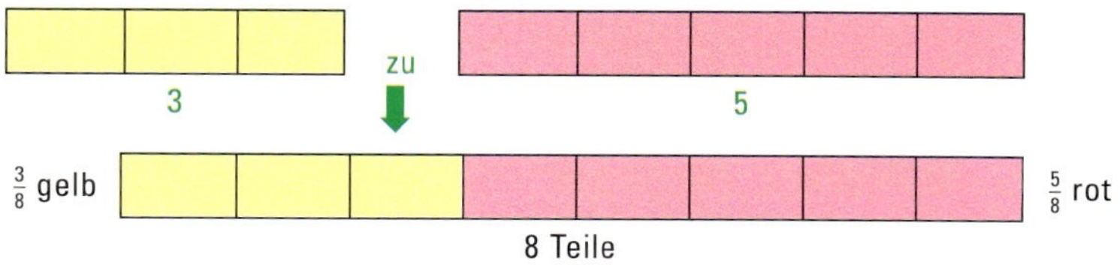

Mit einem Bruch kann man dann die jeweiligen Anteile am Ganzen angeben.

Übungen

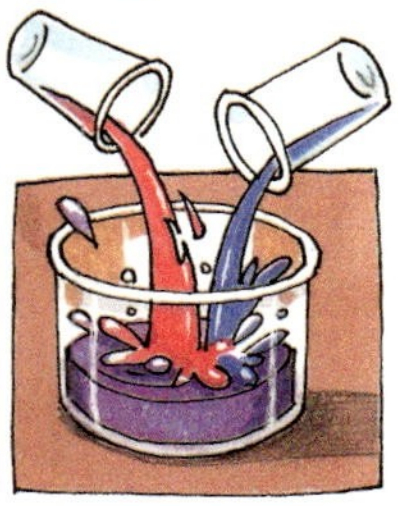

△ **3.** Violette Farbtöne können aus blauer und roter Farbe gemischt werden; je nach Mischungsverhältnis ergibt sich ein anderer Farbton.

Farbton					
Mischungsverhältnis blau : rot	1 : 1	1 : 2	2 : 1	2 : 3	3 : 5

a) Gib jeweils an, welchen Anteil die blaue Farbe an der Mischung hat.

b) Bestimme, wie viel blaue bzw. wie viel rote Farbe man benötigt, um 240 ml eines Farbtons herzustellen.

△ **4.** Eine Erbschaft soll im Verhältnis 3 : 4 zwischen Frau Carolin Stamp und Herrn Manuel Heine aufgeteilt werden.
Wie ist ein Guthaben von 35000 € aufzuteilen? Welchen Anteil erhält jeder?

△ **5.** Herr Meyer und Frau Schulz tragen einen Streit vor Gericht aus. Die Kosten für den Prozess betragen 750 €. Sie sollen von beiden im Verhältnis 2 : 3 getragen werden.
Wie viel muss jeder zahlen? Welchen Anteil an den Prozesskosten muss jeder zahlen?

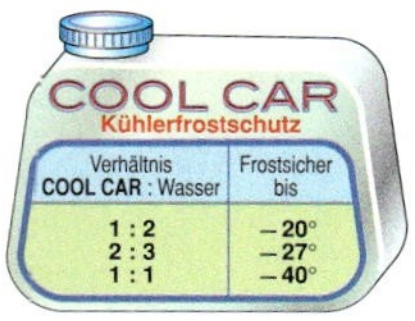

△ **6.** Die Flüssigkeit für die Scheibenwaschanlage eines Pkw besteht bei einer Frostsicherheit bis –27 °C aus 2 Teilen Frostschutzmittel und 3 Teilen Wasser. Das Kühlsystem fasst 2,5 *l*.

△ **7.** In einem Fußballspiel der Klassen 6a und 6b gewinnt die Mannschaft der 6b mit 3 : 2. Welchen Anteil der Tore hat die Klasse 6a, welchen die Klasse 6b geschossen?

△ **8.** Für Zweitakt-Motoren wird ein Öl-Benzin-Gemisch im Verhältnis 1 : 25 hergestellt.

a) Wie viel Benzin braucht man bei 500 ml Öl?

b) Wie groß ist der Anteil des Öls an dem Gemisch?

△ **9.** In der Klasse 6a der Erich Kästner-Schule sind 28 Schüler. Das Verhältnis der Anzahl der Mädchen zu der Anzahl der Jungen beträgt 4 : 3.

△ **10.** Eine Wanderkarte ist im Maßstab 1 : 35000 gedruckt. Wie lang erscheint ein 5 km langer Wanderweg auf dieser Karte?

VERGLEICHEN UND ORDNEN VON GEBROCHENEN ZAHLEN

Vergleichen und Ordnen von gemeinen Brüchen

Zum Wiederholen

Drei Geschwister waren gemeinsam in den Ferien. Jede bekommt das gleiche Taschengeld. Tanja hat $\frac{3}{10}$ des Taschengeldes, Tim $\frac{7}{10}$ und Anne $\frac{13}{20}$ übrig.

→ Wer hat am meisten, wer am wenigsten übrig?

Wiederholung

Du kannst bereits *gleichnamige* Brüche vergleichen und ordnen.

> Gebrochene Zahlen lassen sich leicht vergleichen und der Größe nach ordnen, wenn die gemeinen Brüche *gleichnamig* sind, d. h. denselben Nenner besitzen. Man braucht dann nur die Zähler zu vergleichen.
>
> *Beispiel:* $\frac{5}{12} < \frac{7}{12}$, denn $5 < 7$

Wir wollen uns im Folgenden auch mit dem Vergleichen und Ordnen von *ungleichnamigen* Brüchen beschäftigen.

Aufgabe

1. Zu Julians Geburtstagsfeier gibt es Obsttorten.
Von der Himbeertorte bleiben $\frac{7}{12}$ übrig, von der Kiwitorte $\frac{2}{3}$.
Von welcher Torte bleibt weniger übrig?

Himbeertorte Kiwitorte

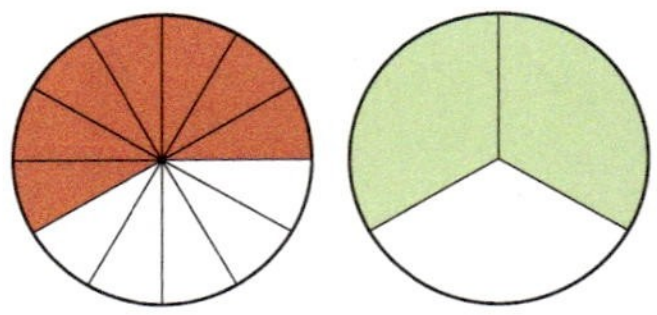

$\frac{7}{12}$ $\frac{2}{3}$

Lösung

Hier lassen sich die beiden Brüche nicht so einfach vergleichen. Wir verfeinern zunächst die Einteilung der Kiwitorte, sodass auch hier jedes Teilstück $\frac{1}{12}$ der Torte ist.
Das bedeutet, wir erweitern den Bruch $\frac{2}{3}$ mit 4: $\frac{2}{3} = \frac{8}{12}$.
Wir erkennen: $\frac{7}{12} < \frac{8}{12}$

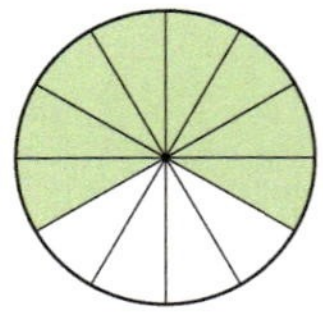

Ergebnis: Von der Himbeertorte bleibt weniger übrig.

Zum Festigen und Weiterarbeiten

2. Vergleiche; setzte das passende Zeichen $<$ bzw. $>$ ein.

$\frac{7}{10}$ ☐ $\frac{9}{10}$; $\frac{17}{24}$ ☐ $\frac{11}{24}$; $\frac{11}{20}$ ☐ $\frac{7}{20}$; $\frac{31}{36}$ ☐ $\frac{17}{36}$; $\frac{29}{50}$ ☐ $\frac{31}{50}$; $\frac{19}{75}$ ☐ $\frac{39}{75}$; $\frac{37}{80}$ ☐ $\frac{41}{80}$; $\frac{15}{100}$ ☐ $\frac{11}{100}$

3. Vergleiche; setze das Zeichen $<$, $>$ oder $=$ ein; mache zunächst *gleichnamig,* d. h. erweitere so, dass beide Brüche denselben Nenner besitzen.

a) $\frac{3}{4}$ ☐ $\frac{5}{8}$ $\frac{2}{3}$ ☐ $\frac{5}{6}$

b) $\frac{4}{10}$ ☐ $\frac{2}{5}$ $\frac{5}{6}$ ☐ $\frac{11}{12}$

c) $\frac{2}{3}$ ☐ $\frac{3}{5}$ $\frac{6}{5}$ ☐ $\frac{8}{7}$

d) $\frac{3}{4}$ ☐ $\frac{2}{5}$ $\frac{4}{5}$ ☐ $\frac{5}{6}$

e) $\frac{11}{6}$ ☐ $\frac{13}{8}$ $\frac{7}{10}$ ☐ $\frac{11}{12}$

4. Welche Zeitspanne ist länger? Betrachte dazu auch ein Zifferblatt.

a) $\frac{3}{4}$ h oder $\frac{7}{12}$ h **b)** $\frac{5}{6}$ h oder $\frac{9}{10}$ h **c)** $\frac{2}{3}$ h oder $\frac{4}{5}$ h

5. Vergleiche durch Erweitern. Überprüfe dein Ergebnis durch Umwandeln der beiden Größen in eine kleinere Einheit.

a) $\frac{5}{8}$ kg und $\frac{11}{20}$ kg **b)** $\frac{7}{20}$ h und $\frac{5}{12}$ h **c)** $\frac{3}{4}$ m, $\frac{2}{5}$ m und $\frac{6}{25}$ m **d)** $\frac{3}{10}$ h, $\frac{1}{6}$ h und $\frac{5}{12}$ h

△ **6.** Von einer Kirschtorte bleiben $\frac{5}{16}$ übrig, von einer Himbeertorte $\frac{5}{12}$.
Von welcher der beiden bleibt weniger übrig? Begründe.

△ Gebrochene Zahlen lassen sich auch leicht vergleichen, wenn die Brüche den gleichen Zähler besitzen.
$\frac{5}{16} < \frac{5}{12}$,
denn 1 Sechzehntel < 1 Zwölftel

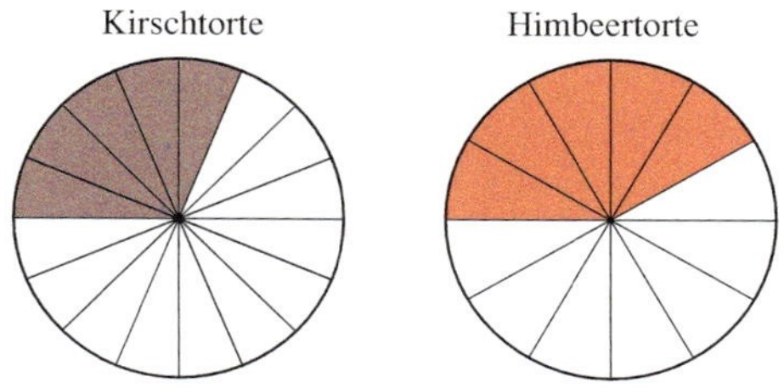

△ **7.** **a)** Vergleiche. Setze das passende Zeichen < oder > ein.

(1) $\frac{1}{4}$ $\square$ $\frac{1}{5}$ (2) $\frac{1}{8}$ $\square$ $\frac{1}{4}$ (3) $\frac{1}{100}$ $\square$ $\frac{1}{10}$ (4) $\frac{3}{4}$ $\square$ $\frac{3}{5}$ (5) $\frac{7}{10}$ $\square$ $\frac{7}{100}$ (6) $4\frac{5}{6}$ $\square$ $4\frac{5}{12}$

b) Ordne nach der Größe, beginne mit der kleinsten Zahl.

(1) $\frac{1}{3}$; $\frac{1}{5}$; $\frac{1}{9}$; $\frac{1}{4}$ (2) $\frac{7}{8}$; $\frac{7}{5}$; $\frac{7}{10}$ (3) $\frac{5}{6}$; $\frac{7}{8}$; $\frac{11}{12}$ (4) $3\frac{4}{9}$; $2\frac{4}{7}$; $2\frac{4}{5}$

c) Vergleiche durch Erweitern.
Überlege zunächst, ob es vorteilhafter ist, die Brüche auf den gleichen Nenner oder auf den gleichen Zähler zu bringen.

(1) $\frac{11}{8}$ und $\frac{13}{10}$ (2) $\frac{6}{7}$ und $\frac{9}{13}$ (3) $\frac{17}{12}$, $\frac{9}{8}$ und $\frac{7}{6}$ (4) $\frac{15}{11}$, $\frac{10}{7}$ und $\frac{20}{13}$

8. Zeichne einen Zahlenstrahl. Markiere die Punkte für die gebrochenen Zahlen $\frac{2}{5}$ und $\frac{7}{10}$. Vergleiche die Größe der gebrochenen Zahlen und ihre Lage auf dem Zahlenstrahl. Beschreibe.

Information

Gebrochene Zahlen lassen sich stets der Größe nach ordnen.

Wenn die Nenner der Brüche *verschieden* sind, kann man die Brüche durch Kürzen oder Erweitern gleichnamig machen und dann die Zähler vergleichen.
Der *gemeinsame* Nenner ist ein gemeinsames Vielfaches der beiden verschiedenen Nenner.
Den kleinsten gemeinsamen Nenner von Brüchen nennt man den **Hauptnenner.**

Beispiel: $\frac{2}{3} < \frac{3}{4}$, denn $\frac{8}{12} < \frac{9}{12}$ (Hauptnenner ist 12)

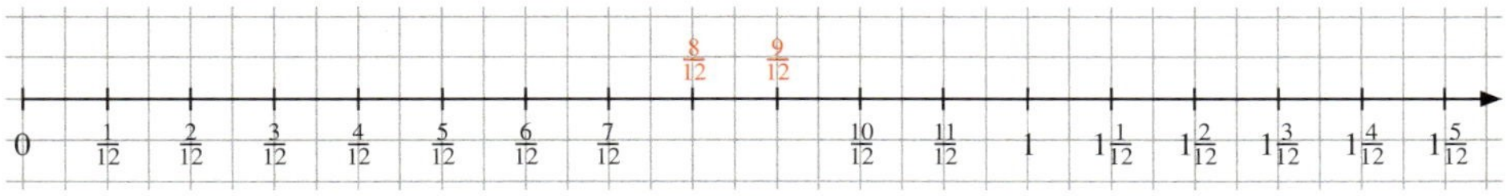

Am Zahlenstrahl liegt die kleinere von zwei gebrochenen Zahlen links.

Zum Festigen und Weiterarbeiten

9. Erweitere die Brüche $\frac{8}{10}$ und $\frac{9}{10}$ so, dass du zwischen $\frac{8}{10}$ und $\frac{9}{10}$

a) mindestens 1, **b)** mindestens 2, **c)** mindestens 9, **d)** mindestens 1000

gebrochene Zahlen leicht angeben könntest.

Information

Zwischen zwei verschiedenen natürlichen Zahlen findest du nicht immer eine weitere natürliche Zahl.

Zwischen zwei verschiedenen gebrochenen Zahlen findest du immer beliebig viele weitere gebrochene Zahlen.
Eine gebrochene Zahl hat also keinen Vorgänger und keinen Nachfolger.

Übungen

10. Auf welcher der beiden Obstschalen ist der Anteil der Kiwi größer?

11. Welche Länge ist größer?

a) $\frac{7}{10}$ m; $\frac{3}{5}$ m **c)** $\frac{7}{10}$ m; $\frac{3}{4}$ m

b) $\frac{4}{5}$ m; $\frac{9}{10}$ m **d)** $\frac{3}{4}$ m; $\frac{9}{10}$ m

12. Vergleiche. Setze das passende Zeichen <, > bzw. = ein; mache zunächst gleichnamig, vergleiche die Zähler.

a)	b)	c)
$\frac{3}{8} \square \frac{8}{15}$	$\frac{7}{10} \square \frac{11}{20}$	$\frac{3}{4} \square \frac{5}{6}$
$\frac{1}{24} \square \frac{5}{8}$	$\frac{10}{15} \square \frac{2}{3}$	$\frac{7}{10} \square \frac{11}{15}$
$\frac{2}{3} \square \frac{4}{7}$	$\frac{5}{6} \square \frac{7}{10}$	$\frac{7}{12} \square \frac{5}{8}$
$\frac{9}{11} \square \frac{5}{6}$	$\frac{11}{6} \square \frac{7}{4}$	$\frac{9}{12} \square \frac{15}{20}$

$\frac{7}{10} \square \frac{5}{8}$

$\frac{28}{40} > \frac{25}{40}$

$\frac{7}{10} > \frac{5}{8}$

13. Ordne nach der Größe. Verwandle zunächst in die gemischte Schreibweise.

a) 4 und $\frac{17}{4}$	**d)** $\frac{55}{7}$, $\frac{51}{8}$ und $\frac{52}{9}$	**g)** $\frac{62}{7}$, $\frac{89}{10}$ und $\frac{71}{8}$
b) $\frac{19}{3}$ und $\frac{23}{5}$	**e)** $\frac{52}{5}$, $\frac{45}{4}$ und $\frac{68}{7}$	**h)** $\frac{227}{9}$, $\frac{259}{10}$ und $\frac{295}{12}$
c) $\frac{9}{2}$ und $\frac{7}{5}$	**f)** $\frac{38}{7}$, $\frac{43}{9}$ und $\frac{67}{11}$	**i)** $\frac{113}{9}$, $\frac{120}{11}$ und $\frac{105}{8}$

$\frac{13}{5}$ und $\frac{22}{7}$

$2\frac{3}{5} < 3\frac{1}{7}$

also: $\frac{13}{5} < \frac{22}{7}$

14. Schreibe in gemischter Schreibweise. Setze dann < bzw. >.

a)	b)	c)	d)	e)
$\frac{9}{2} \square 3$	$\frac{30}{7} \square 5$	$\frac{41}{8} \square \frac{49}{10}$	$\frac{75}{12} \square \frac{171}{30}$	$\frac{45}{7} \square \frac{34}{5}$
$\frac{50}{8} \square \frac{52}{9}$	$\frac{17}{4} \square \frac{18}{5}$	$\frac{70}{6} \square \frac{71}{7}$	$\frac{80}{9} \square \frac{89}{10}$	$\frac{15}{4} \square \frac{23}{6}$

15. Überprüfe Tims Hausaufgaben. Begründe.

a) $\frac{3}{4} < \frac{7}{10}$; $\frac{7}{10} > \frac{19}{30}$; $\frac{19}{30} > \frac{3}{5}$; $\frac{3}{5} > \frac{7}{10}$ c) $\frac{3}{8} < \frac{9}{21}$; $\frac{9}{21} > \frac{20}{35}$; $\frac{20}{35} < \frac{12}{27}$; $\frac{12}{27} > \frac{8}{20}$

b) $\frac{5}{4} > \frac{7}{6}$; $\frac{7}{6} < \frac{11}{8}$; $\frac{11}{8} > \frac{13}{10}$; $\frac{13}{10} > \frac{17}{12}$ d) $\frac{17}{5} > \frac{29}{7}$; $\frac{29}{7} < \frac{21}{5}$; $\frac{21}{5} > \frac{35}{8}$; $\frac{35}{8} > \frac{22}{5}$

16. Mache die Brüche zunächst gleichnamig. Ordne dann die gebrochenen Zahlen.

a) $\frac{7}{12}$; $\frac{5}{6}$; $\frac{3}{4}$ **c)** $\frac{7}{8}$; $\frac{3}{4}$; $\frac{5}{6}$

b) $\frac{13}{20}$; $\frac{4}{5}$; $\frac{7}{10}$ **d)** $\frac{3}{10}$; $\frac{7}{15}$; $\frac{5}{12}$

$\frac{5}{3} = \frac{30}{18}$ $\frac{26}{18} < \frac{30}{18} < \frac{33}{18}$

$\frac{11}{6} = \frac{33}{18}$ $\frac{13}{9} < \frac{5}{3} < \frac{11}{6}$

$\frac{13}{9} = \frac{26}{18}$

17. Bringe die Brüche auf den angegebenen Nenner; vergleiche dann die Brüche.

a) Nenner 24: $\frac{5}{8}$; $\frac{3}{4}$; $\frac{5}{6}$; $\frac{7}{12}$; $\frac{1}{2}$; $\frac{2}{3}$

b) Nenner 30: $\frac{2}{3}$; $\frac{7}{10}$; $\frac{5}{6}$; $\frac{8}{15}$; $\frac{1}{2}$; $\frac{3}{5}$

c) Nenner 100: $\frac{4}{5}$; $\frac{11}{20}$; $\frac{41}{50}$; $\frac{7}{10}$; $\frac{21}{5}$; $\frac{3}{4}$

d) Nenner 1 000: $\frac{7}{50}$; $\frac{5}{8}$; $\frac{19}{125}$; $\frac{8}{25}$; $\frac{31}{200}$

18. Erweitere so, dass beide Nenner gleich sind. Setze dann < bzw. >.

a) $\frac{3}{10} \square \frac{7}{20}$; $\frac{5}{6} \square \frac{9}{10}$; $\frac{5}{3} \square \frac{10}{7}$; $\frac{4}{15} \square \frac{8}{25}$

b) $\frac{3}{4} \square \frac{9}{10}$; $\frac{7}{15} \square \frac{5}{9}$; $\frac{7}{12} \square \frac{11}{18}$; $\frac{11}{5} \square \frac{22}{9}$

19. Vergleiche; setze das passende Zeichen < oder >.

a) $\frac{1}{8} \square \frac{1}{5}$; $\frac{3}{8} \square \frac{3}{5}$; $\frac{3}{4} \square \frac{3}{8}$; $\frac{7}{9} \square \frac{7}{10}$

b) $\frac{7}{10} \square \frac{7}{9}$; $\frac{10}{7} \square \frac{10}{9}$; $\frac{7}{4} \square \frac{7}{8}$; $\frac{4}{7} \square \frac{4}{9}$

20. Ordne die gebrochenen Zahlen nach der Größe. Beginne (1) mit der kleinsten Zahl; (2) mit der größten Zahl.

a) $\frac{7}{9}$; $\frac{7}{12}$; $\frac{7}{10}$; $\frac{7}{8}$ **b)** $\frac{9}{16}$; $\frac{9}{10}$; $\frac{9}{20}$; $\frac{9}{8}$ **c)** $4\frac{5}{11}$; $4\frac{5}{16}$; $4\frac{5}{8}$; $4\frac{5}{6}$; $4\frac{5}{21}$

21. Suche einen Bruch zwischen:

a) $\frac{3}{8}$ und $\frac{7}{8}$ **b)** $\frac{2}{9}$ und $\frac{5}{9}$ **c)** $\frac{1}{3}$ und $\frac{2}{3}$ **d)** $\frac{1}{5}$ und $\frac{1}{3}$ **e)** $\frac{2}{15}$ und $\frac{2}{5}$

22. Welche der gebrochenen Zahlen $\frac{5}{8}$; $\frac{7}{4}$; $\frac{3}{7}$; $\frac{5}{9}$; $\frac{12}{5}$; $\frac{7}{5}$; $\frac{9}{8}$; $\frac{7}{20}$; $\frac{11}{9}$; $\frac{7}{15}$; $\frac{13}{8}$; $\frac{5}{3}$; $\frac{4}{9}$ sind

a) größer als 1; **b)** kleiner als 1; **c)** kleiner als $\frac{1}{2}$ **d)** größer als $1\frac{1}{2}$?

23. Gib fünf gebrochene Zahlen an, für die gilt:

a) kleiner als 1; **b)** größer als 1; **c)** kleiner als $\frac{1}{2}$; **d)** größer als $\frac{1}{2}$; **e)** größer als 2.

24. Setze das passende Zeichen < bzw. >.
Beachte: Durch Vergleich z. B. mit 1 oder mit $\frac{1}{2}$ oder mit einer anderen geeigneten Vergleichszahl kannst du manchmal leicht erkennen, welches die größere gebrochene Zahl ist.

$\frac{5}{7} \square \frac{3}{8}$
$\frac{5}{7} > \frac{1}{2}$ und $\frac{3}{8} < \frac{1}{2}$
also $\frac{5}{7} > \frac{3}{8}$

a) $\frac{11}{10} \square \frac{3}{8}$; $\frac{8}{11} \square \frac{9}{7}$ **b)** $\frac{9}{4} \square \frac{7}{5}$; $\frac{51}{10} \square \frac{20}{7}$ **c)** $\frac{3}{8} \square \frac{7}{10}$; $\frac{5}{11} \square \frac{9}{16}$ **d)** $\frac{7}{12} \square \frac{5}{11}$; $\frac{12}{7} \square \frac{11}{5}$ **e)** $\frac{2}{3} \square \frac{3}{4}$; $\frac{3}{4} \square \frac{4}{5}$ **f)** $\frac{11}{10} \square \frac{9}{8}$; $\frac{9}{10} \square \frac{7}{8}$

25. Ordne. Überlege zunächst, ob du die Kleinerbeziehung unmittelbar erkennen kannst.

a) $\frac{1}{3}$; $\frac{1}{4}$; $\frac{1}{5}$ / $\frac{4}{3}$; $\frac{5}{4}$; $\frac{6}{5}$ **b)** $\frac{2}{3}$; $\frac{3}{4}$; $\frac{4}{5}$ / $\frac{3}{8}$; $\frac{9}{4}$; $\frac{7}{5}$ **c)** $\frac{10}{7}$; $\frac{7}{10}$; $\frac{2}{9}$ / $\frac{11}{4}$; $\frac{7}{5}$; $\frac{25}{8}$ **d)** $\frac{5}{4}$; $\frac{7}{6}$; $\frac{8}{7}$; $\frac{6}{5}$ / $\frac{9}{10}$; $\frac{10}{9}$; $\frac{14}{15}$; $\frac{15}{14}$ **e)** $\frac{19}{20}$; $\frac{9}{4}$; $\frac{12}{25}$; $\frac{13}{10}$ / $\frac{17}{36}$; $\frac{41}{35}$; $\frac{71}{45}$; $\frac{13}{24}$

▲ **26.** Es gilt: $\frac{58}{79} < \frac{61}{83}$. Überlege, welches Zeichen < oder > passt.

$\frac{58}{79} \square \frac{63}{83}$; $\frac{58}{79} \square \frac{58}{83}$; $\frac{61}{83} \square \frac{55}{79}$; $\frac{61}{83} \square \frac{58}{81}$; $\frac{83}{61} \square \frac{79}{58}$

27. Kaffee kann man in Packungen zu $\frac{1}{8}$ kg, zu $\frac{1}{4}$ kg und zu $\frac{1}{2}$ kg kaufen.
Welche Packung enthält am meisten, welche am wenigsten Kaffee?

28. Beim Schießen auf eine Torwand erzielt Torsten bei 20 Schüssen 7 Treffer, Jonas bei 30 Schüssen 11 Treffer und Mehmet bei 40 Schüssen 17 Treffer.
Wer hat die beste, wer hat die schlechteste Trefferquote (Anteil der Treffer an der Gesamtzahl der Schüsse)?

Vergleichen und Ordnen von Dezimalbrüchen

Zum Wiederholen

1. Hier die Ergebnisse im 400-m-Finale der Frauen bei den Leichtathletik-Weltmeisterschaften in Berlin 2009.

➜ Wer kam auf den 1. Platz, auf den 2. Platz usw.?
Beschreibe dein Vorgehen.

Dunn, D.	(USA)	50,35 s
Kapatschinskaja, A.	(RUS)	50,53 s
Kriwoschapka, A.	(RUS)	49,71 s
Montsho, A.	(BOT)	50,65 s
Ohuruogu, Ch.	(GBR)	50,21 s
Richards, S.	(USA)	49,00 s
Williams, Sh.	(JAM)	49,32 s
Williams-Mills, N.	(JAM)	49,77 s

Wiederholung

(1) *Vergleichen von Dezimalbrüchen*

Man vergleicht zuerst die Ganzen. — 3,25 < 7,5; denn 3 E < 7 E

Sind die Ganzen gleich, vergleicht man die Zehntel. — 8,36 < 8,59; denn 3 z < 5 z

Sind auch die Zehntel gleich, vergleicht man die Hundertstel. — 0,675 > 0,641; denn 7 h > 4 h

Sind auch die Hundertstel gleich, vergleicht man die Tausendstel. — 0,854 < 0,856; denn 4 t < 6 t

(2) *Endnullen bei Dezimalbrüchen*

Wenn man bei einem Dezimalbruch Nullen anhängt oder weglässt, dann bleibt der Wert unverändert. — 0,4 = 0,40 = 0,400

Aufgabe

2. Auch Dezimalbrüche mit mehr als drei Stellen rechts vom Komma kann man nach dem bekannten Verfahren vergleichen und ordnen.

a) Vergleiche 0,7456 und 0,74549. Welches ist die kleinere Zahl?

b) Ordne die Zahlen nach ihrer Größe: 3,7136; 3,72836; 3,72592; 3,6804; 3,7281

Lösung

a) Bei beiden Dezimalbrüchen stimmen die Einer, die Zehntel, die Hundertstel, die Tausendstel überein. Für die Zehntausendstel gilt:
4 Zehntausendstel < 6 Zehntausendstel
Du erhältst: 0,74549 < 0,7456

E	z	h	t	zt	ht
0	7	4	5	6	
0	7	4	5	4	9

b) Beim Vergleichen erhältst du diese Reihenfolge:

3,6804
⊃ Einer gleich, Zehntel ungleich
3,7136
⊃ Einer und Zehntel gleich, Hundertstel ungleich
3,72592
⊃ Einer, Zehntel, Hundertstel gleich, Tausendstel ungleich
3,7281
⊃ Einer, Zehntel, Hundertstel, Tausendstel gleich, Zehntausendstel ungleich
3,72836

Also: 3,6804 < 3,7136 < 3,72592 < 3,7281 < 3,72836

Zum Festigen und Weiterarbeiten

3. Vergleiche. Setze eines der Zeichen < oder > ein. Auf welche Ziffern musst du achten?

a)		b)		c)		d)	
0,538 ☐ 0,605		4,509 ☐ 3,87		0,348 ☐ 0,3451		0,7652 ☐ 0,7609	
0,732 ☐ 0,729		7,458 ☐ 7,9		0,2876 ☐ 0,287		0,1563 ☐ 0,1557	
5,892 ☐ 5,829		0,75 ☐ 0,575		2,7352 ☐ 2,73		0,7508 ☐ 0,72062	

4. Gib eine Zahl an, die zwischen den beiden folgenden Zahlen liegt.

a) 3,4505 und 3,4509 **b)** 0,48167 und 0,4817 **c)** 0,60413 und 0,60414

Übungen

5. Die Mädchen der Klasse 6 a wollen eine Mannschaft für einen Staffellauf aufstellen. Die vier schnellsten Läuferinnen werden ausgewählt. Wer kommt in die Staffel?

Anja 8,9 s	Heide 8,7 s	Kirsten 8,5 s	Silke 9,2 s	Dalia 8,8 s
Eva 9,5 s	Julia 8,0 s	Anne 9,1 s	Ramona 8,4 s	Tanja 9,0 s

6. Vergleiche; setze das passende Zeichen < oder > ein.

a)	b)	c)	d)
14,75 ☐ 17,85	2,57 ☐ 1,29	4,877 ☐ 4,859	0,3415 ☐ 0,3477
29,56 ☐ 28,09	5,48 ☐ 5,61	0,465 ☐ 0,419	7,0351 ☐ 7,0294
4,755 ☐ 5,079	1,372 ☐ 1,405	16,67 ☐ 16,65	9,0787 ☐ 9,0728
77,5 ☐ 75,7	3,577 ☐ 3,608	5,244 ☐ 5,228	2,5079 ☐ 2,5041

7. Vergleiche. Setze das passende Zeichen <, > oder = ein.

a)	b)	c)	d)
0,6 ☐ 0,06	2,5 ☐ 2,05	4,07 ☐ 4,7	0,75 ☐ 0,7
0,6 ☐ 0,66	2,5 ☐ 2,500	4,07 ☐ 4,070	0,75 ☐ 0,705
0,6 ☐ 0,60	2,5 ☐ 2,505	4,07 ☐ 4,77	0,75 ☐ 0,7500
0,6 ☐ 0,606	2,5 ☐ 2,55	4,07 ☐ 4,0070	0,75 ☐ 0,0750

8. Gib zu jeder der Zahlen 0,476; 0,135; 3,569; 8,4916; 0,1235 eine kleinere Zahl an.
Ändere **a)** nur die Zehntel; **b)** nur die Hundertstel; **c)** nur die Tausendstel.

9. Welche Zahlen sind gleich?

a) 0,5; 0,500; 0,05; 0,50; 0,050; 0,5000
b) 0,40; 0,4000; 0,04; 0,004; 0,040; 0,4
c) 0,003; 0,300; 0,030; 0,0030; 0,30; 0,3
d) 0,1; 0,01; 0,10; 0,001; 0,100; 0,010

10. Ordne die gebrochenen Zahlen. Beginne (1) mit der kleinsten; (2) mit der größten Zahl.

a) 0,03; 0,3; 0,003; 0,0003; 0,033
b) 0,13; 1,3; 1,03; 0,013; 0,103
c) 2,25; 2,52; 2,5; 2,052; 2,255
d) 0,089; 0,98; 0,908; 0,809; 0,09; 0,89

11. Gib fünf Zahlen an, die auf dem Zahlenstrahl zwischen den beiden Zahlen liegen.

a) 1,76 und 1,89
b) 0,326 und 0,347
c) 0,52 und 0,528
d) 0,4 und 0,49
e) 0,39 und 0,4
f) 0,7 und 0,709
g) 0,6 und 0,61
h) 1,1 und 1,11

12. Suche fünf Dezimalbrüche, für die gilt

a) größer als 1,6, aber kleiner als 1,7;
b) größer als 0,87, aber kleiner als 0,9;
c) größer als 2,95, aber kleiner als 2,96;
d) größer als 0,08, aber kleiner als 0,081.

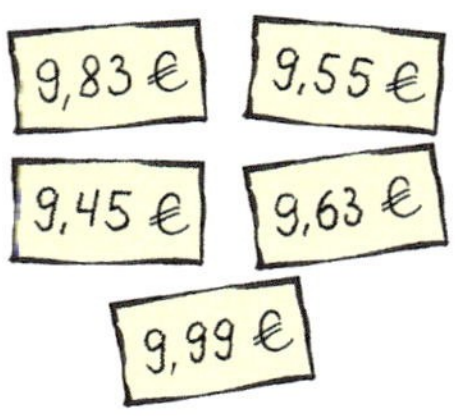

13. In einem Laden hängen Dauerwürste der gleichen Sorte mit folgenden Massen:
0,875 kg; 0,925 kg; 0,884 kg; 0,91 kg; 0,892 kg
Nebenstehende Preisschilder sollen angeheftet werden.
Welche Schilder gehören zu den einzelnen Würsten? Lege eine Tabelle an.

VERMISCHTE UND KOMPLEXE ÜBUNGEN

1. Gib den Anteil der gefärbten Fläche an der gesamten Fläche an.

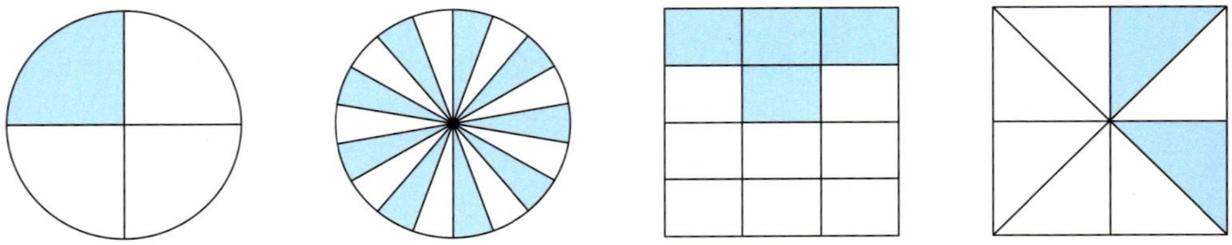

2. Stelle die gemeinen Brüche $\frac{4}{5}$, $\frac{5}{6}$ und $\frac{3}{8}$ zeichnerisch dar.

3. Notiere die Brüche als natürliche Zahlen oder in gemischter Schreibweise.

a) $\frac{13}{2}$; $\frac{12}{3}$; $\frac{15}{4}$; $\frac{30}{5}$; $\frac{37}{6}$; $\frac{47}{8}$; $\frac{79}{10}$ **b)** $\frac{35}{11}$; $\frac{72}{12}$; $\frac{76}{15}$; $\frac{140}{20}$; $\frac{181}{25}$; $\frac{135}{50}$; $\frac{349}{100}$

4. Notiere als gemeinen Bruch: $24\frac{1}{3}$; $16\frac{3}{4}$; $12\frac{2}{5}$; $7\frac{7}{11}$; $9\frac{11}{15}$; $8\frac{13}{20}$.

5. Gib als gemeine Brüche und in gemischter Schreibweise an. Kürze so weit wie möglich.

a) 11 : 3; 25 : 7; 51 : 8; 70 : 6; 78 : 5

b) 187 : 20; 117 : 10; 2654 : 100; 6148 : 1000

6. Wandle um in die in Klammern angegebene Einheit.

a) $\frac{7}{8}$ kg (g); $4\frac{3}{4}$ *l* (ml); $\frac{2}{5}$ m (cm); $3\frac{1}{2}$ m^2 (dm^2) **b)** $\frac{5}{6}$ h (min); $2\frac{5}{12}$ h (min); $7\frac{6}{25}$ m^3 (dm^3)

7. Zeichne einen Zahlenstrahl. Wähle für die Strecke von 0 bis 1 eine geeignete Länge. Markiere mit einem Farbstift folgende Punkte.

(1) $\frac{1}{2}$; $\frac{1}{4}$; $\frac{1}{6}$; $\frac{5}{6}$; $\frac{3}{4}$; $\frac{1}{3}$; $\frac{2}{3}$ (2) $1\frac{1}{4}$; $1\frac{3}{4}$; $1\frac{2}{3}$; $1\frac{1}{2}$; $1\frac{1}{3}$ (3) 0,13; 0,47; 0,58; 0,8

8. Kürze so weit wie möglich: $\frac{60}{144}$; $\frac{90}{225}$; $\frac{144}{300}$; $\frac{400}{275}$; $\frac{324}{48}$; $\frac{96}{444}$; $\frac{375}{90}$

9. Erweitere, so weit das möglich ist, die folgenden Brüche

a) auf Sechzigstel; **b)** auf Hundertstel; **c)** auf Tausendstel.

$\frac{1}{4}$	$\frac{3}{5}$	$\frac{2}{3}$	$\frac{7}{12}$	$\frac{5}{6}$	$\frac{3}{10}$	$\frac{4}{15}$	$\frac{17}{20}$	$\frac{4}{5}$	$\frac{2}{5}$	$\frac{3}{4}$	$\frac{7}{10}$	$\frac{1}{20}$	$\frac{4}{25}$	$\frac{9}{50}$	$\frac{1}{10}$	$\frac{1}{8}$	$\frac{3}{8}$

10. Vergleiche. Setze eines der Zeichen <, > oder =.

a) $\frac{11}{12} \square \frac{5}{6}$; $\frac{3}{5} \square \frac{8}{15}$; $\frac{8}{14} \square \frac{4}{7}$

b) $\frac{3}{4} \square \frac{17}{20}$; $\frac{3}{7} \square \frac{9}{21}$; $\frac{2}{3} \square \frac{7}{9}$

c) $\frac{18}{24} \square \frac{3}{4}$; $\frac{5}{8} \square 0{,}5$; $\frac{2}{3} \square \frac{19}{30}$

d) $\frac{3}{4} \square 0{,}6$; $\frac{7}{9} \square \frac{7}{8}$; $\frac{5}{12} \square \frac{5}{24}$

e) $0{,}8 \square \frac{5}{6}$; $\frac{9}{18} \square 0{,}5$; $\frac{6}{7} \square \frac{7}{8}$

f) $\frac{10}{15} \square \frac{16}{24}$; $0{,}7 \square \frac{11}{15}$; $0{,}8 \square \frac{5}{9}$

11. Verwandle zunächst in die gemischte Schreibweise. Ordne danach nach der Größe.

a) $\frac{53}{12}$; $\frac{43}{18}$; $\frac{52}{15}$; $\frac{153}{25}$; $\frac{28}{5}$; $\frac{29}{12}$; $\frac{82}{25}$; $\frac{27}{4}$; $\frac{61}{11}$ **b)** $\frac{47}{11}$; $\frac{191}{30}$; $\frac{95}{18}$; $\frac{88}{25}$; $\frac{67}{12}$; $\frac{51}{11}$; $\frac{286}{45}$; $\frac{127}{24}$; $\frac{55}{33}$; $\frac{69}{20}$

12. Gib eine kleinere und eine größere gebrochene Zahl an. Ändere nur (1) den Zähler, (2) den Nenner des Bruches.

a) $\frac{7}{20}$ **b)** $\frac{13}{40}$ **c)** $\frac{3}{4}$ **d)** $\frac{17}{8}$

(1) $\frac{2}{9} < \frac{4}{9} < \frac{5}{9}$
(2) $\frac{4}{11} < \frac{4}{9} < \frac{4}{7}$

13. Verwandle in Dezimalbrüche. Ordne nach der Größe.

a) $\frac{17}{100}$; $\frac{485}{1000}$; $\frac{27}{1000}$ **b)** $6\frac{1}{10}$; $2\frac{13}{100}$; $3\frac{4}{100}$ **c)** $\frac{26}{10}$; $\frac{147}{100}$; $\frac{105}{100}$

14. Verwandle in gemeine Brüche.

a) 0,475; 1,0483 **b)** 0,1055; 0,0673 **c)** 0,0007; 6,0305 **d)** 2,1506; 3,0258 **e)** 0,00758; 0,050075 **f)** 1,0405; 4,0078965

15. **a)** $\frac{3}{8}$ von 72 l = $\square$ **c)** $\frac{4}{5}$ von $\square$ = 24 m **e)** $\frac{2}{3}$ von 453 a = $\square$

b) $\square$ von 12 kg = 8 kg **d)** $\square$ von 150 l = 100 l **f)** $\frac{5}{7}$ von $\square$ = 345 m

16. Europa ist 10 Mio. km² groß. Davon entfällt auf Deutschland etwa $\frac{9}{250}$, auf Frankreich $\frac{11}{200}$ und auf die Schweiz $\frac{1}{250}$ der Fläche.

a) Vergleiche die Größe der Fläche von Deutschland und der Schweiz.

b) Stelle selbst weitere Fragen und beantworte sie.

17. **a)** Das Dreifache einer Zahl ist 36. Wie groß ist dann $\frac{1}{4}$ dieser Zahl?

b) $\frac{2}{3}$ einer Zahl ist 28. Wie groß ist das Fünffache dieser Zahl?

18. Im Losbehälter A befinden sich unter 150 Losen 10 Hauptgewinne. Losbehälter B enthält unter 200 Losen 15 Hauptgewinne. Losbehälter C unter 250 Losen 18 Hauptgewinne.
An welchem Losbehälter hast du die größten, an welchem die geringsten Chancen?

19. Bei einer Tombola anlässlich eines Schulfestes werden von den 6. Klassen Lose verkauft. Die Klasse 6a hat $\frac{2}{15}$, die 6b 30%, die 6c $\frac{1}{12}$ und die 6d 15% der Lose verkauft.

a) Ordne die Klassen nach dem Anteil der verkauften Lose.

b) Die 6d hat 54 Lose verkauft. Wie viele wurden in den anderen Klassen verkauft?

20. **a)** Julia hat sich eine Digital-Kamera mit Zoom ausgesucht. Sie kostet 175 €. Zum Geburtstag hat sie von ihrer Patentante 140 € geschenkt bekommen.
Welcher Anteil am Kaufpreis ist das?

b) Eine Jugendherberge hat 120 Betten; $\frac{3}{5}$ der Plätze sind besetzt. Wie viele sind das?

c) An einer Schiffsfahrt nehmen 240 Personen teil. Der Kapitän erzählt: „Das Schiff ist zu $\frac{5}{6}$ ausgebucht." Wie viele Fahrgäste kann das Schiff befördern?

21. **a)** Wie groß ist bei einem Quadrat der Anteil einer Seitenlänge am Umfang?

b) Wie groß ist bei einem Würfel der Anteil einer Seitenfläche an der Oberfläche?

c) Wie groß ist bei einem Würfel der Anteil einer Kantenlänge an der gesamten Kantenlänge?

22. Tim verkaufte CDs auf einem Flohmarkt. Er verkaufte am Vormittag $\frac{1}{4}$ seiner CDs und am Nachmittag $\frac{1}{3}$ der restlichen CDs. Schließlich hatte er noch 12 CDs übrig.
Wie viele CDs hatte Tim anfangs?

23. Zum Schulfest haben mehrere Klassen am Basketballturnier teilgenommen. Die Beteiligung war unterschiedlich groß. Bestimme den Anteil der mitspielenden Kinder. Es spielten mit aus Klasse

a) 6a: 24 von 30 **c)** 6c: 21 von 28
b) 6b: 25 von 30 **d)** 6d: 12 von 26

24. Für ein Schulfest haben fünf Schüler der Klasse 6 b zusammen ein Wissens-Quiz entwickelt.
Jan hat $\frac{2}{15}$ Lisa $\frac{3}{10}$, Katharina $\frac{1}{3}$, Maria $\frac{1}{12}$ und Paul $\frac{3}{20}$ der Fragen gestellt.

a) Ordne die Schüler nach ihrem Beitrag zum Wissens-Quiz.
b) Paul hat 9 Fragen gestellt. Wie viele Fragen haben die anderen jeweils gestellt?

25. Julia, Lena und Michael sammeln für ein Kinderheim. Julia bekommt 40 €, Lena 50 € und Michael 30 € zusammen.
Wie groß ist der Anteil (1) von Julia, (2) von Lena, (3) von Michael am Gesamtergebnis?

26. a) Welcher Anteil an einer Stunde ist (1) zwischen 8.30 Uhr und 8.50 Uhr, (2) zwischen 12.25 Uhr und 13.05 Uhr vergangen?
b) Am 22. Dezember geht die Sonne um 8.14 Uhr auf und um 16.29 Uhr unter. Gib mithilfe eines einfachen Bruches angenähert den Anteil der Sonnenscheindauer an einem Tag an.

27. Leon erzählt Tobias: „Wir waren 14 Tage im Urlaub und hatten 4 Regentage."
„Wir hatten aber nur 3 Regentage bei 10 Urlaubstagen", erwidert Tobias.
Wer hatte das bessere Wetter?

28. Das Streifendiagramm zeigt den Besitz eines Weinbauern.

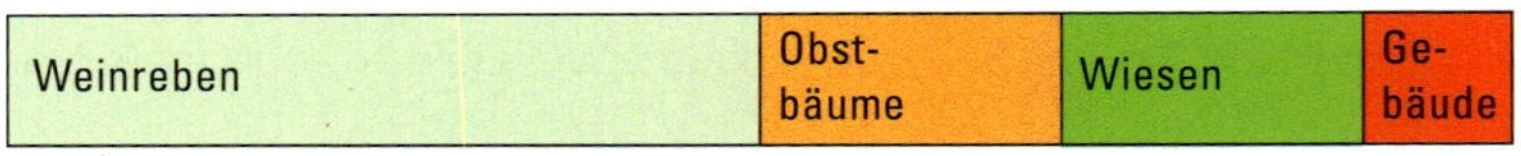

Welchen Anteil des Besitzes nehmen jeweils die Weinreben, die Obstbäume, die Wiesen, die Gebäude ein?

29. Schreibe wie im Beispiel.

a) 2,5 Tsd. **c)** 10,5 Mrd. **e)** $3\frac{1}{2}$ Mio.
b) 3,04 Mio. **d)** 0,6 Mrd. **f)** $\frac{1}{2}$ Billion

4,3 Mio. = 4,300 000 Mio.
= 4 300 000

30. Schreibe die Zahlenangaben in den Zeitungsartikeln unten ohne Komma.

10,63 Mio. Zuschauer für „Wetten, dass" am 24.01.2009 …

Von Januar bis Oktober 2008 wurden in Deutschland 325,94 Mio. Gästeübernachtungen gezählt.

In diesem Jahr sank der Umsatz der Firma Innowap von 10,7 Mrd. € auf 9,25 Mrd. €.

Ende 2008 hatte Deutschland 1,515 Billionen € Schulden.

BIST DU FIT?

1. Notiere den Quotienten als Bruch; kürze dann. Gib das Ergebnis auch in gemischter Schreibweise oder als natürliche Zahl an.

a) 7 : 8; 8 : 7; 3 : 6; 6 : 3; 12 : 5 **b)** 30 : 7; 49 : 7; 154 : 10; 219 : 19

2. Kürze so weit wie möglich: $\frac{15}{24}$; $\frac{15}{55}$; $\frac{18}{30}$; $\frac{30}{72}$; $\frac{56}{21}$; $\frac{44}{121}$; $\frac{27}{45}$; $\frac{54}{24}$

3. Erweitere auf den angegebenen Nenner.

a) $\frac{3}{2}$; $\frac{7}{4}$; $\frac{6}{5}$; $\frac{7}{10}$; $\frac{11}{20}$; $\frac{18}{25}$; $\frac{23}{50}$ (Nenner 100) **b)** $\frac{5}{4}$; $\frac{11}{25}$; $\frac{9}{8}$; $\frac{11}{125}$; $\frac{41}{200}$; $\frac{9}{50}$; $\frac{13}{250}$ (Nenner 1 000)

4. Vergleiche. Setze das passende Zeichen <, > oder = ein.

a) $\frac{7}{12} \square \frac{5}{8}$; $\frac{11}{6} \square \frac{9}{5}$ **b)** $\frac{35}{25} \square \frac{21}{15}$; $\frac{5}{12} \square \frac{13}{20}$ **c)** $\frac{13}{9} \square \frac{17}{12}$; $\frac{40}{24} \square \frac{25}{15}$ **d)** $\frac{5}{7} \square \frac{8}{11}$; $\frac{11}{15} \square \frac{7}{9}$ **e)** $\frac{32}{40} \square \frac{48}{60}$; $\frac{13}{25} \square \frac{7}{15}$ **f)** $\frac{13}{20} \square \frac{17}{25}$; $\frac{11}{24} \square \frac{19}{40}$

5. Verwandle zunächst in die gemischte Schreibweise. Ordne dann nach der Größe.

a) $\frac{37}{8}$; $\frac{52}{9}$; $\frac{17}{6}$; $\frac{55}{12}$; $\frac{19}{6}$ **b)** $\frac{53}{12}$; $\frac{43}{18}$; $\frac{52}{15}$; $\frac{153}{25}$; $\frac{28}{5}$; $\frac{29}{12}$; $\frac{82}{25}$; $\frac{27}{4}$; $\frac{61}{11}$

6.

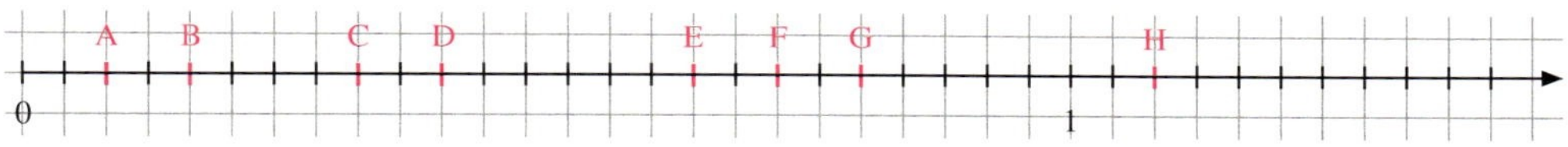

Gib zu jedem der Punkte A bis H des Zahlenstrahls den zugehörigen Bruch an. Kürze falls möglich. Notiere auch den zugehörigen Dezimalbruch.

7. Verwandle in gemeine Brüche bzw. in die gemischte Schreibweise.

a) 0,06; 0,008; 0,475; 0,053; 0,48; 0,206; 1,36; 2,145; 5,095; 9,603

b) 0,0009; 0,00008; 0,0038; 0,4055; 0,0485; 1,0007; 2,00005; 1,00082; 3,03506

8. Verwandle in Dezimalbrüche.

a) $\frac{8}{1000}$; $\frac{90}{1000}$; $\frac{230}{1000}$; $\frac{70}{100}$; $\frac{7}{10000}$; $\frac{18}{10000}$; $\frac{1524}{10000}$; $\frac{255}{100000}$

b) $10\frac{9}{10}$; $7\frac{20}{100}$; $20\frac{6}{1000}$; $2\frac{65}{1000}$; $9\frac{115}{1000}$; $13\frac{87}{1000}$; $30\frac{6}{1000}$

9. Verwandle in Dezimalbrüche.

a) $2\frac{1}{2}$; $5\frac{1}{4}$; $6\frac{1}{5}$; $2\frac{1}{8}$; $10\frac{1}{10}$; $3\frac{2}{5}$ **b)** $3\frac{1}{20}$; $4\frac{1}{25}$; $1\frac{1}{50}$; $20\frac{3}{4}$; $4\frac{4}{5}$; $1\frac{3}{8}$

10. Laura hat Dezimalbrüche zerlegt. Welche Dezimalbrüche hat sie zerlegt?

a) $5 + \frac{2}{10} + \frac{6}{100} + \frac{7}{1000}$ **b)** $\frac{6}{10} + \frac{7}{1000} + \frac{5}{10000}$ **c)** $9 + \frac{2}{10} + \frac{7}{100} + \frac{4}{100000}$

11. Ordne die Dezimalbrüche. Beginne mit der kleinsten Zahl.

a) 0,45; 0,504; 0,544; 0,4 **b)** 0,72; 0,722; 0,702; 0,7202 **c)** 3,5; 3,55; 3,0055; 3,05

12. Ein reicher Onkel verfügt im Testament: „Neffe Adam soll $\frac{9}{20}$ des Vermögens, Nichte Eva $\frac{8}{15}$ des Vermögens erben." Wer erbt mehr, Adam oder Eva?

13. In einer Klasse sind 16 Mädchen und 9 Jungen.
Welcher Anteil an der Klasse sind Jungen?

3 Rechnen mit gebrochenen Zahlen

Olympische Spiele Vancouver (CAN) Abfahrt Damen 17.02.2010	
1. Lindsey Vonn (USA)	1 min 44,19 s
2. Julia Mancuso (USA)	1 min 44,75 s
3. Elisabeth Goergl (AUT)	1 min 45,65 s
4. Andrea Fischbacher (AUT)	1 min 45,68 s
5. Fabienne Suter (SUI)	1 min 46,17 s
6. Britt Janyk (CAN)	1 min 46,21 s

„Ungefähr ein Wimpernschlag liegt zwischen Gold und Silber"

Das war die Überschrift zu einem Artikel über den Ausgang des Abfahrtslaufs der Damen bei den Olympischen Spielen in Vancouver (Kanada) 2010.
Kannst du dir denken, was der Schreiber damit ausdrücken wollte?
Der Wimpernschlag wird oft als Vergleich genommen, wenn wir eine kurze Zeitspanne beschreiben wollen. Das Zwinkern, das ist ja mit dem Wimpernschlag gemeint, ist eine der schnellsten Bewegungen, zu der wir fähig sind.

Exakte Messungen haben ergeben, dass der ganze Vorgang ungefähr 0,4 Sekunden dauert. In der Abbildung kannst du ablesen, wie lange die einzelnen Phasen des Zwinkerns dauern.

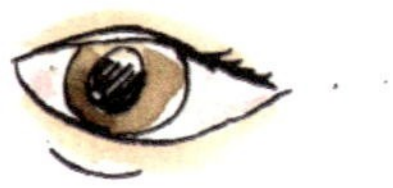

senken 0,08 s

geschlossen 0,15 s

öffnen 0,17 s

→ Versuche einmal, mit der Stoppuhr das Zwinkern deines Nachbarn zu messen. Vergleiche dein Ergebnis mit der hier angegebenen Zeitdauer.

→ Welches ist die kürzeste Zeitspanne, die du selbst mit der Stoppuhr messen kannst? Du musst zum Messen Start- und Stopptaste so schnell wie möglich hintereinander drücken. Bist du schneller als ein Wimpernschlag?

In diesem Kapitel lernst du ...
... wie man mit gebrochenen Zahlen rechnet.

ADDIEREN UND SUBTRAHIEREN VON GEMEINEN BRÜCHEN

Addieren und Subtrahieren von ungleichnamigen Brüchen

Zum Wiederholen

1. Jan und Anne haben mit ihren Freunden und Freundinnen eine Geburtstagsparty gefeiert. Hier siehst du die Reste von zwei Kirschtorten.

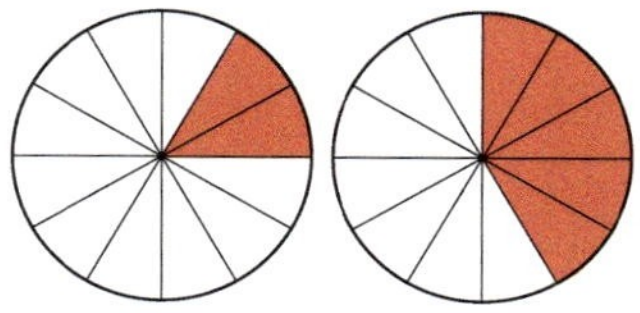

Additions- und Subtraktionsregel bei gleichnamigen Brüchen

Addiere die Zähler.
Behalte den gemeinsamen Nenner bei.

$\frac{5}{8} + \frac{2}{8} = \frac{5+2}{8} = \frac{7}{8}$

Subtrahiere die Zähler.
Behalte den gemeinsamen Nenner bei.

$\frac{5}{8} - \frac{2}{8} = \frac{5-2}{8} = \frac{3}{8}$

Wir wollen nun das Addieren und Subtrahieren ungleichnamiger Brüche behandeln.

Aufgabe

2. Auf dem Schulfest gibt es einen Pizza-Stand. Hier kann man verschiedene Sorten Pizza aussuchen. Die Pizzas sind in unterschiedlicher Art aufgeschnitten. Sören und Mario kaufen verschiedene Stücke Pizza.

(1) Sören nimmt $\frac{3}{8}$ Pizza mit Champignons und $\frac{1}{4}$ Pizza mit Peperoni.

(2) Mario nimmt $\frac{2}{3}$ Pizza mit Thunfisch und $\frac{1}{4}$ Pizza mit Peperoni.

Wie viel Pizza nimmt jeder der beiden Jungen insgesamt?

Lösung

Einteilung verfeinern bedeutet Erweitern

(1) *Sören*

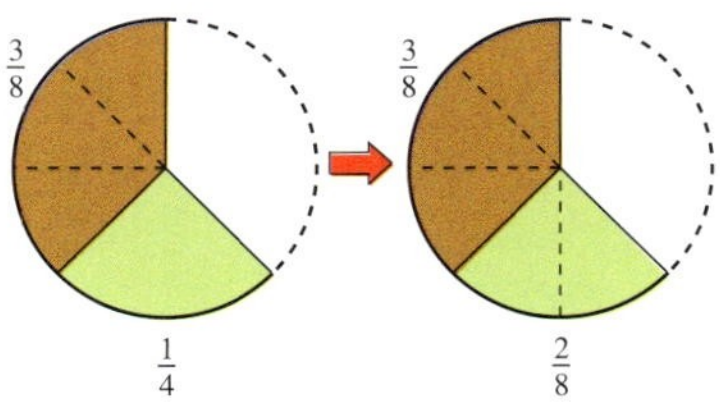

(2) *Mario*

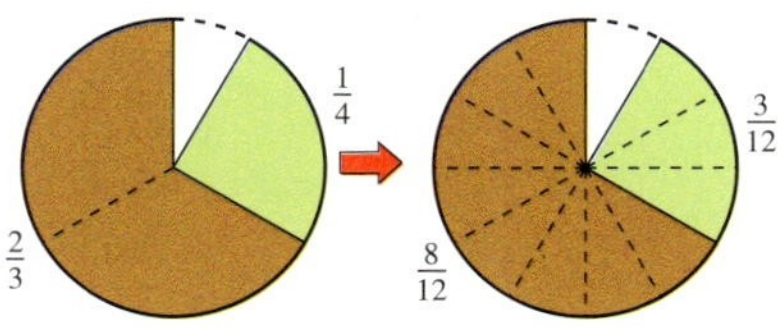

Brüche gleichnamig machen, dann addieren

$\frac{3}{8} + \frac{1}{4} = \frac{3}{8} + \frac{2}{8} = \frac{5}{8}$

Ergebnis:
Sören nimmt insgesamt $\frac{5}{8}$ Pizza.

$\frac{2}{3} + \frac{1}{4} = \frac{8}{12} + \frac{3}{12} = \frac{11}{12}$

Ergebnis:
Mario nimmt insgesamt $\frac{11}{12}$ Pizza.

Zum Festigen und Weiterarbeiten

3. Berechne; kürze dann das Ergebnis, soweit möglich.

a) $\frac{2}{7} + \frac{3}{7}$ **b)** $\frac{5}{7} - \frac{3}{7}$ **c)** $\frac{11}{15} + \frac{7}{15}$ **d)** $\frac{14}{15} - \frac{7}{15}$ **e)** $\frac{17}{100} + \frac{19}{100}$ **f)** $\frac{35}{100} - \frac{13}{100}$

4. Lisas Mutter hat $\frac{3}{4}$ einer ganzen Schoko-Sahnetorte gekauft. Es wird gegessen:

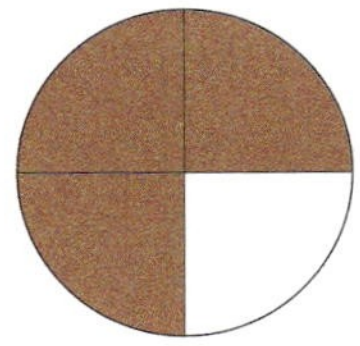

a) $\frac{1}{2}$ der ganzen Torte; **b)** $\frac{1}{3}$ der ganzen Torte.

Welcher Anteil einer ganzen Torte bleibt übrig?
Notiere die Aufgabe und rechne.

Information

Der Hauptnenner ist das kleinste gemeinsame Vielfache der Nenner.

Additions- und Subtraktionsregel bei ungleichnamigen Brüchen

Mache zuerst die Brüche gleichnamig. Verfahre dann wie bei gleichnamigen Brüchen.

Zuerst gleichnamig machen

$$\frac{3}{4} + \frac{1}{6} = \frac{9}{12} + \frac{2}{12} = \frac{11}{12}$$

Zuerst gleichnamig machen

$$\frac{4}{5} - \frac{3}{20} = \frac{16}{20} - \frac{3}{20} = \frac{13}{20}$$

Der kleinste gemeinsame Nenner von Brüchen heißt **Hauptnenner.**

5. Mache die Brüche gleichnamig. Berechne.

a) $\frac{1}{4} + \frac{1}{2}$ **b)** $\frac{5}{6} - \frac{2}{3}$ **c)** $\frac{2}{15} + \frac{3}{5}$ **d)** $\frac{15}{16} - \frac{3}{4}$ **e)** $\frac{3}{10} + \frac{3}{100}$ **f)** $\frac{71}{125} + \frac{311}{1000}$

6. Mache die Brüche gleichnamig. Berechne. Kürze das Ergebnis, soweit möglich.

a) $\frac{2}{3} + \frac{1}{4}$; $\frac{1}{2} + \frac{1}{3}$ **b)** $\frac{1}{2} - \frac{2}{5}$; $\frac{5}{6} - \frac{3}{4}$ **c)** $\frac{3}{4} + \frac{3}{5}$; $\frac{7}{10} - \frac{8}{15}$ **d)** $\frac{3}{10} + \frac{7}{12}$; $\frac{3}{4} - \frac{7}{25}$ **e)** $\frac{17}{125} + \frac{59}{100}$; $\frac{14}{15} - \frac{19}{21}$

7. Bilde die Summe aus $\frac{1}{2}$, $\frac{1}{4}$, $\frac{1}{8}$, $\frac{1}{16}$ und $\frac{1}{32}$.
Wie viel fehlt dann noch am nächsten Ganzen?

Übungen

8. Bei einem Schulfest ist an drei Ständen Kuchen übrig geblieben.

a) Wie viel Kuchen ist an jedem Stand insgesamt übrig geblieben?

b) An welchem Stand ist am wenigsten, an welchem am meisten übrig?

c) An welchem Stand wurde am meisten verkauft?

d) Wie viel Kuchen ist an diesem Stand mehr verkauft worden als an den anderen beiden Ständen?

9. Hier siehst du jeweils die Reste von zwei Torten. Wie viel ist insgesamt übrig geblieben?

a)
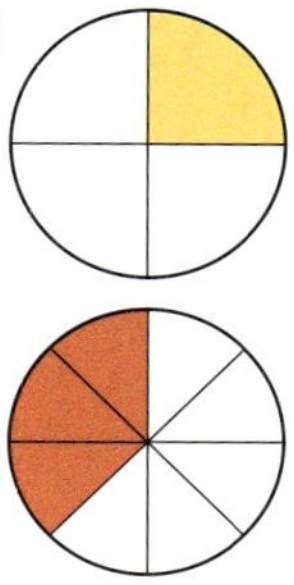

b)
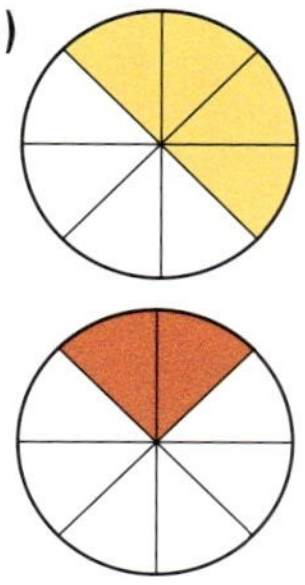

c)
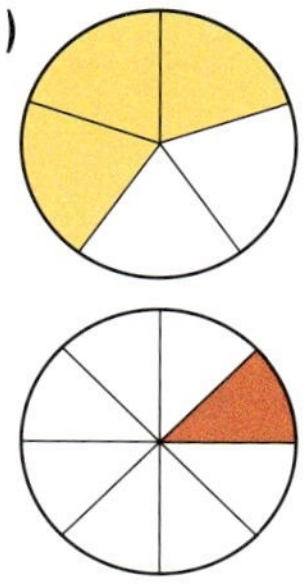

d)
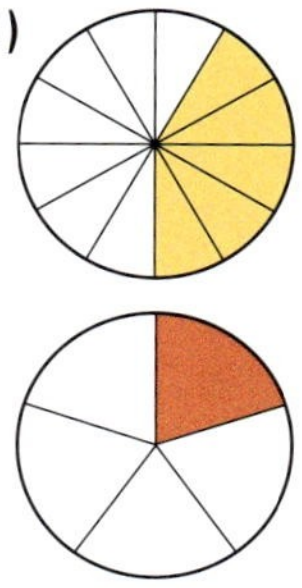

10. Berechne. Kürze das Ergebnis, soweit wie möglich.

a) $\frac{3}{4}+\frac{1}{8}$; $\frac{1}{5}+\frac{1}{10}$; $\frac{1}{2}+\frac{5}{6}$

b) $\frac{9}{10}-\frac{3}{5}$; $\frac{7}{9}-\frac{2}{3}$; $\frac{1}{2}-\frac{3}{10}$

c) $\frac{3}{20}+\frac{2}{5}$; $\frac{2}{3}+\frac{7}{12}$; $\frac{3}{5}+\frac{7}{30}$

d) $\frac{23}{24}-\frac{3}{8}$; $\frac{17}{18}-\frac{5}{6}$; $\frac{7}{8}-\frac{11}{40}$

e) $\frac{3}{80}+\frac{2}{5}$; $\frac{4}{15}+\frac{67}{75}$; $\frac{5}{6}-\frac{7}{36}$

f) $\frac{11}{25}+\frac{17}{100}$; $\frac{77}{144}-\frac{5}{12}$; $\frac{7}{8}-\frac{863}{1000}$

11. Berechne. Kürze das Ergebnis, soweit wie möglich.

a) $\frac{3}{4}+\frac{5}{6}$; $\frac{3}{10}+\frac{7}{12}$

b) $\frac{7}{10}-\frac{8}{15}$; $\frac{9}{12}-\frac{3}{20}$

c) $\frac{1}{2}-\frac{1}{7}$; $\frac{4}{5}-\frac{4}{13}$

d) $\frac{14}{15}+\frac{19}{21}$; $\frac{4}{35}+\frac{17}{45}$

e) $\frac{19}{125}-\frac{23}{250}$; $\frac{19}{20}-\frac{11}{30}$

f) $\frac{29}{45}+\frac{9}{10}$; $\frac{17}{24}+\frac{7}{20}$

g) $\frac{17}{125}+\frac{59}{100}$; $\frac{1}{19}+\frac{1}{31}$

h) $\frac{11}{75}-\frac{13}{100}$; $\frac{1}{11}-\frac{1}{17}$

60 ist der kleinste gemeinsame Nenner

$$\frac{7}{12}+\frac{4}{15}=\frac{35}{60}+\frac{16}{60}=\frac{51}{60}=\frac{17}{20}$$

12. Kontrolliere dein Ergebnis durch die entgegengesetzte Rechenart.

a) $\frac{5}{4}-\frac{1}{2}$

b) $\frac{17}{30}-\frac{4}{15}$

c) $\frac{15}{16}-\frac{4}{8}$

d) $\frac{59}{72}-\frac{4}{9}$

e) $\frac{47}{55}-\frac{8}{11}$

f) $\frac{71}{84}-\frac{3}{7}$

Rechnung:
$\frac{22}{15}-\frac{2}{3}=\frac{22}{15}-\frac{10}{15}=\frac{12}{15}=\frac{4}{5}$

Kontrolle:
$\frac{4}{5}+\frac{2}{3}=\frac{12}{15}+\frac{10}{15}=\frac{22}{15}$

13. Berechne.

a) $\frac{1}{6}+\frac{3}{12}+\frac{5}{12}$; $\frac{5}{18}+\frac{2}{9}+\frac{1}{3}$

b) $\frac{3}{20}+\frac{3}{10}+\frac{1}{5}$; $\frac{37}{50}+\frac{4}{5}+\frac{3}{10}$

c) $\frac{13}{20}+\frac{1}{10}-\frac{1}{2}$; $\frac{14}{15}+\frac{1}{3}-\frac{2}{5}$

d) $\frac{13}{15}-\frac{1}{90}-\frac{2}{9}$; $\frac{44}{75}-\frac{4}{25}-\frac{4}{15}$

e) $\frac{671}{1000}+\frac{19}{200}-\frac{3}{125}$; $\frac{7}{12}+\frac{5}{18}-\frac{301}{360}$

14. Kontrolliere die Hausaufgaben. Wo stecken Fehler? Erkläre und berichtige.

a) $\frac{2}{5}+\frac{1}{2}=\frac{3}{7}$ b) $\frac{5}{6}-\frac{3}{4}=\frac{2}{24}$ c) $\frac{3}{8}-\frac{1}{3}=\frac{2}{5}$ d) $\frac{3}{8}+\frac{1}{2}=\frac{14}{16}$

15. a) Addiere.

b) Subtrahiere.

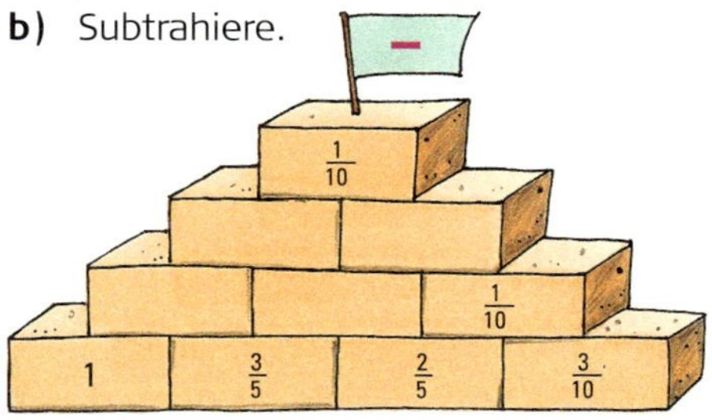

16. Berechne. Kommst du ohne Erweitern aus?

a) $\frac{9}{12} + \frac{1}{4}$ b) $\frac{12}{21} + \frac{8}{28}$ c) $\frac{4}{5} - \frac{21}{35}$ d) $\frac{50}{55} - \frac{42}{66}$ e) $\frac{35}{84} + \frac{45}{108}$ f) $\frac{52}{117} - \frac{60}{135}$

17. Ein Naturschutzgebiet besteht aus einem $\frac{7}{8}$ km² großen See und einem angrenzenden Gelände, das $\frac{3}{10}$ km² groß ist.
Wie groß ist das gesamte Naturschutzgebiet?

18. Julia kommt beim Fahrradrennen $\frac{3}{10}$ Sekunden später ins Ziel als die Siegerin. Sarah kommt $\frac{1}{2}$ Sekunde später ins Ziel als ihre Freundin Julia.
Um welchen Bruchteil einer Sekunde ist Sarah langsamer als die Siegerin?

19. $\frac{1}{8}$ *l* Himbeersirup soll mit Wasser so verdünnt werden, dass danach das Volumen $\frac{7}{10}$ *l* beträgt.
Wie viel Liter Wasser muss zugegossen werden?

20. Paulas Eltern wollen ein Haus bauen. Ein Drittel der Baukosten haben sie angespart, $\frac{3}{8}$ der Baukosten erhalten sie durch eine Erbschaft.

a) Über welchen Anteil an den Baukosten verfügen Paulas Eltern schon?

b) Welchen Anteil an den Baukosten müssen sie sich bei einer Bank leihen?

21. Eine Werbesendung für eine Eistorte im Fernsehen besteht aus zwei Teilen. Der erste Teil dauert $\frac{5}{12}$ Minuten, der zweite Teil $\frac{1}{4}$ Minute.

a) Welcher Teil dauert länger?
Um wie viel Minuten dauert dieser Teil länger? Gib das Ergebnis auch in Sekunden an.

b) Wie lange dauert die gesamte Werbesendung? Gib das Ergebnis in Minuten an. Gib das Ergebnis auch in Sekunden an.

22. Berechne die Summe und die Differenz der beiden gebrochenen Zahlen.

a) $\frac{3}{5}$; $\frac{3}{8}$ b) $\frac{1}{2}$; $\frac{1}{9}$ c) $\frac{7}{15}$; $\frac{7}{20}$ d) $\frac{7}{8}$; $\frac{6}{7}$ e) $\frac{4}{5}$; $\frac{3}{4}$

23. Die Summanden sind a) $\frac{2}{3}$, $\frac{1}{10}$; b) $\frac{1}{2}$, $\frac{1}{6}$; c) $\frac{5}{6}$, $\frac{1}{8}$.
Welche der gebrochenen Zahlen $\frac{2}{3}$; $\frac{23}{30}$; $\frac{7}{15}$; $\frac{23}{24}$ ist der richtige Wert der Summe?

24. Der Minuend ist $\frac{8}{9}$. Der Subtrahend ist

a) $\frac{2}{3}$; b) $\frac{1}{2}$; c) $\frac{5}{6}$.

Welche der gebrochenen Zahlen $\frac{7}{18}$; $\frac{2}{9}$; $\frac{5}{18}$; $\frac{1}{18}$ ist der richtige Wert der Differenz?

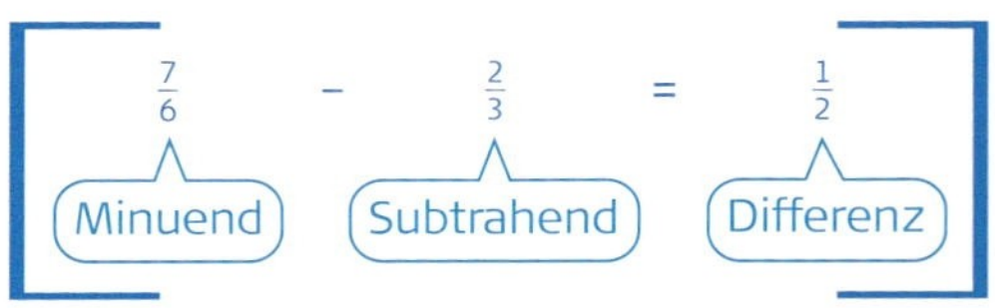

25. **a)** Schreibe die folgenden Zahlen auf drei verschiedene Weisen als Summe.
(1) $\frac{5}{6}$ (2) $\frac{2}{9}$ (3) $\frac{1}{3}$

b) Schreibe die folgenden Zahlen auf drei verschiedene Weisen als Differenz.
(1) $\frac{4}{9}$ (2) $\frac{9}{17}$ (3) $\frac{2}{5}$

$\frac{8}{7} = \frac{5}{7} + \frac{3}{7} = \frac{2}{7} + \frac{6}{7} = 1 + \frac{1}{7}$

$\frac{4}{13} = \frac{12}{13} - \frac{8}{13} = \frac{6}{13} - \frac{2}{13} = \frac{9}{26} - \frac{1}{26}$

26. Notiere die Gleichung im Heft und setze für x eine passende gebrochene Zahl ein. Gib diese auch gekürzt an.

a) $\frac{4}{9} + x = \frac{7}{9}$ **d)** $\frac{7}{8} - x = \frac{3}{8}$ **g)** $\frac{7}{8} - x = \frac{3}{8}$

b) $x + \frac{7}{20} = \frac{19}{20}$ **e)** $\frac{13}{15} - x = \frac{7}{15}$ **h)** $\frac{13}{15} - x = \frac{7}{15}$

c) $x - \frac{5}{12} = \frac{1}{12}$ **f)** $\frac{11}{21} + x = \frac{20}{21}$ **i)** $\frac{11}{21} + x = \frac{20}{21}$

27. Welche gebrochene Zahl musst du für x einsetzen?

a) $\frac{1}{3} + x = \frac{5}{9}$ $x + \frac{2}{5} = \frac{7}{10}$

b) $x - \frac{3}{4} = \frac{5}{8}$ $\frac{1}{2} - x = \frac{1}{6}$

c) $x + \frac{3}{10} = \frac{8}{15}$ $x - \frac{7}{12} = \frac{9}{10}$

d) $\frac{3}{9} = x + \frac{1}{6}$ $\frac{4}{15} = x - \frac{5}{12}$

e) $\frac{1}{6} = \frac{3}{4} - x$ $0 = \frac{17}{25} - x$

28. Anne erzählt ihrer Freundin:
„Von meinem Taschengeld gebe ich $\frac{1}{3}$ fürs Kino und $\frac{1}{5}$ für Eis aus. Das ist weniger als die Hälfte."
Hat sie Recht?

29. Jakob liest das Rezept für ein Mixgetränk.
Wie viel Mineralwasser muss aufgefüllt werden?

30. Schreibe die Brüche als Summe von Brüchen mit dem Zähler 1 auf.
Gehe vor wie im Beispiel.

a) $\frac{5}{6}$ **b)** $\frac{3}{8}$ **c)** $\frac{9}{14}$ **d)** $\frac{5}{18}$ **e)** $\frac{7}{24}$

$\frac{8}{15} = \frac{5+3}{15} = \frac{5}{15} + \frac{3}{15}$
$= \frac{1}{3} + \frac{1}{5}$

31. *Rechenschlange*
Die Kopfzahl ist die Kontrollzahl.

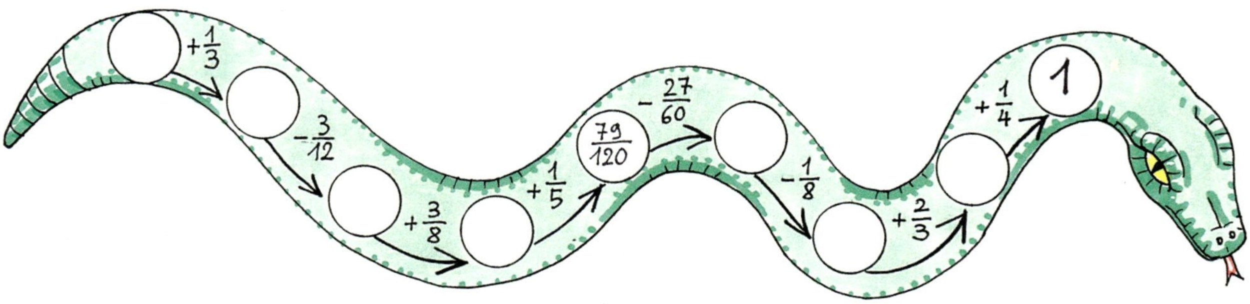

Addieren und Subtrahieren bei gemischter Schreibweise

Einstieg

Ein Konditor hat noch Himbeer- und Brombeertorte.

→ Wie viel Obsttorte hat er insgesamt noch?

Aufgabe

1. Berechne: **a)** $2\frac{1}{4} + 1\frac{7}{8}$ **b)** $2\frac{1}{4} - \frac{3}{8}$

Fasse die Ganzen zusammen; fasse die Anteile zusammen; wandle gegebenenfalls um.

Lösung

a)

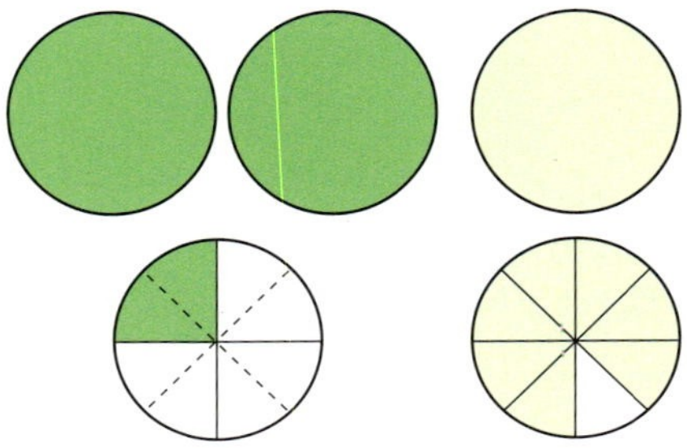

$2\frac{1}{4} + 1\frac{7}{8}$
$= 2\frac{2}{8} + 1\frac{7}{8}$
$= 3\frac{9}{8}$
$= 4\frac{1}{8}$

b)

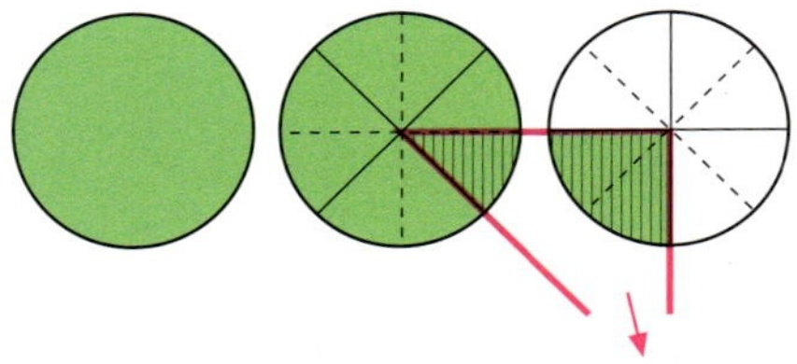

$2\frac{1}{4} - \frac{3}{8}$
$= 1\frac{5}{4} - \frac{3}{8}$
$= 1\frac{10}{8} - \frac{3}{8}$
$= 1\frac{7}{8}$

Zum Festigen und Weiterarbeiten

2. Mache die Brüche gleichnamig. Addiere.

a) $5\frac{1}{2} + \frac{1}{6}$ **e)** $2\frac{1}{2} + \frac{1}{3}$
b) $1\frac{3}{4} + \frac{5}{8}$ **f)** $6\frac{4}{5} + \frac{1}{2}$
c) $4\frac{7}{9} + 1\frac{2}{3}$ **g)** $1\frac{5}{6} + 2\frac{4}{9}$
d) $8\frac{5}{6} + 2\frac{7}{18}$ **h)** $4\frac{5}{8} + 3\frac{7}{10}$

$6\frac{2}{3} + 3\frac{7}{12} = 6\frac{8}{12} + 3\frac{7}{12}$
$= 9\frac{15}{12}$
$= 9 + \frac{12}{12} + \frac{3}{12}$
$= 10\frac{3}{12} = 10\frac{1}{4}$

3. **a)** $9 - \frac{2}{5}$ **e)** $6\frac{1}{3} - \frac{1}{2}$
b) $6 - 2\frac{3}{8}$ **f)** $4\frac{5}{8} - \frac{9}{20}$
c) $8\frac{2}{3} - \frac{4}{9}$ **g)** $4\frac{3}{5} - 1\frac{2}{3}$
d) $5\frac{9}{10} - 3\frac{1}{2}$ **h)** $6\frac{7}{25} - 5\frac{9}{20}$

$8 - \frac{2}{3}$
$= 7\frac{3}{3} - \frac{2}{3}$
$= 7\frac{1}{3}$

$5\frac{3}{8} - \frac{3}{4}$
$= 4\frac{11}{8} - \frac{3}{4}$
$= 4\frac{11}{8} - \frac{6}{8} = 4\frac{5}{8}$

Übungen

Addieren bei gemischter Schreibweise

4. **a)** $2\frac{1}{2} + \frac{1}{4}$; $\frac{3}{8} + 4\frac{1}{4}$ **b)** $5\frac{3}{4} + \frac{1}{2}$; $\frac{2}{3} + 1\frac{5}{6}$ **c)** $8\frac{1}{2} + 7\frac{1}{3}$; $5\frac{3}{4} + 4\frac{1}{6}$ **d)** $4\frac{2}{3} + 2\frac{1}{2}$; $2\frac{5}{6} + 1\frac{3}{8}$ **e)** $4\frac{5}{6} + 6\frac{4}{5}$; $2\frac{7}{8} + 5\frac{5}{12}$

5. Kontrolliere die Hausaufgaben. Wo stecken Fehler? Erkläre und berichtige.

a) $2\frac{4}{9} + 3\frac{5}{8} = 5\frac{9}{17}$ b) $6\frac{1}{3} + 4\frac{7}{11} = 10\frac{14}{11}$ c) $9\frac{4}{15} + 3\frac{1}{25} = 12\frac{13}{75}$

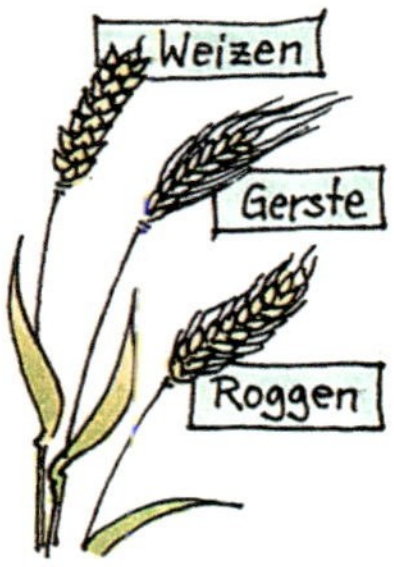

6. Ein Lastwagen ist $10\frac{1}{2}$ m lang, sein Anhänger $6\frac{3}{4}$ m.
Wie viel Meter ist der ganze Lastzug lang?

7. Ein Landwirt hat auf seinen Feldern $5\frac{4}{5}$ ha mit Weizen, $6\frac{7}{8}$ ha mit Gerste und $3\frac{1}{2}$ ha mit Roggen angebaut. Wie groß sind seine Getreidefelder zusammen? Schätze zunächst ab.

8. Auf dem Wochenmarkt kauft Frau Ude bei einem Händler $2\frac{1}{2}$ kg Kartoffeln, $\frac{3}{4}$ kg Äpfel und $1\frac{1}{4}$ kg Weintrauben. Herr Wagner kauft bei demselben Händler $3\frac{1}{4}$ kg Kartoffeln, $1\frac{1}{2}$ kg Äpfel und $2\frac{1}{8}$ kg Weintrauben. Stelle geeignete Aufgaben und löse sie.

Subtrahieren bei gemischter Schreibweise

9. a) $1 - \frac{1}{7}$ b) $7 - \frac{3}{4}$ c) $9 - \frac{2}{5}$ d) $8 - \frac{5}{6}$ e) $7 - 1\frac{5}{8}$ f) $5 - 2\frac{3}{10}$

10. a) $5\frac{1}{2} - \frac{1}{4}$; $8\frac{2}{3} - \frac{1}{6}$ b) $5\frac{7}{10} - 2\frac{3}{5}$; $9\frac{2}{3} - 1\frac{2}{9}$ c) $6\frac{1}{4} - \frac{1}{2}$; $8\frac{1}{2} - \frac{3}{4}$ d) $4\frac{1}{2} - 1\frac{3}{4}$; $5\frac{3}{8} - 2\frac{1}{2}$ e) $7\frac{19}{60} - 4\frac{19}{20}$; $8\frac{11}{100} - 1\frac{11}{25}$

11. a) $9\frac{1}{2} - 1\frac{2}{5}$; $3\frac{4}{5} - 2\frac{3}{10}$ b) $7\frac{1}{2} - \frac{2}{3}$; $8\frac{2}{5} - \frac{1}{2}$ c) $6\frac{1}{4} - 2\frac{2}{3}$; $5\frac{3}{4} - 3\frac{5}{6}$ d) $8\frac{3}{50} - 2\frac{7}{40}$; $4\frac{11}{50} - 1\frac{37}{90}$ e) $3\frac{17}{30} - 1\frac{9}{80}$; $9\frac{51}{80} - 4\frac{113}{120}$

12. Kontrolliere die Hausaufgaben. Wo stecken Fehler? Erkläre und berichtige.

a) $3\frac{3}{8} - \frac{7}{8} = 3\frac{4}{8}$ b) $4\frac{3}{4} - 1\frac{1}{2} = 4\frac{1}{4}$ c) $3\frac{1}{6} - 1\frac{1}{5} = 2\frac{1}{30}$

13. Eine Ölkanne fasst $3\frac{1}{2}$ *l*. Sie ist mit $2\frac{3}{4}$ *l* Öl gefüllt.
Wie viel *l* Öl kann noch zugegossen werden?

14. Ein Lastwagen wiegt unbeladen $1\frac{4}{5}$ t. Die zulässige Gesamtmasse beträgt $3\frac{1}{2}$ t.
Wie viel t darf man höchstens zuladen?

15. Von einem $7\frac{1}{4}$ ha großen Waldstück werden $2\frac{2}{3}$ ha in ein Freizeitgelände umgestaltet. Außerdem werden für Straßen, Wege und Parkplätze noch $\frac{2}{5}$ ha Wald gerodet.
Wie groß ist das verbleibende Waldstück? Schätze zunächst ab.

16. Franz transportiert 4 Kugeln vom Geräteschuppen zum Kugelstoßring. Sein Drahtkorb wiegt $1\frac{5}{8}$ kg. Er hat eine Kugel mit der Masse von 6 kg 250 g sowie drei Kugeln mit der Masse $7\frac{1}{4}$ kg eingeladen. Welche Masse muss Franz tragen?

ADDIEREN UND SUBTRAHIEREN VON DEZIMALBRÜCHEN

Zum Wiederholen

1. Bei den Olympischen Winterspielen 2010 in Vancouver (Kanada) gewann Tatjana Hüfner (GER) die Goldmedaille im Rennrodeln Einsitzer Frauen. Die Gesamtzeit von vier Läufen entscheidet über die Platzierung.

a) Berechne die Gesamtzeit von Tatjana Hüfner.

b) Wie groß ist der Zeitunterschied zwischen dem schnellsten und dem langsamsten Lauf?

1. Lauf	41,760 s	3. Lauf	41,666 s
2. Lauf	41,481 s	4. Lauf	41,617 s

Information

	5	,7	5	3
+	1	,2	7	9
	1	1	1	
	7	,0	3	2

	6	,7	4	0
−	2	,8	9	3
	1	1	1	
	3	,8	4	7

Schriftliches Addieren und Subtrahieren

Man schreibt die Dezimalbrüche *stellengerecht* untereinander (Komma unter Komma) und addiert dann nacheinander die Tausendstel, Hundertstel, Zehntel, Einer.

Beispiel: 5,753 + 1,279

	E	z	h	t
	5	7	5	3
+	1	2	7	9
	1	1	1	
	7	0	3	2

Man schreibt die Dezimalbrüche *stellengerecht* untereinander (Komma unter Komma) und subtrahiert (ergänzt) die Tausendstel, Hundertstel, Zehntel, Einer. Wenn nötig, hängt man zuvor Endnullen an, damit alle Dezimalbrüche gleich viele Ziffern rechts vom Komma haben.

Beispiel: 6,74 − 2,893

	E	z	h	t
	6	7	4	0
−	2	8	9	3
	1	1	1	
	3	8	4	7

Aufgabe

2. Schreibe stellengerecht untereinander und berechne die Summe bzw. Differenz. Führe zunächst einen Überschlag durch.

a) 3,6495 + 1,47896

b) 8,0476 − 3,50678

c) 12,30314 + 7,95077 + 8,064953

d) 9,5 − 2,505 − 1,6593

Lösung

Überschlag zu a): 3,6 + 1,5 = 5,1 oder 3,5 + 1,5 = 5; zu c): 12 + 8 + 8 = 28

Überschlag zu b): 8,0 − 3,5 = 4,5 oder 8 − 4 = 4; zu d): 9,5 − 2,5 − 1,5 = 5,5

a)
```
  3,6495
+ 1,47896
  1 111
  5,12846
```

b)
```
  8,04760
− 3,50678
  1   11
  4,54082
```

c)
```
  12,30314
+  7,95077
+  8,064953
  11 1 11
  28,318863
```

d)
```
  9,5000
− 2,5050
− 1,6593
  1 121
  5,3357
```

Zum Festigen und Weiterarbeiten

3. Rechne im Kopf.

a) 1,2 + 0,6; 2,5 + 0,8 **b)** 2 + 3,49; 3,91 + 4,8 **c)** 2,8 − 0,9; 3,8 − 0,4 **d)** 9,6 − 1,3; 7,4 − 0,8 **e)** 3 − 0,7; 6,49 − 2

4. Wo steckt der Fehler? Berichtige und erkläre.

a) 2,34 + 1,2 = 3,36 b) 0,5 + 4 = 0,9 c) 6,79 − 2,8 = 4,71

5. Führe zuerst einen Überschlag durch. Schreibe die Dezimalbrüche dann stellengerecht untereinander und berechne die Summe bzw. Differenz.

a) 0,145 + 2,0789 + 4,80956
b) 0,7847 + 9,5036 + 1,08447
c) 34,095 − 19,9565
d) 50 − 13,074 − 10,4
e) 80,8 − 34,9086 − 3,0875
f) 30 − 12,983 −0,9586 − 8,92

6. Berechne die Summe bzw. Differenz.

a) $0{,}7 + \frac{1}{4}$
b) $\frac{2}{5} + 0{,}75$
c) $\frac{3}{8} - 0{,}2$
d) $1{,}3 - \frac{3}{5}$
e) $4{,}7 + \frac{9}{20}$
f) $\frac{7}{8} - 0{,}6$
g) $2{,}75 + \frac{3}{4}$
h) $5{,}125 - \frac{5}{8}$
i) $3{,}6 + \frac{1}{2}$
j) $3{,}6 + 1\frac{1}{4}$
k) $\frac{3}{4} - 0{,}15$
l) $0{,}8 - \frac{3}{8}$

$\frac{1}{5} + 0{,}15 = ?$

Rechnung mit gemeinen Brüchen:

$\frac{1}{5} + 0{,}15$
$= \frac{1}{5} + \frac{15}{100}$
$= \frac{20}{100} + \frac{15}{100}$
$= \frac{35}{100}$

Rechnung mit Dezimalbrüchen:

$\frac{1}{5} + 0{,}15$
$= 0{,}2 + 0{,}15$
$= 0{,}35$

7. Zu jedem Ergebnis gehört ein Buchstabe. Die Buchstaben ergeben in der Reihenfolge der Ergebnisse einen Text. Ihr könnt die Aufgabe in Teamarbeit lösen.

51,6 − 27,44	100 − 5,806	7,39 + 3,805
6,045 + 0,58	33,05 + 13,96	70,02 − 58,9
12,806 + 11,95	50,9 − 31,25	5,008 + 0,996
0,968 + 0,083	1,68 + 34,09	4,17 + 0,856
46,14 − 2,49	78 − 59,66	10 − 8,677
4,06 + 22,38	5,38 − 4,611	12,5 + 6,088
10,5 − 1,048	180 − 31,05	6,013 − 0,847
993,1 − 822,85	12,4 + 41,68	

6,625	A
148,95	A
6,004	A
43,65	E
19,65	E
0,769	E
18,588	E
11,12	F
1,051	H
47,01	H
5,026	L
1,323	L

170,25	L
94,194	L
24,16	M
5,166	N
9,452	O
26,44	S
11,195	S
24,756	T
18,34	T
35,77	U
54,08	U

Übungen

8. Führe einen Überschlag durch. Schreibe dann untereinander und berechne schriftlich.

a) 17,256 + 10,074
b) 6,809 + 11,048
c) 277,6 + 15,75
d) 0,708 + 0,508 + 1,55
e) 25,74 + 18,637 + 12,3
f) 38,79 + 4,387 + 0,905
g) 3,1565 + 0,096645 + 1,5704
h) 9,76 + 26,349 + 227,482 + 5,2490

9. Mache einen Überschlag. Schreibe dann untereinander und berechne. Kontrolliere.

a) 45,081 − 12,973
b) 40,987 − 22,706
c) 55,895 − 40,95
d) 7,087 − 2,8091
e) 204,6746 − 197,843
f) 191,2551 − 41,98020

10. Bestimme die fehlende Zahl.

a) $35,77 + x = 55,17$ **c)** $x - 29,95 = 53,34$ **e)** $y - 3,7445 = 12,526$

b) $5,75 + x = 10$ **d)** $y - 0,62 = 3,27$ **f)** $z + 1,0448 = 7,052$

11. **a)** $2,6 + \frac{4}{5}$; $2\frac{1}{2} - 0,85$ **c)** $\frac{3}{8} + 0,7$; $1,6 - \frac{7}{8}$ **e)** $2,8 + 1\frac{3}{5}$; $5,125 - 2\frac{1}{4}$ **g)** $3,625 - 1\frac{5}{8}$; $2,875 + 3\frac{3}{8}$

b) $3,2 - \frac{5}{8}$; $1\frac{3}{4} + 0,6$ **d)** $5,95 + \frac{1}{4}$; $\frac{4}{5} - 0,75$ **f)** $12,5 - 7\frac{3}{4}$; $9\frac{1}{4} - 2,875$ **h)** $14\frac{3}{4} - 5,5$; $8,4 + 1\frac{4}{5}$

12. Rechne günstig.

a) $\frac{1}{3} + 0,3$; $\frac{1}{4} - 0,15$ **b)** $0,9 - \frac{1}{6}$; $1,8 + \frac{3}{5}$ **c)** $\frac{3}{4} + 1,6$; $\frac{4}{7} - 0,4$ **d)** $1\frac{1}{2} + 0,76$; $3,7 - 2\frac{1}{4}$ **e)** $8,3 + 3\frac{3}{4}$; $6,1 - 2\frac{1}{8}$

13. **a)** In Lauras Schultasche sind 5 Schulbücher (zusammen 3,345 kg), 1 Atlas (0,875 kg), 4 Hefte (zusammen 0,540 kg), 1 Etui (0,258 kg), 1 Zirkelkasten (0,180 kg) und 1 Frühstücksbrot (0,240 kg). Die Tasche wiegt leer 1,095 kg.
Wie viel kg muss Laura tragen?

b) Wie viel kg wiegt deine Schultasche?

14. Ein Bauernhof ist 32,95 ha groß. Davon sind 22,4 ha Ackerland, 3,2 ha Wald, 4,85 ha Wiesen und Weiden. Auf Hofraum und Weg entfallen 1,1 ha. Der Rest ist Brachland. Formuliert geeignete Fragen und beantwortet sie.

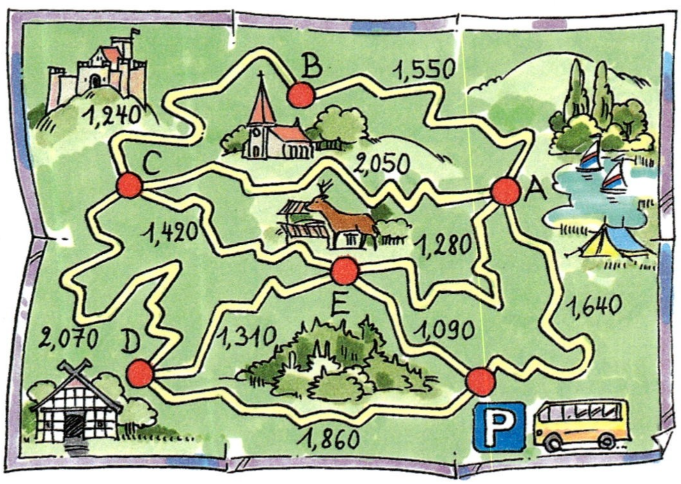

15. Auf einer Wanderkarte sind die Längen der Wege in Kilometern angegeben.

a) Tim möchte vom Parkplatz P über E nach B den kürzesten Weg gehen. Wie lang ist dieser Weg?

b) Ein Sportverein veranstaltet einen Wandertag. Start soll am Parkplatz sein. Senioren legen dabei eine Strecke von 5 bis 7 Kilometern zurück. Für Kinder ist eine Strecke von 6 bis 8 Kilometern und für alle anderen eine Strecke von 8 bis 10 Kilometern vorgesehen.
Überlegt euch für jede Teilnehmergruppe geeignete Strecken und bestimmt ihre Längen.

Zum Knobeln

16. Aus je zwei Zahlen kannst du eine Additionsaufgabe bilden.

a) Suche die Aufgabe mit dem größten Ergebnis und löse sie.

b) Suche die Aufgabe mit dem kleinsten Ergebnis und löse sie.

c) Suche Aufgaben, bei denen das Ergebnis zwischen 20 und 30 liegt.

VERVIELFACHEN UND TEILEN VON BRÜCHEN

Vervielfachen von gemeinen Brüchen

Einstieg

Laura und ihre Eltern nehmen sich vor, regelmäßig zu joggen.

Laura: „Ich jogge dreimal pro Woche $\frac{1}{4}$ Stunde".
Lauras Mutter: „Ich laufe dreimal pro Woche $\frac{1}{2}$ Stunde".
Lauras Vater: „Ich laufe nur zweimal pro Woche, aber jeweils eine $\frac{3}{4}$ Stunde".

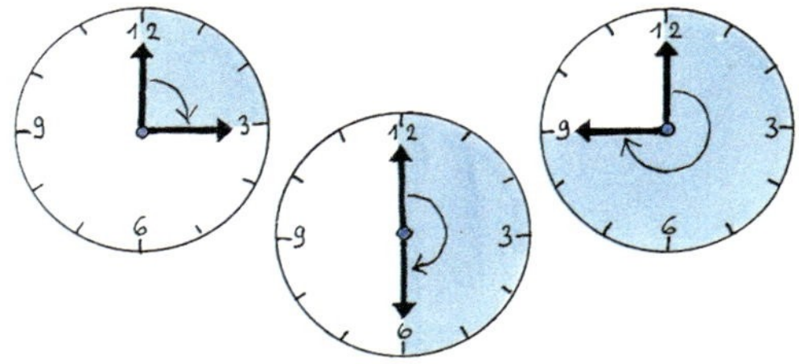

→ Vergleiche die wöchentlichen Laufzeiten.

Aufgabe

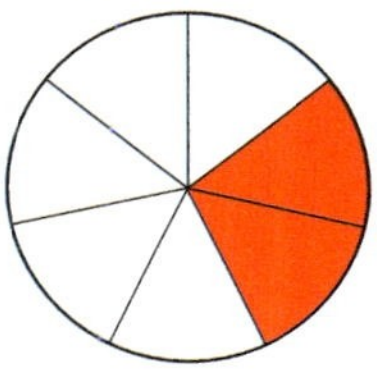

1. **a)** Nach Michaels Geburtstagsparty sind noch $\frac{2}{7}$ von einer Erdbeertorte übrig. Michael isst am nächsten Tag den Rest der Erdbeertorte und sagt angeberisch: „Davon hätte ich gut und gern das 3fache essen können." Wie viel ist das?

b) In Teilaufgabe a) wird ein Bruch *vervielfacht* (mit einer natürlichen Zahl multipliziert). Formuliere eine Regel.

Lösung

a) Das „3fache von $\frac{2}{7}$" bedeutet: Nimm $\frac{2}{7}$ dreimal, also $\frac{2}{7} \cdot 3$

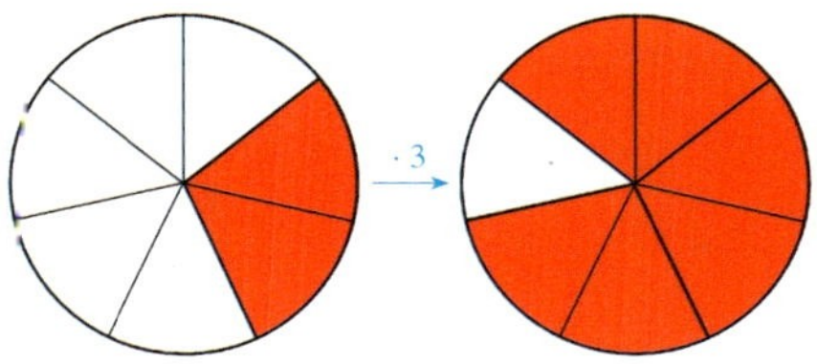

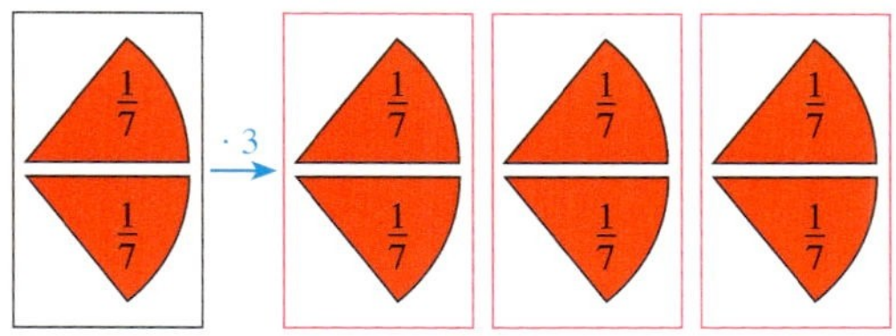

2 Siebtel $\xrightarrow{\cdot 3}$ 6 Siebtel

$\frac{2}{7} \xrightarrow{\cdot 3} \frac{6}{7}$

2 Siebtel · 3 = 2 Siebtel + 2 Siebtel + 2 Siebtel

$\frac{2}{7} \cdot 3 = \frac{2}{7} + \frac{2}{7} + \frac{2}{7} = \frac{6}{7}$

Wir schreiben: $\frac{2}{7} \cdot 3 = \frac{2 \cdot 3}{7} = \frac{6}{7}$

Ergebnis: Michael behauptet, er hätte $\frac{6}{7}$ Torte geschafft.

b) *Regel für das Vervielfachen eines Bruches*

> Wir vervielfachen (multiplizieren) den Bruch $\frac{4}{5}$ mit 3, indem wir nur den Zähler des Bruches mit 3 multiplizieren.
> Der Nenner bleibt unverändert.
>
> $$\frac{4}{5} \cdot 3 = \frac{4 \cdot 3}{5} = \frac{12}{5}$$

Zum Festigen und Weiterarbeiten

2. Schreibe sowohl als Additions- als auch als Multiplikationsaufgabe und berechne. Bestätige die obige Regel.

a)

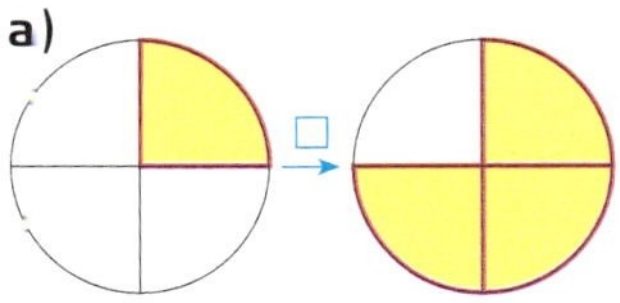

b)

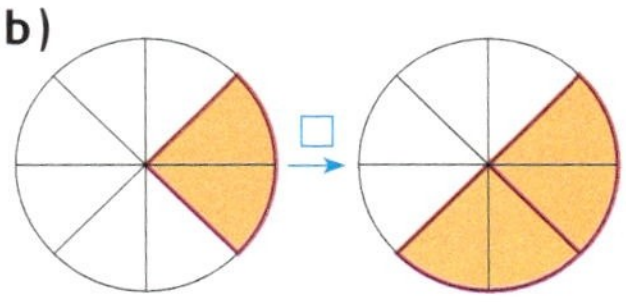

c)

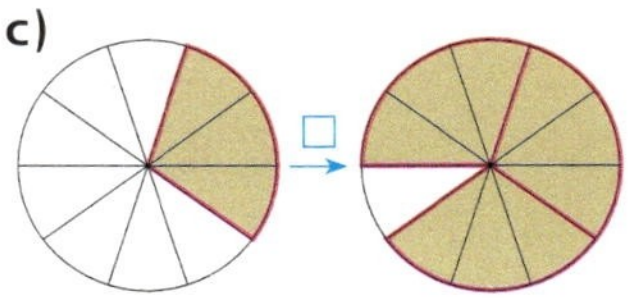

3. Lege **a)** $\frac{3}{4} \cdot 5$, **b)** $\frac{5}{8} \cdot 3$ mit Kreisscheiben bzw. zeichne. Berechne das Produkt.

4. Berechne: **a)** $\frac{2}{5} \cdot 2$ **b)** $\frac{3}{4} \cdot 3$ **c)** $\frac{2}{9} \cdot 4$ **d)** $\frac{2}{3} \cdot 7$ **e)** $\frac{3}{8} \cdot 1$ **f)** $\frac{6}{7} \cdot 5$

5. Schreibe als Summe. Berechne auch.

$\frac{2}{5} \cdot 3 = \frac{2}{5} + \frac{2}{5} + \frac{2}{5} = \frac{6}{5} = 1\frac{1}{5}$

a) $\frac{3}{5} \cdot 4$ **b)** $\frac{3}{8} \cdot 5$ **c)** $\frac{6}{7} \cdot 2$

6. a) Vervielfache $\frac{3}{5}$ mit 8; erweitere $\frac{3}{5}$ mit 8. Vergleiche die Ergebnisse.

b) Vervielfache $\frac{7}{8}$, $\frac{4}{7}$, $\frac{5}{9}$ jeweils mit 3. Erweitere auch jeden der Brüche mit 3. Vergleiche.

c) Worin besteht der Unterschied zwischen Vervielfachen (Multiplizieren) und Erweitern?

7. Mit welcher natürlichen Zahl muss man $\frac{4}{5}$ multiplizieren, damit man

a) $\frac{16}{5}$, **b)** $\frac{24}{5}$, **c)** $\frac{56}{5}$, **d)** $\frac{72}{5}$ erhält.

8. a) Vergleiche und erkläre die beiden Rechenwege.

Maria: $3\frac{1}{5} \cdot 4 = \frac{16}{5} \cdot 4 = \frac{64}{5} = 12\frac{4}{5}$

Patrick: $3\frac{1}{5} \cdot 4 = 3 \cdot 4 + \frac{1}{5} \cdot 4 = 12 + \frac{4}{5} = 12\frac{4}{5}$

b) Rechne möglichst einfach.

(1) $2\frac{1}{2} \cdot 3$ (2) $3\frac{1}{5} \cdot 6$ (3) $4\frac{2}{3} \cdot 3$ (4) $5\frac{1}{4} \cdot 6$ (5) $4\frac{3}{5} \cdot 4$

c) Verdreifache (1) $\frac{1}{2}$; (2) $3\frac{2}{5}$; (3) $2\frac{1}{10}$; (4) $2\frac{3}{4}$.

Übungen

9. Schreibe eine Multiplikationsaufgabe und berechne.

a)

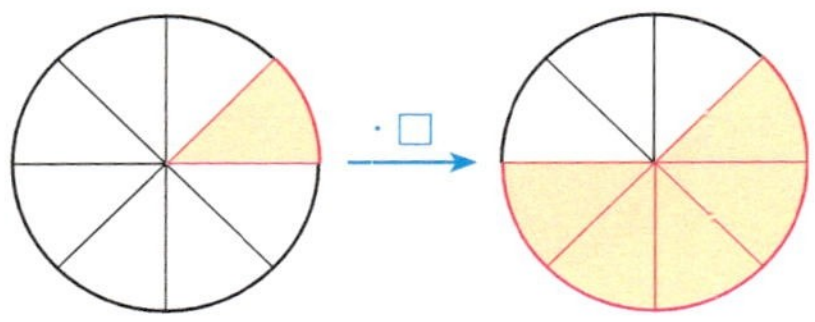

b)

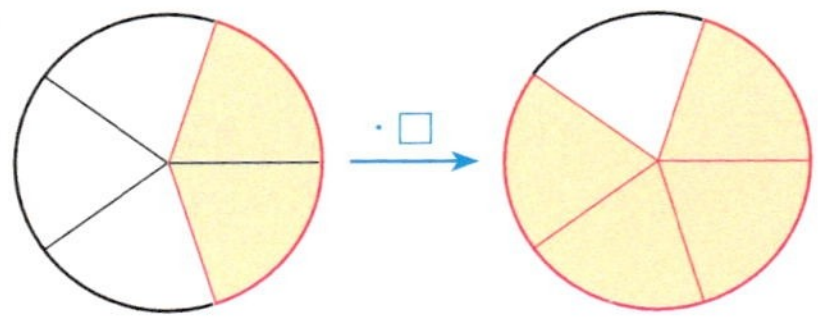

10. Schreibe als Summe. Berechne auch. **a)** $\frac{2}{3} \cdot 4$ **b)** $\frac{5}{8} \cdot 3$ **c)** $\frac{7}{8} \cdot 5$

11.

a)	b)	c)	d)	e)	f)	g)
$\frac{1}{4} \cdot 3$	$\frac{1}{7} \cdot 5$	$\frac{1}{8} \cdot 7$	$\frac{1}{5} \cdot 4$	$\frac{3}{20} \cdot 3$	$\frac{5}{50} \cdot 7$	$\frac{4}{17} \cdot 3$
$\frac{2}{5} \cdot 2$	$\frac{3}{11} \cdot 2$	$\frac{2}{9} \cdot 4$	$\frac{2}{7} \cdot 3$	$\frac{9}{100} \cdot 11$	$\frac{9}{1000} \cdot 11$	$\frac{3}{23} \cdot 5$
$\frac{3}{10} \cdot 3$	$\frac{5}{16} \cdot 3$	$\frac{2}{11} \cdot 5$	$\frac{3}{8} \cdot 5$	$\frac{11}{100} \cdot 7$	$\frac{13}{1000} \cdot 9$	$\frac{7}{35} \cdot 4$

12. Berechne. Gib das Ergebnis auch in gemischter Schreibweise an. Kürze das Ergebnis, falls es möglich ist.

$\frac{5}{6} \cdot 9 = \frac{5 \cdot 9}{6} = \frac{45}{6} = 7\frac{3}{6} = 7\frac{1}{2}$

a)	b)	c)	d)	e)	f)	g)
$\frac{3}{8} \cdot 7$	$\frac{2}{3} \cdot 9$	$\frac{3}{5} \cdot 8$	$\frac{5}{9} \cdot 4$	$\frac{1}{3} \cdot 9$	$\frac{11}{12} \cdot 5$	$\frac{12}{25} \cdot 9$
$\frac{5}{6} \cdot 8$	$\frac{4}{9} \cdot 8$	$\frac{2}{7} \cdot 6$	$\frac{3}{4} \cdot 6$	$\frac{7}{9} \cdot 8$	$\frac{7}{15} \cdot 6$	$\frac{15}{17} \cdot 9$
$\frac{7}{8} \cdot 3$	$\frac{4}{5} \cdot 7$	$\frac{5}{8} \cdot 4$	$\frac{3}{7} \cdot 8$	$\frac{6}{7} \cdot 5$	$\frac{7}{30} \cdot 7$	$\frac{11}{50} \cdot 3$

zu d) bis g)

13. Multipliziere die Brüche $\frac{3}{4}$; $\frac{7}{5}$; $\frac{17}{15}$; $\frac{17}{20}$; $\frac{11}{30}$; $\frac{1}{12}$; $\frac{9}{2}$; $\frac{14}{3}$; $\frac{13}{60}$; $\frac{19}{10}$ der Reihe nach
(1) mit 60; (2) mit 300.
Bei welchen Brüchen ist das Produkt kleiner, bei welchen größer
(1) als 60, (2) als 300?
Was fällt dir auf?

14. **a)** Multipliziere $\frac{3}{4}$ mit 3; 7; 12; 1; 0; 11; 15; 20; 30.

b) Berechne das 15fache von $\frac{2}{3}$; $\frac{3}{4}$; $\frac{5}{6}$; $\frac{7}{8}$; $\frac{8}{9}$; $\frac{9}{10}$; $\frac{11}{12}$; $\frac{20}{30}$.

c) Verdreifache die Zahlen $\frac{1}{5}$; $\frac{2}{7}$; $\frac{3}{4}$; $\frac{4}{5}$; $\frac{7}{9}$; $\frac{6}{11}$; $\frac{12}{13}$; $\frac{14}{15}$.

15. Rechne möglichst einfach.

a) $3\frac{1}{4} \cdot 3$ **b)** $4\frac{2}{5} \cdot 2$ **c)** $3\frac{2}{9} \cdot 4$ **d)** $5\frac{3}{10} \cdot 3$ **e)** $3\frac{3}{4} \cdot 3$ **f)** $6\frac{5}{8} \cdot 6$

16. Bestimme das Vierfache von (1) $\frac{3}{8}$; (2) $\frac{2}{3}$; (3) $3\frac{1}{2}$; (4) $1\frac{2}{5}$; (5) $2\frac{1}{3}$.

17. Bestimme die fehlende natürliche Zahl.

a) $\frac{1}{5} \cdot x = \frac{4}{5}$ **c)** $\frac{3}{10} \cdot x = \frac{9}{10}$ **e)** $\frac{y}{12} \cdot 5 = \frac{10}{12}$ **g)** $\frac{3}{8} \cdot x = 1\frac{7}{8}$ **i)** $\frac{7}{18} \cdot y = \frac{7}{9}$

b) $\frac{2}{9} \cdot x = \frac{8}{9}$ **d)** $\frac{y}{7} \cdot 3 = \frac{6}{7}$ **f)** $\frac{z}{15} \cdot 7 = \frac{14}{15}$ **h)** $\frac{5}{7} \cdot z = 6\frac{3}{7}$ **j)** $\frac{5}{16} \cdot x = 3\frac{3}{4}$

18. **a)** Ein Trinkbecher enthält $\frac{1}{4}$ *l* Saft.
Wie viel *l* Saft enthalten 3 Trinkbecher?

b) Eine Tasse fasst $\frac{1}{8}$ *l* Milch.
Wie viel *l* Milch fassen 5 Tassen?

c) In einer Flasche sind $\frac{7}{10}$ *l* Mineralwasser.
Wie viel *l* Mineralwasser sind in einem Kasten mit 12 Flaschen?

19. **a)** Eine Flasche enthält $\frac{3}{4}$ *l* Orangensaft.
Wie viel *l* Saft enthalten 6 Flaschen?

b) Für 1 Päckchen Puddingpulver benötigt man $\frac{3}{8}$ *l* Milch.
Wie viel *l* Milch benötigt man für 4 Päckchen?

20. Maria hat viele Freundinnen und Freunde zu ihrer Party eingeladen. Sie nimmt deshalb von allen Zutaten des Rezeptes die dreifache Menge.
Wie viel muss sie von jeder Zutat nehmen?

21. Ein Zoll sind etwa $2\frac{1}{2}$ cm.
Der Durchmesser der Felgen eines Fahrrads kann 14 Zoll, 16 Zoll, 18 Zoll, 20 Zoll, 22 Zoll, 24 Zoll, 26 Zoll oder 28 Zoll betragen.
Wie viel cm sind das jeweils?
Lege eine Tabelle an.

22. **a)** $\frac{3}{7}$ soll mit einer Zahl multipliziert werden. Das Produkt soll eine natürliche Zahl sein. Gib drei passende Zahlen an.

b) $\frac{7}{30}$ soll mit einer natürlichen Zahl multipliziert werden. Das Produkt soll kleiner als 1 sein. Gib alle passenden natürlichen Zahlen an.

c) $\frac{5}{9}$ soll mit einer Zahl multipliziert werden, sodass das Ergebnis in gemischter Schreibweise mit $\frac{8}{9}$ endet. Gib eine passende Zahl an; versuche, weitere zu finden.

Teilen von gemeinen Brüchen

Einstieg

- Laura und Marc teilen sich einen halben Apfel und $\frac{1}{4}$ Tafel Schokolade.
- Vom Mittagessen sind noch $\frac{3}{4}$ einer Pizza übrig. Irina und ihre beiden Geschwister teilen sich diesen Rest.

Aufgabe

1. a) Nach Lisas Geburtstagsparty sind noch Reste von zwei Torten übrig: $\frac{4}{5}$ Kiwitorte und $\frac{3}{4}$ Ananastorte.
Lisa will die übriggebliebenen Torten mit ihrer Schwester teilen, dazu muss jeder Tortenrest in zwei gleich große Teile geteilt werden. Wie viel erhält jedes Mädchen?

b) In Teilaufgabe a) wird jeweils ein Bruch geteilt (durch eine natürliche Zahl dividiert). Formuliere eine Regel.

Lösung

a) *Kiwitorte*

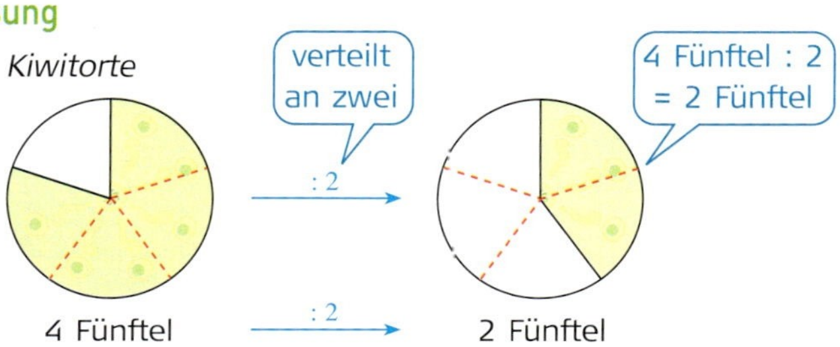

Wir rechnen: $\frac{4:2}{5} = \frac{2}{5}$ Wir schreiben: $\frac{4}{5} : 2 = \frac{2}{5}$

Ananastorte

Wir können auf zwei Arten rechnen:

(1)

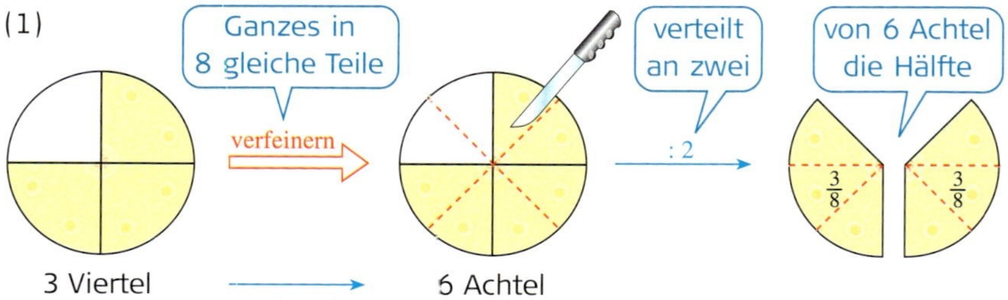

$\frac{3}{4} = \frac{6}{8}$ $\frac{6:2}{8} = \frac{3}{8}$

Jede bekommt die Hälfte von $\frac{6}{8}$ Ananastorte, das sind $\frac{3}{8}$ der Torte.

(2)

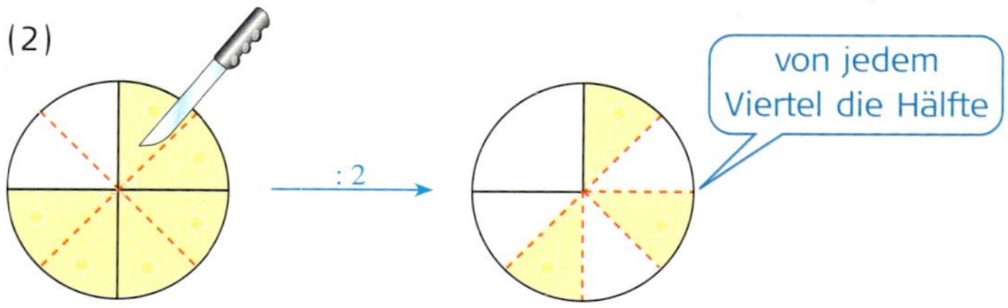

$\frac{3}{4 \cdot 2} = \frac{3}{8}$

Jede bekommt von jedem Viertel die Hälfte, das sind $\frac{3}{8}$ der Torte. Wir schreiben jeweils: $\frac{3}{4} : 2 = \frac{3}{8}$

Ergebnis: Für jedes Mädchen bleiben $\frac{2}{5}$ Kiwitorte und $\frac{3}{8}$ Ananastorte übrig.

b) *Regel für die Division eines Bruches durch eine natürliche Zahl*

> *1. Möglichkeit: Nur anwendbar, wenn der Zähler durch die natürliche Zahl teilbar ist.*
> Der Zähler des Bruches wird durch die natürliche Zahl dividiert.
> Der Nenner bleibt erhalten.
> *Beispiel:* $\frac{9}{10} : 3 = \frac{9:3}{10} = \frac{3}{10}$
>
> *2. Möglichkeit: Immer anwendbar*
> Der Nenner des Bruches wird mit der natürlichen Zahl multipliziert.
> Der Zähler bleibt erhalten.
> *Beispiel:* $\frac{4}{5} : 3 = \frac{4}{5 \cdot 3} = \frac{4}{15}$

Zum Festigen und Weiterarbeiten

2. Schreibe eine Divisionsaufgabe und berechne. Bestätige die obige Regel.

a)

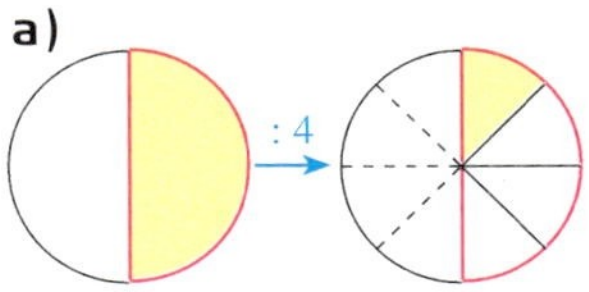

b)

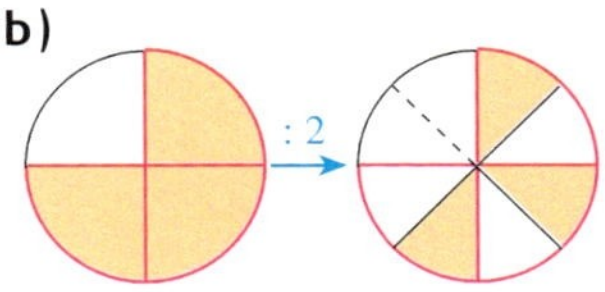

c)

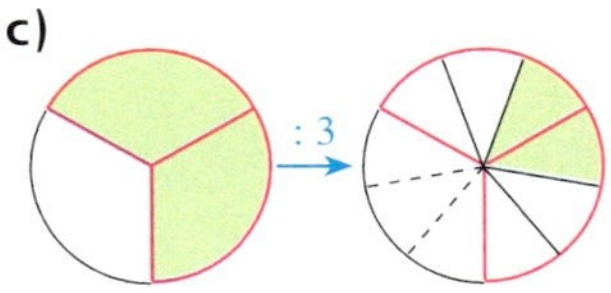

3. Berechne.

a) $\frac{1}{5} : 2$ **c)** $\frac{5}{7} : 3$ **e)** $\frac{8}{9} : 5$ **g)** $\frac{4}{5} : 3$ **i)** $\frac{1}{3} : 2$ **k)** $\frac{4}{5} : 5$ **m)** $\frac{8}{9} : 5$

b) $\frac{2}{3} : 3$ **d)** $\frac{7}{8} : 5$ **f)** $\frac{5}{6} : 7$ **h)** $\frac{3}{4} : 7$ **j)** $\frac{1}{4} : 5$ **l)** $\frac{7}{10} : 4$ **n)** $\frac{7}{15} : 6$

4. **a)** Dividiere $\frac{6}{9}$ durch 3 und kürze das Ergebnis. Kürze dann $\frac{6}{9}$ mit 3. Vergleiche.

b) Dividiere jede der Zahlen $\frac{12}{15}$, $\frac{3}{12}$, $\frac{24}{15}$ durch 3 und kürze das Ergebnis. Kürze auch jeden der Brüche mit 3. Vergleiche.

c) Worin besteht der Unterschied zwischen Dividieren und Kürzen?

5. Durch welche Zahl muss man $\frac{3}{5}$ dividieren, damit man

a) $\frac{3}{10}$, **b)** $\frac{3}{20}$, **c)** $\frac{3}{25}$ erhält?

6. **a)** Julian rechnet so: $\frac{6}{7} : 3 = \frac{6:3}{7} = \frac{2}{7}$.
Überprüfe seine Rechnung. Mache auch eine Zeichnung.

b) Rechne ebenso: $\frac{2}{3} : 2$; $\frac{8}{5} : 4$; $\frac{9}{7} : 3$; $\frac{15}{8} : 5$; $\frac{21}{6} : 7$; $\frac{24}{7} : 8$; $\frac{8}{10} : 4$

c) In welchen Fällen kann man wie Julian rechnen?

7. **a)** Erläutere die Rechenwege von Dennis und Diana. Vergleiche sie.

Zerlege geschickt!

b) Berechne günstig.

(1)	(2)	(3)	(4)
$2\frac{4}{7} : 3$	$4\frac{2}{5} : 5$	$48\frac{1}{4} : 12$	$9\frac{1}{5} : 4$
$3\frac{4}{5} : 3$	$12\frac{3}{4} : 6$	$75\frac{1}{2} : 15$	$4\frac{3}{5} : 5$
$1\frac{6}{7} : 3$	$27\frac{7}{8} : 9$	$90\frac{4}{5} : 10$	$8\frac{5}{7} : 7$
$6\frac{7}{8} : 3$	$7\frac{2}{3} : 10$	$24\frac{2}{3} : 3$	$17\frac{5}{6} : 8$

Übungen

8. Schreibe eine Divisionsaufgabe und berechne.

a)

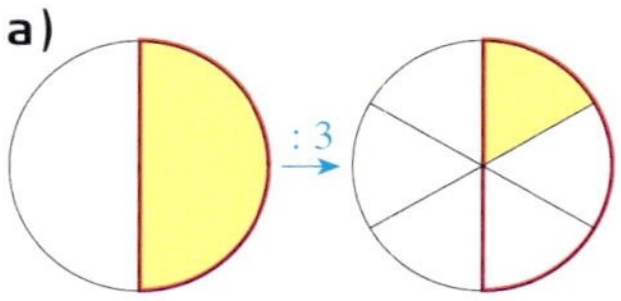

b)

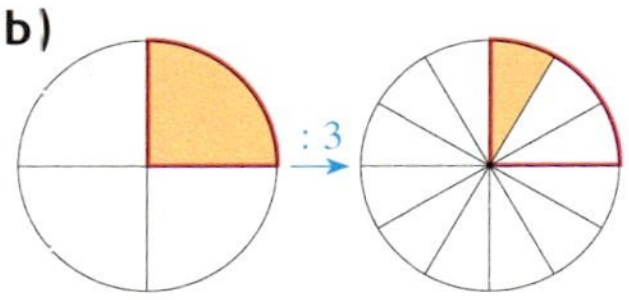

c)

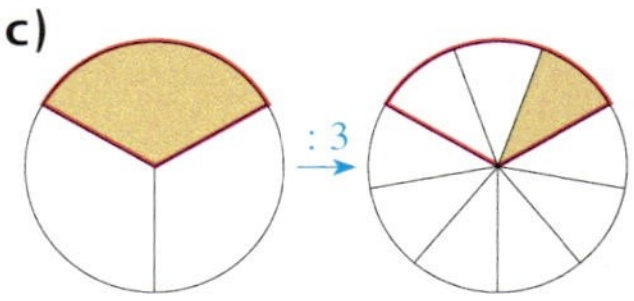

9. Rechne im Kopf.

a) $\frac{1}{2} : 3$ $\frac{1}{3} : 2$ **b)** $\frac{1}{4} : 5$ $\frac{1}{6} : 3$ **c)** $\frac{2}{3} : 3$ $\frac{3}{4} : 2$ **d)** $\frac{3}{5} : 2$ $\frac{4}{5} : 3$ **e)** $\frac{5}{8} : 3$ $\frac{7}{9} : 4$ **f)** $\frac{3}{7} : 9$ $\frac{7}{8} : 9$ **g)** $\frac{7}{4} : 8$ $\frac{7}{8} : 8$ **h)** $\frac{3}{5} : 10$ $\frac{4}{9} : 7$

zu e), f)

10. Berechne. Kürze das Ergebnis, falls möglich.

a) $\frac{1}{6} : 4$ $\frac{7}{8} : 3$ $\frac{5}{9} : 7$

b) $\frac{15}{7} : 8$ $\frac{3}{4} : 3$ $\frac{3}{8} : 5$

c) $\frac{6}{7} : 7$ $\frac{4}{5} : 7$ $\frac{10}{11} : 5$

d) $\frac{7}{8} : 5$ $\frac{6}{7} : 9$ $\frac{14}{15} : 7$

e) $\frac{8}{25} : 6$ $\frac{8}{15} : 7$ $\frac{7}{23} : 8$

f) $\frac{5}{43} : 7$ $\frac{7}{41} : 5$ $\frac{24}{35} : 8$

11. **a)** $3\frac{4}{5} : 3$ **b)** $6\frac{7}{8} : 3$ **c)** $12\frac{3}{4} : 6$ **d)** $27\frac{7}{8} : 9$ **e)** $48\frac{1}{4} : 12$ **f)** $75\frac{1}{5} : 15$ **g)** $4\frac{3}{5} : 5$ **h)** $8\frac{5}{7} : 7$ **i)** $78\frac{3}{4} : 13$ **j)** $57\frac{1}{5} : 19$ **k)** $7\frac{5}{6} : 8$ **l)** $11\frac{5}{12} : 9$

12. Bestimme die fehlende natürliche Zahl.

a) $\frac{1}{4} : x = \frac{1}{12}$ **b)** $\frac{3}{5} : y = \frac{3}{20}$ **c)** $\frac{7}{8} : z = \frac{7}{32}$ **d)** $\frac{4}{x} : 5 = \frac{4}{15}$ **e)** $\frac{7}{x} : 6 = \frac{7}{48}$ **f)** $\frac{9}{z} : 8 = \frac{9}{56}$ **g)** $1\frac{2}{7} : y = \frac{9}{28}$ **h)** $1\frac{5}{8} : z = \frac{13}{56}$ **i)** $2\frac{5}{9} : y = \frac{23}{27}$ **j)** $3\frac{2}{13} : x = \frac{41}{78}$

13. **a)** Ein halber Liter Milch wird an drei Kinder verteilt. Wie viel *l* bekommt ein Kind?

b) Zwei Freundinnen teilen sich $\frac{3}{4}$ *l* Apfelsaft. Wie viel *l* bekommt jedes Mädchen?

c) In einer Flasche sind $\frac{7}{10}$ *l* Orangensaft. Drei Geschwister teilen sich den Saft. Wie viel *l* bekommt jedes der Geschwister?

14. **a)** In einer Flasche sind $1\frac{1}{2}$ *l* Apfelsaft. Sechs Freunde teilen sich den Saft. Wie viel *l* bekommt jeder?

b) Julia, Lisa und Sarah teilen sich zum Basteln einen Rest roten Filzstoff von $\frac{4}{5}$ m^2. Wie viel m^2 bekommt jedes Mädchen?

15. **a)** Der Umfang eines Quadrates beträgt $30\,\frac{1}{5}$ cm. Wie lang ist eine Seite dieses Quadrates?

b) Laura beklebt einen Würfel mit gelber Klebefolie. Für die 6 Flächen des Würfels hat sie $1\frac{1}{2}$ m^2 Folie verarbeitet. Wie viel m^2 Klebefolie brauchte Laura für eine Fläche?

16. Berechne

a) den 3. Teil von einer halben Tafel Schokolade;

b) den 5. Teil von $\frac{3}{4}$ *l* Milch;

c) den 6. Teil von $1\frac{1}{2}$ Stunden;

d) die Hälfte von $1\frac{3}{4}$ *l* Saft.

Peppermint Petty
Zutaten für 4 Personen:
8 Minzeblätter
$\frac{1}{8}$ ℓ Zitronensaft
$\frac{1}{4}$ ℓ heißes Wasser
$\frac{1}{2}$ Pfund Johannisbeeren
$\frac{3}{8}$ ℓ Orangensaft
$\frac{7}{10}$ ℓ Mineralwasser

17. Janinas Freundin Karina kommt zu Besuch. Daher möchte Janina das nebenstehende Fruchtsaftgetränk für sich und ihre Freundin zubereiten.
Wie viel benötigt sie von den einzelnen Zutaten?

18. Das äußere Quadrat hat einen Flächeninhalt von $\frac{1}{4}$ m^2.

a) Begründe: Das nächstkleinere Quadrat ist halb so groß wie das äußere Quadrat usw.

b) Berechne den Flächeninhalt aller Quadrate der Reihe nach bis zum grünen Quadrat.

c) Setze die Reihe fort.

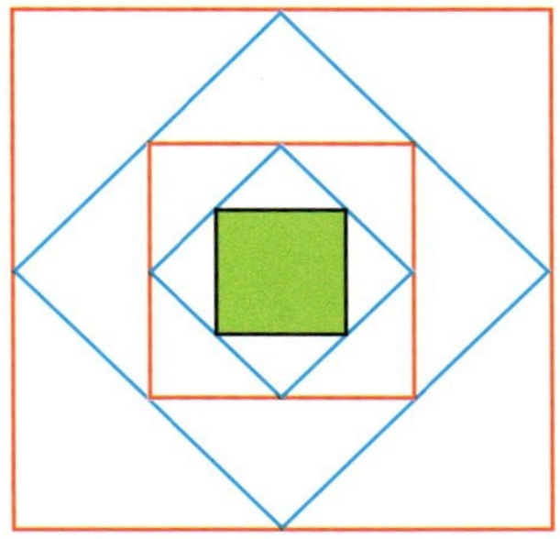

Vorteilhaft Rechnen – Kürzen vor dem Ausrechnen

Information

Goran löst seine Hausaufgaben so:

(1) $\frac{5}{18} \cdot 12 = \frac{60}{18} = \frac{10}{3}$ (2) $\frac{12}{7} : 15 = \frac{12}{105} = \frac{4}{35}$

Gorans ältere Schwester meint: „Es ist einfacher und geht schneller, wenn man *vor dem Ausrechnen* kürzt." Das geht so:

Erst kürzen, dann ausrechnen

(1) $\frac{5}{18} \cdot 12 = \frac{5 \cdot \cancel{12}^{2}}{\cancel{18}_{3}} = \frac{10}{3}$

denn $\frac{5 \cdot 12}{18} = \frac{5 \cdot \cancel{6}^{1} \cdot 2}{\cancel{6}_{1} \cdot 3} = \frac{10}{3}$

Erst kürzen, dann ausrechnen

(2) $\frac{12}{7} : 15 = \frac{\cancel{12}^{4}}{7 \cdot \cancel{15}_{5}} = \frac{4}{35}$

denn $\frac{12}{7 \cdot 15} = \frac{\cancel{3}^{1} \cdot 4}{7 \cdot \cancel{3}_{1} \cdot 5} = \frac{4}{35}$

Beachte: Ein Faktor im Zähler bedeutet Multiplizieren, ein Faktor im Nenner Dividieren. Stehen dieselben Faktoren in Zähler und Nenner (z. B. $\cdot\, 6$ und $: 6$), so heben sich diese auf.

Zum Festigen und Weiterarbeiten

1. Kürze vor dem Ausrechnen.

a) $\frac{4}{9} \cdot 3$; $\frac{5}{8} \cdot 6$ **b)** $\frac{4}{7} \cdot 14$; $\frac{8}{9} \cdot 27$ **c)** $\frac{8}{9} : 12$; $\frac{6}{7} : 9$ **d)** $\frac{12}{5} : 9$; $\frac{6}{11} : 24$ **e)** $\frac{14}{5} : 21$; $\frac{6}{35} \cdot 15$ **f)** $\frac{36}{7} : 72$; $\frac{7}{36} \cdot 84$

2. Bei diesen Aufgaben kann man mehrfach kürzen.

a) $\frac{4}{8} \cdot 6$; $\frac{6}{9} \cdot 12$ **b)** $\frac{5}{15} \cdot 21$; $\frac{8}{12} \cdot 9$ **c)** $\frac{4}{6} : 10$; $\frac{6}{8} : 15$ **d)** $\frac{15}{20} : 24$; $\frac{16}{24} : 18$

$\frac{6}{8} \cdot 10 = \frac{\cancel{6}^{3} \cdot \cancel{10}^{5}}{\cancel{8}_{\cancel{4}\,2}} = \frac{15}{2} = 7\frac{1}{2}$

3. Wo stecken Fehler? Erkläre.

(1) $\frac{8}{9} \cdot 4 = \frac{\cancel{8}^{2} \cdot \cancel{4}^{1}}{9} = \frac{2}{9}$ (2) $\frac{7}{12} : 3 = \frac{7}{\cancel{12}_{4} \cdot \cancel{3}_{1}} = \frac{7}{4} = 2\frac{1}{4}$ (3) $\frac{3}{15} \cdot 9 = \frac{{}^{1}\cancel{3} \cdot \cancel{9}^{3}}{\cancel{15}_{5}} = \frac{3}{5}$

Übungen

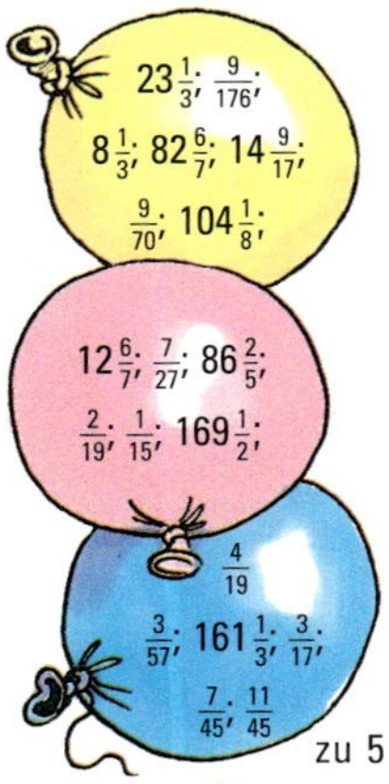

zu 5

zu 6 e) bis g)

4. Berechne. Kürze vor dem Ausrechnen.

a)	b)	c)	d)	e)	f)
$\frac{7}{20} \cdot 5$	$\frac{7}{12} \cdot 24$	$\frac{7}{15} \cdot 25$	$\frac{6}{7} : 9$	$\frac{15}{8} : 25$	$\frac{12}{17} : 8$
$\frac{5}{6} \cdot 6$	$\frac{8}{15} \cdot 35$	$\frac{8}{35} \cdot 45$	$\frac{3}{5} : 6$	$\frac{32}{27} : 8$	$\frac{14}{9} : 21$
$\frac{7}{9} \cdot 12$	$\frac{3}{25} \cdot 15$	$\frac{17}{24} \cdot 8$	$\frac{18}{7} : 6$	$\frac{32}{25} : 16$	$\frac{15}{8} : 12$
$\frac{3}{27} \cdot 18$	$\frac{9}{16} \cdot 24$	$\frac{7}{18} \cdot 27$	$\frac{12}{5} : 8$	$\frac{12}{7} : 8$	$\frac{56}{7} : 32$

5. Berechne. Kürze vor dem Ausrechnen.

a)	b)	c)	d)	e)	f)
$\frac{25}{51} \cdot 17$	$\frac{15}{126} \cdot 108$	$2\frac{17}{48} \cdot 72$	$\frac{112}{19} : 28$	$\frac{162}{44} : 72$	$9\frac{6}{17} : 53$
$\frac{35}{108} \cdot 72$	$1\frac{23}{96} \cdot 84$	$4\frac{13}{27} \cdot 36$	$\frac{133}{15} : 57$	$3\frac{12}{35} : 26$	$8\frac{18}{19} : 85$
$\frac{19}{153} \cdot 117$	$1\frac{69}{75} \cdot 45$	$3\frac{11}{35} \cdot 25$	$\frac{153}{45} : 51$	$10\frac{4}{15} : 42$	$17\frac{10}{27} : 67$

6. Kürze vor dem Ausrechnen, wenn möglich.

a)	b)	c)	d)	e)	f)	g)
$\frac{5}{12} \cdot 15$	$\frac{19}{21} : 7$	$\frac{8}{69} \cdot 12$	$\frac{72}{23} : 48$	$3\frac{1}{8} \cdot 12$	$5\frac{9}{15} : 12$	$9\frac{8}{12} : 26$
$\frac{18}{7} : 21$	$\frac{25}{27} \cdot 18$	$\frac{17}{19} \cdot 12$	$\frac{7}{37} \cdot 23$	$2\frac{1}{17} \cdot 9$	$1\frac{45}{48} \cdot 36$	$5\frac{18}{27} : 17$
$\frac{12}{17} \cdot 9$	$\frac{7}{8} \cdot 4$	$\frac{19}{34} \cdot 17$	$\frac{153}{72} : 34$	$4\frac{8}{13} : 8$	$5\frac{6}{17} : 13$	$5\frac{32}{43} : 38$

7. *Rechenschlange*

Kürze immer, wenn es möglich ist. Die Kopfzahl ist die Kontrollzahl.

Vermischte Übungen

1.

a)	d)	g)	j)	m)	p)
$\frac{3}{4} \cdot 5$	$\frac{7}{8} \cdot 5$	$\frac{3}{8} \cdot 12$	$\frac{5}{9} \cdot 14$	$1\frac{1}{4} \cdot 9$	$5\frac{2}{9} \cdot 8$
$\frac{3}{4} : 5$	$\frac{7}{8} : 5$	$\frac{3}{8} : 12$	$\frac{5}{9} : 14$	$1\frac{1}{4} : 9$	$5\frac{2}{9} : 8$

b)	e)	h)	k)	n)	q)
$\frac{7}{8} \cdot 3$	$\frac{6}{7} \cdot 8$	$\frac{4}{5} \cdot 13$	$\frac{12}{13} \cdot 7$	$1\frac{2}{7} \cdot 5$	$7\frac{4}{7} \cdot 9$
$\frac{7}{8} : 3$	$\frac{6}{7} : 8$	$\frac{4}{5} : 13$	$\frac{12}{13} : 7$	$1\frac{2}{7} : 5$	$7\frac{4}{7} : 9$

c)	f)	i)	l)	o)	r)
$\frac{5}{6} \cdot 7$	$\frac{7}{9} \cdot 4$	$\frac{11}{12} \cdot 7$	$\frac{11}{12} \cdot 5$	$2\frac{3}{8} \cdot 7$	$9\frac{5}{8} \cdot 5$
$\frac{5}{6} : 7$	$\frac{7}{9} : 4$	$\frac{11}{12} : 7$	$\frac{11}{12} : 5$	$2\frac{3}{8} : 7$	$9\frac{5}{8} : 5$

2. Rechne im Kopf.

a)	b)	c)	d)	e)	f)
$\frac{1}{5} : 4$	$\frac{2}{5} : 3$	$\frac{6}{7} : 4$	$\frac{7}{9} : 8$	$\frac{4}{7} : 9$	$\frac{3}{8} : 11$
$\frac{1}{7} : 2$	$\frac{5}{6} : 4$	$\frac{3}{9} : 9$	$\frac{5}{12} : 6$	$\frac{5}{8} : 4$	$\frac{4}{9} : 12$

3. Berechne. Kürze vor dem Ausrechnen, wenn möglich.

a) $\frac{12}{15} \cdot 6$ $\frac{12}{15} : 6$
b) $\frac{63}{72} \cdot 9$ $\frac{63}{72} : 9$
c) $\frac{49}{35} \cdot 7$ $\frac{49}{35} : 7$
d) $\frac{16}{24} \cdot 8$ $\frac{16}{24} : 8$
e) $\frac{25}{30} \cdot 5$ $\frac{25}{30} : 5$
f) $\frac{42}{54} \cdot 6$ $\frac{42}{54} : 6$
g) $1\frac{1}{3} \cdot 12$ $1\frac{1}{3} : 12$
h) $8\frac{2}{5} \cdot 30$ $8\frac{2}{5} : 30$
i) $6\frac{2}{9} \cdot 12$ $6\frac{2}{9} : 12$
j) $8\frac{2}{8} \cdot 24$ $8\frac{2}{8} : 24$
k) $7\frac{5}{7} \cdot 28$ $7\frac{5}{7} : 28$
l) $6\frac{6}{9} \cdot 18$ $6\frac{6}{9} : 18$

4. Bestimme die fehlende natürliche Zahl.

a) $\frac{3}{5} \cdot x = \frac{12}{5}$
b) $\frac{9}{11} \cdot y = \frac{72}{11}$
c) $\frac{x}{7} \cdot 8 = \frac{56}{7}$
d) $\frac{4}{3} : y = \frac{4}{6}$
e) $\frac{5}{6} : x = \frac{5}{24}$
f) $\frac{9}{z} : 7 = \frac{9}{56}$
g) $\frac{2}{5} \cdot x = \frac{54}{15}$
h) $\frac{2}{3} \cdot z = \frac{42}{9}$
i) $\frac{3}{7} \cdot y = \frac{36}{28}$
j) $\frac{6}{7} : z = \frac{18}{105}$
k) $\frac{8}{3} : y = \frac{2}{9}$
l) $\frac{12}{5} : x = \frac{4}{15}$

5. Aus einem Liter Milch kann man $\frac{3}{20}$ kg Käse herstellen.
Wie viel kg Käse erhält man aus
(1) 5 *l* Milch; (2) 25 *l* Milch; (3) 70 *l* Milch?

6. a) Eine Flasche enthält $\frac{7}{10}$ *l* Traubensaft. Der Saft wird gleichmäßig in 6 Gläser verteilt. Wie viel *l* Saft ist in jedem Glas?

b) Für die Verglasung der Türen eines Spiegelschränkchens mit vier Türen werden insgesamt $\frac{3}{5}$ m^2 Glas verarbeitet.
Wie viel (1) m^2, (2) cm^2 Glas braucht man für eine Tür?

7. a) Fünf Goldgräber teilen sich $18\frac{3}{4}$ Unzen Goldstaub (1 Unze ≈ 28 g).
Wie viel Unzen Goldstaub erhält jeder?
Wie viel g sind das etwa?

b) Vier Geschwister teilen sich $1\frac{1}{2}$ *l* Saft.
Wie viel *l* bekommt jedes der Geschwister?

c) Sieben gleich schwere Pakete wiegen zusammen $12\frac{1}{4}$ kg.
Wie viel wiegt ein Paket?

d) Marks Mutter hat $6\frac{3}{4}$ *l* Benzin für eine Strecke von 100 km verbraucht.
Wie viel *l* verbraucht ihr Auto für 80 km?

8. Formuliere sinnvolle Fragen und beantworte sie.

a) Laura hat noch 5 Flaschen Orangensaft im Kühlschrank. Jede Flasche enthält $\frac{3}{4}$ *l* Saft. Sie will den Inhalt der Flaschen gleichmäßig an 6 Freundinnen verteilen.

b) Für ein Erfrischungsgetränk mischt Lena $\frac{3}{4}$ *l* Mineralwasser und $\frac{3}{8}$ *l* Zitronensaft. Sie verteilt das Erfrischungsgetränk gleichmäßig in 7 Gläser.

c) Michael und Anne messen die Größe eines rechteckigen Spielplatzes aus. Michael misst mit 26 Schritten die Länge, Anne mit 27 Schritten die Breite.
Michael macht Schritte von je $\frac{4}{5}$ m Länge, Annes Schrittlänge beträgt $\frac{3}{5}$ m.

MULTIPLIZIEREN VON GEMEINEN BRÜCHEN

Bestimmen eines Teils eines Ganzen – Multiplizieren

Einstieg

- Katrin hat noch $\frac{3}{4}$ von $\frac{1}{2}$ Tafel Schokolade.
- Marc: „Zum Einkaufen habe ich $\frac{1}{2}$ Stunde gebraucht. $\frac{2}{3}$ der Zeit musste ich an der Kasse warten."
- Von einer Pizza ist noch $\frac{3}{4}$ übrig. Paul isst $\frac{2}{3}$ davon.

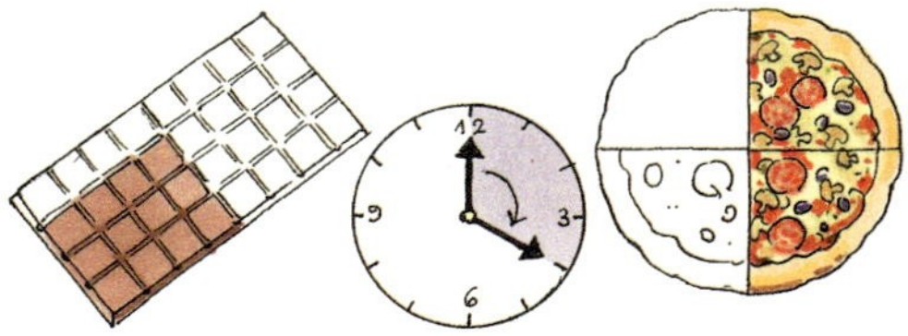

Aufgabe

1. Nach Familie Ottos Gartenfest sind noch Reste übrig:

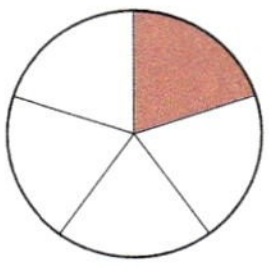

$\frac{1}{5}$ von einer Himbeertorte

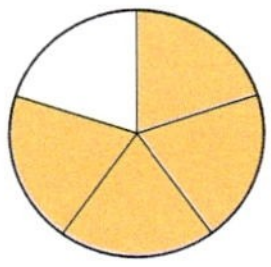

$\frac{4}{5}$ von einer Pizza

a) Anne hat den Rest der Himbeertorte gegessen. Sie sagt: „Davon hätte ich gern das $1\frac{1}{2}$fache gegessen." Wie viel ist das?

b) Herr Otto bekommt abends den Rest Pizza. Er isst nur $\frac{2}{3}$ davon. Wie viel Pizza hat Herr Otto gegessen?

Lösung

a) **Von $\frac{1}{5}$ das $1\frac{1}{2}$fache** bedeutet: **Nimm $\frac{1}{5}$ eineinhalbmal,** also $\frac{1}{5} \cdot 1\frac{1}{2}$. Dafür kann man auch schreiben $\frac{1}{5} \cdot \frac{3}{2}$.
Das bedeutet: Teile $\frac{1}{5}$ in zwei gleich große Teile und nimm von einem solchen Teil das Dreifache.

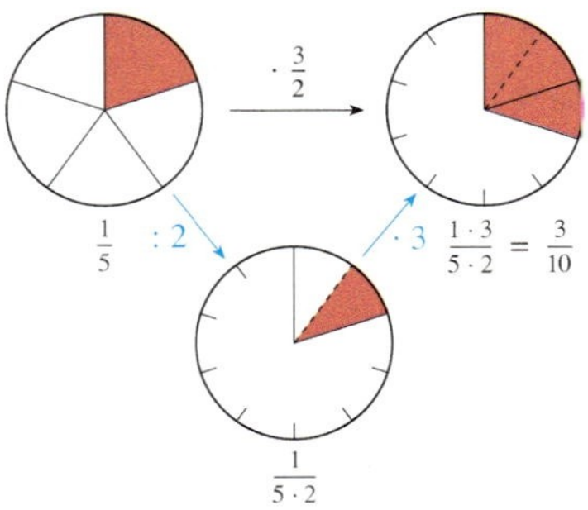

1 Fünftel $\xrightarrow{\cdot \frac{3}{2}}$ 3 Zehntel

$\frac{1}{5} \xrightarrow{\cdot \frac{3}{2}} \frac{3}{10}$

Rechenweg:

$\frac{1}{5} \cdot \frac{3}{2} = \frac{1}{5} : 2 \cdot 3 = \frac{1}{5 \cdot 2} \cdot 3 = \frac{1 \cdot 3}{5 \cdot 2} = \frac{3}{10}$

Ergebnis: Anne hätte gern $\frac{3}{10}$ Torte gegessen.

b) Statt **$\frac{2}{3}$ von $\frac{4}{5}$** könnten wir auch sagen: **Nimm $\frac{4}{5}$ zweidrittelmal,** also $\frac{4}{5} \cdot \frac{2}{3}$.

Das bedeutet: Teile $\frac{4}{5}$ in drei gleich große Teile und nimm von einem solchen Teil das Doppelte.

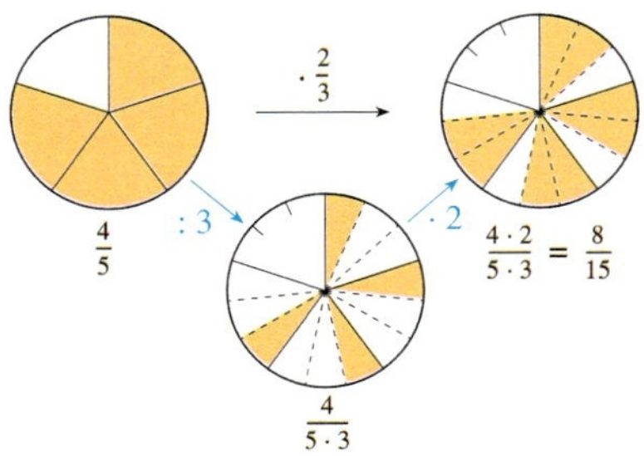

4 Fünftel $\xrightarrow{\cdot \frac{2}{3}}$ 8 Fünfzehntel

$\frac{4}{5} \xrightarrow{\cdot \frac{2}{3}} \frac{8}{15}$

Rechenweg:

$\frac{4}{5} \cdot \frac{2}{3} = \frac{4}{5} : 3 \cdot 2 = \frac{4}{5 \cdot 3} \cdot 2 = \frac{4 \cdot 2}{5 \cdot 3} = \frac{8}{15}$

Ergebnis: Herr Otto hat $\frac{8}{15}$ Pizza gegessen.

Information

$\frac{3}{4}$ **von** bedeutet **mal** $\frac{3}{4}$

(1) Anschauliche Deutung der Multiplikation bei gebrochenen Zahlen

Du weißt:

- **Das 3fache von 4** bedeutet:
  Nimm 4 dreimal, also $4 \cdot 3$
- **Das $1\frac{1}{2}$fache von 4** bedeutet:
  Nimm 4 eineinhalbmal, also $4 \cdot 1\frac{1}{2}$
- Statt **das $1\frac{1}{2}$fache von 4** kann man auch schreiben:
  das $\frac{3}{2}$fache von 4, also $4 \cdot \frac{3}{2}$

Deshalb sagen wir allgemein:
$\frac{3}{4}$ von $\frac{5}{7}$ bedeutet $\frac{5}{7} \cdot \frac{3}{4}$

Ebenso kann man sagen:

- **Das 3fache von $\frac{2}{7}$** bedeutet:
  $\frac{2}{7} \cdot 3$
- **Das $1\frac{1}{2}$fache von $\frac{1}{5}$** bedeutet:
  $\frac{1}{5} \cdot 1\frac{1}{2}$
- Statt **das $1\frac{1}{2}$fache von $\frac{1}{5}$** kann man auch schreiben:
  das $\frac{3}{2}$fache von $\frac{1}{5}$, also $\frac{1}{5} \cdot \frac{3}{2}$

(2) Multiplikationsregel für gemeine Brüche

Brüche werden miteinander multipliziert, indem man Zähler mit Zähler und Nenner mit Nenner multipliziert.

$\frac{4}{5} \cdot \frac{2}{3} = \frac{4 \cdot 2}{5 \cdot 3} = \frac{8}{15}$

Zähler mal Zähler durch Nenner mal Nenner

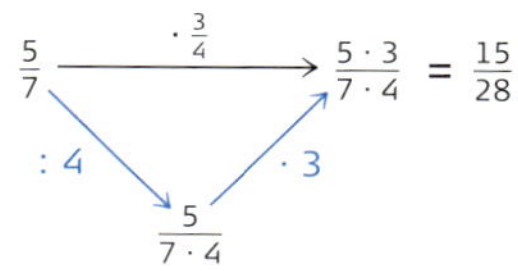

Zum Festigen und Weiterarbeiten

2. Schreibe als Produkt; berechne dann.

a) $\frac{2}{5}$ von $\frac{3}{4}$; $\frac{2}{3}$ von $\frac{7}{8}$ **b)** $\frac{1}{4}$ von $\frac{2}{3}$; $\frac{2}{4}$ von $\frac{2}{3}$ **c)** $\frac{2}{5}$ von $\frac{3}{4}$; $\frac{3}{5}$ von $\frac{3}{4}$ **d)** $\frac{3}{7}$ von $\frac{1}{2}$; $\frac{4}{7}$ von $\frac{1}{2}$ **e)** $\frac{1}{8}$ von $\frac{4}{5}$; $\frac{2}{8}$ von $\frac{4}{5}$ **f)** $\frac{1}{6}$ von $\frac{7}{10}$; $\frac{5}{6}$ von $\frac{7}{10}$

3. Berechne. Entscheide vorher, ob das Produkt größer bzw. kleiner als der 1. Faktor (2. Faktor) ist.

a) $\frac{2}{3} \cdot \frac{5}{7}$ **b)** $\frac{3}{4} \cdot \frac{7}{5}$ **c)** $\frac{7}{8} \cdot \frac{5}{8}$ **d)** $\frac{3}{4} \cdot \frac{3}{5}$ **e)** $\frac{1}{2} \cdot \frac{3}{5}$ **f)** $\frac{8}{9} \cdot \frac{5}{7}$ **g)** $\frac{11}{12} \cdot \frac{7}{8}$

4. Berechne und vergleiche. Was fällt dir auf?

a) $\frac{2}{3} : 4$ und $\frac{2}{3} \cdot \frac{1}{4}$ **b)** $\frac{4}{5} \cdot \frac{1}{3}$ und $\frac{4}{5} : 3$ **c)** $\frac{5}{6} : 2$ und $\frac{5}{6} \cdot \frac{1}{2}$

5. Der zweite Faktor des Produktes wird jedes Mal halbiert.

a) Wie ändert sich der Wert des Produktes?

b) Setze die Kette fort bis $8 \cdot \frac{1}{8}$.

c) Verfahre entsprechend mit den folgenden Produkten (jeweils 6 Zeilen).

(1) $\frac{2}{3} \cdot 8 = \frac{16}{3}$ ↓ : 2 (2) $\frac{2}{5} \cdot 27 = \frac{54}{5}$ ↓ : 3 (3) $\frac{1}{2} \cdot 125 = \frac{125}{5}$ ↓ : 5

$8 \cdot 4 = 32$
↓ : 2 ↓ □
$8 \cdot 2 = 16$
↓ : 2 ↓ □
$8 \cdot 1 = 8$
↓ : 2 ↓ □

6. Du weißt: Wenn man die Zahl 3 mit einer anderen natürlichen Zahl (außer mit 0 oder mit 1) multipliziert, ist das Ergebnis größer als 3. Maria behauptet:
„Ich kann $\frac{3}{4}$ mit einer gebrochenen Zahl multiplizieren, sodass das Ergebnis

a) kleiner ist als $\frac{3}{4}$, **b)** halb so groß ist wie $\frac{3}{4}$."

Was meinst du dazu? Begründe deine Aussage. Du kannst auch zeichnen.

Information

Multiplizieren kann vergrößern, aber auch verkleinern.

(1) Veränderung einer Zahl durch Multiplizieren mit einem Bruch

Multipliziert man eine Zahl mit einer gebrochenen Zahl, die größer als 1 ist, so ist das Ergebnis größer als die Zahl.
Multipliziert man jedoch eine Zahl mit einer gebrochenen Zahl, die kleiner als 1 ist, so ist das Ergebnis kleiner als die Zahl.

Beispiele: $7 \cdot \frac{5}{4} = \frac{7}{1} \cdot \frac{5}{4} = \frac{35}{4} = 8\frac{3}{4} > 7$ $\quad 7 \cdot \frac{3}{4} = \frac{7}{1} \cdot \frac{3}{4} = \frac{21}{4} = 5\frac{1}{4} < 7$

(2) Kürzen beim Multiplizieren von Brüchen

Beim Multiplizieren von Brüchen kann man oft kürzen:

(1) Kürzen *nach* dem Ausrechnen: $\frac{4}{3} \cdot \frac{3}{8} = \frac{\cancel{12}^{3}}{\cancel{40}_{10}} = \frac{3}{10}$

(2) Kürzen *vor* dem Ausrechnen: $\frac{4}{5} \cdot \frac{3}{8} = \frac{\cancel{4}^{1} \cdot 3}{5 \cdot \cancel{8}_{2}} = \frac{3}{10}$

(3) *Mehrfaches* Kürzen vor dem Ausrechnen: $\frac{16}{27} \cdot \frac{15}{14} = \frac{\cancel{16}^{8} \cdot \cancel{15}^{5}}{\cancel{27}_{9} \cdot \cancel{14}_{7}} = \frac{40}{63}$

Kürzen vor dem Ausrechnen spart Rechenarbeit

Zum Festigen und Weiterarbeiten

7. Berechne. Kürze auch. Denke an Rechenvorteile.

a) $\frac{5}{8} \cdot \frac{4}{3}$ **b)** $\frac{6}{7} \cdot \frac{4}{9}$ **c)** $\frac{1}{12} \cdot \frac{9}{5}$ **d)** $\frac{7}{8} \cdot \frac{8}{9}$ **e)** $\frac{8}{9} \cdot \frac{3}{4}$ **f)** $\frac{3}{4} \cdot \frac{8}{15}$ **g)** $\frac{10}{9} \cdot \frac{6}{15}$ **h)** $\frac{6}{7} \cdot \frac{7}{12}$

8. Berechne. Hier kann man mehrfach kürzen.

a) $\frac{7}{8} \cdot \frac{16}{21}$ **b)** $\frac{49}{32} \cdot \frac{24}{35}$ **c)** $\frac{63}{25} \cdot \frac{45}{49}$ **d)** $\frac{26}{56} \cdot \frac{42}{117}$ **e)** $\frac{171}{136} \cdot \frac{51}{38}$ **f)** $\frac{117}{68} \cdot \frac{51}{104}$

9. Schreibe als Produkt und berechne.

a) $\frac{1}{2}$ von $\frac{1}{5}$ **b)** $\frac{2}{3}$ von $\frac{1}{4}$ **c)** $\frac{5}{7}$ von $\frac{4}{9}$ **d)** $\frac{1}{6}$, davon $\frac{1}{8}$ **e)** $\frac{2}{5}$, davon $\frac{3}{7}$

10. Wo steckt der Fehler? Erkläre.

(1) $\frac{\cancel{4}^{1}}{5} \cdot \frac{\cancel{8}^{2}}{3} = \frac{2}{15}$ (2) $\frac{5}{6} \cdot \frac{7}{9} = \frac{12}{15} = \frac{4}{5}$ (3) $\frac{3}{5} + \frac{4}{15} = \frac{5}{5} = 1$

11. Berechne: $\left(\frac{1}{2}\right)^2$; $\left(\frac{3}{4}\right)^2$; $\left(\frac{5}{8}\right)^2$; $\left(\frac{7}{10}\right)^2$; $\left(\frac{6}{11}\right)^2$; $\left(\frac{3}{5}\right)^2$; $\left(\frac{9}{7}\right)^2$; $\left(\frac{10}{3}\right)^2$

12. Berechne wie im Beispiel.

$3\frac{1}{2} \cdot 1\frac{2}{3} = \frac{7}{2} \cdot \frac{5}{3} = \frac{35}{6} = 5\frac{5}{6}$

Strategie: Wandle in unechte Brüche um.

a) $2\frac{1}{2} \cdot 1\frac{1}{4}$ **c)** $3\frac{5}{6} \cdot \frac{2}{3}$

b) $1\frac{2}{5} \cdot 2\frac{1}{4}$ **d)** $4\frac{3}{8} \cdot 3\frac{2}{3}$

Übungen

13. Schreibe als Produkt und berechne.

a) $\frac{1}{3}$ von $\frac{1}{2}$; $\frac{1}{3}$ von $\frac{1}{4}$ **b)** $\frac{2}{3}$ von $\frac{1}{2}$; $\frac{2}{3}$ von $\frac{1}{3}$ **c)** $\frac{4}{6}$ von $\frac{5}{9}$; $\frac{7}{8}$ von $\frac{3}{4}$ **d)** $\frac{2}{3}$, davon $\frac{4}{5}$; $\frac{3}{4}$, davon $\frac{5}{8}$ **e)** $\frac{2}{5}$, davon $\frac{7}{10}$; $\frac{3}{10}$, davon $\frac{3}{4}$

14. Berechne. Kürze, falls möglich.

a) $\frac{1}{2}\cdot\frac{1}{2}$, $\frac{1}{3}\cdot\frac{1}{2}$, $\frac{2}{3}\cdot\frac{2}{3}$
b) $\frac{1}{3}\cdot\frac{1}{4}$, $\frac{1}{5}\cdot\frac{1}{3}$, $\frac{1}{6}\cdot\frac{1}{2}$
c) $\frac{3}{7}\cdot\frac{3}{5}$, $\frac{5}{7}\cdot\frac{4}{9}$, $\frac{8}{9}\cdot\frac{7}{5}$
d) $\frac{4}{5}\cdot\frac{7}{8}$, $\frac{3}{5}\cdot\frac{10}{7}$, $\frac{4}{9}\cdot\frac{5}{8}$
e) $\frac{6}{7}\cdot\frac{4}{9}$, $\frac{5}{6}\cdot\frac{9}{11}$, $\frac{3}{4}\cdot\frac{8}{7}$
f) $\frac{12}{7}\cdot\frac{5}{18}$, $\frac{24}{5}\cdot\frac{3}{32}$, $\frac{45}{11}\cdot\frac{8}{35}$
g) $\frac{4}{5}\cdot\frac{2}{3}\cdot\frac{1}{7}$, $\frac{4}{7}\cdot\frac{3}{8}\cdot\frac{2}{9}$, $\frac{28}{9}\cdot\frac{5}{7}\cdot\frac{21}{8}$

15. Berechne die Produkte. Hier kann man mehrfach kürzen.

a) $\frac{10}{2}\cdot\frac{4}{5}$, $\frac{2}{3}\cdot\frac{9}{4}$
b) $\frac{7}{8}\cdot\frac{4}{7}$, $\frac{7}{8}\cdot\frac{8}{7}$
c) $\frac{3}{100}\cdot\frac{10}{9}$, $\frac{8}{25}\cdot\frac{35}{18}$
d) $\frac{11}{70}\cdot\frac{21}{22}$, $\frac{1}{99}\cdot\frac{108}{15}$
e) $\frac{75}{39}\cdot\frac{91}{50}$, $\frac{45}{78}\cdot\frac{25}{15}$
f) $\frac{12}{35}\cdot\frac{14}{18}$, $\frac{15}{28}\cdot\frac{20}{25}$
g) $\frac{3}{10}\cdot\frac{5}{9}\cdot\frac{2}{6}$, $\frac{5}{12}\cdot\frac{8}{15}\cdot\frac{3}{16}$
h) $\frac{12}{13}\cdot\frac{26}{36}\cdot\frac{4}{5}$, $\frac{8}{9}\cdot\frac{9}{8}\cdot\frac{14}{39}$
i) $3\frac{1}{7}\cdot 8\frac{3}{4}$, $4\frac{2}{3}\cdot 2\frac{2}{5}$
j) $6\frac{3}{8}\cdot 3\frac{2}{7}$, $4\frac{1}{9}\cdot 5\frac{5}{6}$

16. Quadriere: $\frac{1}{4}$; $\frac{4}{5}$; $\frac{5}{4}$; $\frac{11}{6}$; $\frac{7}{9}$; $\frac{5}{12}$; $\frac{13}{7}$; $\frac{9}{15}$

17. Wie viel ist

a) die Hälfte von einem halben Liter;
b) ein Viertel von einem halben Meter;
c) ein Drittel von einer Dreiviertelstunde;
d) zwei Drittel von einer Viertelstunde?

18. a) Wie viel ist das Doppelte des dritten Teils von einer halben Stunde?
b) Wie viel ist das Dreifache des vierten Teils von $\frac{3}{4}$ *l*?
c) Wie viel ist das Vierfache des vierten Teils von $\frac{7}{8}$ m?
d) Wie viel ist die Hälfte von 10 % eines halben Meters?

19. Zwei Brüche werden multipliziert. Wie ändert sich das Produkt, wenn
a) (1) der Zähler, (2) der Nenner eines Bruches verdoppelt wird;
b) (1) beide Zähler, (2) beide Nenner verdoppelt werden;
c) der Zähler eines Bruches und der Nenner des anderen Bruches verdoppelt werden?

20. a) Eine $\frac{3}{4}$-*l*-Flasche ist noch zu $\frac{2}{3}$ mit Obstsaft gefüllt. Wie viel Saft ist in der Flasche?
b) Ein Gefäß fasst $\frac{7}{8}$ *l*. Es ist zu $\frac{4}{5}$ mit Milch gefüllt.
Wie viel Milch enthält das Gefäß?

21. Fleisch besteht zu $\frac{2}{3}$ aus Wasser.
Wie viel kg Wasser enthalten
a) $\frac{3}{4}$ kg, b) $\frac{1}{2}$ kg, c) $\frac{3}{8}$ kg, d) $2\frac{7}{8}$ kg Fleisch?

22. a) Gärtner Maier verwendet $\frac{4}{5}$ ha Land für den Anbau von Blumen. Davon hat er $\frac{3}{10}$ mit Rosen und $\frac{5}{16}$ mit Nelken bepflanzt. Wie viel ha sind das jeweils?
b) Gärtnerin Schulze besitzt $\frac{5}{8}$ ha Land. Sie verwendet $\frac{3}{4}$ davon für den Anbau von Blumen und $\frac{1}{20}$ für das Aufziehen von Gemüsepflanzen.
Wie viel ha sind das jeweils?
c) Familie Lindes Garten ist $\frac{9}{2}$ a groß. Auf $\frac{2}{3}$ dieser Fläche hat Herr Linde Rasen gesät. Wie viel m^2 sind das?
d) Stelle selbst eine Gärtneraufgabe und löse sie.

Vermischte Übungen

1. **a)** Gegeben: $\frac{4}{5}$; $\frac{7}{8}$; $\frac{5}{9}$; $\frac{7}{12}$.

(1) Erweitere jeden Bruch mit 7.
(2) Multipliziere jeden Bruch mit 7.
(3) Multipliziere jeden Bruch mit $\frac{1}{7}$.
(4) Dividiere jeden Bruch durch 7.

b) Gegeben: $\frac{4}{12}$; $\frac{8}{24}$; $\frac{16}{4}$; $\frac{32}{28}$.

(1) Kürze jeden Bruch mit 4.
(2) Dividiere jeden Bruch durch 4.
(3) Multipliziere jeden Bruch mit $\frac{1}{4}$.
(4) Multipliziere jeden Bruch mit 4.

2.

a)	**b)**	**c)**	**d)**	**e)**	**f)**	**g)**
$\frac{3}{4} \cdot 5$	$\frac{7}{8} \cdot 6$	$\frac{6}{7} \cdot 9$	$\frac{5}{6} \cdot 12$	$\frac{8}{15} \cdot 25$	$\frac{7}{18} \cdot 27$	$\frac{21}{25} \cdot 45$
$\frac{3}{4} : 5$	$\frac{7}{8} : 6$	$\frac{6}{7} : 9$	$\frac{5}{6} : 12$	$\frac{8}{15} : 16$	$\frac{7}{18} : 21$	$\frac{21}{25} : 35$
$\frac{3}{4} \cdot \frac{2}{5}$	$\frac{7}{8} \cdot \frac{5}{6}$	$\frac{6}{7} \cdot \frac{5}{9}$	$\frac{5}{6} \cdot \frac{12}{11}$	$\frac{8}{15} \cdot \frac{13}{24}$	$\frac{7}{18} \cdot \frac{5}{28}$	$\frac{21}{25} \cdot \frac{8}{49}$

a) bis d)

e) bis g)

3. Berechne. Entscheide bei Produkten, ob das Ergebnis größer als der 1. Faktor ist.

a)	**b)**	**c)**	**d)**	**e)**	**f)**	**g)**
$\frac{15}{16} \cdot 32$	$\frac{27}{28} \cdot 49$	$\frac{42}{55} \cdot 35$	$\frac{54}{39} \cdot 26$	$\frac{49}{56} \cdot 64$	$\frac{81}{64} \cdot 48$	$\frac{26}{34} \cdot 51$
$\frac{15}{16} : 45$	$\frac{27}{28} : 36$	$\frac{42}{55} : 63$	$\frac{54}{39} : 36$	$\frac{49}{56} : 63$	$\frac{81}{64} : 36$	$\frac{26}{34} : 91$
$\frac{15}{16} \cdot \frac{32}{45}$	$\frac{27}{28} \cdot \frac{56}{54}$	$\frac{42}{55} \cdot \frac{45}{77}$	$\frac{54}{39} \cdot \frac{52}{63}$	$\frac{49}{56} \cdot \frac{72}{91}$	$\frac{81}{64} \cdot \frac{32}{63}$	$\frac{26}{34} \cdot \frac{85}{65}$
$\frac{15}{16} \cdot 1\frac{29}{35}$	$\frac{27}{28} \cdot 1\frac{73}{81}$	$\frac{42}{55} \cdot 7\frac{9}{28}$	$\frac{54}{39} \cdot 1\frac{41}{63}$	$\frac{49}{56} \cdot 4\frac{40}{42}$	$\frac{51}{57} \cdot 152$	$\frac{51}{57} \cdot \frac{133}{136}$

a) bis d)

e) bis g)

4. **a)** Wie viel Liter enthält
(1) ein Kasten mit 12 Flaschen „TigerQuell";
(2) eine Kiste mit 15 Flaschen Mosel-Wein;
(3) ein „6er-Pack" alkoholfreies Bier?

b) Denke dir den Inhalt der abgebildeten Flaschen an 3 Personen verteilt.
Wie viel *l* erhält jede Person aus jeder Flasche?

c) Angenommen, jede der Flaschen ist zu
(1) $\frac{2}{3}$; (2) $\frac{3}{4}$; (3) $\frac{4}{5}$ gefüllt.
Wie viel Liter enthält dann die jeweilige Flasche?

5. Eine Feinunze Gold wiegt ungefähr $31\frac{1}{10}$ g.
Wie viel g wiegen (1) 5 Feinunzen; (2) $\frac{3}{4}$ Feinunzen; (3) $3\frac{1}{2}$ Feinunzen Gold?

6. Der Schall legt ca. $\frac{1}{3}$ km in 1 s zurück. Wie viel km legt er zurück in 7 s, $\frac{1}{2}$ s, $2\frac{1}{2}$ s, $\frac{1}{10}$ s, $\frac{1}{100}$ s?

7. Eine $\frac{7}{10}$-*l*-Flasche Mineralwasser und eine $\frac{3}{4}$-*l*-Flasche Orangensaft sind beide nur noch halb voll. Katharina mischt aus den Resten ein Erfrischungsgetränk.
Das Getränk soll auf 3 Mädchen verteilt werden. Wie viel Liter bekommt jedes?

8. Gib für x eine passende gebrochene Zahl an.

a) $\frac{2}{3} \cdot x = \frac{6}{15}$	**d)** $\frac{4}{5} \cdot x = \frac{16}{25}$	**g)** $\frac{2}{3} \cdot x = \frac{6}{9}$	**j)** $\frac{2}{3} \cdot x = \frac{4}{5}$	**m)** $x \cdot 4\frac{3}{5} = \frac{23}{5}$
b) $\frac{3}{5} \cdot x = \frac{12}{15}$	**e)** $x \cdot \frac{7}{9} = \frac{35}{18}$	**h)** $4 \cdot x = \frac{8}{3}$	**k)** $\frac{4}{5} \cdot x = \frac{7}{10}$	**n)** $1\frac{5}{8} \cdot x = \frac{11}{8}$
c) $\frac{3}{4} \cdot x = \frac{15}{24}$	**f)** $\frac{2}{3} \cdot x = \frac{2}{5}$	**i)** $\frac{2}{5} \cdot x = 0$	**l)** $\frac{2}{3} \cdot x = \frac{3}{7}$	**o)** $5\frac{2}{3} \cdot x = 7\frac{5}{9}$

9. Berechne die Potenzen wie im Beispiel.

$\left(\frac{2}{3}\right)^4 = \frac{2}{3} \cdot \frac{2}{3} \cdot \frac{2}{3} \cdot \frac{2}{3} = \frac{16}{81}$

a) $\left(\frac{3}{4}\right)^3$	**c)** $\left(\frac{2}{5}\right)^4$	**e)** $\left(\frac{8}{9}\right)^2$	**g)** $\left(\frac{1}{4}\right)^3$
b) $\left(\frac{7}{8}\right)^2$	**d)** $\left(\frac{1}{10}\right)^6$	**f)** $\left(\frac{1}{2}\right)^5$	**h)** $\left(\frac{5}{6}\right)^2$

10. **a)** Berechne. Schreibe jedes Produkt auch als Potenz.
(1) $\frac{3}{5} \cdot \frac{3}{5}$ (2) $\frac{7}{8} \cdot \frac{7}{8}$ (3) $\frac{11}{12} \cdot \frac{11}{12}$ (4) $\frac{3}{4} \cdot \frac{3}{4} \cdot \frac{3}{4}$ (5) $\frac{2}{3} \cdot \frac{2}{3} \cdot \frac{2}{3} \cdot \frac{2}{3}$ (6) $\frac{1}{2} \cdot \frac{1}{2} \cdot \frac{1}{2} \cdot \frac{1}{2} \cdot \frac{1}{2}$

b) Berechne: $\left(\frac{3}{7}\right)^2$; $\left(\frac{7}{8}\right)^3$; $\left(\frac{5}{9}\right)^2$; $\left(\frac{3}{11}\right)^2$

c) Berechne und vergleiche: $\frac{4^2}{5^2}$; $\left(\frac{4}{5}\right)^2$; $\frac{4^2}{5}$; $\frac{4}{5^2}$

11. Berechne das Produkt. Kürze.

a) $3\frac{1}{4} \cdot \frac{2}{3}$	**b)** $2\frac{2}{5} \cdot 3\frac{1}{8}$	**c)** $2\frac{5}{8} \cdot 4\frac{4}{6}$	**d)** $2\frac{1}{6} \cdot 2\frac{2}{5}$	**e)** $3\frac{5}{18} \cdot 6\frac{3}{4}$
$\frac{4}{5} \cdot 3\frac{1}{8}$	$3\frac{1}{9} \cdot 1\frac{5}{7}$	$1\frac{2}{15} \cdot 3\frac{1}{2}$	$3\frac{3}{7} \cdot 2\frac{3}{16}$	$5\frac{11}{16} \cdot 5\frac{7}{13}$
$2\frac{1}{4} \cdot 2\frac{2}{3}$	$3\frac{3}{12} \cdot 3\frac{3}{13}$	$1\frac{11}{12} \cdot 3\frac{1}{5}$	$1\frac{7}{28} \cdot 2\frac{14}{35}$	$6\frac{12}{17} \cdot 6\frac{5}{19}$

12. Vervollständige im Heft.

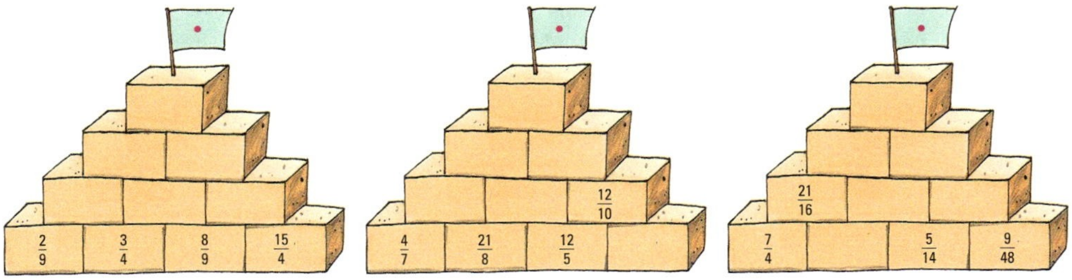

13. **a)** Schreibe $\frac{6}{35}$ als Produkt von zwei Brüchen.
b) Nenne zwei Brüche, die miteinander multipliziert 1 ergeben.
c) Mit welcher Zahl muss man $\frac{5}{6}$ multiplizieren, um 18 zu erhalten?

14. Zerlege den Bruch in zwei Faktoren. Gib mindestens zwei Möglichkeiten an.

$\frac{12}{21} = \frac{3}{7} \cdot \frac{4}{3}$ oder $\frac{12}{21} = \frac{2}{3} \cdot \frac{6}{7}$

a) $\frac{8}{15}$ **b)** $\frac{12}{55}$ **c)** $\frac{9}{25}$ **d)** $\frac{8}{45}$ **e)** $\frac{36}{75}$ **f)** $\frac{27}{125}$ **g)** $\frac{54}{63}$ **h)** $\frac{81}{91}$

15. Berechne möglichst einfach.
a) $\left(\frac{3}{4}\right)^2 \cdot \left(\frac{4}{5}\right)^2$ **b)** $\left(\frac{7}{8}\right)^2 \cdot \left(\frac{3}{7}\right)^2$ **c)** $\left(\frac{6}{7}\right)^2 \cdot \left(\frac{5}{9}\right)^2$ **d)** $\left(\frac{6}{25}\right)^2 \cdot \left(\frac{15}{8}\right)^2$

DIVIDIEREN VON GEMEINEN BRÜCHEN

Bestimmen des Ganzen – Dividieren

Einstieg

Ein Landwirt hat seine Getreideproduktion erhöht. Im Jahr 2010 erntete er 48 t Weizen, das ist dreimal so viel wie im Jahr 1970.

→ Wie viel t Weizen erntete er 1970? Notiere auch einen Term (Rechenausdruck).

In der Mühle wird aus Weizenkörnern Mehl gewonnen. Die Masse von hellem Mehl (Type 405) beträgt $\frac{2}{5}$ der Masse der Weizenkörner.

→ Wie viel kg Weizenkörner benötigt man, um 800 kg helles Weizenmehl zu erhalten? Notiere den Rechenweg auch mithilfe eines Terms (Rechenausdruck).

Aufgabe

1. **a)** Herr Wag bekommt bei einer Lotterie 81 € ausgezahlt; das ist das Dreifache seines Einsatzes. Herr Los erhält 52 €; das sind $\frac{2}{3}$ seines Einsatzes. Wie viel Geld hat jeder eingesetzt?

b) Lisa denkt sich eine Zahl. Sie multipliziert diese Zahl mit $\frac{5}{7}$. Als Ergebnis erhält sie $\frac{3}{4}$. Welche Zahl hat sich Lisa gedacht?

Lösung

a) (1) Wir suchen den Einsatz von Herrn Wag.

Einsatz ▢ € $\xrightarrow{\cdot 3}$ 81 € Auszahlung

27 € $\xrightarrow{\cdot 3}$ 81 €; 81 € $\xrightarrow{: 3}$ 27 €

: 3 macht rückgängig, was · 3 bewirkt

27 € $\xrightarrow{\cdot 3}$ 81 €; 81 € $\xrightarrow{\cdot \frac{1}{3}}$ 27 €

$\cdot \frac{1}{3}$ bewirkt dasselbe wie : 3

Ergebnis: Herr Wag hat 27 € eingesetzt.

(2) Wir suchen den Einsatz von Herrn Los.

Einsatz ▢ € $\xrightarrow{\cdot \frac{2}{3}}$ 52 € Auszahlung

Wir wollen rückgängig machen, was $\cdot \frac{2}{3}$ bewirkt.

▢ € $\xrightarrow{\cdot \frac{2}{3}}$ 52 €; 52 € $\xrightarrow{: \frac{2}{3}}$ ▢ €

$: \frac{2}{3}$ soll rückgängig machen, was $\cdot \frac{2}{3}$ bewirkt.

▢ € $\xrightarrow{\cdot \frac{2}{3}}$ 52 € (▢ € $\xrightarrow{: 3}$ $\xrightarrow{\cdot 2}$ 52 €); 52 € $\xrightarrow{: 2}$ $\xrightarrow{\cdot 3}$ ▢ € ($\xrightarrow{\cdot \frac{3}{2}}$)

$\cdot \frac{3}{2}$ macht rückgängig, was $\cdot \frac{2}{3}$ bewirkt.

Deshalb können wir sagen:

52 € $: \frac{2}{3}$ bedeutet dasselbe wie 52 € $\cdot \frac{3}{2}$.

Ergebnis: Herr Los hat 78 € eingesetzt.

b) Wir suchen Lisas Zahl □.

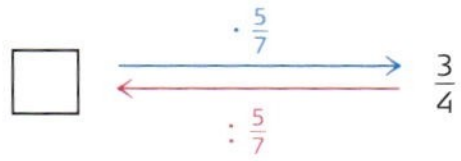

□ $= \frac{3}{4} : \frac{5}{7} = ?$

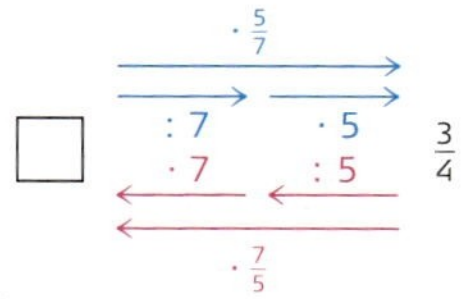

□ $= \frac{3}{4} \cdot \frac{7}{5} = \frac{21}{20}$

Ergebnis: Lisas Zahl heißt $\frac{21}{20}$.

Information

(1) Kehrwert eines Bruches

Man erhält den **Kehrwert** eines Bruches, indem man Zähler und Nenner vertauscht.

Beispiel: $\frac{7}{5}$ ist der Kehrwert von $\frac{5}{7}$; $\frac{5}{7}$ ist der Kehrwert von $\frac{7}{5}$.

(2) Dividieren durch einen Bruch

Man dividiert durch einen Bruch, indem man mit dem Kehrwert des Bruches multipliziert.

Beispiel: $\frac{3}{4} : \frac{5}{7} = \frac{3}{4} \cdot \frac{7}{5} = \frac{3 \cdot 7}{4 \cdot 5} = \frac{21}{20}$

Dividieren heißt Multiplizieren mit dem Kehrwert

Zum Festigen und Weiterarbeiten

2. Fülle die Lücken aus; notiere zu jedem Pfeil die zugehörige Aufgabe (mit Gleichheitszeichen).

a) □ $\xrightarrow{\cdot \frac{4}{3}}$ 36 km; zurück: □ ; · □

b) $\frac{3}{4}\,l$ $\xrightarrow{\cdot \frac{5}{7}}$ □; zurück: □ ; · □

c) 28 m $\xrightarrow{\cdot\ □}$ 12 m; zurück: □ ; · □

3. **a)** $54 : \frac{2}{3}$ **b)** $36 : \frac{6}{7}$ **c)** $72 : \frac{8}{9}$ **d)** $24 : \frac{4}{5}$ **e)** $18 : \frac{6}{7}$ **f)** $15 : \frac{5}{6}$ **g)** $12 : \frac{3}{4}$

4. Berechne den Quotienten.

a) $\frac{2}{3} : \frac{3}{4}$ **b)** $\frac{5}{8} : \frac{3}{7}$ **c)** $\frac{7}{5} : \frac{1}{6}$ **d)** $\frac{2}{7} : \frac{5}{9}$ **e)** $\frac{13}{12} : \frac{5}{11}$ **f)** $\frac{7}{15} : \frac{8}{13}$

△ **5.** Berechne; kürze möglichst vor dem Ausrechnen.

a) $\frac{3}{4} : \frac{9}{8}$ **b)** $\frac{5}{8} : \frac{15}{8}$ **c)** $\frac{1}{14} : \frac{1}{21}$ **d)** $\frac{32}{35} : \frac{24}{25}$ **e)** $\frac{108}{117} : \frac{36}{39}$ **f)** $\frac{75}{78} : \frac{125}{3}$

6. Wo stecken die Fehler? Erkläre.

(1) $\frac{3}{4} : \frac{5}{7} = \frac{3 \cdot 5}{4 \cdot 7} = \frac{15}{28}$

(2) $\frac{7}{10_2} : \frac{15^3}{4} = \frac{7 \cdot 4}{2 \cdot 3} = \frac{28}{6} = 4\frac{4}{6} = 4\frac{2}{3}$

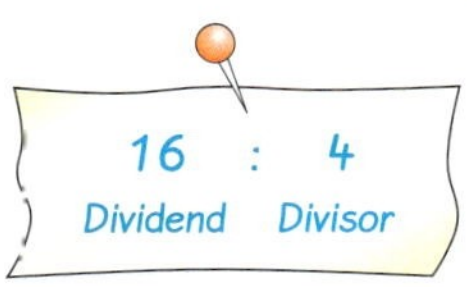

△ **7.** Der Divisor wird jedes Mal halbiert.

a) Wie ändert sich der Wert des Quotienten?

b) Setze die Kette rechts um drei Zeilen fort.

c) Verfahre entsprechend mit den folgenden Quotienten (jeweils 6 Zeilen).

(1) $\frac{3}{4} : 4 =$ □ (↓ : 2, ↓ : □) (2) $\frac{2}{5} : 9 =$ □ (↓ : 3, ↓ : □) (3) $\frac{1}{2} : 25 =$ □ (↓ : 5, ↓ : □)

16 : 4 = 4
↓ : 2 ↓ □
16 : 2 = 8
↓ : 2 ↓ □
16 : 1 = 16
↓ : 2 ↓ □

8. **a)** Erkläre: $18\text{ m} : \frac{1}{4}$ bedeutet dasselbe wie $18\text{ m} \cdot 4$.

b) Berechne: $15 : \frac{1}{2}$; $12 : \frac{1}{5}$; $14 : \frac{1}{6}$; $16 : \frac{1}{8}$; $13 : \frac{1}{3}$; $11 : \frac{1}{4}$; $9 : \frac{1}{7}$

9. Du weißt: Wenn man die Zahl 15 durch eine natürliche Zahl (außer durch 1) dividiert, ist das Ergebnis kleiner als 15. Jörg behauptet:
„Ich kann 15 durch eine Zahl dividieren, sodass das Ergebnis

a) größer ist als 15; **b)** doppelt so groß ist wie 15."

Was meinst du dazu? Begründe.

10. Wandle die gemischte Schreibweise in unechte Brüche um. Berechne dann wie im Beispiel.

a) $8\frac{2}{3} : 1\frac{2}{5}$ **b)** $3\frac{7}{9} : 1\frac{5}{12}$

$2\frac{1}{5} : 1\frac{3}{4} = \frac{11}{5} : \frac{7}{4} = \frac{11}{5} \cdot \frac{4}{7} = \frac{44}{35} = 1\frac{9}{35}$

11. Berechne das Ganze.

a) $\frac{2}{3}$ des Grundstücks sind 50 a.

b) $\frac{3}{4}$ des Weges sind $\frac{4}{5}$ km.

c) Das $3\frac{1}{2}$fache des Gewichts sind $1\frac{3}{4}$ t.

d) Zwei Fünftel des Volumens sind $\frac{7}{10}$ *l*.

Information

Dividieren kann verkleinern, aber auch vergrößern.

Dividiert man eine Zahl durch eine gebrochene Zahl, die größer als 1 ist, so ist das Ergebnis kleiner als die Zahl.
Dividiert man jedoch eine Zahl durch eine gebrochene Zahl zwischen 0 und 1, dann ist das Ergebnis größer als die Zahl.

Beispiele: $1\frac{4}{5} : \frac{3}{2} = \frac{9}{5} \cdot \frac{2}{3} = \frac{18}{15} = \frac{6}{5} = 1\frac{1}{5} < 1\frac{4}{5}$ $1\frac{4}{5} : \frac{2}{3} = \frac{9}{5} \cdot \frac{3}{2} = \frac{27}{10} = 2\frac{7}{10} > 1\frac{4}{5}$

Übungen

12. Trage die fehlenden Zahlen ein. Notiere zu jedem Pfeil die zugehörige Rechnung.

a) $\square \xrightarrow{\cdot \frac{1}{2}} 15$, zurück: $\cdot \square$; $: \square$

b) $\square \xrightarrow{\cdot \frac{7}{8}} 49$, zurück: $\cdot \square$; $: \square$

c) $\square \xrightarrow{\cdot \frac{3}{4}} 24$, zurück: $\cdot \square$; $: \square$

d) $\square \xrightarrow{\cdot \frac{5}{6}} 35$, zurück: $\cdot \square$; $: \square$

13.

a) $9 : \frac{3}{5}$; $8 : \frac{4}{7}$ **c)** $12 : \frac{3}{4}$; $16 : \frac{8}{3}$ **e)** $72 : \frac{2}{3}$; $54 : \frac{6}{7}$ **g)** $45 : \frac{9}{11}$; $56 : \frac{7}{8}$ **i)** $560 : \frac{7}{8}$; $126 : \frac{18}{7}$ **k)** $117 : \frac{52}{9}$; $153 : \frac{68}{11}$

b) $12 : \frac{4}{9}$; $18 : \frac{6}{7}$ **d)** $18 : \frac{9}{5}$; $24 : \frac{8}{9}$ **f)** $64 : \frac{8}{9}$; $24 : \frac{6}{7}$ **h)** $63 : \frac{18}{5}$; $49 : \frac{21}{25}$ **j)** $133 : \frac{19}{21}$; $136 : \frac{17}{12}$ **l)** $152 : \frac{114}{13}$; $162 : \frac{72}{15}$

14.

a) $\frac{2}{3} : \frac{3}{4}$; $\frac{2}{3} : \frac{4}{7}$ **c)** $\frac{1}{2} : \frac{1}{4}$; $\frac{8}{9} : \frac{4}{7}$ **e)** $\frac{3}{4} : \frac{4}{5}$; $\frac{7}{8} : \frac{3}{4}$ **g)** $\frac{4}{5} : \frac{3}{8}$; $\frac{5}{6} : \frac{9}{10}$ **i)** $\frac{7}{12} : \frac{14}{15}$; $\frac{15}{16} : \frac{2}{56}$ **k)** $\frac{3}{19} : \frac{9}{7}$; $\frac{11}{18} : \frac{15}{27}$ **m)** $\frac{108}{17} : \frac{96}{39}$; $\frac{85}{51} : \frac{102}{136}$

b) $\frac{2}{7} : \frac{6}{5}$; $\frac{4}{5} : \frac{2}{3}$ **d)** $\frac{7}{8} : \frac{1}{2}$; $\frac{3}{4} : \frac{3}{5}$ **f)** $\frac{5}{6} : \frac{2}{9}$; $\frac{1}{4} : \frac{1}{2}$ **h)** $\frac{7}{8} : \frac{7}{8}$; $\frac{2}{3} : \frac{11}{12}$ **j)** $\frac{27}{14} : \frac{36}{11}$; $\frac{63}{13} : \frac{49}{17}$ **l)** $\frac{12}{25} : \frac{8}{15}$; $\frac{36}{14} : \frac{27}{21}$ **n)** $\frac{54}{46} : \frac{162}{69}$; $\frac{126}{135} : \frac{42}{165}$

15. Berechne die Quotienten.

a) $\frac{2}{3} : 5$ **c)** $4 : 5$ **e)** $6 : \frac{2}{3}$ **g)** $3\frac{1}{8} : 3$ **i)** $1\frac{3}{4} : 1\frac{1}{2}$ **k)** $3\frac{3}{5} : 2\frac{1}{10}$

b) $\frac{3}{5} : 9$ **d)** $8 : 9$ **f)** $7 : \frac{21}{8}$ **h)** $4\frac{1}{6} : 2$ **j)** $1\frac{1}{3} : 2\frac{1}{2}$ **l)** $1\frac{1}{4} : 1\frac{3}{10}$

16. Die Goetheschule besuchen 336 Mädchen. Das sind $\frac{4}{7}$ aller Schüler.
Wie viele Jungen hat die Goetheschule?

17. Fabians Vater ist Landwirt. Er hat auf $\frac{3}{5}$ ha Blumenkohl angebaut. Das sind $\frac{3}{4}$ seines Feldes. Wie groß ist das Feld?

18. Vervollständige im Heft.

a)
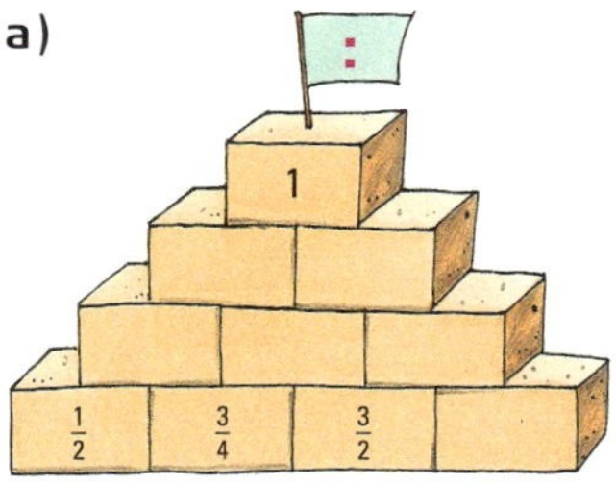

b)
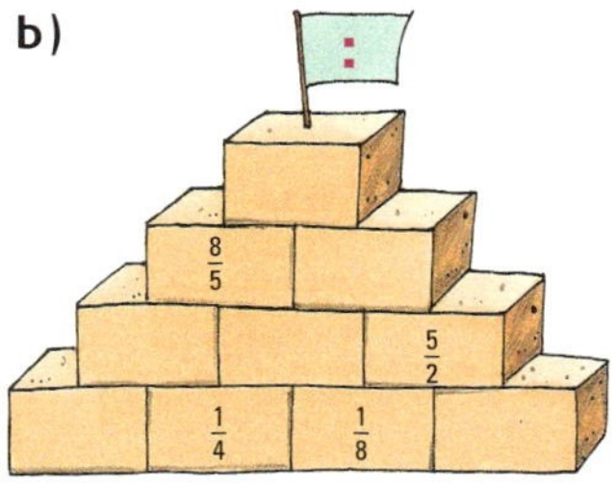

c)
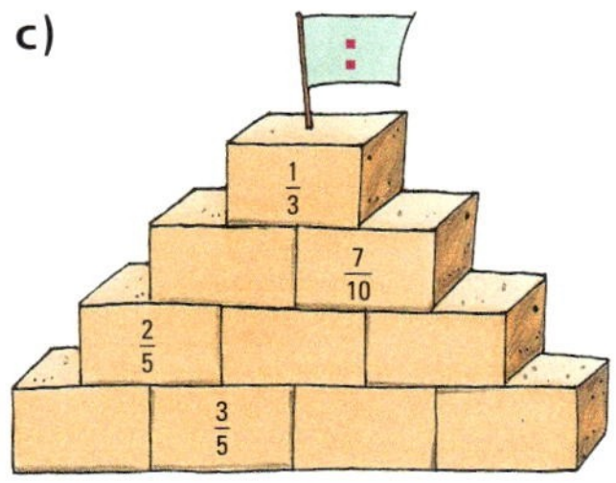

19. Berechne die Quotienten. Was fällt dir auf?

a) $24 : \frac{6}{7}$; $12 : \frac{6}{7}$; $6 : \frac{6}{7}$; $1 : \frac{6}{7}$; $\frac{1}{2} : \frac{6}{7}$;
b) $\frac{6}{7} : 3$; $\frac{6}{7} : 2$; $\frac{6}{7} : 1$; $\frac{6}{7} : \frac{1}{2}$; $\frac{6}{7} : \frac{1}{3}$

20. Berechne das Ganze.

a) $\frac{2}{5}$ der Fläche sind 3 ha groß.
b) Zwei Drittel des Inhalts sind $\frac{4}{5}$ *l*.
c) $13\frac{1}{2}$ km sind $\frac{3}{4}$ des Wanderweges.
d) Für das $2\frac{1}{2}$fache Rezept braucht man $\frac{4}{5}$ kg Mehl.

21. Gib für y jeweils eine passende gebrochene Zahl an.

a) $y \cdot \frac{8}{15} = \frac{2}{3}$; $y : \frac{8}{15} = \frac{2}{3}$
b) $y \cdot \frac{5}{8} = \frac{7}{9}$; $y : \frac{5}{8} = \frac{7}{9}$
c) $\frac{3}{7} : y = \frac{11}{13}$; $\frac{3}{7} \cdot y = \frac{11}{13}$

22. Dividiere $\frac{2}{5}$ nacheinander durch 1, $\frac{1}{2}$, $\frac{1}{4}$, …
Setze die Reihe fort. Wann ist der Quotient größer als 100?

23. **a)** Frau Schöne fährt auf der Autobahn in $2\frac{3}{4}$ h eine Strecke von 352 km.
Wie viel km fährt sie (durchschnittlich) in einer Stunde?
b) Herr Mutig braucht $1\frac{3}{4}$ h für 182 km.
c) Frau Starke legt in $4\frac{3}{4}$ h eine Strecke von 608 km zurück.

24. Stelle selber Aufgaben und löse sie.

a) Die Schule besuchen 265 Mädchen. Das sind $\frac{3}{5}$ der gesamten Schülerschaft.
b) Landwirt Luhmann hat in diesem Jahr $25\frac{1}{2}$ t Gerste geerntet.
Das ist das $1\frac{1}{4}$fache der letzten Ernte.
c) Bei der Schülersprecherwahl gaben 439 Schülerinnen und Schüler ihre Stimme ab.
Auf Marius entfielen $\frac{2}{5}$ aller Stimmen.
d) Der Preis eines MP3-Players wird um $\frac{2}{5}$ gesenkt; er kostet jetzt nur noch 132 €.

Dividieren von Größenangaben

Einstieg

➜ Lauras Eltern entsaften Früchte; sie haben $7\frac{1}{2}\,l$ Johannisbeersaft und $3\frac{1}{2}\,l$ Himbeersaft hergestellt. Der Saft soll in $\frac{3}{4}$-l-Flaschen abgefüllt werden.

Aufgabe

1. Auf dem Küchentisch stehen ein Trinkglas und verschiedene Getränke.
Wie oft kann man das Trinkglas mit Orangensaft füllen, wie oft mit Apfelsaft, wie oft mit Milch?
Schätze zunächst; berechne dann.

Lösung

(1) Man sieht sofort:

Das Trinkglas kann *genau dreimal* mit Orangensaft gefüllt werden.

Überlegung: $\frac{3}{10}\,l \xrightarrow{\cdot \square} \frac{9}{10}\,l$

$\frac{3}{10}\,l \xrightarrow{\cdot 3} \frac{9}{10}\,l$

$\square = 3$

Teile $\frac{9}{10}\,l$ in $\frac{3}{10}$ l-Portionen auf

Rechnung:

$\frac{9}{10}\,l : \frac{3}{10}\,l = \frac{9}{10} : \frac{3}{10} = \frac{\cancel{9}^3 \cdot \cancel{10}^1}{\cancel{10}_1 \cdot \cancel{3}_1} = 3$

(2) Das Trinkglas kann *etwas mehr als zweimal* mit Apfelsaft gefüllt werden.

Überlegung: $\frac{3}{10}\,l \xrightarrow{\cdot \square} \frac{7}{10}\,l$; $\frac{3}{10}\,l \xrightarrow{:3} \frac{1}{10}\,l \xrightarrow{\cdot 7} \frac{7}{10}\,l$

$\square = \frac{7}{3} = 2\frac{1}{3}$

Rechnung:

$\frac{7}{10}\,l : \frac{3}{10}\,l = \frac{7}{10} : \frac{3}{10} = \frac{7 \cdot \cancel{10}^1}{\cancel{10}^1 \cdot 3} = \frac{7}{3} = 2\frac{1}{3}$

Ergebnis: Das Trinkglas kann genau $2\frac{1}{3}$ mal mit Apfelsaft gefüllt werden.

(3) Das Trinkglas kann *nicht ganz einmal* gefüllt werden.

Überlegung: $\frac{3}{10}\,l \xrightarrow{\cdot \square} \frac{1}{4}\,l$

Wir machen beide Brüche gleichnamig

$\frac{6}{20}\,l \xrightarrow{\cdot \square} \frac{5}{20}\,l$; $\frac{6}{20}\,l \xrightarrow{:6} \frac{1}{20}\,l \xrightarrow{\cdot 5} \frac{5}{20}\,l$

$\square = \frac{5}{6}$

Rechnung:

$\frac{1}{4}\,l : \frac{3}{10}\,l = \frac{1}{4} : \frac{3}{10} = \frac{1 \cdot \cancel{10}^5}{\cancel{4}_2 \cdot 3} = \frac{5}{6}$

Ergebnis: Das Trinkglas kann zu $\frac{5}{6}$ mit Milch gefüllt werden.

Information

Division als „Enthalten sein"

Der Orangensaft (bzw. der Apfelsaft bzw. die Milch) ist auf die Trinkgläser aufgeteilt worden. Man kann auch sagen: Wir haben festgestellt, wievielmal das Volumen eines Trinkglases in dem Volumen des Orangensaftes (des Apfelsaftes, der Milch) enthalten ist. Dies gilt auch für andere Größen.

Beispiel:
Wie oft ist $\frac{2}{7}$ kg in $\frac{3}{5}$ kg enthalten?
Rechnung: $\frac{3}{5}\text{ kg} : \frac{2}{7}\text{ kg} = \frac{3}{5} : \frac{2}{7}$
$= \frac{3 \cdot 7}{5 \cdot 2} = \frac{21}{10} = 2\frac{1}{10}$
Ergebnis: $\frac{2}{7}$ kg ist $2\frac{1}{10}$-mal in $\frac{3}{5}$ kg enthalten.

Zum Festigen und Weiterarbeiten

2. Tims Aquarium fasst 15 *l* Wasser. Er hat ein Schöpfgefäß, das $\frac{3}{4}$ *l* Wasser fasst.
Wie oft muss Tim mindestens schöpfen, um das Aquarium zu füllen?

3. Bestimme den Faktor durch Division der Größenangaben.

a) $\frac{4}{5}\text{ m} \xrightarrow{\cdot \square} \frac{9}{10}\text{ m}$ **b)** $\frac{2}{3}\ l \xrightarrow{\cdot \square} \frac{5}{7}\ l$ **c)** $\frac{8}{9}\text{ kg} \xrightarrow{\cdot \square} \frac{7}{8}\text{ kg}$ **d)** $\frac{5}{6}\text{ h} \xrightarrow{\cdot \square} \frac{7}{8}\text{ h}$

4. **a)**

$\frac{2}{11}$ dm

$\frac{5}{11}$ dm

b)

$\frac{4}{9}$ dm

$\frac{1}{5}$ dm

Ein Kopiergerät kann vergrößerte oder verkleinerte Kopien herstellen.
Oben siehst du zwei Bilder und darunter ihre Kopien.
Mit welcher Rechenanweisung (welchem Faktor) ist jeweils vergrößert bzw. verkleinert worden?

5. Berechne die Quotienten.

a)	b)	c)	d)
$\frac{3}{8}\ l : \frac{3}{10}\ l$	$4\text{ m} : \frac{5}{8}\text{ m}$	1 m : 1 dm	$1\text{ cm}^2 : 1\text{ dm}^2$
$\frac{5}{9}\text{ kg} : \frac{7}{8}\text{ kg}$	$\frac{7}{3}\text{ h} : 2\text{ h}$	1 dm : 1 m	$1\text{ cm}^3 : 1\text{ dm}^3$
$\frac{5}{7}\text{ m} : \frac{4}{9}\text{ m}$	3 kg : 4 kg	1 cm : 1 m	1 g : 1 kg

Übungen

6. Berechne. Kürze, wenn es möglich ist.

a)	b)	c)	d)
$\frac{7}{3}\text{ m} : \frac{5}{6}\text{ m}$	$\frac{3}{4}\text{ kg} : \frac{5}{12}\text{ kg}$	$\frac{4}{5}\text{ dm} : \frac{2}{3}\text{ dm}$	$2\frac{7}{10}\ l : \frac{1}{3}\ l$
$\frac{4}{15}\text{ m} : \frac{12}{25}\text{ m}$	$\frac{35}{72}\text{ kg} : \frac{45}{96}\text{ kg}$	$\frac{7}{9}\text{ cm} : \frac{3}{4}\text{ cm}$	$4\frac{5}{6}\text{ kg} : \frac{1}{6}\text{ kg}$
$\frac{15}{16}\ l : \frac{5}{8}\ l$	$\frac{48}{51}\text{ kg} : \frac{64}{34}\text{ kg}$	$\frac{5}{8}\ l : \frac{3}{8}\ l$	$6\frac{2}{3}\text{ t} : 1\frac{1}{4}\text{ t}$

7. Setze für den Faktor die passende gebrochene Zahl ein.

a) $\frac{5}{6}\text{ m} \xrightarrow{\cdot \square} \frac{35}{6}\text{ m}$ **c)** $\frac{2}{5}\text{ kg} \cdot \square = \frac{12}{25}\text{ kg}$ **e)** $\frac{7}{10}\ l \cdot \square = \frac{7}{20}\ l$

b) $\frac{7}{9}\text{ m} \xrightarrow{\cdot \square} \frac{42}{18}\text{ m}$ **d)** $\frac{5}{6}\text{ min} \cdot \square = \frac{15}{30}\text{ min}$ **f)** $\frac{5}{8}\text{ kg} \cdot \square = \frac{25}{40}\text{ kg}$

8. **a)** Der Inhalt einer $\frac{7}{10}$-l-Flasche soll in kleine Gläschen abgefüllt werden. Jedes Gläschen enthält $\frac{2}{100}$ l. Wie viele Gläschen kann man füllen?

b) Eine Weinflasche enthält $\frac{75}{100}$ l Wein. Wie viele Flaschen kann man aus einem Fass (1) mit 450 l, (2) mit 150 l, (3) mit 1 050 l Inhalt füllen?

9. Marias Mutter kauft $2\frac{1}{2}$ kg Butter. Wie viele $\frac{1}{4}$-kg-Pakete sind das?

10. Ein Schöpfgefäß fasst $\frac{3}{8}$ l Wasser.
Wie oft muss man schöpfen, um den Behälter zu füllen?

a) Topf ($1\frac{1}{2}$ l) **c)** Eimer ($11\frac{1}{4}$ l) **e)** Kanne ($3\frac{6}{8}$ l)

b) Schüssel ($3\frac{3}{4}$ l) **d)** Aquarium ($23\frac{1}{4}$ l) **f)** Eimer ($4\frac{5}{8}$ l)

11. Ein Gartenweg ist 44 m lang. Er soll mit Platten ausgelegt werden, die je $\frac{4}{5}$ m lang und $\frac{11}{20}$ m breit sind. Die Platten werden aneinandergesetzt mit der

a) längeren Seite; **b)** kürzeren Seite.

Wie viele Platten benötigt man?

12. Ein Obsthändler verpackt 25 kg Heidelbeeren in Schalen zu $\frac{3}{8}$ kg und 9 kg Waldpilze in Schalen zu $\frac{3}{4}$ kg.
Stelle geeignete Aufgaben und löse sie.

13. Der Umfang des Rades einer Dampflok beträgt $5\frac{5}{7}$ m. Die Lokomotive fährt 2 km.
Wie oft muss sich das Rad drehen?

14. Eine Landwirtin hat $1\frac{1}{4}$ t Süßkartoffeln geerntet.

a) Die Süßkartoffeln sollen in Säcke zu $12\frac{1}{2}$ kg verpackt werden.
Wie viele Säcke erhält sie?

b) Die Landwirtin hat auch blaue Kartoffeln geerntet. Die Menge der Süßkartoffeln ist $2\frac{1}{2}$-mal so groß wie die der blauen Kartoffeln.
Wie viel blaue Kartoffeln hat sie geerntet?

15. Patricks Fahrrad legt eine Strecke von $2\frac{1}{5}$ m zurück, wenn sich ein Rad genau einmal dreht.
Das Kinderfahrrad seines Bruders Felix legt bei einer Radumdrehung nur $\frac{5}{4}$ m zurück.

a) Welche Strecke legt jedes Fahrrad mit genau
(1) 10 Umdrehungen, (2) 100 Umdrehungen, (3) 1 000 Umdrehungen zurück?

b) Beide fahren eine Strecke (1) von 100 m; (2) von 1 km.
Wie oft drehen sich die Räder jedes Fahrrades?

c) Der Weg bis zu Svens Schule ist $2\frac{3}{4}$ km lang.
Wie oft müssen sich die Räder seines Fahrrades auf seinem Schulweg drehen?

MULTIPLIZIEREN UND DIVIDIEREN VON DEZIMALBRÜCHEN

Multiplizieren zweier Dezimalbrüche

Einstieg

Philipp plant die Erweiterung seiner Modell-Eisenbahn.
Er benötigt dazu eine Spanplatte von 1,7 m² Größe. Im Prospekt eines Baumarktes findet er folgende Preisangabe:
Spanplatte 18 mm – 7,25 €/m².

Aufgabe

1. a) Pauls Mutter möchte eine Scheibengardine für das 1,3 m breite Küchenfenster kaufen.
Üblicherweise wird beim Kauf das 1,5fache der gemessenen Fensterbreite angegeben, damit die Gardine Falten werfen kann.
Wie viel m Gardinenstoff benötigt sie?

b) Wenn Wasser zu Eis gefriert, dehnt es sich um das 1,09fache seines ursprünglichen Volumens aus. Um das zu überprüfen hat Ulrike eine 1,5-*l*-Flasche mit Wasser in die Kühltruhe gelegt.
Nach einiger Zeit holt sie die zerborstene Flasche mit Eis vorsichtig wieder heraus.
Wie viel Liter Eis sind entstanden?

Lösung

a) Wir denken uns die Dezimalbrüche in gemeine Brüche verwandelt.

Zu berechnen: $1{,}5 \cdot 1{,}3 = 1{,}95$

Wir rechnen: $\frac{15}{10} \cdot \frac{13}{10} = \frac{195}{100} = 1\frac{95}{100}$

Zehntel mal Zehntel ergibt Hundertstel.
Daher 2 Stellen nach dem Komma.

Ergebnis: Pauls Mutter benötigt 1,95 m, also rund 2 m Gardinenstoff.

b)

Rechnung mit gemeinen Brüchen:		*Rechnung mit Dezimalbrüchen:*
$1{,}09 \cdot 1{,}5 = 1{,}635$ $1\frac{9}{100} \cdot 1\frac{5}{10} = \frac{109}{100} \cdot \frac{15}{10} = \frac{1635}{1000} = \frac{1635}{1000}$	NR. $109 \cdot 15$ 109 545 1635	$1{,}09 \cdot 1{,}5$ 109 545 1,635

Beim Vergleichen erkennst du, dass man $1{,}09 \cdot 1{,}5$ in zwei Schritten berechnet.

1. Schritt: Multipliziere die Dezimalbrüche wie natürliche Zahlen: $109 \cdot 15$.
2. Schritt: Trenne im Ergebnis 1635 mit dem Komma drei Ziffern von rechts ab. Das entspricht dem Teilen durch den Nenner 1000.

Ergebnis: Es sind 1,635 Liter Eis entstanden.

Wiederholung

(1) *Multiplizieren eines Dezimalbruches mit 10, 100, 1 000*

Man multipliziert einen Dezimalbruch mit 10, 100, 1 000, indem man das Komma um 1, 2, 3 Stellen nach rechts verschiebt. Wenn rechts nicht mehr genügend Ziffern stehen, ergänzt man Nullen.

$0{,}25 \cdot 10 = 2{,}5$
$0{,}25 \cdot 100 = 25$
$0{,}25 \cdot 1000 = 250$

(2) *Multiplizieren eines Dezimalbruches mit einer natürlichen Zahl*

Man multipliziert die Zahlen wie natürliche Zahlen. Im Produkt trennt man mit dem Komma von rechts so viele Ziffern ab, wie der Dezimalbruch hat.

$0{,}9 \cdot 6 = 5{,}4$
$0{,}25 \cdot 9 = 2{,}25$

(3) *Multiplizieren von Dezimalbrüchen*

Gehe wie folgt vor:

(a) Multipliziere zuerst so, als wäre kein Komma vorhanden.

(b) Setze dann das Komma. Rechts vom Komma müssen im Ergebnis so viel Ziffern stehen, wie die beiden Faktoren zusammen nach dem Komma haben.

Zehntel Hundertstel

```
2,7 · 1,25
      27
       54
     1 135
     3,375
```

Tausendstel

Zum Festigen und Weiterarbeiten

2. Berechne das Produkt zuerst mit gemeinen Brüchen.

a) $0{,}6 \cdot 0{,}9 = \square$; $\frac{6}{10} \cdot \frac{9}{10} = \square$

b) $0{,}15 \cdot 0{,}5 = \square$; $\frac{15}{100} \cdot \frac{5}{10} = \square$

c) $0{,}25 \cdot 0{,}03 = \square$; $\frac{25}{100} \cdot \frac{3}{100} = \square$

d) $0{,}02 \cdot 0{,}004 = \square$; $\frac{2}{100} \cdot \frac{4}{1000} = \square$

3. Rechne im Kopf.

a) $0{,}8 \cdot 0{,}7$; $1{,}2 \cdot 0{,}3$ **b)** $0{,}9 \cdot 0{,}05$; $0{,}04 \cdot 0{,}6$ **c)** $2{,}4 \cdot 0{,}5$; $0{,}2 \cdot 0{,}45$ **d)** $0{,}3 \cdot 0{,}4$; $0{,}16 \cdot 0{,}5$ **e)** $0{,}015 \cdot 0{,}4$; $0{,}8 \cdot 0{,}012$

Strategie: Überschlag

4. Kommafehler kann man vermeiden, wenn man vor der Rechnung einen Überschlag durchführt.
Übertrage die Tabelle in dein Heft.
$18{,}7 \cdot 23{,}6$; $4{,}82 \cdot 12{,}04$; $8{,}49 \cdot 24{,}7$
$9{,}93 \cdot 52{,}8$; $5{,}15 \cdot 11{,}086$; $6{,}7 \cdot 17{,}191$

Aufgabe	Überschlag	Genaues Ergebnis
12,7 · 4,8	10 · 5 = 50	60,96
18,7 · 23,6		
9,93 · 52,8		

5. a) Berechne folgende Produkte und vergleiche. Was fällt auf?
(1) $1{,}5 \cdot 0{,}6$ (2) $0{,}15 \cdot 0{,}6$ (3) $15 \cdot 0{,}006$ (4) $0{,}015 \cdot 6$

b) Begründe die folgende *Kommaverschiebungsregel* für Produkte.

Der Wert des Produktes ändert sich nicht, wenn man das Komma in beiden Faktoren um gleich viele Stellen entgegengesetzt verschiebt.

Beispiel: $0{,}12 \cdot 0{,}07 = 1{,}2 \cdot 0{,}007$
1 Stelle nach rechts · 10 — *1 Stelle nach links : 10*

c) Die obige Kommaverschiebungsregel kannst du auch beim Überschlagsrechnen anwenden. Überlege dir, um wie viele Stellen man günstigerweise das Komma verschiebt. Führe eine Überschlagsrechnung durch für:
(1) $243{,}2 \cdot 0{,}058$ (2) $9759{,}52 \cdot 0{,}0012$

$314 \cdot 0{,}047$
$= 3{,}14 \cdot 4{,}7$
$\approx 3 \cdot 5 = 15$

Übungen

6. An einer Tankstelle kostet 1 *l* Super 1,489 €.

a) In einen Kanister werden 5 *l* Super für den Rasenmäher eingefüllt. Berechne den Preis.

b) Herr Reichert tankt 48,26 *l* Super. Wie viel muss er bezahlen?

7. Rechne im Kopf. Beachte das Beispiel.

a) 0,5 · 30 0,6 · 300	**c)** 1,3 · 30 1,2 · 4000	**e)** 0,15 · 200 0,05 · 40
b) 70 · 0,02 500 · 0,4	**d)** 600 · 1,5 3000 · 2,5	**f)** 1,25 · 800 2,05 · 2000

40 · 0,5 = 4 · 10 · 0,5
= 4 · 5
= 20

8. Berechne schriftlich.

a) 5,73 · 17 19,4 · 16 0,574 · 73	**b)** 16,3 · 35 0,871 · 18 83,7 · 34	**c)** 43,2 · 56 14,8 · 12 0,539 · 33	**d)** 3,14 · 15 0,795 · 23 12,7 · 37

9. Führe zuerst einen Überschlag durch. Wähle dazu die Faktoren angenähert so, dass du im Kopf rechnen kannst.

a) 76,1 · 2,3 5,36 · 4,9 63,8 · 1,25	**b)** 6,4 · 6,53 0,83 · 15,2 34,05 · 3,6	**c)** 16,6 · 2,95 11,05 · 19,15 0,87 · 8,907	**d)** 7,5 · 13,61 48,3 · 4,605 4,25 · 12,44

10.

a) 543,6 · 0,27 8,58 · 7,4 18,9 · 0,348	**b)** 8,37 · 0,56 86,7 · 0,19 0,508 · 53,6	**c)** 30,8 · 2,9 5,46 · 8,7 0,43 · 7,09	**d)** 1,03 · 8,84 9,93 · 41,7 19,4 · 7,95

11. Aus diesen Zahlen könnt ihr neun Produkte bilden.

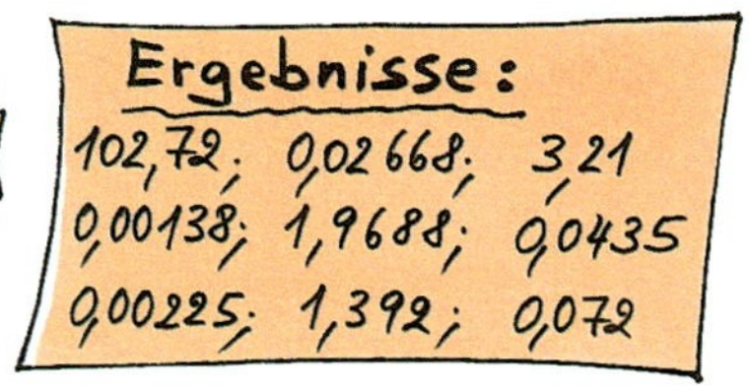

12. Finde je drei Zahlenpaare, deren Produkte den gleichen Wert haben wie die angegebene Zahl.

a) 0,75	**c)** 4,5	**e)** 8,4	**g)** 0,02
b) 0,012	**d)** 0,0024	**f)** 1,44	**h)** 0,6

0,36 = 4 · 0,09
0,36 = 1,2 · 0,3
0,36 = 0,18 · 2

13. Ein Blatt Papier ist ungefähr 0,055 mm dick, ein Buchdeckel 2 mm.
Wie dick ist ein Buch mit **a)** 224 Seiten; **b)** 448 Seiten?

14. 1 *l* Benzin wiegt 0,73 kg. Ein Tank fasst 72,5 *l* Benzin. Wie viel wiegt die Tankfüllung.

15. Auf dem Wochenmarkt werden Äpfel für 1,80 € je kg angeboten.

a) Johanna kauft 0,7 kg. Wie viel muss sie bezahlen?

b) Eine andere Sorte Äpfel wird für 1,95 € je kg angeboten. Wie teuer sind 1,4 kg dieser Sorte?

16. Wo stecken Fehler? Erkläre und berichtige.

(1) $7{,}4 \cdot 0{,}1 = 7{,}5$ (2) $0{,}2 \cdot 0{,}4 = 0{,}8$ (3) $4{,}7 \cdot 1{,}0 = 47{,}0$ (4) $5{,}3 \cdot 7{,}2 = 35{,}6$

17. In einem Teebeutel befinden sich 2,25 g. Eine Packung enthält 25 Beutel. Wie viel Tee befindet sich in einer Packung?

18. Benzinpreise werden sehr häufig auf drei Stellen nach dem Komma genau angegeben. Saskia besorgt im Kanister 4,8 Liter Kraftstoff, um den Rasenmäher zu betanken. Der Literpreis für Kraftstoff liegt bei 1,429 €.
Wie viel muss sie bezahlen? Runde das Ergebnis sinnvoll.

19. Führe einen Überschlag durch. Berechne und runde das Ergebnis auf Hundertstel.

a)	b)	c)	d)
$17{,}8 \cdot 0{,}236$	$6{,}25 \cdot 0{,}083$	$6{,}25 \cdot 6{,}25$	$12{,}4 \cdot 175{,}6$
$1{,}76 \cdot 2{,}35$	$6{,}34 \cdot 0{,}89$	$7{,}03 \cdot 0{,}095$	$45{,}6 \cdot 3{,}09$
$0{,}55 \cdot 8{,}23$	$8{,}3 \cdot 0{,}141$	$7{,}5 \cdot 0{,}15$	$17{,}5 \cdot 3{,}75$

20. Berechne das Produkt und runde sinnvoll. Vergleiche mit einem Überschlag.

a) 11,25 € · 1,5 **c)** 25,77 € · 1,05 **e)** 52,08 € · 0,95 **g)** 125,80 € · 0,88
b) 17,48 € · 1,2 **d)** 40,22 € · 1,25 **f)** 36,49 € · 0,93 **h)** 147,45 € · 1,75

21. Berechne:

a) das 3,5fache von 17,6 **c)** das 1,75fache von 7,5 **e)** das 4,4fache von 15,5
b) das 1,6fache von 2,44 **d)** das 1,15fache von 10,28 **f)** das 6,5fache von 0,844

22.

a)	b)	c)	d)
$1{,}4 \cdot 2{,}6 \cdot 3$	$0{,}62 \cdot 0{,}25 \cdot 17{,}8$	$13 \cdot 10{,}8 \cdot 0{,}34$	$7{,}2 \cdot 0{,}004 \cdot 0{,}08$
$4{,}9 \cdot 7 \cdot 1{,}5$	$0{,}3 \cdot 1{,}3 \cdot 10{,}3$	$1{,}6 \cdot 0{,}12 \cdot 28$	$0{,}32 \cdot 4{,}5 \cdot 0{,}05$

23. Berechne die Potenzen im Kopf.

a)	b)	c)	d)	e)
$0{,}5^2$	$0{,}01^2$	$0{,}2^2$	$0{,}1^3$	$0{,}2^4$
$1{,}1^2$	$0{,}09^2$	$0{,}3^2$	$0{,}5^3$	$0{,}1^4$

$0{,}8^2 = 0{,}8 \cdot 0{,}8$
$= 0{,}64$

24. Berechne nur eines der Produkte schriftlich, bestimme die anderen mit Kommaverschiebung.

a)	b)	c)	d)
$1{,}4 \cdot 0{,}85$	$2{,}75 \cdot 0{,}35$	$4{,}7 \cdot 7{,}2$	$7{,}6 \cdot 8{,}7$
$0{,}14 \cdot 0{,}85$	$27{,}5 \cdot 0{,}35$	$0{,}47 \cdot 7{,}2$	$0{,}76 \cdot 8{,}7$
$0{,}14 \cdot 8{,}5$	$27{,}5 \cdot 3{,}5$	$4{,}7 \cdot 0{,}72$	$7{,}6 \cdot 87$
$1{,}4 \cdot 8{,}5$	$2{,}75 \cdot 3{,}5$	$0{,}47 \cdot 0{,}72$	$7{,}6 \cdot 0{,}087$

25. Tanjas Mutter will für das Fenster im Kinderzimmer neue Gardinen nähen. Sie benötigt genau 3,75 m. Der laufende Meter kostet 11,95 €. Tanjas Mutter will nicht mehr als 50 € ausgeben. Reicht das Geld?
Führe zunächst einen Überschlag durch, rechne dann.

Dividieren eines Dezimalbruches durch eine natürliche Zahl

Einstieg

Aufgabe

1. Der menschliche Körper braucht täglich Vitamine (Vitamin C, Vitamin E und andere Vitamine) und Mineralstoffe (Kalzium, Eisen, Magnesium u. a.).
Meyers ernähren sich gesundheitsbewusst. Zum Frühstück gibt es Müsli.
Der Inhalt einer Müslipackung soll gleichmäßig auf 6 Mahlzeiten verteilt werden.

a) Wie viel g Vitamin C, wie viel mg Vitamin E sind in einer Mahlzeit enthalten?

b) Wie viel g Mineralstoffe enthält eine Mahlzeit?

Lösung

a) *Vitamin C:*

Zu berechnen: 0,18 : 6 (18 h : 6 = 3 h)

Ich rechne: $\frac{18}{100} : 6 = \frac{3}{100}$

Ich erhalte: 0,18 : 6 = 0,03

Vitamin E:

Zu berechnen: 1,2 : 6 (1 E 2 z = 12 z; 12 z : 6 = 2 z)

Ich rechne: $\frac{12}{10} : 6 = \frac{2}{10}$

Ich erhalte: 1,2 : 6 = 0,2

Ergebnis: In einer Mahlzeit sind 0,03 g Vitamin C und 0,2 mg Vitamin E enthalten.

b) Berechne den Quotienten 8,976 : 6 schriftlich.
Wähle beim Überschlag die Zahlen so, dass du im Kopf rechnen kannst: 6 : 6 = 1.

Schriftliche Rechnung:

Dividiere:	Z	E	z	h	t		E	z	h	t
die Einer:		8	9	7	6	: 6 =	1	4	9	6
	–	6				: 6				
die Zehntel:		2	9			: 6				
	–	2	4							
die Hundertstel:			5	7		: 6				
		–	5	4						
die Tausendstel:				3	6	: 6				
			–	3	6					
					0					

```
8,976 : 6 = 1,496
6
29
24
 57
 54
  36
  36
   0
```

Jetzt das Komma setzen

Ergebnis: In einer Mahlzeit sind 1,496 g Mineralstoffe enthalten.

Kontrolle durch Multiplizieren

Information

Dividieren eines Dezimalbruches durch eine natürliche Zahl

Man dividiert einen Dezimalbruch wie eine natürliche Zahl. Sobald man während der Rechnung das Komma überschreitet, setzt man auch im Ergebnis ein Komma.

Zum Festigen und Weiterarbeiten

2. Rechne im Kopf.

0,2 : 5 = 2 z : 5 = 20 h : 5

a) 8,4 : 4	**b)** 0,8 : 2	**c)** 1,5 : 5	**d)** 0,48 : 2	**e)** 0,24 : 6	**f)** 0,2 : 5
6,9 : 3	0,6 : 3	2,4 : 8	0,45 : 3	0,18 : 3	0,7 : 2
4,8 : 4	0,4 : 4	3,9 : 3	0,72 : 6	0,32 : 4	0,3 : 5

3. Führe einen Überschlag durch. Rechne dann schriftlich.

a) 34,251 : 7 **c)** 9,714 : 3

b) 140,55 : 15 **d)** 316,979 : 37

Aufgabe: 34,064 : 8
Überschlag: 32 : 8 = 4

4. Beim schriftlichen Rechnen musst du besonders auf Nullen achten.

a) Prüfe das folgende Beispiel. Die rot geschriebenen Zeilen kannst du weglassen.

```
0,0795 : 3 = 0,0265
0
00          Kontrolle:
 0
 07          0,0265 · 3
  6          0,0795
  19
  18
   15
   15
    0
```

Berechne ebenso:
7,896 : 12; 0,3938 : 11; 0,14484 : 17

b) Prüfe das Beispiel 5,7 : 4. Damit man zu Ende rechnen kann, werden bei 5,7 zwei Nullen angehängt.

```
5,700 : 4 = 1,425
4
17          Kontrolle:
16
 10          1,425 · 4
  8           5,700
  20
  20
   0
```

Berechne ebenso:
4,5 : 4; 0,7 : 4; 0,5 : 8; 3,4 : 16

Übungen

5. Rechne im Kopf. Kontrolliere durch Multiplikation.

a) 3,5 : 5	**b)** 7,2 : 6	**c)** 0,28 : 7	**d)** 10,8 : 9	**e)** 0,1 : 5	**f)** 7,5 : 5
2,4 : 3	5,6 : 7	0,84 : 4	5,1 : 3	0,3 : 2	0,48 : 3
4,5 : 9	3,6 : 2	0,06 : 3	7,6 : 4	0,15 : 5	0,7 : 5

6. Mache zuerst Überschläge. Berechne die Quotienten und vergleiche.

a) 8,435 : 5	**b)** 123,54 : 6	**c)** 136,96 : 32	**d)** 551,2 : 52
23,04 : 9	9,36 : 8	137,75 : 19	431,25 : 23

7. Notiere die Überschläge.

a) 95,224 : 8	**b)** 5,712 : 3	**c)** 19,244 : 68	**d)** 13,764 : 93
3,036 : 6	4,315 : 5	1,0965 : 17	7,7784 : 48

8. Berechne und kontrolliere.

a) 18,6 : 5 **b)** 11,4 : 15 **c)** 0,609 : 7 **d)** 0,21 : 12 **e)** 0,504 : 9 **f)** 0,55 : 8

9. Bildet aus den Zahlen neun Quotienten und berechnet.

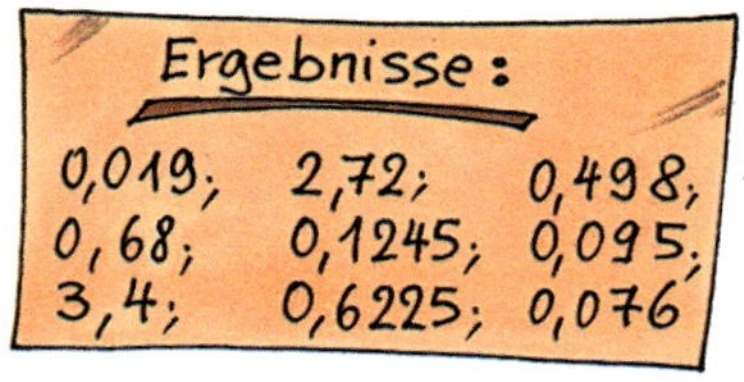

10. *Rechenkreisel*
Übertrage die Aufgabe ins Heft. Rechne ringsherum, bis du wieder oben bist.

a) 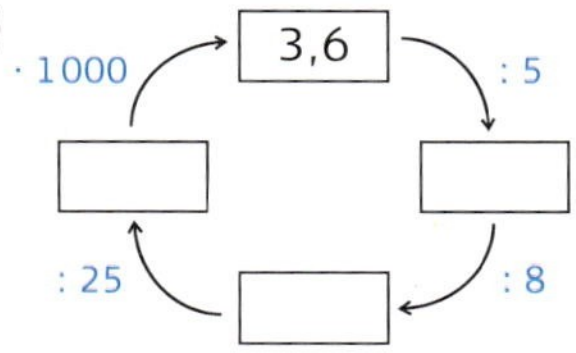

b) 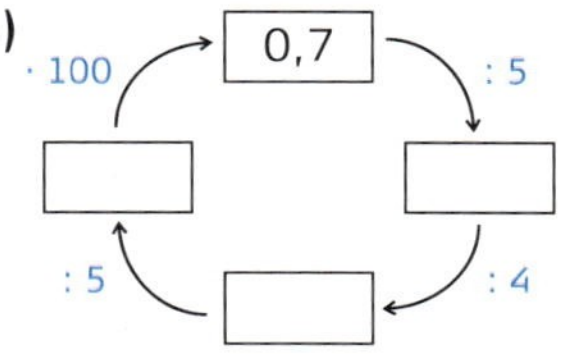

c) 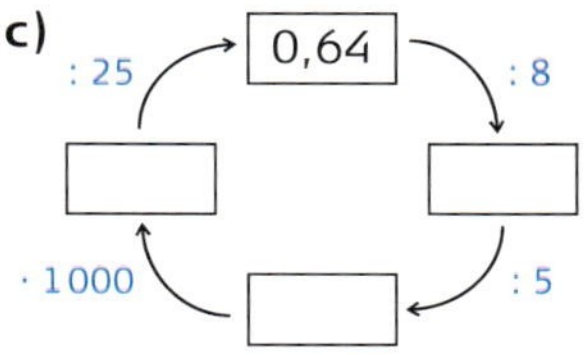

11. Berechne nur einen der Quotienten schriftlich. Gib dann die Werte der anderen an.

a) 81 : 18	**b)** 0,216 : 9	**c)** 8,799 : 7	**d)** 1801,6 : 32
8,1 : 18	21,6 : 9	0,8799 : 7	1,8016 : 32
0,081 : 18	0,0216 : 9	87,99 : 7	180,16 : 32
0,81 : 18	2,16 : 9	879,9 : 7	18,016 : 32

12. Berechne. Runde sinnvoll.

a) 5,20 € : 7	**b)** 112,55 € : 10	**c)** 47,75 € : 4	**d)** 88,95 € : 12
36,50 € : 9	212,73 € : 8	19,95 € : 8	157,67 € : 15

13. Formuliere selbst Aufgaben. Runde die Ergebnisse sinnvoll.

a) Eine Erdbeertorte kostet 11,50 €. Sie wird in 12 Stücke zerlegt.

b) Nach einer Klassenfahrt sind noch 83,00 € übrig. Der Betrag soll an die 28 Schüler der Klasse zurückgezahlt werden.

c) In einem Sonderangebot kosten 6 Schreibblöcke 8,50 €.

d) Tim zahlt für 3 CDs 38,95 €.

e) Ein Block mit 6 Fahrscheinen kostet 8,00 €. Ein Einzelfahrschein kostet 1,50 €.

f) Eine 150 g schwere Tafel Schokolade ist in 8 Riegel unterteilt.

14. Automodelle werden oft im Maßstab 1 : 18 gebaut. Zum Beispiel ist eine 90 cm lange Antenne im Modell nur 5 cm lang (90 cm : 18 = 5 cm).

a) Ein Pkw ist 4,724 m lang. Wie viel cm ist das Modell lang?

b) Die Höhe des Pkw beträgt 1,540 m. Wie hoch ist das Modell?

Hinweis: Berechne eine Stelle mehr als du benötigst und runde dann.

15. Zu jedem Ergebnis gehört ein Buchstabe. Die Buchstaben ergeben einen Text.

18,5 : 5	6,76 : 8	11,9 : 14
19,6 : 7	8,127 : 9	0,635 : 5
5,44 : 4	5,94 : 11	7,83 : 6
17,7 : 6	0,54 : 20	22,68 : 7
50,4 : 12	9,5 : 25	0,354 : 2
34,5 : 15	5,1 : 30	0,228 : 3
1,752 : 10	3,9 : 4	

2,8	A	0,17	E	0,1752	S
0,54	A	0,127	E	0,027	S
3,24	A	1,305	F	0,975	S
0,38	B	2,95	H	0,845	T
0,177	C	0,076	H	0,85	T
0,903	D	2,3	I	1,36	T
4,2	E	3,7	M		

Dividieren durch einen Dezimalbruch

Einstieg

Beim Zählen großer Geldbeträge werden in Geldinstituten die Münzen gewogen. Ein Kunde bringt eine Kassette mit 1-Euro-Stücken und 20-Cent-Stücken zur Bank.
Die 1-Euro-Stücke wiegen zusammen 937,5 g;
die 20-Cent-Stücke wiegen zusammen 467,4 g.

5,7 g 7,5 g

Aufgabe

1. a) Marie bietet ihren Geburtstagsgästen Johannisbeersaft in 0,15-*l*-Bechern an. Sie möchte wissen, wie viele Becher sie mit dem Inhalt einer 0,75-*l*-Flasche füllen kann.

b) Marie hat auch 2,5 *l* Orangensaft eingekauft.
Wie viele 0,2-*l*-Becher kann sie damit füllen?

Lösung

a) 1) mit gemeinen Brüchen:

$0{,}75 : 0{,}15 = \frac{75}{100} : \frac{15}{100} = \frac{75}{100} \cdot \frac{100}{15} = \frac{\cancel{75}^5 \cdot \cancel{100}^1}{\cancel{100}_1 \cdot \cancel{15}_1} = 5$

(2) mit Dezimalbrüchen:

$0{,}75 : 0{,}15 = \frac{0{,}75}{0{,}15}$	Man kann eine Division von Dezimalbrüchen auch als Bruch schreiben.
$= \frac{0{,}75 \cdot 100}{0{,}15 \cdot 100}$	Auch solche Brüche kann man erweitern, hier mit 100.
$= \frac{75}{15}$	Man erweitert so, dass im Nenner eine natürliche Zahl steht.
$= 75 : 15 = 5$	Der Bruch wird wieder als Quotient geschrieben und berechnet.

Ergebnis: Marie kann 5 Becher mit Johannisbeersaft füllen.

b) $2{,}5 : 0{,}2 = \frac{2{,}5}{0{,}2} = \frac{2{,}5 \cdot 10}{0{,}2 \cdot 10} = \frac{25}{2} = 25 : 2 = 12{,}5$

Ergebnis: Marie kann 12,5 Becher mit Orangensaft füllen.

Zum Festigen und Weiterarbeiten

2. Berechne den Quotienten. Beachte die Beispiele.
Erweitere den zugehörigen Bruch so, dass im Nenner kein Dezimalbruch mehr steht.

$1{,}84 : 0{,}2 = \frac{1{,}84}{0{,}2} = \frac{1{,}84 \cdot 10}{0{,}2 \cdot 10} = \frac{18{,}4}{2} = 18{,}4 : 2 = 9{,}2$

$0{,}6 : 0{,}15 = \frac{0{,}6}{0{,}15} = \frac{0{,}6 \cdot 100}{0{,}15 \cdot 100} = \frac{60}{15} = 60 : 15 = 4$

$2 : 0{,}005 = \frac{2}{0{,}005} = \frac{2 \cdot 1000}{0{,}005 \cdot 1000} = \frac{2000}{5} = 400$

Um wie viele Stellen wird dabei das Komma im Dividenden und Divisor nach rechts verschoben?

a) 0,72 : 0,12 **c)** 2,4 : 0,3 **e)** 0,072 : 0,08 **g)** 3,6 : 0,009 **i)** 2 : 0,04
b) 0,28 : 0,7 **d)** 1,5 : 0,05 **f)** 0,3 : 0,002 **h)** 0,8 : 0,002 **j)** 3 : 0,005

3.

Aufgabe:	**a)** 1,26 : 0,6 = □	**b)** 0,48 : 0,16 = □	**c)** 7,5 : 0,12 = □
Kommaverschiebung:	1,26 : 0,6	0,48 : 0,16	7,50 : 0,12
Berechne:	12,6 : 6 = □	48 : 16 = □	750 : 12 = □

4. Überlege zuerst:
Um wie viele Stellen muss das Komma nach rechts verschoben werden?

a) 2,5 : 0,5; 0,6 : 0,02; 0,44 : 0,11 **b)** 0,36 : 0,9; 0,72 : 0,003; 6 : 0,06

5. **a)** 4,578 : 0,7; 6,612 : 1,9; 11,295 : 0,15 **b)** 0,19215 : 0,035; 314,4 : 0,48; 121,5 : 0,27

Aufgabe: 23,56 : 0,4
Berechne schriftlich: 235,6 : 4

Information

Dividieren durch einen Dezimalbruch

Man verschiebt bei Dividend und Divisor das Komma um *gleich viele* Stellen nach rechts, bis im Divisor kein Komma mehr steht.
Dann dividiert man.

(1) Aufgabe: 0,36 : 0,4
Berechne: 3,6 : 4
Das Komma bei beiden Zahlen um 1 Stelle nach rechts verschieben

(2) Aufgabe: 5,6 : 0,08
Berechne: 560 : 8
Das Komma bei beiden Zahlen um 2 Stellen nach rechts verschieben

Übungen

6. Rechne im Kopf. Denke an die Kommaverschiebung.

a)	b)	c)	d)	e)	f)
3,2 : 0,8	2 : 0,5	0,5 : 0,25	0,15 : 0,03	2 : 0,04	2,5 : 0,02
5,6 : 0,7	3 : 0,6	0,2 : 0,02	0,36 : 0,12	1 : 0,002	0,36 : 0,03
0,8 : 0,2	1 : 0,1	3 : 0,005	0,3 : 0,06	9 : 0,06	18 : 0,06
7,2 : 0,9	4 : 0,8	2 : 0,002	0,5 : 0,02	6,4 : 0,8	1,3 : 0,05

Kontrolle durch Multiplizieren

7. Führe zunächst einen Überschlag durch; wähle dazu die beiden Zahlen so, dass du im Kopf rechnen kannst. Denke auch an die Kommaverschiebung. Berechne dann die Quotienten schriftlich.

a)	b)	c)	d)	e)
123,2 : 0,8	3,052 : 0,7	243,96 : 0,06	1,685 : 0,05	2,1132 : 0,003
22,95 : 0,9	0,7884 : 0,4	4,068 : 0,09	27,93 : 0,07	0,02496 : 0,004

8. Berechne. Überlege vorher, ob das Ergebnis größer oder kleiner als der Dividend wird.

a)	c)	e)	g)	i)
31,96 : 4,7	4,25 : 0,25	4,263 : 0,029	0,945 : 0,27	1 345,39 : 0,97
41,71 : 9,7	2,88 : 0,12	26 : 0,016	0,9625 : 0,35	0,2205 : 0,49

b)	d)	f)	h)	j)
9,36 : 0,72	27,54 : 0,051	15,6 : 6,5	63 : 0,45	8 : 0,625
2,85 : 0,15	0,2635 : 0,31	2,25 : 7,5	8 : 0,025	3,2293 : 0,751

9. Bildet aus den Zahlen neun Quotienten und berechnet.

Ergebnisse:
22,625; 6,35; 9,05;
15,875; 0,685; 1,524;
2,172; 0,1644; 1,7125

10. Berechne. Runde sinnvoll.

a) 15,60 € : 1,5; 49,75 € : 0,9 **b)** 44,82 € : 4,5; 66 € : 0,26 **c)** 19,95 € : 3,6; 155 € : 2,4 **d)** 11,45 € : 7,5; 22,75 € : 1,05

11. Berechne. Vergleiche die Ergebnisse.

a) 18,6 : 12; 18,6 : 1,2; 18,6 : 0,12 **b)** 0,848 : 3,2; 8,48 : 3,2; 84,8 : 3,2

12. **a)** Dividiere 14,4 durch 0,45. Dividiere dann 0,45 durch 14,4. Multipliziere zuletzt die Ergebnisse miteinander. Was fällt dir auf?

b) Verfahre wie in Teilaufgabe a) mit den Zahlen 0,18 und 7,2.

13. Wo stecken Fehler? Erkläre und berichtige.

(1) 7 : 0,01 = 0,07 (2) 12,15 : 0,3 = 4,5 (3) 0,096 : 0,12 = 0,08 (4) 0,24 : 0,8 = 3

14. Eine Biene sammelt auf einem Flug etwa 0,05 g Nektar.
Wie viele Flüge sind notwendig, um 500 g Nektar zu sammeln?

15. Toms Schrittlänge ist ungefähr 0,8 m.
Wie viele Schritte macht Tom bei einer 4 km langen Wanderstrecke?

16. In einer Mosterei werden an einem Tag 1 400 *l* Apfelsaft hergestellt und in 0,7-*l*-Flaschen abgefüllt. Wie viele Flaschen werden mit Apfelsaft gefüllt?

17. Laura hat eine Burg aus Spielzeugteilen. Sie möchte um die Burg einen Palisadenzaun bauen. Jede Palisade soll 8,5 cm lang werden.
Wie viele Palisaden erhält Laura aus einer 340 cm langen Holzleiste?

18. Luca hat auf dem Flohmarkt seine alten Lesehefte verkauft, jedes Heft für 0,75 €. Er hat dafür 10,50 € eingenommen. Wie viele Hefte hat er verkauft?

19. Ein Lastkahn hat 1 400 t Kohlen geladen. Die Ladung soll auf Güterwagen mit je 17,5 t Tragfähigkeit abgefahren werden. Wie viele Güterwagen sind erforderlich?

20. Überprüfe die Preisangaben.

Käse
Nettogewicht
8,90 € / kg 0,258 kg
Preis 2,30 €

Wurst

8,90 € / kg 0,264 kg
Preis 2,35 €

Benzin

1,309 € / *l* 23,75 *l*
gesamt 31,09 €

ENDLICHE UND PERIODISCHE DEZIMALBRÜCHE

Einstieg

Sebastian, Tim und Jan teilen sich eine 1-Liter-Flasche Cola.
Ihre Schwester Anna trinkt eine 0,33-*l*-Dose.

➜ Sie fragen sich:
„Wer trinkt mehr Cola?"

Aufgabe

$\frac{19}{8} = 19 : 8$

1. Du weißt: Jeden gemeinen Bruch kann man als Quotient schreiben, zum Beispiel $\frac{3}{4} = 3 : 4$.
Rechne folgende Brüche in Dezimalbrüche um.
Was fällt dir bei Teilaufgabe b) auf?

a) (1) $\frac{19}{8}$ (2) $\frac{7}{16}$ (3) $2\frac{11}{20}$ **b)** (1) $\frac{2}{3}$ (2) $\frac{5}{6}$ (3) $\frac{3}{11}$

Lösung

a) (1) *Umrechnung von* $\frac{19}{8}$: $\frac{19}{8} = 19 : 8 = 2{,}375$

(2) *Umrechnung von* $\frac{7}{16}$: $\frac{7}{16} = 7 : 16 = 0{,}4375$

(3) *Umrechnung von* $2\frac{11}{20}$: $\frac{11}{20} = 11 : 20 = 0{,}55$;
also $2\frac{11}{20} = 2 + \frac{11}{20} = 2 + 0{,}55 = 2{,}55$

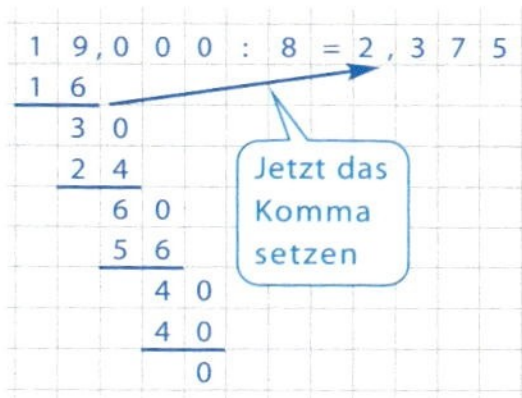

b) (1) *Umrechnung von* $\frac{2}{3}$:

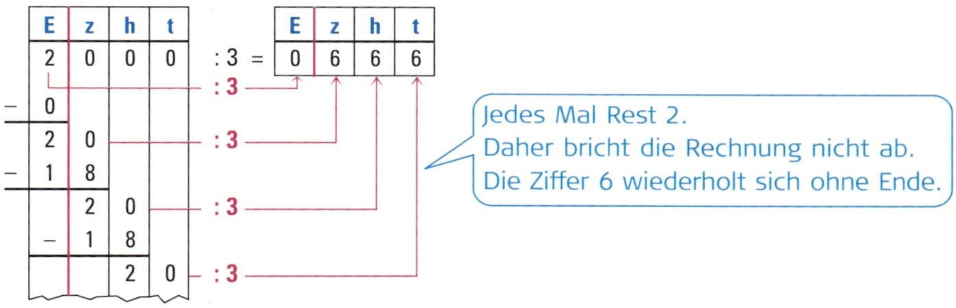

Ergebnis: $\frac{2}{3} = \frac{6}{10} + \frac{6}{100} + \frac{6}{1000} + \frac{6}{10000} + \ldots = 0{,}6666\ldots$

(2) *Umrechnung von* $\frac{5}{6}$: $\frac{5}{6} = 5 : 6 = 0{,}83333\ldots$

Ziffer 3 wiederholt sich ohne Ende.

(3) *Umrechnung von* $\frac{3}{11}$: $\frac{3}{11} = 3 : 11 = 0{,}272727\ldots$

Das Ziffernpaar 27 wiederholt sich ohne Ende.

Information

(1) Endliche und periodische Dezimalbrüche

In der Aufgabe 1 a) hast du **endliche Dezimalbrüche** erhalten.
Endliche Dezimalbrüche haben eine bestimmte Anzahl von Ziffern rechts vom Komma.
Beispiele: 2,375; 0,8375; 2,55.
Man sagt: Die Ziffernfolge rechts vom Komma „bricht ab".
In Aufgabe 1 b) hast du **periodische Dezimalbrüche** erhalten.
Bei periodischen Dezimalbrüchen wiederholt sich eine Ziffer oder eine Zifferngruppe rechts vom Komma ohne Ende.
Beispiele: 0,3333…; 1,232323…; 0,52222…

Merke dir:
$\frac{1}{3} = 0,\overline{3}$
$\frac{2}{3} = 0,\overline{6}$
$\frac{1}{9} = 0,\overline{1}$
$\frac{2}{9} = 0,\overline{2}$

(2) Schreibweise für periodische Dezimalbrüche

$\frac{2}{3} = 2 : 3 = 0,666\ldots$
Wir schreiben: $0,\overline{6}$
Wir lesen:
Null Komma
Periode sechs
Es gilt: $\frac{2}{3} = 0,\overline{6}$

$\frac{3}{11} = 3 : 11 = 0,272727\ldots$
Wir schreiben: $0,\overline{27}$
Wir lesen:
Null Komma
Periode zwei sieben
Es gilt: $\frac{3}{11} = 0,\overline{27}$

$\frac{5}{6} = 5 : 6 = 0,8333\ldots$
Wir schreiben: $0,8\overline{3}$
Wir lesen:
Null Komma acht
Periode drei
Es gilt: $\frac{5}{6} = 0,8\overline{3}$

$0,\overline{6}$; $0,\overline{27}$ und $0,8\overline{3}$ sind periodische Dezimalbrüche.
Zwischen dem Komma und der Periode können noch eine oder mehrere Ziffern stehen.

Zum Festigen und Weiterarbeiten

2. Rechne in einen Dezimalbruch um. Gib an, ob ein endlicher oder ein periodischer Dezimalbruch entstanden ist.
(1) $\frac{1}{3}$ (2) $\frac{4}{5}$ (3) $\frac{11}{8}$ (4) $\frac{1}{9}$ (5) $\frac{4}{9}$ (6) $\frac{17}{22}$ (7) $\frac{7}{3}$ (8) $\frac{17}{40}$ (9) $1\frac{5}{16}$ (10) $2\frac{5}{12}$

3. Rechne in einen Dezimalbruch um: $\frac{7}{9}$; $\frac{5}{11}$; $\frac{7}{6}$; $\frac{15}{22}$; $\frac{1}{99}$; $\frac{1}{7}$.
In welchen Fällen wiederholen sich mehrere Ziffern?

4. **a)** Prüfe nach: $\frac{12}{25} = 0,48$; $\frac{16}{33} = 0,\overline{48}$; $\frac{22}{45} = 0,4\overline{8}$; $\frac{28}{33} = 0,\overline{84}$; $\frac{38}{45} = 0,8\overline{4}$; $\frac{21}{25} = 0,84$

b) Schreibe die ersten acht Ziffern der periodischen Dezimalbrüche in Teilaufgabe a).

c) Auch periodische Dezimalbrüche kann man runden. Runde die periodischen Dezimalbrüche in Teilaufgabe a) auf fünf Stellen nach dem Komma.

Periodischer Dezimalbruch: $0,\overline{8}$
$0,\overline{8} = 0,888888888888888\ldots$
Auf fünf Stellen nach dem Komma gerundet:
$0,888888\ldots \approx 0,88889$

Übungen

5. Rechne in einen Dezimalbruch um. Gib an, ob ein endlicher oder ein periodischer Dezimalbruch entsteht.
a) $\frac{1}{4}$ **b)** $\frac{3}{11}$ **c)** $\frac{9}{10}$ **d)** $\frac{16}{9}$ **e)** $\frac{1}{8}$ **f)** $\frac{5}{14}$ **g)** $\frac{7}{22}$ **h)** $\frac{13}{15}$ **i)** $4\frac{7}{8}$ **j)** $3\frac{3}{7}$

6. Berechne. Du erhältst einen periodischen Dezimalbruch.
a) 17 : 9 **b)** 23 : 6 **c)** 12 : 7 **d)** 16 : 3 **e)** 13 : 11 **f)** 4 : 13 **g)** 5 : 17

7. Forme in einen Dezimalbruch um. Runde auf Tausendstel.
a) $\frac{14}{3}$ **b)** $\frac{11}{6}$ **c)** $\frac{5}{7}$ **d)** $1\frac{3}{7}$ **e)** $\frac{6}{23}$ **f)** $\frac{11}{36}$ **g)** $2\frac{2}{12}$ **h)** $3\frac{13}{16}$

8. Was gehört zusammen? Schreibe so: $\frac{1}{2} = 1 : 2 = 0,5$

$\frac{1}{5}$ $\frac{1}{8}$ $\frac{2}{5}$ $\frac{1}{2}$ $\frac{1}{9}$ $\frac{3}{4}$ $\frac{2}{3}$ $\frac{1}{10}$ $\frac{1}{4}$ $\frac{1}{3}$

3 : 4 1 : 2 2 : 5 1 : 9 1 : 8 1 : 3 1 : 5 2 : 3 1 : 4 1 : 10

$0,\overline{6}$ 0,1 0,75 0,2 0,25 $0,\overline{1}$ $0,\overline{3}$ 0,125 0,5 0,4

ARITHMETISCHES MITTEL

Einstieg

Bei den Bundesjugendspielen hat die Riege 1 den besten Weitspringer mit 4,24 m gestellt. Die Schüler der Riege 2 glauben aber, dass sie im Durchschnitt besser gesprungen sind.

Riege 1	3,91	4,16	3,64	3,58	4,24	3,58	3,93
Riege 2	3,87	3,94	3,96	4,08	4,12	3,67	

Aufgabe

1. Die sechsten Klassen sammelten in Vierergruppen für eine Aktion.

a) Die 6a und 6b haben folgendes Sammelergebnis erhalten:

Gruppe	I	II	III	IV	V	VI	VII
Klasse 6a	225 €	190 €	170 €	205 €	245 €	210 €	190 €
Klasse 6b	130 €	245 €	220 €	265 €	185 €	230 €	–

Welche Klasse ist die „bessere Sammelklasse"?

b) Vergleiche auch mit Klasse 6c, in der eine Vierergruppe 204 €, drei Vierergruppen je 192 € und vier Vierergruppen je 215 € gesammelt haben.

Lösung

a) Die Klasse 6a hat insgesamt 1 435 € gesammelt, während die Klasse 6b es auf 1 275 € brachte. Damit übertrifft die Klasse 6a die Klasse 6b um 160 €.
Die Klasse 6a hat aber eine Gruppe mehr. Dies wollen wir berücksichtigen.
Die Klasse 6a kam mit 7 Gruppen auf 1 435 €. Wenn man den Gesamtbetrag auf die 7 Gruppen gleichmäßig verteilt, erhält man 1 435 € : 7, also 205 € je Gruppe.
Die entsprechende Rechnung für die Klasse 6b liefert 1 275 € : 6, also 212,50 €.
Die Klasse 6b ist die bessere Sammelklasse, denn bei ihr liegt der durchschnittliche Wert der Beträge um 7,50 € höher als bei der Klasse 6a.

b) In Klasse 6c haben acht Vierergruppen gesammelt. Wir berechnen auch hier den Gesamtbetrag und verteilen ihn gleichmäßig auf die acht Vierergruppen.

$$\frac{1 \cdot 204\,€ + 3 \cdot 192\,€ + 4 \cdot 215\,€}{8} = \frac{1640\,€}{8} = 205\,€$$

Die Klasse 6c sammelte in jeder Vierergruppe im Mittel 205 €, also genau so viel wie in der 6a.

Information

Man berechnet das **arithmetische Mittel** (auch *Durchschnitt* genannt) von Werten (Zahlen oder Größenangaben), indem man die Summe der Werte bildet und das Ergebnis durch die Anzahl der Werte dividiert. Runde gegebenenfalls geeignet.

Beispiel:

Niederschläge in einer Woche: 7 mm; 12 mm; 3 mm; 0 mm; 0 mm; 26 mm; 5 mm

Arithmetisches Mittel (durchschnittlicher Niederschlag pro Tag):
(7 mm + 12 mm + 3 mm + 26 mm + 5 mm) : 7 = 53 mm : 7 ≈ 7,6 mm

Zum Festigen und Weiterarbeiten

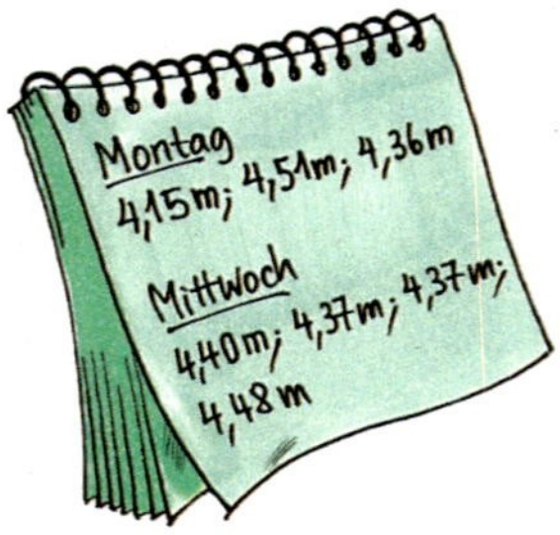

2. Julia testet nach jedem Training ihre aktuelle Form im Weitsprung durch einige Sprünge. Ihre Sprungweiten hat sie sich notiert.
Berechne zum Vergleich an jedem der beiden Tage ihre durchschnittliche Sprungweite. Runde geeignet.
An welchem Tag war sie demnach besser in Form?
An welchem Tag hätte sie in einem Wettkampf die meisten Punkte bekommen?

3. Sieh dir das nebenstehende Säulendiagramm an. Es zeigt für eine Woche die täglichen Besucherzahlen im städtischen Hallenbad.

a) Was bedeutet die rote Linie?

b) Wie viele Besucher sind am Donnerstag, Samstag und Sonntag zusammen mehr als im Durchschnitt im Bad?
Wie viele Besucher sind an den anderen Tagen zusammen weniger als im Durchschnitt im Bad?
Was fällt dir auf?

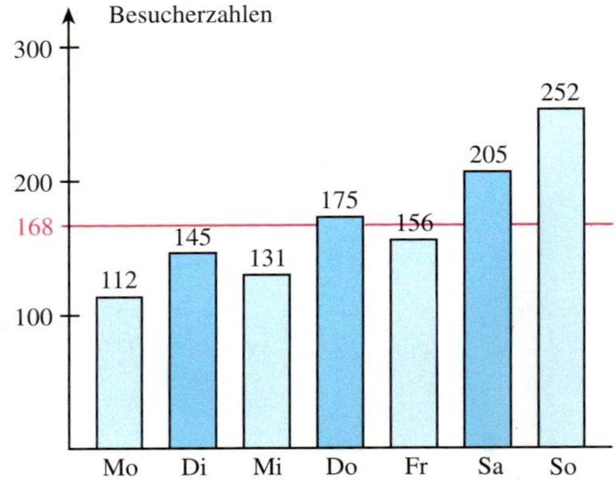

4. Laura vergleicht verschiedene Angebote für eine Digitalkamera.

Händler	A	B	C	D
Preis	248,80 €	254,80 €	261,90 €	246,80 €

a) Berechne den durchschnittlichen Preis.

b) Berechne die Preisspanne zwischen dem teuersten und dem billigsten Angebot.

c) Zeige, dass der durchschnittliche Preis nicht in der Mitte zwischen dem höchsten und dem niedrigsten Preis liegt.

5. Annika ist Fahrschülerin. Sie hat in der letzten Woche die Zeit notiert, die sie mit dem Bus von der Schule bis nach Hause gebraucht hat.

Wochentag	Montag	Dienstag	Mittwoch	Donnerstag	Freitag
Fahrzeit (in min)	25	27	28	51	24

a) Betrachte die Werte in der Tabelle. Was fällt auf? Welche Ursache ist möglich?

b) Berechne das arithmetische Mittel der Fahrtzeiten einmal mit und einmal ohne die Fahrtzeit am Donnerstag.

c) Annika möchte eine durchschnittliche Fahrtzeit angeben. Welchen Wert sollte sie angeben?

Information

Beachte bei der Verwendung des arithmetischen Mittels:
(1) Das arithmetische Mittel liegt in der Regel nicht in der Mitte zwischen dem kleinsten und dem größten Wert.
(2) Oft ist es sinnvoll, sehr große oder sehr kleine Werte (Ausreißer) wegzulassen.

Übungen

6. Bei einem Turnwettkampf erhält ein Teilnehmer die folgenden Wertungen:
(1) 8,9 (3) 8,8 (5) 9,3 (7) 9,2
(2) 8,9 (4) 9,0 (6) 8,9

a) Berechne das arithmetische Mittel.

b) Warum werden bei solchen Turnwettkämpfen häufig die höchste und die niedrigste Punktzahl nicht berücksichtigt?

7. Eine Bäckerei wählt aus ihrer Tagesproduktion 20 Brote zufällig aus und kontrolliert deren Masse (in g).
Bestimme das arithmetische Mittel.
Erläutere auch, warum die Kontrolle an mehreren Broten erfolgt.

502, 513, 498, 504, 512
500, 509, 520, 499, 516
503, 514, 507, 515, 495
507, 516, 522, 503, 505

8. Die Tabelle gibt die monatlichen Umsätze einer Firma in Tausend Euro an.

Jan.	Feb.	März	April	Mai	Juni	Juli	Aug.	Sept.	Okt.	Nov.	Dez.
58	47	65	60	78	53	45	42	55	69	73	87

a) Zeichne ein Säulendiagramm.

b) Berechne die durchschnittlichen Umsätze pro Monat und zeichne diesen Wert in das Diagramm ein.

c) Berechne die Mitte zwischen dem höchsten und dem niedrigsten monatlichen Umsatz. Vergleiche mit dem arithmetischen Mittel.

9. Julias Vater nutzt sein Auto beruflich. Jeden Freitag nach Feierabend tankt er wieder voll.
Dabei stellt er für die abgelaufene Arbeitswoche die Länge der gefahrenen Strecke und die verbrauchte Benzinmenge fest.
In seinen Unterlagen für die letzten 10 Wochen finden sich die Angaben rechts.

a) In welcher Woche fuhr Julias Vater die längste Strecke, in welcher Woche die kürzeste?

b) Wie lang ist die Strecke, die Julias Vater durchschnittlich in einer Woche gefahren ist?

c) Wie viel Liter Benzin hat das Auto in den 10 Wochen durchschnittlich auf 100 km verbraucht?

d) Stelle weitere Fragen und beantworte sie.

Kalenderwoche	Strecke (in km)	Benzin (in l)
11	485	38,3
12	565	45,2
13	500	38,4
14	420	35,7
15	455	36,4
16	470	38,0
17	540	45,0
18	515	40,0
19	390	35,0
20	560	40,0

10. In einer anonymen Umfrage wurden die Schüler der Klasse 6a befragt, wie viel Taschengeld sie monatlich bekommen. Die Ergebnisse werden in der Häufigkeitstabelle notiert:

monatliches Taschengeld	0 €	6 €	10 €	16 €	20 €	30 €	40 €
Anzahl der Schüler	2	1	5	4	11	4	1

Berechne das durchschnittliche Taschengeld.

VERMISCHTE UND KOMPLEXE ÜBUNGEN

1.

a)	b)	c)	d)	e)	f)
$\frac{5}{6}+\frac{7}{12}$	$\frac{7}{15}-\frac{1}{20}$	$\frac{1}{9}+\frac{1}{8}$	$8\cdot\frac{11}{12}$	$6\cdot 2\frac{4}{5}$	$1\frac{1}{2}+\frac{5}{6}$
$\frac{7}{10}-\frac{1}{3}$	$\frac{5}{12}+\frac{1}{5}$	$\frac{3}{10}:\frac{6}{17}$	$6\cdot\frac{3}{4}$	$3\frac{1}{3}:5$	$3\frac{1}{4}-\frac{3}{10}$
$\frac{8}{9}\cdot\frac{3}{7}$	$\frac{4}{9}:\frac{8}{15}$	$\frac{5}{8}\cdot\frac{6}{25}$	$\frac{7}{15}:3$	$4:2\frac{1}{2}$	$2\frac{1}{2}\cdot 3\frac{1}{4}$
$\frac{4}{5}:\frac{3}{8}$	$\frac{3}{5}\cdot\frac{4}{11}$	$\frac{3}{4}-\frac{1}{10}$	$\frac{8}{15}\cdot 12$	$5\frac{1}{4}\cdot\frac{3}{14}$	$1\frac{3}{4}:4\frac{3}{8}$

2.

a)	b)	c)	d)	e)
8,7 + 1,9	7,8 : 3	0,93 – 0,63	6,4 – 0,75	0,6 : 0,05
0,35 · 1 000	0,15 · 1,2	11,6 : 1 000	5 : 0,002	0,14 · 1,2
0,75 · 0,002	2,03 : 1 000	7,6 : 0,004	0,47 + 3,8	1 : 0,4
1,02 : 6	10,5 – 4,8	3,5 · 0,02	0,27 · 0,04	100 : 0,25

3.

a)	b)	c)	d)	e)	f)
$1{,}5+\frac{2}{5}$	$0{,}9-\frac{1}{3}$	$0{,}24:\frac{3}{4}$	$0{,}45:\frac{3}{5}$	$\frac{11}{16}-0{,}4$	$\frac{7}{20}-0{,}3$
$\frac{5}{8}-0{,}5$	$\frac{5}{6}\cdot 0{,}6$	$\frac{2}{5}+1{,}75$	$0{,}3\cdot\frac{11}{15}$	$\frac{7}{10}:1{,}12$	$0{,}6:\frac{6}{7}$
$\frac{9}{10}\cdot 1{,}2$	$\frac{2}{3}:0{,}2$	$0{,}36\cdot\frac{5}{12}$	$2{,}7-1\frac{3}{4}$	$\frac{4}{25}+0{,}65$	$\frac{3}{8}+2{,}9$
$\frac{8}{15}:2{,}5$	$0{,}75+\frac{1}{3}$	$2{,}5-\frac{7}{8}$	$1{,}25+\frac{3}{16}$	$1{,}8\cdot\frac{5}{6}$	$\frac{13}{50}\cdot 0{,}25$

4. Bestimme die fehlenden Zahlen. Addiere die drei Zahlen. Was fällt dir auf?

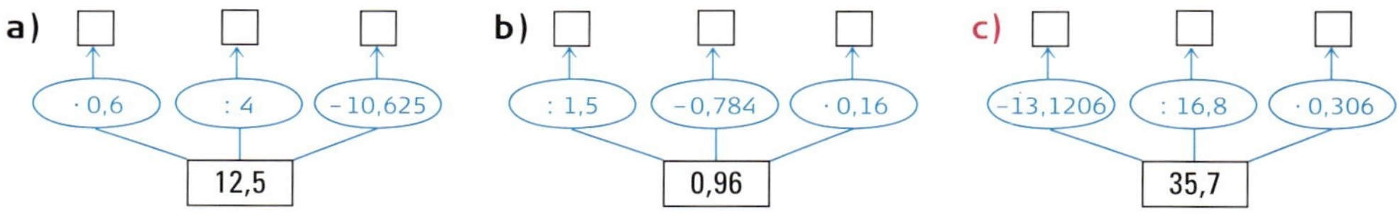

5. a) Ein Lastwagen ist $10\frac{3}{4}$ m lang, sein Anhänger $6\frac{1}{2}$ m. Wie viel Meter ist der ganze Lastzug lang?

b) In einer Fahrzeugkolonne fahren 24 Lastzüge. Jeder Lastwagen ist 9,50 m lang, jeder Anhänger 6,25 m. Der durchschnittliche Abstand zwischen zwei Lastzügen beträgt 22,50 m. Wie lang ist die gesamte Fahrzeugkolonne? Schätze zunächst ab.

6. Lara erzählt ihrer Freundin: „Von meinem Taschengeld gebe ich $\frac{1}{4}$ für Bücher und $\frac{1}{6}$ für Süßigkeiten aus. Das ist schon mehr als die Hälfte."
Stimmt das?

7. a) Eine Dose Pfirsiche wiegt 0,7 kg. Wie viel kg wiegen
(1) 6 Dosen; (2) 10 Dosen; (3) 12 Dosen?

b) Ein Transporter hat $\frac{3}{4}$ t Ladegewicht. Wie viel t kann er transportieren
(1) mit 3 Fahrten; (2) mit 5 Fahrten; (3) mit 9 Fahrten?

c) Aus 1 kg Trauben erhält man $\frac{5}{6}$ *l* Saft. Wie viel *l* Traubensaft erhält man aus
(1) 15 kg Trauben; (2) 20 kg Trauben; (3) 40 kg Trauben?

d) Der Schall legt ca. $\frac{1}{3}$ km in 1 s zurück. Wie viel km legt er in
(1) 3 s, (2) 5 s, (3) 8 s zurück?

8. Ein Transporter kann $\frac{5}{6}$ t zuladen und auf seinem Anhänger $\frac{3}{4}$ t.
Wie viel t kann er transportieren
(1) mit 5 Fahrten; (2) mit 8 Fahrten; (3) mit 13 Fahrten?

1 Zoll = 1" = 2,54 cm

9. Bildschirme für Laptops und PCs werden nach ihrer Größe in der englischen Einheit „Zoll" angegeben. Dabei wird die Länge der Bildschirmdiagonale gemessen.

a) Ein Bildschirm ist (1) 14 Zoll, (2) 15 Zoll, (3) 21 Zoll groß. Gib in cm an.

b) Ein Bildschirm ist (1) 43,18 cm, (2) 48,26 cm groß. Gib ihn in Zoll an.

10. Ein Waldstück ist 9,25 ha groß. Für eine neue Straße werden 1,40 ha Wald gerodet, außerdem werden für einen Autohof mit Tankstelle und Raststätte 0,75 ha sowie für Zufahrten und Parkplätze $\frac{7}{8}$ ha Wald gerodet.
Wie groß ist die verbleibende Waldfläche?

11. a) In einem Aquarium steht das Wasser $\frac{3}{4}$ m hoch. Das Aquarium ist nur zu $\frac{5}{8}$ gefüllt. Wie hoch ist das Aquarium?

b) Ein Gefäß ist zu $\frac{2}{5}$ gefüllt. Es enthält $\frac{3}{4}$ *l* Milch. Wie viel *l* fasst das Gefäß?

c) Wenn man den Inhalt von zwei $\frac{3}{4}$-*l*-Flaschen in ein Bowle-Gefäß füllt, ist es zu $\frac{3}{8}$ gefüllt. Wie viel *l* fasst das Bowle-Gefäß?

d) Eine Schüssel fasst $3\frac{1}{2}$ *l*, sie ist aber nur zu $\frac{3}{5}$ mit Wasser gefüllt. Das Wasser wird in eine Wanne umgefüllt, die 40 *l* fasst.
Wie groß ist der Anteil dieser Füllung am gesamten Volumen der Wanne?

12. Onkel Theodor vererbt sein Vermögen an seine Neffen Kai und Dirk und an seine Nichte Claudia.
Kai erbt $\frac{2}{5}$, Dirk $\frac{1}{3}$ des Vermögens, Claudia erhält den Rest.

a) Welcher Anteil des gesamten Erbes geht an die beiden Neffen?

b) Welchen Anteil erbt die Nichte?

c) Wie groß ist das gesamte Vermögen, wenn Claudias Erbteil 8 000 € beträgt?

13. Gegeben sind die beiden gebrochenen Zahlen $\frac{8}{9}$ und $\frac{5}{7}$.
Beantworte die Fragen zunächst ohne zu rechnen. Begründe deine Antwort. Überprüfe durch Rechnung:

a) Was ist kleiner:
Das Produkt der beiden Zahlen oder der Quotient der beiden Zahlen?

b) Was ist größer:
Das Produkt der beiden Zahlen oder die Summe der beiden Zahlen?

c) Was ist kleiner:
Der Quotient der beiden Zahlen oder die Differenz der beiden Zahlen?

14. Der Schmetterling ist auf $\frac{2}{3}$ verkleinert, der Käfer auf $1\frac{1}{2}$ vergrößert.
Bestimme durch Messen und Rechnen

a) die wirkliche Länge des Körpers (ohne Flügel und Fühler);

b) die wirkliche Spannweite der vorderen Flügel;

c) die wirkliche Länge der Fühler.

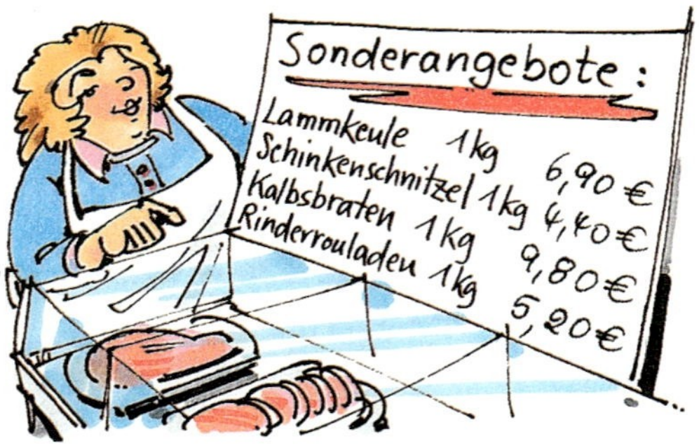

15. *Sonderangebot im Supermarkt*
Herr Romanski kauft $\frac{3}{4}$ kg Kalbsbraten, $\frac{3}{8}$ kg Rinderrouladen, $1\frac{1}{2}$ kg Lammkeule und $1\frac{1}{8}$ kg Schinkenschnitzel.
Wie viel Euro muss er bezahlen?

16. In einem Behälter sind 16,5 *l* Obstsaft.
Wie viele $\frac{3}{4}$-*l*-Gläser kann man damit füllen?

17. Formuliert sinnvolle Fragen und berechnet.

a) Metzger Koch schneidet von einem $2\frac{1}{2}$ kg schweren Stück Schweinefleisch die Hälfte ab. Daraus schneidet er 8 gleich große Schnitzel.
Herr Kraft kauft davon 6 Schnitzel. 1 kg Schnitzel kostet 6,40 €.

b) Ein Buch ist genau 10,4 mm dick. Jeder der beiden Einbanddeckel ist 0,4 mm dick. Das Buch hat 240 Seiten.

c) Frau Schmücker entdeckt im Schlussverkauf günstige Stoffangebote. Sie kauft $\frac{3}{4}$ m Baumwollstoff für ihre Tochter und für sich selbst $3\frac{1}{2}$ m Kleiderstoff. Der angebotene Gardinenrest ist ihr zu groß. Sie kauft nur $\frac{2}{3}$ des Restes.

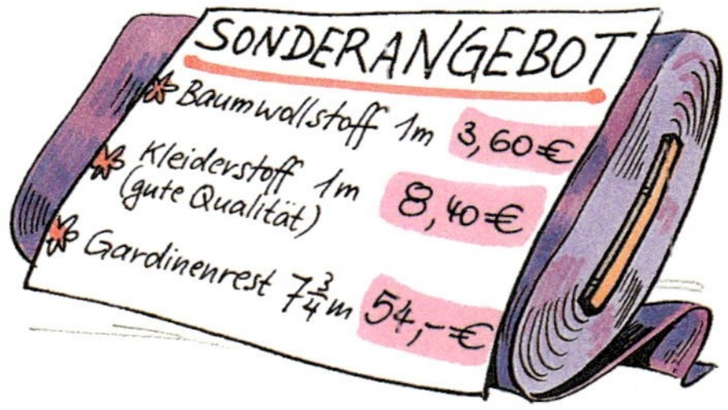

18. Eine Klasse besteht zu $\frac{2}{3}$ aus Mädchen und zu $\frac{1}{3}$ aus Jungen. $\frac{3}{4}$ aller Mädchen und $\frac{2}{3}$ aller Jungen treiben Sport. Wie groß ist der Anteil der Sportler an der Gesamtzahl der Schüler der Klasse?
Schätze zunächst, ob mehr als $\frac{2}{3}$ aller Schüler Sport treiben. Begründe deine Schätzung.

19. Rechne und kontrolliere.

a) Welche Zahl muss man zu $\frac{3}{4}$ addieren, um $5\frac{1}{2}$ zu erhalten?

b) Von welcher Zahl muss man $\frac{1}{8}$ subtrahieren, um $4\frac{1}{2}$ zu erhalten?

c) Mit welcher Zahl muss man $\frac{2}{5}$ multiplizieren, um 1 zu erhalten?

d) Welche Zahl muss man durch $\frac{5}{8}$ dividieren, um $\frac{5}{8}$ zu erhalten?

20. **a)** Verdoppele das Produkt der Zahlen $3\frac{1}{2}$ und $\frac{8}{9}$.

b) Addiere das Produkt der Zahlen $\frac{2}{3}$ und $\frac{3}{4}$ zu dem Produkt der Zahlen $\frac{1}{2}$ und $\frac{5}{6}$.

c) Multipliziere die Summe der Zahlen $\frac{5}{6}$ und $\frac{2}{3}$ mit dem Produkt der Zahlen $\frac{4}{5}$ und $2\frac{1}{2}$.

21. Drei Wanderburschen arbeiten bei einem Förster für ein Mittagessen. Die Förstersfrau hat eine ganze Schüssel voll Klöße gekocht. Die Wanderburschen kommen zu verschiedenen Zeiten aus dem Wald zurück. Der erste Wanderbursche isst $\frac{1}{3}$ aller Klöße und geht seines Weges. Der zweite isst $\frac{1}{3}$ des Restes und geht seines Weges. Zuletzt kommt der dritte Wanderbursche; er isst $\frac{1}{3}$ der Klöße, die noch in der Schüssel sind und lässt noch 8 Klöße übrig. Wie viele Klöße wurden gekocht?

22. In einer 6. Klasse wurde die Anzahl der Atemzüge pro Minute gezählt.

a) Zählt in eurer Klasse die Anzahl der Pulsschläge.

b) Berechne jeweils das arithmetische Mittel.

c) Mache eine entsprechende Erhebung in deiner Familie.

Anzahl der Atemzüge	17	18	19	20	21	22	23
Anzahl der Schüler	1	3	7	11	8	2	1

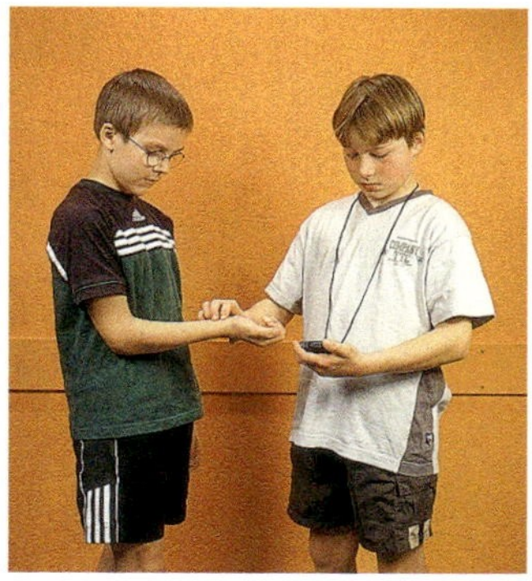

23. Zwei Zahlen ergeben vier Aufgaben. Schreibe die Aufgaben auf und löse sie.

a) 10,8; 0,96 **c)** 84,75; 37,5

b) 0,927; 0,72 **d)** 0,1575; 0,018

17,5 + 0,56
17,5 − 0,56

17,5 · 0,56
17,5 : 0,56

24. Bildet selbst Aufgaben und löst sie. Wählt dazu zwei Zahlen und ein Rechenzeichen aus.
Wer hat das größte bzw. kleinste Ergebnis?

25. Vergleiche; setze eines der Zeichen < oder > ein.

a) $0{,}45$ ▢ $0{,}\overline{4}$; $0{,}\overline{7}$ ▢ $0{,}77$

b) $0{,}\overline{2}$ ▢ $0{,}23$; $0{,}56$ ▢ $0{,}\overline{5}$

c) $0{,}\overline{3}$ ▢ $0{,}34$; $0{,}\overline{5}$ ▢ $0{,}5555$

$0{,}33 < 0{,}\overline{3}$,
denn $0{,}33 < 0{,}333\ldots$

26.

Die Gewichtheber teilt man in unterschiedliche Gewichtsklassen ein. In der 105-kg-Klasse liegt (im Januar 2009) der Weltrekord der Männer im Stoßen bei 263 kg, der Weltrekord der Frauen in der 75-kg-Klasse bei 186 kg.
Eine Ameise ist in der Lage, das 50fache ihres Körpergewichtes zu heben.
Vergleiche die Rekorde der Gewichtheber mit der Leistung der Ameise.

27.

Familie Neumann isst im Restaurant. Sie bestellt 4 Vorspeisen zu je 3,90 €, 3 Hauptgerichte zu je 9,80 €, ein Hauptgericht zu 10,20 €, 3 Nachspeisen zu je 2,70 € und 4 Getränke zu je 1,40 €.
Frau Neumann zahlt mit einem 200-€-Schein.
Wie viel Wechselgeld erhält Frau Neumann zurück, wenn der freundliche Kellner noch 3 € Trinkgeld bekommt?

BIST DU FIT?

1. **a)** $\frac{3}{8} + \frac{5}{16}$; $\frac{8}{9} - \frac{2}{27}$ **b)** $\frac{5}{12} + \frac{1}{5}$; $\frac{12}{13} - \frac{2}{3}$ **c)** $\frac{7}{24} + \frac{3}{16}$; $\frac{52}{51} - \frac{16}{17}$ **d)** $\frac{4}{5} + \frac{7}{15}$; $\frac{5}{12} - \frac{1}{6}$ **e)** $3\frac{5}{6} + 4\frac{7}{8}$; $5\frac{1}{12} - 1\frac{7}{5}$

2. **a)** 0,7 + 0,8; 1,4 − 0,6 **b)** 0,14 + 0,08; 0,85 − 0,15 **c)** 0,03 + 0,7; 0,9 − 0,04 **d)** 1,4 + 0,78; 0,9 − 0,045 **e)** 0,3 + 5 + 4,87; 4,9 − 0,03 − 0,3

3. **a)** $0{,}5 + \frac{3}{4}$; $0{,}8 - \frac{1}{5}$ **b)** $\frac{1}{3} + 0{,}3$; $\frac{7}{9} - 0{,}4$ **c)** $1\frac{3}{10} - 0{,}07$; $2\frac{1}{8} - 0{,}25$ **d)** $1\frac{7}{12} + 0{,}75$; $4\frac{17}{18} - 0{,}5$ **e)** $0{,}43 + 2\frac{1}{5} - 0{,}33$; $2\frac{3}{4} - \frac{3}{8} + 0{,}125$

4. Bestimme die fehlende Zahl. Denke an die Probe.

a) $\frac{1}{3} + x = 1\frac{1}{9}$ **c)** $y + 17{,}5 = 22$ **e)** $\frac{3}{4} + x = 2{,}5$ **g)** $60 - x = \frac{1}{4}$

b) $x - \frac{7}{12} = 2\frac{1}{4}$ **d)** $8{,}14 - x = 5$ **f)** $4{,}5 - x = 2\frac{1}{4}$ **h)** $x - 18{,}5 = 2\frac{3}{4}$

5. Tim hat eingekauft.
Wie viel wiegt der Inhalt seiner Einkaufstasche?

6. Vergleiche. Setze das passende Zeichen <, > bzw. = ein.

a) $\frac{4}{5} + \frac{3}{20}$ ▢ 1 **b)** $2\frac{1}{8} - 1\frac{1}{2}$ ▢ $\frac{10}{16}$ **c)** $\frac{1}{5} + \frac{1}{9}$ ▢ $\frac{1}{3}$

d) 0,37 + 4,53 ▢ 4,89

e) 0,83 + 0,57 ▢ 2,38 − 0,98

7. Rechne schriftlich.

a) 18,653 + 9,87; 567,034 + 746,69 **b)** 52,43 − 37,684; 85,3 − 7,438 **c)** 0,253 + 0,4875; 28,95 + 1,753 **d)** 20,91 − 13,077; 50,2 − 10,375

8. Rechne schriftlich.

a) 0,72 : 3 **b)** 5,2 · 0,03 **c)** 3,75 · 1,4 **d)** 21,28 : 0,04

9. Sieh dir den Wagen an (Bild rechts).

a) Wie viel t sind geladen?

b) Ist der Wagen überladen?
Wenn nein, wie viel t dürfen noch zugeladen werden?

10. Als Frau Will einkaufen ging, hatte sie 80,53 € in der Geldbörse. Mit 21,80 € kommt sie zurück.
Wie viel Euro hat Frau Will ausgegeben?

11. **a)** Wie viel Apfelsaft enthält eine Kiste mit 12 Flaschen zu je $\frac{3}{4}$ *l*?

b) Wie viel Wein enthält eine Kiste mit 6 Flaschen zu je $\frac{7}{10}$ *l*?

c) Wie viel Bier sind in 12 Gläsern zu je $\frac{3}{10}$ *l*?

d) Wie viel Mineralwasser enthält eine Kiste mit 12 Flaschen zu je $\frac{7}{10}$ *l*?

12. **a)** $\frac{3}{4} : \frac{2}{5}$ **b)** $\frac{7}{6} \cdot \frac{5}{6}$ **c)** $\frac{8}{9} \cdot \frac{4}{5}$ **d)** $\frac{6}{7} \cdot \frac{5}{6}$ **e)** $5\frac{1}{2} \cdot 1\frac{4}{10}$ **f)** $3\frac{1}{3} - 2\frac{2}{5}$

$\frac{3}{4} \cdot \frac{2}{5}$ $\frac{7}{6} + \frac{5}{6}$ $\frac{8}{9} + \frac{4}{5}$ $\frac{6}{7} - \frac{5}{6}$ $5\frac{1}{2} - 1\frac{4}{10}$ $3\frac{1}{3} : 2\frac{2}{5}$

$\frac{3}{4} - \frac{2}{5}$ $\frac{7}{6} : \frac{5}{6}$ $\frac{8}{9} : \frac{4}{5}$ $\frac{6}{7} : \frac{5}{6}$ $5\frac{1}{2} : 1\frac{4}{10}$ $3\frac{1}{3} \cdot 2\frac{2}{5}$

$\frac{3}{4} + \frac{2}{5}$ $\frac{7}{6} - \frac{5}{6}$ $\frac{8}{9} - \frac{4}{5}$ $\frac{6}{7} + \frac{5}{6}$ $5\frac{1}{2} + 1\frac{4}{10}$ $3\frac{1}{3} + 2\frac{2}{5}$

13. **a)** 0,32 · 3 **b)** 0,13 · 0,8 **c)** 7,1 : 100 **d)** 2,4 : 0,03 **e)** 1 : 0,4

14. **a)** $1{,}5 + \frac{2}{5}$ **b)** $0{,}9 - \frac{1}{3}$ **c)** $0{,}24 : \frac{3}{4}$ **d)** $0{,}3 \cdot \frac{11}{15}$ **e)** $\frac{7}{20} - 0{,}3$ **f)** $0{,}6 : \frac{6}{7}$

$\frac{9}{10} \cdot 1{,}7$ $\frac{2}{3} : 0{,}2$ $2{,}5 - \frac{5}{4}$ $1{,}25 + \frac{8}{16}$ $1{,}8 \cdot \frac{5}{6}$ $\frac{13}{50} \cdot 0{,}25$

15. Runde auf Cent. **a)** 19,25 € · 1,12 **b)** 48,75 € · 0,93 **c)** 80,75 € : 7

16. **a)** $\frac{3}{4}$ von 2,60 € **b)** $\frac{7}{10}$ von 12,50 € **c)** $\frac{1}{3}$ von 0,45 *l* **d)** 1,75 *l*, davon $\frac{2}{5}$ **e)** 150 g, davon $\frac{2}{3}$

17. Nahrungsmittel enthalten Wasser. Wie viel kg Wasser sind enthalten

a) in 2,5 kg Kartoffeln;

b) in 0,75 kg Rindfleisch;

c) in 1,5 kg Butter?

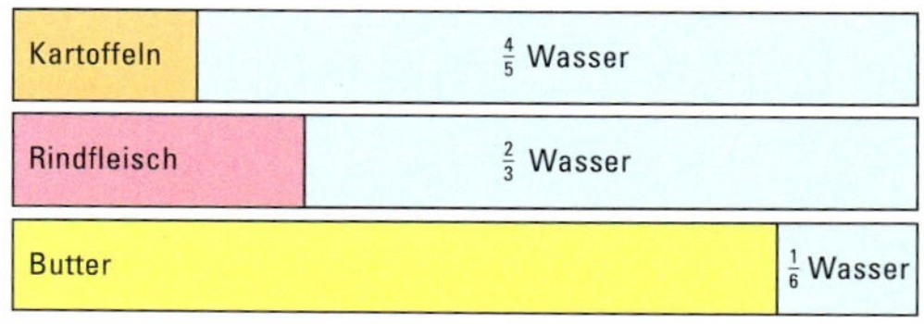

18. In der Albert-Schweitzer-Schule wurden 237 Packungen Milch und 265 Packungen Kakao verkauft.

a) Wie viel Liter (1) Milch, (2) Kakao wurden verkauft?

b) Berechne die Einnahmen aus dem Milch- und aus dem Kakaoverkauf.

19. Berechne von den gegebenen Größen das arithmetische Mittel.

a) 4,20 m; 4,73 m; 3,66 m; 5,03 m; 4,41 m; 3,80 m; 4,45 m; 4,28 m

b) 4 min 12 s; 3 min 43 s; 4 min 7 s; 3 min 52 s; 4 min 1 s; 3 min 47 s

20. In dem Diagramm sind die durchschnittlichen Niederschläge von Halle für die Monate Januar bis Dezember dargestellt.

a) Was kannst du aus dem Diagramm ablesen?

b) Berechne den durchschnittlichen Jahresniederschlag.

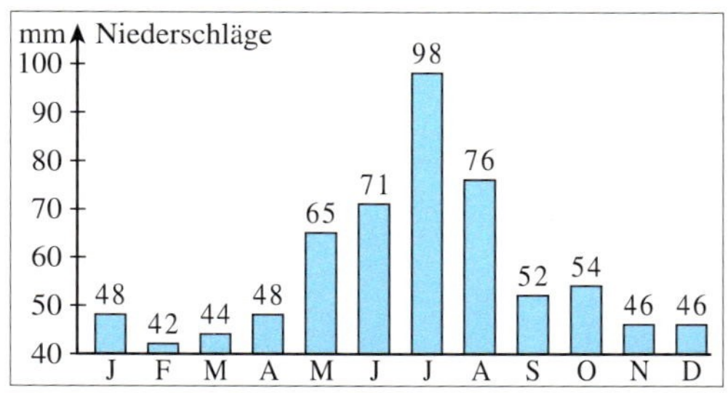

21. Paula kommt mit dem Bus zur Schule. Sie hat in den letzten Wochen die Zeit gestoppt, die der Bus von der Schule bis nach Hause braucht, und in eine Tabelle eingetragen.

Fahrtzeit in Minuten	18	19	20	21	22	23	24	25
Anzahl der Fahrten	/	//	///	//	///	///	–	/

Berechne die durchschnittliche Fahrzeit des Busses.

IM BLICKPUNKT: AUSBAUEN UND EINRICHTEN

Herr und Frau Brasse freuen sich. Soeben haben sie von ihrer Bausparkasse die Nachricht erhalten, dass ihr Bausparvertrag zugeteilt wird. Mit der angesparten Bausparsumme kann jetzt das Zimmer ihres 12-jährigen Sohnes Michael renoviert werden und Frau Brasse kann sich endlich ihren großen Wunsch nach einem Gewächshaus erfüllen.

1. Michael ist schon ganz aufgeregt. Für die Renovierung seines Zimmers gibt es viel zu überlegen und zu planen, denn erneuert werden sollen:

- der Teppichboden,
- die Fußleisten,
- die Tapeten an den Wänden,
- der Deckenanstrich.

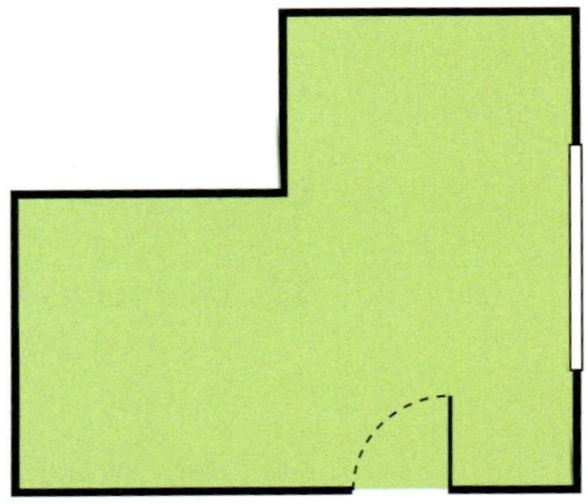

Zunächst zeichnet Michael den Grundriss seines Zimmers im Maßstab 1:100. Dann misst er folgende Längen:

- Zimmerhöhe: 2,50 m
- Türhöhe: 2,00 m
- Fensterhöhe: 1,35 m

Danach fahren Michael und seine Eltern in einen großen Baumarkt.

a)

Der Teppichboden soll aus einem Stück sein. Bei der Auswahl des Teppichbodens können sich Michael und seine Eltern zunächst nicht zwischen den beiden Angeboten (links) entscheiden. Schließlich wählen sie den Teppichboden, der für sie am günstigsten ist.
Welcher Teppichboden ist das?
Wie teuer ist er insgesamt?
Wie viel m² Verschnitt fallen an?

b) Die ausgesuchten Fußleisten gibt es in zwei verschiedenen Längen: 2,00 m und 3,20 m.
Die kürzeren Fußleisten kosten 6,95 € pro Stück, die längeren 9,90 € pro Stück. Michael und seine Eltern wollen nicht mehr als nötig hierfür ausgeben.

c) Jetzt geht es in die Malerabteilung.

1 % = $\frac{1}{100}$

Wie viele Rollen müssen sie kaufen? Wie teuer wird das?

d) Farbe für den Deckenanstrich:

e) Für Kleinmaterial und andere Dinge, wie Klebeband, Quast, Kleister, Schutzfolie, Pinsel, Halter für Fußleisten, Schrauben, Tapeziertisch usw. geben sie noch 117,58 € aus.
Erstelle eine Gesamtkostenabrechnung.

f) Wie würdest du dein Zimmer renovieren?
Erkundige dich z. B. in einem Baumarkt nach den Preisen und rechne aus, wie teuer ein neuer Bodenbelag, neue Tapeten bzw. eine Renovierung deines Zimmers wäre.

2. Hier siehst du das Gewächshaus, das sich Michaels Mutter ausgesucht hat. Das 2,80 m breite und 4,05 m lange Gewächshaus steht auf einem Stahlrahmen. Er ist an den vier Ecken in Betonsockeln verankert. Die Seitenwände sind 1,35 m hoch. Das Dach hat einen Neigungswinkel von 35°.

a) Für die Betonsockel hat Michaels Vater 0,5 m tiefe und 0,3 m mal 0,3 m breite Löcher ausgegraben.
Wie viel m^3 Beton musste er mischen?

b) In welchem Bereich des Gewächshauses kann eine erwachsene Person (1,80 m) aufrecht stehen? Zeichne dazu den Querschnitt des Gewächshauses im Maßstab 1:50.

c) Für die Pflanzen in einem Gewächshaus ist es besonders wichtig, dass die Lichteinwirkung reguliert werden kann. Wenn die Sonne im Sommer direkt in das Gewächshaus scheint, muss man den Pflanzen Schatten geben können. Hierfür gibt es Schattierungsnetze. Das Gewächshaus der Familie Brasse steht so, dass das Dach, die linke Seite und die Rückseite bei Bedarf mit Schattierungsnetzen behängt werden muss. Wie groß ist diese Fläche?

d) Die Bauvorschriften besagen, dass Gartenhäuser, und dazu gehören auch Gewächshäuser, nur dann ohne Baugenehmigung in einem Garten gesetzt werden dürfen, wenn der gesamte umbaute Raum (Volumen des Gartenhauses) nicht größer als 50 m^3 ist.
Entspricht das Gewächshaus der Familie Brasse dieser Vorschrift?

e) Frau Brasse möchte Pflanzen und Samen für die Erstbepflanzung einkaufen. Sie schaut sich die Angebote in einem Gartencenter an:

Frau Brasse möchte nicht mehr als 50 € ausgeben.
Stelle eine Einkaufsliste zusammen.

PROJEKT: WIR VERMESSEN DIE SCHÜLERINNEN UN

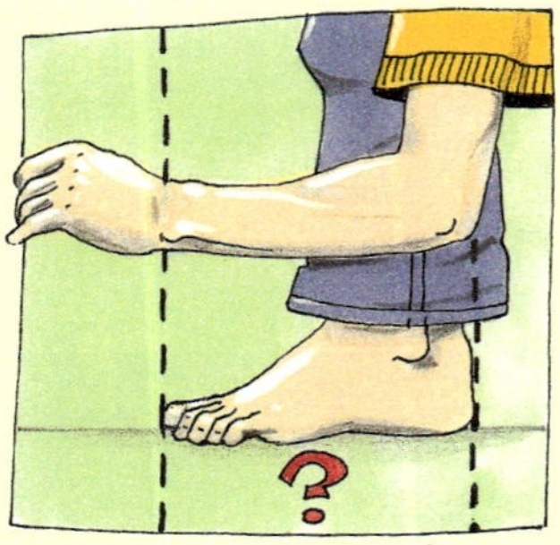

• Vorschlag 1:
Faustregel I

Gilt die Regel, dass der Halsumfang zweimal so groß ist wie der Handgelenkumfang? Ist die Fußlänge gleich der Länge der Elle? Versucht, die Messwerte übersichtlich darzustellen.

Heutzutage wird fast alles vermessen: Grundstücke, Straßen, die Entfernung zum Mond oder sogar bis zum nächsten Stern. Auch kleine und ganz winzige Dinge wie Bakterien, Moleküle, ja sogar Atome sind schon vermessen und gewogen geworden.
In diesem Projekt interessieren wir uns für Dinge, die wir selbst leicht messen, wiegen oder zählen können.
Wie wäre es, wenn ihr eure Schulweglänge bestimmt und miteinander vergleicht? Oder ihr bestimmt die Masse eurer Büchertaschen. Ihr könnt auch alte Faustregeln überprüfen, z. B. dass eure Armspannweite so groß ist wie eure Körpergröße. Es gibt so viele Dinge, die man vergleichen oder messen kann. Am besten ist es, wenn ihr einen Messparcours aufbaut, wo an jedem Schüler und jeder Schülerin jede Messung nacheinander durchgeführt wird. Wichtig ist, dass ihr genau über die einzelnen Messungen

• Vorschlag 2:
Büchertaschengewicht

Welche Altersgruppe trägt die schwerste Schultasche? Haben Jungen oder Mädchen schwerere Schultaschen? Was kann man gegen zu schwere Schultaschen tun?

• Vorschlag 3:
Schulweg

Wie lang ist euer Schulweg? Berechnet die durchschnittliche Schulweglänge eurer Mitschüler. Legt ein Diagramm an.

SCHÜLER UNSERER SCHULE

• Vorschlag 4:
Lungenvolumen

Versucht ein Gerät zu bauen, mit dem man das Lungenvolumen messen kann. Vielleicht kann dabei eine Biologielehrerin oder ein Biologielehrer helfen. Vergleicht zum Beispiel das Lungenvolumen mit der Körpergröße des Schülers bzw. der Schülerin.

jedes einzelnen Schülers Buch führt; so könnt ihr nach Abschluss der Messungen die Daten in aller Ruhe im Klassenzimmer auswerten und Grafiken bzw. Diagramme erstellen. Es hat sich bewährt, wenn ihr für jeden Schüler ein Messkärtchen anfertigt.
Es wäre schön, wenn ihr eure „Vermessungsergebnisse“ dann in einer kleinen Ausstellung im Schulgebäude den Mitschülern zeigt, oder ihr präsentiert eure Ergebnisse im Rahmen einer kleinen Vortragsrunde vor der Klasse. Auch ein kurzer Artikel in der Lokalpresse wäre denkbar, z. B.: So schwer sind unsere Büchertaschen. Hier hilft vielleicht euer(e) Deutschlehrer(in).
Wir haben für euch ein paar Ideen und Fragen rund um das Vermessungsprojekt vorbereitet, die ihr aufgreifen könnt.
Im Internet findet ihr das Projekt unter **www.mathematik-heute.de**

• Vorschlag 5:
Faustregel II

Ist die Körpergröße wirklich genauso groß wie die Armspannweite? Baut ein geeignetes Messgerät, um die Armspannweite zu messen. Tragt die Messwerte in ein Diagramm ein und versucht die Ergebnisse

• Vorschlag 6:
Freizeitmessung

Messt, wie lange die Freizeit eurer Mitschüler dauert und schreibt auf, was eure Klassenkameraden bzw. Schulfreunde so in der Freizeit alles machen.
Stellt die Ergebnisse in einem Diagramm dar.

4 Terme und Gleichungen mit gebrochenen Zahlen

Aus einer Schülerzeitung:

Ergebnis einer Schülersprecherwahl

Unsere Schule hat eine neue Schülersprecherin. Leider haben sich an der Wahl nur drei Viertel aller Schüler beteiligt.

Janina erhielt 288 Stimmen, das sind genau zwei Drittel aller abgegebenen Stimmen. Marvin erhielt 81 Stimmen und Sven nur 56 Stimmen. Die restlichen Wahlzettel waren ungültig.

Wir gratulieren unserer neuen Schülersprecherin Janina ganz herzlich zu ihrem tollen Wahlerfolg.

- ➜ Was hältst du von den Schüleräußerungen?
- ➜ Wie viele Stimmzettel wurden insgesamt abgegeben?
- ➜ Haben mehr als die Hälfte aller Schüler Janina gewählt?

In diesem Kapitel lernst du ...

... wie man Terme mit gebrochenen Zahlen berechnen und Gleichungen mit gebrochenen Zahlen lösen kann.

TERME MIT GEBROCHENEN ZAHLEN

Terme mit Klammern

Einstieg

Eine Flasche „Vital-Drink" enthält $\frac{4}{5}\,l$ Fruchtsaft mit Honig. Aus der Flasche werden ein $\frac{3}{10}$-l-Glas und ein $\frac{1}{5}$-l-Becher gefüllt.

➜ Wie viel Fruchtsaft ist noch in der Flasche?

➜ Notiere deinen Rechenweg mit einem einzigen Term.

Term (Rechenausdruck)

Aufgabe

Klammer zuerst ausrechnen

1. Berechne den Term. Beachte die Klammerregel.

a) $\frac{7}{8} - \left(\frac{3}{8} + \frac{1}{4}\right)$ **b)** $\frac{1}{2} \cdot \left(\frac{2}{3} + \frac{1}{6}\right)$ **c)** $(0{,}5 - 0{,}2) : 6$

Lösung

a) $\frac{7}{8} - \left(\frac{3}{8} + \frac{1}{4}\right)$
$= \frac{7}{8} - \left(\frac{3}{8} + \frac{2}{8}\right)$
$= \frac{7}{8} - \frac{5}{8}$
$= \frac{2}{8}$
$= \frac{1}{4}$

b) $\frac{1}{2} \cdot \left(\frac{2}{3} + \frac{1}{6}\right)$
$= \frac{1}{2} \cdot \left(\frac{4}{6} + \frac{1}{6}\right)$
$= \frac{1}{2} \cdot \frac{5}{6}$
$= \frac{5}{12}$

c) $(0{,}5 - 0{,}2) : 6$
$= (0{,}5 - 0{,}2) : 6$
$= 0{,}3 : 6$
$= 0{,}05$

Zum Festigen und Weiterarbeiten

2.
a) $\frac{5}{6} - \left(\frac{1}{6} + \frac{1}{12}\right)$ **d)** $\left(\frac{7}{9} + \frac{4}{6}\right) : \frac{13}{3}$ **g)** $6{,}7 - (0{,}91 + 3{,}5)$ **j)** $(17{,}5 - 8{,}65) \cdot 3{,}6$
b) $\left(\frac{2}{3} + \frac{2}{9}\right) \cdot \frac{3}{4}$ **e)** $\frac{4}{13} \cdot \left(\frac{1}{6} + \frac{3}{8}\right)$ **h)** $(13{,}2 - 7{,}7) + 4{,}5$ **k)** $28{,}8 : (15 - 12{,}6)$
c) $\frac{2}{3} : \left(\frac{1}{2} + \frac{1}{6}\right)$ **f)** $4\frac{1}{5} - \left(2\frac{1}{5} + \frac{4}{5}\right)$ **i)** $(0{,}95 + 1{,}54) - 0{,}7$ **l)** $(9{,}97 + 0{,}54) : 0{,}4$

3. **a)** $\left(\frac{3}{4} - \frac{7}{10}\right) \cdot \left(\frac{5}{6} + \frac{5}{9}\right)$ **b)** $\left(\frac{5}{9} + \frac{1}{3}\right) : \left(\frac{1}{6} + \frac{1}{2}\right)$ **c)** $(25{,}6 - 2{,}3) \cdot (48{,}7 + 5{,}5)$

4. Stelle zunächst den Term auf, berechne ihn dann.

a) Multipliziere die Summe aus $\frac{5}{12}$ und $\frac{1}{6}$ mit 36.

b) Subtrahiere von 9,5 die Differenz aus 20,1 und 17,8.

c) Dividiere die Differenz der Zahlen 0,75 und 0,5 durch die Summe dieser Zahlen.

d) Multipliziere die Summe der Zahlen $\frac{3}{5}$ und $\frac{3}{4}$ mit der Differenz der Zahlen $\frac{8}{9}$ und $\frac{2}{3}$.

e) Multipliziere die Summe der Zahlen 2,5 und $\frac{3}{4}$ mit der Differenz dieser Zahlen.

5. Ein Wasserbehälter fasst 108 l Wasser, ein Wassereimer 7,5 l. Beim Tragen kann der Eimer zu $\frac{9}{10}$ gefüllt werden.
Wie oft muss man mit dem Eimer von einer Zapfstelle zum Wasserbehälter gehen, bis dieser gefüllt ist?
Notiere den Rechenweg mithilfe eines einzigen Terms.

Übungen

6. **a)** $7 - \left(\frac{1}{5} + \frac{3}{5}\right)$
$\frac{5}{8} - \left(\frac{7}{8} - \frac{3}{8}\right)$
$5 \cdot \left(\frac{3}{10} + \frac{4}{10}\right)$
$\left(\frac{8}{9} - \frac{2}{9}\right) : 4$

b) $\frac{7}{9} - \left(\frac{5}{18} + \frac{1}{9}\right)$
$\frac{2}{3} - \left(\frac{14}{15} - \frac{3}{5}\right)$
$\left(\frac{1}{2} - \frac{3}{10}\right) \cdot \frac{5}{8}$
$\frac{3}{2} : \left(\frac{3}{4} + \frac{3}{8}\right)$

c) $1{,}7 + (4{,}9 - 0{,}28)$
$13{,}4 - (6{,}15 - 1{,}95)$
$(7{,}5 - 0{,}75) \cdot 0{,}5$
$6{,}7 - (0{,}9 + 3{,}5)$

d) $(13{,}2 - 7{,}7) - 4{,}5$
$(0{,}9 + 1{,}5) - 0{,}7$
$(7{,}8 + 1{,}8) : 0{,}4$
$14{,}4 : (15 - 12{,}6)$

7. **a)** $\left(\frac{1}{2} + \frac{3}{8}\right) \cdot \left(\frac{3}{7} + \frac{1}{14}\right)$ **b)** $(28{,}4 - 3{,}5) : (0{,}55 + 0{,}2)$ **c)** $(34{,}3 - 28{,}8) \cdot (0{,}984 - 0{,}046)$

8. Für ein Erfrischungsgetränk werden $\frac{3}{8}\,l$ Johannisbeernektar und 0,5 l Mineralwasser gemischt. Das fertige Getränk wird auf 6 Gläser gleichmäßig verteilt. Wie viel l enthält jedes Glas? Stelle zunächst einen einzigen Term auf.

9. Eine Tomatencremesuppe wird zubereitet aus $1\frac{1}{4}\,l$ Wasser, 2 Dosen mit je $\frac{1}{8}\,l$ Tomatenmark und 0,24 l Sahne. Wie viel l Suppe erhält man? Stelle zunächst einen einzigen Term auf.

10. Ein Landwirt will $\frac{9}{20}$ seines Grundbesitzes mit Getreide bebauen. Von dieser Anbaufläche ist ein Drittel für Weizen und $\frac{4}{15}$ für Gerste vorgesehen.
Wie groß ist der Flächenanteil der Weizenfelder bzw. Gerstenfelder am gesamten Grundbesitz des Landwirtes?

11. Stelle zunächst den Term auf; berechne ihn dann.
a) Multipliziere die Summe der Zahlen 0,75 und 0,5 mit 0,4. (Denke an Klammern)
b) Subtrahiere von $3\frac{1}{2}$ die Summe der Zahlen $1\frac{1}{3}$ und $\frac{5}{6}$.
c) Dividiere die Differenz der Zahlen $\frac{2}{3}$ und $\frac{1}{6}$ durch $\frac{1}{2}$.
d) Multipliziere 28,2 mit der Summe aus 16,5 und 3,9.
e) Multipliziere die Differenz aus 26,2 und 4,7 mit der Zahl 12,2.

12. **a)** Leon hat drei Zahlenkarten in der nebenstehenden Reihenfolge aufgestellt. Er behauptet:
„Ich kann die Ergebnisse 0; $\frac{1}{6}$; $\frac{7}{24}$ erhalten, wenn ich zwischen die Zahlenkarten die Karten mit den Rechenzeichen [−], [·] und mit den Klammern [(], [)] stelle."
Hat Leon Recht? Probiert es aus.

b) Welche Ergebnisse sind möglich, wenn Leon die Reihenfolge $\frac{3}{4}$, $\frac{2}{3}$, $\frac{1}{2}$ aufstellt?
c) Bildet Terme aus diesen 3 Kärtchen. Verwendet die Klammern und die Rechenzeichen [−] und [:]. Das Ergebnis soll einmal möglichst groß und einmal möglichst klein sein.

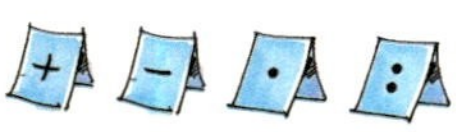

d) Überlegt euch weitere Terme. Ihr dürft alle Rechenzeichen und die Klammern einsetzen. Berechnet die Ergebnisse.

Punktrechnung vor Strichrechnung

Einstieg

Lisa und Luca berechnen den gleichen Term: $\frac{3}{5} + \frac{4}{5} \cdot \frac{2}{3}$.
Lisa erhält das Ergebnis $\frac{17}{15}$, Luca $\frac{14}{15}$.

→ Wie haben die beiden gerechnet?

→ Welches Ergebnis ist richtig?

Aufgabe

1. **a)** $\frac{7}{8} - \frac{5}{8} \cdot \frac{3}{5}$ **b)** $\frac{1}{3} + \frac{2}{5} : \frac{3}{10}$ **c)** $7{,}2 : 5 - (0{,}5 + 0{,}8 \cdot 0{,}3)$

Lösung

a) $\frac{7}{8} - \frac{5}{8} \cdot \frac{3}{5}$
$= \frac{7}{8} - \frac{5 \cdot 3}{8 \cdot 5}$
$= \frac{7}{8} - \frac{3}{8}$
$= \frac{4}{8} = \frac{1}{2}$

b) $\frac{1}{3} + \frac{2}{5} : \frac{3}{10}$
$= \frac{1}{3} + \frac{2 \cdot 10}{5 \cdot 3}$
$= \frac{1}{3} + \frac{4}{3}$
$= \frac{5}{3} = 1\frac{2}{3}$

c) $7{,}2 : 5 - (0{,}5 + 0{,}8 \cdot 0{,}3)$
$= 1{,}44 - (0{,}5 + 0{,}24)$
$= 1{,}44 - 0{,}74$
$= 0{,}7$

Information

Vorrangregeln für das Berechnen von Termen

(1) Das Innere einer Klammer wird zuerst berechnet.
(2) Punktrechnung geht vor Strichrechnung.
(3) Sonst wird von links nach rechts gerechnet.

Zum Festigen und Weiterarbeiten

2. **a)** $\frac{2}{5} \cdot \frac{5}{8} + \frac{1}{2}$ **c)** $\frac{2}{15} + \frac{3}{10} \cdot \frac{2}{9}$ **e)** $0{,}36 - 0{,}1 \cdot 3{,}2$ **g)** $0{,}2 \cdot 50 - 7{,}8$

b) $\frac{5}{6} : \frac{2}{3} - \frac{3}{4}$ **d)** $5\frac{1}{2} - \frac{4}{7} : \frac{2}{7}$ **f)** $2{,}4 + 8 : 0{,}2$ **h)** $2{,}5 - 0{,}5 : 2$

3. **a)** $\frac{2}{5} \cdot \frac{15}{8} + \frac{3}{4} : \frac{1}{2}$ **c)** $\frac{2}{3} + \frac{2}{9} \cdot \frac{3}{4} + \frac{5}{6}$ **e)** $(0{,}5 \cdot 1{,}95 + 0{,}75) : 0{,}5$

b) $\frac{1}{2} + \frac{7}{8} - \frac{3}{10} : \frac{6}{25}$ **d)** $\frac{2}{3} + \left(2 - \frac{2}{5}\right) \cdot \frac{5}{6}$ **f)** $0{,}5 \cdot (1{,}95 + 0{,}75 : 0{,}5)$

4. Stelle zunächst den Term auf; berechne ihn dann.

a) Addiere zu dem Produkt der Zahlen 4 und $\frac{2}{3}$ die Zahl $\frac{1}{3}$.

b) Subtrahiere von dem Quotienten der Zahlen 0,5 und 0,4 das Produkt dieser Zahlen.

c) Multipliziere die Differenz aus 1,5 und 0,8 mit 12.

Übungen

5. **a)** $2 \cdot \frac{3}{4} + \frac{1}{4}$; $\frac{3}{2} : \frac{1}{2} + 5$ **b)** $\frac{7}{3} - \frac{2}{3} : \frac{1}{3}$; $\frac{4}{5} + \frac{3}{2} \cdot \frac{2}{5}$ **c)** $2{,}4 : 8 - 0{,}2$; $2{,}4 + 0{,}2 \cdot 1{,}8$ **d)** $3{,}6 - 1{,}5 \cdot 0{,}2$; $4{,}5 + 3{,}6 : 1{,}2$

6. **a)** $2 + \frac{1}{3} \cdot \frac{3}{4}$; $\left(2 + \frac{1}{3}\right) \cdot \frac{3}{4}$; $2 + \left(\frac{1}{3} \cdot \frac{3}{4}\right)$

b) $4 : \frac{2}{5} - \frac{1}{5}$; $4 : \left(\frac{2}{5} - \frac{1}{5}\right)$; $\left(4 : \frac{2}{5}\right) - \frac{1}{5}$

c) $1{,}5 \cdot 0{,}6 - 0{,}2$; $1{,}5 \cdot (0{,}6 - 0{,}2)$; $(1{,}5 \cdot 0{,}6) - 0{,}2$

d) $0{,}7 \cdot 0{,}3 + 0{,}8 \cdot 0{,}4$; $0{,}7 \cdot (0{,}3 + 0{,}8 \cdot 0{,}4)$; $0{,}7 \cdot (0{,}3 + 0{,}8) \cdot 0{,}4$

7. a) $\left(\frac{3}{5} + \frac{1}{2} \cdot \frac{4}{5}\right) \cdot \left(5 - \frac{2}{7}\right)$ b) $(14{,}4 : 12 + 6 \cdot 0{,}15) : 7$ c) $(8{,}4 : 6 - 7{,}5 : 15) : 6$

8. Wo stecken Fehler? Korrigiere.

a) $\frac{3}{7} + \frac{2}{7} \cdot \frac{2}{3} = \frac{10}{21}$
c) $\frac{5}{12} \cdot \frac{6}{7} - \frac{3}{14} = \frac{1}{7}$
e) $\frac{1}{8} \cdot \left(\frac{9}{16} - \frac{5}{16}\right) = \frac{1}{4}$
b) $\frac{8}{9} : 2 - \frac{1}{9} = \frac{1}{3}$
d) $\frac{7}{15} \cdot \frac{3}{14} + 0{,}5 \cdot \frac{2}{3} = \frac{2}{5}$
f) $\frac{22}{3} : \left(\frac{3}{11} + \frac{9}{11}\right) = 8$

9. Stelle zunächst den Term auf; berechne ihn dann.

a) Addiere $3\frac{1}{5}$ zu dem Produkt der Zahlen 4 und $1\frac{2}{3}$.
b) Subtrahiere von dem Quotienten der Zahlen $\frac{1}{2}$ und $\frac{2}{5}$ das Produkt dieser Zahlen.
c) Addiere das Produkt der Zahlen 0,6 und 2,7 zu dem Quotienten der Zahlen 6 und 0,8.
d) Multipliziere die Differenz aus $\frac{1}{2}$ und $\frac{1}{3}$ mit 12.
e) Addiere zu dem Quotienten aus 12 und 2,5 das Produkt aus 0,6 und 0,8.
f) Subtrahiere von dem Produkt aus 13,5 und 1,18 die Summe dieser Zahlen.
g) Subtrahiere von der Summe der Zahlen 7,5 und 6 den Quotienten aus 1,44 und 0,12.

10. Bei einer Klassenfeier werden $5\frac{5}{6}$ *l* Apfelsaft mit $4\frac{2}{3}$ *l* Mineralwasser gemischt und dann in Glaskrüge abgefüllt, die je $\frac{7}{10}$ *l* fassen.
Wie viele Krüge werden gefüllt?

11. 0,75 *l* Orangensaft werden mit 0,5 *l* Mineralwasser gemischt und sollen in Gläser eingeschenkt werden.
Die Gläser fassen jeweils 0,3 *l*.
Wie viele Gläser kann man füllen und wie viel Liter bleiben im Mixbecher?

12. Fertigt euch die nebenstehenden Karten an.
Partner 1 stellt aus den vorhandenen Karten eine *lösbare* Aufgabe auf. Dabei müssen alle drei Zahlenkarten verwendet werden.
Partner 2 löst die Aufgabe.
Hat Partner 2 die Aufgabe richtig gerechnet, darf er die nächste Aufgabe aufstellen usw.

Zum Knobeln

13. In der Aufgabe fehlen Klammern. Setzt diese so ein, dass das Ergebnis richtig ist.

a) $\frac{3}{5} + \frac{2}{3} \cdot \frac{12}{19} = \frac{4}{5}$
c) $\frac{1}{5} \cdot \frac{1}{2} + \frac{1}{3} \cdot \frac{6}{11} = \frac{1}{11}$
e) $\frac{3}{5} + \frac{12}{5} : \frac{3}{8} : \frac{9}{4} = 18$
b) $6 - \frac{3}{4} : \frac{7}{8} = 6$
d) $\frac{1}{5} \cdot \frac{1}{2} + \frac{1}{3} \cdot \frac{6}{11} = \frac{3}{22}$
f) $\frac{3}{5} + \frac{12}{5} : \frac{3}{8} : \frac{9}{4} = 3\frac{5}{9}$

△ Doppelbrüche

Information

Den Quotienten zweier Zahlen kann man auch als Bruch schreiben.
Der Bruchstrich ersetzt das Divisionszeichen.
Diese Schreibweise wollen wir auch dann verwenden, wenn gebrochene Zahlen dividiert werden sollen. Solche Brüche nennt man *Doppelbrüche*.
Umgekehrt können wir einen Doppelbruch wie im Beispiel rechts auch als Quotient schreiben und dann berechnen.

$3 : 4 = \frac{3}{4}$

$$\frac{\frac{1}{3}}{\frac{5}{9}} = \frac{1}{3} : \frac{5}{9} = \frac{1}{3} \cdot \frac{9}{5} = \frac{1 \cdot 9}{3 \cdot 5} = \frac{3}{5}$$

Ein **Doppelbruch** ist eine andere Schreibweise für einen Quotienten aus gebrochenen Zahlen.
Bei einem Doppelbruch treten mehrere Bruchstriche auf. Der *Hauptbruchstrich* ersetzt ein Divisionszeichen.

Beispiel:

$$\frac{\frac{1}{3}}{\frac{5}{9}} = \frac{1}{3} : \frac{5}{9}$$

Zähler des Doppelbruches ($\frac{1}{3}$)
Hauptbruchstrich
Nenner des Doppelbruches ($\frac{5}{9}$)

Zum Festigen und Weiterarbeiten

Gleichheitszeichen in Höhe des Hauptbruchstrichs setzen.

△ **1.** Schreibe den Doppelbruch als Quotient und berechne.

a) $\frac{\frac{3}{4}}{\frac{9}{2}}$ c) $\frac{\frac{5}{1}}{\frac{3}{8}}$ e) $\frac{5}{\frac{2}{3}}$ g) $\frac{0{,}56}{0{,}7}$

b) $\frac{\frac{8}{15}}{\frac{6}{25}}$ d) $\frac{\frac{8}{7}}{\frac{4}{1}}$ f) $\frac{\frac{4}{5}}{2}$ h) $\frac{1{,}08}{1{,}2}$

$$\frac{0{,}42}{0{,}6} = 0{,}42 : 0{,}6 = 4{,}2 : 6 = 0{,}7$$

△ **2.** Schreibe mit Bruchstrichen; berechne auch.

a) $(3 : 5) : (8 : 13)$ c) $7 : (2 : 4)$ e) $(3 : 4) : \frac{5}{6}$ g) $7{,}2 : 0{,}09$

b) $(5 : 8) : 11$ d) $\frac{3}{11} : (5 : 7)$ f) $(7 : 8) : (16 : 21)$ h) $16{,}8 : 0{,}12$

Übungen

△ **3.** Schreibe den Doppelbruch als Divisionsaufgabe und berechne dann.

a) $\frac{\frac{2}{5}}{\frac{8}{15}}$ c) $\frac{\frac{1}{8}}{\frac{5}{12}}$ e) $\frac{4}{\frac{3}{10}}$ g) $\frac{12}{\frac{7}{8}}$ i) $\frac{\frac{3}{4}}{12}$ k) $\frac{3\frac{1}{2}}{1\frac{3}{7}}$ m) $\frac{\frac{2{,}5}{13}}{\frac{7{,}5}{3{,}9}}$

b) $\frac{\frac{3}{7}}{\frac{9}{14}}$ d) $\frac{\frac{4}{7}}{\frac{4}{15}}$ f) $\frac{\frac{4}{9}}{3}$ h) $\frac{\frac{4}{15}}{20}$ j) $\frac{15}{\frac{5}{6}}$ l) $\frac{8\frac{2}{11}}{18}$ n) $\frac{\frac{2{,}4}{3{,}3}}{\frac{0{,}4}{1{,}1}}$

△ **4.** Schreibe mit Bruchstrich; berechne.

(1) $(3 : 2) : (9 : 4)$ (2) $(7 : 3) : (14 : 5)$ (3) $(3 : 2) : \frac{5}{9}$ (4) $9{,}6 : (3{,}2 : 0{,}4)$

Der Hauptbruchstrich spart Klammern.

▲ **5.** a) $\frac{\frac{1}{2} - \frac{3}{8}}{\frac{3}{4} + \frac{1}{8}}$ c) $\frac{3{,}45 + 6{,}35}{2{,}8 \cdot 0{,}5}$ e) $\frac{0{,}8 - 0{,}5}{0{,}8 : 2{,}5}$

b) $\frac{\frac{9}{8} - \frac{7}{12}}{\frac{5}{6} + \frac{1}{4}}$ d) $\frac{9}{4{,}125 : 5{,}5}$ f) $\frac{3\frac{1}{2} - 2\frac{5}{6}}{7\frac{1}{5} - 2\frac{7}{10}}$

$$\frac{2 - \frac{3}{2}}{\frac{3}{2}} = \left(2 - \frac{3}{2}\right) : \frac{3}{2} = \frac{1}{2} \cdot \frac{2}{3} = \frac{1}{3}$$

VORTEILHAFT RECHNEN MIT GEBROCHENEN ZAHLEN – RECHENGESETZE

Einstieg

➜ Löse die Aufgaben rechts. Prüfe vorher, ob du vorteilhaft rechnen kannst.

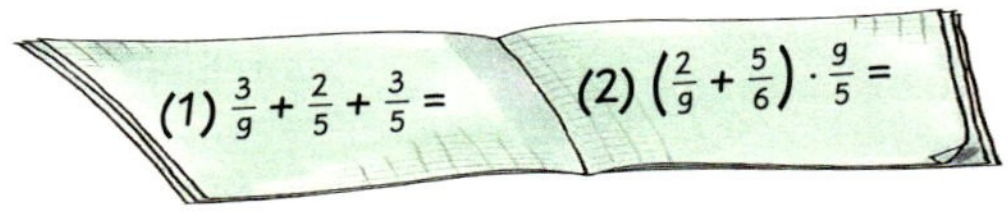

Aufgabe

1. Sarah und Maria haben zwei Aufgaben auf unterschiedliche Weise gelöst.

a) $\frac{1}{9} + \frac{3}{9} + \frac{2}{3}$

b) $\left(\frac{2}{9} + \frac{5}{9}\right) \cdot \frac{9}{5}$

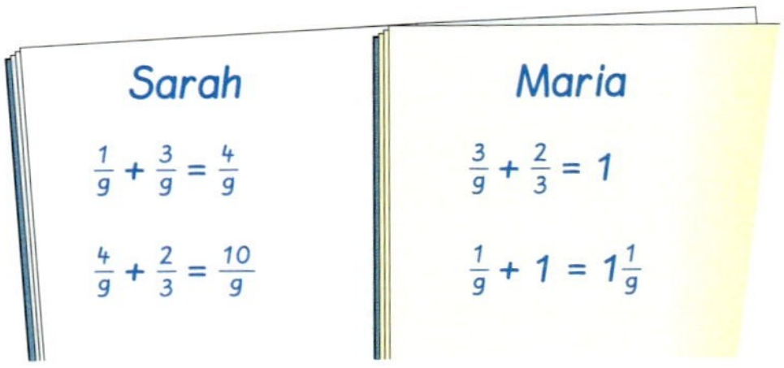

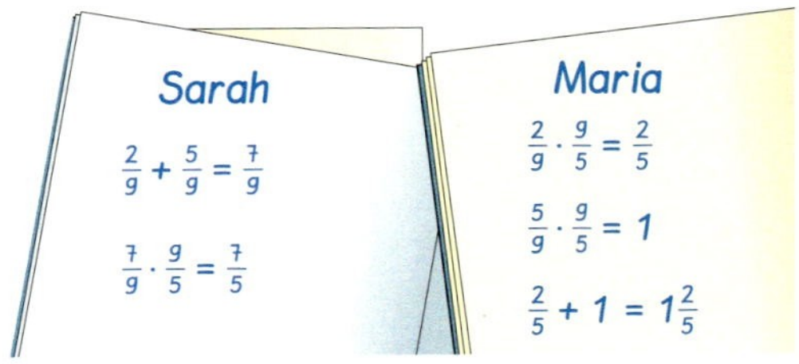

Beschreibe mithilfe von Klammern, wie gerechnet wurde. Warum erhalten Sarah und Maria dasselbe Ergebnis?

Lösung

a)

$$\left(\frac{1}{9} + \frac{3}{9}\right) + \frac{2}{3} = \left(\frac{1}{9} + \frac{3}{9}\right) + \frac{6}{9} = \frac{1+3}{9} + \frac{6}{9} = \frac{(1+3)+6}{9} = \frac{10}{9}$$

$$\frac{1}{9} + \left(\frac{3}{9} + \frac{2}{3}\right) = \frac{1}{9} + \left(\frac{3}{9} + \frac{6}{9}\right) = \frac{1}{9} + \frac{3+6}{9} = \frac{1+(3+6)}{9} = \frac{10}{9}$$

Beide Seiten in der Lösung müssen übereinstimmen, weil man beim Addieren natürlicher Zahlen (der Zähler) Klammern beliebig setzen darf.

Assoziativgesetz (Verbindungsgesetz):
$(1 + 3) + 6 = 1 + (3 + 6)$

b)

$$\left(\frac{2}{9} + \frac{5}{9}\right) \cdot \frac{9}{5} = \frac{2+5}{9} \cdot \frac{9}{5} = \frac{(2+5) \cdot 9}{45} = 1\frac{2}{5}$$

$$\frac{2}{9} \cdot \frac{9}{5} + \frac{5}{9} \cdot \frac{9}{5} = \frac{2 \cdot 9}{45} + \frac{5 \cdot 9}{45} = \frac{2 \cdot 9 + 5 \cdot 9}{45} = 1\frac{2}{5}$$

Beide Seiten in der Lösung müssen übereinstimmen, weil man für die Addition und Multiplikation natürlicher Zahlen (der Zähler) das Verteilungsgesetz anwenden darf.

Distributivgesetz (Verteilungsgesetz):
$(2 + 5) \cdot 9 = 2 \cdot 9 + 5 \cdot 9$

Zum Festigen und Weiterarbeiten

2. Für die Addition natürlicher Zahlen gilt außerdem das Kommutativgesetz (Vertauschungsgesetz), das bedeutet:
In einer Summe darf man die Summanden vertauschen, z. B. $17 + 23 = 23 + 17$.
Prüfe, ob dieses Gesetz auch für die Addition von gebrochenen Zahlen gilt. Berechne und vergleiche.

a) $\frac{3}{7} + \frac{4}{7}$; $\frac{4}{7} + \frac{3}{7}$

b) $\frac{5}{6} + \frac{1}{8}$; $\frac{1}{8} + \frac{5}{6}$

3. Prüfe, ob das Kommutativ- und das Assoziativgesetz auch für die Multiplikation von gebrochenen Zahlen gelten. Berechne und vergleiche.

a) $\frac{4}{15} \cdot \frac{5}{8}$; $\frac{5}{8} \cdot \frac{4}{15}$

b) $\left(\frac{3}{7} \cdot \frac{4}{9}\right) \cdot \frac{5}{8}$; $\frac{3}{7} \cdot \left(\frac{4}{9} \cdot \frac{5}{8}\right)$

4. Prüfe, ob das Distributivgesetz auch für Multiplikation und Subtraktion gilt. Berechne und vergleiche.

a) $\left(\frac{7}{10} - \frac{1}{2}\right) \cdot \frac{3}{4}$; $\frac{7}{10} \cdot \frac{3}{4} - \frac{1}{2} \cdot \frac{3}{4}$ b) $\frac{1}{3} \cdot \left(\frac{5}{6} - \frac{1}{4}\right)$; $\frac{1}{3} \cdot \frac{5}{6} - \frac{1}{3} \cdot \frac{1}{4}$

5. Berechne und vergleiche.

a) $\left(\frac{1}{2} + \frac{2}{5}\right) : \frac{3}{4}$; $\frac{1}{2} : \frac{3}{4} + \frac{2}{5} : \frac{3}{4}$; $\left(\frac{1}{2} + \frac{2}{5}\right) \cdot \frac{4}{3}$

b) $\left(\frac{1}{2} - \frac{2}{5}\right) : \frac{3}{4}$; $\frac{1}{2} : \frac{3}{4} - \frac{2}{5} : \frac{3}{4}$; $\left(\frac{1}{2} - \frac{2}{5}\right) \cdot \frac{4}{3}$

c) $\left(\frac{9}{8} + \frac{3}{4}\right) : \frac{3}{2}$; $\frac{9}{8} : \frac{3}{2} + \frac{3}{4} : \frac{3}{2}$; $\left(\frac{9}{8} + \frac{3}{4}\right) \cdot \frac{2}{3}$

d) $\left(\frac{9}{8} - \frac{3}{4}\right) : 1\frac{1}{2}$; $\frac{9}{8} : 1\frac{1}{2} - \frac{3}{4} : 1\frac{1}{2}$; $\left(\frac{9}{8} - \frac{3}{4}\right) \cdot \frac{2}{3}$

Information

Kommutativgesetz (Vertauschungsgesetz)

(1) *für die Addition*

$\frac{5}{6} + \frac{1}{8} = \frac{1}{8} + \frac{5}{6}$

(2) *für die Multiplikation*

$\frac{4}{15} \cdot \frac{5}{8} = \frac{5}{8} \cdot \frac{4}{15}$

Man darf in einer Summe und in einem Produkt zwei gebrochenen Zahlen miteinander vertauschen.

Assoziativgesetz (Verbindungsgesetz)

(1) *für die Addition*

$\left(\frac{2}{5} + \frac{1}{4}\right) + \frac{3}{10} = \frac{2}{5} + \left(\frac{1}{4} + \frac{3}{10}\right)$

(2) *für die Multiplikation*

$\left(\frac{3}{7} \cdot \frac{4}{9}\right) \cdot \frac{5}{8} = \frac{3}{7} \cdot \left(\frac{4}{9} \cdot \frac{5}{8}\right)$

Man darf in einer Summe und in einem Produkt Klammern beliebig setzen.

Distributivgesetz (Verteilungsgesetz)

(1) *für Multiplikation und Addition*

$\frac{2}{5} \cdot \left(\frac{3}{4} + \frac{5}{8}\right) = \frac{2}{5} \cdot \frac{3}{4} + \frac{2}{5} \cdot \frac{5}{8}$

(2) *für Multiplikation und Subtraktion*

$\frac{2}{5} \cdot \left(\frac{3}{4} - \frac{5}{8}\right) = \frac{2}{5} \cdot \frac{3}{4} - \frac{2}{5} \cdot \frac{5}{8}$

Übungen

6. Rechne vorteilhaft.

a) $\frac{9}{14} + \frac{7}{20} + \frac{3}{20}$; $\frac{2}{9} + \frac{1}{9} + \frac{5}{12}$; $\frac{1}{20} + \frac{7}{24} + \frac{11}{24}$

b) $\frac{3}{25} + \frac{7}{15} + \frac{2}{25}$; $\frac{1}{10} + \frac{1}{15} + \frac{7}{10}$; $\frac{5}{12} + \frac{3}{14} + \frac{1}{12}$

c) 2,5 + 3,8 + 6,2; 2,1 + 5,4 + 7,9; 6,5 + 5,7 + 5,3

d) 0,42 + 0,58 + 0,8; 0,47 + 0,53 + 0,38; 0,19 + 0,27 + 0,51

7. Rechne vorteilhaft.

a) $\frac{6}{25} \cdot \frac{8}{7} \cdot \frac{5}{3}$; $\frac{20}{21} \cdot \frac{9}{11} \cdot \frac{7}{10}$

b) $\frac{13}{7} \cdot \frac{9}{40} \cdot \frac{10}{9}$; $\frac{9}{5} \cdot \frac{11}{8} \cdot \frac{4}{11}$

c) 0,5 · 1,9 · 4; 0,2 · 7,9 · 0,5; 0,2 · 0,7 · 50

d) 2,5 · 0,7 · 4; 0,4 · 3,4 · 2,5; 0,25 · 8,7 · 0,4

8. Rechne vorteilhaft. Beachte Kommutativ- und Assoziativgesetz.

a) $\frac{4}{4} + \frac{3}{9} + \frac{5}{4}$ c) $\frac{3}{8} \cdot \left(\frac{5}{7} \cdot \frac{3}{8}\right)$ e) (0,97 + 2,4) + 0,03 g) (2,5 · 1,77) · 0,4

b) $\left(\frac{7}{6} + \frac{3}{5}\right) + \frac{5}{6}$ d) $\left(\frac{15}{8} \cdot \frac{7}{11}\right) \cdot \frac{16}{25}$ f) (5,5 + 6,849) + 0,151 h) (12,5 · 1,35) · 0,8

9. a) $\frac{8}{15} + \frac{10}{21} + \frac{2}{15} + \frac{4}{21}$ b) $\frac{4}{9} \cdot \frac{7}{8} \cdot \frac{9}{2} \cdot \frac{4}{7}$ c) $\frac{1}{3} + \frac{3}{8} + \frac{1}{6} + \frac{1}{8}$ d) $3\frac{3}{4} \cdot \frac{12}{25} \cdot 4\frac{1}{6} \cdot \frac{8}{15}$

10. Berechne und vergleiche. Was stellst du fest?

a) $\left(\frac{1}{2} - \frac{1}{4}\right) - \frac{1}{8}$ und $\frac{1}{2} - \left(\frac{1}{4} - \frac{1}{8}\right)$ b) (7,8 – 3,2) – 1,9 und 7,8 – (3,2 – 1,9)

GLEICHUNGEN MIT GEBROCHENEN ZAHLEN

Einstieg

Für die Lösung eines Zahlenrätsels hat Sarah ein Pfeilbild gezeichnet.

→ Schreibe das Zahlenrätsel in Worten auf.

→ Löse das Zahlenrätsel durch Rückwärtsrechnen.

$Z \xrightarrow{\cdot 2} \square \xrightarrow{+\frac{1}{2}} 3$

Aufgabe

1. Felix denkt sich eine gebrochene Zahl.
Er multipliziert diese Zahl mit $\frac{1}{2}$ und addiert danach $\frac{5}{8}$. Als Ergebnis erhält er $\frac{3}{4}$.
Welche Zahl hat er sich gedacht? Stelle auch eine Gleichung auf.
Überprüfe mithilfe einer Probe.

Lösung

(1) *Aufstellen einer Gleichung*

Ich denke mir eine Zahl:	x
Multipliziere mit $\frac{1}{2}$:	$x \cdot \frac{1}{2}$
Addiere dazu $\frac{5}{8}$:	$x \cdot \frac{1}{2} + \frac{5}{8}$
Als Ergebnis erhalte ich:	$\frac{3}{4}$

Gleichung: $x \cdot \frac{1}{2} + \frac{5}{8} = \frac{3}{4}$

(2) *Bestimmen der gesuchten Zahl durch Rückwärtsrechnen*

$x \xrightarrow{\cdot \frac{1}{2}} \square \xrightarrow{+\frac{5}{8}} \frac{3}{4}$

$\frac{1}{4} \xleftarrow{:\frac{1}{2}} \boxed{\frac{1}{8}} \xleftarrow{-\frac{5}{8}} \frac{3}{4}$

Rechne schrittweise rückwärts:

1. Schritt: $\frac{3}{4} - \frac{5}{8} = \frac{6}{8} - \frac{5}{8} = \frac{1}{8}$

2. Schritt: $\frac{1}{8} : \frac{1}{2} = \frac{1}{8} \cdot \frac{2}{1} = \frac{2}{8} = \frac{1}{4}$

Ergebnis: Felix hat sich die Zahl $\frac{1}{4}$ gedacht.

Probe, ob $\frac{1}{4}$ eine Lösung der Gleichung $x \cdot \frac{1}{2} + \frac{5}{8} = \frac{3}{4}$ ist:

LS:	RS:
$\frac{1}{4} \cdot \frac{1}{2} + \frac{5}{8}$ $= \frac{1}{8} + \frac{5}{8}$ $= \frac{6}{8} = \frac{3}{4}$	$\frac{3}{4}$

Beide Seiten stimmen überein, also ist $\frac{1}{4}$ die gesuchte Zahl.

Aufgabe

2. Bestimme die Lösung der Gleichung $\frac{x}{3} = \frac{4}{5}$.

Lösung

1. Weg: $\frac{x}{3} = \frac{4}{5}$ (gleichnamig machen)

$\frac{x \cdot 5}{3 \cdot 5} = \frac{4 \cdot 3}{5 \cdot 3}$

Zwei gleichnamige Brüche sind gleich, wenn auch die Zähler übereinstimmen:

$x \cdot 5 = 12$

$x \xrightarrow{\cdot 5} 12$

$\frac{12}{5} \xleftarrow{:5} 12$

Lösung: $\frac{12}{5}$

2. Weg: $\frac{x}{3} = \frac{4}{5}$ (Bruchstrich bedeutet dividieren)

Pfeilbild: $x \xrightarrow{:3} \frac{4}{5}$

$\frac{12}{5} \xleftarrow{\cdot 3} \frac{4}{5}$

Lösung: $\frac{12}{5}$

Wiederholung

Eine Zahl heißt **Lösung** einer Gleichung, wenn nach dem Einsetzen dieser Zahl für die Variable eine *wahre* Aussage entsteht.

Beispiel: $\frac{2}{3}$ ist Lösung der Gleichung $6 \cdot x = 4$, denn $6 \cdot \frac{2}{3} = \frac{12}{3} = 4$ ist eine wahre Aussage.

Mithilfe einer **Probe** überprüft man, ob eine Zahl Lösung einer Gleichung ist. Dazu setzt man die Zahl in die Gleichung ein. Dann rechnet man beide Seiten der Gleichung getrennt aus und vergleicht.

Zum Festigen und Weiterarbeiten

3. Zeichne für die Gleichung ein Pfeilbild. Löse die Gleichung durch schrittweises Rückwärtsrechnen. Führe auch eine Probe durch.

a) $a + \frac{1}{4} = \frac{2}{3}$ **b)** $t \cdot \frac{1}{3} - \frac{1}{2} = \frac{1}{6}$ **c)** $x \cdot \frac{2}{3} - \frac{5}{6} = \frac{3}{2}$ **d)** $\frac{x}{4} = \frac{2}{3}$

4. Bestimme die Lösung der Gleichung. Du kannst ein Pfeilbild wie im Beispiel benutzen.

a) $5 \cdot (x - 1) = 20$ **c)** $\frac{2}{5} \cdot \left(z - \frac{1}{2}\right) = \frac{3}{5}$

b) $6 \cdot \left(a + \frac{1}{3}\right) = 18$ **d)** $\frac{2}{3} \cdot \left(x + \frac{3}{4}\right) = \frac{3}{4}$

Gleichung $4 \cdot \left(x + \frac{1}{2}\right) = 8$

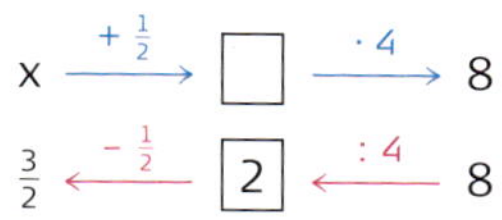

$x = \frac{3}{2}$

5. Bestimme die Lösung der Gleichung wie im Beispiel.

a) $\frac{6}{x} = \frac{3}{4}$ **d)** $\frac{3}{t} = \frac{6}{7}$

b) $\frac{8}{z} = 6$ **e)** $\frac{5}{b} = \frac{2}{5}$

c) $\frac{4}{a} = \frac{1}{2}$ **f)** $\frac{7}{x} = \frac{3}{5}$

$$\frac{4}{x} = \frac{2}{3}$$
$$\frac{3 \cdot 4}{3 \cdot x} = \frac{2 \cdot x}{3 \cdot x}$$
$$3 \cdot 4 = 2 \cdot x$$

Lösung: $x = 6$

6. Bestimme die Lösung der Gleichung. Führe auch die Probe durch.

a) $x \cdot 1{,}2 = 5{,}4$ **b)** $x \cdot 0{,}8 + 1{,}2 = 4{,}4$ **c)** $1{,}5\,(a + 2{,}5) = 7{,}5$ **d)** $0{,}2\,(b - 1{,}3) = 0{,}5$

Übungen

7. Welche der Zahlen $\frac{4}{15}$; $\frac{2}{3}$; $\frac{1}{9}$; $\frac{11}{6}$; $\frac{9}{4}$ erfüllt die Gleichung? Prüfe durch Einsetzen.

a) $x + \frac{5}{3} = \frac{16}{9}$ **b)** $x - \frac{3}{4} = \frac{3}{2}$ **c)** $y \cdot \frac{3}{8} = \frac{1}{10}$ **d)** $z : \frac{2}{7} = \frac{7}{3}$

8. Bestimme die Lösung. Du kannst auch ein Pfeilbild verwenden. Führe auch die Probe durch.

a) $x + \frac{5}{6} = \frac{4}{3}$ **d)** $x : \frac{5}{12} = \frac{4}{15}$ **g)** $x \cdot 0{,}4 = 4{,}8$ **j)** $x \cdot \frac{2}{3} - \frac{3}{2} = \frac{1}{6}$

b) $x \cdot \frac{7}{8} = \frac{9}{4}$ **e)** $x + 0{,}8 = 1{,}3$ **h)** $x : 1{,}3 = 0{,}3$ **k)** $z : \frac{5}{8} + \frac{4}{5} = 2$

c) $x - \frac{1}{2} = \frac{3}{5}$ **f)** $x - 2{,}2 = 5{,}9$ **i)** $x \cdot 0{,}6 - 0{,}4 = 0{,}8$ **l)** $y \cdot \frac{2}{3} + \frac{5}{8} = \frac{25}{24}$

9. Bestimme die Lösung.

a) $\frac{x}{4} = \frac{5}{6}$ **b)** $\frac{x}{5} = \frac{4}{25}$ **c)** $\frac{y}{7} = \frac{9}{14}$ **d)** $\frac{y}{9} = \frac{4}{15}$

10. Löse die Gleichung.

a) $\frac{2}{t} = 5$ **b)** $\frac{1}{x} = \frac{4}{5}$ **c)** $\frac{3}{y} = \frac{6}{5}$ **d)** $\frac{6}{x} = \frac{5}{2}$

11. Bestimme die Lösung der Gleichung. Führe auch die Probe durch.

a) $2 \cdot (x + 2) = 5$ **c)** $\frac{3}{5} \cdot \left(y - \frac{1}{3}\right) = 1$ **e)** $3 \cdot (x + 0{,}2) = 4{,}8$

b) $3 \cdot \left(a - \frac{1}{2}\right) = \frac{3}{4}$ **d)** $\frac{3}{4} \cdot \left(x - \frac{4}{3}\right) = \frac{5}{8}$ **f)** $1{,}2 \cdot (b - 0{,}5) = 3$

12. Lina denkt sich eine Zahl. Bestimme die gedachte Zahl und prüfe.

a) Sie addiert zu dieser Zahl $\frac{3}{5}$ und erhält $\frac{5}{3}$.

b) Sie subtrahiert von dieser Zahl $\frac{5}{6}$ und erhält $\frac{3}{8}$.

c) Sie multipliziert diese Zahl mit 0,7 und erhält 5,25.

d) Sie dividiert diese Zahl durch 3 und addiert zu dem Quotienten 1,6. Das Ergebnis ist 2.

e) Sie multipliziert diese Zahl mit 0,4 und subtrahiert 0,44 von diesem Produkt. Das Ergebnis ist 0,6.

13. Stelle eine Gleichung auf und bestimme die gedachte Zahl.

a) Dividiere die gedachte Zahl durch 3. Das Ergebnis ist $\frac{2}{9}$.

b) Dividiere 2 durch die gedachte Zahl. Das Ergebnis ist $\frac{1}{5}$.

c) Subtrahiere $\frac{3}{4}$ von der gedachten Zahl und multipliziere die Differenz mit $\frac{2}{9}$. Das Ergebnis ist $\frac{1}{9}$.

d) Addiere $\frac{1}{4}$ zu der gedachten Zahl und multipliziere die Summe mit $\frac{2}{5}$. Du erhältst $\frac{3}{10}$.

14. Notiere für die Gleichung ein Zahlenrätsel. Bestimme auch die gesuchte Zahl.

a) $4 \cdot a + 3 = 9$ **b)** $1{,}5 \cdot (b - 0{,}6) = 5{,}4$ **c)** $\frac{1}{2} \cdot \left(x + \frac{1}{3}\right) = \frac{3}{4}$

15. Björn ist Mitglied im Fußballverein und zahlt in einer Saison 31,20 € Mitgliedsbeitrag. Bei jedem Spiel des Vereins zahlt er einen ermäßigten Eintrittspreis von 9,35 €. Am Ende der Saison hatte er für Mitgliedsbeitrag und Eintrittspreise insgesamt 143,40 € ausgegeben.
Wie viele Spiele seines Vereins hat Björn in dieser Saison besucht?

16. Bestimme die Lösung der Gleichung. Führe auch die Probe durch.

a) $p - 35{,}1 = 243{,}76$ **c)** $r : 19{,}4 = 0{,}7$ **e)** $t : 8{,}2 + 16{,}2 = 49{,}69$

b) $q \cdot 0{,}08 = 0{,}432$ **d)** $s + 98 = 145{,}36$ **f)** $u \cdot 100 - 316{,}07 = 104{,}96$

17. Martina hat zu ihrem Geburtstag einen Gutschein im Wert von 12,50 € geschenkt bekommen. Im Sportgeschäft kauft sie sich acht neue Inliner-Rollen. Nach Einlösen des Gutscheins muss sie noch 49,90 € bezahlen. Wie viel kostet eine Inliner-Rolle?

18. Jannik denkt sich eine Zahl.

a) Er multipliziert mit 0,7 und erhält 5,25.

b) Er dividiert durch 3 und addiert zu dem Quotienten 1,2. Das Ergebnis ist 2.

c) Er subtrahiert 0,25 und multipliziert die Differenz mit 0,8. Das Ergebnis ist 0,3.

19. Noras Eltern fahren mit dem Taxi. Der Taxifahrer nimmt eine Grundgebühr von 2,80 € und für jeden gefahrenen Kilometer 1,20 €. Sie zahlen insgesamt 10,60 €.
Wie viel Kilometer haben Noras Eltern zurückgelegt?

VERGLEICH DER ZAHLENBEREICHE ℕ UND $\mathbb{Q}_+$

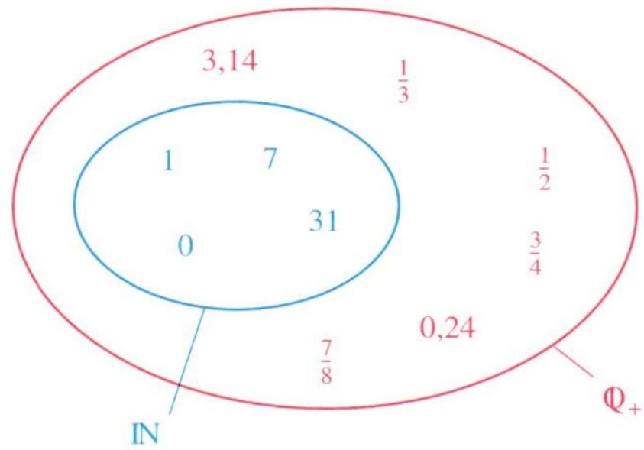

Du hast bisher zwei Zahlenbereiche kennen gelernt:
die *Menge der natürlichen Zahlen*, kurz ℕ;
die *Menge der gebrochenen Zahlen*, kurz $\mathbb{Q}_+$.
Du weißt: Jede natürliche Zahl ist auch eine gebrochene Zahl, also ist ℕ eine Teilmenge von $\mathbb{Q}_+$. Die Zahlen 0, 7 und 100 sind z. B. natürliche Zahlen und damit auch gebrochene Zahlen.
Aber nicht jede gebrochene Zahl ist auch eine natürliche Zahl. Die Zahlen $\frac{3}{4}$ und $\frac{12}{5}$ sind gebrochene Zahlen aber keine natürlichen Zahlen. Die Menge $\mathbb{Q}_+$ geht über die Menge ℕ hinaus. Mithilfe von gebrochenen Zahlen kann man Anteile an einem Ganzen angeben. Das ist mit natürlichen Zahlen nicht möglich. Auch zur Angabe von Längen z. B. zwischen 1 m und 2 m wie $1\frac{2}{3}$ m reichen die natürlichen Zahlen nicht aus.

Aufgabe

1. Suche

a) eine natürliche Zahl
(1) zwischen den natürlichen Zahlen 2 und 5;
(2) zwischen den natürlichen Zahlen 8 und 9.

b) eine gebrochene Zahl
(1) zwischen den gebrochenen Zahlen $\frac{1}{10}$ und $\frac{6}{10}$;
(2) zwischen den gebrochenen Zahlen $\frac{8}{10}$ und $\frac{9}{10}$.

Lösung

a)

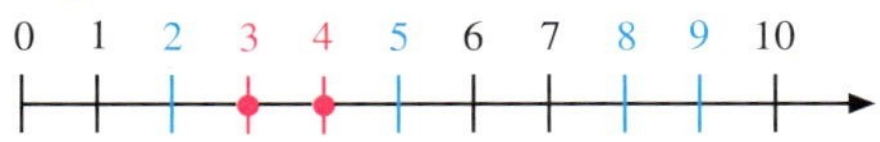

(1) Zwischen den natürlichen Zahlen 2 und 5 liegen die natürlichen Zahlen 3 und 4.
(2) Zwischen den natürlichen Zahlen 8 und 9 findest du *keine* natürliche Zahl.

b)

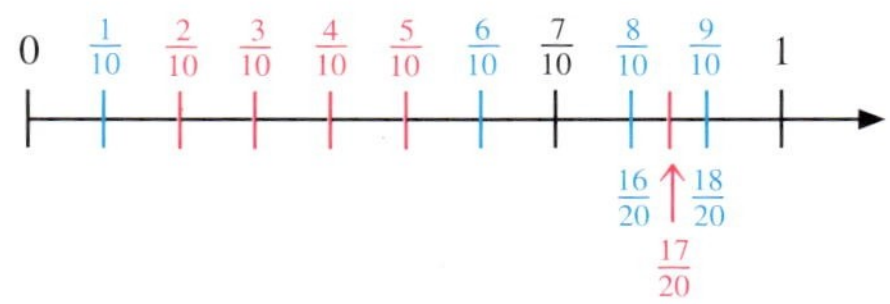

(1) Zwischen den gebrochenen Zahlen $\frac{1}{10}$ und $\frac{6}{10}$ findest du leicht mehrere gebrochene Zahlen, zum Beispiel die gebrochene Zahl $\frac{3}{10}$.
(2) Zwischen den gebrochenen Zahlen $\frac{8}{10}$ und $\frac{9}{10}$ findest du zwar keine gebrochene Zahl mit dem Nenner 10, aber zum Beispiel die gebrochene Zahl $\frac{17}{20}$.

Zum Festigen und Weiterarbeiten

2. *Beliebig viele Zahlen zwischen zwei gebrochenen Zahlen*
Erweitere die Brüche $\frac{8}{10}$ und $\frac{9}{10}$ so, dass du zwischen $\frac{8}{10}$ und $\frac{9}{10}$
a) mindestens 2; **b)** mindestens 9; **c)** mindestens 1000 gebrochene Zahlen
leicht angeben könntest.

Information

Zwischen zwei verschiedenen natürlichen Zahlen findest du *nicht immer* eine weitere natürliche Zahl.
Zwischen zwei verschiedenen gebrochenen Zahlen findest du *immer* eine gebrochene Zahl, sogar beliebig viele.

3. *Ausführbarkeit der Division in $\mathbb{N}$ und $\mathbb{Q}_+$*

(1) $12 : 3$ (3) $\frac{1}{2} : \frac{3}{4}$ (5) $\frac{2}{3} : \frac{1}{9}$ (7) $0 : \frac{4}{7}$ (9) $0 : 0$

(2) $14 : 5$ (4) $\frac{3}{5} : 6$ (6) $0 : 11$ (8) $\frac{4}{9} : 0$ (10) $8 : 0$

a) In welchen Fällen kann man nicht dividieren? Begründe.

b) In welchen Fällen ist der Quotient eine (1) natürliche Zahl; (2) gebrochene Zahl?

Durch 0 kann man nicht dividieren.
In allen anderen Fällen gilt:
Der Quotient zweier natürlicher Zahlen ist *nicht immer* eine natürliche Zahl (d. h. die Division ist in der Menge der natürlichen Zahlen nicht immer ausführbar).
Der Quotient zweier gebrochener Zahlen ist *immer* eine gebrochene Zahl (d. h. die Division ist in der Menge der gebrochenen Zahlen immer ausführbar).

Übungen

4. Untersucht mithilfe geeigneter Beispiele, ob die Addition, Subtraktion, Multiplikation in $\mathbb{N}$ bzw. $\mathbb{Q}_+$ immer ausführbar ist. Begründet eure Entscheidung.

5. Gib zwei gebrochene Zahlen an, die zwischen den beiden gebrochenen Zahlen liegen.

a) $\frac{2}{5}$ und $\frac{4}{5}$ **b)** 1 und $\frac{3}{5}$ **c)** $\frac{1}{3}$ und $\frac{5}{6}$ **d)** 0 und $\frac{1}{8}$ **e)** $\frac{1}{10}$ und $\frac{1}{11}$ **f)** $2\frac{1}{4}$ und $2\frac{1}{3}$

6. Setze im Heft für x jeweils eine passende Zahl ein. Zu welcher Zahlenmenge gehört die Lösung?

(1) $6 \cdot x = 24$ (2) $x \cdot 5 = 13$ (3) $x \cdot 7 = 12$ (4) $13 \cdot x = 17$

7. a) Gibt es eine (1) kleinste, (2) größte natürliche Zahl?

b) Gibt es eine (1) kleinste, (2) größte gebrochene Zahl?

8. Welche Ergebnisse kann man nicht berechnen. Begründe.

$\frac{7}{6} + 0$; $\frac{7}{6} - \frac{7}{6}$; $\frac{7}{6} + 3$; $\frac{7}{6} - 1{,}5$; $\frac{7}{6} - 2$; $\frac{7}{6} : 0$; $0 \cdot \frac{7}{6}$; $0 : \frac{7}{6}$; $\frac{7}{6} : 100$

9. Welche Zahl liegt genau in der Mitte von

a) 2 und 8; **b)** 4 und 5; **c)** $\frac{1}{2}$ und 1; **d)** $\frac{1}{6}$ und $\frac{1}{5}$; **e)** $3\frac{1}{3}$ und $5\frac{1}{2}$; **f)** $1\frac{3}{4}$ und $2\frac{1}{4}$?

10. Alexander stellt ein Zahlenrätsel: „Ich denk mir eine natürliche Zahl. Wenn ich die Zahl vervierfache und 4 addiere erhalte ich 30."
Robert behauptet, dass es eine solche Zahl nicht gibt.
Stelle eine Gleichung auf. Bestimme die gedachte Zahl. Erläutere die Aussage von Robert.

11. Notiere jeweils drei Gleichungen, deren Lösung (1) eine natürliche Zahl, (2) keine natürliche Zahl ist.

AUSBLICK AUF NEGATIVE ZAHLEN

Einstieg

- → Welche Bedeutung haben die Zahlenangaben?
- → Gebt weitere Beispiele an, bei denen solche Minuszahlen (negative Zahlen) verwendet werden.

Aufgabe

1. Für eine Wetterbeobachtung hat Moritz an einem Wintertag das Thermometer im Garten zu verschiedenen Zeitpunkten abgelesen.

a) Was kannst du den Abbildungen entnehmen?

b) Wann hätte man 0 °C auf dem Thermometer ablesen können?

c) Moritz möchte die von ihm um 9:00 Uhr in Sangerhausen gemessene Temperatur von – 2 °C mit der an anderen Orten vergleichen.
In einer Radiomeldung wird die Temperatur an verschiedenen Orten um 9:00 Uhr genannt:

Ort	Halberstadt	Naumburg	Halle	Berlin	Stendal
Temperatur (in °C)	– 5,5	– 1	+ 1	+ 6	+ 3,5

Zeichne ins Heft eine gerade Temperaturskala von – 7 °C bis + 7 °C.
Wähle 1 cm für 1 °C. Markiere anschließend die angegebenen Temperaturen. Notiere auch die Orte.

Lösung

a)

Zeit	8:00 Uhr	12:00 Uhr	16:00 Uhr
Temperatur	– 5 °C 5 °C unter null 5 Grad minus	7 °C 7 °C über null 7 Grad plus	– 2 °C 2 °C unter null 2 Grad minus

b) Zwischen 8:00 Uhr und 12:00 Uhr muss das Thermometer 0 °C erreicht haben, da in diesem Zeitraum die Temperatur von Minusgraden zu Plusgraden gestiegen ist. Ebenso hat das Thermometer zwischen 12:00 Uhr und 16:00 Uhr die Temperatur 0 °C angezeigt.

c)

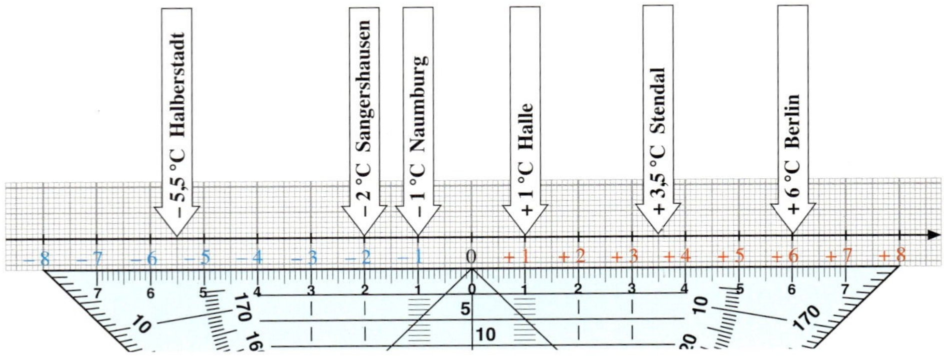

Information

Negative Zahlen

In der Aufgabe 1 kommen Angaben vor, die wir mit den bisher bekannten Zahlen nicht vollständig beschreiben können. Wir mussten eine zusätzliche Angabe hinzufügen, nämlich ob die Temperatur über null oder unter null (°C) liegt. Im täglichen Leben gibt es weitere Beispiele für Sachverhalte, bei denen ähnliche Zusatzinformationen gemacht werden müssen:

- Höhenangaben (über NN (Normalnull) oder darunter) (Aufgabe 2)
- Geldangaben auf Bankkonten (Haben oder Soll) (Aufgabe 3)

In der Mathematik (und teilweise auch im Alltag) unterscheidet man solche Zustände über und unter einem festgelegten Normalzustand (dem Nullpunkt) durch das Vorzeichen + (plus) oder − (minus).

– 2 gelesen: minus 2

Das Vorzeichen + wird oft weggelassen.

Wir erweitern den *Zahlenstrahl* mit den gebrochenen Zahlen

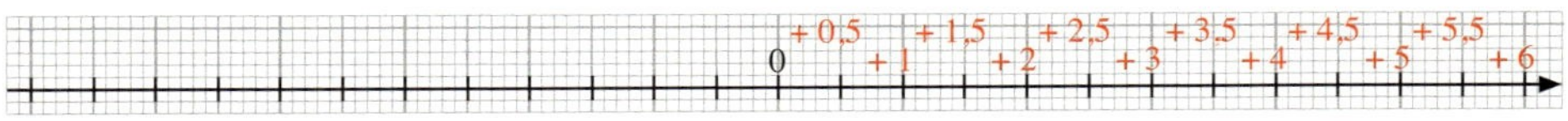

zur **Zahlengeraden**, indem wir den Zahlenstrahl an der Null spiegeln.

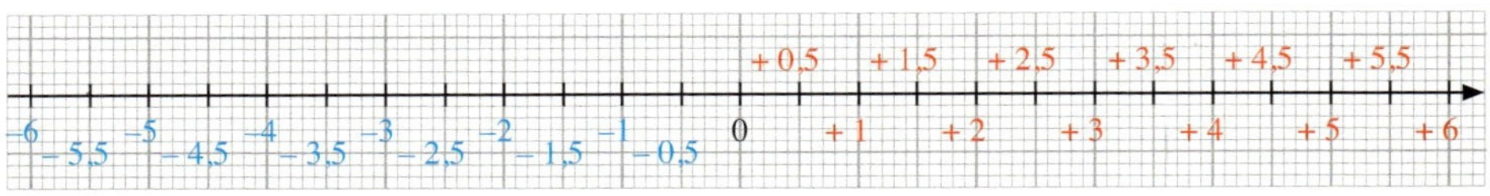

Zahlen wie −100; −15; −31; −2,5 heißen **negative Zahlen**.

Die Zahlen mit dem Vorzeichen + nennt man **positiv**, die Zahlen mit dem Vorzeichen − **negativ**. Die Zahl 0 ist weder positiv noch negativ.

Zum Festigen und Weiterarbeiten

NN = Normalnull (Mittlerer Wasserstand der Nordsee bei Amsterdam)

2.

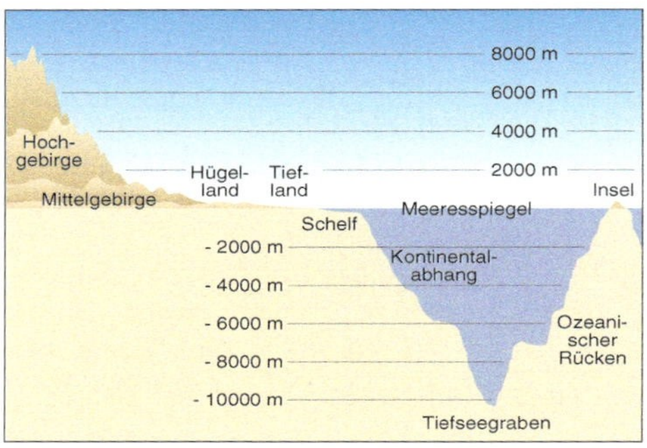

a) Betrachte die Abbildung links. Was geben hier die positiven Zahlen an, was die negativen Zahlen?

b) In der Geografie gibt man die Höhe der Zugspitze mit 2 962 m über NN (über Normalnull) an. Erläutere.

Haben:
Der Kontoinhaber hat Geld auf dem Konto.

Soll:
Der Kontoinhaber schuldet dem Geldinstitut Geld.

3. Beim Kontostand (Saldo) gibt es zwei Möglichkeiten.

Haben (**H**) bedeutet Guthaben (+).

Soll (**S**) bedeutet Schulden (–).

Drücke die Kontostände rechts mithilfe der Vorzeichen + und – aus.

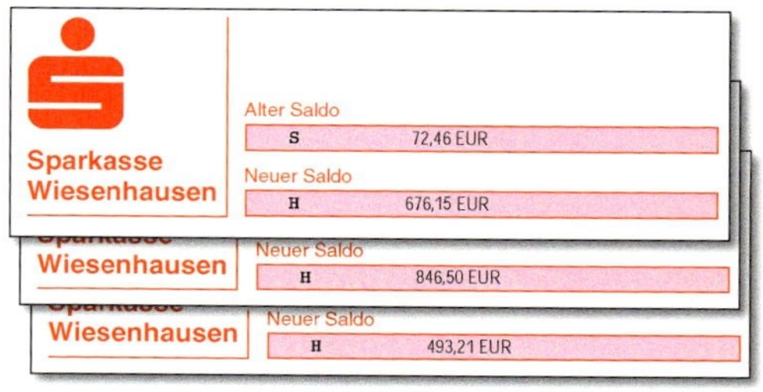

4. Lies die Temperaturen ab.

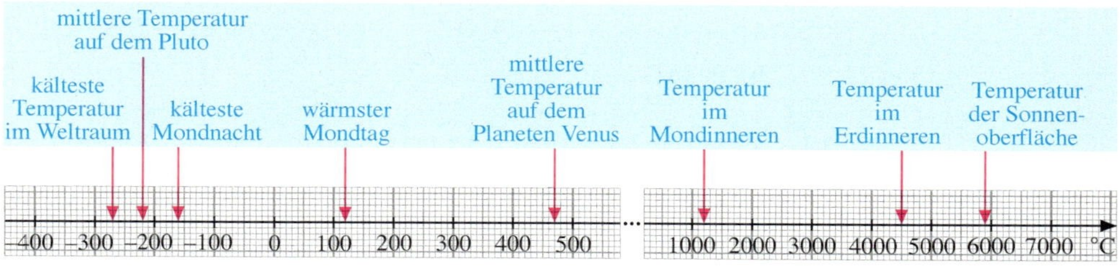

5. Zeichne eine Temperaturskala und trage folgende Werte ein. Wähle 1 cm für 1 °C bei den Teilaufgaben a) und b); wähle 1 cm für 10 °C bei Teilaufgabe c).
Benutze dein Geodreieck zum Eintragen.

a) 7 °C; –4 °C; 0 °C; 6 °C; –3 °C; –6 °C; 8 °C

b) 2 °C; –3 °C; –5 °C; 7 °C; –1 °C; 0 °C

c) 12,5 °C; –23 °C; 0 °C; 36,5 °C; –32,5 °C; –5,2 °C

Übungen

6. a) Was bedeuten die Zahlen +8; –8; –5; 0; –2; +2 bei
(1) einem Thermometer; (2) Höhenangaben; (3) einem Kontoauszug?

b) Drücke mithilfe von Vorzeichen aus:

(1) 180 m über Normalnull
(2) 270 m unter Normalnull
(3) 12 °C unter null
(4) 23 °C über null
(5) 180 € Soll
(6) 270 € Haben

7. Ergänze auf der Zahlengeraden die Punkte für +1; –1; –2; +5,5; –4; –4,5; –5,5; –3; +6,5.

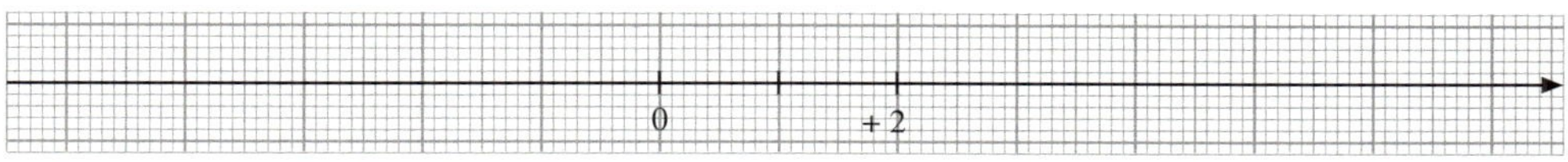

8. Auf der Zahlengeraden sind Zahlen durch Pfeile markiert. Notiere diese Zahlen.

a)

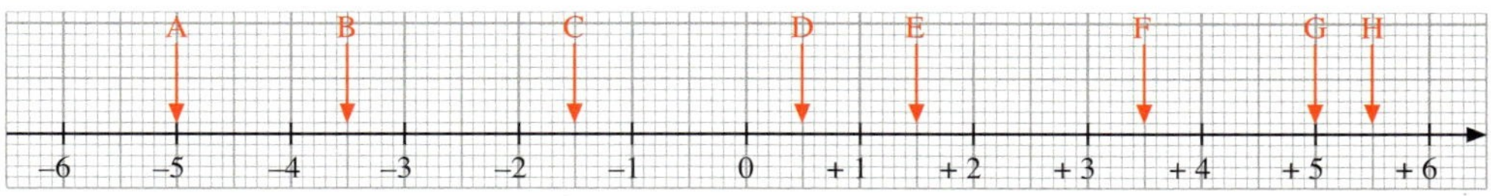

b)

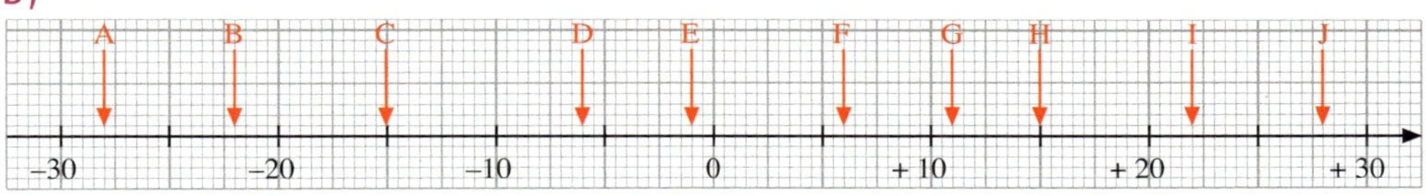

9. Ordne die Zahlen aus dem Lösungssack links den richtigen Stellen an der Zahlengeraden zu.

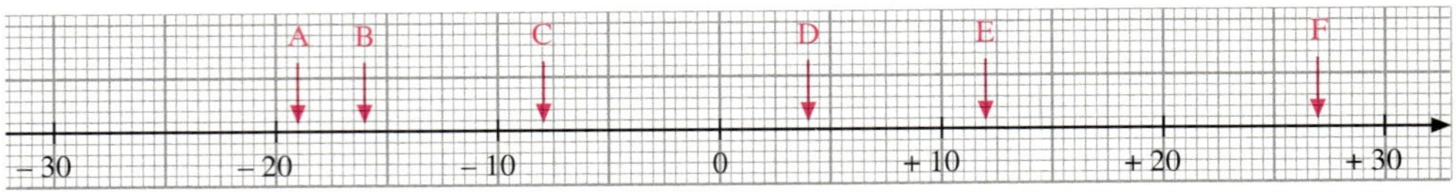

10. Zeichne jeweils eine Zahlengerade und markiere die Zahlen an der Zahlengeraden. Achte auf eine geeignete Einteilung der Zahlengeraden.

a) −7; +3; +1; −11; +5

b) +110; −50; 60; −10; 70

c) −6,5; 1,5; +4; −3,5; −0,5; +2,5

d) 4,3; −2,1; 3,8; −2,4; −4,4; −0,8

11. Anna hat Zahlen markiert und ihre Freundin Lea gebeten, das Blatt zu korrigieren.

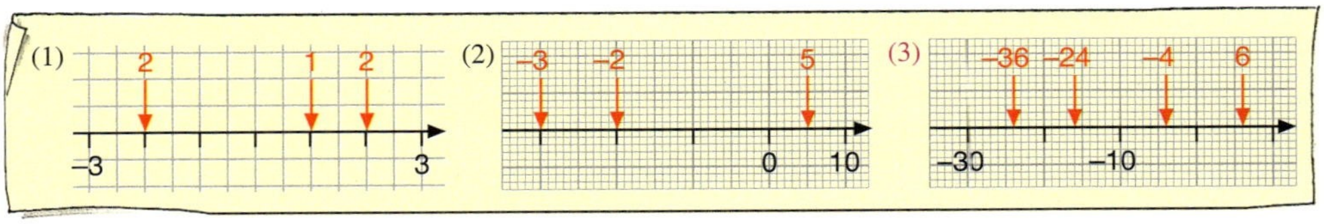

12. Sowohl die Gipfel der höchsten Berge auf der Erde als auch die Rinnen der Tiefseegräben sind nur wenige Kilometer von Normalnull entfernt.
Zum Vergleich: Der Radius der Erdkugel beträgt ungefähr 6 400 km.

Höhe einiger Berge		Tiefe einiger Tiefseegräben	
Mount Everest	8 850 m	Marianengraben	11 034 m
Kilimandscharo	5 955 m	Philippinengraben	10 540 m
Mont Blanc	4 807 m	Puerto-Rico-Graben	9 219 m
Matterhorn	4 478 m	Caymangraben	7 680 m
Zugspitze	2 962 m	Perugraben	6 262 m

a) Suche die Berge und Tiefseegräben im Atlas.
Unterscheide Angaben für Berge und Tiefseegräben durch Vorzeichen voneinander. Trage sie dazu auf einer gemeinsamen Skala ein.
Hinweis: Runde zunächst geeignet.

b) Stellt euch gegenseitig Fragen und beantwortet sie.

13. Nenne drei

a) positive Zahlen;

b) negative Zahlen;

c) natürliche Zahlen;

d) gebrochene Zahlen;

e) positive oder negative Zahlen.

14. Was ist mit den folgenden Zeitungsausschnitten gemeint?

Firma FLOTTIVA schreibt wieder schwarze Zahlen

Verein Waldeslust kommt aus den roten Zahlen nicht heraus

15. Sucht in der Zeitung oder im Internet nach einem Artikel, in dem negative und positive Zahlen vorkommen. Beschreibt, was die negativen Zahlen dabei bedeuten.

BIST DU FIT?

1. Berechne den Term.

a) $\frac{5}{12} \cdot \left(\frac{8}{15} - \frac{2}{5}\right)$ **d)** $(9{,}35 + 12{,}88) \cdot (12{,}1 - 7{,}44)$ **g)** $8\frac{1}{2} - \left(3\frac{3}{4} + 2\frac{5}{8}\right)$

b) $\left(\frac{7}{20} + \frac{3}{4}\right) : \frac{11}{25}$ **e)** $0{,}63 : 0{,}9 + 1{,}25$ **h)** $\left(4\frac{2}{3} - 1\frac{5}{6}\right) \cdot \frac{9}{17}$

c) $\frac{4}{9} + \frac{2}{3} \cdot \frac{9}{10}$ **f)** $1{,}65 : 0{,}5 - 0{,}46 : 0{,}2$ **i)** $4\frac{3}{5} : \left(5\frac{1}{2} + 3\frac{7}{10}\right)$

2. Berechne. Ordne die Ergebnisse der Größe nach.

(1) $\frac{1}{3} \cdot \left(\frac{3}{4} + \frac{1}{8}\right)$ (2) $\frac{1}{3} \cdot \left(\frac{3}{4} - \frac{1}{8}\right)$ (3) $\frac{1}{3} \cdot \left(\frac{3}{4} \cdot \frac{1}{8}\right)$ (4) $\frac{1}{3} \cdot \left(\frac{3}{4} : \frac{1}{8}\right)$

3. Rechne vorteilhaft. Beachte die Rechengesetze.

a) $0{,}8 + 1{,}2 \cdot 0{,}5$ **c)** $2{,}5 \cdot 1{,}77 \cdot 0{,}4$ **e)** $5{,}41 : 0{,}8 - 1{,}41 : 0{,}8$

b) $0{,}35 \cdot 0{,}27 + 0{,}35 \cdot 0{,}73$ **d)** $2{,}4 \cdot (0{,}71 + 1{,}29)$ **f)** $0{,}56 : 0{,}7 + 3{,}2$

4. Bestimme die fehlende Zahl. Denke an die Probe.

a) $4 \cdot a = 10$ **d)** $x - \frac{3}{8} = \frac{1}{4}$ **g)** $a \cdot 1{,}2 + 1{,}7 = 7{,}1$ **j)** $3(x + 1{,}2) = 4{,}8$

b) $3 \cdot x = \frac{6}{5}$ **e)** $a + 1{,}3 = 4{,}2$ **h)** $y \cdot \frac{1}{3} - \frac{1}{2} = \frac{3}{4}$ **k)** $\frac{b}{3} = \frac{4}{6}$

c) $0{,}8 \cdot t = 3{,}2$ **f)** $8{,}2 - b = 5{,}6$ **i)** $\frac{2}{3} \cdot \left(x + \frac{1}{4}\right) = \frac{4}{9}$ **l)** $\frac{4}{z} = \frac{2}{3}$

5. Rechne und kontrolliere.

a) Welche Zahl muss man zu $\frac{3}{4}$ addieren, um $5\frac{1}{2}$ zu erhalten?

b) Von welcher Zahl muss man $\frac{1}{8}$ subtrahieren, um $4\frac{1}{2}$ zu erhalten?

c) Mit welcher Zahl muss man $\frac{2}{5}$ multiplizieren, um 1 zu erhalten?

d) Welche Zahl muss man durch $\frac{5}{8}$ dividieren, um $\frac{5}{8}$ zu erhalten?

6. **a)** Verdoppele das Produkt der Zahlen $3\frac{1}{2}$ und $\frac{8}{9}$.

b) Addiere das Produkt der Zahlen $\frac{2}{3}$ und $\frac{3}{4}$ zu dem Produkt der Zahlen $\frac{1}{2}$ und $\frac{5}{6}$.

c) Multipliziere die Summe der Zahlen $\frac{5}{6}$ und $\frac{2}{3}$ mit dem Produkt der Zahlen $\frac{4}{5}$ und $2\frac{1}{2}$.

7. **a)** Wie viel Apfelsaft enthält eine Kiste mit 12 Flaschen zu je $\frac{3}{4}$ *l*?

b) Wie viel Wein erhält eine Kiste mit 6 Flaschen zu je $\frac{7}{10}$ *l*?

c) Wie viel Mineralwasser erhält eine Kiste mit 12 Flaschen zu je $\frac{7}{10}$ *l*?

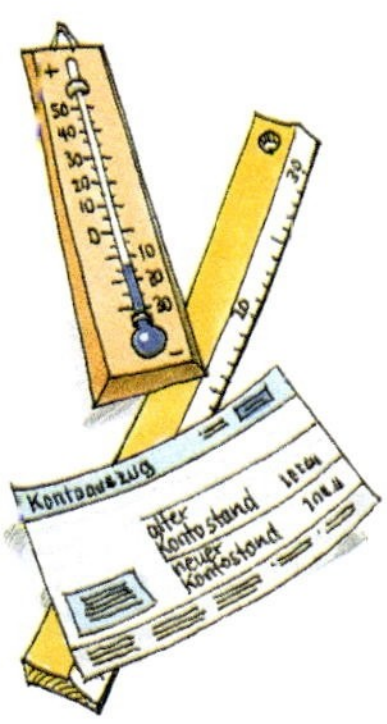

8. Was bedeuten die Zahlen +12; −21; +17; −3; 0

a) beim Thermometer; **b)** bei Höhenangaben; **c)** auf einem Kontoauszug?

9. Lies die Zahlen von den zwei verschiedenen Zahlengeraden ab.

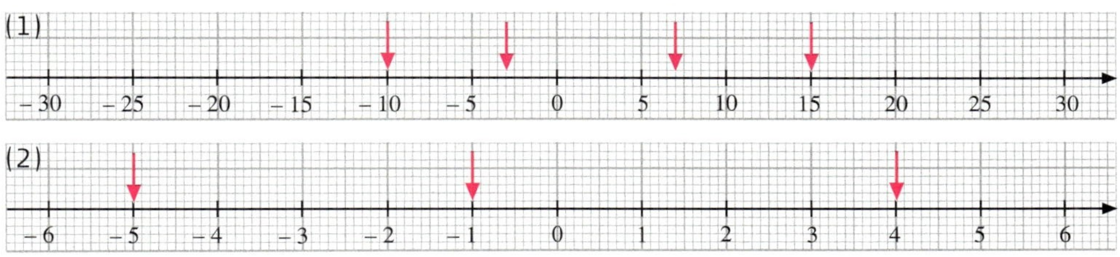

PROJEKT: SPIELE MIT GEBROCHENEN ZAHLEN

Vorschlag 1:
Bruchwürfelspiel

Das Würfelspiel „Mensch ärgere dich nicht" kann man auch mit Brüchen spielen. Stelle dir z. B. einen eigenen Würfel mit den Zahlen $\frac{1}{3}$, $\frac{1}{6}$, $\frac{1}{2}$, $\frac{1}{4}$, $\frac{2}{3}$, 1 her. Wie muss denn das passende Spielfeld dazu aussehen? Wie viele Felder darf man bei $\frac{1}{2}$ oder bei $\frac{1}{3}$ gehen? Vielleicht könnt ihr auch andere Brüche verwenden oder andere Würfelspiele mit einer Bruchskala versehen. Vielleicht fällt euch auch ein eigenes Spezialbruchspiel ein.

Du hast bisher die natürlichen Zahlen und die gebrochenen Zahlen kennen gelernt. Bei den meisten Spielen, die du aus dem Alltag kennst, werden Punkte oder Spielstände mit natürlichen Zahlen angegeben.
Gebrochene Zahlen kann man auch sehr gut zum Spielen verwenden. So sollt ihr bei diesem Projekt Spiele erfinden oder bekannte Spiele so abändern, dass man sie mit gemeinen Brüchen oder Dezimalbrüchen spielen kann. Natürlich dürft ihr auch ganz andere oder eigene Spielideen verwirklichen. Neben einer guten Idee

Vorschlag 2:
Bruchmemory

Sicher kennt ihr das normale Bildermemory. Diese Spielidee kann man gut in ein Zahlenmemory umwandeln. Ein Memorypaar besteht diesmal aus zwei gebrochenen Zahlen, die zwar denselben Wert haben, aber nicht unbedingt gleich geschrieben werden müssen (z. B. 0,3 und $\frac{3}{10}$). Man kann das auch noch schwieriger machen, indem man Memoryvierlinge herstellt; hier müssen dann vier gebrochene Zahlen den gleichen Wert haben.

Vorschlag 3:
Bruchdomino

Beim Bruchdomino werden die Spielsteine aus Karton hergestellt. Auf dem Spielstein werden zwei gebrochene Zahlen notiert. Auf den anderen Spielsteinen sollten auch gebrochene Zahlen mit dem gleichen Wert stehen. Nun dürft ihr wie beim richtigen Domino nur die Spielsteine mit der Seite aneinanderlegen, die den gleichen Wert haben.

müsst ihr aber auch gutes Spielmaterial herstellen. Fragt dazu einmal eure Kunsterzieherin oder euren Kunsterzieher. Denke auch an eine gute und genaue Spielanleitung; ohne sie wird dein Spiel nur die Hälfte wert sein; hier hilft sicherlich eure Deutschlehrerin oder euer Deutschlehrer.
Wir haben hier für euch einige Spielideen vorbereitet, die ihr aufgreifen könnt. Falls euch diese Anregungen nicht reichen, so haben wir hier einige Links ins Internet vorbereitet, die euch vielleicht weitere Ideen bringen können:
www.mathematik-heute.de

Vorschlag 4:
Bruchlegespiel

Hier müsst ihr euch zwei Spielwürfel basteln. Ihr benötigt einen gewöhnlichen Würfel, auf dessen sechs Seitenflächen aber verschiedene Brüche geschrieben sind, z. B. $\frac{1}{4}$, $\frac{1}{8}$, $\frac{1}{2}$, $\frac{3}{4}$, $\frac{3}{8}$ und 1. Ferner benötigt ihr einen zwölfflächigen Würfel, einen Dodekaeder, auf dessen Seitenflächen die Zahlen von 1 bis 12 notiert sind. Nun gibt es noch als Steine Quadrate und verschiedene Bruchteile davon, nämlich $\frac{1}{8}$, $\frac{1}{4}$, $\frac{1}{2}$ in Form von Quadraten, Rechtecken oder Dreiecken. Bei einem Wurf mit beiden Würfeln kann man das Produkt der Ergebnisse der beiden Würfel bilden. Anschließend muss man dieses Produkt mit Quadraten und den Teilen davon legen. Allerdings darf man nur so viele Steine legen, dass das Legebild zur Spielachse symmetrisch bleibt.

Vorschlag 5:
Bruchschwarzer Peter

Hier müsst ihr für eine gebrochene Zahl vier verschiedene Darstellungen finden. Diese notiert ihr auf vier Spielkarten. Insgesamt braucht ihr acht verschiedene gebrochene Zahlen in jeweils vier verschiedenen Darstellungen und einen Schwarzen Peter mit einer gebrochenen Zahl, die auf den anderen Karten nicht vorkommt. Das Spiel funktioniert wie üblich: Die Karten werden an die Mitspieler verteilt. Jeder Spieler zieht ein Blatt aus den verdeckten Karten seines rechten Nachbarn und kann ein Paar aus zwei Karten mit derselben gebrochenen Zahl abwerfen. Wer die einzelne Karte zum Schluss behält, hat verloren.

Vorschlag 6:
Bruchrechenübungsspiel

Auch hier müsst ihr euch Spielkarten anfertigen: Die Spielkarten sollen nur Brüche mit dem Nenner 2, 3, 4, 6, 12 und oder entsprechende Dezimalbrüche tragen. Wichtig ist, dass beim Addieren oder Subtrahieren der Brüche keine neuen Nenner entstehen. Nun werden die Karten der Reihe nach abgelegt und die Werte addiert oder subtrahiert. Ergibt sich nach dem Ablegen einer Karte eine natürliche Zahl als Ergebnis, so erhält der Spieler einen Punkt, der den letzten Bruch abgelegt hat. Vielleicht findest du auch eigene Spielregeln.

5 Symmetrie – Achsenspiegelung und Verschiebung

Architekten gestalten seit dem Altertum Gebäude und auch Gebäudeteile, z. B. Fenster und Schmuckformen häufig so, dass sie symmetrisch sind. Symmetrische Figuren empfindet man als harmonisch.
Rechts siehst du die Vorder- und die Rückseite der Thomaskirche in Leipzig abgebildet. Im 14. Jahrhundert wurde der damals romanische Bau umgestaltet, die letzten Veränderungen an der nun im spätgotischen Stil erbauten Kirche erfolgten im Jahr 1702.

Besonders reich an Symmetrien ist der Haupteingang.

- ➜ Gib achsensymmetrische Teile an.
- ➜ Betrachte auch den Fassadenschmuck. Findest du noch andere Symmetrien als Achsensymmetrie? Versuche sie zu beschreiben.
- ➜ Die verwendeten Symmetrien sind nicht immer strenge Symmetrien, sondern manchmal verstoßen die Baumeister bewusst dagegen. Der Turm der Kirche steht zum Beispiel nicht in der Mitte des Gebäudes. Findest du eine mögliche Erklärung für die Abweichungen von strenger Symmetrie?
- ➜ Auch in Sachsen-Anhalt findet ihr viele Bauten, die Symmetrien aufweisen. Findet solche Bauten, fotografiert sie und erstellt ein Plakat.

In diesem Kapitel lernst du …

… Abbildungen und ihre Eigenschaften kennen. Mit diesen Abbildungen kannst du verschiedene Arten von Symmetrien erzeugen.

ERZEUGEN VON ACHSENSYMMETRISCHEN FIGUREN DURCH FALTEN UND SPIEGELN

Einstieg

Anne versucht einen Schmetterling zu zeichnen. Aber es will ihr nicht so recht glücken. Stets passt die linke Hälfte nicht genau zur rechten. Der Schmetterling wird nicht richtig symmetrisch. Da hat ihre Schwester Laura eine rettende Idee.

→ Hast du auch eine? Führe sie aus.

Aufgabe

1. Niklas, der Bruder der beiden Schwestern, entwirft Lenkdrachen. Dabei zeichnet er nur gerade Begrenzungslinien und beginnt mit einer Drachenhälfte.
Zeichne auch einen solchen halben Lenkdrachen und vervollständige ihn dann.

Lösung

(1) Zeichne einen halben Lenkdrachen.

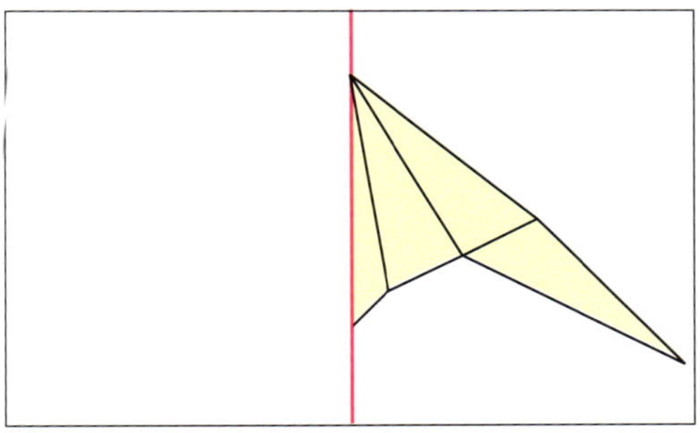

(2) Falte das Blatt längs der roten Linie.

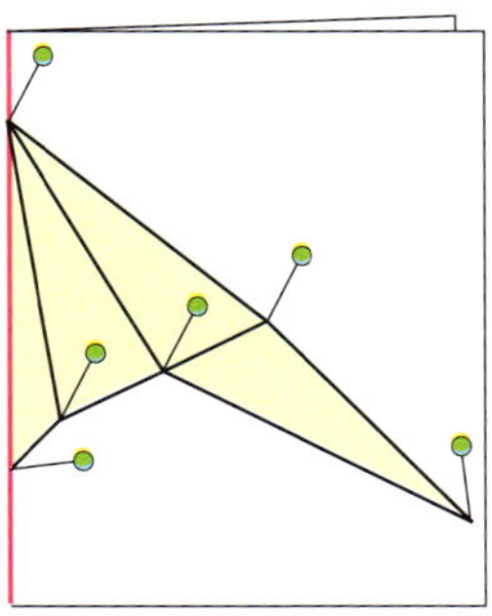

(3) Durchstich das doppelt liegende Blatt mit einer Nadel in den Punkten.

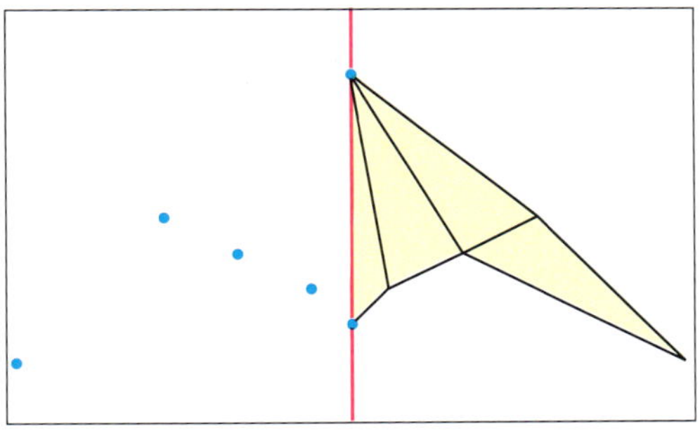

(4) Falte das Blatt auseinander und zeichne die fehlenden Verbindungslinien.

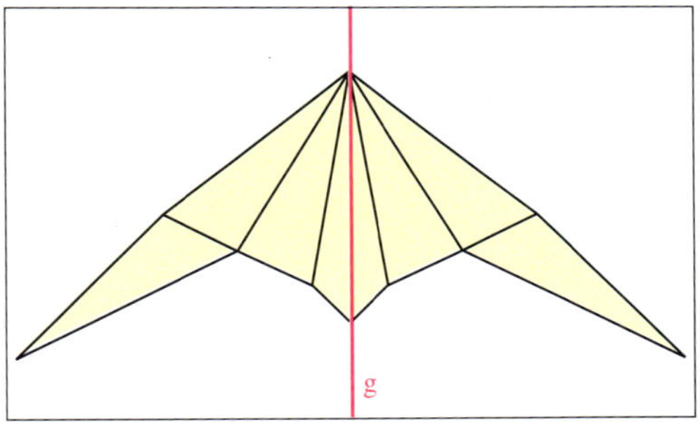

Information

Achsensymmetrie

Wenn du in Bild (4) von Aufgabe 1 das Zeichenblatt entlang der Geraden g (Faltkante) faltest, fällt die eine Hälfte der Figur genau auf die andere. Beide Hälften sind *deckungsgleich.* Aus diesem Grunde heißt die Figur **achsensymmetrisch** zur Geraden g.
Die Gerade g heißt **Symmetrieachse** der Figur.

In einer achsensymmetrischen Figur hat jeder Punkt einen Punkt als *Symmetriepartner.*

Für die Figur rechts gilt z. B.:
Der Symmetriepartner von Punkt A ist B, *und umgekehrt:*
Der Symmetriepartner von Punkt B ist A.
Der Symmetriepartner von Punkt C ist G, *und umgekehrt:*
Der Symmetriepartner von Punkt G ist C.
Der Symmetriepartner von Punkt E ist E selbst.

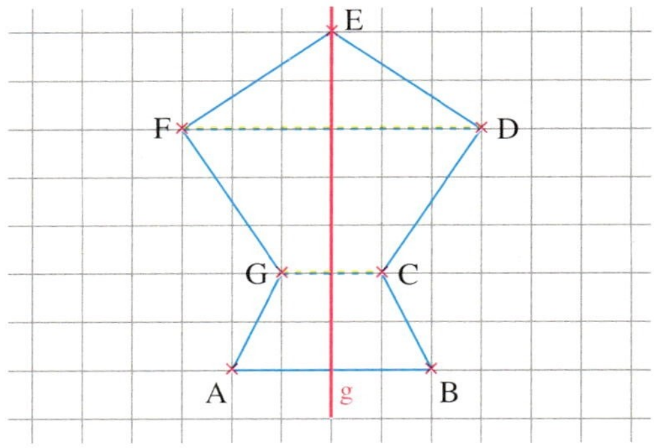

Jede Figur, die man so falten kann, dass beide Teile deckungsgleich sind (d. h. genau aufeinander passen), nennen wir **achsensymmetrisch.**
Die Faltlinie heißt **Symmetrieachse** der Figur.

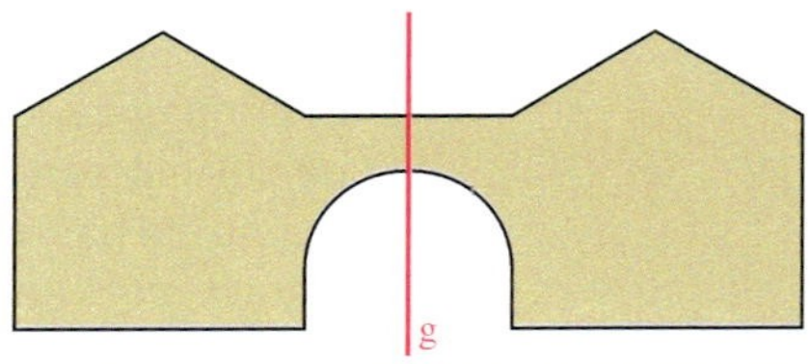

Zum Festigen und Weiterarbeiten

2. Im Bild siehst du ein achsensymmetrisches Achteck; die Gerade g ist die Symmetrieachse.
Übertrage die Tabelle ins Heft und gib zu jedem Eckpunkt den Symmetriepartner in die Tabelle ein.
Prüfe, ob die Verbindungsstrecke zweier Symmetriepartner von der Symmetrieachse halbiert wird und zu ihr senkrecht ist.

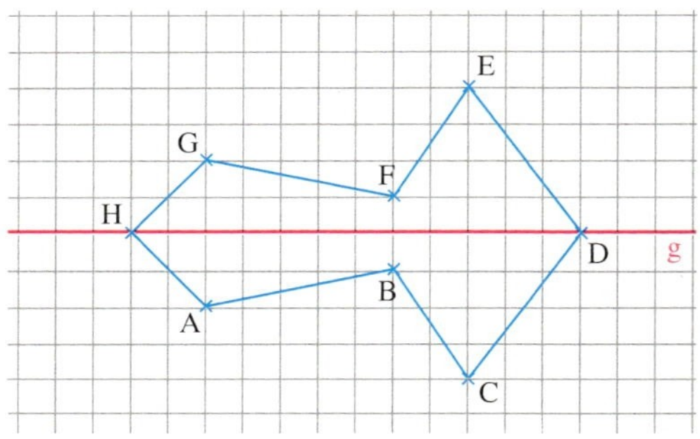

Punkt	A	B	C	D	E	F	G	H
Symmetriepartner								

3. Zeichne ab und ergänze zu einem achsensymmetrischen Muster.

a) 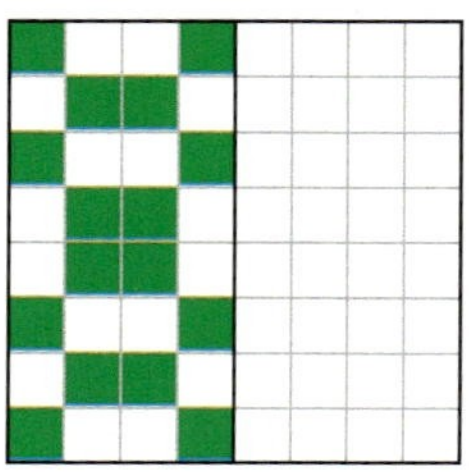

b) 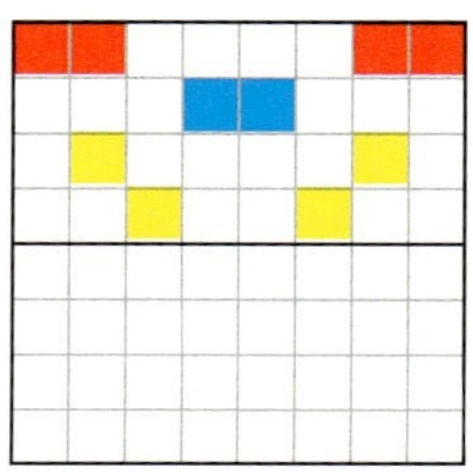

c) 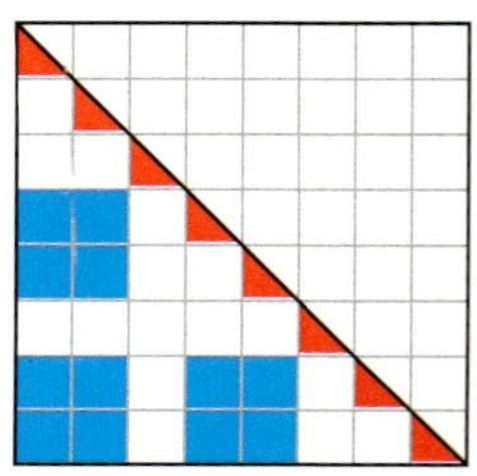

4. Untersuche, ob die Figur achsensymmetrisch ist.
Wenn ja, übertrage die Figur in dein Heft und zeichne die Symmetrieachse ein.
Kontrolliere mit einem Spiegel.

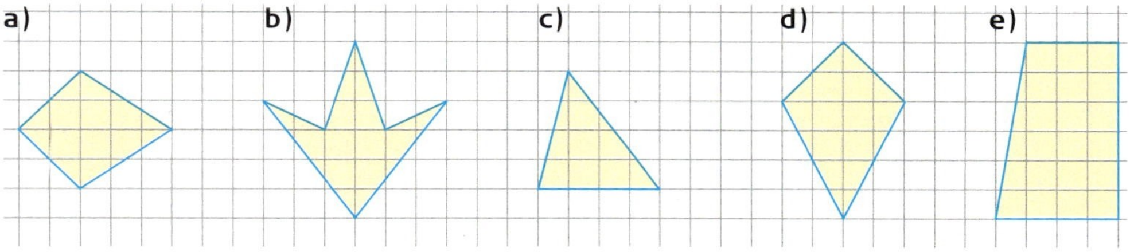

5. Manche Figuren haben nicht nur eine, sondern mehrere Symmetrieachsen. Übertrage die Figur in dein Heft und zeichne alle Symmetrieachsen ein.

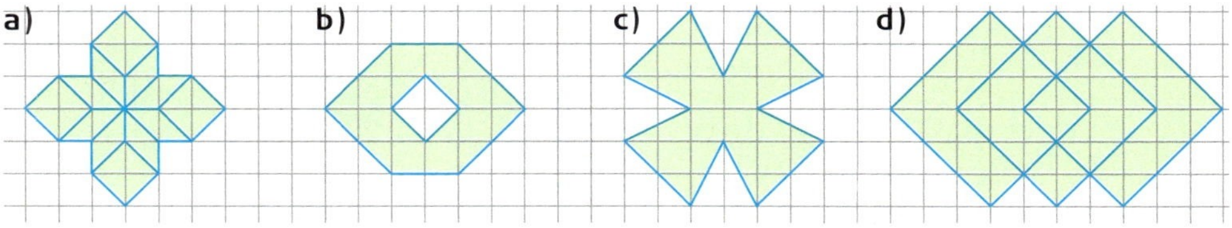

6. Viele Gegenstände in der Natur sind nicht genau achsensymmetrisch.
Bei einem der beiden Fotos wurde die linke Gesichtshälfte achsensymmetrisch ergänzt.
Um welches Foto handelt es sich? Begründe.

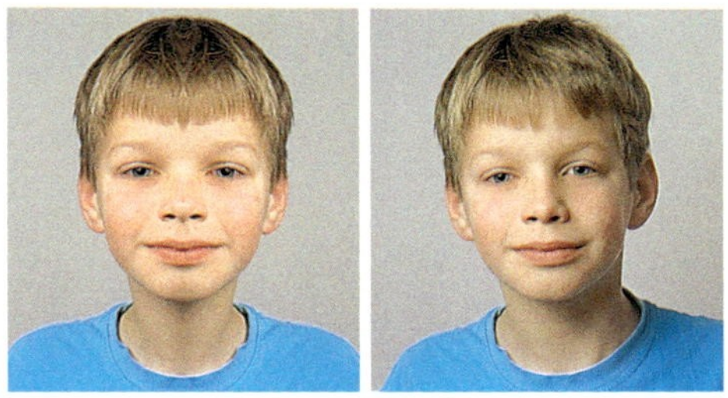

Übungen

7. Benutze die Bilder als Anregung und zeichne vergrößert Figuren, die achsensymmetrisch sind.

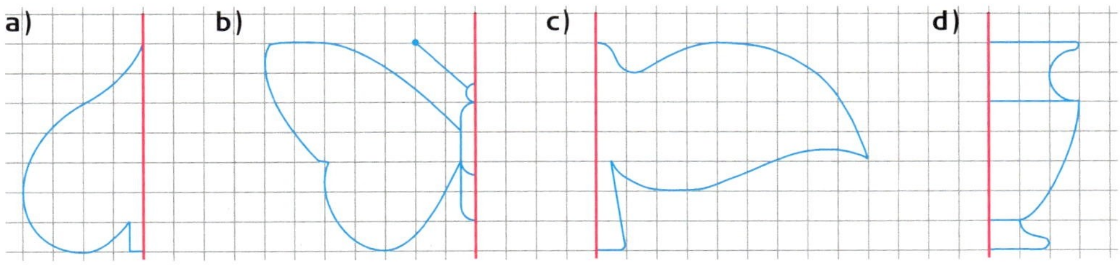

Bergahorn

Eichenblatt

8. Benutze die Bilder als Anregung und zeichne eine achsensymmetrische

a) Blüte; **b)** Blume; **c)** Tanne; **d)** Blattform.

9. Prüfe, ob die Gerade g Symmetrieachse der Figur ist.
Falls ja, notiere in einer Tabelle zu jedem Punkt den Symmetriepartner.

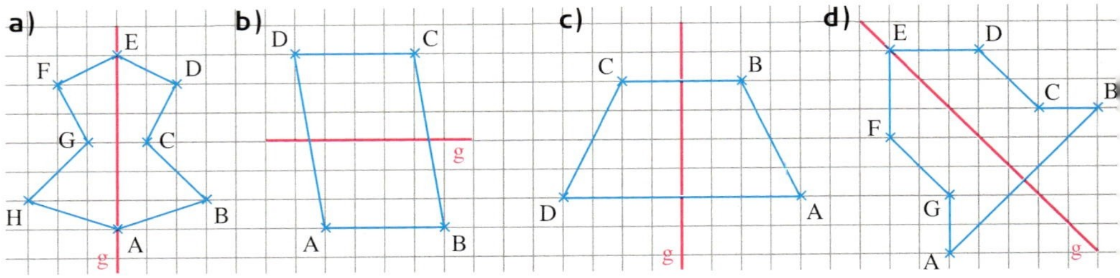

10. Untersuche, ob die Figur achsensymmetrisch ist. Wenn ja, übertrage die Figur in dein Heft und zeichne dann die Symmetrieachse ein.

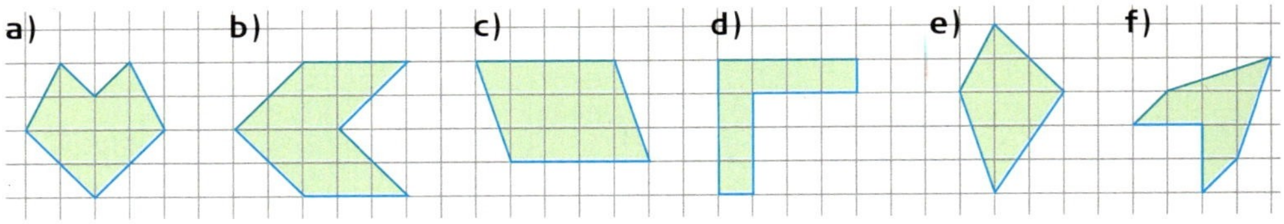

11. Zeichne die Figur vergrößert auf ein Blatt. Färbe so, dass die gefärbte Figur achsensymmetrisch ist. Suche mehrere Lösungen.

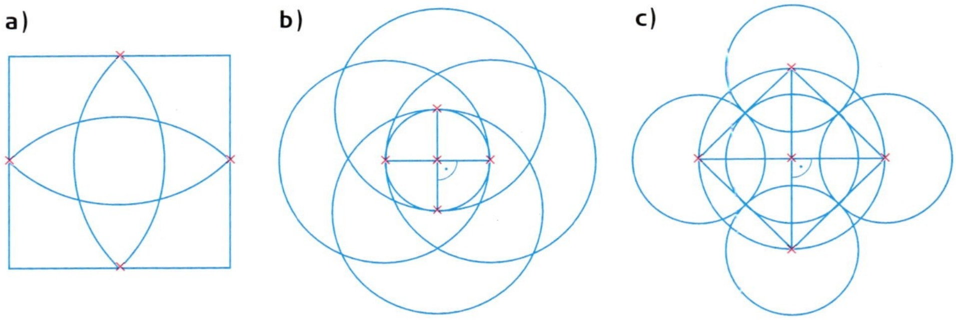

12. a) Untersuche, welche Großbuchstaben der Druckschrift achsensymmetrisch sind.
b) Finde Wörter, die achsensymmetrisch geschrieben werden.
c) Finde auch Wörter, die mehrere Symmetrieachsen aufweisen.

13.

Oben seht ihr einige Bildsymbole aus verschiedenen Bereichen.

a) Zeichnet jedes Symbol ab und tragt die Symmetrieachse ein. Benutzt Transparentpapier.

b) Findet weitere achsensymmetrische Bildsymbole. Zeichnet sie und tragt die Symmetrieachsen ein.

ACHSENSPIEGELUNG UND IHRE EIGENSCHAFTEN

Spiegeln an einer Geraden — Achsensymmetrie

Einstieg

Die Brücke ist ein schönes Fotomotiv, wenn man das Spiegelbild im Wasser mit fotografiert.

➜ Skizziere die Brücke in vereinfachter Form mit geraden Strecken und Halbkreisen.
Ergänze dann ihr Spiegelbild im Wasser.

➜ Kontrolliere mit einer kleinen durchsichtigen Scheibe, ob du richtig gezeichnet hast. Stelle diese dazu an der Grenzlinie zum Wasser auf.

Aufgabe

1. *Ergänzen einer Figur zu einer achsensymmetrischen Figur mit dem Geodreieck*

Anne möchte eine Weihnachts-Grußkarte herstellen. Der Weihnachtsbaum soll symmetrisch sein.
Wie kann sie vorgehen?

Lösung

Es gibt verschiedene Möglichkeiten:

(1) Falte das Blatt längs der Symmetrieachse a. Markiere die Eckpunkte und durchstich das doppelt liegende Blatt in diesen Punkten mit einer Nadel. Du kannst auch durchpausen.
Falte das Blatt wieder auseinander und zeichne die fehlenden Verbindungsstrecken.

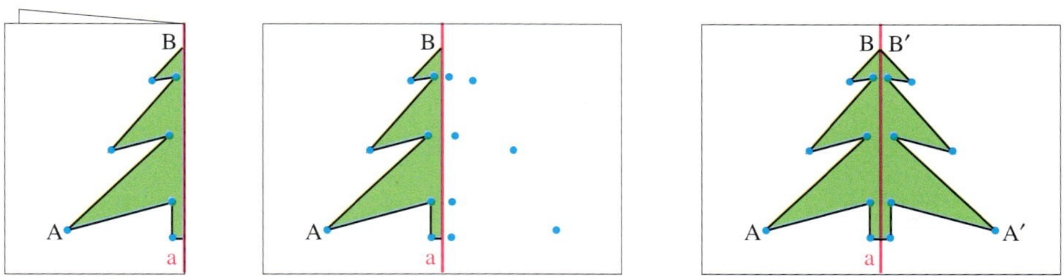

(2) Die Punkte A und A′ sind Symmetriepartner; sie liegen symmetrisch zur Achse a. Das bedeutet:

- Die Punkte A und A′ liegen auf verschiedenen Seiten der Symmetrieachse a.
- Die Symmetrieachse a und die Verbindungsgerade AA′ sind senkrecht zueinander.
- Der Punkt A′ hat von der Symmetrieachse a denselben Abstand wie der Punkt A.

Verwende daher zum Markieren des Bildpunktes A′ das Geodreieck so wie in der Abbildung rechts.

Der Punkt B liegt auf der Achse. Er ist Symmetriepartner von sich selbst. B und B′ fallen zusammen.

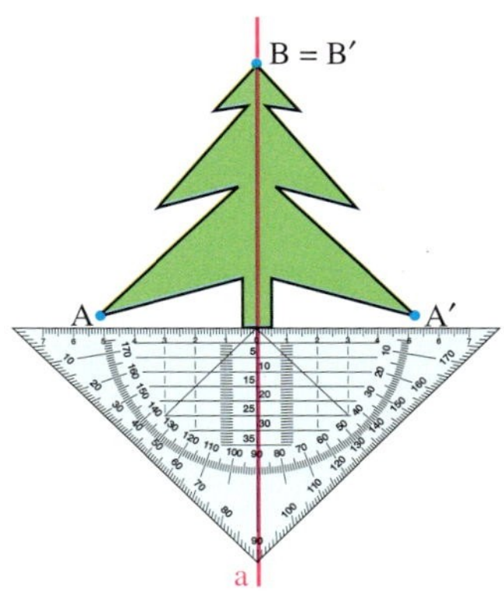

Aufgabe

2. *Zeichnen der Bildfigur bei einer Spiegelung an einer Geraden*

Gegeben sind eine Gerade g und ein Dreieck ABC.
Spiegele mithilfe des Geodreiecks das Dreieck ABC an der Geraden g.
Beschreibe das Vorgehen.

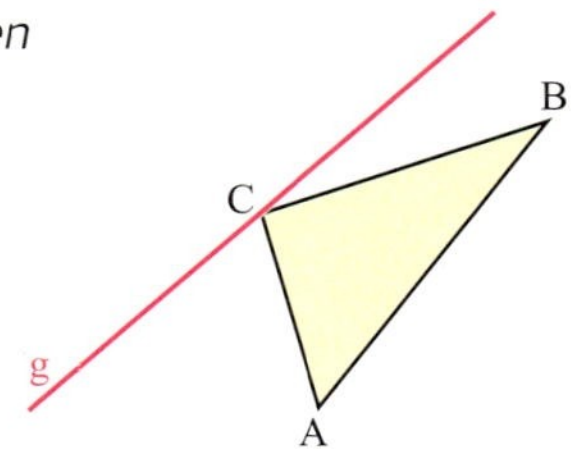

Lösung

(1)

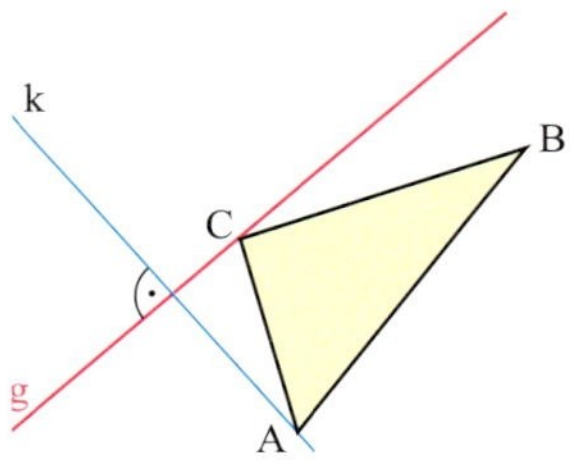

Zeichne die Senkrechte zu der Geraden g durch den Punkt A; nenne sie k.

(2)

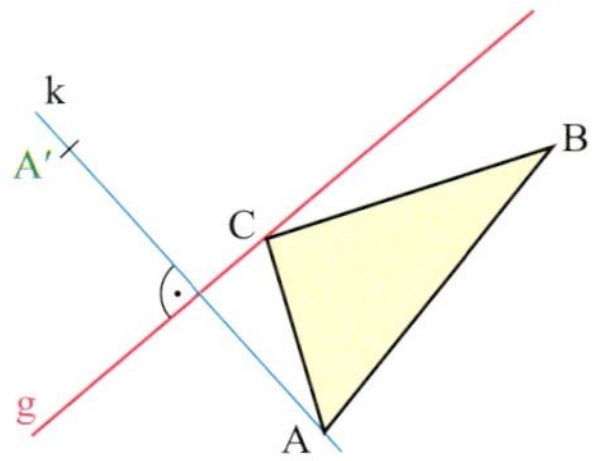

Zeichne auf der Senkrechten k den Punkt A' so, dass die Punkte A und A' auf verschiedenen Seiten der Geraden g liegen und beide Punkte von g denselben Abstand haben.

(3)

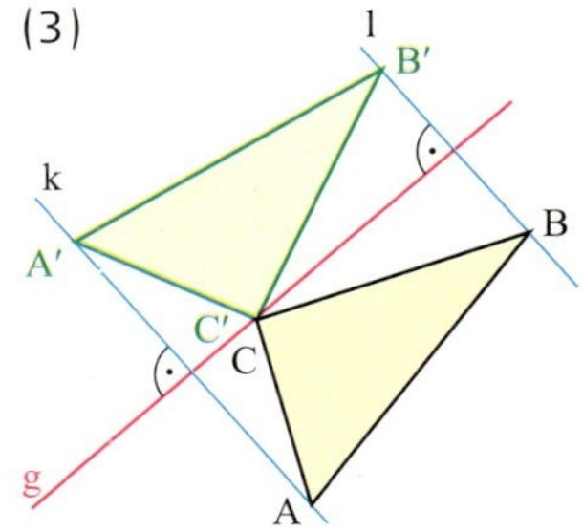

Zeichne den Bildpunkt B' entsprechend.
C' und C fallen zusammen.
Verbinde die Bildpunkte zum Bilddreieck A'B'C'.

Information

Eine **Achsenspiegelung** wird festgelegt durch eine **Spiegelgerade g**.
Zu einem Punkt P erhältst du den Bildpunkt P' wie folgt:

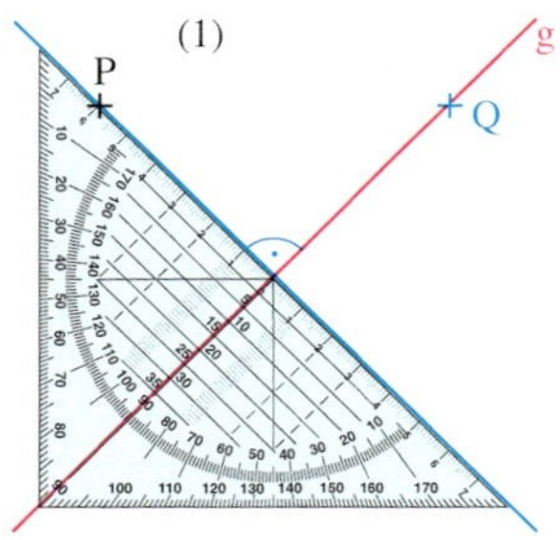

Zeichne die Senkrechte zur Spiegelgerade g durch den Punkt P.

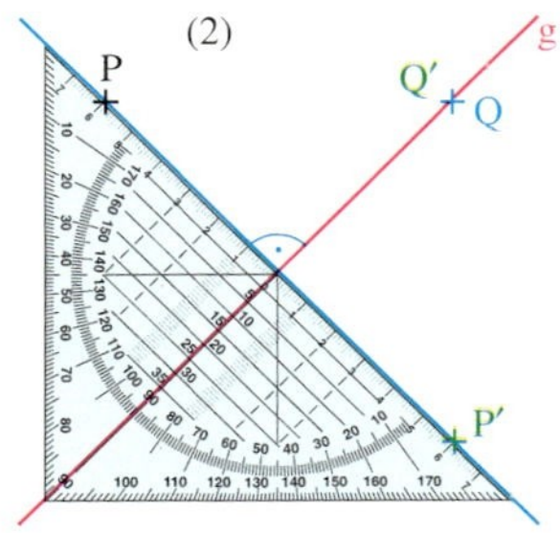

Markiere auf der anderen Seite von g den Bildpunkt P' so, dass er

- auf der Senkrechten liegt und
- von g denselben Abstand hat wie P.

Das *Bilddreieck* A'B'C' entsteht durch **Spiegeln** des *Originaldreiecks* ABC an der **Spiegelgerade g**.

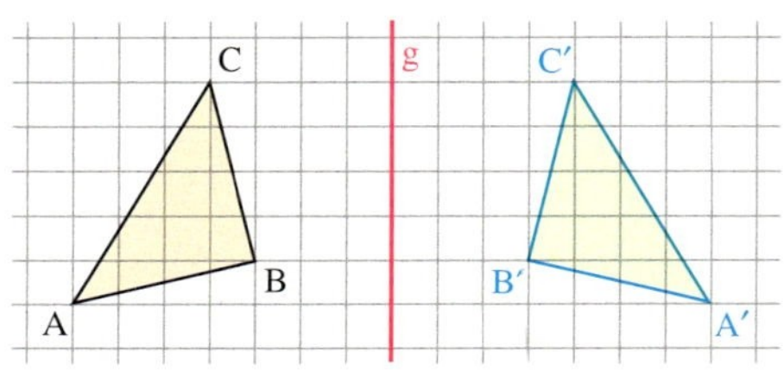

Zum Festigen und Weiterarbeiten

3.

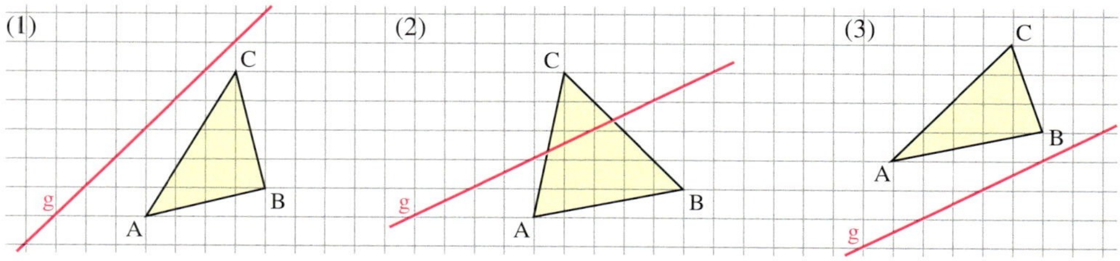

a) Übertrage jeweils die Figur in dein Heft. Zeichne mit dem Geodreieck das Bilddreieck A′B′C′ bei der Achsenspiegelung an der Achse g.
Wähle weitere Punkte innerhalb und außerhalb des Dreiecks ABC und zeichne auch ihre Bildpunkte.

b) Wie liegen die Geraden AA′, BB′ und CC′
(1) zur Spiegelachse g; (2) zueinander?
Beschreibe das deinem Nachbarn.

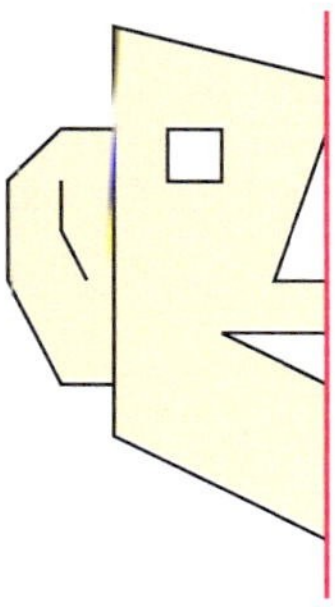

4. Links siehst du den Teil einer Maske. Zeichne die Figur mit dem Lineal nach Augenmaß ab und ergänze sie zu einer achsensymmetrischen Figur mit der Symmetrieachse g. Spiegele nun die erhaltene achsensymmetrische Figur an der Achse g.
Was stellst du fest?

▲ **5.** **a)** Welche Punkte werden bei der Achsenspiegelung auf sich abgebildet?
Man nennt solche Punkte **Fixpunkte**.

b) Führe die Konstruktion der Bildfigur zu (2) in Aufgabe 3 mithilfe von Fixpunkten durch. Beschreibe dein Vorgehen.
Hinweis: Spiegele möglichst wenige Eckpunkte.

c) Welche Geraden werden bei der Achsenspiegelung auf sich abgebildet? Begründe.
Man nennt solche Geraden **Fixgeraden**.

Information

(1) Achsensymmetrie und Achsenspiegelung

Die Lösung der Aufgabe 4 zeigt uns den Zusammenhang zwischen Achsensymmetrie und Achsenspiegelung.

Spiegelt man eine achsensymmetrische Figur an der Symmetrieachse, so kommt sie mit sich selbst zur Deckung.

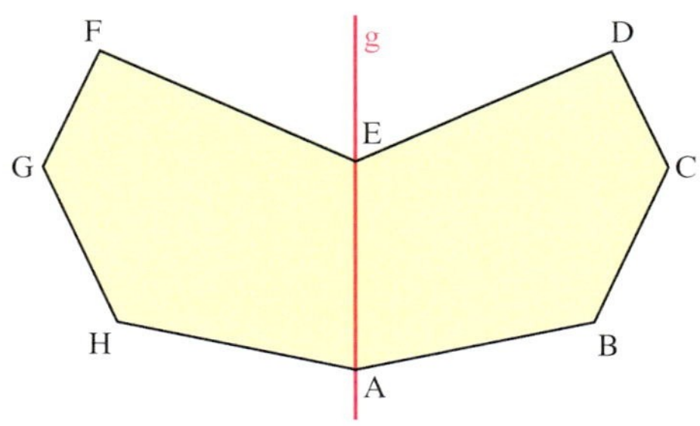

▲ (2) Fixelemente der Achsenspiegelung

▲ Die Lösung von Aufgabe 5 zeigt:

- ▲ Alle Punkte der Spiegelachse sind Fixpunkte der Achsenspiegelung.
- ▲ Alle Geraden, die senkrecht zur Spiegelachse sind, sowie die Spiegelachse selbst sind Fixgeraden der Achsenspiegelung.

Übungen

6. Übertrage in dein Heft und spiegele an der Geraden g.

7. a) Übertrage ins Heft. Skizziere das Spiegelbild.

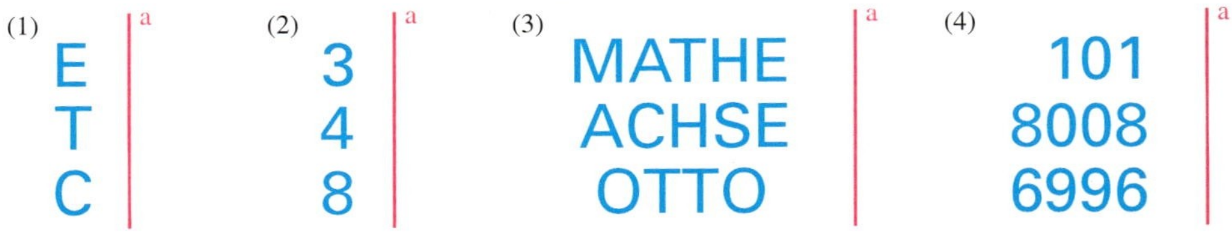

b) Welche Buchstaben in (1), welche Ziffern in (2), welche Wörter in (3), welche Zahlen in (4) von Teilaufgabe a) sehen genauso aus wie ihre Spiegelbilder?

8. Zeichne die Figur ins Heft. Zeichne dann das Bild des Vielecks bei Spiegelung an der Achse g. Beschreibe dein Vorgehen.
Wie kann man die Genauigkeit der Konstruktion überprüfen? Erkläre.

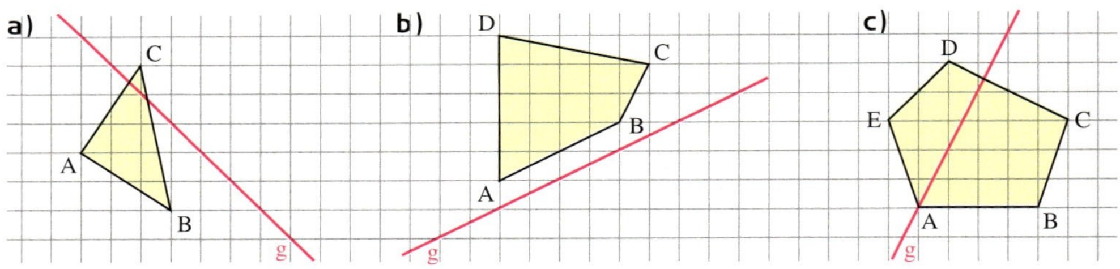

1+1=3

9. Untersuche, ob korrekt gespiegelt wurde. Nenne gegebenenfalls die Fehler. Erkläre.

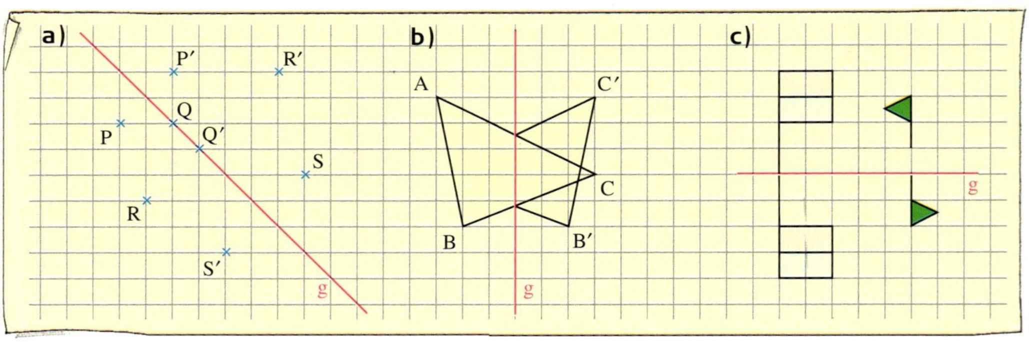

10. Zeichne in ein Koordinatensystem (Einheit 1 cm) das Dreieck ABC mit A(2|1), B(5|3) und C(3|5). Zeichne das Bild des Dreiecks bei der Spiegelung an der Achse PQ mit:

a) P(0|7) Q(5|5) **b)** P(3|5) Q(7|4) **c)** P(2|3) Q(4|4) **d)** P(2|1) Q(5|3) **e)** P(3|5) Q(5|1)

11. Zeichne in ein Koordinatensystem (Einheit 1 cm) das Viereck ABCD mit A(1|2), B(5|1), C(4|6) und D(2|5).
Zeichne dann das Bild des Vierecks bei der Spiegelung an der Achse PQ mit:

a) P(1|8) Q(8|1) **b)** P(8|4) Q(4|8) **c)** P(3|8) Q(7|6) **d)** P(8|5) Q(4|6) **e)** P(5|1) Q(2|5)

12. Lukas hat die Gerade g an der Achse a gespiegelt. Kontrolliere und begründe deine Antwort.

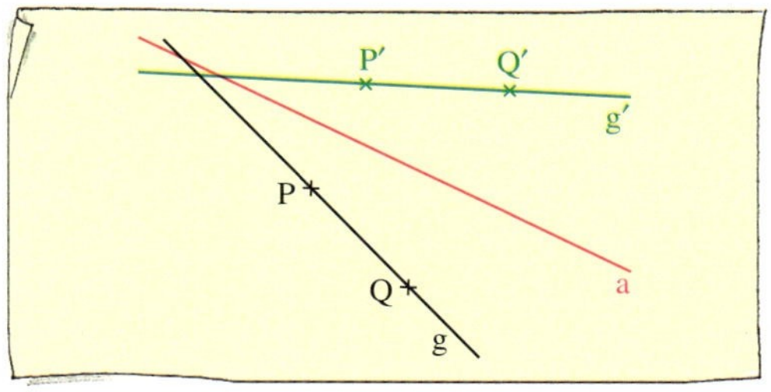

13. a) Zeichne ein (1) Dreieck, (2) Viereck und eine Spiegelachse auf unliniertes Papier.
Deine Partnerin oder dein Partner soll jetzt mithilfe des Geodreiecks die Bildfiguren zeichnen. Wechselt euch ab.

b) Zeichnet eine Figur. Verfahrt wie in Teilaufgabe a).
Gestaltet mit den schönsten Bildern eine Ausstellung.

14.

Jan fährt mit seinen Eltern auf der Autobahn. Als er durch die Heckscheibe schaut, entdeckt er einen Transporter mit einer merkwürdigen Aufschrift. Sein Vater dagegen schaut in den Rückspiegel und wundert sich gar nicht.
Erläutere diesen Sachverhalt.

15. Ergänze die Figur durch Spiegelung an der roten Geraden zu einer achsensymmetrischen Figur.
Wie viele Ecken hat die neue Gesamtfigur?

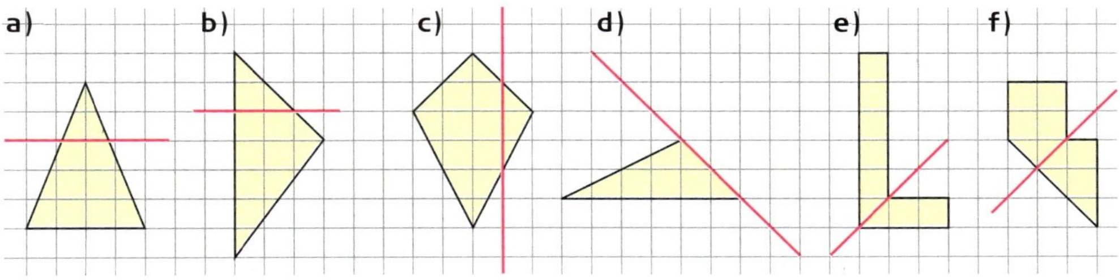

16. Die Bilder sind nicht genau achsensymmetrisch. Jedes enthält 5 Fehler. Finde sie.

17. Betrachte die Teilfiguren aus einem Wabenmuster.
Welche der Figuren haben eine, zwei, drei Symmetrieachsen?
Zeichne diese Figuren ab und trage die Symmetrieachse(n) ein.

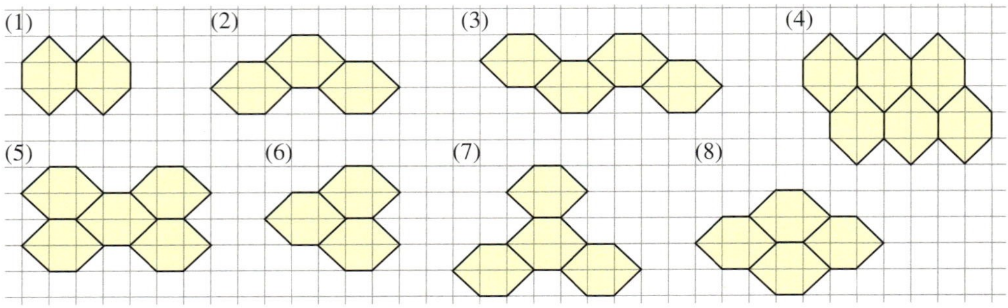

18.

Hier seht ihr einige achsensymmetrische Figuren aus der Natur.

a) *Geht auf Entdeckungsreise:* Gebt achsensymmetrische Figuren aus eurer Umwelt an. Denkt an Spielfelder beim Sport, bei Brettspielen, an Firmenzeichen (z. B. von Autos); denkt auch an Verkehrsschilder und an Wappen.

b) Welche Ziffern sind achsensymmetrisch?

c) Gebt Zahlen wie 808 an, die achsensymmetrisch sind.

19. a) Spiegele die Figur an der Achse a. Welche Gesamtfigur erhältst du?

b) Ihr könnt aus der Figur durch Spiegeln an anderen Achsen viele unterschiedliche Gesamtfiguren erzeugen. Probiert das aus. Ihr könnt auch einen Spiegel benutzen.

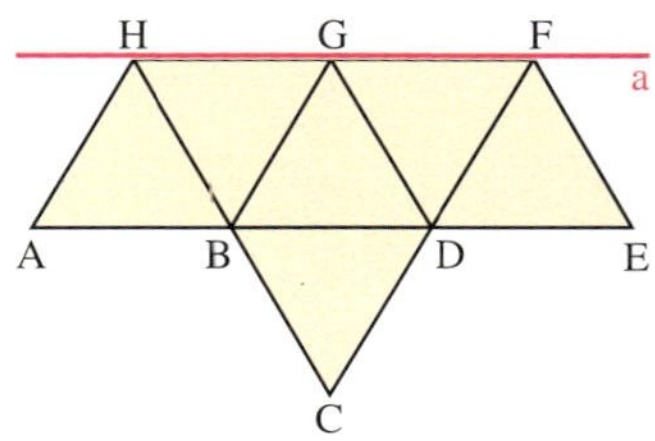

20. Aus welcher Teilfigur kannst du das achsensymmetrische Vieleck durch Achsenspiegelung herstellen?
Färbe die Teilfigur.

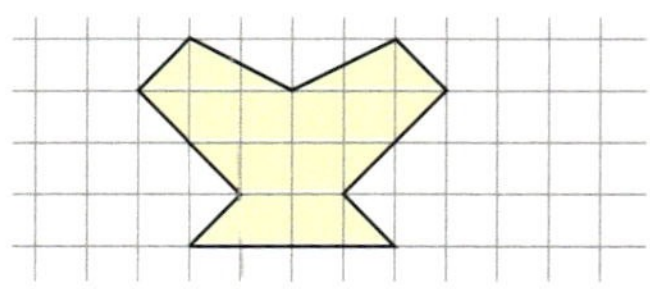

21. Gib durch Färben

a) ein Fünfeck,
b) ein Sechseck,
c) ein Siebeneck,
d) ein Achteck

an, aus dem man durch Achsenspiegelung das Siebeneck erzeugen kann.

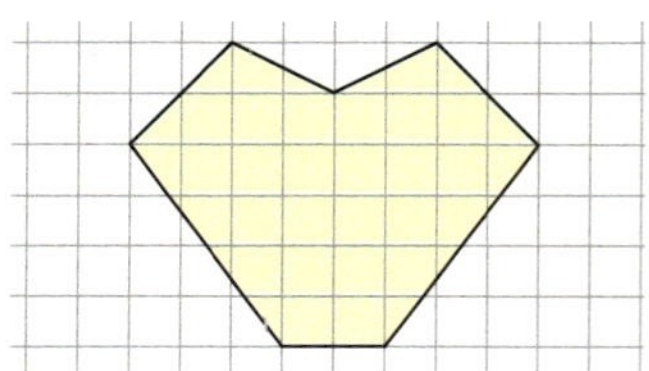

Eigenschaften der Achsenspiegelung

Einstieg

Zeichne das Ziffernblatt einer Uhr und eine Gerade g außerhalb des Ziffernblattes.

→ Spiegele das Ziffernblatt an der Achse g. Die Zeiger der Uhr laufen rechtsherum. Wie laufen dann die Zeiger auf dem Spiegelbild?

Aufgabe

1. Tim und Marie haben das Dreieck ABC an einer Geraden gespiegelt und das Dreieck A′B′C′ erhalten. Ihre Zeichnungen sind aber falsch.
Woran erkennst du sofort, dass das Dreieck A′B′C′ nicht das Bild des Dreiecks sein kann?

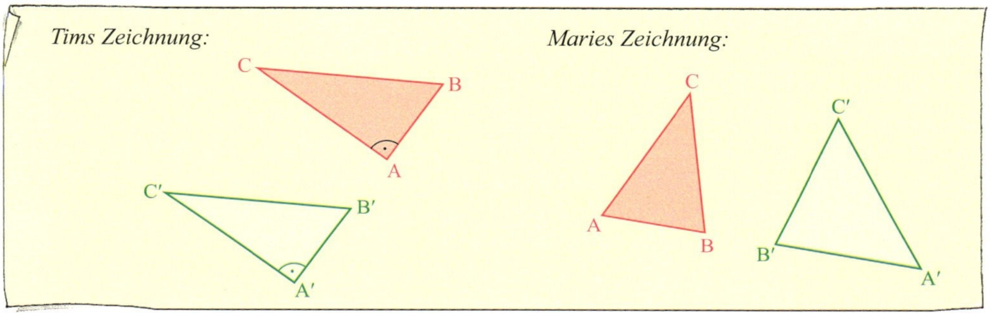

Lösung

(1) Tims Zeichnung kann nicht stimmen.
Das kann man so erkennen:
Läuft man auf beiden Dreiecken von A über B nach C bzw. von A′ über B′ nach C′, so bewegt man sich jeweils linksherum (entgegen dem Uhrzeigersinn). Beim Spiegel ändert sich aber der Umlaufsinn.

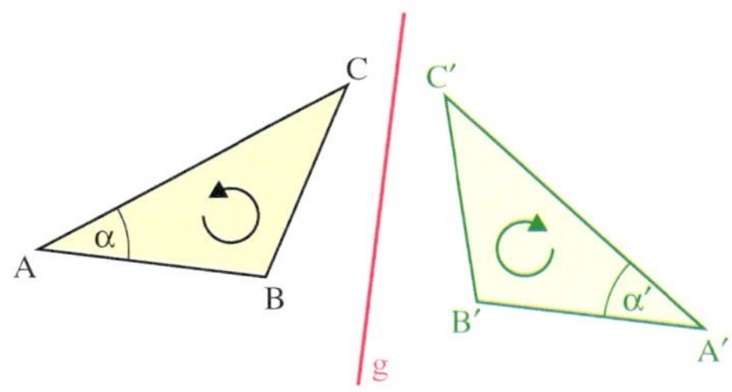

(2) Maries Zeichnung ist falsch. Das kann man so erkennen:
Beide Dreiecke stimmen nicht in den Maßen überein. Die Seite $\overline{A'B'}$ ist länger als die Seite $\overline{AB}$; bei einer Achsenspiegelung ändert sich aber die Länge einer Strecke nicht.
Der Winkel bei C′ ist größer als der Winkel bei C; bei einer Achsenspiegelung ändert sich die Größe eines Winkels nicht.

Information

Eigenschaft von Originalfigur und Bildfigur

Die Lösung von Aufgabe 1 zeigt uns:

Für jede *Achsenspiegelung* gilt:
(a) Strecke und Bildstrecke sind gleich lang.
(b) Winkel und Bildwinkel sind gleich groß.
(c) Ein Dreieck (Viereck) und sein Bild haben verschiedenen Umlaufsinn.

Figur und Bildfigur bei einer Spiegelung sind zueinander *deckungsgleich;* das bedeutet: Beide Figuren besitzen dieselbe Form und dieselben Maße.

Zum Festigen und Weiterarbeiten

2. Zeichne die Figuren von Aufgabe 3 auf Seite 147 auf Transparentpapier. Lege sie auf die jeweilige Bildfigur.
Was stellst du fest? Erkläre.

3. *Zeichnen der Spiegelachse – Mittelsenkrechte*

a) Rechts siehst du die achsensymmetrische Vorderansicht eines Gebäudes.
Wie kannst du die Symmetrieachse finden?
Beschreibe dein Vorgehen.

b) Der Punkt P′ ist Bildpunkt von Punkt P bei einer Achsenspiegelung. Die Spiegelachse wurde wegradiert.
Übertrage die Punkte in dein Heft und zeichne die Spiegelachse wieder ein.
Beschreibe dein Vorgehen.

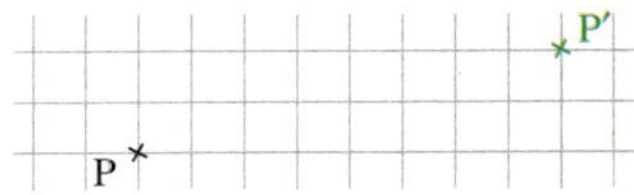

4. *Zeichnen der Spiegelachse – Winkelhalbierende*

a) Archäologen fanden bei Ausgrabungen eine verzierte Lanzenspitze, die teilweise zerstört und teilweise gut erhalten ist. Für die Ausstellung im Museum soll ein Modell der Lanze einschließlich Schaft hergestellt werden.
Gib mehrere Möglichkeiten an, wie die Lanzenspitze ausgesehen haben könnte.

b) Gegeben ist ein Winkel. Zeichne seine Symmetrieachse ein.

Information

(1) Mittelsenkrechte

In Aufgabe 3 haben wir zu mehreren Punkten und ihren Bildpunkten die Spiegelachse konstruiert. Sie ist senkrecht zur Strecke zwischen Punkt und Bildpunkt und halbiert diese Strecke. Man sagt auch: Die Spiegelachse ist die *Mittelsenkrechte* der Strecke zwischen Punkt und Bildpunkt.

Gegeben ist eine Strecke $\overline{AB}$.
Die **Mittelsenkrechte** m der Strecke $\overline{AB}$ ist die Gerade, die senkrecht zu der Strecke $\overline{AB}$ ist und durch ihren Mittelpunkt M geht.

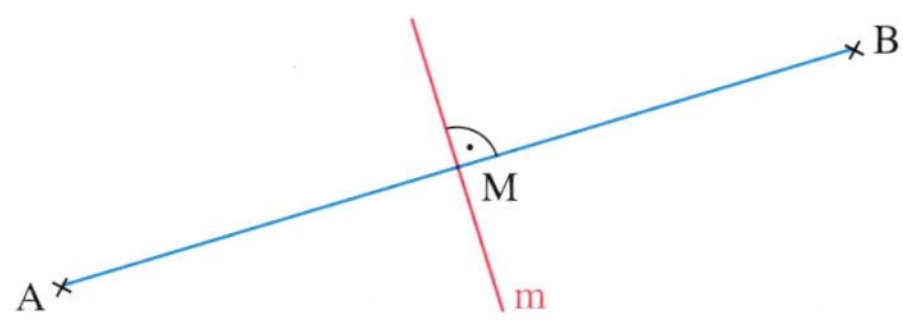

(2) Winkelhalbierende

In Aufgabe 4a) kann man die Lanzenspitze durch Spiegeln ergänzen. Dazu zeichnet man durch die Spitze einen Strahl, der den Winkel in zwei gleich große Teile zerlegt. Diesen Strahl bezeichnet man als *Winkelhalbierende*.

Gegeben ist ein Winkel α mit dem Scheitel S.
Die **Winkelhalbierende** w des Winkels α ist der Strahl, der im Scheitelpunkt S beginnt und den Winkel α halbiert.

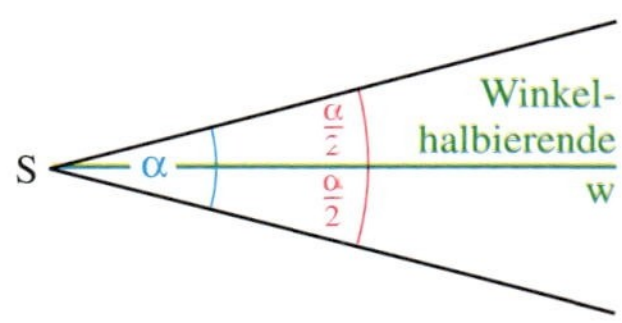

Übungen

5. Zeichne ein Quadrat ABCD mit der Seitenlänge a = 3 cm.
Zeichne sein Bild bei Spiegelung an

a) der Geraden AB; **b)** der Diagonalen AC; **c)** der Parallelen zu BD durch C.

Zeichne zunächst nur das Bild eines Eckpunkts. Verwende dann Eigenschaften der Achsenspiegelung.

6. Im Spiegel eines Uhrengeschäftes siehst du die drei Uhren.
Welche wird zuerst schlagen, welche dann?
Begründe deine Antwort.

7. Zeichne in ein Koordinatensystem (Einheit 1 cm) einen Kreis mit dem Mittelpunkt M(4|3) und dem Radius r = 2,5 cm.
Zeichne dann das Bild des Kreises bei Spiegelung an der Geraden PQ mit:

a) P(9|1), Q(5|7) **b)** P(1|6), Q(7|3); **c)** P(5,5|5), Q(9,5|2)

8. Zeichne einen **a)** 25°, **b)** 77°, **c)** 126° großen Winkel.
Zeichne dann einen doppelt so großen Winkel. Beschreibe dein Vorgehen.

9. Zeichne in ein Koordinatensystem (Einheit 1 cm) eine Strecke $\overline{AB}$ mit A(5|2,5) und B(5|5,5). Markiere den Mittelpunkt M dieser Strecke.
Zeichne dann das Bild der Strecke $\overline{AB}$ bei Spiegelung an der Geraden PQ mit P(0|6) und Q(5|1).
Wo liegt das Bild M′ des Mittelpunktes M? Begründe deine Aussage.

10. Gegeben sind eine Gerade a und
(1) zwei zueinander senkrechte Geraden g und h;
(2) zwei zueinander parallele Geraden g und h.
Zeichne ihre Bilder bei Spiegelung an der Achse a.
Wie liegen g′ und h′ zueinander? Begründe.

11. Markiere die Punkte P und P′ in einem Koordinatensystem (Einheit 1 cm). Zeichne dann eine Achse a so, dass P′ das Bild von P bei Spiegelung an a ist.

a) P(0|2), P′(5|1) **b)** P(2|0), P′(6|4) **c)** P(0,5|5), P′(4|1,5)

12. Gegeben sind in einem Koordinatensystem (Einheit 1 cm) das Dreieck ABC mit A(3|2), B(6|5) und C(2|6) sowie das Bild A′ von A bei Spiegelung an einer Geraden a. Zeichne die Achse a sowie das Bilddreieck A′B′C′. Gib auch die Koordinaten von B′ und C′ an.

a) A′(9|0) **b)** A′(7|4) **c)** A′(6|5) **d)** A′(4|4) **e)** A′(5|1) **f)** A′(7,5|3,5)

13. **a)** Zeichne zwei zueinander parallele Geraden g und g′. Die Gerade g′ soll das Bild von g bei einer Achsenspiegelung sein. Zeichne die Spiegelachse.

b) Zeichne zwei Geraden g und g′, die nicht zueinander parallel sind. g′ soll das Bild von g bei einer Achsenspiegelung sein. Zeichne die Spiegelachse.

14. Zeichne mit deinem dynamischen Geometrie-System die Dreiecke ABC und PQR mit den Punkten A(2|0), B(6|8), C(4|6), P(6|2), Q(10|4), R(0|4).
Untersuche dann, ob man das Dreieck ABC so spiegeln kann, dass man das Dreieck PQR erhält.

BANDORNAMENTE – VERSCHIEBUNG UND IHRE EIGENSCHAFTEN

Einstieg

Hier findest du verschiedene Bandverzierungen. Man findet solche Muster schon in vorgeschichtlicher Zeit. Betrachte die obigen Muster. Jedes enthält eine Grundfigur.

➜ Wie entsteht die Bandverzierung aus der Grundfigur?

Aufgabe

1. *Erzeugen eines Bandornaments*

Die Wand eines Blumenladens soll mit folgendem Blütenmuster verziert werden.

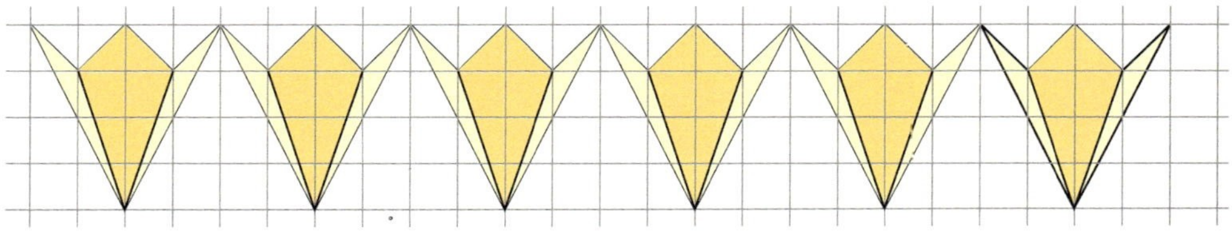

a) Fertige eine Schablone aus Pappe an und zeichne damit die Verzierung auf unliniertes Papier.

b) Zeichne nun eine solche Blüte auf kariertes Papier.
Stelle dann eine schräg verlaufende Bandverzierung her: Die untere Ecke einer Blüte soll immer an der rechten oberen Ecke der vorherigen Blüte ansetzen.

c) Zeichne nochmals einen Ausschnitt von 2 Blüten aus einer Verzierung von Teilaufgabe b). Verbinde in diesen beiden Blüten einander entsprechende Eckpunkte durch Pfeile. Welche Aussage kannst du über diese Pfeile machen?

Lösung

a) Jede Blüte muss genau richtig an der vorherigen angesetzt werden. Um das zu erreichen, gibt es zwei Möglichkeiten:

(1) Du kannst die Schablone an einem festgehaltenen Lineal entlangschieben.

(2) Du kannst als erste die beiden parallelen Begrenzungsstreifen der Verzierung zeichnen. Dann wird immer eine Blüte gezeichnet und die Schablone so weit verschoben, dass die nächste Blüte genau an der vorherigen ansetzt.

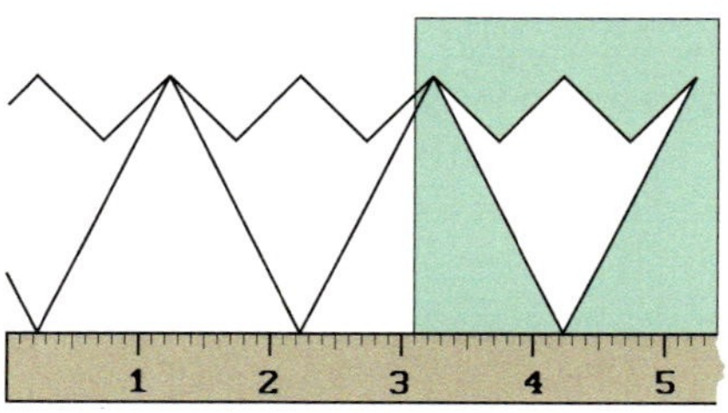

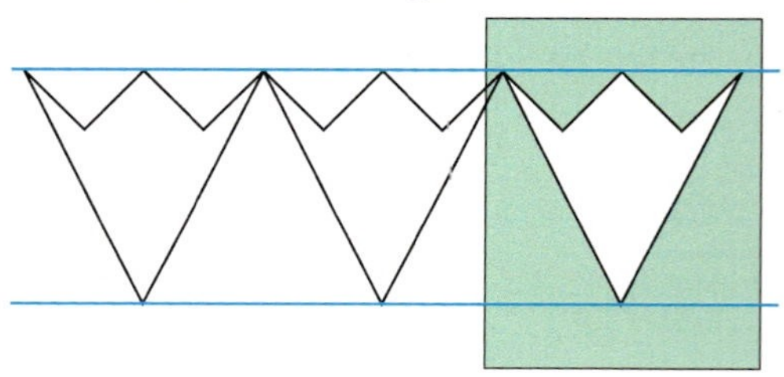

b) Auf Karopapier kann man sofort jeden Eckpunkt der Blüte durch Abzählen um 2 Kästchen nach rechts und 4 Kästchen nach oben verschieben.
Die Richtung der Verschiebung und die Länge wird angegeben durch den roten Pfeil.

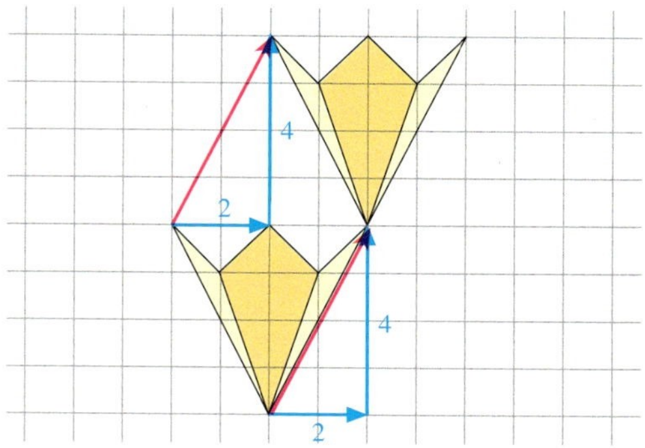

c) Wir stellen fest:
Alle Pfeile sind parallel zueinander.
Alle Pfeile haben die gleiche Länge.
Alle Pfeile zeigen in die gleiche Richtung.

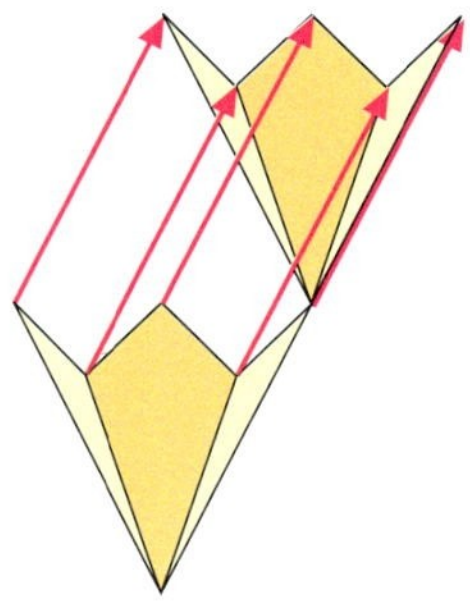

Information

Das Fünfeck A'B'C'D'E' entsteht durch *(paralleles) Verschieben* des Fünfecks ABCDE.
Man nennt das Fünfeck A'B'C'D'E' das *Bild* von ABCDE.

Ein **Verschiebungspfeil** (z. B. $\overrightarrow{AA'}$) gibt die **Richtung** und durch seine Länge die **Weite der Verschiebung** an.

Alle Verschiebungspfeile weisen in dieselbe Richtung, sind gleich lang und parallel zueinander.

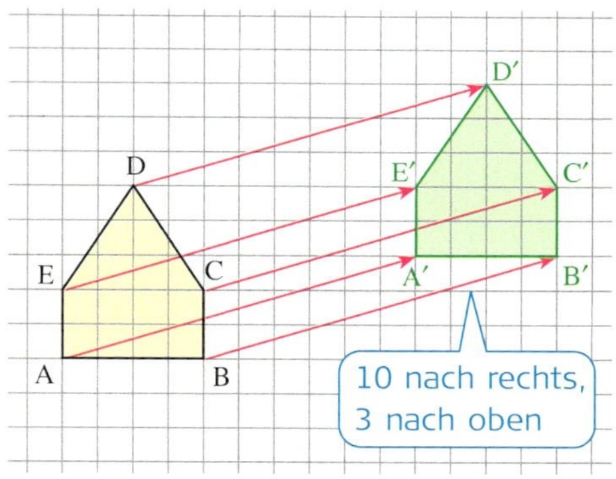

Aufgabe

2. *Zeichnen der Bildfigur bei einer Verschiebung*

Gegeben sind ein Verschiebungspfeil von R nach S und ein Dreieck ABC.
Zeichne mithilfe des Geodreiecks das Bild A'B'C' des Dreiecks ABC bei der Verschiebung von R nach S.
Beschreibe das Vorgehen.

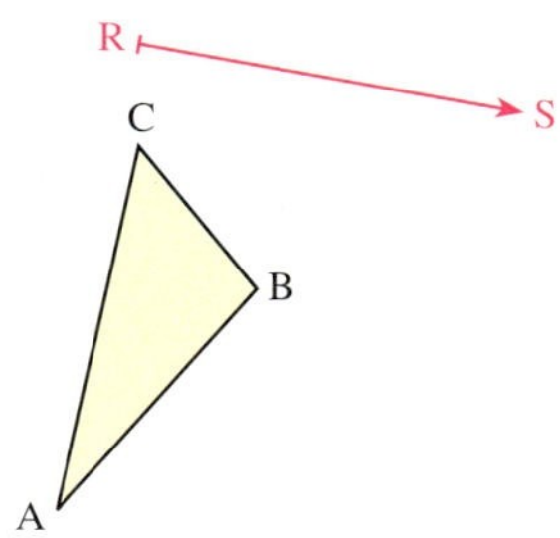

Lösung

(1)

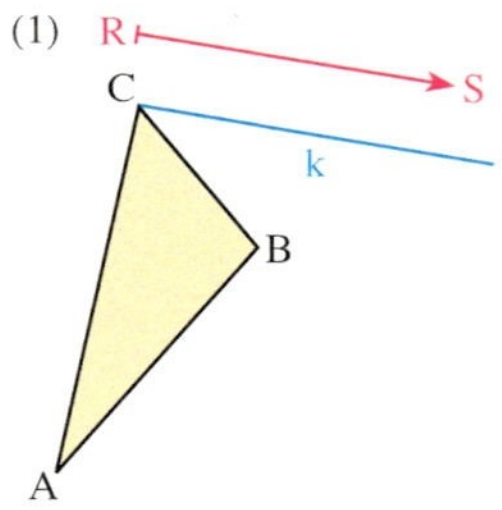

Zeichne den Strahl k, der C als Anfangspunkt und dieselbe Richtung wie der Verschiebungspfeil $\overrightarrow{RS}$ hat.

(2)

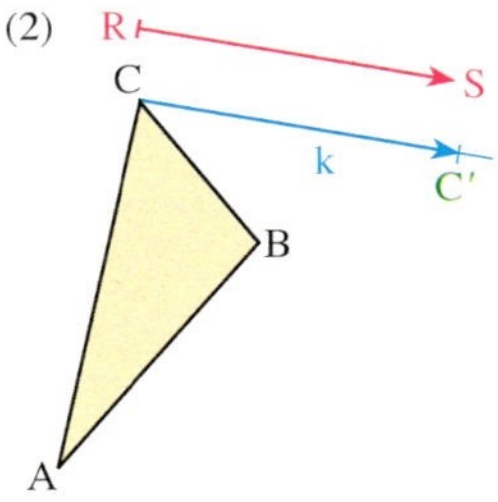

Zeichne auf k den Punkt C′ so, dass die Strecke $\overline{CC'}$ ebenso lang ist wie die Strecke $\overline{RS}$.

(3)

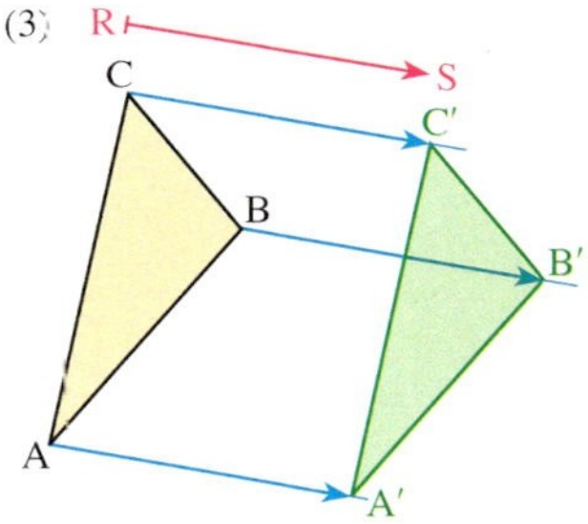

Zeichne die Bildpunkte B′ und A′ entsprechend. Verbinde die Bildpunkte zum Dreieck A′B′C′.

Information

Eine **Verschiebung** wird festgelegt durch einen Verschiebungspfeil $\overrightarrow{RS}$, der vom Punkt R zum Punkt S zeigt.
Zu einem Punkt P erhältst du den Bildpunkt P′ wie folgt:

(1)

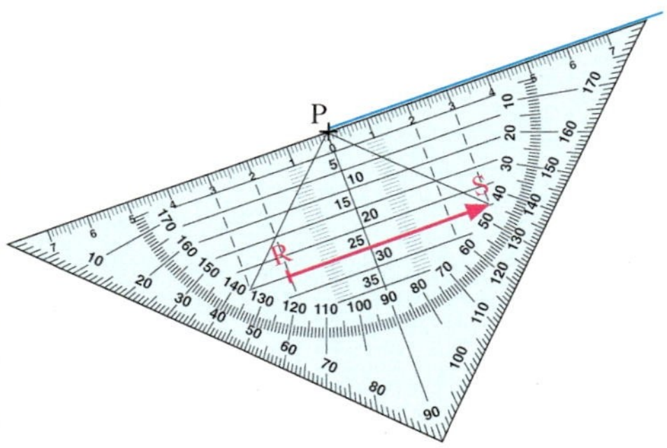

Zeichne den Strahl mit dem Anfangspunkt P, der zum Verschiebungspfeil $\overrightarrow{RS}$ parallel ist und in dieselbe Richtung weist.

(2)

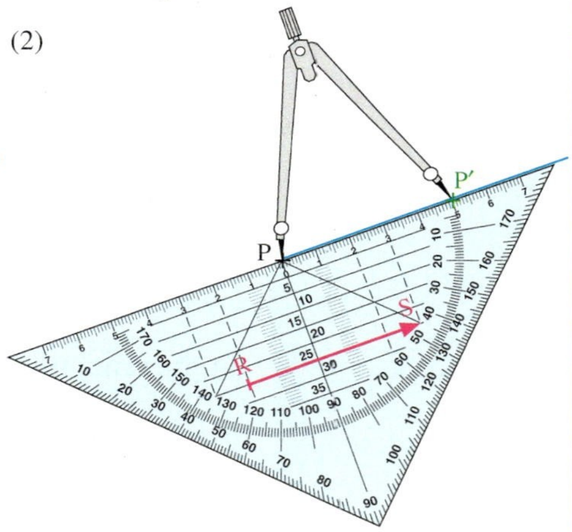

Trage auf dem Strahl von P aus eine Strecke ab, die genauso lang ist wie der Verschiebungspfeil $\overrightarrow{RS}$.
Der Endpunkt ist P′.

Zum Festigen und Weiterarbeiten

3. **a)** Übertrage die Figur in dein Heft. Verschiebe das Dreieck ABC mit dem Verschiebungspfeil $\overrightarrow{RS}$.
Wähle drei weitere Punkte innerhalb und außerhalb des Dreiecks und zeichne ihre Bildpunkte.

b) Wie liegen die Geraden AA′, BB′ und CC′ zueinander? Beschreibe das deinem Nachbarn.

c) Vergleiche die Längen der Verbindungsstrecken $\overline{AA'}$, $\overline{BB'}$ und $\overline{CC'}$.
Was stellst du fest? Beschreibe das.

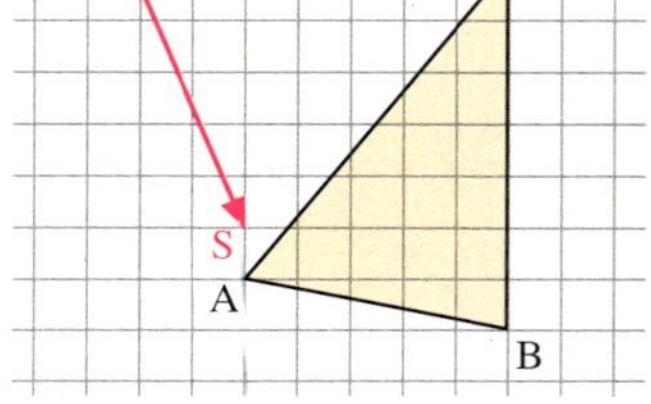

4. Übertrage die Figur in dein Heft. Die Verschiebung ist durch einen Pfeil angegeben. Zeichne die Bildfigur.
Zeichne nun die Figur auf Transparentpapier. Lege sie dann auf die Bildfigur.
Was stellst du fest?

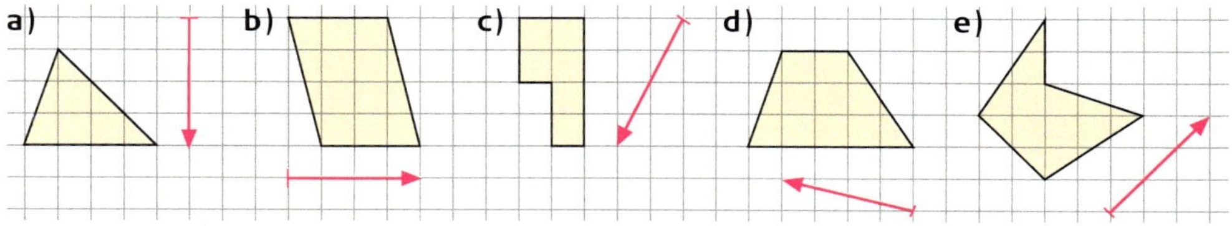

5. *Eigenschaften der Verschiebung*

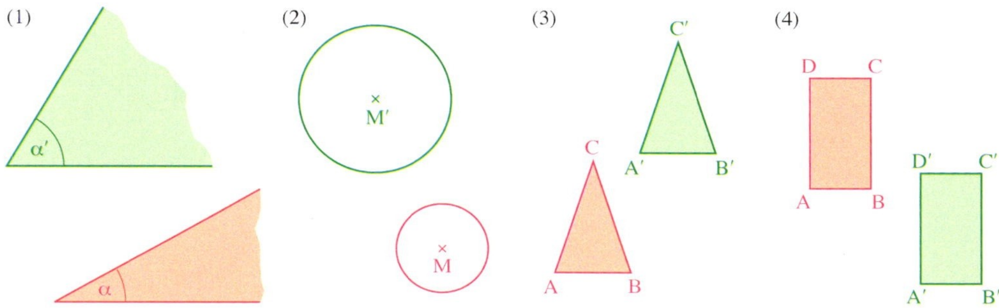

a) Entscheide, ob die grüne Figur das Bild der roten Figur bei einer Verschiebung ist. Begründe. Gib gegebenenfalls den Verschiebungspfeil an.

b) Bei einer Achsenspiegelung ändert sich die Länge einer Strecke und die Größe eines Winkels nicht; bei der Achsenspiegelung ändert sich aber der Umlaufsinn eines Vielecks.
Welche dieser Eigenschaften gelten auch für die Verschiebung, welche nicht?

▲ **6.** **a)** Untersuche, ob die Verschiebung Fixpunkte besitzt. Wenn ja, welche?

b) Untersuche, ob die Verschiebung Fixgeraden besitzt. Wenn ja, welche?

Information

(1) Eigenschaften der Verschiebung

Die Lösungen der Aufgaben 4 und 5 zeigen uns Eigenschaften der Verschiebung.

Für jede *Verschiebung* gilt:

(a) Strecke und Bildstrecke sind gleich lang.

(b) Winkel und Bildwinkel sind gleich groß.

(c) Der Umlaufsinn einer Figur bleibt erhalten.

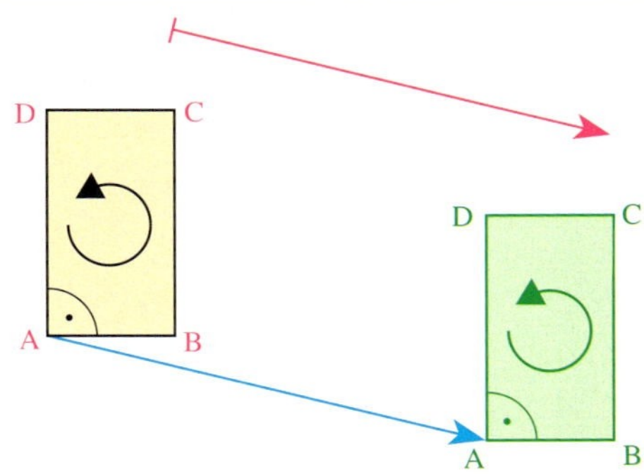

Figur und Bildfigur bei einer Verschiebung sind zueinander deckungsgleich.

(2) Fixelemente der Verschiebung

Die Lösung der Aufgabe 6 zeigt:

- Alle Geraden, die parallel zum Verschiebungspfeil verlaufen, sind Fixgeraden.

Übungen

7. Zeichne das Bandornament in dein Heft und setze es fort. Gib seine Grundfigur und den Verschiebungspfeil außerhalb des Ornaments an.

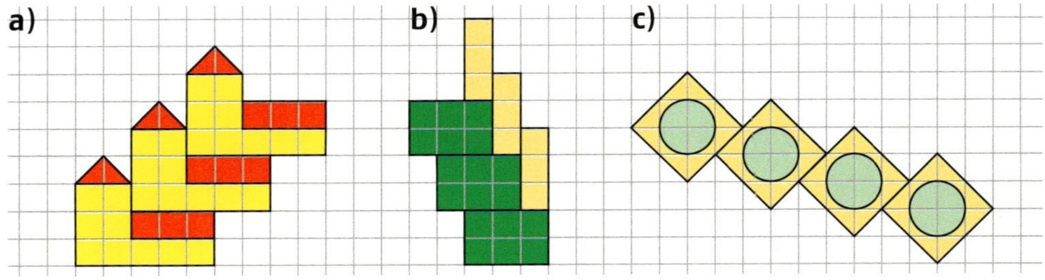

8. Zeichne die Figur ab. Konstruiere dann ihr Bild bei der Verschiebung mit dem Verschiebungspfeil $\overrightarrow{RS}$. Beschreibe auch dein Vorgehen.

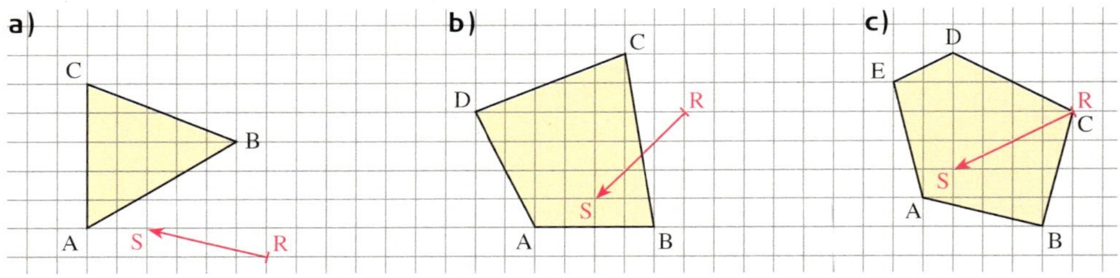

9. Zeichne in ein Koordinatensystem (Einheit 1 cm) das Dreieck ABC mit A(2|1), B(6|2) und C(5|5). Zeichne dann sein Bild bei der Verschiebung mit dem Verschiebungspfeil $\overrightarrow{RS}$. Gib auch die Koordinaten der Bildpunkte an.

a) R(4|2,5); S(2|5,5) **b)** R(3|0); S(6,5|2,5) **c)** R(5|4); S(4,5|3)

10. Zeichne in ein Koordinatensystem (Einheit 1 cm) das Viereck ABCD mit A(2|1), B(5|2), C(3|6) und D(0|4).
Zeichne dann sein Bild bei der Verschiebung mit dem Verschiebungspfeil $\overrightarrow{RS}$.

a) R(7|2); S(9|1) **b)** R(0|0); S(3|3) **c)** R(4|6); S(6|6) **d)** R(3|7); S(3|6,5)

11. Zeichne das Dreieck ABC in ein Koordinatensystem (Einheit 1 cm). Führe die angegebene Verschiebung durch. Bezeichne auch die Bildpunkte und gib ihre Koordinaten an.

(1)

Dreieck		Bilddreieck
A(6|6)	V(2 nach rechts, 3 nach oben) →	A′( )
B(13|4)		B′( )
C(10|11)		C′( )

(2)

Dreieck		Bilddreieck
A(6|6)	V(6 nach links, 2 nach unten) →	A′( )
B(13|4)		B′( )
C(10|11)		C′( )

12. Zeichne auf unliniertem Papier ein Quadrat ABCD mit der Seitenlänge 3,4 cm.
Zeichne dann das Bild bei der Verschiebung mit dem angegebenen Verschiebungspfeil. Denke auch an die Eigenschaften der Verschiebung.

a) $\overrightarrow{AB}$ **b)** $\overrightarrow{BA}$ **c)** $\overrightarrow{BC}$ **d)** $\overrightarrow{AC}$ **e)** $\overrightarrow{DB}$

13. Zeichne ein Dreieck ABC. Zeichne dann das Bild A'B'C' bei der Verschiebung:

a) von A in Richtung B um 4 cm
b) von A in Richtung C um 7,5 cm
c) von B in Richtung C um 5 cm
d) von B in Richtung A um 3 cm
e) von C in Richtung B um 5,4 cm
f) von C in Richtung A um 3,7 cm

14. **a)** Hier siehst du Bandornamente aus deiner Umwelt. Bestimme die Grundfigur und gib die Länge der Verschiebung an.

b) Sucht in eurer Umwelt Gegenstände, die mit Bandornamenten verziert sind.

15. Zeichne in ein Koordinatensystem das Dreieck ABC mit A(2|3), B(6|1) und C(1|7) sowie den Bildpunkt A' einer Verschiebung. Zeichne dann das Bilddreieck A'B'C' und gib auch die Koordinaten von B' und C' an.

a) A'(3|5) **b)** A'(6|2) **c)** A'(1|2) **d)** A'(2,5|4)

16. Prüfe, ob die grüne Bildfigur durch Verschiebung aus der gelben Figur entstanden sein kann. Gib gegebenenfalls auch den Verschiebungspfeil an.
Begründe.

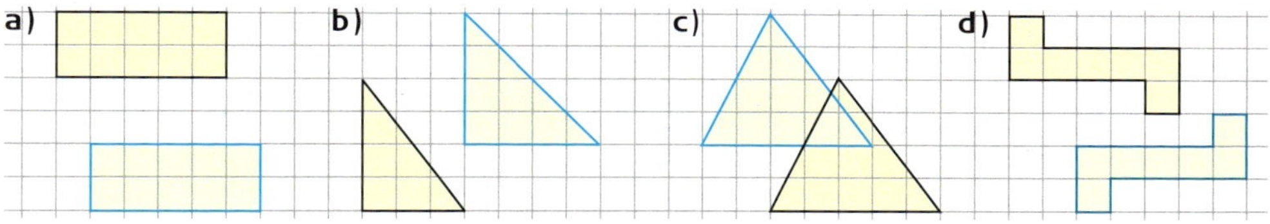

17. Zeichne in ein Koordinatensystem mit der Einheit 1 cm die Punkte A(3|2), B(6|2), C(6|5) und D(4|5).
Gibt es eine Verschiebung, für die gilt:

a) A'(7|3), B'(10|3); **b)** C'(6|5), D'(6|7); **c)** B'(7|2), D'(9|5); **d)** A'(3|4), C'(4|5)?

18. Das Dreieck ABC ist durch eine Verschiebung auf das Dreieck A'B'C' abgebildet. Gib einen Verschiebungspfeil an.

a) A(0|4); B(4|2); C(3|8); A'(8|2); B'(12|0); C'(11|6)
b) A(0|3); B(6|1); C(5|5); A'(2|2); B'(8|0); C'(7|4)

19. Zeichne in ein Koordinatensystem (Einheit 1 cm) einen Kreis mit dem Mittelpunkt M(3,5|2,5) und dem Radius r = 1,5 cm.
Zeichne dann das Bild des Kreises bei der Verschiebung von P nach Q mit:

a) P(5|2); Q(2|2) **b)** P(2,5|4); Q(6,5|7) **c)** P(5|3); Q(3,5|5)

Welche Eigenschaft der Verschiebung wurde benutzt?

20. **a)** Welche Beziehung besteht zwischen Gerade und Bildgerade bei einer Verschiebung?

b) Die Geraden g und h sind parallel zueinander. Was kannst du über die Bildgeraden g' und h' bei einer Verschiebung aussagen? Formuliere dein Ergebnis.

IM BLICKPUNKT: PARKETTIERUNG

1. Susann hat sich eine Grundfigur ausgedacht. Sie verschiebt diese Grundfigur lückenlos in mehrere Richtungen (Bild rechts).

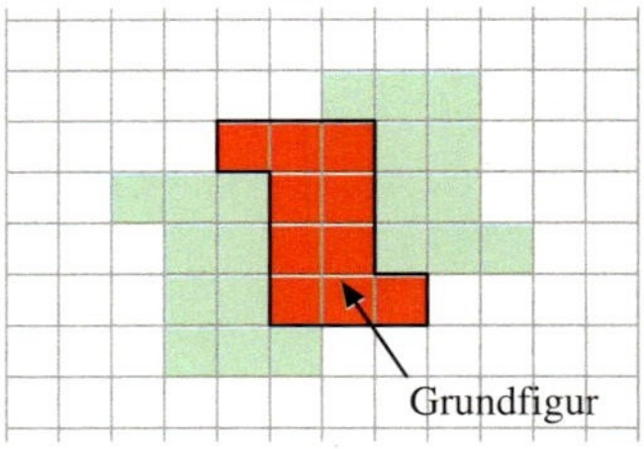

a) Zeichne in deinem Heft ein Quadrat mit der Seitenlänge 10 cm. Übertrage Susanns Grundfigur. Zeichne sie dazu am besten etwa in die Mitte des Quadrates und umrande sie.

b) Verschiebe die Grundfigur ohne Lücken in *mehrere* Richtungen. Zeichne möglichst viele solcher Figuren in das Quadrat.

> Wird eine *Grundfigur* wiederholt in *mehrere* Richtungen verschoben und dabei eine Fläche *lückenlos* gefüllt, so entsteht eine **Parkettierung**.

2. (1) (2) (3)

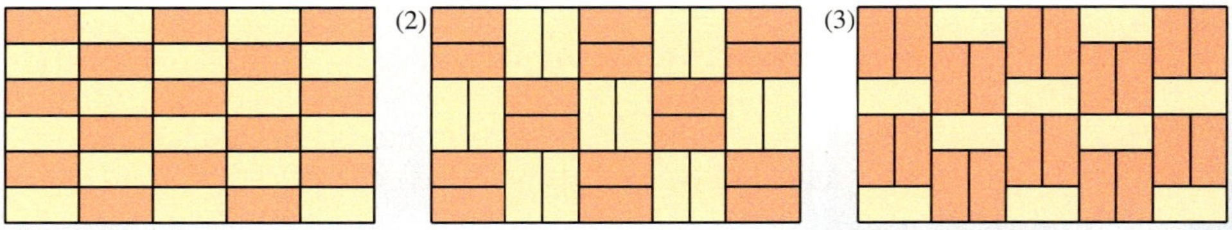

Ein Baumarkt empfiehlt diese Parkettierung für Gehwege. Es werden dafür rechteckige Pflastersteine in zwei unterschiedlichen Farben verwendet.

a) Welche Grundfigur wurde verschoben?

b) Erfinde mit diesen Steinen selbst Grundfiguren. Gestalte damit eine Gehweg-Parkettierung.

3. Micha hat eine Grundfigur (rot) gezeichnet und bereits einmal verschoben (Bild rechts).
Zeichne in dein Heft ein Rechteck von 9 cm Länge und 6 cm Breite. Übertrage in das Rechteck Michas Grundfigur. Fertige damit eine Parkettierung an.
Färbe jede Figur. Verwende mehrere Farben.

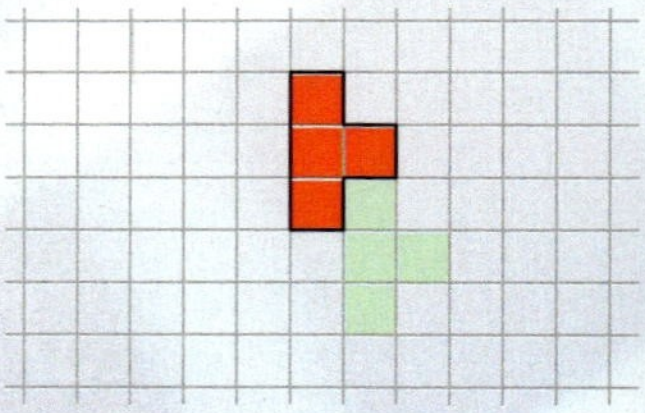

4. a) b) c) d)

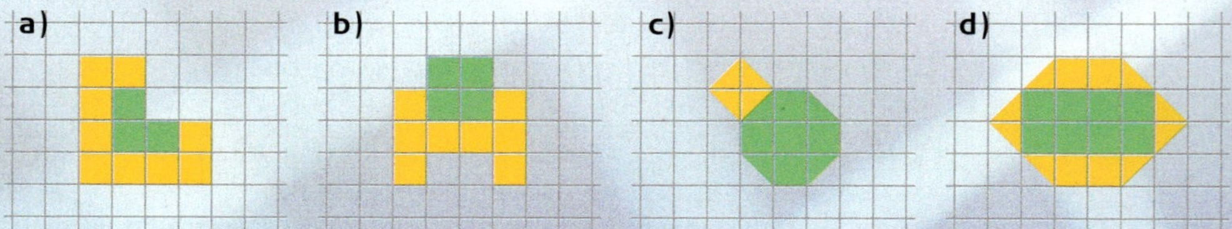

Stelle mit dieser zweifarbigen Grundfigur eine Parkettierung her.

5. Entwerft selbst Grundfiguren. Zeichnet damit Parkettierungen.
Überlegt euch zuvor sinnvolle Maße. Ihr könnt die Parkettierungen z. B. klein (im Heft) oder groß (als Poster oder Wandschmuck) gestalten.

6. Krummlinig begrenzte Grundfiguren kann man wie folgt herstellen:

- Die Ausgangsfigur ist wieder ein Quadrat (z.B. a = 4 cm).
- In dieses Quadrat wird eine Linie von unten nach oben gezeichnet.
- Das Quadrat wird an der Linie entlang zerschnitten und seitenvertauscht zusammengefügt.
- Jetzt zeichnet man eine Linie von links nach rechts und verfährt in bekannter Reihenfolge.
- Mit dem „Kopf“ als Grundfigur können wir nun parkettieren.

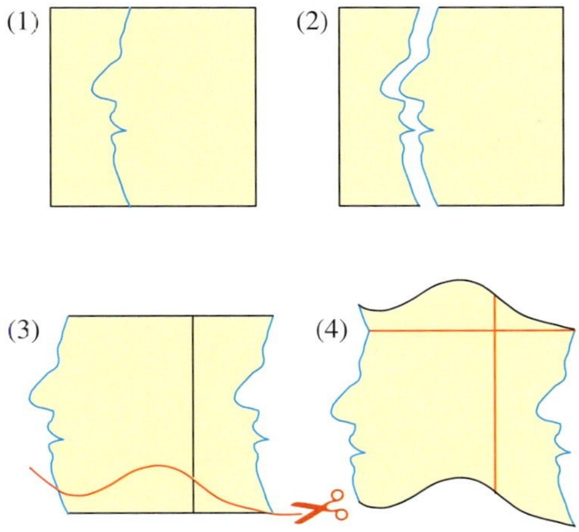

7. Der holländische Grafiker Maurits Cornelis Escher (1898 – 1972) zeichnete viele interessante Parkettierungen. Escher wurde mit seinen Grafiken weltberühmt.

(1)

M. C. Escher's „Symmetry Drawing E1“

(2)

M. C. Escher's „Symmetry Drawing E21“

Erkenne in der Parkettierung die Grundfigur.

8. *Geht auf Entdeckungsreise:* Informiert euch über Parkettierungen von M. C. Escher. Benutzt Bildbände der Bibliothek oder das Internet.

PUNKTSYMMETRISCHE FIGUREN

Einstieg

Betrachte die Spielkarte links.

- → Versuche zu beschreiben, was das Besondere an der Spielkarte ist.
- → Welche Beziehung besteht zwischen den beiden Bildhälften?
- → Welchen Vorteil hat eine solche Spielkarte?

Die Spielkarte ist *punktsymmetrisch*. Tim und Anne wollen selbst solche Karten herstellen. Rechts haben sie schon die Hälfte einer Figur aufgezeichnet.

- → Wie können sie die Figur punktsymmetrisch ergänzen? Zeichne selbst.

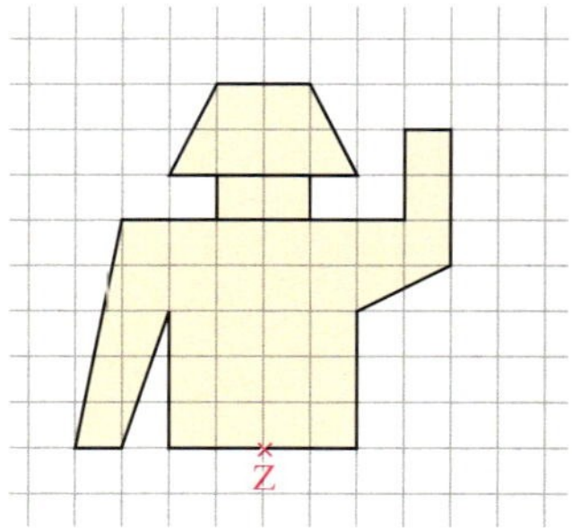

Aufgabe

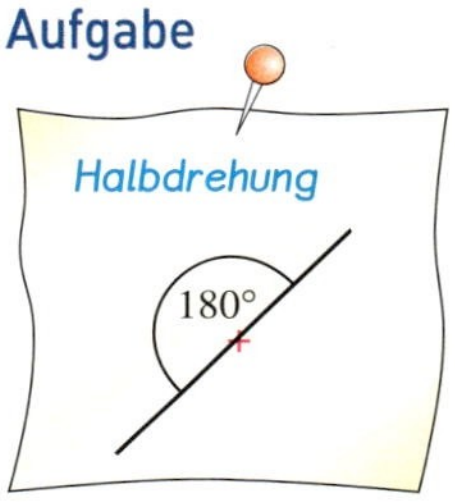

1. Ergänze das Dreieck ABC durch eine Halbdrehung (Drehung um 180°) um den Eckpunkt A zu einer punktsymmetrischen Figur.

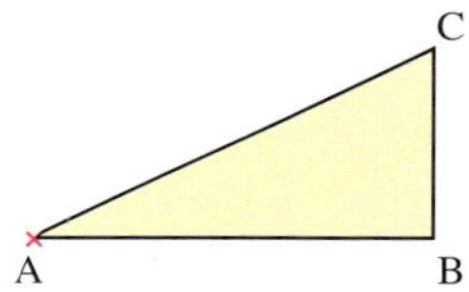

Lösung

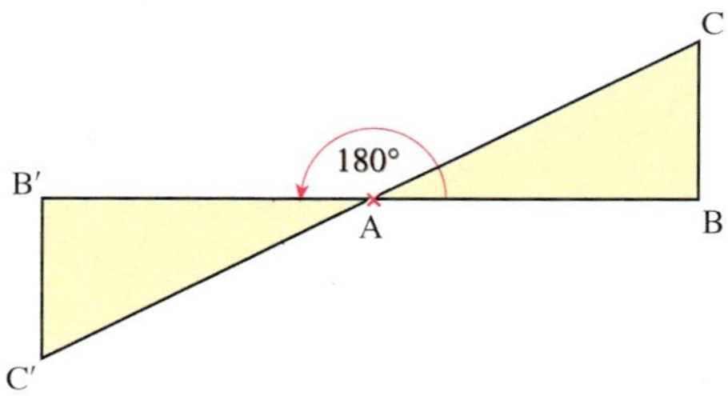

Wir drehen die Seite $\overline{AB}$ um A um 180° bzw. wir verlängern die Strecke $\overline{BA}$ über A hinaus um die Länge der Strecke $\overline{AB}$; wir erhalten den Symmetriepartner B' von B und damit die Seite $\overline{AB'}$.
Ebenso drehen wir die Seite $\overline{AC}$ um A um 180° bzw. wir verlängern die Seite $\overline{CA}$ über A hinaus um die Länge der Strecke $\overline{CA}$. Wir erhalten den Symmetriepartner C' von C und damit die Strecke $\overline{AC'}$.
Wir verbinden schließlich B' und C'. Das Originaldreieck ABC und das Bilddreieck AB'C' bilden zusammen eine punktsymmetrische Figur.

Information

Eine Figur heißt **punktsymmetrisch** zum Punkt Z, wenn sie bei Drehung um 180° (Halbdrehung) um Z mit sich zur Deckung kommt.
Der Punkt Z heißt **Symmetriezentrum**.
Ein Punkt P und sein Symmetriepartner P' liegen auf einer Geraden durch Z und sind von Z gleich weit entfernt.

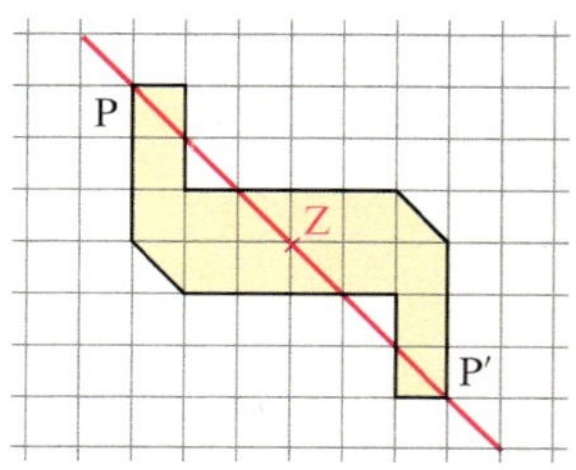

Zum Festigen und Weiterarbeiten

2. Rechts seht ihr ein Teil aus einem gotischen Maßwerkfenster; es ist punktsymmetrisch.

a) Versucht punktsymmetrische Figuren in eurer Umwelt zu finden.
Denkt auch an Spielfelder im Sport, an Markenzeichen von Autos, an Flaggen.

b) Welche Druckbuchstaben sind punktsymmetrisch?

c) Welche Ziffern sind punktsymmetrisch?

3. Übertrage in dein Heft. Ergänze zu einer punktsymmetrischen Figur.

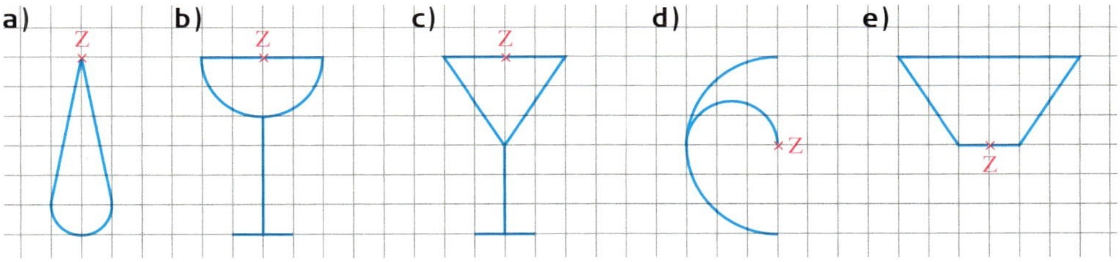

Übungen

4. Ergänze zu einem punktsymmetrischen Vieleck mit Z als Zentrum.

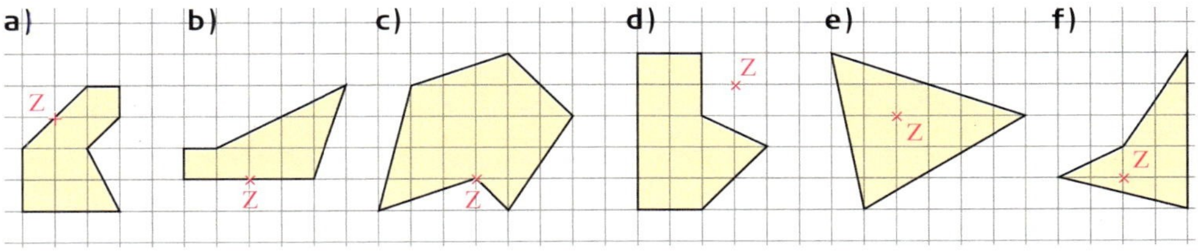

5. Welche Figuren sind punktsymmetrisch? Gib – falls möglich – das Symmetriezentrum an.

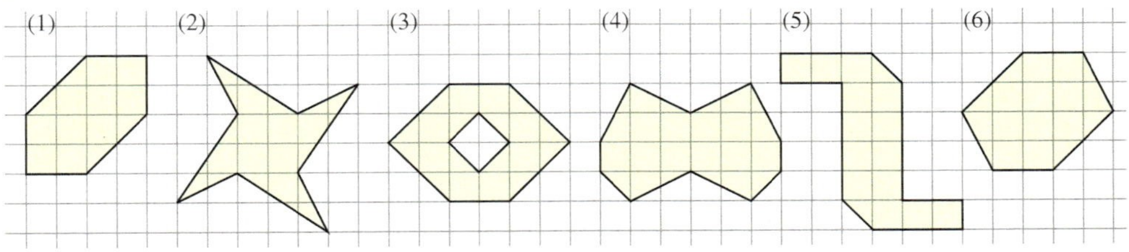

6. Betrachte die Teilfiguren aus einem Wabenmuster.
Welche der Figuren sind punktsymmetrisch?
Zeichne gegebenenfalls das Symmetriezentrum ein. Übertrage dazu das Muster in dein Heft.

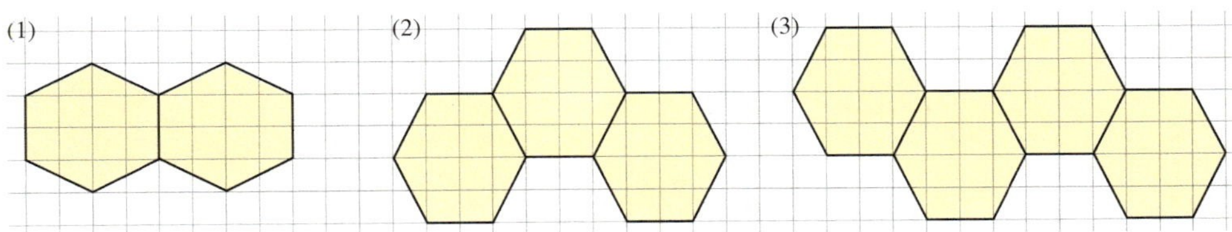

7. a) Entscheide, ob die Figur punktsymmetrisch ist.

(1)

(2)

(3)

b) Suche weitere punktsymmetrische Firmenlogos. Zeichne sie auf und gib jeweils das Symmetriezentrum an.

8. Gegeben sind in einem Koordinatensystem (Einheit 1 cm) der Punkt P und sein Symmetriepartner P′. Finde das Symmetriezentrum Z; markiere es.
Beschreibe auch die Lage des Spiegelzentrums bezüglich der Verbindungsstrecke $\overline{PP'}$.

a) P(3|4); P′(7|8) **b)** P(0|7); P′(5|0) **c)** P(1,5|4,5); P′(7,5|6,5)

9.

a) Welche Karten sind achsensymmetrisch?

b) Welche Karten sind punktsymmetrisch?

c) Welche Karten sind achsen-, aber nicht punktsymmetrisch?

d) Welche Karten sind punkt-, aber nicht achsensymmetrisch?

e) Welche Karten sind weder punkt- noch achsensymmetrisch?

10. Färbe mit zwei Farben die Teile des Rechtecks so, dass das gefärbte Muster

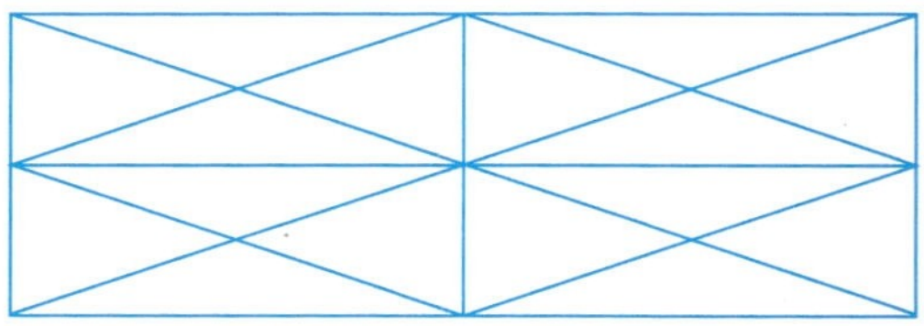

a) achsensymmetrisch, aber nicht punktsymmetrisch ist;

b) punktsymmetrisch, aber nicht achsensymmetrisch ist;

c) weder achsensymmetrisch noch punktsymmetrisch ist.

11. Zeichne **a)** zwei Kreise, **b)** einen Kreis und eine Gerade, **c)** drei Geraden so, dass sie zusammen eine punktsymmetrische Figur ergeben.

12. Färbe im Heft den Rest der Figur so, dass ein punktsymmetrisches Muster entsteht.

a)

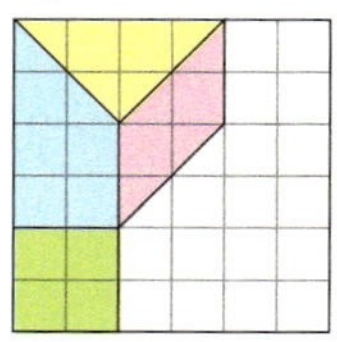

b)

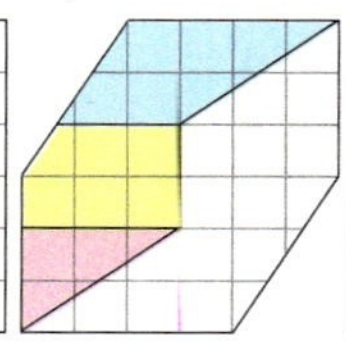

c)

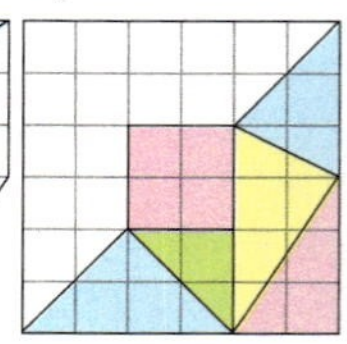

IM BLICKPUNKT: DREHSYMMETRISCHE FIGUREN

1. Betrachte die folgenden Bilder. Die abgebildeten Objekte weisen eine regelmäßige Anordnung von Teilen auf, also eine Art von Symmetrie. Versuche sie zu beschreiben.

Clematis-Blüte

Seeigel

Eiskristall

2. Übertrage die Figur auf Transparentpapier und drehe sie um den Punkt Z gegen den Uhrzeigersinn (Linksdrehung).
Wie viele solche Drehungen gibt es, bei denen die Figur auf sich abgebildet wird?
Gib auch die *Drehwinkel* an.

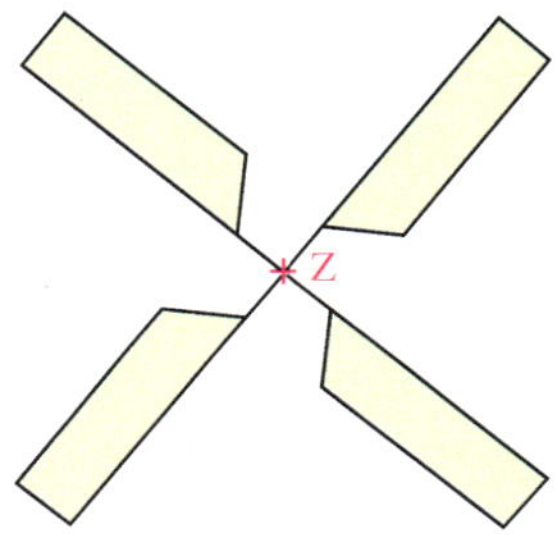

Teil eines gotischen Fensters

Wenn eine Figur bei einer Drehung um einen Punkt Z mit einem Drehwinkel zwischen 0° und 360° mit sich zur Deckung kommt, dann ist die Figur **drehsymmetrisch zum Punkt Z**.
Der Punkt Z heißt das **Symmetriezentrum**.

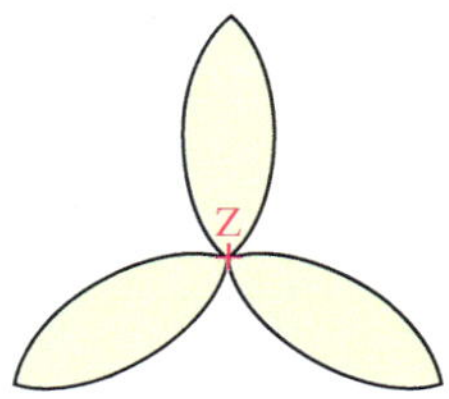

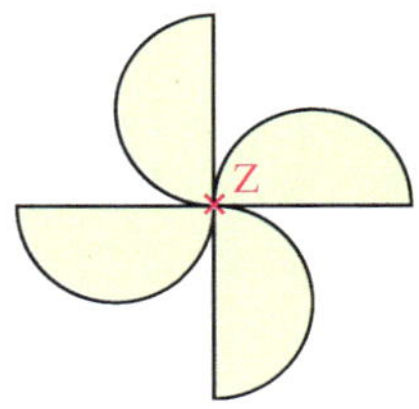

3. Spiralgalaxien (auch Spiralnebel genannt) sind häufig annähernd punktsymmetrisch.
Beschreibe anhand der Abbildung rechts den Zusammenhang zwischen Punktsymmetrie und Drehsymmetrie.

4. Ist die Figur drehsymmetrisch? Gib gegebenenfalls den kleinsten Drehwinkel an.

(1)

(2)
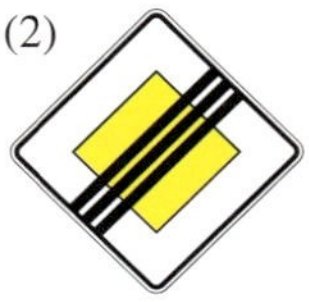
(3)

(4)

(5)

(6)

(7)

(8)

(9)
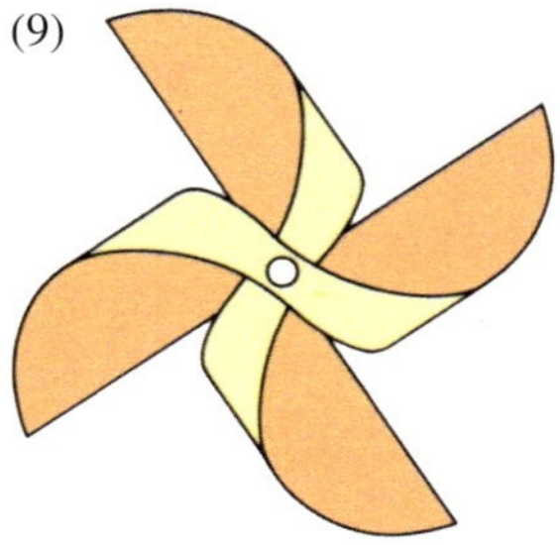
(10)

5. Mache eine Aussage über die Drehsymmetrie der Figur. Gib den kleinsten Drehwinkel an, bei dem die Figur mit sich selbst zur Deckung kommt.
Zeichne die Figur vergrößert in dein Heft und färbe sie.

a)
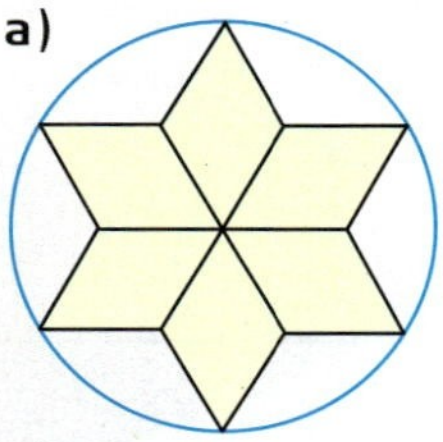
b)
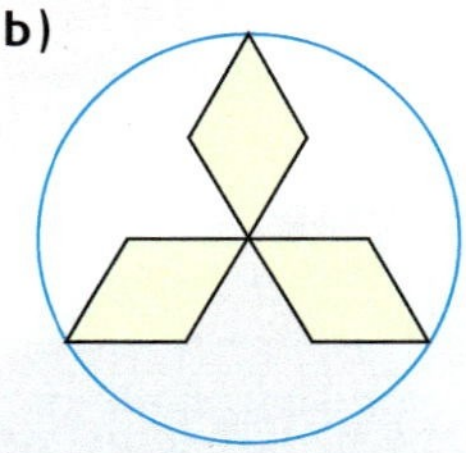
c)
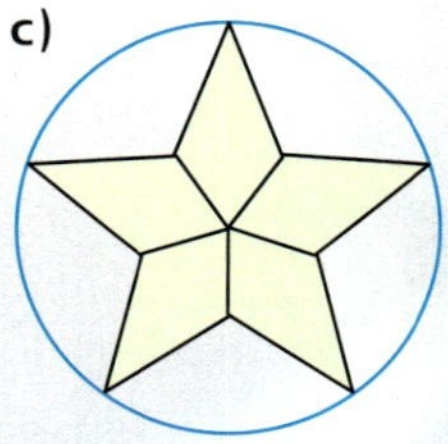

6. **a)** Rechts siehst du eine Rosette, wie man sie z. B. bei Kirchen findet. Die Rosette ist offenbar drehsymmetrisch. Beschreibe sie genauer.

b) Suche weitere drehsymmetrische Figuren in deiner Umwelt.

7. **a)** Welche Figuren sind achsensymmetrisch, welche sind punktsymmetrisch, welche sind drehsymmetrisch?

(1)
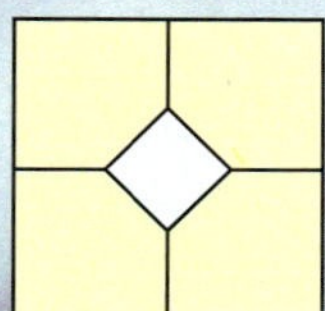
(2)
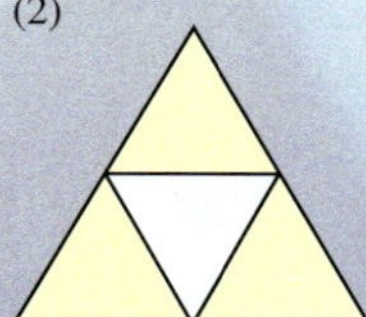
(3)
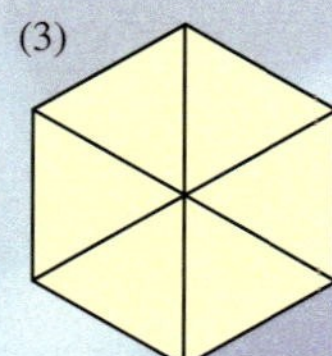
(4)
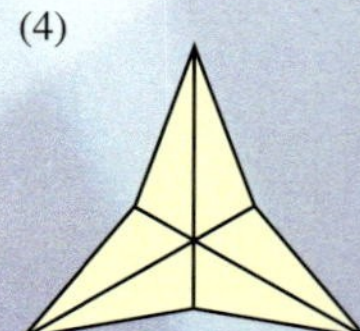

b) Gib die Anzahl der Symmetrieachsen an. Untersuche, ob es einen Zusammenhang zwischen der Anzahl der Symmetrieachsen und der Punktsymmetrie [der Drehsymmetrie] einer Figur gibt.

VERMISCHTE UND KOMPLEXE ÜBUNGEN

1. Gegeben ist das Dreieck ABC mit A(1|3), B(5|1) und C(4|6).
Zeichne das Bild von ABC bei einer

a) Spiegelung an der Achse PQ mit P(0|1) und Q(7|5);

b) Verschiebung mit dem Verschiebungspfeil $\overrightarrow{PQ}$, wobei P(1|1,5) und Q(6|2,5).

2. Das Dreieck A'B'C' mit A'(1|2), B'(4|2,5) und C'(2|5) ist das Bild des Dreiecks ABC bei einer

a) Spiegelung an der Achse PQ mit P(5|0,5) und Q(3,5|5);

b) Verschiebung mit dem Verschiebungspfeil $\overrightarrow{RS}$, wobei R(7|1) und S(6|3).

Zeichne das Ausgangsdreieck ABC.
Gib auch die Abbildung an, mit der man es aus dem Bilddreieck A'B'C' erhält.

3. Nenne gemeinsame Eigenschaften von Achsenspiegelung und Verschiebung. Worin unterscheiden sich diese Abbildungen? Lege eine Tabelle an.

4. Auch heute noch verwenden Designer Muster aus der Antike. Dabei ist oft das Mäander-Ornament zu sehen. Es ist dem Verlauf des Flusses Maiandros nachempfunden.

a) Informiere dich über den Verlauf des Maiandros (heute Büyük Menderes Nehri). Er fließt in der Türkei.

b) Übertrage das Mäander-Bandornament in dein Heft und setze es fort.

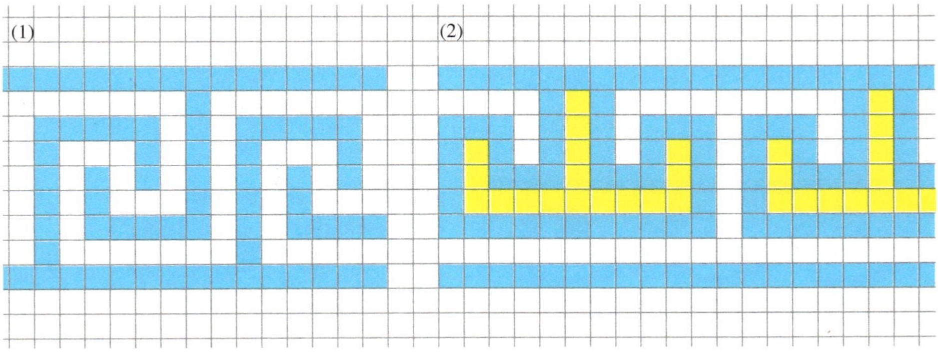

c) Denke dir selbst solch ein Mäander-Ornament aus. Gestalte damit ein Bandornament.

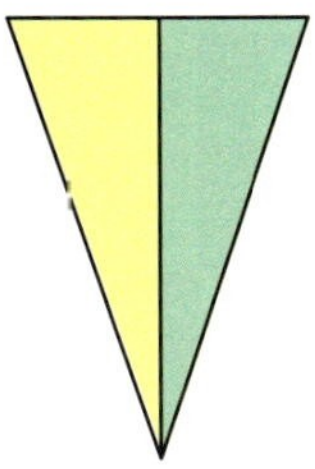

5. Wie kannst du aus der Figur links die beiden Fahnenschlangen herstellen? Setze sie fort.

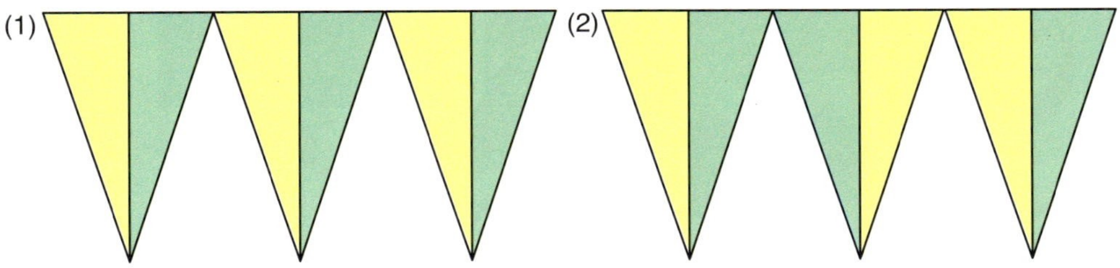

6. **a)** Links siehst du einen besonderen Spiegel; vergleiche ihn mit einem normalen Spiegel. Beschreibe.

b) Im Alltag findet man Abbildungen, bei denen das Bild nicht deckungsgleich zum Original ist. Nenne Beispiele.

7.

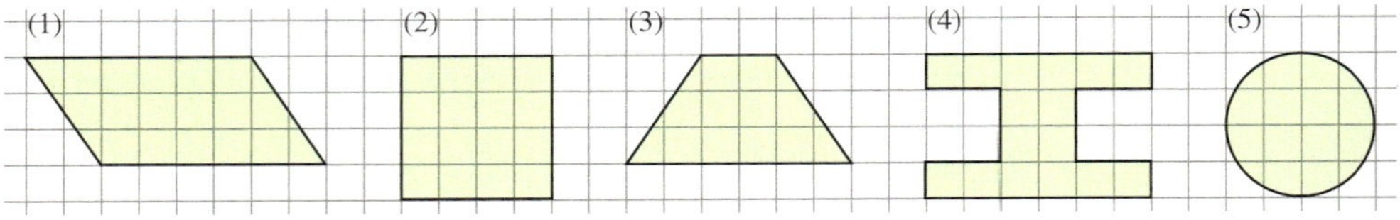

a) Welche Figur ist punktsymmetrisch? Gib – falls möglich – das Symmetriezentrum an.

b) Welche Figur ist achsensymmetrisch? Gib – falls möglich – die Symmetrieachse(n) an.

8. Zeichne das Dreieck ABC und das Dreieck A'B'C' in ein Koordinatensystem. Gib die Verschiebung an, die das Dreieck ABC auf das Dreieck A'B'C' abbildet.

(1)

Dreieck		Bilddreieck
A (7|4)	v( ) →	A'(2|8)
B (12|0)		B'(7|4)
C (11|6)		C'(6|10)

(2)

Dreieck		Bilddreieck
A (3|4)	v( ) →	A'(6|0)
B (6|9)		B'(9|5)
C (0|10)		C'(3|6)

9. Hier findest du Briefmarken. Welche Symmetrien weisen diese Motive auf?

10. Hier siehst du verschiedene Bordüren (Bandornamente) für Badfliesen. Denke dir die Bandornamente unbegrenzt fortgesetzt. Gib eine Geradenspiegelung oder Verschiebung an, die das Muster auf sich abbilden.

(1) (2) (3)

11. Hier findest du Wappen einiger Städte bzw. Landkreise in Sachsen-Anhalt. Untersuche sie auf Symmetrie.

Halle · Magdeburg · Wernigerode · Landkreis Wittenberg · Burgenlandkreis · Salzlandkreis

BIST DU FIT?

1. Gegeben ist das Dreieck ABC mit A(1|3), B(5|1) und C(4|6).
Zeichne das Bild von ABC bei einer

a) Spiegelung an der Geraden mit P(0|1) und Q(7|5);

b) Verschiebung mit dem Verschiebungspfeil $\overrightarrow{RS}$, wobei R(4|8) und S(6|7).

Gib die Koordinaten der Bildpunkte an.

2. Ergänze in einem Koordinatensystem die Punkte A(4|5), B(1|10) und (1) C(0|3), (2) C(1|5) so durch einen Punkt D, dass eine achsensymmetrische Figur entsteht.

3. Zeichne aus der Grundfigur und dem Verschiebungspfeil $\overrightarrow{PQ}$ ein Bandornament.

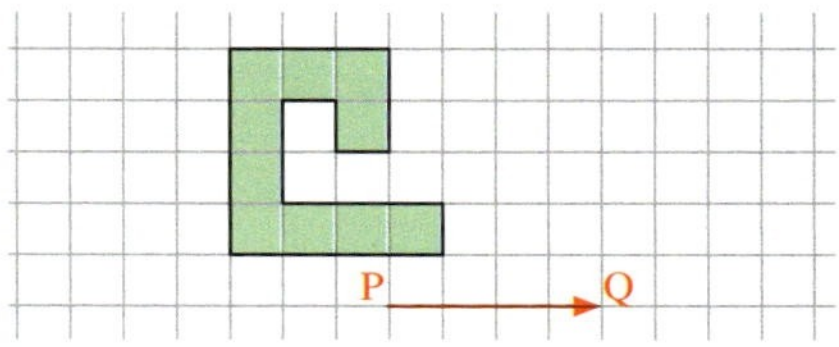

4. Entscheide, ob die grüne Figur das Bild der gelben Figur bei einer Achsenspiegelung oder einer Verschiebung oder einer Halbdrehung ist. Begründe deine Entscheidung.

a) **b)** **c)** **d)**

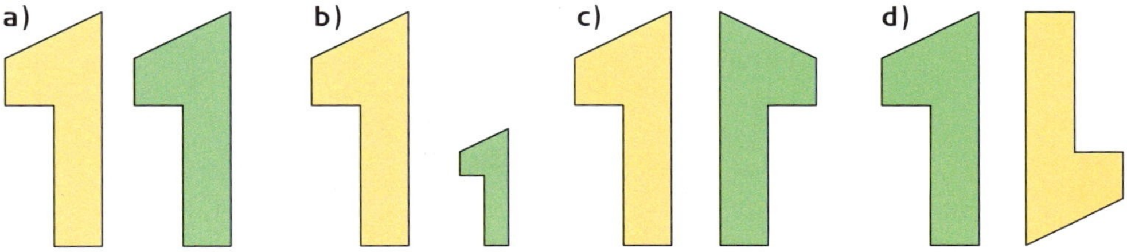

5. **a)** Welche der Fahnen sind als Ganzes achsensymmetrisch, welche punktsymmetrisch?

b) Betrachte in den Fahnen die Teilfiguren. Was für Symmetrien weisen sie auf?

Kanada

Israel

Südafrika

Europarat

6. **a)** Ergänze die Muster zu achsensymmetrischen Mustern.

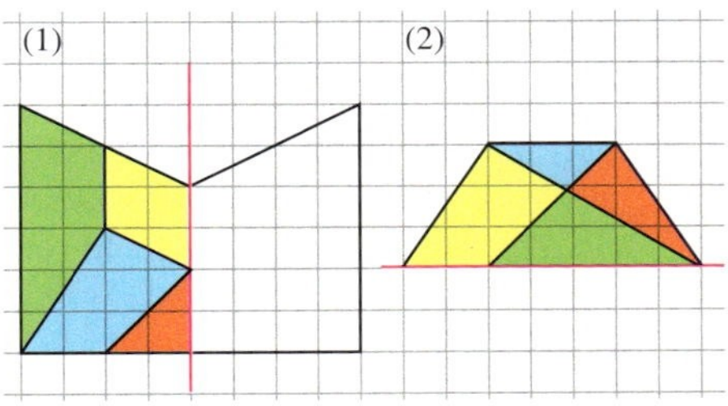

b) Ergänze die Muster zu punktsymmetrischen Mustern.

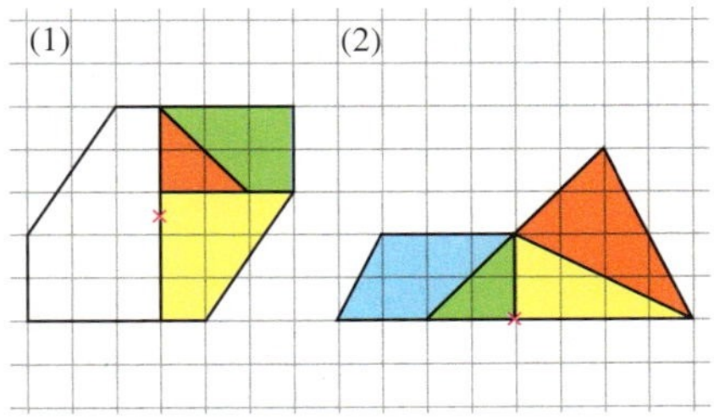

PROJEKT: SPIEGELN — DREHEN — VERSCHIEBEN

Wenn ihr euch in der Umwelt umseht, dann fällt euch bestimmt auf, dass viele Dinge recht regelmäßig angeordnet sind. Wenn zum Beispiel der Tisch gedeckt wird, wenn ein Straßenpflaster gelegt oder auf einem Fußboden ein Parkett verlegt wird, dann ist oft alles ganz regelmäßig oder sogar symmetrisch. Viele Dinge in unserer Umwelt sind symmetrisch. Man sollte aber nicht nur an Achsensymmetrie oder Drehsymmetrie denken; auch mit Verschiebungen kann man interessante Bilder erzeugen, z.B. regelmäßige Anordnungen von Figuren. Es gibt viele interessante symmetrische Dinge, die wir in unserer Umwelt finden oder selbst herstellen können. Vielleicht könnte bei diesem Projekt auch eure Kunsterzieherin oder euer Kunsterzieher viele weitere Ideen beisteuern.

Vorschlag-1: Parkettgruppe

Informiert euch, welche Parkettformen es gibt. Versucht, das Konstruktionsprinzip zu erkennen. Entwerft eigene Parkettformen. Aus welchen Vielecken gleicher Sorte kann man lückenlose Parkette legen?

Vorschlag-2: Körper

Ihr kennt schon viele mathematische Grundkörper. Untersucht sie auf Symmetrieachsen und Symmetrieebenen. Erinnert ihr euch noch an die platonischen Körper und Sternkörper? Sucht nach Gemeinsamkeiten bei diesen Körpern.

Vorschlag-3: Umwelt

Sucht in der Umwelt nach symmetrischen Gebäuden, Gegenständen oder Pflanzen. Auch im Straßenverkehr gibt es viel Symmetrie zu sehen. Versucht diese Gegenstände zu sortieren. Welche Arten von Symmetrie kommen in der Umwelt vor? Welche Symmetrieart kommt am häufigsten vor? Warum ist das so?

Es wäre schön, wenn ihr eure geometrischen Ideen in einer kleinen Ausstellung im Schulgebäude zeigt. Wenn ihr dazu ein kleines Quiz entwerft, habt ihr viele Besucher in eurer Ausstellung. Ihr könnt natürlich auch die Ergebnisse im Rahmen einer kleinen Vortragsrunde vor der Klasse oder an einem Elternabend präsentieren. Auch ein kleiner Artikel in der Lokalpresse über ein besonders symmetrisches Gebäude oder ein tolles Bodenmuster ist denkbar. Hier hilft vielleicht eure Deutschlehrerin oder euer Deutschlehrer.
Wir haben hier für euch ein paar Ideen und Fragen rund um das Symmetrieprojekt vorbereitet, die ihr aufgreifen könnt.
Im Internet findet ihr das Projekt unter **www.mathematik-heute.de**

Vorschlag-4:
Spiegel

Mit Spiegeln kann man leicht symmetrische Figuren erzeugen. Wenn ihr mehrere Spiegel verwendet, könnt ihr tolle Effekte erzielen.
Beschreibt, was ihr seht, wenn ihr mehrere Spiegel verwendet. Ihr könnt aus Spiegeln auch ein Kaleidoskop herstellen.

Vorschlag-5:
Kunst

Untersucht Kunstwerke und Gemälde auf Symmetrie bzw. Verschiebungen. Vielleicht könnt ihr im Kunstunterricht selbst symmetrische Skulpturen, Scherenbilder, Faltbilder oder Zeichnungen anfertigen.
Beschreibt dabei euer Vorgehen.

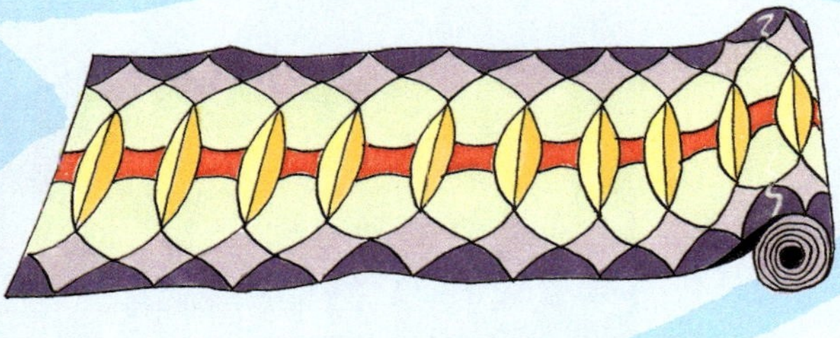

Vorschlag-6:
Tapeten

Untersucht gemusterte Tapeten. Ihr werdet feststellen, dass es die unterschiedlichsten Tapetenmuster gibt. Trotzdem steckt oft ein System dahinter.
Versucht, die Tapetenmuster zu ordnen und die Konstruktion der Muster zu beschreiben.

Vorschlag-für alle:
Mathematik

Auch in der Mathematik findet ihr viele Symmetrien. Versucht möglichst viele Symmetriearten zu beschreiben und zu erklären. Diese Symmetrien müssen nicht unbedingt aus dem Bereich des Geometrieunterrichts kommen. Wisst ihr eigentlich, woher das Wort „Symmetrie“ kommt?

6 Winkelbeziehungen – Dreiecke

Die Bilder zeigen Ansichten von Fachwerkbauten.

➜ Inwieweit sind die Fassaden symmetrisch?

➜ Welche geometrischen Figuren kann man erkennen?

➜ Welche besonderen Dreiecke und Vierecke kannst du erkennen? Welche davon sind symmetrisch?

In diesem Kapitel lernst du ...

... Winkelbeziehungen an sich schneidenden Geraden sowie Eigenschaften von Dreiecken sowie besondere Dreiecksformen kennen.

WINKEL AN SICH SCHNEIDENDEN GERADEN – SÄTZE ÜBER WINKELBEZIEHUNGEN

Winkel an zwei sich schneidenden Geraden

Einstieg

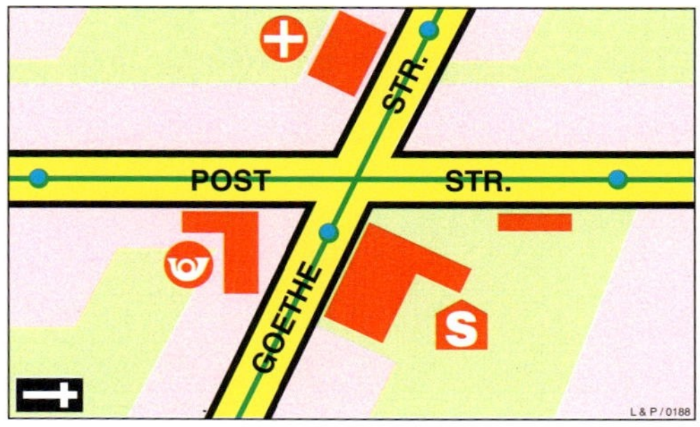

Im Stadtplan ist die Kreuzung der beiden Straßenbahnlinien als Kreuzung zweier Geraden dargestellt.

➜ Zeichne eine solche „Geradenkreuzung".
Welche Angaben sind dazu unbedingt nötig?

Aufgabe

1. In der Zeichnung rechts siehst du zwei sich schneidende Geraden. Es soll $\alpha = 34°$ sein.
Wie groß sind dann die anderen drei Winkel? Begründe.

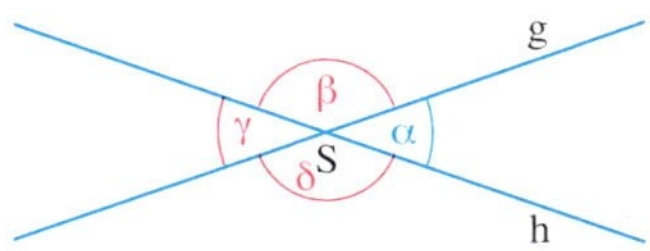

Lösung

Es gilt $\gamma = \alpha = 34°$, denn denkt man sich die Figur um S um 180° gedreht, so kommt sie mit sich selbst zur Deckung.

Es gilt $\beta = 180° - \alpha = 180° - 34° = 146°$, da α und β zusammen einen gestreckten Winkel bilden.

Es gilt $\delta = \beta = 146°$, denn denkt man sich die Figur um S um 180° gedreht, so kommt δ mit β und β mit δ zur Deckung.

Information

(1) Festlegung der Begriffe Scheitel- und Nebenwinkel

Gegeben sind zwei sich schneidende Geraden g und h (*Geradenkreuzung*).

(1) Gegenüberliegende Winkel sind **Scheitelwinkel** zueinander:

α ist Scheitelwinkel zu γ
γ ist Scheitelwinkel zu α

(2) Je zwei benachbarte Winkel sind **Nebenwinkel** zueinander:

α ist Nebenwinkel zu β
β ist Nebenwinkel zu α

(1)
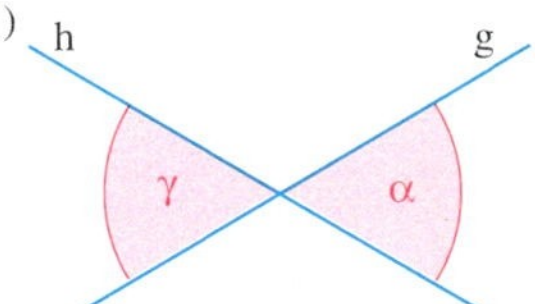

Scheitelwinkel

(2)
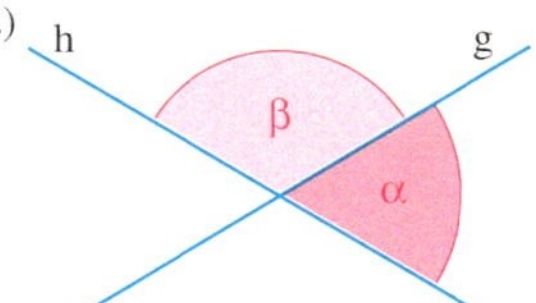

Nebenwinkel

(2) Scheitel- und Nebenwinkelsatz

Die Lösung der Aufgabe 1 zeigt uns:

(1) Scheitelwinkelsatz

Wenn α und γ Scheitelwinkel sind, dann sind sie gleich groß: $\alpha = \gamma$.

(2) Nebenwinkelsatz

Wenn α und β Nebenwinkel zueinander sind, dann bilden sie zusammen einen gestreckten Winkel: $\alpha + \beta = 180°$.

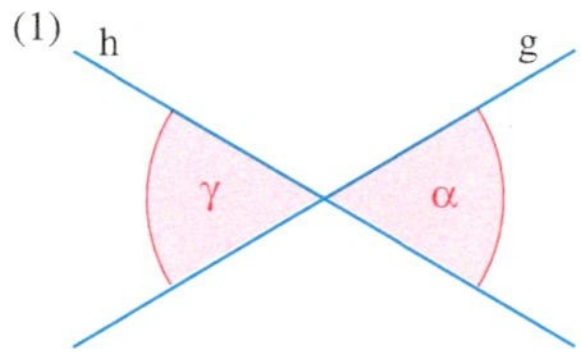

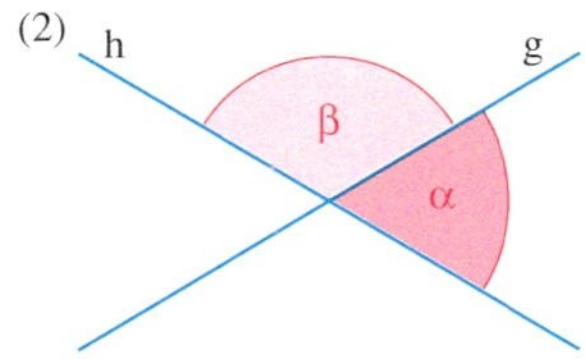

(3) Satz – Voraussetzung und Behauptung

Mathematische Sätze (Lehrsätze) sind beweisbare mathematische Aussagen. Oben haben wir den Scheitelwinkelsatz und den Nebenwinkelsatz in der Wenn-dann-Form aufgeschrieben. Den Teil des Scheitelwinkelsatzes nach dem „Wenn", also: α und γ sind Scheitelwinkel, nennt man die *Voraussetzung*, den Teil nach dem „Dann", also: α und γ sind gleich groß, die *Behauptung*.

Zum Festigen und Weiterarbeiten

2. **a)** Welche der Winkel sind Scheitelwinkel zueinander, welche Nebenwinkel zueinander? Erläutere.

b) Es soll $\beta = 138°$ sein. Berechne die Größe der übrigen Winkel. Begründe dein Vorgehen.

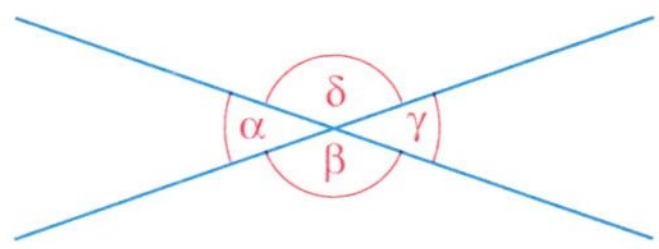

3.

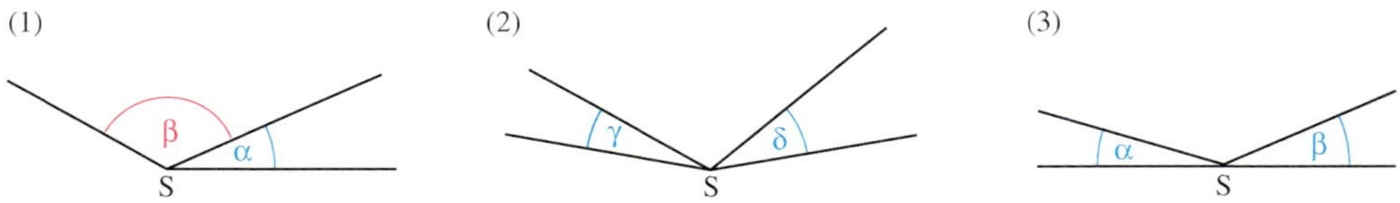

a) In Figur (1) besitzen beide Winkel denselben Scheitel S. Begründe, warum sie *keine* Nebenwinkel zueinander sind.

b) In den Figuren (2) und (3) sind beide Winkel gleich groß. Beide Winkel besitzen denselben Scheitel S. Begründe, warum sie *keine* Scheitelwinkel zueinander sind.

4. Zeichne die Winkel (1) $\alpha = 36°$; (2) $\beta = 90°$; (3) $\gamma = 152°$; (4) $\delta = 210°$.

a) Zeichne jeweils – falls möglich – den zugehörigen Scheitelwinkel sowie die zugehörigen Nebenwinkel. Wie groß sind diese jeweils?

b) Wie viele Nebenwinkel; wie viele Scheitelwinkel gehören höchstens zu einem Winkel?

c) Gehört zu jedem Winkel ein Nebenwinkel oder ein Scheitelwinkel?

5. **a)** Gib beim Nebenwinkelsatz Voraussetzung und Behauptung an.

b) Julian: Wenn α und β gleich groß sind, dann sind α und β Scheitelwinkel. Was meinst du dazu? Begründe. Vergleiche Julians Äußerung mit dem Scheitelwinkelsatz. Was hast du erfahren?

Übungen

6. Berechne die Größe der anderen drei Winkel.

a) $\alpha = 150°$ **c)** $\beta = 179°$ **e)** $\alpha = 60°$
b) $\gamma = 23°$ **d)** $\delta = 90°$ **f)** $\gamma = 60°$

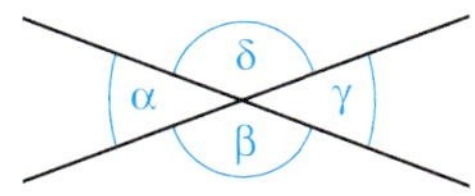

7. Berechne in der Figur rechts die übrigen Winkel.

a) $\alpha = 37°$; $\gamma = 52°$ **c)** $\varepsilon = 24°$; $\gamma = 96°$
b) $\alpha = 19°$; $\beta = 63°$ **d)** $\delta = 42°$; $\varphi = 51°$

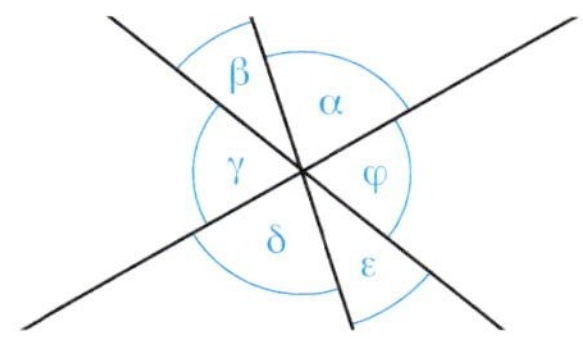

Winkel an geschnittenen Parallelen

Einstieg

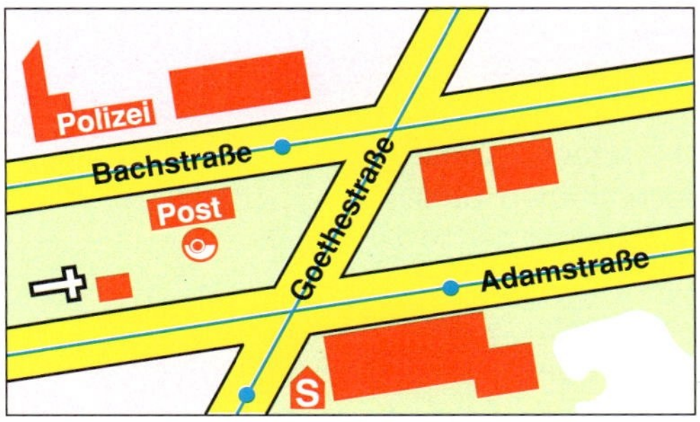

Links siehst du einen Stadtplan. Die Adamstraße und die Bachstraße verlaufen parallel zueinander. Die Goethestraße kreuzt beide. Die Straßenbahnlinien sind durch zwei zueinander parallele Geraden, die von einer dritten Geraden geschnitten werden, dargestellt.

➜ Welche Winkel musst du messen, um zeichnen zu können. Zeichne.
Welche Angaben sind unbedingt nötig?

Aufgabe

1. In den nachfolgenden Figuren werden zwei Geraden a und b von einer dritten Geraden g geschnitten. Es entstehen jeweils 8 Winkel, die sich nicht überlappen. Es soll $\alpha_1 = 56°$ sein. Versuche, die übrigen Winkel zu bestimmen, ohne sie zu messen.

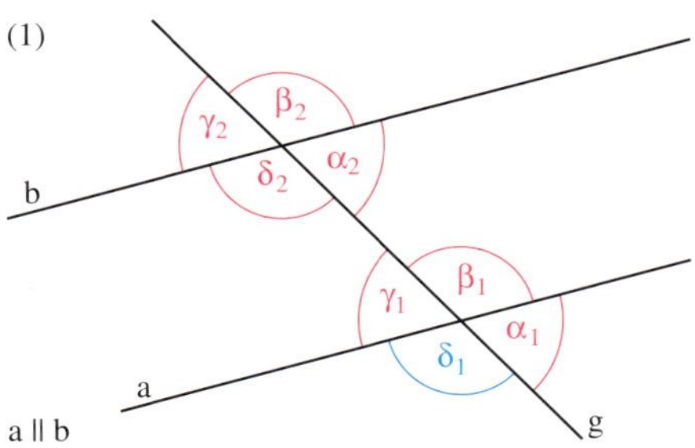

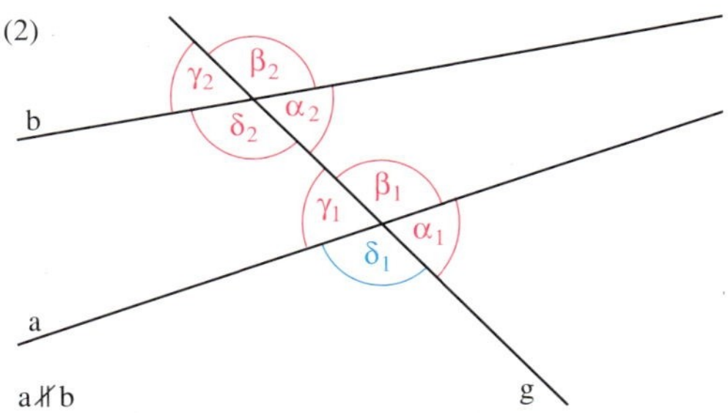

Lösung

Die übrigen Winkel an den sich schneidenden Geraden a und g in den Figuren (1) und (2) lassen sich sofort berechnen:

$\gamma_1 = \alpha_1 = 56°$, da α_1 und γ_1 Scheitelwinkel zueinander sind.
$\beta_1 = 180° - 56° = 124°$, da α_1 und β_1 Nebenwinkel zueinander sind.
$\delta_1 = \beta_1 = 124°$, da β_1 und δ_1 Scheitelwinkel zueinander sind.

In Figur (1) können wir auch die Winkel an den sich schneidenden Geraden von b und g angeben: $\alpha_2 = \alpha_1 = 56°$; $\beta_2 = \beta_1 = 124°$; $\gamma_2 = \gamma_1 = 56°$; $\delta_2 = \delta_1 = 124°$.

Dies erkennt man, wenn man die sich schneidenden Geraden a und g so parallel verschiebt, dass a auf b fällt. Dies ist möglich, da a und b parallel zueinander sind.

Bei Figur (2) ist dies nicht möglich, da $a \nparallel b$. Die Winkel an den sich schneidenden Geraden von b und g können wir ohne zu messen nicht bestimmen.

Information

(1) Festlegung der Begriffe Stufen- und Wechselwinkel

Die Figuren im Einstieg und in Aufgabe 1 bestehen aus zwei Geraden, die von einer dritten Geraden geschnitten werden. Dabei entstehen acht Winkel, die sich nicht überlappen.

Gegeben sind zwei Geraden a und b, die von einer dritten Geraden g geschnitten werden (*doppelte Geradenkreuzung*).

(1) Die Winkel α und β liegen auf *derselben* Seite der schneidenden Geraden g und auf *entsprechenden* Seiten der geschnittenen Geraden a und b.
Wir sagen:
Die beiden Winkel α und β sind **Stufenwinkel** zueinander.

(1)
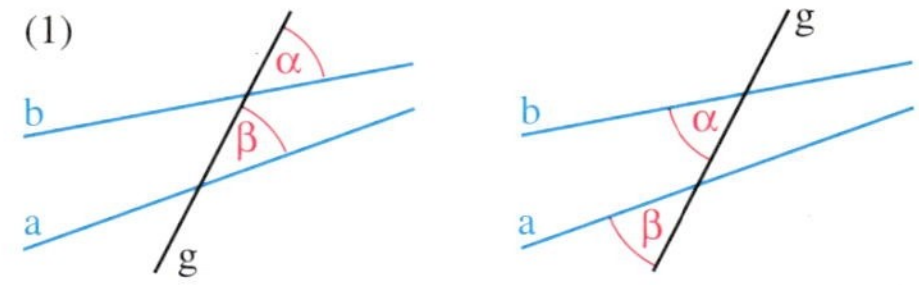

(2) Die Winkel α und γ liegen auf *verschiedenen* Seiten der schneidenden Geraden g und auf *entgegengesetzten* Seiten der geschnittenen Geraden a und b.
Wir sagen:
Die beiden Winkel α und γ sind **Wechselwinkel** zueinander.

(2)
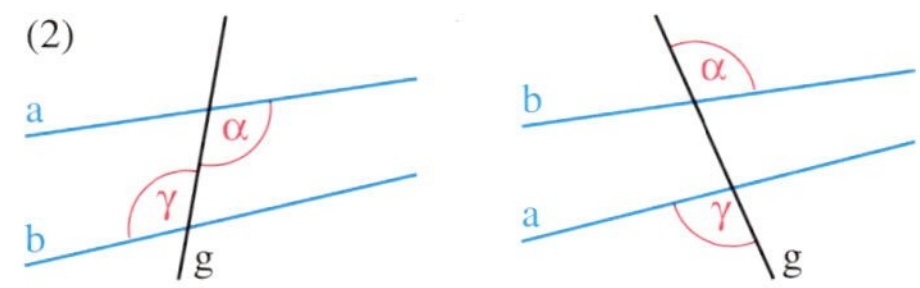

(2) Winkelsätze an geschnittenen Parallelen

Die Aufgabe 1 auf Seite 175 führt uns zu den folgenden Sätzen:

Stufenwinkelsatz

α und β sollen Stufenwinkel an einer doppelten Geradenkreuzung sein.
Dann gilt:
Wenn a||b, dann sind die Stufenwinkel α und β gleich groß.

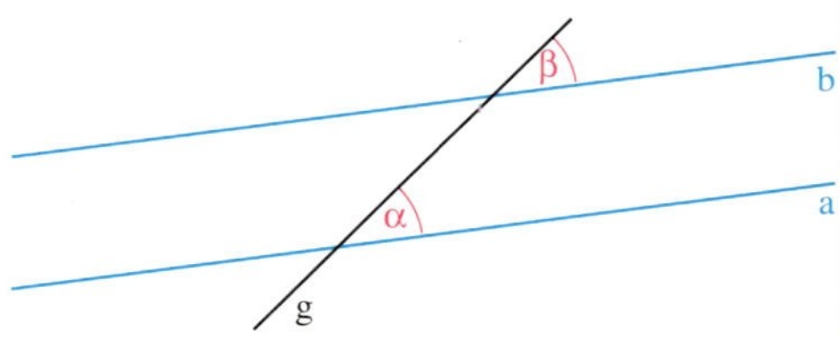

Wechselwinkelsatz

α und γ sollen Wechselwinkel an einer doppelten Geradenkreuzung sein.
Dann gilt:
Wenn a||b, dann sind die Wechselwinkel α und γ gleich groß.

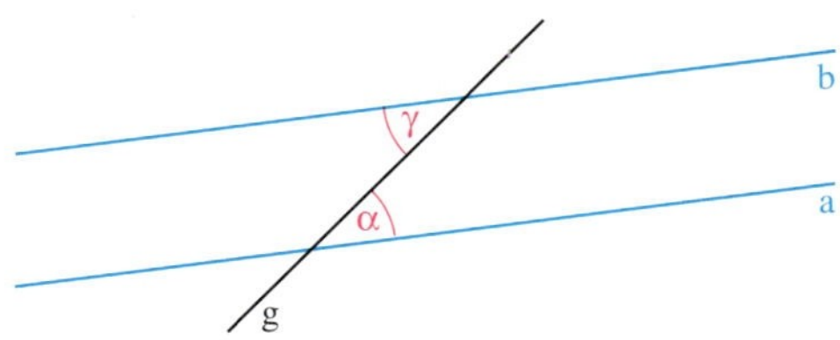

Zum Festigen und Weiterarbeiten

2. Gib an der nebenstehenden Figur an:

a) alle Wechselwinkelpaare;

b) alle Stufenwinkelpaare.

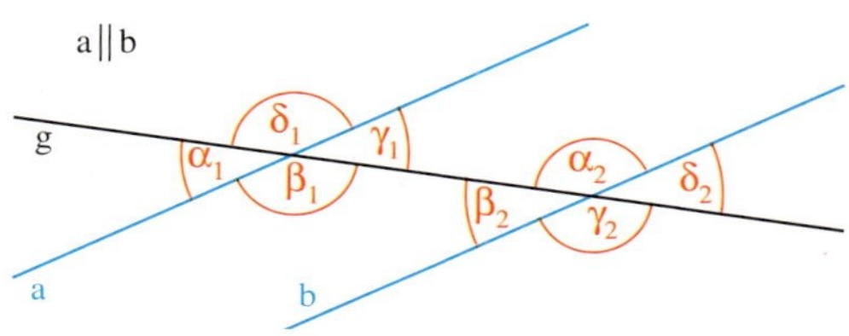

3. Die Geraden a und b sind parallel zueinander. Berechne die Größe der übrigen Winkel.

a)

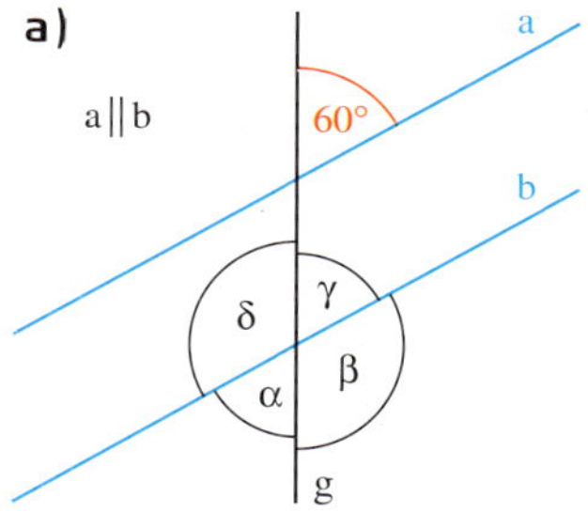

b)

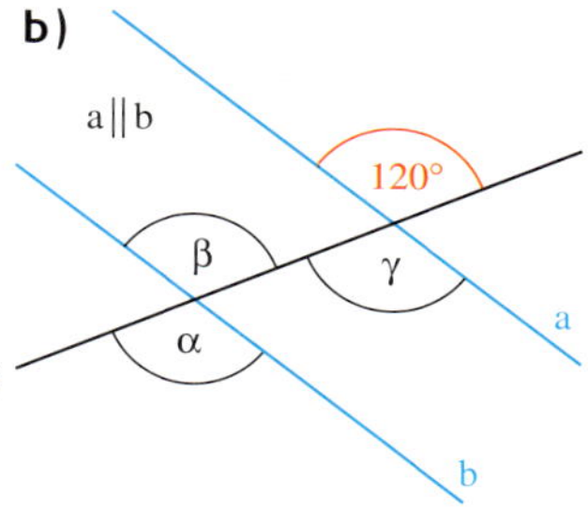

c)

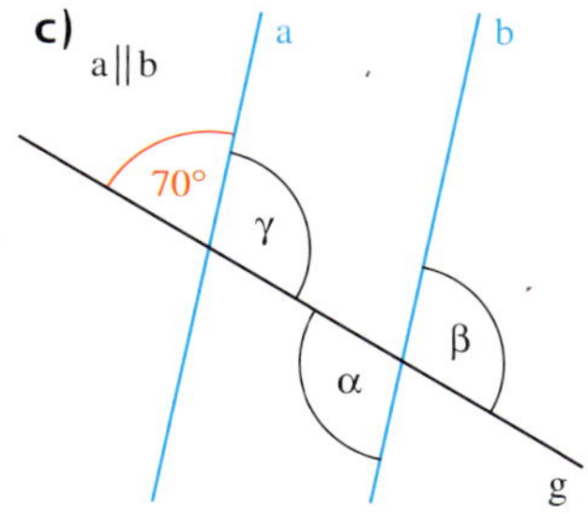

Übungen

4. Die Geraden a und b sind parallel zueinander.
Die Gerade g schneidet a und b.

a) $\beta_1 = 123°$ **b)** $\gamma_1 = 51°$ **c)** $\delta_2 = 111°$

Berechne die Größe der übrigen Winkel.

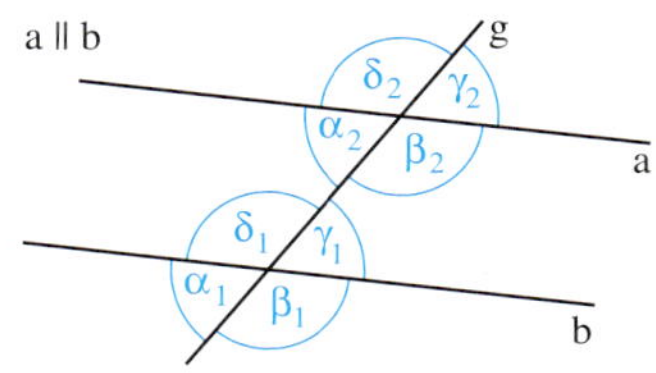

5. Zeichne zwei zueinander parallele Geraden a und b im Abstand von 3,5 cm. Zeichne eine Gerade g so, dass gilt:

a) $\alpha = 33°$ **b)** $\beta = 125°$ **c)** $\gamma = 137°$ **d)** $\delta = 68°$

Markiere farbig den zugehörigen (1) Stufenwinkel, (2) Wechselwinkel. Berechne die Größe der übrigen sieben Winkel. Trage die Ergebnisse in deine Figur ein.

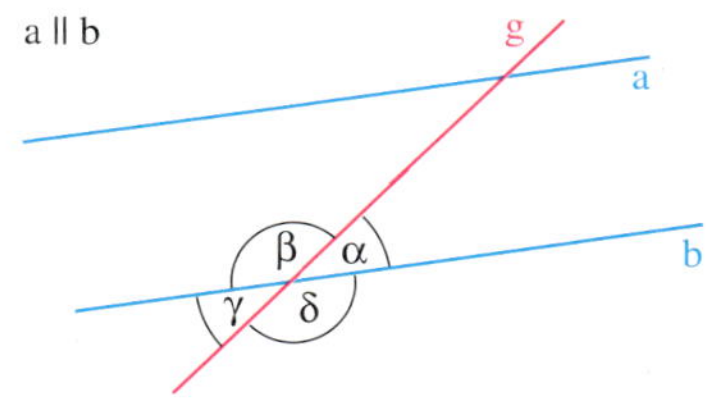

6. **a)** Zeichne eine entsprechende Figur in dein Heft. Wähle $\beta = 50°$. Berechne die Größe der übrigen 15 Winkel und notiere die Ergebnisse in der Figur.

b) Kannst du unter den vier Winkeln α, β, γ und δ Scheitelwinkel, Nebenwinkel, Stufenwinkel, Wechselwinkel entdecken? Notiere diese im Heft.

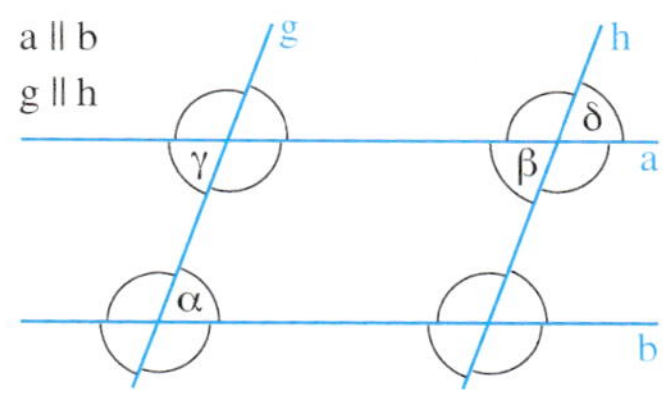

7. Zeichne zwei Geraden a und b, die sich außerhalb des Zeichenblattes schneiden. Wie kann man dennoch die Größe aller vier Winkel am Schnittpunkt bestimmen?

8. **a)** In dem Parallelogramm ABCD werden die Winkel bei A und C durch die Diagonale $\overline{AC}$ in jeweils zwei Winkel zerlegt. Welche Winkel sind gleich groß? Färbe sie. Begründe.

b) Zeichne ein Parallelogramm mit den beiden Diagonalen. Markiere gleich große Winkel; begründe.

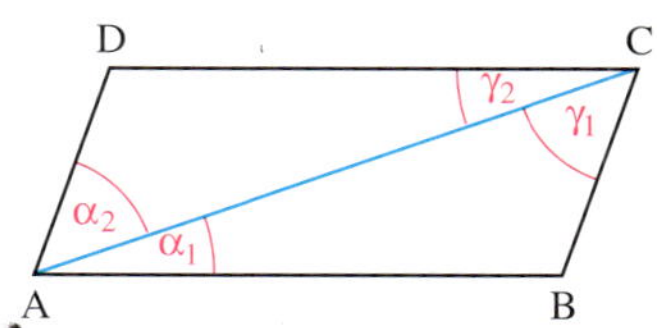

9. **a)** Auf dem Foto kannst du Stufen- und Wechselwinkel entdecken. Gib sie an.

b) *Geht auf Entdeckungsreise:* Sucht in eurer Umwelt weitere Beispiele für Stufen- und Wechselwinkel.

INNENWINKELSATZ IM DREIECK – EINTEILUNG DER DREIECKE NACH WINKELN

Einstieg

Zeichne auf ein DIN-A4-Blatt ein möglichst großes, beliebiges Dreieck.
Lege einen (möglichst kleinen) Bleistift in die Lage 1. Verschiebe dann den Bleistift längs der Seite $\overline{AB}$ in die Lage 2, drehe ihn um B in die Lage 3; fahre fort, bis er wieder auf der Seite $\overline{AB}$ in der Ecke A liegt.

→ Was stellst du fest? Um wie viel Grad wurde der Bleistift insgesamt gedreht?

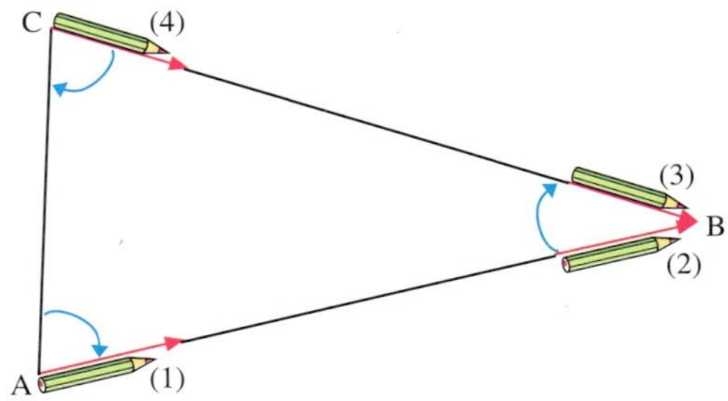

Aufgabe

1. Im Bild (1) seht ihr, dass man *deckungsgleiche* Quadrate, d. h. Quadrate mit denselben Maßen, lückenlos aneinanderlegen kann.
Bild (2) zeigt, dass dies auch mit deckungsgleichen Rechtecken funktioniert (denkt an Fliesen im Bad).

a) Untersucht, ob man auch deckungsgleiche Dreiecke lückenlos aneinander legen kann. Stellt euch dazu Musterdreiecke mit denselben Maßen her und versucht, die Dreiecke geeignet zusammenzulegen.
Geht es? Woran könnte das liegen? Beachtet die Bilder (1) und (2).

b) Färbt in der entstandenen Figur gleich große Innenwinkel der Dreiecke mit derselben Farbe.
Könnt ihr Aussagen über die Innenwinkel eines Dreiecks machen?

(1)

(2)
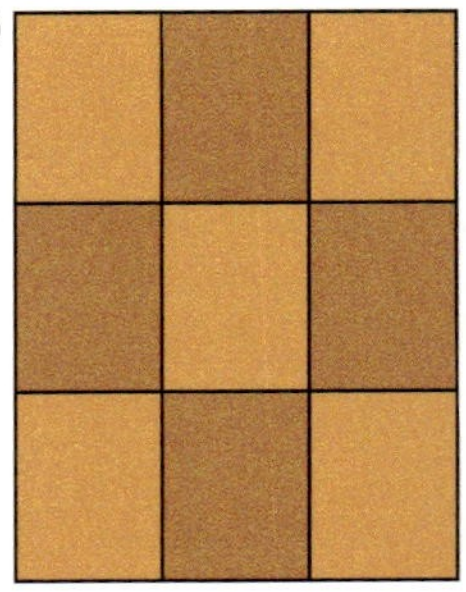

Lösung

a) Dem Augenschein nach kann man deckungsgleiche Dreiecke lückenlos aneinander legen. Dies könnte an den Winkeln liegen, die in jedem Eckpunkt zusammentreffen.

b) In jedem Eckpunkt stoßen 6 Winkel aneinander. Zusammen sind sie 360° groß. Gleich große Innenwinkel treten je zweimal auf.
Die Innenwinkel eines Dreiecks sind offenbar zusammen 180° groß.

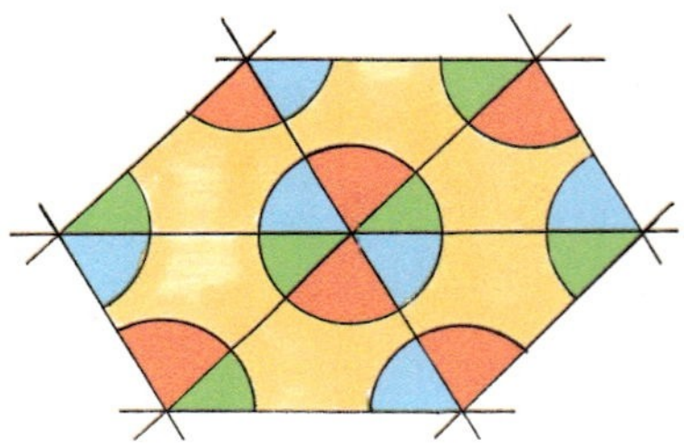

Statt lückenlos aneinander legen sagt man auch: parkettieren.

Information

(1) Bezeichnungen am Dreieck

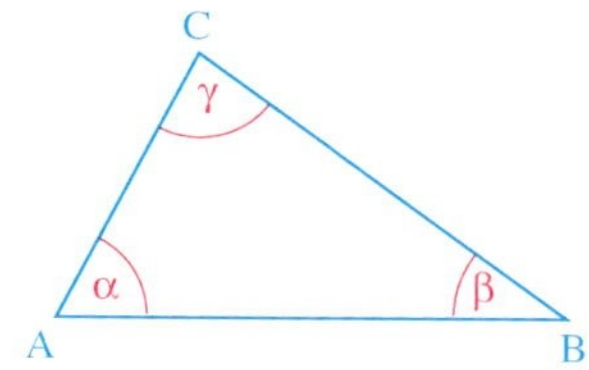

Bei einem Dreieck ABC bezeichnet man den Winkel bei A mit α, den Winkel bei B mit β und den Winkel bei C mit γ.
α, β und γ heißen *Innenwinkel* oder kurz *Winkel* des Dreiecks ABC.

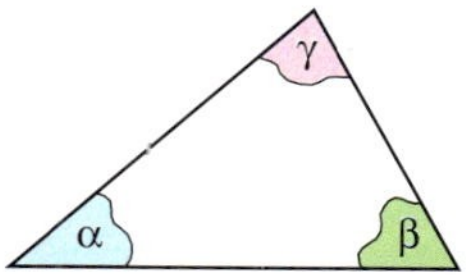

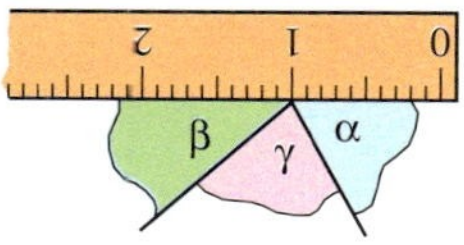

(2) Innenwinkelsatz für Dreiecke

In jedem Dreieck sind die Innenwinkel zusammen gleich dem gestreckten Winkel, also 180° groß.

$\alpha + \beta + \gamma = 180°$

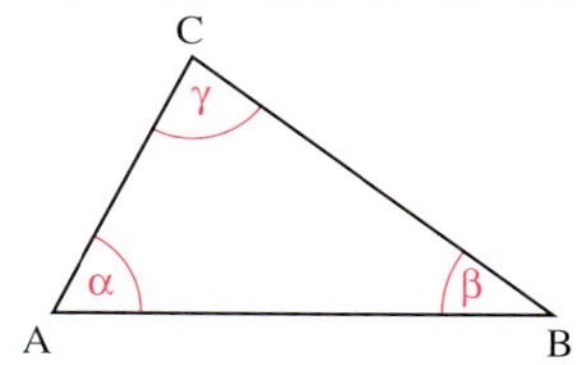

Begründung des Innenwinkelsatzes für Dreiecke

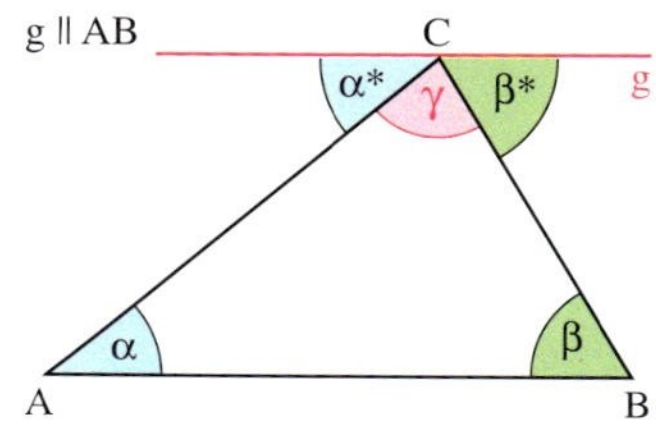

Das Parkettieren mit zueinander deckungsgleichen Dreiecken hat uns zum Innenwinkelsatz für Dreiecke geführt. Dieser Satz ist aber zunächst nur eine Vermutung, da wir nicht wissen, ob die Dreiecke wirklich genau aneinander passen.
Zur Begründung des Innenwinkelsatzes zeichnen wir zur Seite $\overline{AB}$ des Dreiecks ABC die Parallele durch C.
Dann gilt: $\alpha^* + \gamma + \beta^* = 180°$
Es gilt: $\alpha^* = \alpha$, da α^* und α Wechselwinkel an geschnittenen Parallelen sind.
Es gilt: $\beta^* = \beta$, da β^* und β Wechselwinkel an geschnittenen Parallelen sind.
Damit erhalten wir: $\alpha + \gamma + \beta = 180°$

Folgerung: Mit deckungsgleichen Dreiecken kann man – wie in Aufgabe 1 vermutet – tatsächlich parkettieren.

Zum Festigen und Weiterarbeiten

2. **a)** Berechne den dritten Innenwinkel des Dreiecks ABC. Beschreibe dein Vorgehen.
(1) $\alpha = 112°$; $\beta = 25°$ (2) $\alpha = 56°$; $\gamma = 85°$ (3) $\alpha = 90°$; $\gamma = 61°$

b) Gegeben sind im Dreieck ABC die Innenwinkel α und β. Wie kann man daraus den Innenwinkel γ berechnen? Stelle eine Formel auf.

c) Stelle ebenso eine Formel für β auf, wenn die Innenwinkel α und γ gegeben sind.

3. Hier sind von drei Dreiecken die Ecken abgerissen worden. Welche gehören zum selben Dreieck? Erkläre.

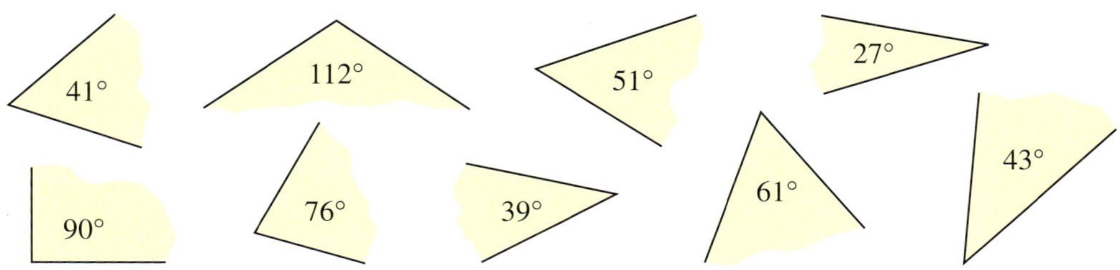

4. **a)** Kann ein Dreieck einen überstumpfen Innenwinkel besitzen? Begründe.

b) Wie viele spitze Innenwinkel, wie viele rechte Innenwinkel, wie viele stumpfe Innenwinkel kann ein Dreieck besitzen? Erkläre.

5. Ein Dreieck heißt **spitzwinklig,** wenn alle *drei* Innenwinkel kleiner als 90° sind.
Ein Dreieck heißt **stumpfwinklig,** wenn es *einen* stumpfen Innenwinkel (zwischen 90° und 180°) hat.
Ein Dreieck heißt **rechtwinklig,** wenn es *einen* Innenwinkel von 90° besitzt.

Entscheide, ob das Dreieck spitzwinklig, rechtwinklig oder stumpfwinklig ist. Begründe.
(1) $\alpha = 67°$; $\beta = 90°$ (3) $\beta = 60°$; $\gamma = 60°$ (5) $\beta = 160°$; $\gamma = 10°$
(2) $\gamma = 19°$; $\beta = 54°$ (4) $\alpha = 27°$; $\beta = 53°$ (6) $\alpha = 45°$; $\beta = 45°$

Information

Einteilung der Dreiecke nach Winkeln

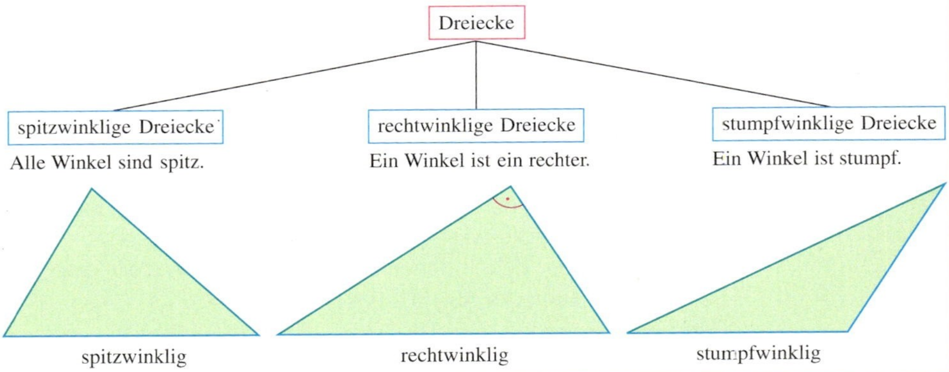

Übungen

6. **a)** Berechne den dritten Innenwinkel des Dreiecks ABC. Um was für ein Dreieck handelt es sich?
(1) $\alpha = 38°$; $\gamma = 81°$ (3) $\alpha = 90°$; $\gamma = 39°$ (5) $\alpha = 21°$; $\gamma = 43°$
(2) $\alpha = 128°$; $\beta = 47°$ (4) $\beta = 77°$; $\gamma = 56°$ (6) $\beta = 63°$; $\gamma = 27°$

b) Kann man ein Dreieck ABC mit den angegebenen Winkeln zeichnen? Erkläre.
(1) $\alpha = 89°$; $\beta = 89°$ (2) $\alpha = 89°$; $\beta = 91°$ (3) $\beta = 86°$; $\gamma = 25°$

7. ABC soll ein rechtwinkliges Dreieck mit $\gamma = 90°$ sein.
a) (1) Es soll $\alpha = 37°$ sein; berechne den Winkel β.
(2) Es soll $\beta = 49°$ sein; berechne den Winkel α.
b) Wie kann man den Winkel β aus dem Winkel α berechnen?
Stelle eine Formel auf.
c) Wie kann man den Winkel α aus dem Winkel β berechnen? Stelle eine Formel auf.

8. In einem Dreieck ABC ist $\alpha = 76°$. Wie groß können β und γ sein?

9. **a)** In einem Dreieck soll die Summe zweier Innenwinkel so groß wie der dritte Innenwinkel sein. Um was für ein Dreieck handelt es sich?
b) ABC soll ein rechtwinkliges Dreieck sein. Der größte Innenwinkel ist 6-mal so groß wie der kleinste. Wie groß ist der kleinste Innenwinkel?
c) In einem Dreieck sind zwei Innenwinkel gleich groß. Der dritte Innenwinkel ist doppelt so groß wie die Summe der gleich großen Winkel.
Wie groß sind die Winkel? Um was für ein Dreieck handelt es sich?

10. Berechne die rot markierten Winkel. Begründe deine Antwort.

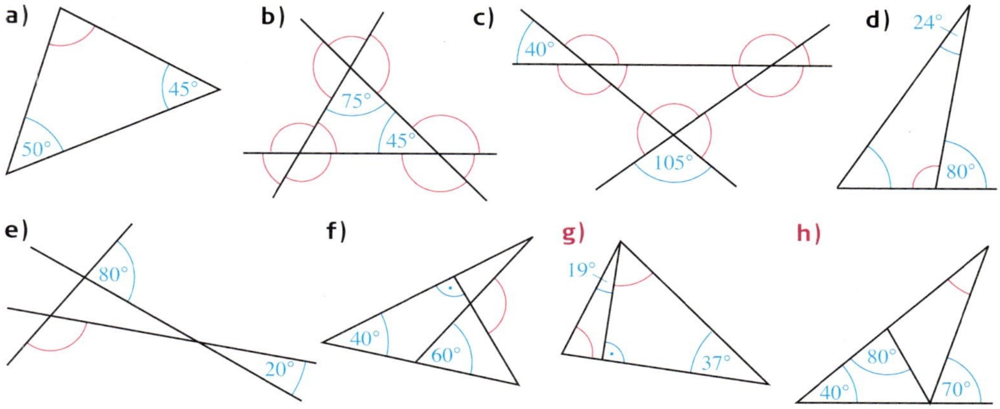

11. Für ein Dreieck ABC soll $\alpha = \beta$ sein. Ferner ist

a) $\alpha = 28°$; **b)** $\beta = 53°$; **c)** $\gamma = 84°$.

Berechne die fehlenden Innenwinkel.

12. Die Geraden g und h sind parallel zueinander.
Berechne die Innenwinkel α und γ des Dreiecks ABC.

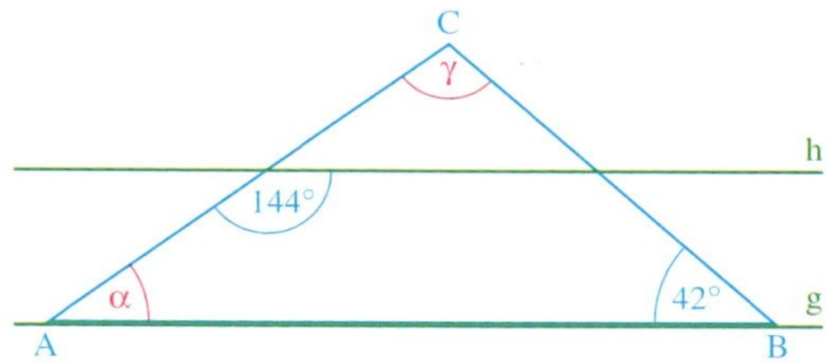

13. Für ein Dreieck ABC soll gelten:

a) β ist doppelt so groß wie α und γ ist 5-mal so groß wie α.

b) β ist halb so groß wie α und γ ist eineinhalbmal so groß wie α.

Wie groß ist der Winkel α?

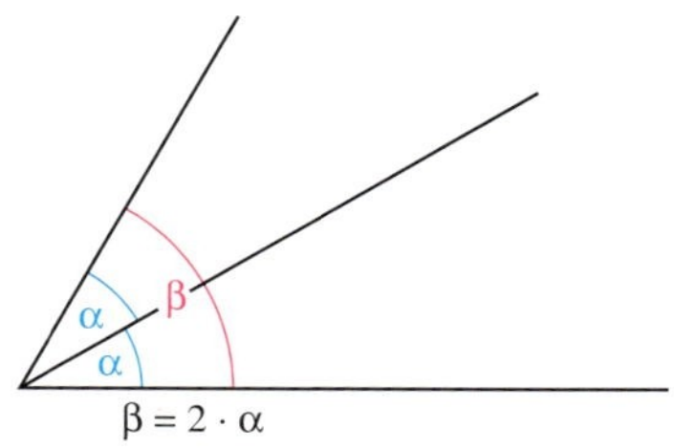

14. Die Schenkel der beiden Winkel stehen paarweise senkrecht aufeinander.
Der Winkel α ist gegeben, z. B. 35°.
Berechne den rot markierten Winkel und vergleiche ihn mit α.
Was stellst du fest?

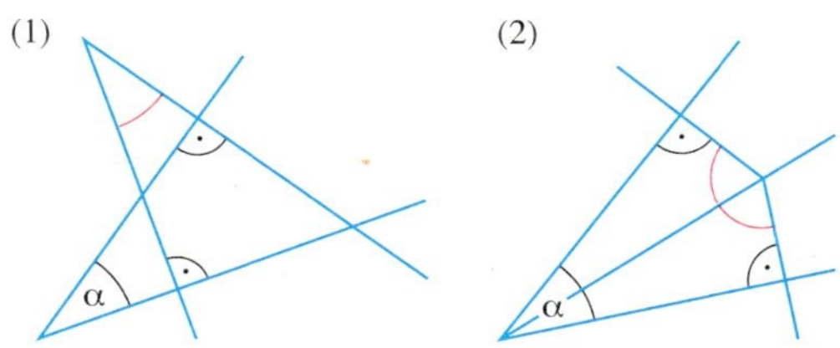

15. Tanja und Tim wollen den Steigungswinkel α einer Straße bestimmen. Mithilfe eines Geodreiecks und eines Senkbleis (Senklots) haben sie sich das nebenstehende Gerät gebaut.
Erkläre, wie es funktioniert.

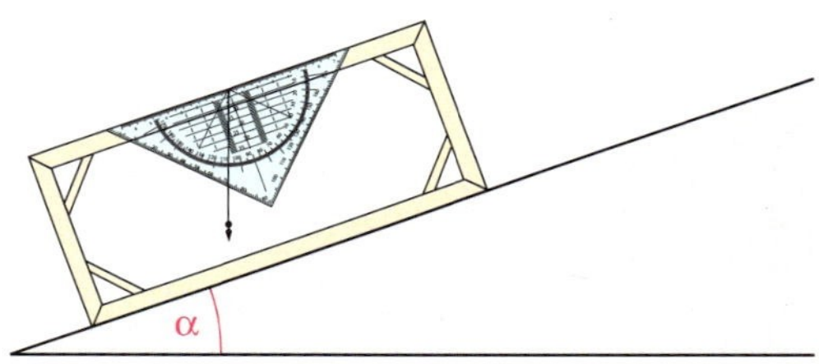

ORDNEN DER DREIECKE NACH SEITEN – EIGENSCHAFTEN ACHSENSYMMETRISCHER DREIECKE

Einstieg

Der Hausgiebel rechts ist ein Dreieck mit zwei gleich langen Seiten; die rechte Dachfläche hat eine Neigung von 40°.

→ Wie groß ist die Neigung der linken Dachfläche, wie groß ist der Winkel an der Dachspitze?
Begründe deine Antwort.

Für Dachneigungen in einem neuen Baugebiet sind Winkel zwischen 30° und 45° zugelassen.

→ Was kannst du dann über den Winkel an der Spitze aussagen?

Information

Bei einem **gleichschenkligen Dreieck** sind (wenigstens) zwei Seiten gleich lang.
Die beiden gleich langen Seiten heißen **Schenkel**; die dritte Seite heißt **Basis**.
Die der Basis anliegenden Innenwinkel heißen **Basiswinkel**.

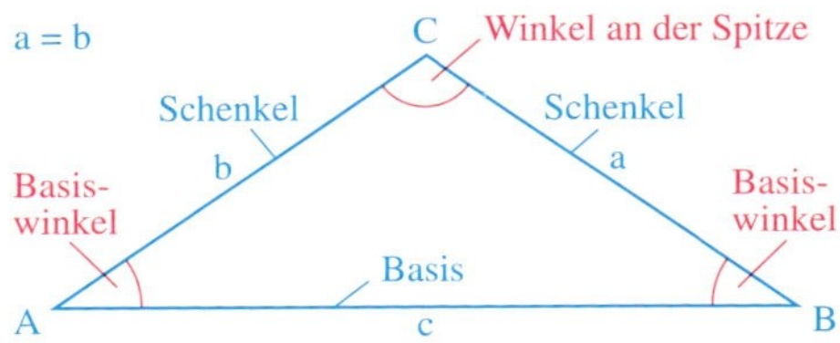

Aufgabe

1. Aus Sperrholz soll ein Haus nach einer Bastelanleitung gebaut werden. Der Dachgiebel (Bild rechts) ist ein gleichschenkliges Dreieck.

a) Zeichne das gleichschenklige Dreieck; miss dazu geeignete Strecken und Winkel.
Überlege vorher, wie viele und welche Stücke du nur zu messen brauchst.

b) Untersuche gleichschenklige Dreiecke auf Achsensymmetrie.
Zeichne gegebenenfalls die Symmetrieachse ein.
Um was für eine besondere Gerade handelt es sich?

c) Welche Eigenschaften gleichschenkliger Dreiecke ergeben sich aus dem Ergebnis von Teilaufgabe b)?

Lösung

a) Im Dreieck ABC sind die Seiten $\overline{AC}$ und $\overline{BC}$ gleich lang. Daher genügt es, z. B. nur die Länge der Seite $\overline{BC}$ und den Winkel γ zu messen.
$\overline{BC} = a = 3{,}0$ cm; $\gamma = 77°$.

Schrittfolge:
(1) Zeichne eine Strecke $\overline{BC}$ mit $a = 3{,}0$ cm.
(2) Trage in C an $\overline{BC}$ den Winkel $\gamma = 77°$ an.
(3) Zeichne um C einen Kreis mit dem Radius $b = 3{,}0$ cm.
(4) Bezeichne den Schnittpunkt des Kreises mit dem freien Schenkel von γ mit A. Verbinde A mit B.
ABC ist das gesuchte Dreieck.

Zeichnung:

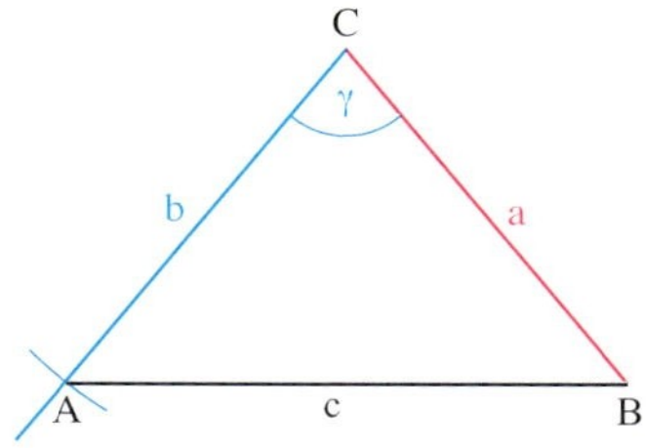

b) Das gleichschenklige Dreieck ABC mit der Basis $\overline{AB}$ ist achsensymmetrisch.
Die Symmetrieachse g geht durch den Eckpunkt C und halbiert den Winkel γ (*Winkelhalbierende*); ferner steht sie senkrecht zur Basis und halbiert sie (*Mittelsenkrechte zur Basis*).
Denkt man sich nämlich das Dreieck ABC längs der Geraden g gespiegelt, so passen offenbar die Teildreiecke ADC und DBC genau aufeinander.

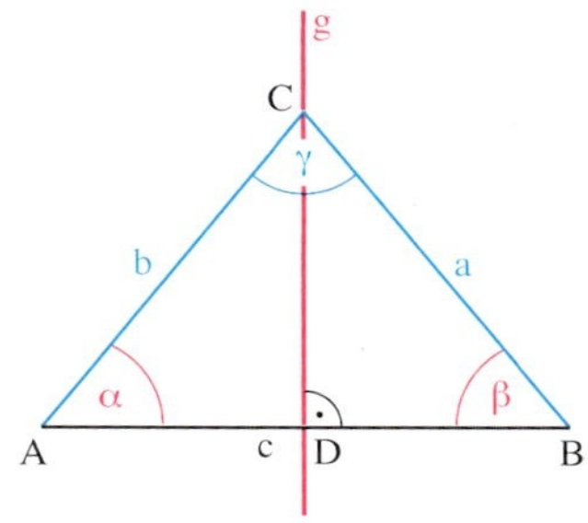

c) Aufgrund der Symmetrie erkennen wir:
Die Basiswinkel α und β sind gleich groß.

Information

Eigenschaften des gleichschenkligen Dreiecks

Für jedes *gleichschenklige Dreieck* gilt:
(a) Die Symmetrieachse halbiert den Winkel an der Spitze, d. h. sie ist Winkelhalbierende des Winkels an der Spitze.
(b) Die Symmetrieachse steht senkrecht auf der Basis und halbiert sie, d. h. sie ist Mittelsenkrechte zur Basis.
(c) Die beiden Basiswinkel sind gleich groß **(Basiswinkelsatz)**.

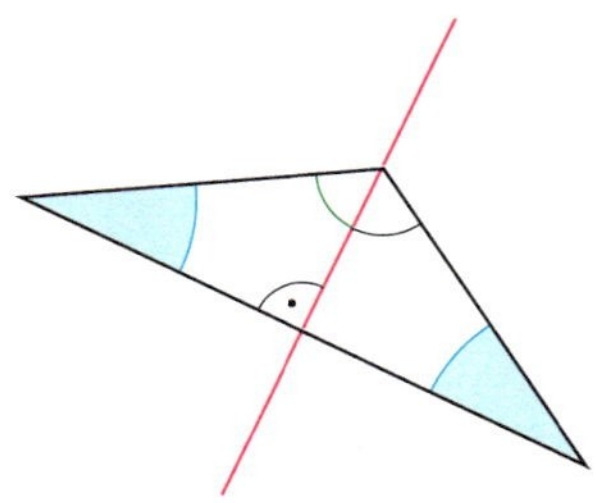

Zum Festigen und Weiterarbeiten

2. Zeichne ein gleichschenkliges Dreieck ABC mit

a) $a = b = 4{,}6$ cm
$\gamma = 57°$

b) $a = c = 5$ cm
$\beta = 45°$

c) $a = 4{,}6$ cm
$b = c = 3{,}1$ cm

Beschreibe dein Vorgehen. Zeichne auch die Symmetrieachse ein.

3. a) In einem gleichschenkligen Dreieck beträgt
(1) der Winkel an der Spitze 36°;
(2) ein Basiswinkel 42°.
Wie groß sind die anderen Winkel? Erkläre.

b) In einem gleichschenkligen Dreieck soll ein Winkel 56° groß sein.
Wie groß sind dann die anderen Winkel? Erkläre.

4. Im linken Bild siehst du ein dreieckiges Verkehrsschild. Es ist ein besonderes gleichschenkliges Dreieck. Alle drei Seiten sind gleich lang.
Man bezeichnet es als *gleichseitiges* Dreieck.

a) Zeichne ein gleichseitiges Dreieck aus c = 4,1 cm. Beschreibe dein Vorgehen.

b) Was kannst du über die Achsensymmetrie eines gleichseitigen Dreiecks aussagen?
Was ergibt sich daraus für die Winkel des gleichseitigen Dreiecks?

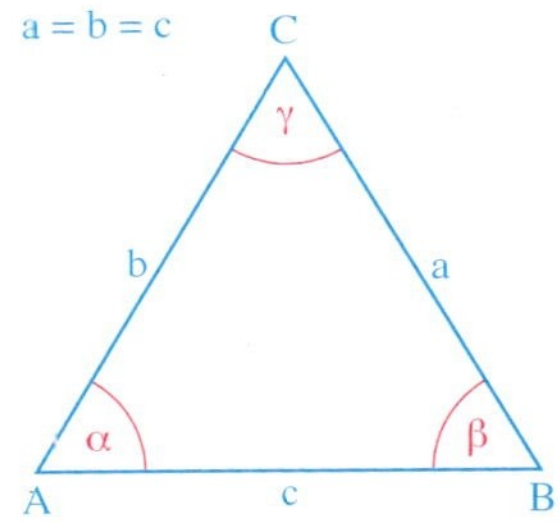

Information

Gleichseitige Dreiecke sind auch gleichschenklig; jede Seite kann Basis sein.

(1) Gleichseitiges Dreieck – Eigenschaften

Bei einem **gleichseitigen Dreieck** sind alle drei Seiten gleich lang.

Eigenschaften des gleichseitigen Dreiecks

Für jedes *gleichseitige* Dreieck gilt:
(a) Die Winkelhalbierenden der drei Dreieckswinkel sind Symmetrieachsen; sie sind auch die Mittelsenkrechten der Seiten des Dreiecks.
(b) Alle drei Winkel sind gleich groß, nämlich 60°.

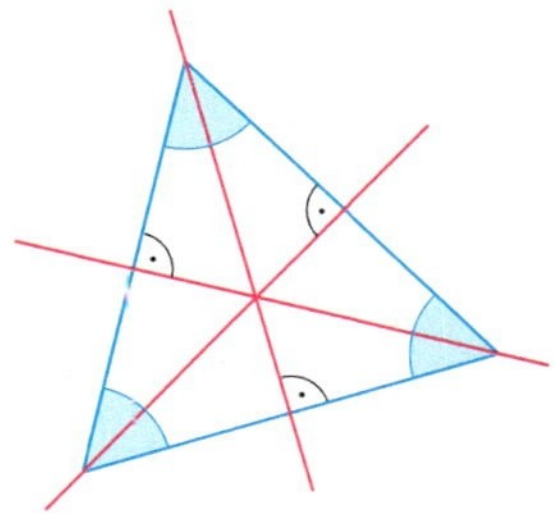

(2) Ordnen der Dreiecke nach Seiten

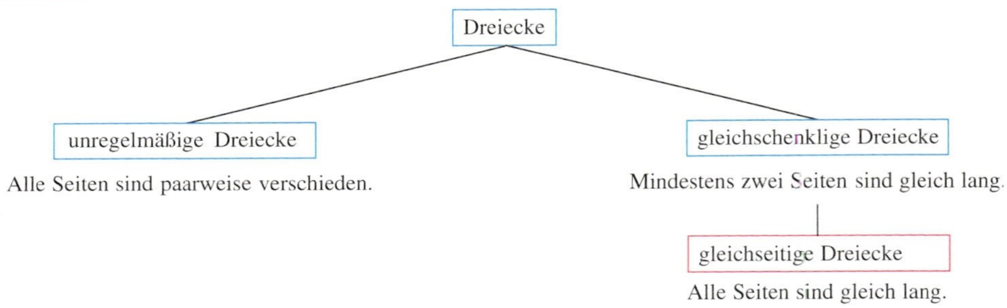

Übungen

5. An der Sandsteinpyramide auf dem Marktplatz von Karlsruhe findet ihr gleichschenklige Dreiecke.
Erkundet eure Umwelt: Gleichschenklige Dreiecke und insbesondere gleichseitige Dreiecke findet ihr auch in eurer Umwelt. Gebt Beispiele für solche Dreiecke an. Ihr könnt auch fotografieren und ein Plakat erstellen.

6. Zeichne aus den gegebenen Stücken ein gleichschenkliges Dreieck ABC. Beschreibe dein Vorgehen.
Zeichne auch die Symmetrieachse ein.

a) a = b = 5 cm und c = 4 cm

b) a = c = 4,5 cm und b = 3,8 cm

c) b = c = 4 cm und α = 70°

d) a = b = 5 cm und γ = 120°

e) c = 4,8 cm und $\alpha = \beta$ = 52°

f) a = 3,9 cm und $\gamma = \beta$ = 34°

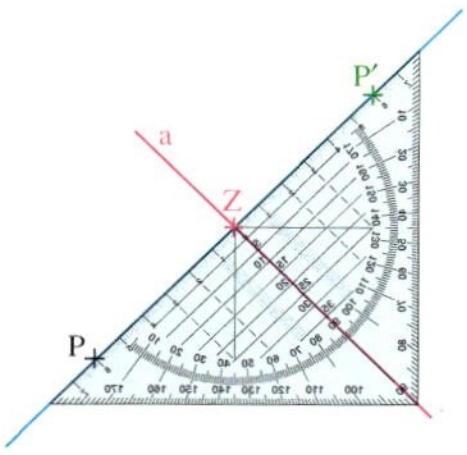

7. Rechts siehst du ein Dreieck ABC mit $\gamma = 90°$. Zeichne ein solches Dreieck ABC ins Heft. Spiegele das Dreieck ABC an der (1) Geraden AC, (2) Geraden BC, (3) Geraden AB.
Färbe die Figur, die aus dem Dreieck und seinem Spiegelbild entstanden ist.
Um was für eine Figur handelt es sich? Begründe.

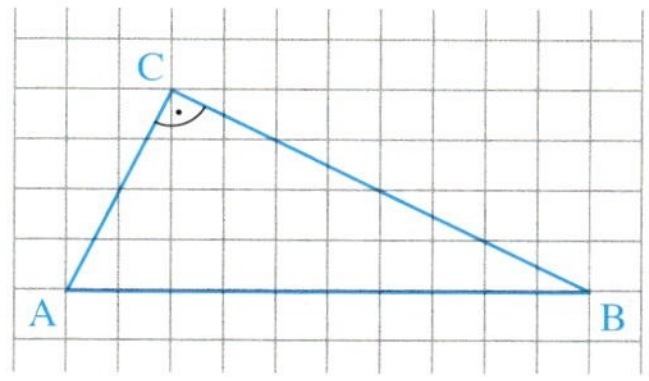

8. Zeichne ein gleichseitiges Dreieck ABC mit **a)** a = 4 cm; **b)** b = 3,4 cm.
Zeichne dann die Symmetrieachsen. Beschreibe, wie du vorgehst.

9. Gegeben ist ein gleichschenkliges Dreieck. Die Basis ist 4 cm und der Umfang 14 cm lang. Zeichne es.

10. Gib bei den gleichschenkligen Dreiecken an:
(1) die Basis; (2) die Basiswinkel; (3) den Winkel an der Spitze; (4) die Schenkel.
Berechne die Größe der rot markierten Winkel.

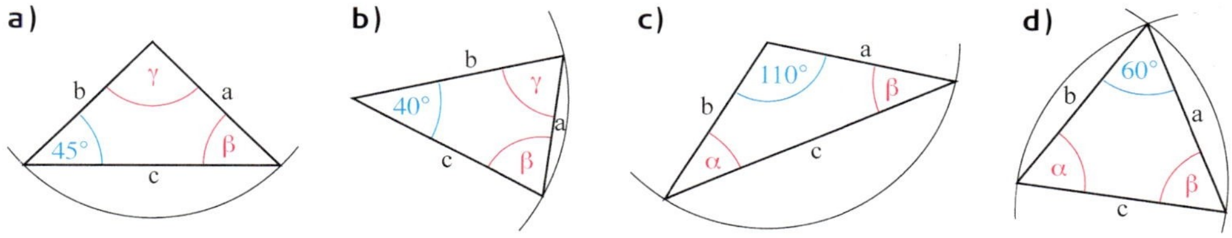

11. Für ein gleichschenkliges Dreieck ABC soll a = b gelten, ferner
(1) $\alpha = 34°$; (2) $\beta = 57°$; (3) $\gamma = 88°$.
Gib die Größe der übrigen Innenwinkel an.

12. Zeichne ein gleichschenkliges Dreieck ABC mit c = 4 cm und
a) $\alpha = \beta = 40°$; **b)** $\alpha = \beta = 57°$; **c)** $\alpha = \beta = 71°$.
Wie groß ist der Winkel γ?

13. Zeichne ein gleichschenkliges Dreieck ABC mit a = b = 3,5 cm und
a) $\gamma = 50°$; **b)** $\gamma = 22°$; **c)** $\gamma = 124°$.
Zeichne die Symmetrieachse ein.
Wie groß sind die Basiswinkel?

14. In einem Dreieck ABC gilt **a)** a = c; **b)** b = c.
Welche Winkel sind gleich groß?

15. Wähle eines der Dreiecke ABC aus und zeichne es mit den angegebenen Maßen. Um was für ein Dreieck handelt es sich?

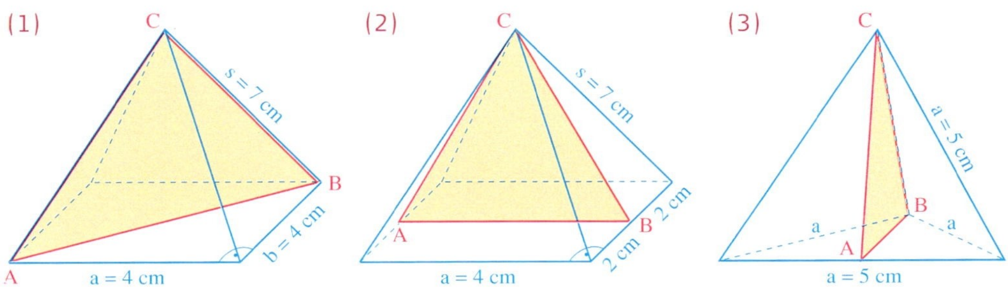

SEITEN-WINKEL-BEZIEHUNG IM DREIECK

Einstieg

Wir wissen: In einem gleichseitigen Dreieck sind alle Winkel gleich groß. In einem gleichschenkligen, aber nicht gleichseitigen Dreieck sind zwei Winkel gleich groß.

→ Gibt es auch eine Beziehung zwischen den Seitenlängen und den Innenwinkeln in einem nicht gleichschenkligen Dreieck? Untersucht das. Zeichnet dazu verschiedene Dreiecke; denkt dabei an verschiedene Arten.

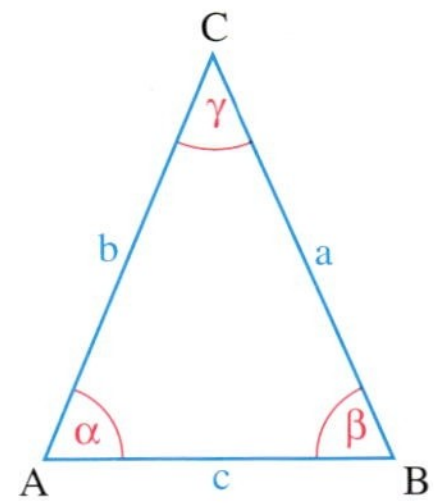

Aufgabe

1. a) Die Entfernung zwischen drei Burgen A, B und C beträgt: c = 5,1 km, a = 4,4 km und b = 3,6 km.
Anne fotografiert gern. Sie möchte von einer Burg aus die beiden anderen Burgen auf einem Bild aufnehmen. Auf welcher Burg muss sie dazu den größeren Bildwinkel (durch Zoomen) einstellen?

b) Zeichne ein Dreieck aus c = 4,5 cm, $\alpha = 35°$ und $\beta = 75°$; beginne mit der Seite c.
Wie groß ist γ? Miss die Seitenlängen a und b; vergleiche. Was fällt auf?

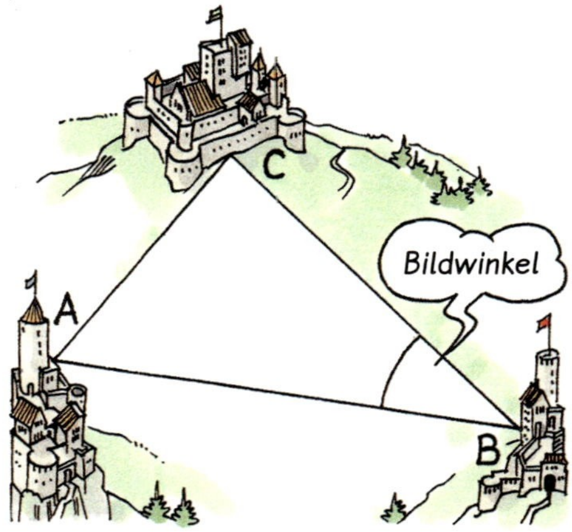

Lösung

a) Die drei Burgen bilden ein Dreieck ABC. Wir zeichnen dieses Dreieck im Maßstab 1 : 100 000, das bedeutet: 1 cm in der Zeichnung sind 100 000 cm, also 1 km in der Wirklichkeit. Für die Seitenlängen in der Zeichnung wählen wir c = 5,1 cm, a = 4,4 cm und b = 3,6 cm und messen dann die Innenwinkel (hier Seh- bzw. Bildwinkel).

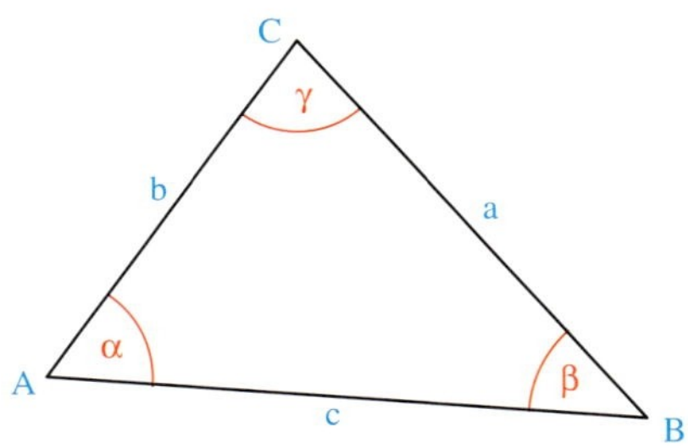

Seitenlängen	Innenwinkel
a = 4,4 cm	$\alpha = 58°$
b = 3,6 cm	$\beta = 44°$
c = 5,1 cm	$\gamma = 78°$

Ergebnis: Von der Burg C aus muss man den größten Bildwinkel einstellen.

b)

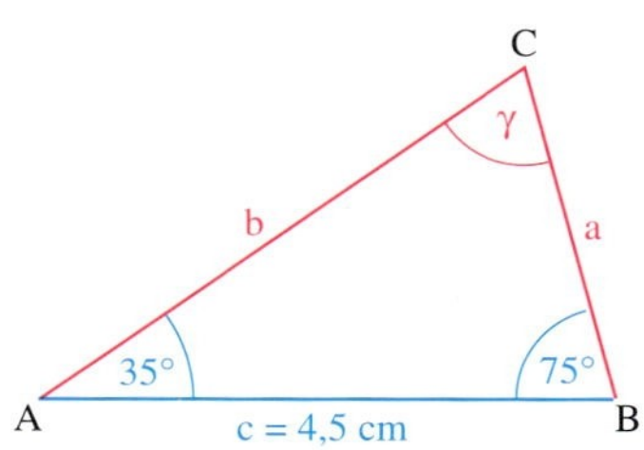

Wir messen:
$\gamma = 70°$; a = 3,0 cm; b = 5,0 cm
Zum größten Winkel β gehört die längste Gegenseite b.
Zum kleinsten Winkel α gehört die kürzeste Gegenseite a.

Zum Festigen und Weiterarbeiten

2. Überprüfe die Ergebnisse in der Aufgabe 1 auch an anderen Dreiecken (1) mit verschieden langen Seiten; (2) mit verschieden großen Winkeln.
Wir stellen stets fest:

Seiten-Winkel-Beziehung im Dreieck

(1) Für jedes Dreieck mit verschieden langen Seiten gilt:
Zur längeren Seite gehört der größere Gegenwinkel, z. B.: Wenn $a > b$, dann $\alpha > \beta$.

(2) Für jedes Dreieck mit verschieden großen Winkeln gilt:
Zum größeren Winkel gehört die längere Gegenseite, z. B.: Wenn $\alpha > \beta$, dann $a > b$.

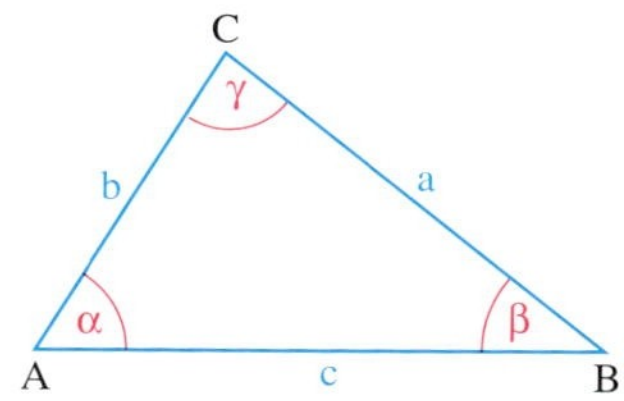

3. **a)** In einem Dreieck ABC ist a = 3,7 cm; b = 5,1 cm. Was kannst du über die Winkel α und β aussagen? Erkläre.

b) In einem Dreieck ABC ist $\alpha = 117°$, $\beta = 28°$. Was kannst du über die Länge der Seiten a, b und c aussagen? Erkläre.

4. Begründe: In einem rechtwinkligen Dreieck ist die dem rechten Winkel gegenüberliegende Seite stets die längste der drei Seiten.

Übungen

5. In einem Dreieck ABC ist:

a) a = 4,9 cm; b = 3,9 cm; c = 5,8 cm **b)** a = c = 4,1 cm; b = 2,9 cm

Was kannst du über die Winkel α und β, α und γ, β und γ aussagen?

6. In einem Dreieck ABC ist:

a) $\gamma = 32°$; $\beta = 57°$ **b)** $\alpha = 52°$; $\gamma = 76°$

Was kannst du über die Längen der Seiten b und c, der Seiten a und b sowie der Seiten a und c aussagen?

7. In einem gleichschenkligen Dreieck ABC ist der Winkel an der Spitze bekannt:

a) $\gamma = 67°$; **b)** $\gamma = 141°$.

Vergleiche die Längen von Schenkel und Basis.

8. Für ein Dreieck ABC gilt: **a)** $\beta = 68°$; $\gamma = 55°$; **b)** $\alpha = 78°$; $\beta = 68°$.
Welche Seite des Dreiecks ist die kleinste?

9. Gegeben ist ein Dreieck ABC mit $\alpha = 42°$, $\gamma = 82°$ und b = 5 cm.
Welche der fehlenden Seiten ist länger bzw. kürzer als 5 cm?

10. Anne behauptet: In einem Dreieck liegt der kürzesten Seite stets ein spitzer Winkel gegenüber.
Was meinst du dazu?

11. Welcher Punkt auf der Geraden g hat vom Punkt P die geringste Entfernung?
Begründe deine Aussage.

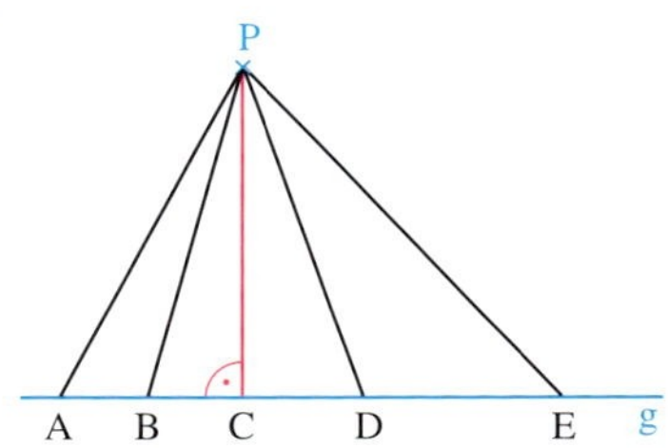

KONGRUENTE FIGUREN

Einstieg

Hier siehst du zwei Bilder des niederländischen Grafikers und Künstlers M. C. Escher (1898–1972). In jedem Bild verwendet er nur eine Tierart.

- → Was ist das Besondere an diesen Bildern?
- → Was haben die beiden Bilder gemeinsam, worin unterscheiden sie sich?

M. C. Escher's „Fische"

www.mcescher.com

M. C. Escher's „Schwäne"

www.mcescher.com

Aufgabe

1. Welche der folgenden Figuren passen genau aufeinander, d. h. sind *deckungsgleich* (kongruent) zueinander?
Wie kann man das überprüfen?

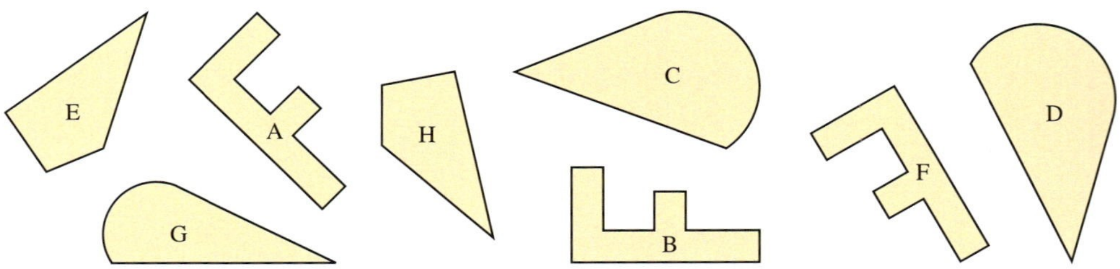

Lösung

Die Figuren A, B und F passen offenbar genau aufeinander; sie sind *deckungsgleich* zueinander. Ebenso sind die Figuren E und H sowie die Figuren C und D deckungsgleich zueinander. Man kann die Figuren ausschneiden und aufeinander legen.
Man kann auch mithilfe von Transparentpapier versuchen, z. B. das Bild von A mit der Figur B zur Deckung zu bringen.
Will man die Figuren A und F zur Deckung bringen, so muss man eine Figur umwenden.

Bei Vielecken kann man die Kongruenz aber auch durch Messen und Vergleich der Längen entsprechender Seiten und der Größe entsprechender Winkel der Vielecke überprüfen.

Information

kongruent ⟨lat.⟩
übereinstimmend

Zwei Figuren A und B sind **kongruent** (*deckungsgleich*) zueinander, wenn sie in der Form *und* in den Maßen übereinstimmen. Zueinander kongruente Figuren passen genau aufeinander.
Man schreibt
A ≅ B, gelesen: *A kongruent zu B.*

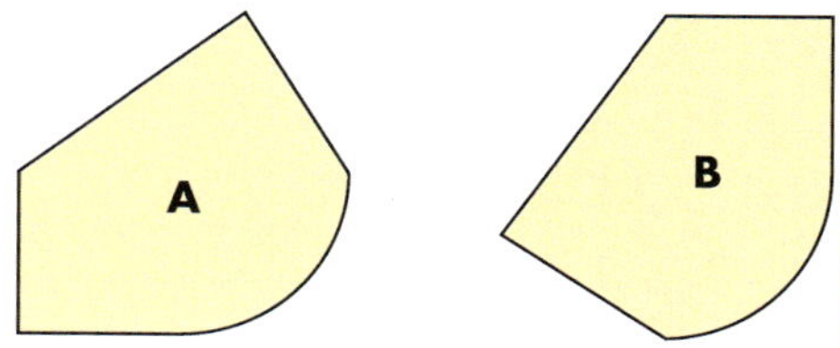

Zum Festigen und Weiterarbeiten

2. In einer Gärtnerei wurden Pflanzen gestohlen. Die Polizei sichert die Spuren und vergleicht sie mit den Schuhabdrücken von drei Verdächtigen.
Wer kann zu den Tätern gehören? Erkläre.

3. **a)** Welche der Vielecke sind kongruent zueinander? Prüfe das
(1) mithilfe von Transparentpapier;
(2) durch Messen und Vergleichen der Längen einander entsprechender Seiten und der Größe einander entsprechender Winkel.

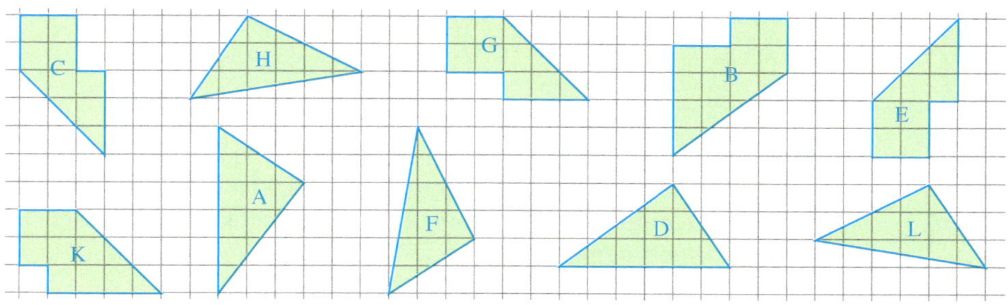

b) Wähle zwei zueinander kongruente Figuren aus und übertrage sie in dein Heft. Färbe einander entsprechende Seiten und Winkel jeweils in derselben Farbe.

4. Gegeben ist ein Dreieck ABC. Konstruiere sein Bild A′B′C′.

a)

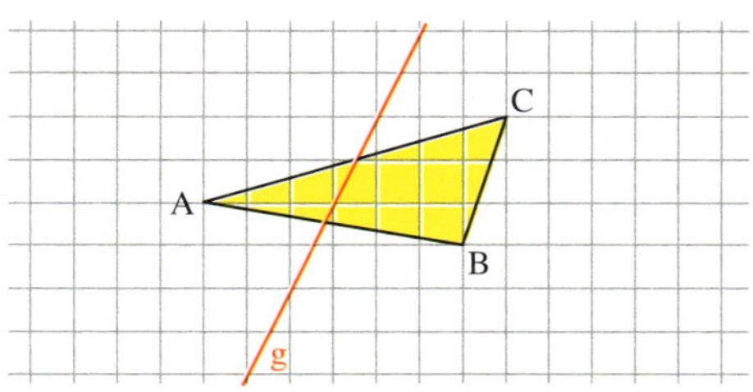

bei der Achsenspiegelung an einer Geraden g;

b)

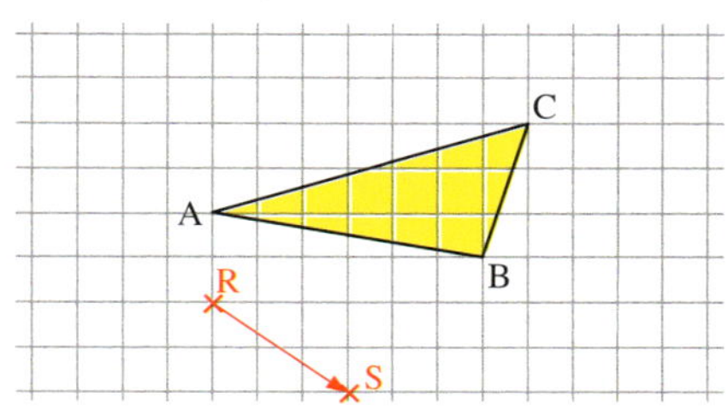

bei der Verschiebung mit dem Verschiebungspfeil $\overrightarrow{RS}$.

Vergleiche Dreieck ABC mit Dreieck A′B′C′. Begründe deine Aussage.

Information

(1) Erkennungsmerkmale von zueinander kongruenten Vielecken

Die Lösung der Aufgabe 3 macht deutlich:

Zwei Vielecke F und G sind **kongruent** (*deckungsgleich*) zueinander, wenn die entsprechenden Seiten dieselbe Länge *und* wenn die entsprechenden Winkel dieselbe Größe haben.

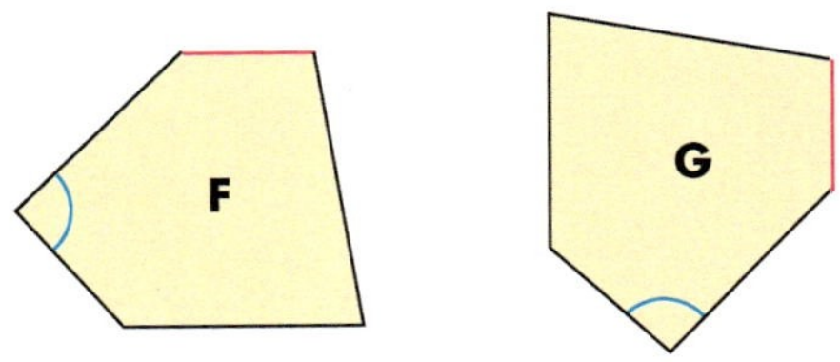

(2) Herstellen kongruenter Figuren durch Spiegeln oder Verschieben

Die Lösung von Aufgabe 4 zeigt uns:

Bei einer Achsenspiegelung und einer Verschiebung sind Originalfigur und Bildfigur kongruent zueinander.

Übungen

5. a) Welche der Dreiecke sind kongruent zueinander? Prüfe.

b) Wähle zwei zueinander kongruente Dreiecke aus und übertrage sie in dein Heft. Färbe einander entsprechende Seiten und Winkel jeweils in derselben Farbe.

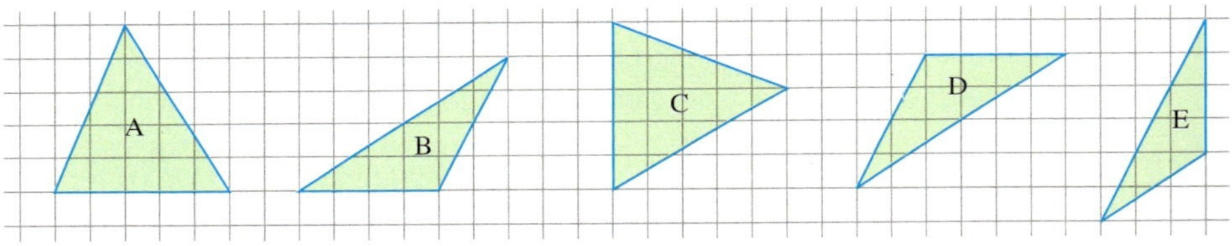

6. Zeichne die Dreiecke ABC und PQR in ein Koordinatensystem (Einheit 1 cm). Überprüfe, ob die Dreiecke kongruent zueinander sind. Falls sie kongruent zueinander sind, gib einander entsprechende Seiten und Winkel an. Du kannst einander entsprechende Stücke mit derselben Farbe färben.

a) A(0|1) P(8|1)
B(3|1) Q(5|1)
C(1|3) R(7|3)

b) A(8|4) P(5|4)
B(8|7) Q(2|4)
C(6|7) R(5|6)

c) A(3|11) P(3|1)
B(6|7) Q(6|5)
C(7|10) R(7|3)

7. a) Übertrage die Figuren in dein Heft. Färbe zueinander kongruente Teilflächen mit derselben Farbe.

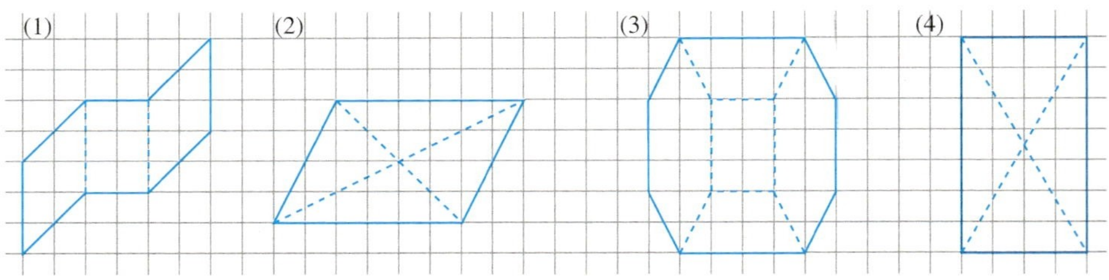

b) Entwirf selbst solche Figuren.

8. Finde zum dargestellten Schloss den richtigen Schlüssel.

9. **a)** Zeichne ein Quadrat mit der Seitenlänge a = 4,6 cm. Zerlege es in zwei [vier; acht] zueinander kongruente Dreiecke.

b) Zeichne ein Rechteck mit den Seitenlängen a = 5,4 cm und b = 3,8 cm. Zerlege es in (1) zwei, (2) vier, (3) acht zueinander kongruente Teilflächen.

10. **a)** Gib beim Quader ABCDEFGH Seitenflächen an, die kongruent zueinander sind.

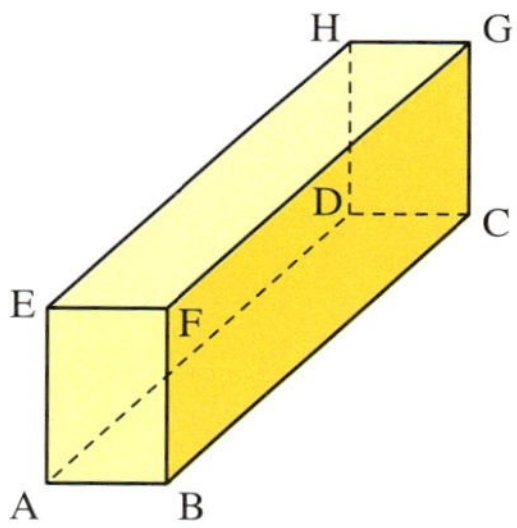

b) Die Pyramide ABCDS hat ein Quadrat als Grundfläche.
Gib zueinander kongruente Seitenflächen an.

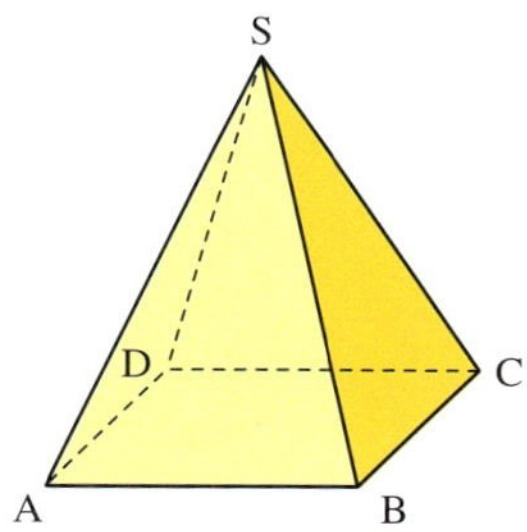

c) Die Pyramide ABCDS hat ein Rechteck als Grundfläche.
Gib zueinander kongruente Seitenflächen an.

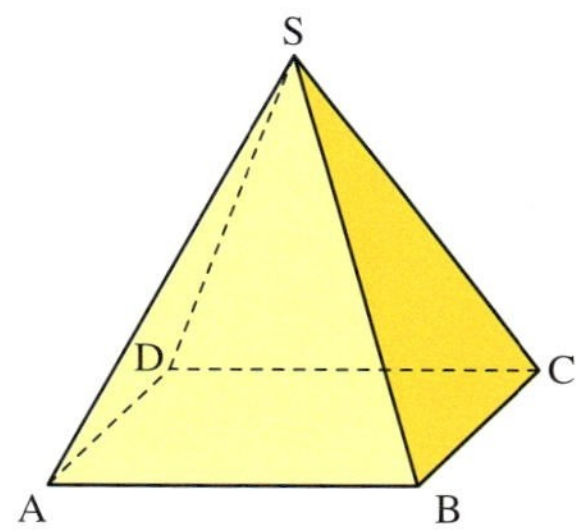

11. **a)** Übertrage das Dreieck ABC auf Karopapier und führe folgende Abbildung aus:
(1) Spiegelung an der Achse g
(2) Verschiebung mit dem Pfeil $\overrightarrow{RS}$

b) Welche Beziehung besteht zwischen Dreieck und Bilddreieck.

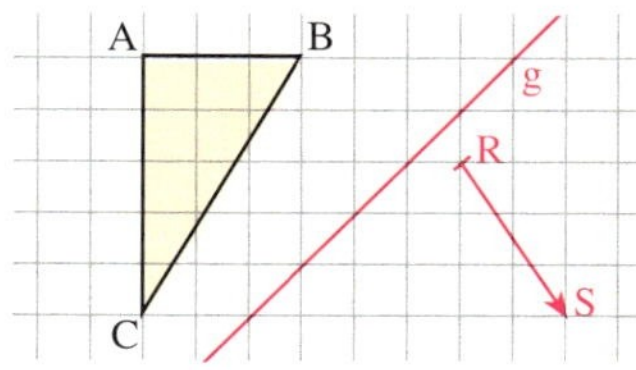

12. Durch die Diagonale $\overline{AC}$ wird das Rechteck in die Teildreiecke ABC und ACD zerlegt.
Sind beide Dreiecke kongruent zueinander?
Begründe deine Antwort.

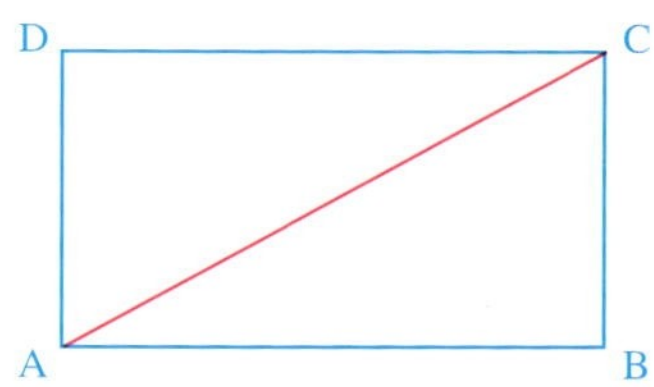

13. Welche der folgenden Aussagen treffen zu?
(1) Alle Dreiecke, die in entsprechenden Winkeln übereinstimmen, sind kongruent zueinander.
(2) Alle Strecken mit derselben Länge sind kongruent zueinander.
(3) Alle Winkel mit derselben Größe sind kongruent zueinander.
(4) Alle Quadrate mit gleicher Seitenlänge sind kongruent zueinander.
(5) Alle Rechtecke mit demselben Flächeninhalt sind kongruent zueinander.

DREIECKSKONSTRUKTIONEN – KONGRUENZSÄTZE

Einstieg

Aus einer Bastelanleitung:

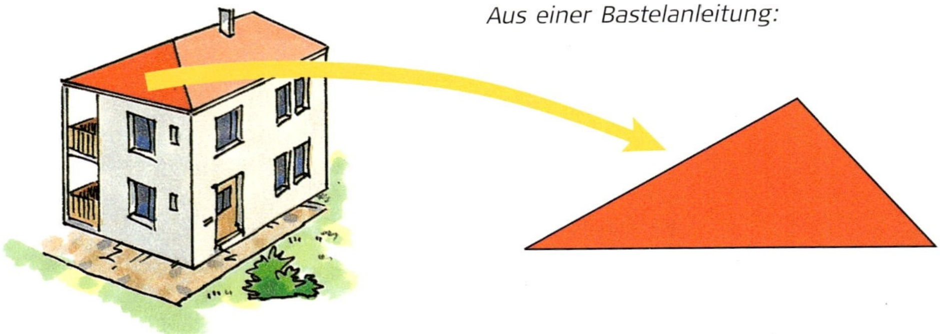

Das Haus oben ist aus einem Bastelbogen entstanden und soll aus Holz nachgebaut werden. Der rot gefärbte Teil des Daches ist ein Dreieck. Um es aus einer dünnen Holzplatte auszusägen, muss es zunächst auf der Platte genau nachgezeichnet werden. Es muss also ein zum Dreieck in der Bastelanleitung kongruentes Dreieck konstruiert werden.

→ Welche der sechs Stücke a, b, c, α, β und γ eines Dreiecks ABC müssen gemessen werden, damit man ein dazu kongruentes Dreieck konstruieren kann?

→ Reicht es aus, *ein* Stück vorzugeben, beispielsweise die Seitenlänge c, sodass alle Gruppenmitglieder zueinander kongruente Dreiecke erhalten?
Vielleicht müsst ihr aber auch *zwei* Stücke vorgeben oder sogar *drei*, z. B. 3 Seiten oder 3 Winkel.

→ Probiert es aus. Stellt die gefundenen Fälle in einer Tabelle gegenüber.

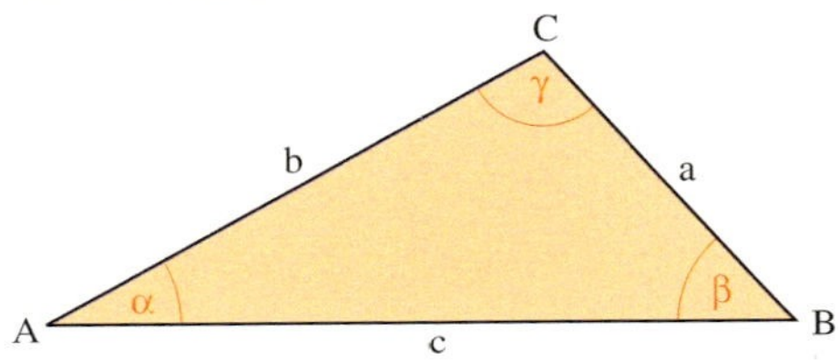

gemessene Stücke	**es entstehen**	
	nur kongruente Dreiecke	**auch nicht kongruente Dreiecke**
Seitenlänge c		
Winkel α		

Konstruktion aus drei Seiten – Kongruenzsatz sss

Einstieg

Tiffany-Spiegel
Spiegel, der mit bunten Glasstücken verziert ist.

Anne und Julia wollen einen Tiffany-Spiegel basteln. Dazu stellen sie sich zunächst ein Muster für die Randverzierung aus farbigem Karton her. Anne konstruiert auf rotem Karton ein Dreieck mit den Seitenlängen a = 2,9 cm, b = 4,2 cm und c = 5,7 cm, Julia auf blauem Karton ein Dreieck mit denselben Maßen.

→ Führe die Konstruktion selbst aus. Vergleiche die Dreiecke beider Mädchen. Was stellst du fest?

Aufgabe

1. Von einem Dreieck ABC sind die drei Seitenlängen gegeben, z. B. a = 5,2 cm, b = 3,6 cm, c = 6,4 cm.

a) Konstruiere das Dreieck ABC.

b) Vergleiche die Lösungsdreiecke auch mit denen deiner Mitschüler. Was stellst du fest?

Planfigur

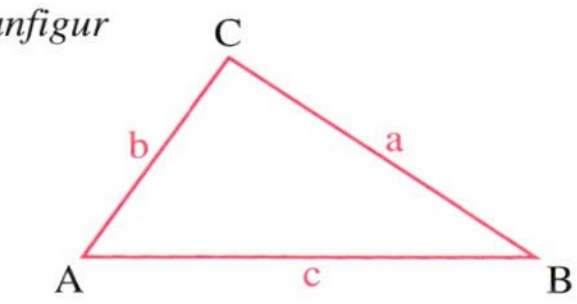

Lösung

a) *Konstruktionsbeschreibung (mit Begründung)*

(1) Zeichne die Strecke $\overline{AB}$ mit der Länge c.

(2) Zeichne um A den Kreis mit dem Radius b (denn auf ihm liegen alle Punkte, die von A die Entfernung b haben, auch C).

(3) Zeichne nun um B den Kreis mit dem Radius a (denn auf ihm liegen alle Punkte, die von B die Entfernung a besitzen, auch C).

(4) Bezeichne die Schnittpunkte der Kreise mit C_1 bzw. C_2.

(5) Zeichne ABC_1 und ABC_2.

Konstruktion

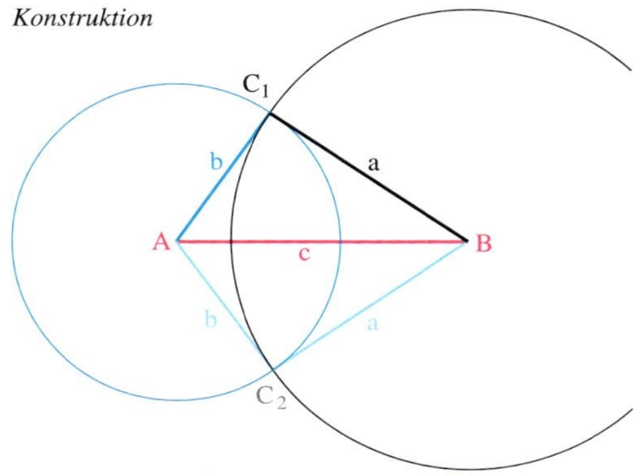

b) Wir erhalten hier zwei Lösungsdreiecke. Beide Dreiecke sind jedoch kongruent zueinander, denn die Gerade AB ist die Symmetrieachse der Konstruktionsfigur. Das Dreieck ABC_2 ist der Symmetriepartner des Dreiecks ABC_1.
Diese Lösungsdreiecke sind auch kongruent zu den Lösungsdreiecken der Mitschüler; auf die Lage der Strecke $\overline{AB}$ kommt es nicht an. Es gibt bis auf Kongruenz nur *ein* Lösungsdreieck.

Information

Kongruenzsatz sss

Dreiecke sind schon kongruent zueinander, wenn sie paarweise in den Längen der drei Seiten übereinstimmen.
Sie stimmen dann auch in den Größen der drei Innenwinkel überein.

Zum Festigen und Weiterarbeiten

2. Konstruiere ein Dreieck ABC aus a = 5,0 cm, b = 4,0 cm und c = 3,5 cm. Beginne mit der Seite $\overline{AC}$. Beschreibe die Konstruktion.
Miss die drei Innenwinkel; kontrolliere mit dem Innenwinkelsatz.

3. a) Versuche ein Dreieck ABC aus folgenden Längen zu konstruieren.
(1) 4 cm; 5 cm; 6 cm
(2) 2 cm; 3 cm; 5 cm
(3) 2 cm; 3 cm; 6 cm
Was stellst du fest?

b) Von einem Dreieck ABC sind gegeben: a = 7 cm und b = 4 cm.
Welche der Längen 1 cm, 2 cm, 3 cm, . . . , 12 cm, 13 cm kannst du für c wählen?

4. a)

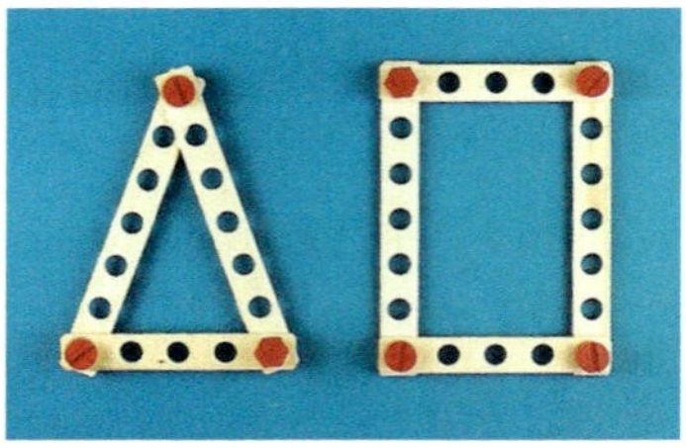

Das Dreieck [Rechteck] hat in den roten Eckpunkten Gelenke. Kann man die Form verändern?

b)

Warum ist bei dem Tor die diagonale Verstrebung angebracht worden?

c) Untersuche, ob zwei Rechtecke schon kongruent zueinander sind, wenn sie paarweise in den Längen aller vier Seiten übereinstimmen.

Information

Wir erkennen bei der Lösung der Aufgabe 3: Wenn für drei Längen gilt, dass die Summe zweier Längen größer als die dritte Länge ist, dann können wir aus diesen Längen ein Dreieck konstruieren. Hat man nun umgekehrt ein Dreieck, dann gilt:

Dreiecksungleichung

In jedem Dreieck ist die Summe zweier Seitenlängen stets größer als die Länge der dritten Seite:

$a + b > c$; $a + c > b$; $b + c > a$

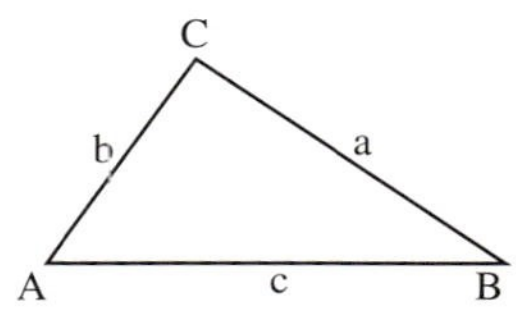

Übungen

5. Woran kann man erkennen, ob man ein Dreieck aus den Längen (in cm) zeichnen kann? Konstruiere, falls möglich. Beginne jeweils mit der längsten Seite.

	a)	b)	c)	d)	e)	f)	g)	h)	i)
Seite a	6	12	9	4	9,5	3	5	13	7,4
Seite b	7	4	15	3	3	6	12	10	3,1
Seite c	10	8	5	2	7,5	10	7	5	4,3

6. Konstruiere in einem Koordinatensystem (Einheit 1 cm) das Dreieck ABC.
Gib näherungsweise die Koordinaten des fehlenden Punktes an.
Miss die Größe der drei Innenwinkel; kontrolliere mit dem Innenwinkelsatz.

a) A(1|2); B(6|3); b = 5,4 cm; a = 5,0 cm
b) B(3|4); C(8|1); b = 3,5 cm; c = 5,0 cm
c) A(5|1); C(2|6); a = 2,6 cm; c = 7,2 cm

Wähle einen geeigneten Maßstab

7. Die Entfernungen zwischen den drei Burgen A, B und C betragen c = 6,3 km, a = 4,8 km und b = 9,1 km.
Wie groß ist der Sehwinkel α, unter dem man von der Burg A aus die beiden anderen Burgen B und C sieht?
Konstruiere ein geeignetes Dreieck.

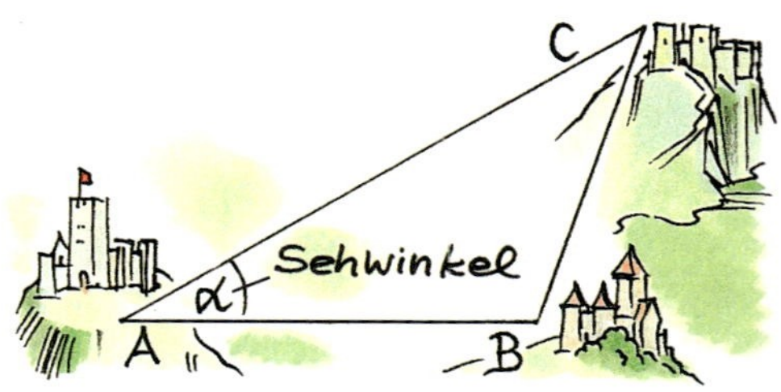

8. Es sind b = 4,6 cm und c = 3,7 cm. Gib mögliche Längen für a an, sodass
(1) ein Dreieck ABC konstruiert werden kann;
(2) kein Dreieck ABC konstruiert werden kann.

9. Es sollen M_1 und M_2 die Mittelpunkte zweier Kreise sein; ihr Abstand beträgt 6,8 cm. Zeichne die beiden Kreise mit den Radien:
(1) r_1 = 2,7 cm; r_2 = 4,1 cm
(2) r_1 = 3,4 cm; r_2 = 5,1 cm
(3) r_1 = 4,4 cm; r_2 = 1,3 cm

Gib eine Bedingung an, unter der die beiden Kreise zwei Schnittpunkte, genau einen Schnittpunkt oder keinen Schnittpunkt besitzen.

Konstruktion aus zwei Seiten und einem Winkel – Kongruenzsatz sws

Einstieg

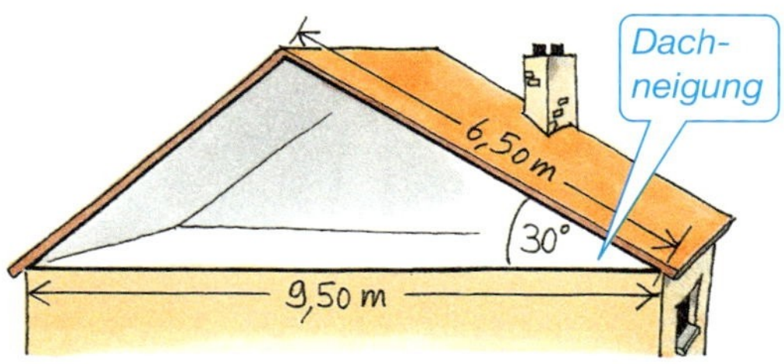

Von einem Haus soll ein Modell im Maßstab 1 : 100 hergestellt werden. Bekannt sind die Hausbreite, die Dachneigung auf einer Seite und die Länge der angrenzenden Dachsparren (ohne Überstand).

→ Wie lang sind auf der anderen Dachseite die Dachsparren?

→ Wie groß ist der zweite Neigungswinkel?

Aufgabe

1. Von einem Dreieck ABC sind zwei Seiten und der eingeschlossene Winkel gegeben, z. B.
b = 3,6 cm, c = 5,4 cm und α = 32°.

a) Konstruiere das Dreieck ABC.

b) Warum sind alle Lösungsdreiecke zueinander kongruent?

Planfigur

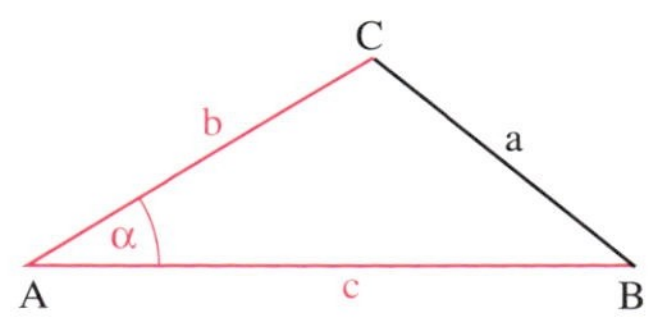

Lösung

a) *Konstruktionsbeschreibung (mit Begründung)*

(1) Zeichne eine Strecke $\overline{AB}$ der Länge c.
(2) Trage im Punkt A den Winkel α an $\overline{AB}$ an (2 Möglichkeiten).
(3) Zeichne den Kreis um A mit dem Radius b (denn auf ihm liegen alle Punkte, die von A die Entfernung b haben, auch C).
(4) Bezeichne die Schnittpunkte des Kreises mit den beiden freien Schenkeln der Winkel mit C_1 bzw. C_2.
(5) Zeichne die beiden Dreiecke ABC_1 und ABC_2.

Konstruktion

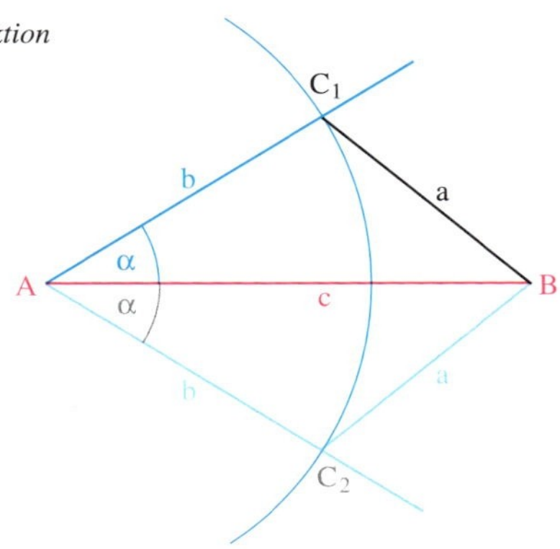

b) Beide Lösungsdreiecke sind zueinander kongruent, denn die Konstruktionsfigur ist achsensymmetrisch zu AB. ABC_2 ist der Symmetriepartner des Dreiecks ABC_1.
Da es auf die Lage der Strecke $\overline{AB}$ nicht ankommt, sind *alle* Lösungsdreiecke der Konstruktionsaufgabe kongruent zueinander. Es gibt bis auf Kongruenz nur *ein* Lösungsdreieck.

Information

Kongruenzsatz sws

Dreiecke sind schon kongruent zueinander, wenn sie paarweise in den Längen zweier Seiten und der Größe des eingeschlossenen Innenwinkels übereinstimmen.
Sie stimmen dann auch paarweise in den übrigen Stücken überein.

Zum Festigen und Weiterarbeiten

2. a) Konstruiere ein Dreieck ABC mit a = 3,5 cm, b = 5,5 cm und $\gamma = 110°$.
Beschreibe die Konstruktion. Miss die übrigen Stücke.
Kontrolliere die Winkelgrößen mit dem Innenwinkelsatz.

b) Bilde selbst Aufgaben zum Kongruenzsatz sws. Welche Seiten und welcher Innenwinkel können gegeben sein? Welche Bedingung muss der Innenwinkel erfüllen, damit ein Dreieck überhaupt konstruierbar ist?

3. a) Bestimme zeichnerisch die wirkliche Länge d der Raumdiagonalen des Würfels rechts.
Beschreibe dein Vorgehen.

b) Eine quadratische Säule mit a = 4,5 m hat eine Raumdiagonale von d = 9,8 m. Wie hoch ist die Säule? Löse zeichnerisch.

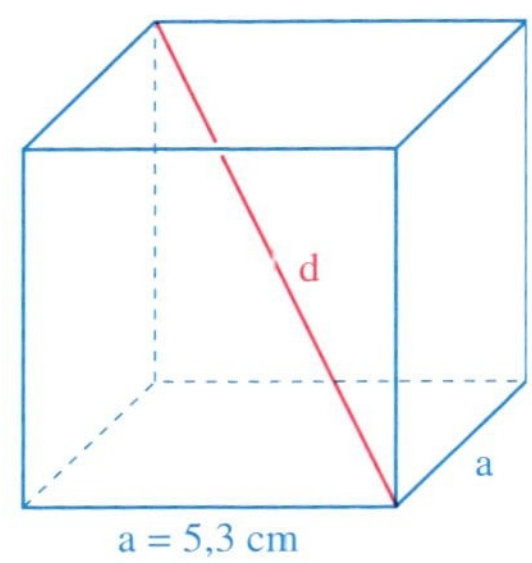

Übungen

Denke an die Planfigur

4. Konstruiere das Dreieck ABC; beschreibe die Konstruktion. Bestimme dann die Größe der übrigen Stücke durch Messen. Überprüfe die Winkelgrößen mit dem Innenwinkelsatz.

a) b = 6,9 cm; c = 4,7 cm; $\alpha = 100°$

b) a = 3,6 cm; c = 7,1 cm; $\beta = 55°$

c) a = 4,1 cm; b = 3,2 cm; $\gamma = 81°$

d) a = 6,4 cm; c = 2,7 cm; $\beta = 126°$

Wähle einen geeigneten Maßstab

5. Zwischen B und C soll ein Tunnel für eine neue Eisenbahnstrecke gebaut werden. Um die Länge des Tunnels zu bestimmen, werden die Entfernungen von einem Punkt A aus zu den Tunneleingängen und der Sehwinkel bei A gemessen. Bestimme die Länge des Tunnels.

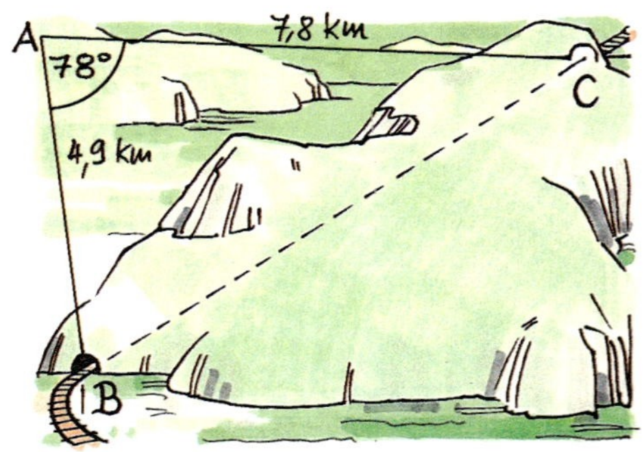

6. Konstruiere ein rechtwinkliges Dreieck aus den angegebenen Stücken. In Klammern ist die Seite angegeben, die dem rechten Winkel gegenüberliegt.

a) $a = 4{,}5$ cm; $b = 2{,}8$ cm (Seite $\overline{AB}$) **b)** $b = 3{,}2$ cm; $c = 1{,}9$ cm (Seite $\overline{BC}$)

7. a) Bestimme durch Zeichnen die Länge d der Raumdiagonalen des Quaders (Bild (1)). Beschreibe dein Vorgehen.

b) Die Pyramide hat eine quadratische Grundfläche (Bild (2)). Bestimme zeichnerisch die Höhe h der Pyramide.

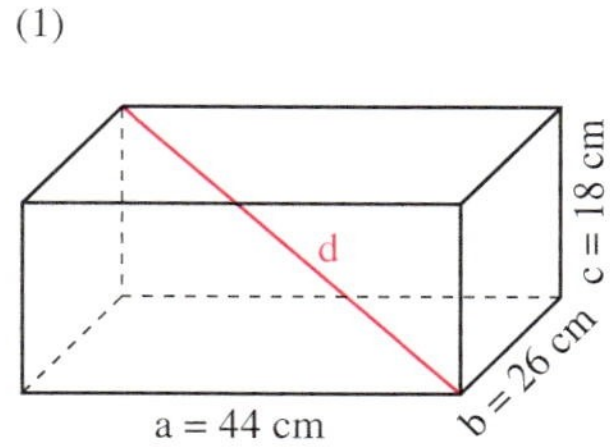

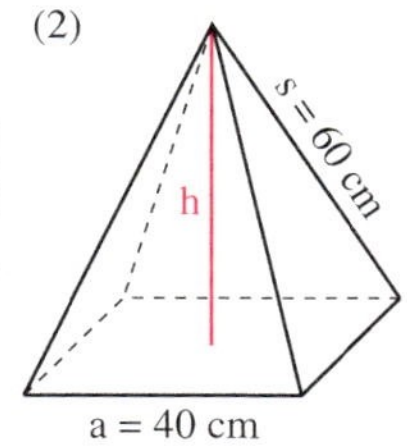

Konstruktion aus zwei Seiten und einem Winkel – Kongruenzsatz SsW

Einstieg

Von einem Dreieck ABC sind gegeben: $c = 5{,}7$ cm und $\alpha = 50°$.

→ Wähle für die Seitenlänge a verschiedene Werte und versuche ein Dreieck zu konstruieren.

→ Was stellst du fest?

Aufgabe

1. Von einem Dreieck ABC sind zwei Seitenlängen und die Größe des Gegenwinkels einer der beiden Seiten gegeben, z. B.

a) $a = 3{,}3$ cm; $c = 2{,}8$ cm; $\alpha = 55°$,

b) $a = 2{,}3$ cm; $c = 2{,}8$ cm; $\alpha = 55°$.

Konstruiere das Dreieck. Untersuche, ob alle Lösungsdreiecke kongruent zueinander sind.

Planfigur:

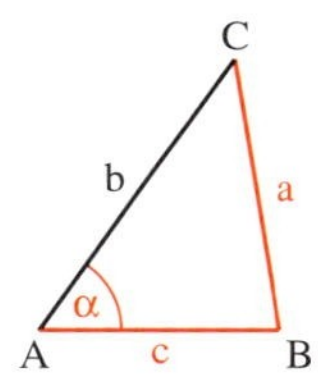

Lösung

a) *Konstruktionsbeschreibung (mit Begründung)*

(1) Zeichne die Strecke $\overline{AB}$ der Länge c.

(2) Trage in A den Winkel α an. (Es gibt zwei Möglichkeiten.)

(3) Zeichne den Kreis um B mit dem Radius a (denn alle Punkte auf diesem Kreis haben von B die Entfernung a, also auch C).

(4) Bezeichne die Schnittpunkte des Kreises mit den beiden freien Schenkeln mit C_1 bzw. C_2.

(5) Zeichne die beiden Dreiecke ABC_1 und ABC_2.

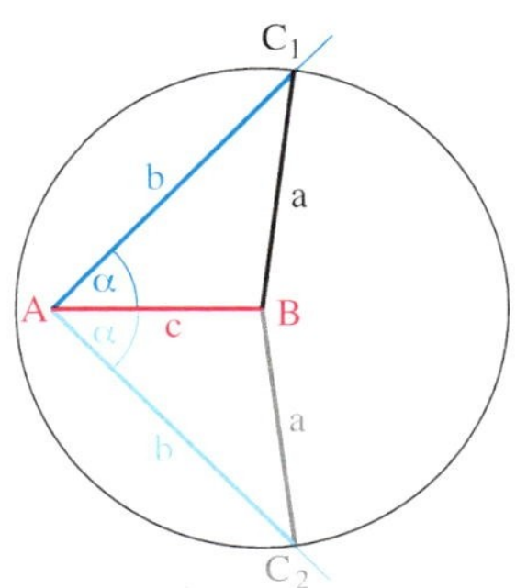

Beide Lösungsdreiecke sind zueinander kongruent, denn die Konstruktionsfigur ist achsensymmetrisch zu AB. Das Dreieck ABC_2 ist das Spiegelbild von ABC_1.
Da es auf die Lage der Strecke $\overline{AB}$ nicht ankommt, sind alle Lösungsdreiecke der Konstruktionsaufgabe kongruent zueinander.

b) *Konstruktionsbeschreibung (mit Begründung)*

(1) Zeichne eine Strecke $\overline{AB}$ der Länge c.

(2) Trage in A den Winkel α an. (Es gibt zwei Möglichkeiten.)

(3) Zeichne den Kreis um B mit dem Radius a (denn alle Punkte auf diesem Kreis haben von B die Entfernung a, also auch C).

(4) Bezeichne die Schnittpunkte des Kreises mit den beiden Schenkeln mit C_1 und C_3 bzw. C_2 und C_4.

(5) Zeichne die Dreiecke ABC_1, ABC_3, ABC_2 und ABC_4.

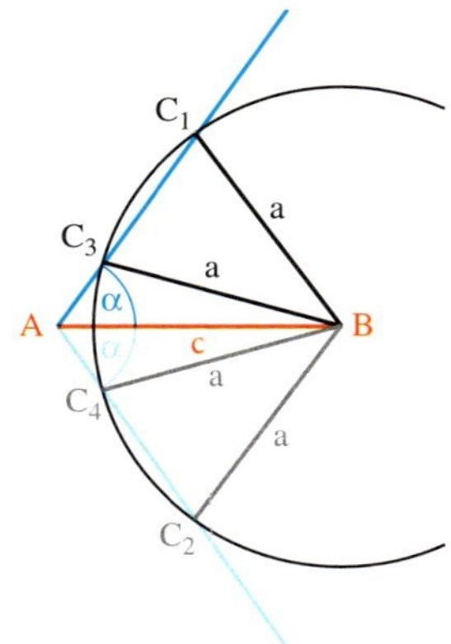

Der Kreis schneidet jeden der beiden freien Schenkel von α in *zwei* Punkten.

Für die vier Dreiecke gilt: ABC_1 kongruent zu ABC_2 und ABC_3 kongruent zu ABC_4,
aber: ABC_1 *nicht* kongruent zu ABC_3 und ABC_2 *nicht* kongruent zu ABC_4.
Nicht *alle* Dreiecke mit den vorgegebenen Maßen sind zueinander kongruent.

Im Aufgabenteil a) liegt der gegebene Innenwinkel der längeren Seite gegenüber. Hier erhalten wir zueinander kongruente Dreiecke.
Dagegen liegt im Aufgabenteil b) der gegebene Innenwinkel der kürzeren Seite gegenüber. Wir erhalten auch zueinander nicht kongruente Dreiecke.

Information

Kongruenzsatz SsW

Dreiecke sind schon kongruent zueinander, wenn sie paarweise in den Längen zweier (verschieden langer) Seiten und der Größe des Innenwinkels übereinstimmen, der der längeren Seite gegenüberliegt.
Sie stimmen dann auch in den übrigen Stücken überein.

Zum Festigen und Weiterarbeiten

2. **a)** Konstruiere ein Dreieck ABC mit a = 5,0 cm, b = 7,5 cm und β = 65°.
Beschreibe die Konstruktion. Miss die übrigen Stücke.

b) Bilde selbst Aufgaben zum Konstruktionsfall SsW.
Welche Seiten und welcher Innenwinkel können gegeben sein?

3. Konstruiere ein Dreieck ABC aus a = 5 cm, b = 7 cm und β = 40°. Ändere die Länge von b so ab, dass die Aufgabe (1) zwei verschiedene Lösungen hat; (2) keine Lösung hat.

Übungen

4. Konstruiere ein Dreieck ABC; beschreibe die Konstruktion. Bestimme dann die Größe der übrigen Stücke durch Messen.

a) c = 8 cm; b = 6 cm; γ = 87°

b) a = 6,5 cm; b = 4,3 cm; α = 110°

c) a = 4,7 cm; c = 6,3 cm; γ = 135°

d) b = 5,4 cm; c = 3,6 cm; β = 57°

5. Konstruiere ein Dreieck ABC mit c = 9 cm, a = 5 cm und
(1) α = 30°; (2) α = 34°; (3) α = 40°.

6. Zeichne zwei nicht zueinander kongruente Dreiecke mit a = 7 cm, b = 5 cm, β = 35°.

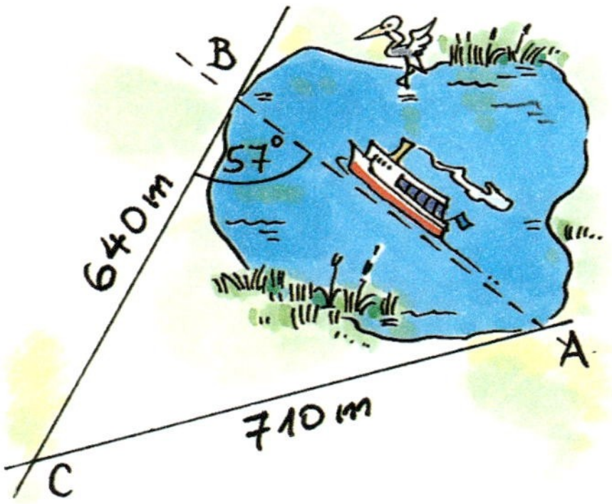

7. An den Stellen A und B befinden sich Anlegestellen für eine Fähre.
Wie lang ist der Weg, den die Fähre zurücklegt?

8. Konstruiere ein rechtwinkliges Dreieck ABC aus den angegebenen Stücken. In Klammern ist die Seite angegeben, die dem rechten Winkel gegenüberliegt.

a) a = 4,4 cm; b = 3,2 cm (Seite $\overline{BC}$)

b) a = 3,3 cm; b = 5,9 cm (Seite $\overline{AC}$)

Konstruktion aus einer Seite und zwei Winkeln – Kongruenzsatz wsw

Einstieg

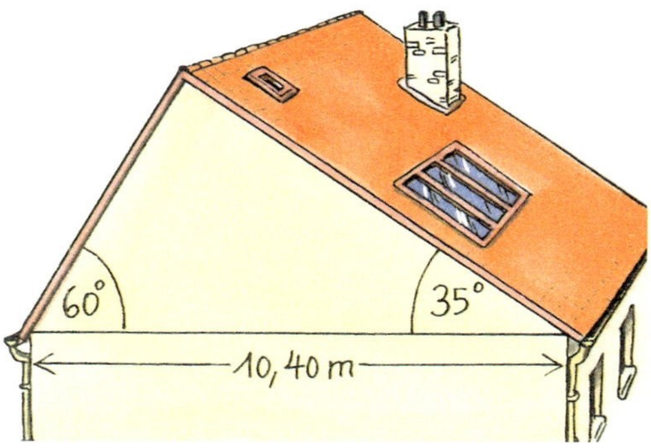

Ein Haus mit Satteldach soll 10,40 m breit werden. Die Dachneigungen sollen 35° und 60° betragen.

→ Wie lang sind dann die Dachsparren (ohne Überstand)?

Aufgabe

1. Von einem Dreieck ABC sind eine Seitenlänge und die Größen der beiden anliegenden Innenwinkel gegeben, z. B. c = 5,4 cm, $\alpha = 32°$ und $\beta = 39°$.

a) Konstruiere das Dreieck ABC.

b) *Begründe:* Alle Lösungsdreiecke sind zueinander kongruent.

Planfigur

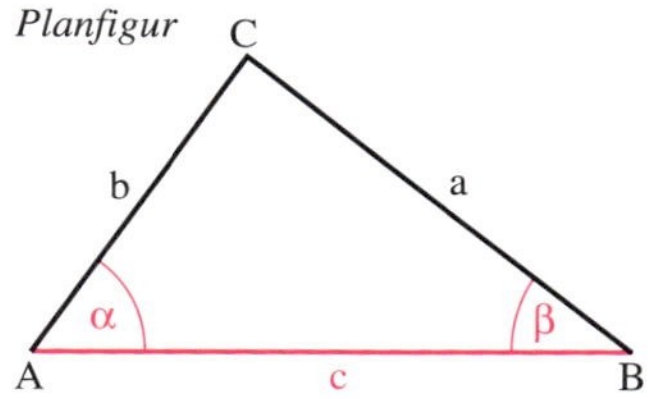

Lösung

a) *Konstruktionsbeschreibung*

(1) Zeichne eine Strecke $\overline{AB}$ der Länge c.

(2) Trage im Punkt A den Winkel α an. (Es gibt zwei Möglichkeiten!)

(3) Trage in B den Winkel β an.

(4) Bezeichne die Schnittpunkte der freien Schenkel mit C_1 bzw. mit C_2.

(5) Zeichne die beiden Dreiecke ABC_1 und ABC_2.

Konstruktion

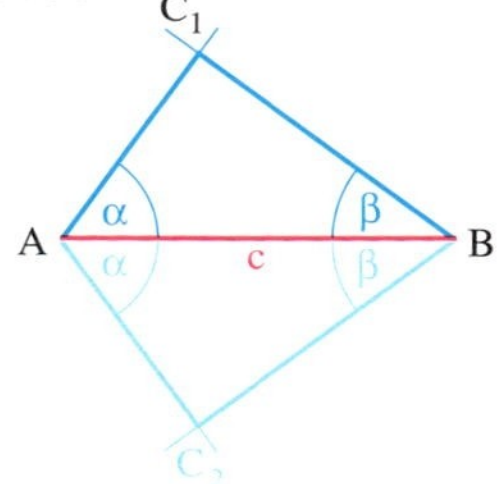

b) Beide Lösungsdreiecke sind zueinander kongruent, denn die Konstruktionsfigur ist achsensymmetrisch zu AB. Das Dreieck ABC_2 ist der Symmetriepartner von ABC_1.
Da es auf die Lage der Strecke $\overline{AB}$ nicht ankommt, sind *alle* Lösungsdreiecke der Konstruktionsaufgabe kongruent zueinander. Es gibt bis auf Kongruenz nur *ein* Lösungsdreieck.

Information

Kongruenzsatz wsw

Dreiecke sind schon kongruent zueinander, wenn sie paarweise in der Länge einer Seite und der Größe der anliegenden Innenwinkel übereinstimmen.
Sie stimmen dann auch in den übrigen Stücken überein.

Zum Festigen und Weiterarbeiten

2. a) Konstruiere ein Dreieck ABC mit b = 4 cm, $\alpha = 40°$ und $\gamma = 65°$.
Beschreibe die Konstruktion. Miss die übrigen Stücke.

b) Konstruiere ein Dreieck ABC mit a = 4,8 cm, $\alpha = 35°$ und $\gamma = 58°$.
Führe diesen Fall sww auf den Konstruktionsfall wsw zurück.
Beachte den Innenwinkelsatz.

3. Ein Dreieck ABC soll aus c, α und β konstruiert werden.
Warum gibt es keine Lösung für $\alpha = 65°$ und $\beta = 125°$?
Welche Beziehung muss zwischen α und β gelten, damit die Konstruktion durchführbar ist?

Übungen

4. Konstruiere ein Dreieck ABC; beschreibe die Konstruktion. Bestimme dann die Größe der übrigen Stücke durch Messen.

a) c = 8,2 cm; $\alpha = 110°$; $\beta = 30°$

b) b = 4,4 cm; $\alpha = 41°$; $\gamma = 53°$

c) a = 7,3 cm; $\gamma = 37°$; $\beta = 87°$

d) a = 5,5 cm; $\alpha = 39°$; $\beta = 58°$

5. Konstruiere ein rechtwinkliges Dreieck ABC aus den angegebenen Stücken. In Klammern ist die Seite angegeben, die dem rechten Winkel gegenüberliegt.

a) b = 4,7 cm; $\alpha = 43°$ (Seite $\overline{AB}$)

b) b = 3,8 cm; $\beta = 59°$ (Seite $\overline{AB}$)

6.

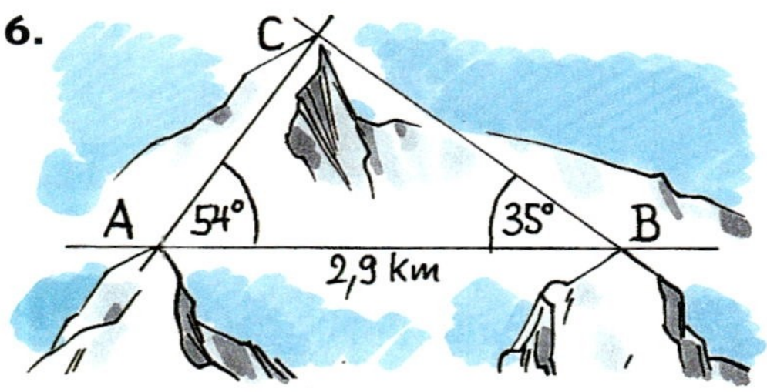

Die Entfernung zwischen zwei Berggipfeln A und B beträgt 2,9 km. Von A aus sieht man den Gipfel B und einen weiteren Gipfel C unter dem Sehwinkel von 54°, von B aus sieht man A und C unter dem Sehwinkel 35°.
Wie weit ist der Gipfel C von den Gipfeln A und B entfernt?

7. Zwei Dreiecke ABC und $A_1B_1C_1$ sind gegeben durch:

a) c = 5,1 cm; $\alpha = 37°$; $\beta = 56°$ und
c_1 = 5,1 cm; $\alpha_1 = 87°$; $\beta_1 = 56°$

b) c = 3,9 cm; $\alpha = 48°$; $\beta = 26°$ und
c_1 = 3,9 cm; $\beta_1 = 105°$; $\gamma_1 = 26°$

Was kannst du über die beiden Dreiecke aussagen? Begründe.

Vermischte Übungen zu den Dreieckskonstruktionen

Zusammenfassung

Kongruenzsätze für Dreiecke

Dreiecke sind eindeutig konstruierbar,

- wenn sie paarweise in den Längen der drei Seiten übereinstimmen (Kongruenzsatz **sss**),

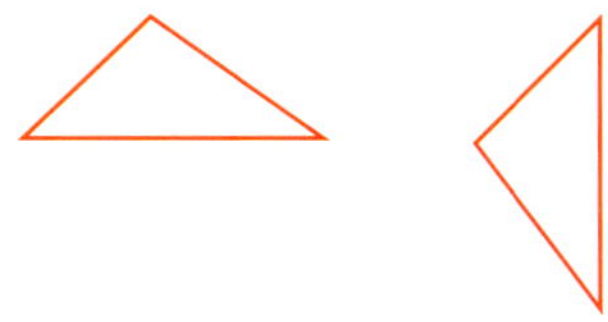

- wenn sie paarweise in den Längen zweier Seiten und der Größe des eingeschlossenen Winkels übereinstimmen (Kongruenzsatz **sws**),

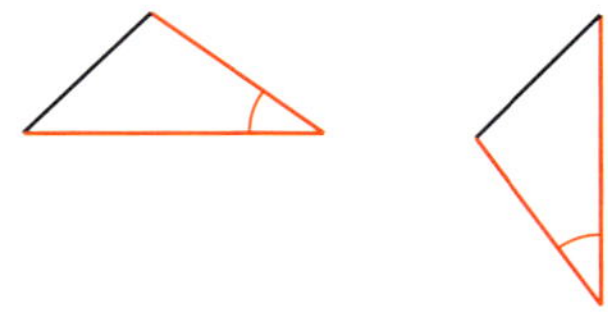

- wenn sie paarweise in den Längen zweier (verschieden langer) Seiten und der Größe des Winkels übereinstimmen, welcher der längeren Seite gegenüberliegt (Kongruenzsatz **SsW**),

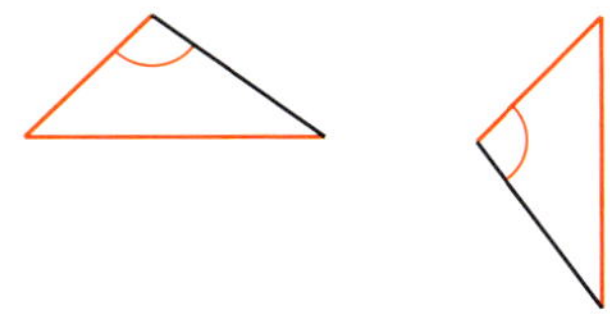

- wenn sie paarweise in der Länge einer Seite und den Größen der zwei anliegenden Winkel übereinstimmen (Kongruenzsatz **wsw**).

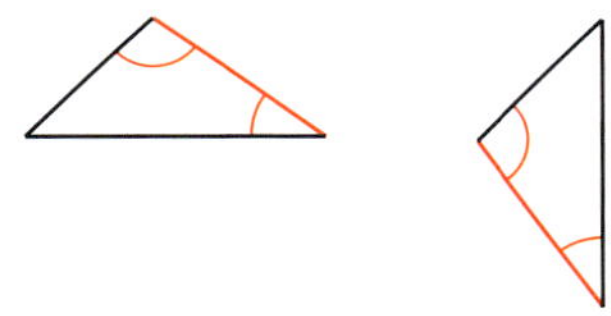

Übungen

1. Versucht ein Dreieck aus drei Winkeln zu konstruieren.
Jeder von euch wählt drei geeignete Winkel. Vergleicht eure Dreiecke. Was stellt ihr fest?

2. Konstruiere, falls möglich, ein Dreieck ABC aus den gegebenen Stücken.
Bestimme die übrigen Stücke.
Entscheide zunächst, ob es nur ein Lösungsdreieck gibt.

a) a = 5 cm; b = 4 cm; γ = 67°
b) c = 9 cm; a = 6 cm; γ = 53°
c) a = 7,0 cm; b = 2,4 cm; c = 3,8 cm
d) a = 4,5 cm; β = 57°; γ = 43°
e) c = 5,3 cm; α = 44°; β = 61°
f) b = 5,6 cm; α = 92°; γ = 106°
g) b = 8,0 cm; c = 5,3 cm; α = 36°
h) a = 6,0 cm; b = 4,5 cm; c = 7,5 cm
i) a = 3 cm; b = 5 cm; β = 47°
j) c = 6,4 cm; a = 4,2 cm; α = 50°
k) a = 6,7 cm; b = 5,5 cm; c = 3,8 cm
l) c = 6,2 cm; a = 5,4 cm; γ = 129°
m) b = 6,1 cm; β = 24°; γ = 63°
n) a = 5,1 cm; α = 53°; β = 37°
o) b = 4,4 cm; α = 100°; γ = 25°

3. Konstruiere ein rechtwinkliges Dreieck ABC aus den gegebenen Stücken. In Klammern ist die Seite angegeben, die dem rechten Winkel gegenüberliegt.

a) c = 4,3 cm; γ = 27° (Seite $\overline{BC}$)
b) b = 3,0 cm; c = 4,7 cm (Seite $\overline{AB}$)
c) c = 3,8 cm; α = 34° (Seite $\overline{AC}$)
d) a = 5,3 cm; c = 3,7 cm (Seite $\overline{BC}$)

4. Konstruiere ein gleichschenkliges Dreieck ABC aus:

a) $a = 2{,}9$ cm; $c = 4{,}8$ cm (Basis $\overline{BC}$)

b) $b = 5{,}3$ cm; $\alpha = 72°$ (Basis $\overline{AC}$)

c) $b = 5{,}6$ cm; $\beta = 106°$ (Basis $\overline{AC}$)

d) $b = 5{,}5$ cm; $\alpha = 43°$ (Basis $\overline{AC}$)

5. Zwischen den Orten A und B liegt ein Berg. Um die Entfernung der Orte zu bestimmen, wird ein Punkt C im Gelände gewählt, dann werden die angegebenen Größen gemessen.
Ermittle zeichnerisch die Entfernung der Orte A und B.

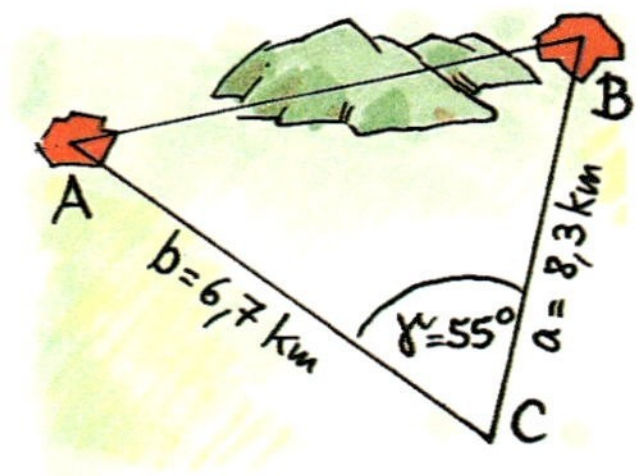

6. Bestimme die drei Sehwinkel α, β und γ, unter denen man von jedem der drei Kirchtürme die beiden anderen Kirchtürme sieht.

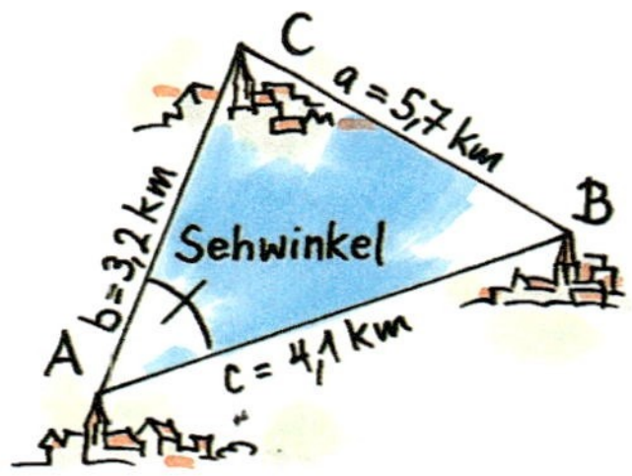

7. Konstruiere das rote Dreieck ABC in wirklicher Größe.
Gib die Längen und die Winkelgrößen des Dreiecks an.
Beschreibe dein Vorgehen.

a)

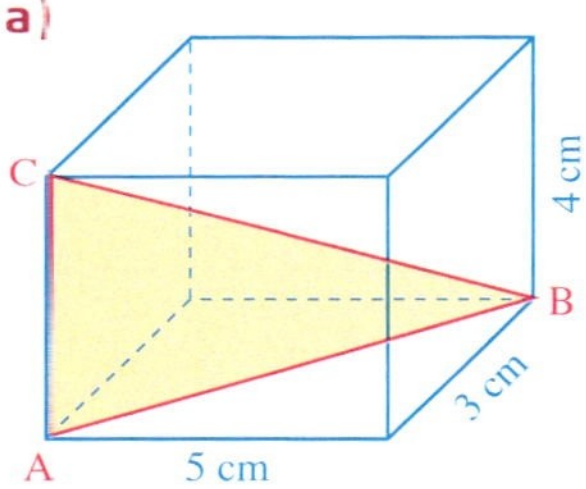

b)

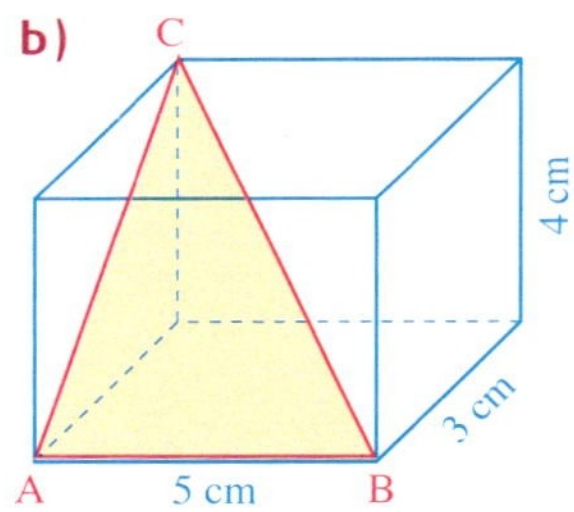

c)

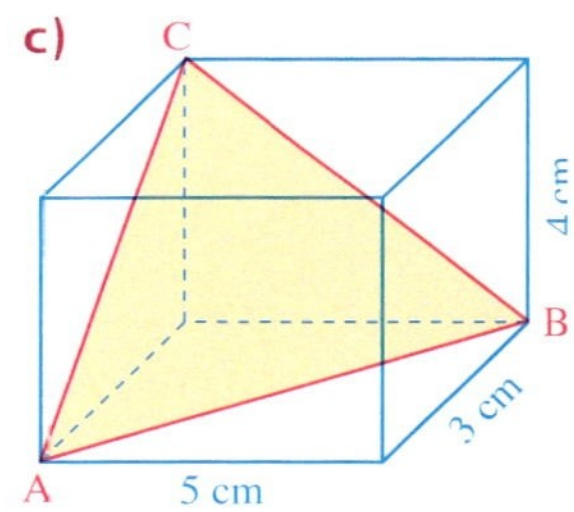

8. a) Ein Paket der Größe 4 der Deutschen Post AG besitzt folgende Maße:
Länge: 500 mm; Breite: 300 mm; Höhe: 200 mm.
Wie lang darf ein dünner Stab höchstens sein, damit er in das Paket passt?

b) Erkundigt euch nach den anderen Paketgrößen der Deutschen Post AG.
Löst die Teilaufgabe a) auch dafür.

9. Zwei Dreiecke ABC und $A_1B_1C_1$ sind gegeben durch:

(1) $a = 5{,}3$ cm, $c = 6{,}4$ cm, $\beta = 36°$ und $a_1 = 6{,}4$ cm, $b_1 = 5{,}3$ cm, $\gamma_1 = 36°$;

(2) $b = 6{,}2$ cm, $c = 5{,}9$ cm, $\alpha = 125°$ und $a_1 = 5{,}9$ cm, $b_1 = 6{,}2$ cm, $\beta_1 = 125°$.

Kann man folgern, dass die Dreiecke zueinander kongruent sind? Begründe.

10. Die beiden Dreiecke sind kongruent zueinander. Wie groß ist der Winkel δ?

a)

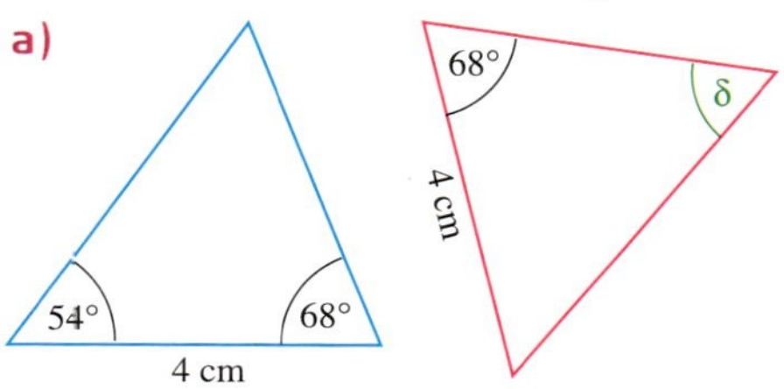

b)

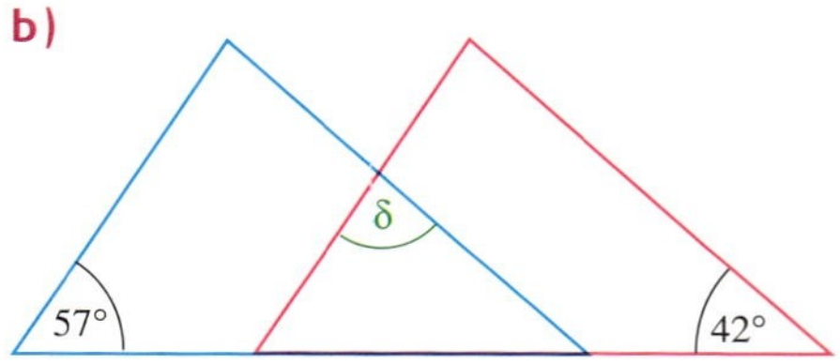

HÖHEN DES DREIECKS – BESTIMMEN VON ABSTÄNDEN

Einstieg

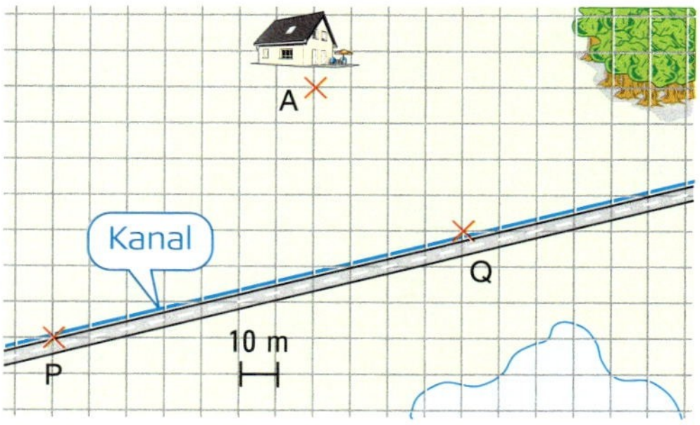

Das Grundstück von Julias Eltern liegt abseits der Straße. Es soll mit der Kanalisation verbunden werden. Der Abwasserkanal verläuft längs der Straße.

➜ Wie wird man das Verbindungsrohr zweckmäßig verlegen?

➜ Wie lang muss es sein?

Aufgabe

1. Einige Bewohner von Achtstedt haben sich über den Lärm der nahe gelegenen Autobahn beschwert. Es soll jedoch nur dann ein Waldstück zwischen Achtstedt und der Autobahn als Lärmschutz aufgeforstet werden, wenn die kürzeste Entfernung der Ortsmitte zur Autobahn weniger als 2 km beträgt.
Von Achtstedt führen zwei geradlinige Straßen zu den Autobahnauffahrten Achtstedt-West und Achtstedt-Ost. Sie sind 2,7 km bzw. 3,6 km lang. Die Länge des hier geradlinig verlaufenden Autobahnabschnitts beträgt 5,3 km.
Wird ein Waldstück als Lärmschutz aufgeforstet?

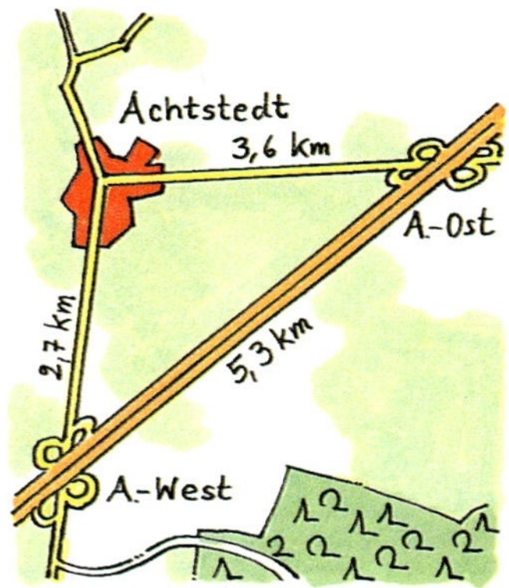

Lösung

Die beiden Autobahnauffahrten und den Ort Achtstedt (Ortsmitte) stellen wir als Punkte A, B und C dar. Für die Zeichnung wählen wir den Maßstab 1 : 100 000.
Wir konstruieren das Dreieck ABC mit den Seitenlängen a = 3,6 cm, b = 2,7 cm und c = 5,3 cm.
Die Länge der Strecke $\overline{CF}$ gibt den Abstand des Punktes C von AB an (vgl. Aufgabe 11 von Seite 187). Dann messen wir den Abstand des Punktes C von der Geraden AB.

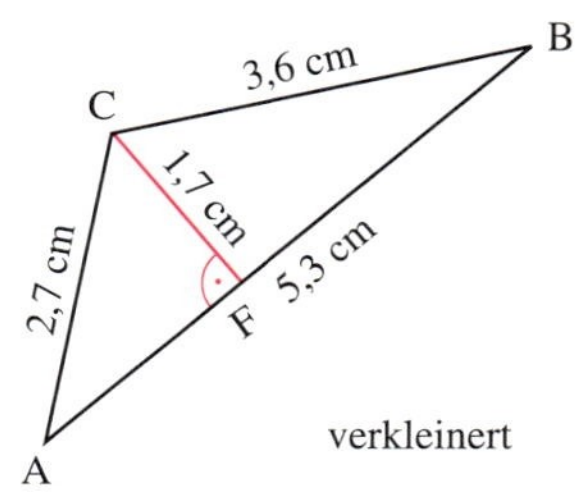

Ergebnis: Der Abstand beträgt ungefähr 1,7 cm. Also ist die kürzeste Entfernung des Ortes Achtstedt (Ortsmitte) von der Autobahn ungefähr 1,7 km.
Der Wald wird aufgeforstet.

Zum Festigen und Weiterarbeiten

2. Übertrage die Dreiecke in dein Heft und bestimme jeweils die Abstände der Eckpunkte von der gegenüberliegenden Seite bzw. deren Verlängerungen. Erläutere dein Vorgehen.

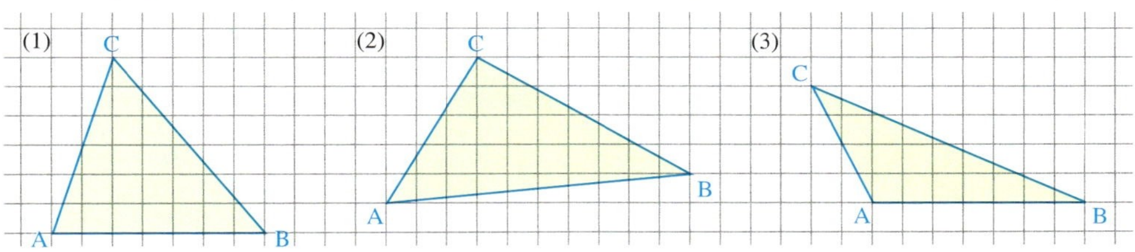

Information

Die Strecken $\overline{AH_a}$, $\overline{BH_b}$, $\overline{CH_c}$, die senkrecht stehen auf den Seiten a, b und c bzw. deren Verlängerung, nennt man die **Höhen** des Dreiecks ABC. Ihre Längen h_a, h_b, h_c geben den Abstand eines Punktes von der gegenüberliegenden Seite bzw. deren Verlängerung an.

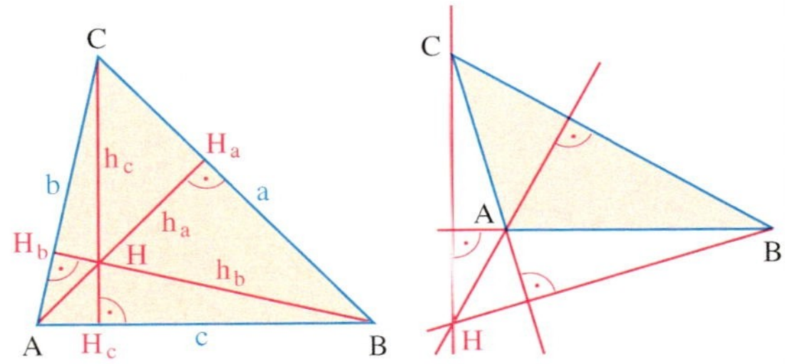

Übungen

3. Konstruiere ein Dreieck ABC mit den angegebenen Maßen. Miss die Höhen h_a, h_b und h_c.

a) $c = 4{,}5$ cm; $a = 5{,}0$ cm; $b = 4{,}2$ cm

b) $c = 5{,}0$ cm; $a = 1{,}8$ cm; $b = 4{,}0$ cm

c) $c = 8{,}2$ cm; $\alpha = 35°$; $\beta = 55°$

d) $b = 4{,}4$ cm; $\alpha = 110°$; $\gamma = 30°$

e) $a = 3{,}6$ cm; $c = 7{,}1$ cm; $\beta = 55°$

f) $a = 4{,}5$ cm; $b = 2{,}8$ cm; $\gamma = 90°$

g) $b = 4{,}8$ cm; $c = 6{,}1$ cm; $\gamma = 108°$

h) $b = 3{,}5$ cm; $a = 5{,}3$ cm; $\alpha = 62°$

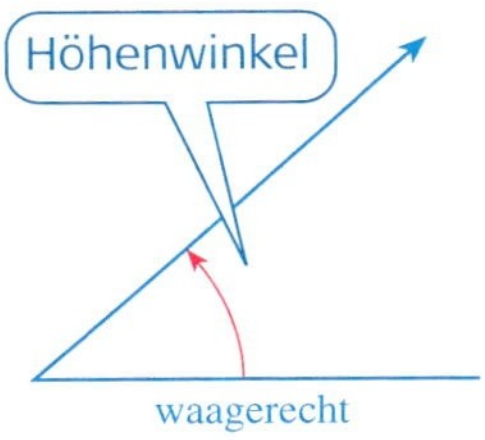

4. Vom Punkt A aus wird mit so genannten Fluchtstäben eine 50 m lange Strecke $\overline{AB}$ abgesteckt, die direkt auf den Fuß des Fernsehturms zuläuft. Von den Punkten A und B aus wird die Spitze S angepeilt; dabei werden die Höhenwinkel α und β gemessen: $\alpha = 42°$; $\beta = 56°$
Wie hoch ist der Fernsehturm?

5. In einem Fluss liegt eine Insel. Eine Vermessungsingenieurin möchte wissen, wie weit die Insel vom Ufer entfernt ist. Dazu steckt sie am Ufer eine 40 m lange Strecke $\overline{AB}$ ab. Mit einem Theodoliten (Foto links) peilt sie dann den Punkt C auf der Insel an und misst die Winkel α und β: $\alpha = 62°$; $\beta = 51°$
Bestimme zeichnerisch die Entfernung der Insel vom Ufer.

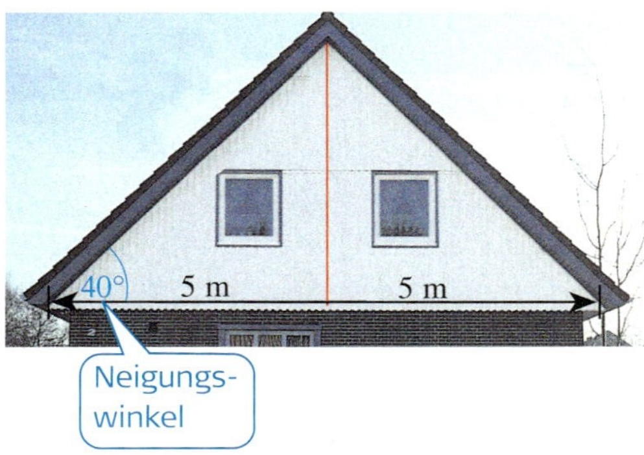

6. Die beiden Dachflächen eines Hausgiebels haben eine Neigung von 40°.
Wie hoch ist der Dachraum?
Lege eine Zeichnung an; wähle 1 cm für 1 m in der Wirklichkeit.

MITTELSENKRECHTE UND WINKELHALBIERENDE – EIGENSCHAFTEN

Die Mittelsenkrechten im Dreieck – Umkreis

Einstieg

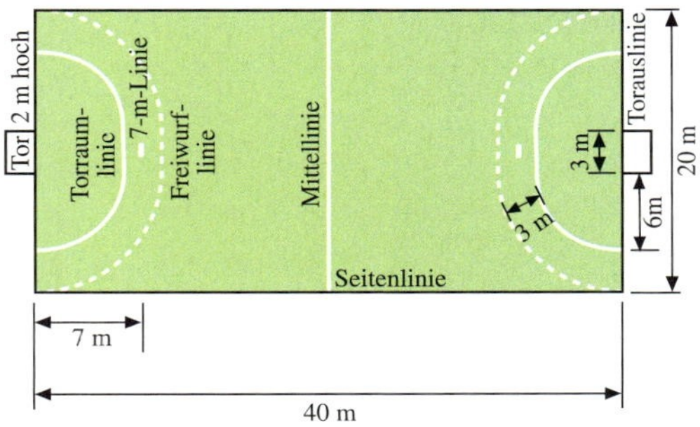

Links siehst du die Skizze eines Handballfeldes. Gewisse Regelverstöße werden mit einem 7-m-Strafwurf geahndet.

➜ Zeichne für das Tor eine Strecke und konstruiere die 7-Meter-Marke.
Begründe dein Vorgehen.
Wähle einen geeigneten Maßstab.

Aufgabe

1. *Eigenschaften der Mittelsenkrechten einer Strecke*

Es wird eine neue Hochgeschwindigkeitsstrecke für den ICE im Bereich zwischen Ahausen und Bedorf geplant.
Die Trasse soll so verlaufen, dass jeder ihrer Punkte gleich weit von beiden Ortschaften entfernt ist.
Wie muss die neue Trasse verlegt werden?

Lösung

Wir stellen die beiden Ortschaften als Punkte A und B dar. Wir suchen alle Punkte, die von A und zugleich von B gleich weit entfernt sind.
Diese Punkte liegen offenbar auf der Symmetrieachse g der Strecke $\overline{AB}$, denn: Die Spiegelachse g ist senkrecht zur Strecke $\overline{AB}$ und halbiert sie; g ist die Mittelsenkrechte von $\overline{AB}$. Für einen Punkt P auf g gilt:
Die Strecke $\overline{PB}$ ist das Bild von $\overline{PA}$, somit sind:
$\overline{PA}$ und $\overline{PB}$ gleich lang.
Für einen Punkt Q (nicht auf g) gilt dies nicht:
$\overline{QA}$ und $\overline{QB}$ sind nicht gleich lang.
Denn: Die Strecke $\overline{QA}$ ist wegen der gleichen Länge von $\overline{PA}$ und $\overline{PB}$ genauso lang wie der Streckenzug QPB; dieser ist aber länger als die Strecke $\overline{QB}$.
Die gesuchten Punkte müssen also auf der Achse g liegen.

Ergebnis: Die neue Trasse für den ICE muss auf der Mittelsenkrechten zur Verbindungsstrecke $\overline{AB}$ beider Ortschaften verlegt werden.

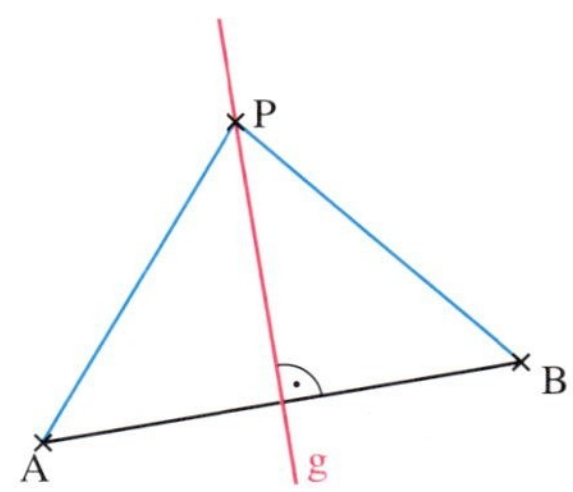

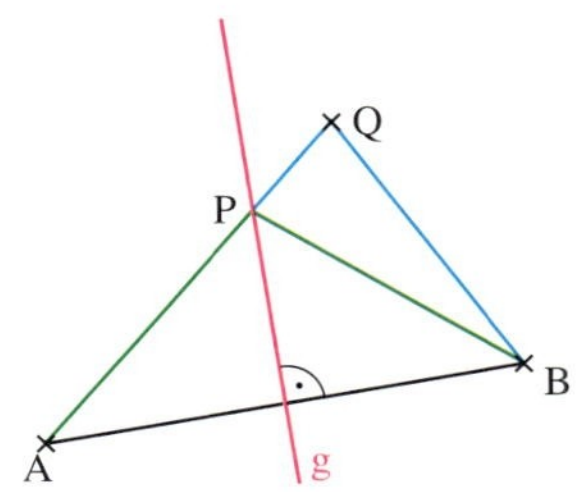

Information

Mittelsenkrechte einer Strecke und ihre Eigenschaften

In der Lösung der Aufgabe 1 haben wir die Mittelsenkrechte zu einer Strecke konstruiert und dabei einige Eigenschaften der Mittelsenkrechten kennen gelernt:

Wir erinnnern uns: Unter der **Mittelsenkrechten** m der Strecke $\overline{AB}$ versteht man die Gerade, die senkrecht zu der Strecke $\overline{AB}$ ist und durch ihren Mittelpunkt M geht.

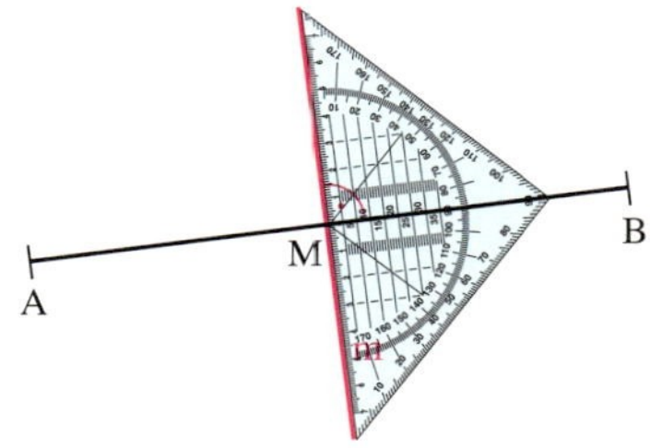

Jeder Punkt P der Mittelsenkrechten m einer Strecke $\overline{AB}$ ist von deren Endpunkten A und B gleich weit entfernt.
Ein Punkt, z. B. Q, der nicht auf der Mittelsenkrechten liegt, ist von A und von B verschieden weit entfernt.

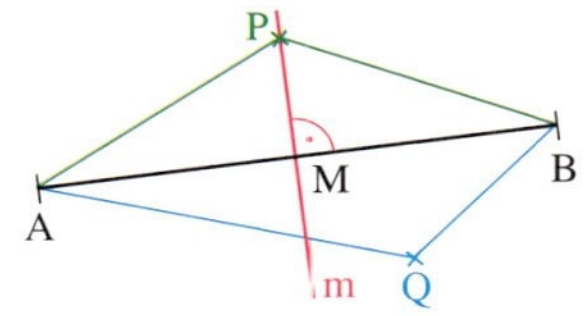

Aufgabe

2.

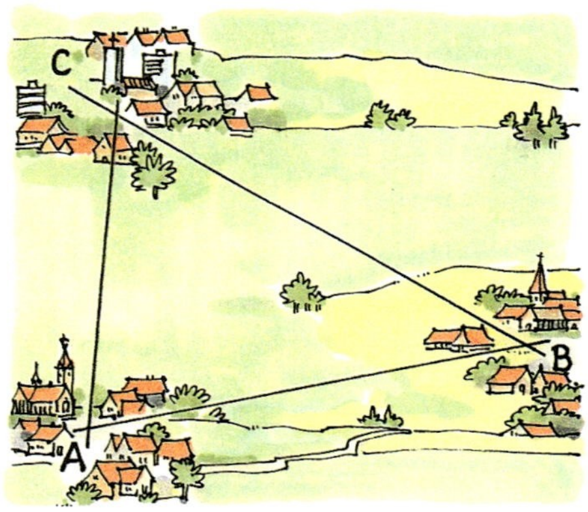

Mittelsenkrechte im Dreieck

Für die drei Ortschaften A, B und C wird ein gemeinsames Schwimmbad geplant. Es soll ein Ort M gefunden werden, der von allen drei Ortschaften gleich weit entfernt ist.
Stelle die drei Ortschaften durch drei Punkte A, B, C dar und konstruiere einen solchen Punkt M.
Beschreibe die Konstruktion und begründe sie.

Lösung

In einem ersten Schritt suchen wir alle Punkte, die von A und zugleich von B gleich weit entfernt sind.
Diese Punkte liegen offenbar auf der Symmetrieachse g der Strecke $\overline{AB}$, denn:
Die Spiegelachse g ist senkrecht zur Strecke $\overline{AB}$ und halbiert sie; g ist die Mittelsenkrechte von $\overline{AB}$.
Für einen Punkt P auf g gilt:
Die Strecke $\overline{PB}$ ist das Bild von $\overline{PA}$ und somit ist $\overline{PA}$ so lang wie $\overline{PB}$. Der Punkt P ist somit gleich weit von A und von B entfernt.
In einem zweiten Schritt suchen wir alle Punkte, die von A und C gleich weit entfernt sind:
Sie liegen auf der Mittelsenkrechten von AC.
Der Schnittpunkt M der beiden Mittelsenkrechten ist von allen drei Punkten A, B und C gleich weit entfernt.
Hier sollte das Schwimmbad gebaut werden.

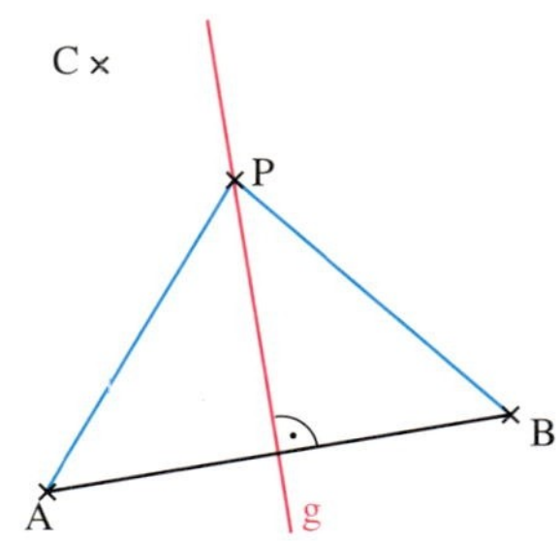

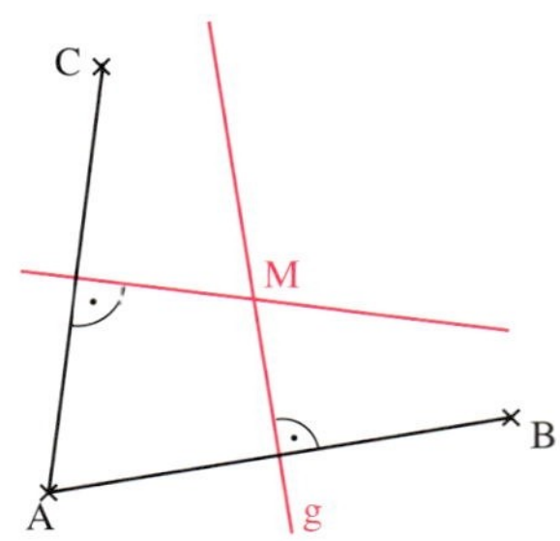

Zum Festigen und Weiterarbeiten

3. Gegeben ist im Koordinatensystem (Einheit 1 cm) ein Dreieck ABC mit:

(1)	(2)	(3)	(4)
A(1|0)	A(3|6)	A(5|0)	A(2|1)
B(7|1)	B(8|1)	B(11|1)	B(7|0)
C(0|7)	C(6|9)	C(1|2)	C(0|8)

Konstruiere die drei Mittelsenkrechten des Dreiecks ABC.
Zeichne um den Schnittpunkt M der Mittelsenkrechten den Kreis durch den Eckpunkt A des Dreiecks.
Was fällt dir auf? Erkläre.

4. Von einem Dreieck ABC sind zwei Stücke und der Radius r des Kreises durch die drei Eckpunkte gegeben. Konstruiere das Dreieck.
Beschreibe die Konstruktion.

a) c = 5,7 cm; b = 3,8 cm; r = 4,3 cm **b)** a = 4,7 cm; $\beta = 49°$; r = 3,1 cm

Information

In der Lösung der Aufgabe 2 haben wir einen Punkt M gefunden, der von drei Punkten, den Eckpunkten eines Dreiecks, gleich weit entfernt ist. Es ist der Schnittpunkt M der Mittelsenkrechten der Dreiecksseiten $\overline{AB}$ und $\overline{AC}$.
Der Punkt M liegt auch auf der Mittelsenkrechten der Seite $\overline{BC}$, denn M ist auch von B und C gleich weit entfernt.

(1) Kreis

Alle Punkte auf einem **Kreis** haben von dem festen Punkt M denselben Abstand r.

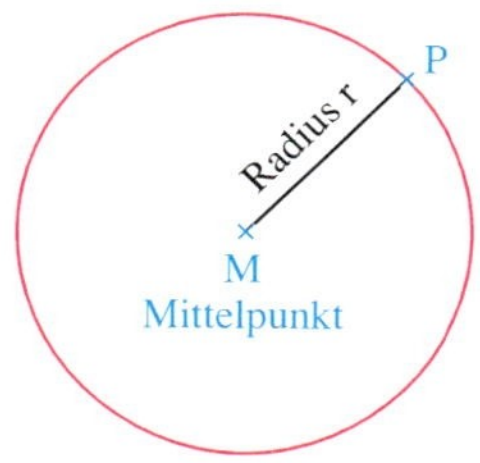

Der Punkt M heißt **Mittelpunkt des Kreises**; den Abstand r nennt man den **Radius des Kreises**.

Der **Durchmesser** eines Kreises ist die Länge einer Strecke, die zwei Kreispunkte verbindet und die durch den Mittelpunkt des Kreises geht.
Ein Durchmesser ist doppelt so groß wie der Radius: **d = 2 · r**

(2) Mittelsenkrechten im Dreieck

In jedem Dreieck schneiden sich die Mittelsenkrechten der drei Seiten in *einem* Punkt.
Dieser Punkt kann innerhalb des Dreiecks, außerhalb des Dreiecks oder auf einer Dreiecksseite liegen.

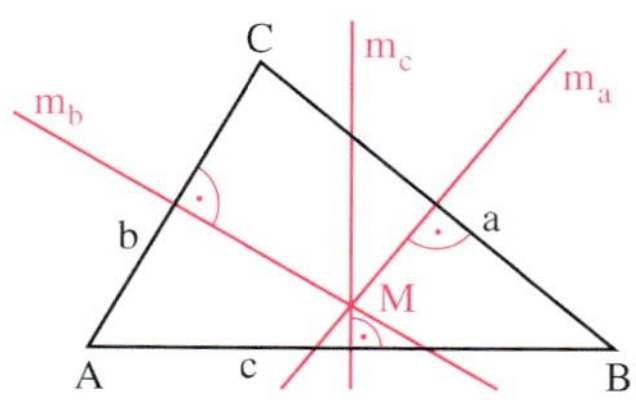

(3) Umkreis des Dreiecks

Der Kreis, der durch die drei Eckpunkte eines Dreiecks geht, heißt **Umkreis** des Dreiecks.
Der Mittelpunkt des Umkreises ist der Schnittpunkt der Mittelsenkrechten.

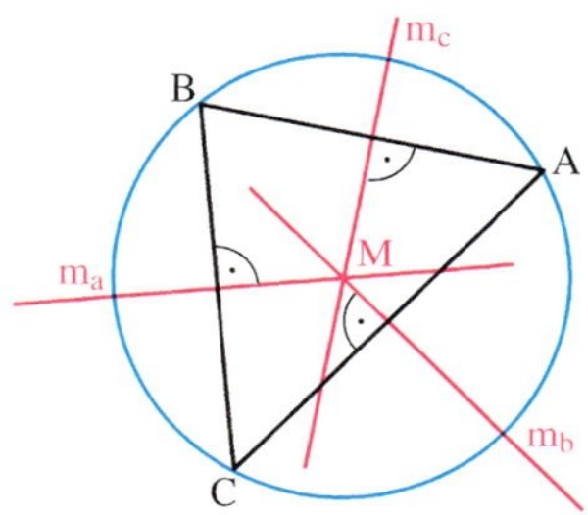

Übungen

5. 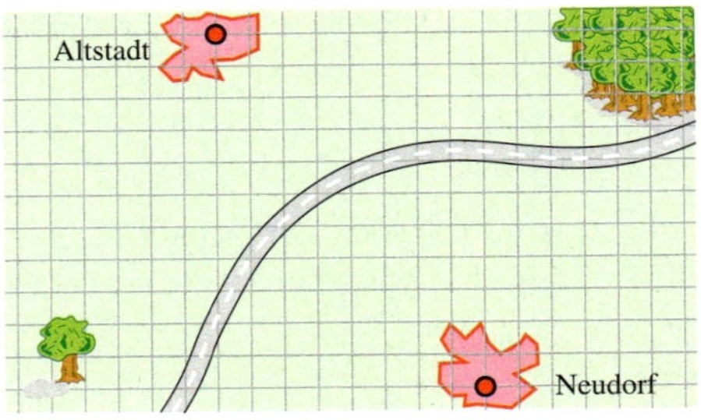

Zwischen den Ortschaften Altstadt und Neudorf wird eine neue Umgehungsstraße gebaut. Beide Orte sollen eine gemeinsame Anschlussstelle erhalten, die von den jeweiligen Ortszentren gleich weit entfernt ist. Wo kann sie liegen?
Beschreibe dein Vorgehen.

6. Zeichne das Dreieck ABC in ein Koordinatensystem (Einheit 1cm). Konstruiere den Umkreis des Dreiecks ABC. Beschreibe die Konstruktion. Gib näherungsweise die Koordinaten des Mittelpunktes des Umkreises an; miss den Radius des Umkreises.

a) A(1|3)	**b)** A(1|1)	**c)** A(5|1)	**d)** A(−2|2)
B(10|4)	B(8|2)	B(10|9)	B(5|−1)
C(6|8)	C(11|5)	C(2|8)	C(1|6)

7. Konstruiere den Umkreis zu dem Dreieck ABC; miss den Radius des Umkreises.

a) a = 5,7 cm; c = 4,9 cm; $\beta = 49°$
b) a = 4,3 cm; c = 6,7 cm; $\gamma = 77°$
c) a = 4 cm; b = 5 cm; c = 7,5 cm
d) b = 4,8 cm; $\alpha = 102°$; $\beta = 37°$

8. In einer Wüste befinden sich drei Forschungsstationen A, B und C. Für ihre Entfernungen gilt: $\overline{AB}$ = 8 km, $\overline{BC}$ = 6,1 km, $\overline{AC}$ = 9,9 km. Es soll ein Depot angelegt werden, von dem aus die drei Stationen versorgt werden können. Das Depot soll von den Stationen gleich weit entfernt sein. Bestimme diese Entfernung. Denke an den Maßstab.

9. Zeichne

a) ein gleichschenkliges Dreieck;
b) ein gleichseitiges Dreieck.

Konstruiere die Mittelsenkrechten der Dreiecksseiten. Vergleiche die Lage der Mittelsenkrechten mit der Symmetrieachse des Dreiecks.

10. Konstruiere ein gleichschenkliges Dreieck ABC mit der Basis c = 6,6 cm und dem Radius r = 4,0 cm des Umkreises. Beschreibe dein Vorgehen.

11. Von einem Dreieck ABC sind zwei Stücke und der Umkreisradius r gegeben. Konstruiere das Dreieck ABC. Beschreibe die Konstruktion.

a) c = 5 cm; a = 4,5 cm; r = 3 cm
b) a = 3,5 cm; b = 2 cm; r = 4,5 cm
c) c = 4,8 cm; $\alpha = 48°$; r = 2,7 cm
d) b = 3,7 cm; $\gamma = 55°$; r = 2,5 cm

12. Anna will einen Kreis zeichnen. Leider hat sie keinen Zirkel griffbereit. Unter ihrem Tisch findet sie eine Konservendose, die sie im Kunstunterricht als Wasserbehälter benutzt. Sie nimmt die Dose, stellt sie auf ihr Blatt und fährt mit dem Bleistift um die Dose. Toll, mein Kreis, denkt sie, aber wo ist der Mittelpunkt?
Kannst du Anna helfen den Mittelpunkt zu finden?

13. Philipp behauptet: „Ich kann drei Punkte A, B und C zeichnen, durch die man keinen Kreis konstruieren kann."
Was meinst du dazu?

Die Winkelhalbierende im Dreieck – Inkreis

Aufgabe

1.

Eigenschaften der Winkelhalbierenden

Vor vielen Jahren fanden Piraten eine Schatzkarte. Darauf war eine Weggabelung auf einer Insel zu erkennen. Es war beschrieben, dass der Schatz gleich weit von den beiden abzweigenden Wegen entfernt liegt.

→ Wie müssen die Piraten vorgehen, um den Schatz zu finden?

Lösung

Wir stellen die Weggabelung als Winkel α mit dem Scheitel S und den Schenkeln a und b dar. Wir suchen alle Punkte, die von den beiden Schenkeln a und b gleich weit entfernt sind.
Diese Punkte liegen offenbar auf der Symmetrieachse g des Winkels α; sie ist die Winkelhalbierende von α.
Für einen Punkt P auf g gilt:
Das Dreieck SR′P ist das Bild von Dreieck SPR bei Spiegelung an der Achse g und somit gilt:
$\overline{PR'}$ und $\overline{PR}$ sind gleich lang.
Die Winkel α_1 und α_2 sind auch gleich groß.
Die Spiegelachse g halbiert also den Winkel α.
Für einen Punkt Q, der nicht auf der Symmetrieachse g liegt, sind die Abstände von den Schenkeln a und b verschieden:
$\overline{QR}$ und $\overline{QT}$ sind nicht gleich lang.

Ergebnis: Der Schatz muss auf der Winkelhalbierenden des Winkels an der Weggabelung liegen.

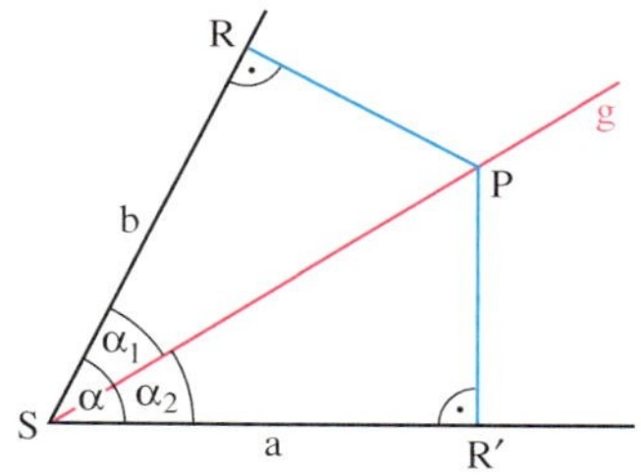

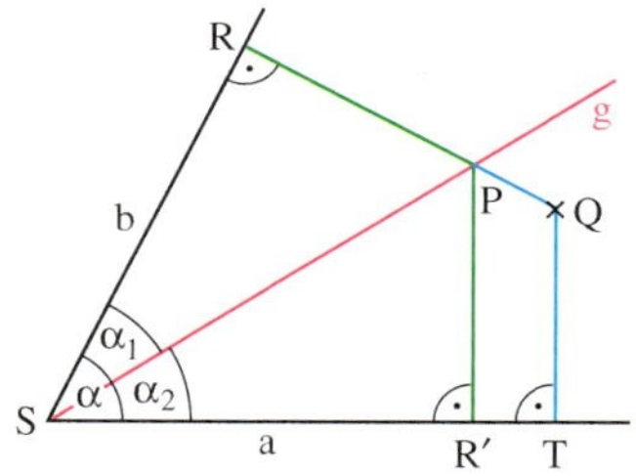

Information

Die Winkelhalbierende und ihre Eigenschaften

Wir erinnern uns: Gegeben ist ein Winkel α mit dem Scheitelpunkt S.
Der Strahl w mit dem Anfangspunkt S, der den Winkel α in zwei gleich große Teilwinkel zerlegt, nennt man die **Winkelhalbierende** von α.

Eigenschaften der Winkelhalbierenden

Für Winkel, die höchstens 180° groß sind, gilt:
Jeder Punkt P der Winkelhalbierenden hat von den beiden Schenkeln denselben Abstand.
Jeder Punkt Q, der nicht auf der Winkelhalbierenden liegt, hat von den Schenkeln unterschiedlichen Abstand.

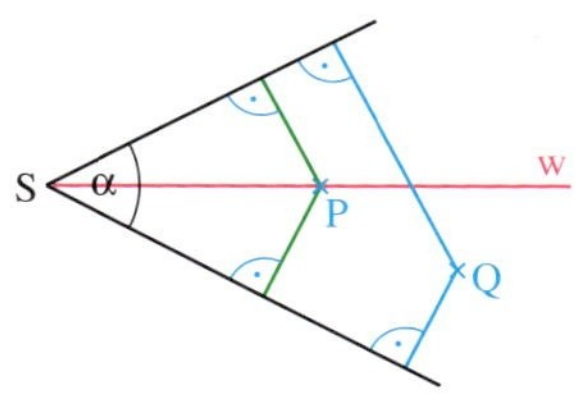

Aufgabe

Winkelhalbierende im Dreieck

2. Tanja hat noch eine dreieckige Korkplatte übrig. Sie möchte daraus einen möglichst großen kreisförmigen Untersetzer herstellen.
Tanja überlegt dazu, dass der gesuchte Kreismittelpunkt W von allen drei Dreiecksseiten gleich weit entfernt sein muss.
Stelle die Korkplatte durch ein Dreieck ABC dar und konstruiere einen solchen Punkt W.
Beschreibe die Konstruktion und begründe sie.

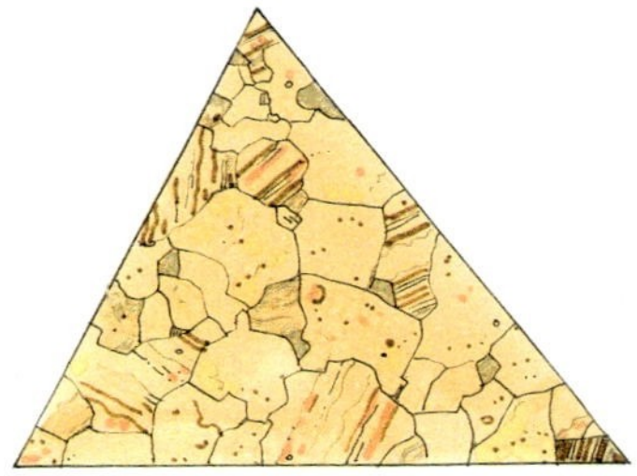

Lösung

In einem ersten Schritt suchen wir alle Punkte, die von den Schenkeln des Winkels α gleich weit entfernt sind. Wir wissen, dass diese Punkte auf der Winkelhalbierenden g von α liegen ($\alpha_1 = \alpha_2$).
In einem zweiten Schritt suchen wir alle Punkte, die von den Schenkeln des Winkels β gleich weit entfernt sind: Sie liegen auf der Winkelhalbierenden von β.
Der Schnittpunkt W der beiden Winkelhalbierenden ist von allen drei Seiten a, b und c gleich weit entfernt.
Hier liegt der gesuchte Kreismittelpunkt.
Der Radius r des Kreises gibt den Abstand des Mittelpunktes von jeder Dreiecksseite an.

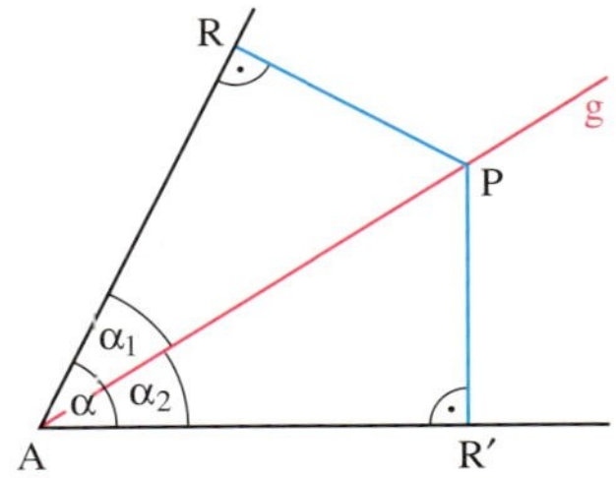

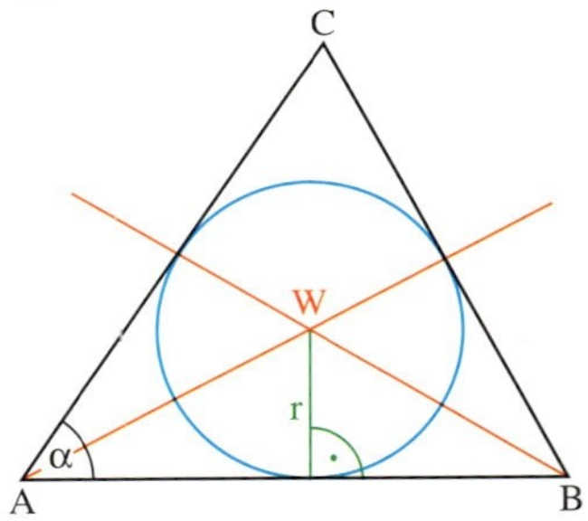

Zum Festigen und Weiterarbeiten

3. Zeichne zwei sich schneidende Geraden a und b. Konstruiere die Winkelhalbierenden aller vier Winkel. Welche Beziehung zwischen den Winkelhalbierenden erkennst du?

4. Konstruiere die Winkelhalbierenden der vier Winkel α, β, γ und δ

a) eines Rechtecks mit a = 6 cm; b = 4 cm; **b)** eines Quadrates mit a = 5 cm.

Was fällt dir auf?

5. **a)** Konstruiere die Winkelhalbierenden des Dreiecks ABC.

(1) A(1|0); B(7|1); C(0|7)
(2) A(3|6); B(8|1); C(6|9)
(3) A(5|0); B(11|1); C(1|2)
(4) A(2|1); B(7|0); C(0|8)

b) Zeichne bei den Dreiecken von Teilaufgabe a) den Kreis um den Schnittpunkt W der Winkelhalbierenden, der die Seiten $\overline{AB}$ und $\overline{AC}$ berührt.
Was fällt dir auf?

6. Zwischen einer Weggabelung in einem Park soll ein kreisrundes Blumenbeet angelegt werden. Die beiden Wege bilden einen 57° großen Winkel. Aus Symmetriegründen soll der Mittelpunkt des Beetes von den Wegen gleich weit entfernt sein.
Wo kann er liegen? Fertige eine Zeichnung an.

7. Konstruiere ein Dreieck ABC mit c = 7 cm, b = 6 cm, a = 5 cm.
Konstruiere nun die Kreise, die genau die drei Dreiecksseiten bzw. deren Verlängerungen berühren. Beschreibe die Konstruktion.

Information

(1) Winkelhalbierende im Dreieck

In jedem Dreieck schneiden sich die drei Winkelhalbierenden der Innenwinkel in *einem* Punkt.

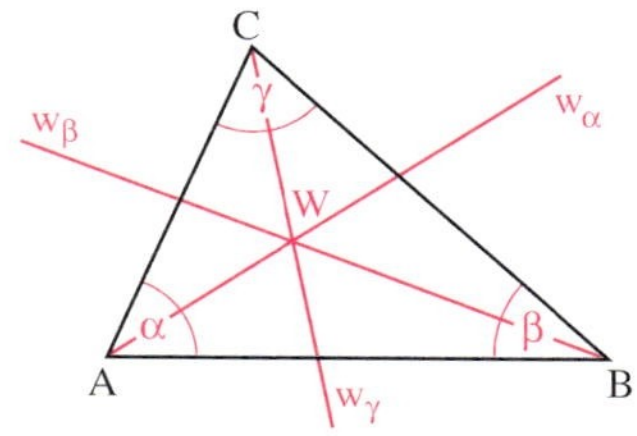

(2) Inkreis des Dreiecks

Der Kreis, der die drei Seiten eines Dreiecks berührt, heißt der **Inkreis** des Dreiecks.
Der Mittelpunkt des Inkreises eines Dreiecks ist der Schnittpunkt der Winkelhalbierenden der drei Innenwinkel. Der Radius r gibt den Abstand des Mittelpunktes von einer Seite an.

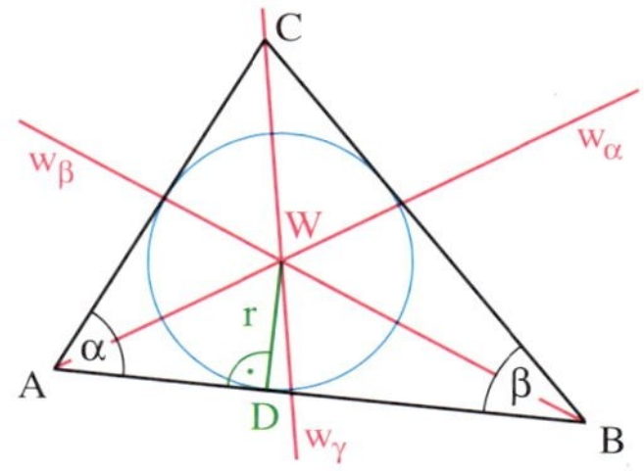

Übungen

8. Konstruiere den Inkreis des Dreiecks ABC. Beschreibe die Konstruktion. Gib die Koordinaten des Mittelpunktes und den Radius des Inkreises an.

a) A(0|2); B(7|3); C(10|6)
b) A(0|5); B(9|6); C(7|10)
c) A(4|3); B(9|11); C(1|10)
d) A(−2|−1); B(3|1); C(−5|8)

9. Konstruiere ein Dreieck aus den angegebenen Stücken. Konstruiere dann den Inkreis und miss dessen Radius. Beschreibe die Konstruktion.

a) $a = 5{,}5$ cm; $b = 4{,}5$ cm; $\gamma = 115°$
b) $b = 5$ cm; $c = 4$ cm; $\gamma = 80°$
c) $a = 7$ cm; $b = 6$ cm; $c = 4$ cm
d) $\alpha = 40°$; $c = 6{,}5$ cm; $\beta = 60°$

10. Auf einer dreieckigen Rasenfläche in einem Park soll ein möglichst großes kreisförmiges Blumenbeet angelegt werden. Wo muss der Mittelpunkt des Beetes liegen?
Welchen Abstand hat der Mittelpunkt von den Wegen?

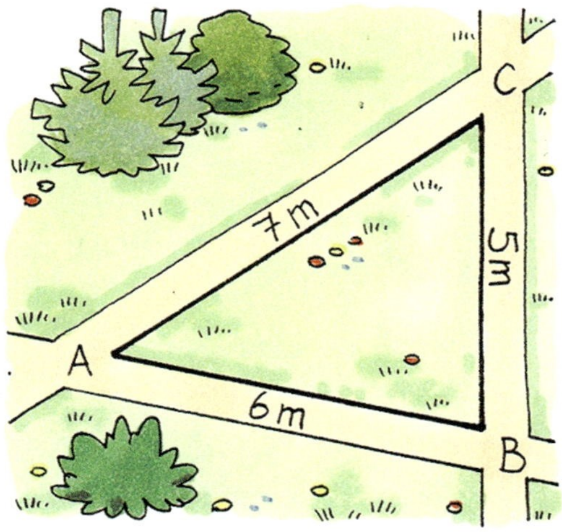

11. Gegeben ist ein Dreieck ABC. Konstruiere einen Punkt, der von den drei Dreiecksseiten denselben Abstand hat.
Beschreibe dein Vorgehen.

12. Zeichne ein (1) gleichschenkliges Dreieck, (2) gleichseitiges Dreieck. Konstruiere die drei Winkelhalbierenden.
Was fällt dir auf?

13. Gegeben sind ein spitzer Winkel und ein Punkt A, der auf einem der beiden Schenkel liegt. Konstruiere einen Kreis, der die beiden Schenkel berührt und durch den Punkt A geht. Beschreibe die Konstruktion.

IM BLICKPUNKT: KONSTRUIEREN MIT ZIRKEL ODER LINEAL

Platon (427–347 v. Chr.), griechischer Philosoph

Bisher haben wir zum Beispiel
- die Mittelsenkrechte einer Strecke,
- die Senkrechte zu einer Geraden durch einen Punkt,
- die Parallele zu einer Geraden durch einen Punkt,
- die Winkelhalbierende eines Winkels

mithilfe des Geodreiecks einschließlich der Messskalen für Längen und Winkel als Konstruktionsmittel gezeichnet.

Bereits in der Antike hat man sich mit dem Problem beschäftigt, wie man diese Grundkonstruktionen und andere Konstruktionen *nur* mit Zirkel und auch Lineal (ohne Messskala) ausführen kann. Die Anregung dazu soll von Platon stammen. Wir wollen im Folgenden solche Konstruktionsprobleme nur mithilfe von Zirkel und Lineal (ohne Messskala) bearbeiten.

1. *Konstruktion der Mittelsenkrechten einer Strecke*

Gegeben ist eine Strecke $\overline{AB}$. Konstruiere im Sinne Platons die Mittelsenkrechte der Strecke $\overline{AB}$.

Vorüberlegung zur Konstruktion:

Um die Mittelsenkrechte zu $\overline{AB}$ mit dem Lineal zu zeichnen, benötigen wir zwei Punkte P und Q auf ihr. Beim gleichschenkligen Dreieck wissen wir, dass die Mittelsenkrechte zur Basis auch Symmetrieachse dieses Dreiecks ist und durch die Spitze des Dreiecks geht. Um die Punkte P und Q zu erhalten, konstruieren wir mit dem Zirkel zwei zueinander kongruente gleichschenklige Dreiecke mit der Basis $\overline{AB}$.

Strategie: Zu gleichschenkligen Dreiecken ergänzen.

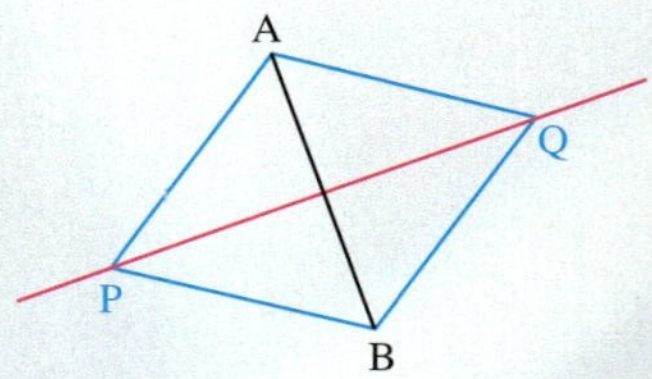

2. Gegeben ist die Strecke $\overline{AB}$ (1) mit A(1|5), B(5|1), (2) mit A(3|7), B(8|0). Konstruiere die Mittelsenkrechte der Strecke $\overline{AB}$. Gib die Koordinaten des Mittelpunktes an.

3. *Konstruktion der Senkrechten zu einer Geraden durch einen Punkt der Geraden*

Zeichne im Heft eine Gerade g und ein Punkt P, der auf der Geraden liegt. Wir wollen die Senkrechte zu g durch P konstruieren. Man sagt auch: *das Lot in P auf g errichten*. Hier ist eine Konstruktion begonnen worden. Übernimm sie in dein Heft und setze sie fort. Beschreibe und begründe sie.

(1)

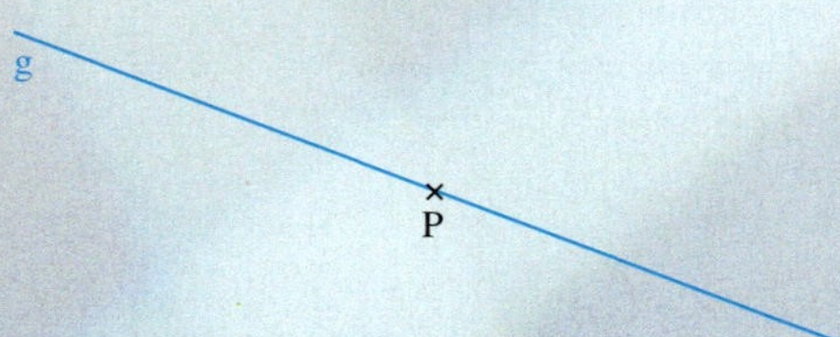

(2)

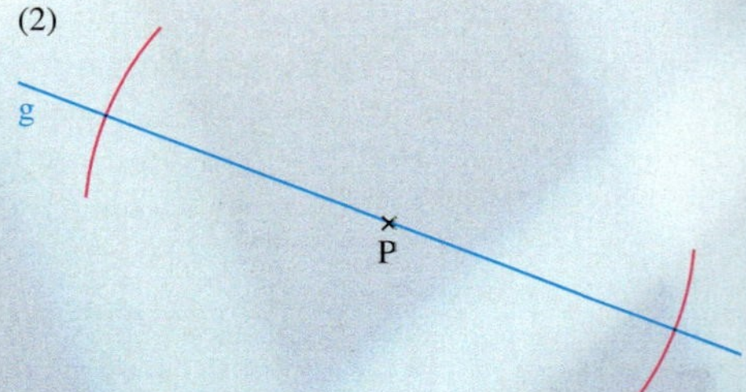

4. *Konstruktion der Senkrechten zu einer Geraden durch einen Punkt, der nicht auf der Geraden liegt*

Zeichne im Heft eine Gerade g und ein Punkt P, der nicht auf g liegt.
Konstruiere die Senkrechte zu g durch P. Man sagt auch: *Fälle das Lot von P auf g.*
Hier ist die Konstruktion begonnen worden. Übernimm sie in dein Heft und setze sie fort. Beschreibe.

(1)
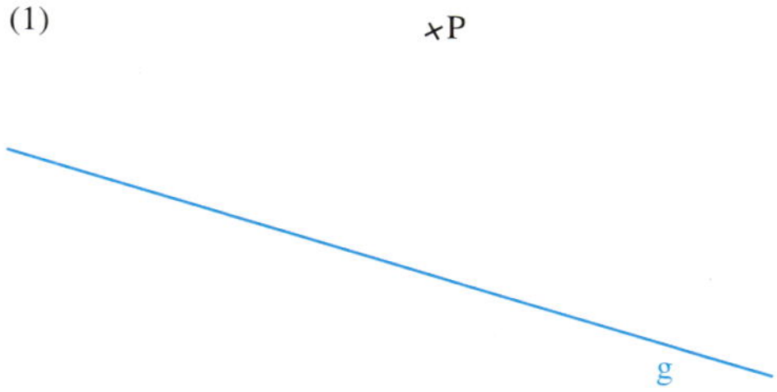

(2)
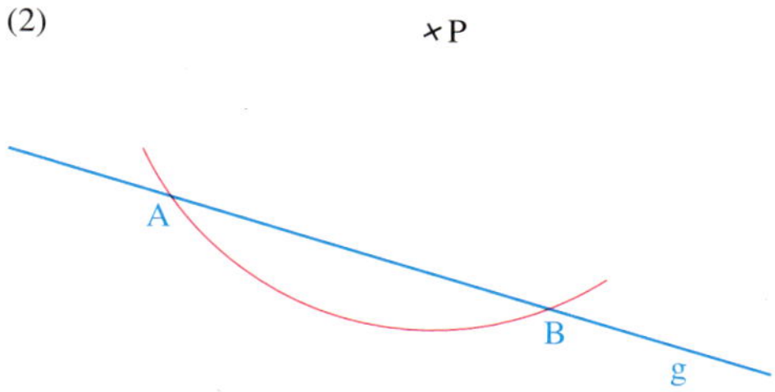

5. a) Gegeben sind eine Gerade g durch die Punkte A(0|7) und B(7|0) sowie ein Punkt (1) P(2|5), (2) P(4|3), (3) P(6|1) auf g. Konstruiere die Senkrechte zu g durch P.

b) Gegeben sind eine Gerade g durch die Punkte A(1|6) und B(6|2) sowie ein Punkt (1) P(5|7), (2) P(0|0), (3) P(3|1), der nicht auf g liegt.
Konstruiere die Senkrechte zu g durch P.

6. *Konstruktion einer Parallelen zu einer Geraden*

Gegeben sind eine Gerade g und ein Punkt P, der nicht auf g liegt.
Konstruiere die Parallele zu g durch P.
Es gibt mehrere Möglichkeiten vorzugehen.
Beschreibe die Konstruktion und begründe sie.

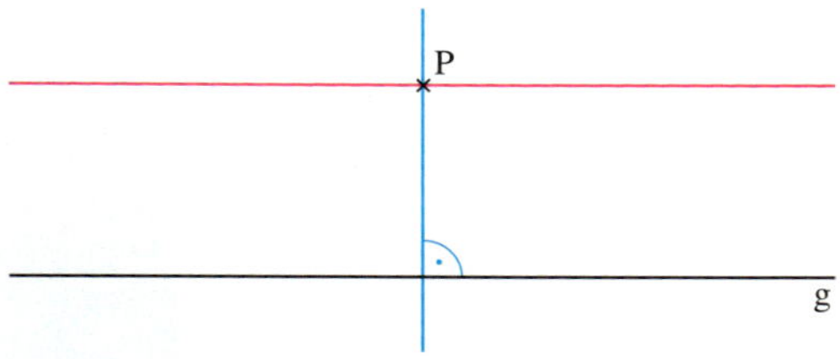

7. *Konstruktion der Winkelhalbierenden eines Winkels*

Zeichne einen Winkel α in dein Heft. Wir wollen die Winkelhalbierenden zu α konstruieren.
Hier ist die Konstruktion begonnen worden. Setze sie fort. Beschreibe und begründe sie.

(1)
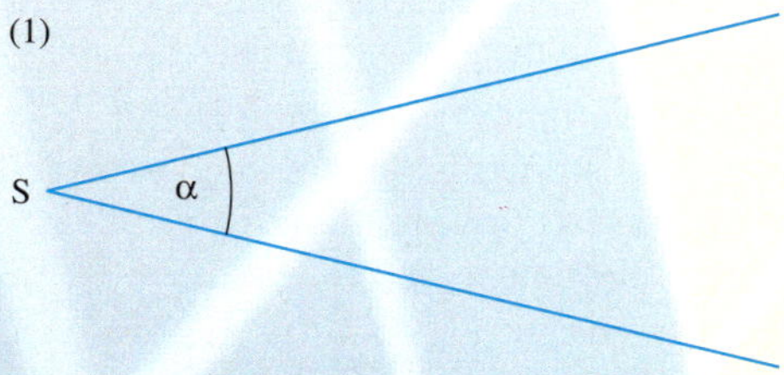

(2)
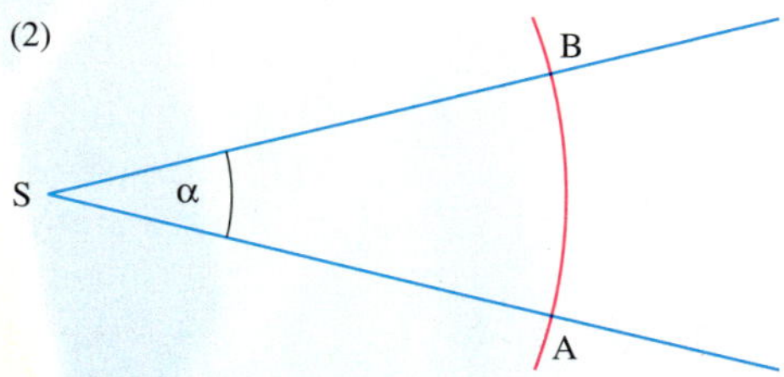

8. Zeichne einen Winkel. **a)** Zerlege ihn in vier gleich große Teile. **b)** Verdopple den Winkel.

9. Gegeben ist das Dreieck mit den Eckpunkten (1) A(3|2), B(9|3), C(2|9), (2) A(5|2), B(10|5), C(1|7). Konstruiere die

a) Winkelhalbierenden; **b)** Mittelsenkrechten; **c)** Seitenhalbierenden; **d)** Höhen.

10. *Partnerarbeit:* Lass deinen Nachbarn ein Dreieck zeichnen. Übertrage dieses Dreieck ABC nur mit Zirkel und Lineal (ohne Messskala) in dein Heft. Finde verschiedene Möglichkeiten.

FLÄCHENINHALT UND UMFANG EINES DREIECKS

Einstieg

Arbeitet in Gruppen: Zeichnet auf Karton zwei zueinander kongruente Dreiecke ABC. Jede Gruppe wählt sich die Maße der Dreiecke selbst.
Bestimmt den Flächeninhalt. Ihr könnt die Dreiecke auch ausschneiden, zerschneiden und neu zusammensetzen.

Aufgabe

1. Rechts siehst du Ausschnitte aus einem Lageplan. Er zeigt zwei dreieckige Gärten D_1 und D_2.

a) Wie groß ist jeweils der Garten?

b) Wie lang ist jeweils der Zaun?

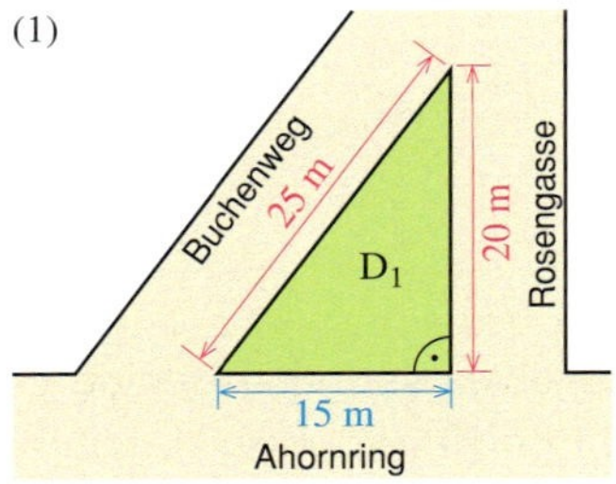

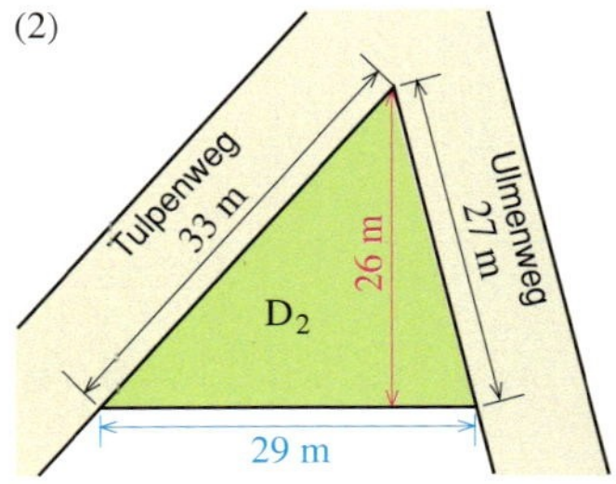

Lösung

Strategie: Zurückführen auf das Rechteck durch Verdoppeln.

a) Wir müssen den Flächeninhalt der Dreiecke D_1 und D_2 berechnen. Diesen Flächeninhalt können wir nicht bestimmen, indem wir die Dreiecke D_1 und D_2 jeweils mit (auch noch so kleinen) Einheitsquadraten auslegen und damit den Flächeninhalt messen. Wir können aber den Flächeninhalt eines Rechtecks berechnen.

(1) Das Dreieck D_1 ist rechtwinklig. Wir ergänzen es wie im Bild zu einem Rechteck mit den Seitenlängen 15 m und 20 m. Sein Flächeninhalt beträgt:

$A_R = 15\text{ m} \cdot 20\text{ m} = 300\text{ m}^2$

Das DreieckD_1 ist aber nur halb so groß, also:

$A_{D_1} = \frac{15\text{ m} \cdot 20\text{ m}}{2}$

$A_{D_1} = 150\text{ m}^2$

Ergebnis: Der Garten D_1 ist 150 m^2 groß.

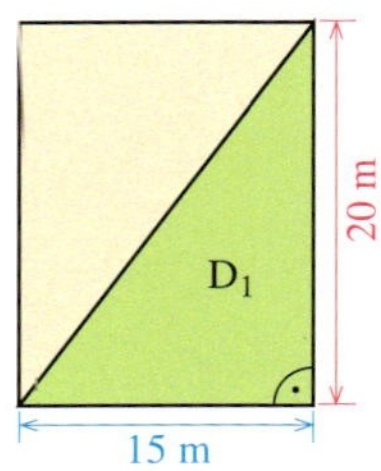

(2) Bei dem Dreieck D_2 verfahren wir entsprechend: Wir ergänzen es wie im Bild zu einem Rechteck mit den Seitenlängen 29 m und 26 m.
Sein Flächeninhalt beträgt:

$A_R = 29\text{ m} \cdot 26\text{ m} = 754\text{ m}^2$

Das Dreieck D_2 ist aber nur halb so groß, also:

$A_{D_2} = \frac{29\text{ m} \cdot 26\text{ m}}{2}$

$A_{D_2} = 377\text{ m}^2$

Ergebnis: Der Garten D_2 ist 377 m^2 groß.

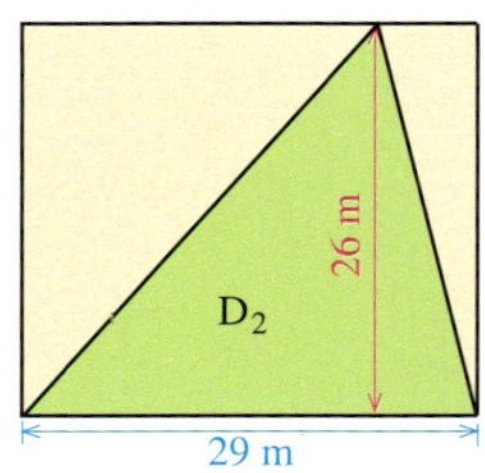

„rundherum"

b) Wir müssen die Länge des Randes der Gärten, also den Umfang der Dreiecke D_1 bzw. D_2 bestimmen:

$u_{D_2} = 15\text{ m} + 20\text{ m} + 25\text{ m} = 60\text{ m}$ und $u_{D_2} = 29\text{ m} + 27\text{ m} + 33\text{ m} = 89\text{ m}$.

Ergebnis: Der Zaun des Gartens D_1 ist 60 m lang, der des Gartens D_2 ist 89 m lang.

Information

(1) Formel für den Flächeninhalt eines beliebigen Dreiecks

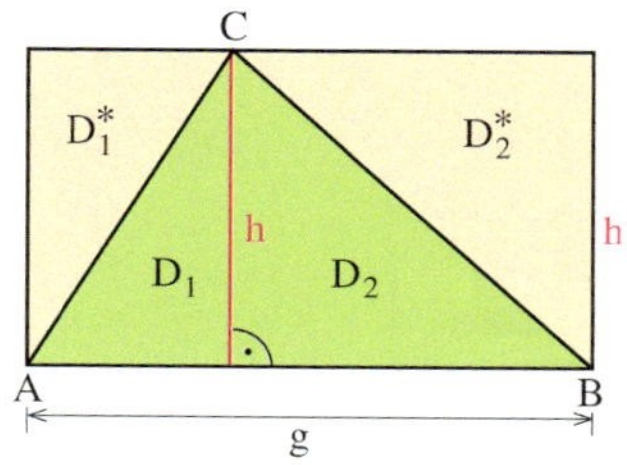

Wir wollen nun eine Formel zur Berechnung des Flächeninhalts A eines Dreiecks ABC herleiten.
Gegeben ist die Länge g einer Seite des Dreiecks und die zugehörige Höhe h. Wir ergänzen das Dreieck wie im Bild zu einem Rechteck mit den Seitenlängen g und h.
Die Dreiecke D_1 und D_1^* sowie D_2 und D_2^* sind kongruent zueinander (begründe). Da somit D_1 und D_1^* bzw. D_2 und D_2^* jeweils gleich groß sind, ist der Flächeninhalt des Dreiecks ABC halb so groß wie der Flächeninhalt des Rechtecks, also die Hälfte von $g \cdot h$:

$$A = \frac{g \cdot h}{2}$$

Diese Formel gilt auch, falls das Dreieck stumpfwinklig ist.

Für den **Flächeninhalt A eines Dreiecks** mit der Länge g einer Seite und der zugehörigen Höhe h gilt:

$$\mathbf{A = \frac{g \cdot h}{2}}$$

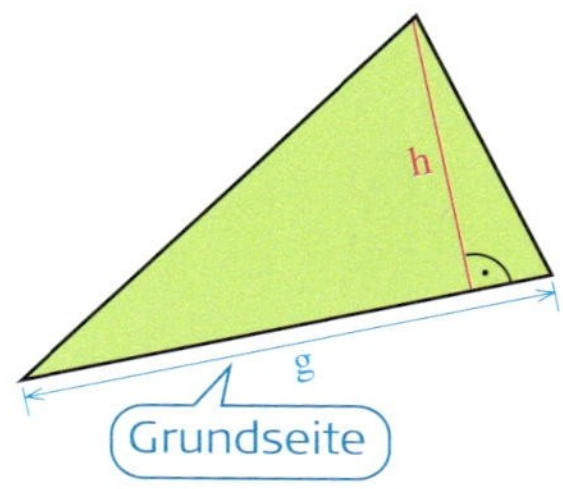

Beispiel: $g = 8\text{ cm},\ h = 5\text{ cm}$

$A = \frac{g \cdot h}{2}$

$A = \frac{8\text{ cm} \cdot 5\text{ cm}}{2}$

$A = 20\text{ cm}^2$

Für den **Umfang u eines Dreiecks** mit den Seitenlängen a, b und c gilt:

$$\mathbf{u = a + b + c}$$

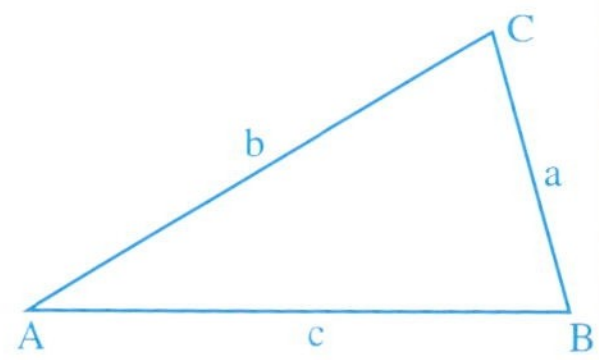

Beispiel: $a = 5{,}4\text{ cm};\quad b = 3{,}8\text{ cm};\quad c = 4{,}1\text{ cm}$

$u = a + b + c$

$u = 5{,}4\text{ cm} + 3{,}8\text{ cm} + 4{,}1\text{ cm}$

$u = 13{,}3\text{ cm}$

(2) Formel für den Flächeninhalt eines rechtwinkligen Dreiecks

Die Lösung der Aufgabe 1 zeigt: Wenn a und b die Längen der dem rechten Winkel anliegenden Seiten sind, dann berechnet man den Flächeninhalt nach der Formel:

$$A = \frac{a \cdot b}{2}$$

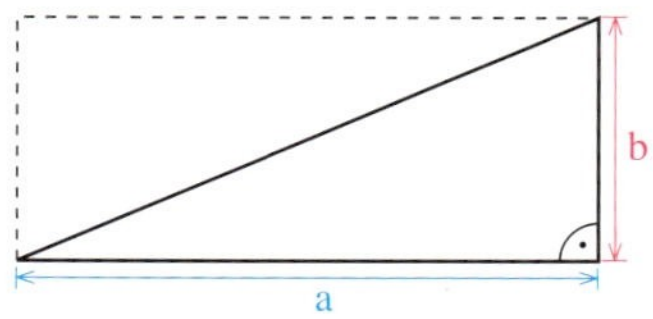

Zum Festigen und Weiterarbeiten

2. Berechne den Flächeninhalt des Dreiecks (Maße in cm).

a)

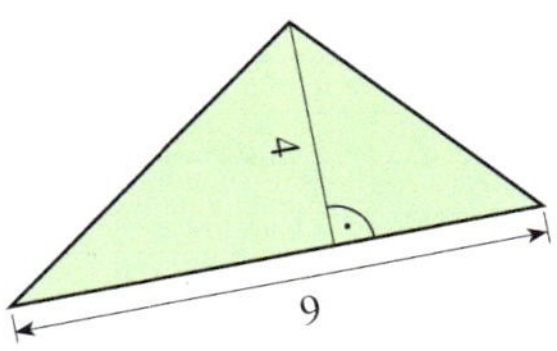

b)

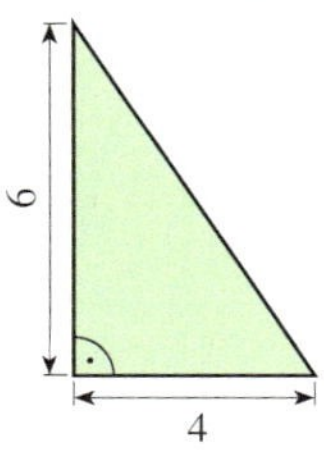

c)

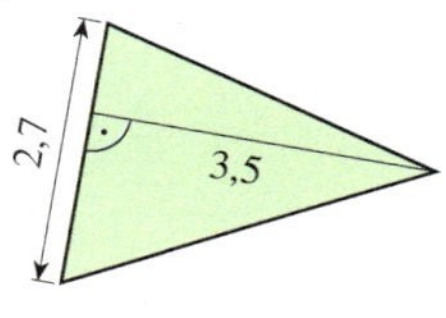

d)

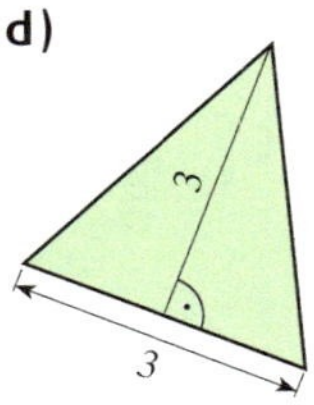

3. 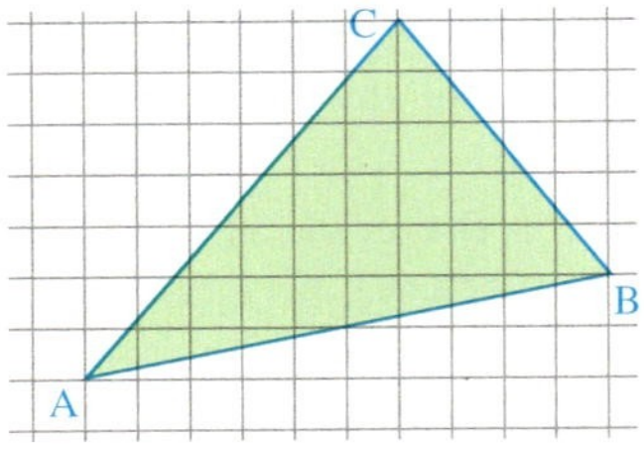

a) Bestimme durch Messen zu jeder der drei Seiten des Dreiecks ABC die zugehörige Höhe und berechne dann den Flächeninhalt des Dreiecks auf dreierlei Weise. Warum kann es unterschiedliche Ergebnisse geben?

b) Bestimme auch den Umfang des Dreiecks.

Ihr könnt euch in einer Gruppe die Arbeit teilen.

Denke an das Rückwärtsrechnen

4. a) Gegeben ist ein Dreieck mit dem Flächeninhalt 36 cm^2; eine Seite ist 8 cm lang. Wie lang ist die zugehörige Höhe?
Hinweis: Denke dir das Dreieck wie in Aufgabe 1 zu einem doppelt so großen Rechteck ergänzt. Bestimme dann die gesuchte Länge.

b) Gegeben ist ein Dreieck mit dem Flächeninhalt 28 cm^2; eine Höhe ist 7 cm lang. Wie lang ist die zugehörige Grundseite des Dreiecks? Erläutere dein Vorgehen.

5. Gegeben ist ein Dreieck ABC mit:

a) $a = 4{,}4$ cm; $b = 3{,}8$ cm; $c = 6{,}1$ cm

b) $c = 5{,}2$ cm; $\alpha = 103°$; $\beta = 37°$

c) $a = 4{,}6$ cm; $b = 2{,}9$ cm; $\gamma = 56°$

d) $c = 6{,}4$ cm; $a = 4{,}5$ cm; $\gamma = 49°$

Konstruiere das Dreieck ABC. Berechne den Flächeninhalt. Zeichne dazu eine geeignete Höhe ein.

6. Welche der Dreiecke innerhalb des Parallelstreifens haben denselben Flächeninhalt?

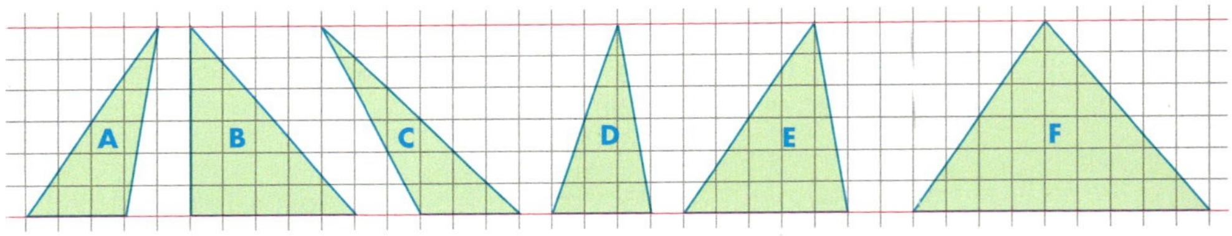

Übungen

7. Berechne den Flächeninhalt des Dreiecks.

a)

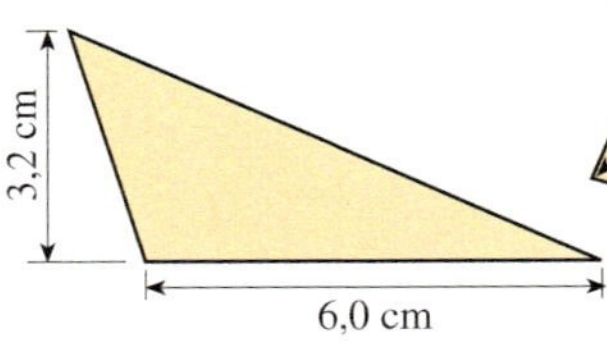

b)

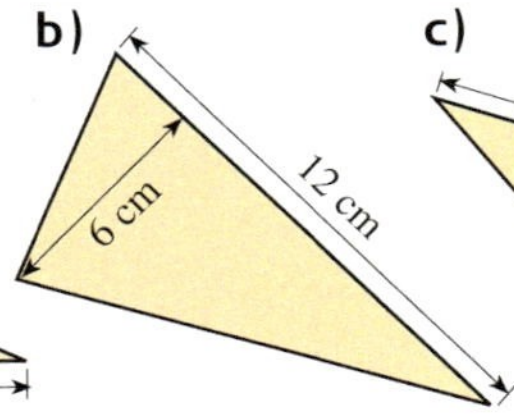

c)

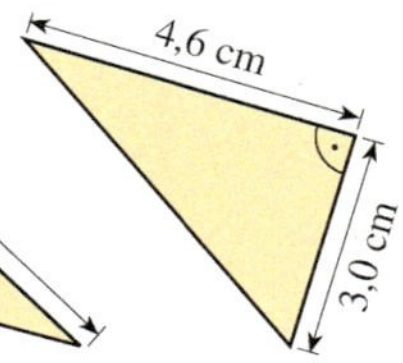

d)

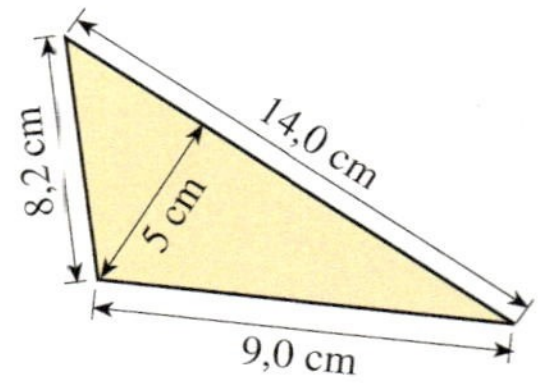

8. Übertrage das Dreieck in dein Heft. Miss die Länge einer Dreiecksseite und die zugehörige Höhe. Berechne den Flächeninhalt und den Umfang.

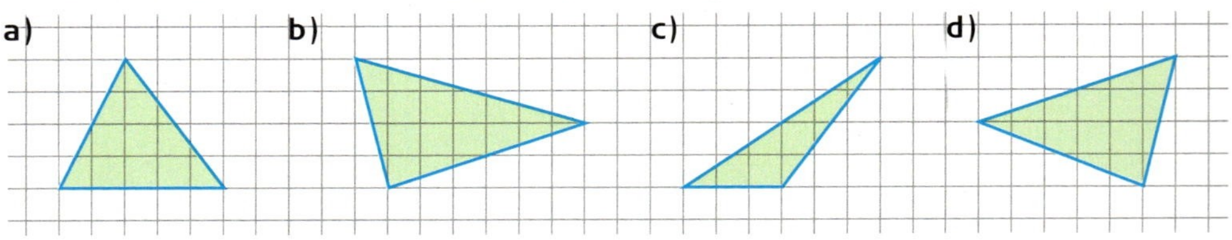

9. Zeichne das Dreieck ABC in ein Koordinatensystem (Einheit 1 cm) und berechne – ohne zu messen – den Flächeninhalt des Dreiecks.

a) A(1|2) B(6|2) C(4|6)
b) A(4|1) B(9|5) C(4|7)
c) A(4|0) B(10|0) C(0|4)
d) A(7,4|1,8) B(7,4|6,5) C(2,1|9,7)
e) A(0|1,6) B(6,7|1,6) C(8,1|6,8)

10. Gegeben ist ein Dreieck ABC mit:

a) a = 4 cm; b = 3,1 cm; c = 5,4 cm
b) a = 5,3 cm; $\gamma = 90°$; b = 3,8 cm
c) a = 3,8 cm; $\beta = 34°$; $\gamma = 51°$
d) b = 6,2 cm; $\beta = 42°$; a = 3,7 cm

(1) Lege zunächst eine Planfigur an und markiere die gegebenen Stücke farbig. Nach welchem Kongruenzsatz ist die Konstruktion eindeutig bestimmt? Konstruiere das Dreieck ABC.
(2) Berechne den Flächeninhalt des Dreiecks. Zeichne dazu eine geeignete Höhe ein.
(3) Berechne in der Teilaufgabe c) auch den fehlenden Winkel.

11. Gegeben ist ein gleichschenkliges Dreieck ABC mit $\overline{AC} = \overline{BC}$ aus:

a) c = 4,7 cm; $\alpha = 47°$
b) a = 5,3 cm; $\gamma = 38°$

(1) Konstruiere das Dreieck. Welche Eigenschaften des Dreiecks verwendest du dazu?
(2) Berechne die fehlenden Winkel.
(3) Berechne den Flächeninhalt und den Umfang. Miss dazu. Runde geeignet.

12. Der vordere Giebel eines Hauses soll mit Holz verschalt werden.

a) Wie viel m^2 Holz werden benötigt?
b) 1 m^2 Holz, das mit einer Holzschutzfarbe gestrichen ist, kostet 46 €. Berechne die Kosten für das Holz.

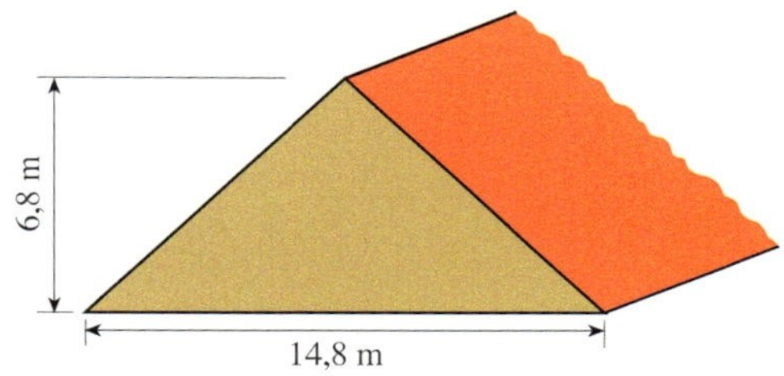

13. Das Waldstück soll neu mit Fichten aufgeforstet werden. 1 ha kostet 2 400 €. Wie teuer wird die Aufforstung? Zeichne zunächst das Dreieck in einem geeigneten Maßstab.

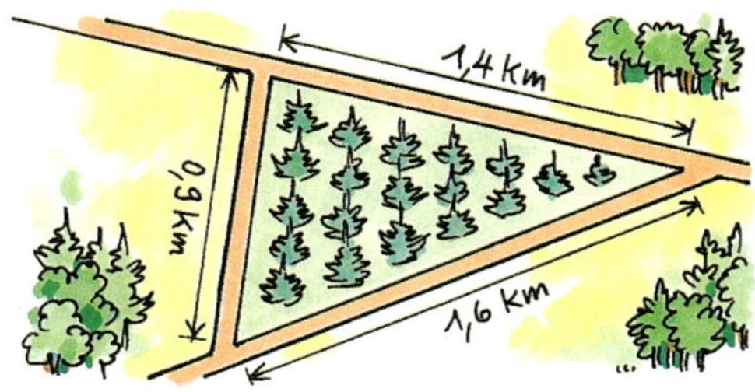

14. Gegeben ist ein Dreieck. Berechne die fehlende Größe.

	a)	b)	c)	d)	e)	f)
Seitenlänge g	3,2 cm			127 m	2,2 m	3,5 m
Höhe h	1,9 cm	12 m	41 m		14 cm	
Flächeninhalt A		192 m^2	943 m^2	3 175 m^2		630 cm^2

15. Gegeben ist ein Dreieck ABC mit den angegebenen Maßen. Berechne den Flächeninhalt.

a) a = 3,2 cm; b = 4,1 cm; $\gamma = 90°$
b) c = 6,7 cm; b = 4,8 cm; $\alpha = 90°$
c) c = 5,9 cm; a = 2,4 cm; $\beta = 90°$
d) a = 6,3 cm; b = 4,3 cm; $\alpha = 56°$; $\beta = 34°$

VERMISCHTE UND KOMPLEXE ÜBUNGEN

1. zu **a)**

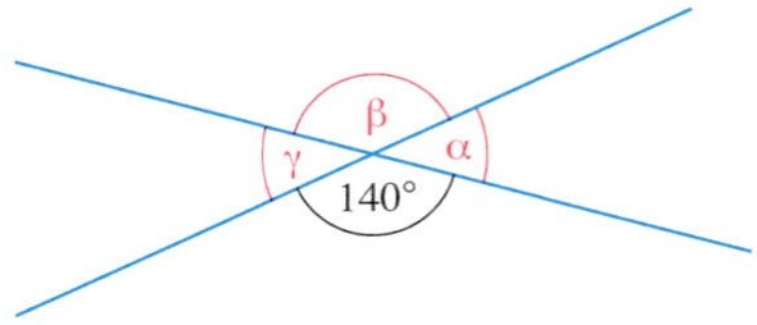

zu **b)**

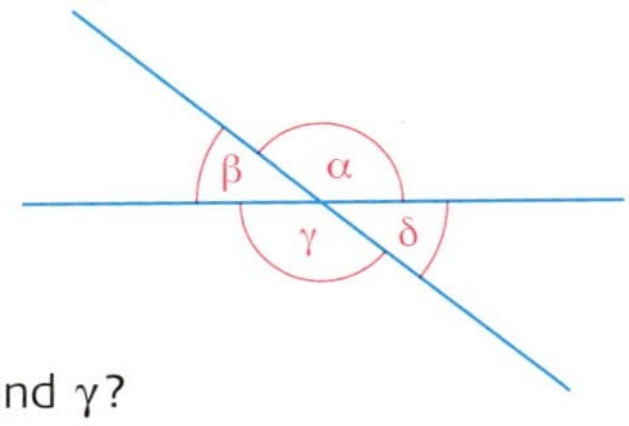

zu **c)**

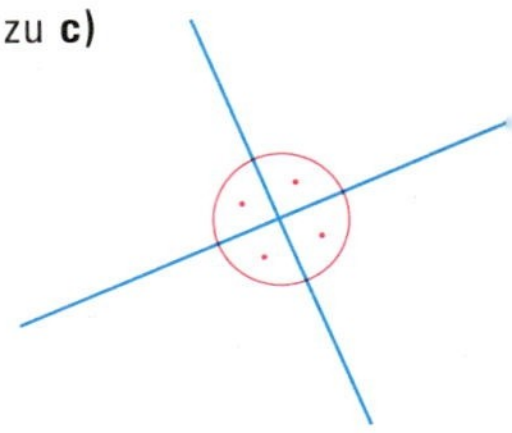

a) Wie groß sind die Winkel α, β und γ?

b) Welche Winkel sind gleich groß? Welche Winkel ergänzen sich zu 180°?

c) Welche Winkel ergänzen sich zu einem Vollwinkel?

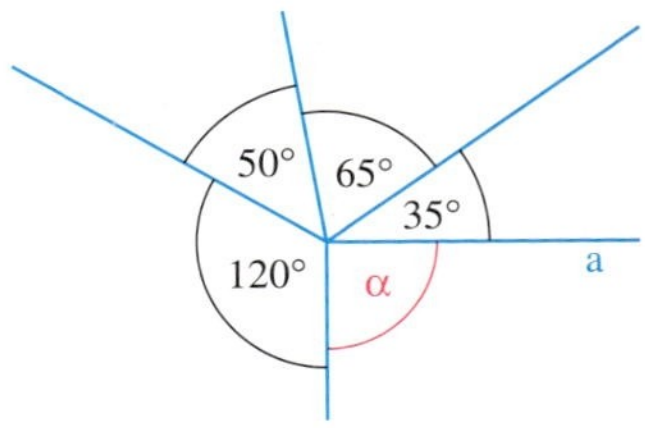

2. a) Zeichne die Figur rechts in dein Heft.
Beginne mit dem Strahl a.

b) Wie groß ist der Restwinkel α? Miss und rechne.

3. Zeichne eine entsprechende Figur in dein Heft. Die Geraden a und b sollen parallel zueinander sein. Berechne die rot markierten Winkel und trage die Ergebnisse ein.

a)

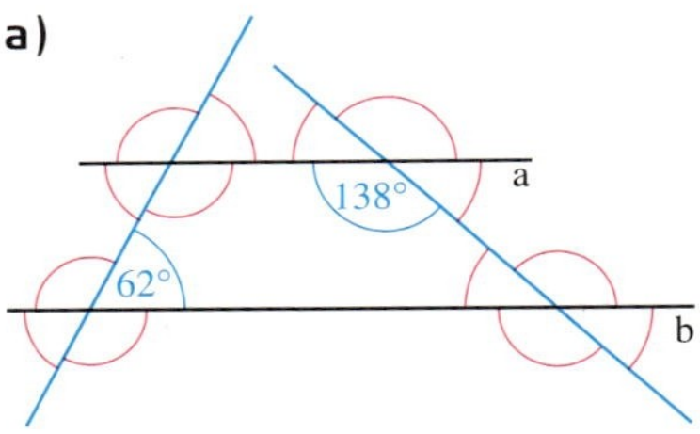

b)

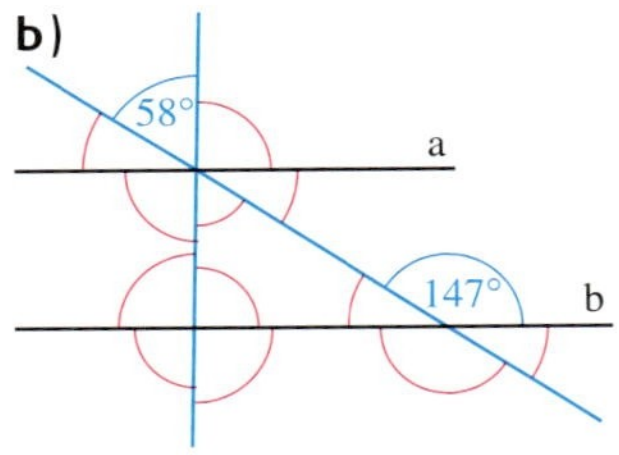

c) a ∥ b und b ∥ c

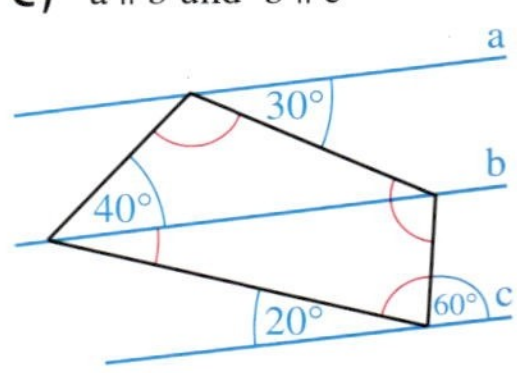

4. Berechne den Winkel α. Begründe jeden Schritt. w bedeutet Winkelhalbierende.

a)

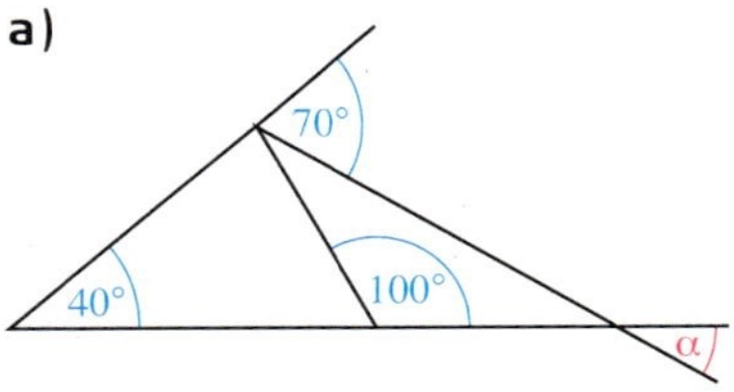

b)

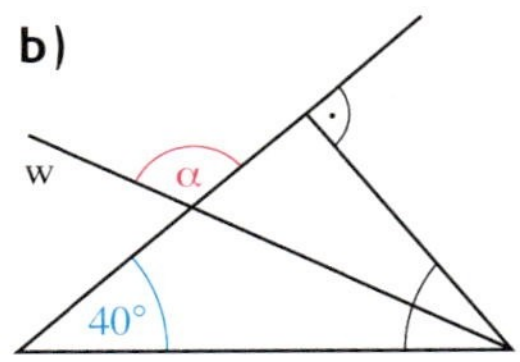

c)

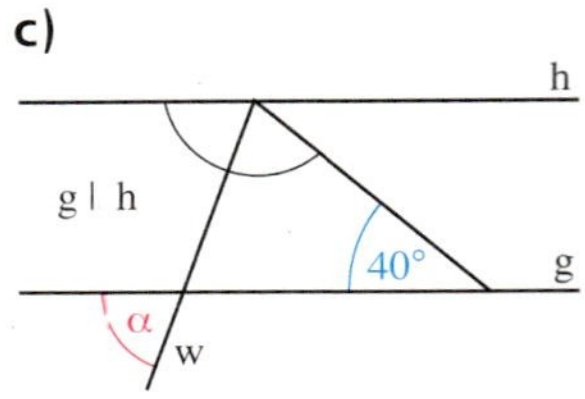

5. Der Kranführer kann den Kranarm k um den Winkel α heben oder senken.
Wie ändert sich dadurch der Winkel γ, den der Kranarm k und das Lastenseil s bei S miteinander bilden?

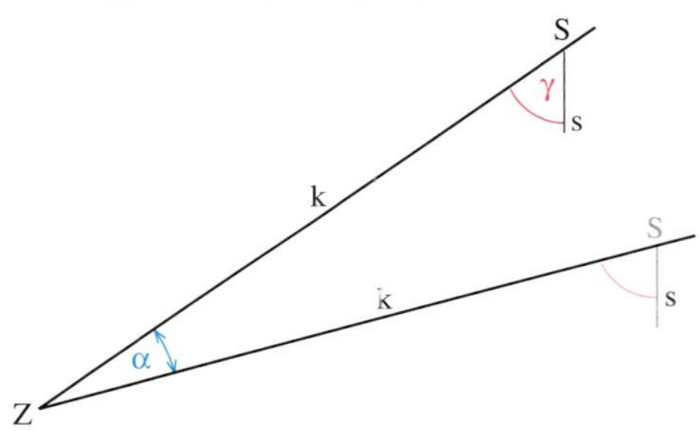

6. Kannst du in der Figur Teilfiguren entdecken, die zueinander kongruent sind? Übertrage die Figur auf Karopapier. Färbe zueinander kongruente Teilfiguren mit derselben Farbe.

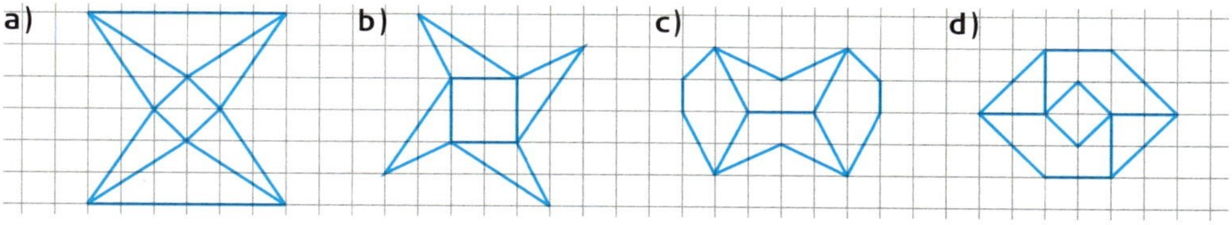

7. ABC ist ein Dreieck. Fülle die Tabelle aus.

α	β	γ	a $\gtreqless$ b	a $\gtreqless$ c	b $\gtreqless$ c	Dreiecksart nach Winkeln	Dreiecksart nach Seiten
73°	64°						
	35°	55°					
27°		42°					
		110°					gleichschenklig
	44°		a > b	a > c		rechtwinklig	
57°				a = c			
							gleichseitig
60°					b = c		

8. Entscheide, ob es bei Kongruenz *nur* ein Lösungsdreieck gibt. Begründe, falls die Konstruktion nicht möglich ist. Konstruiere, falls möglich, das Dreieck ABC. Beschreibe dein Vorgehen.

(1) b = 8,4 cm; c = 5,9 cm; γ = 28°
(2) c = 7,0 cm; a = 2,9 cm; b = 3,9 cm
(3) α = 38°; β = 67°; γ = 75°
(4) b = 6,8 cm; c = 5,2 cm; β = 137°
(5) a = 4 cm; β = 92°; γ = 107°
(6) a = 5,8 cm; b = 4,3 cm; β = 78°
(7) α = 37°; β = 79°; γ = 88°
(8) c = 4,5 cm; α = 36°; β = 81°
(9) a = 4,9 cm; c = 6,5 cm; α = 44°
(10) a = 3,8 cm; α = 17°; β = 56°

9. Zeichne zwei nicht zueinander kongruente Dreiecke aus:

a) a = 3,8 cm; c = 4,9 cm **b)** c = 5,4 cm; α = 48° **c)** α = 17°; β = 49°

10. Berechne die markierten Winkel. Skizziere die Figur vergrößert in dein Heft und trage die Winkelgrößen ein, die du aus den gegebenen Winkelgrößen nacheinander berechnen kannst.

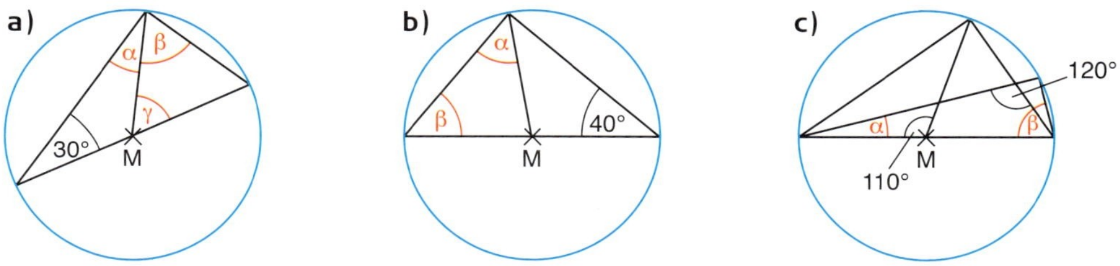

11. Unter welcher Bedingung sind

a) zwei Kreise, **b)** zwei Quadrate, **c)** zwei Rechtecke zueinander kongruent.

12. Eine 3,60 m lange Leiter lehnt an einer Hauswand. Aus Sicherheitsgründen muss der Anstellwinkel 70° betragen.
Wie weit muss die Leiter unten von der Wand abstehen?
Wie hoch reicht die Leiter?

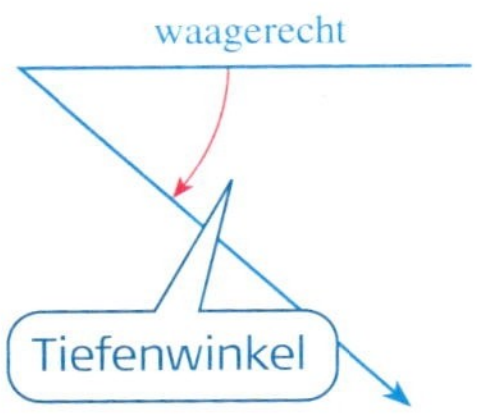

13. Ein Hubschrauber fliegt in 30 m Höhe. Vom Hubschrauber aus werden die Ufer eines Flusses angepeilt und die Tiefenwinkel α und β gemessen:
$\alpha = 25°$; $\beta = 60°$
Wie breit ist der Fluss?

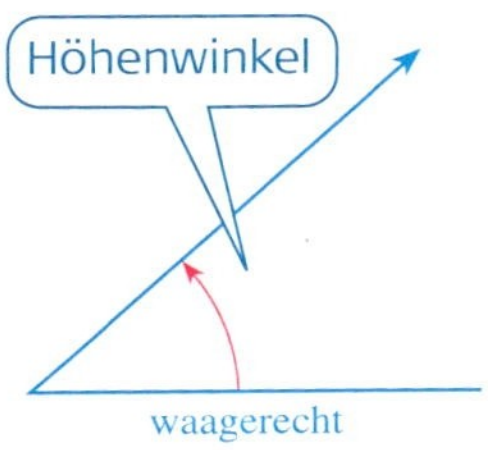

14. Ein Hubschrauber befindet sich senkrecht über einer 300 m langen Standlinie $\overline{AB}$. Er wird von den Punkten A und B aus angepeilt; dabei werden die Höhenwinkel $\alpha = 24°$ und $\beta = 31°$ gemessen. Fertige eine Zeichnung an.

a) In welcher Höhe fliegt der Hubschrauber?

b) Wie weit ist er vom Punkt A, wie weit vom Punkt B entfernt?

15. In das Dreieck ist eine Winkelhalbierende eingezeichnet. Berechne die rot gezeichneten Winkel. Begründe dein Vorgehen.

a) $\overline{AC} = \overline{BC}$

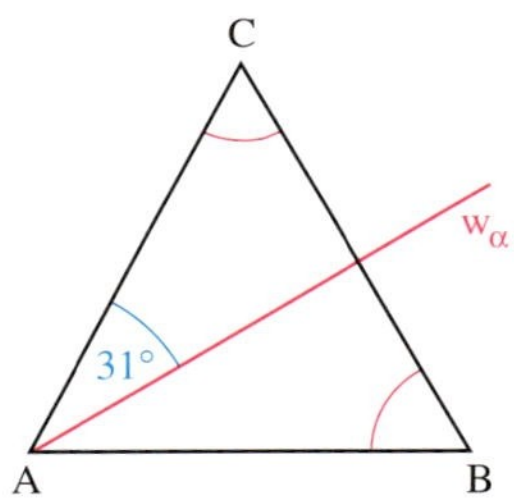

b) $\overline{PR} = \overline{RQ}$

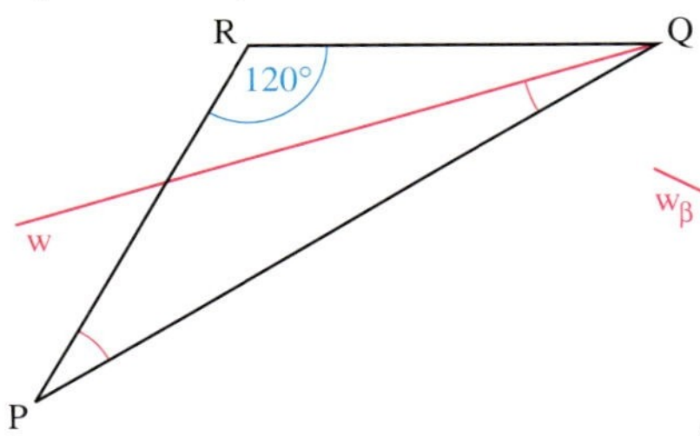

c) $\overline{BC} = \overline{BA}$

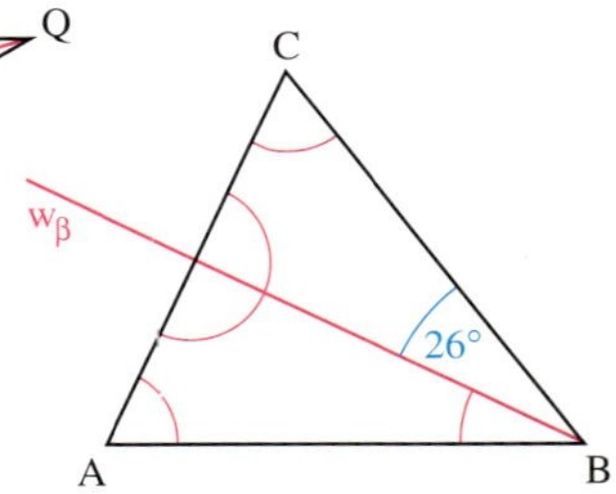

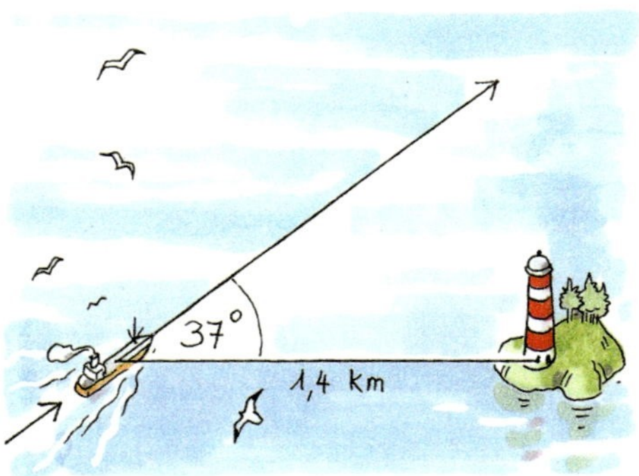

16. Das Schiff befindet sich 1,4 km vom Leuchtturm entfernt. Der Winkel beträgt 37°. Das Schiff ändert seinen Kurs nicht.
In welchem kleinsten Abstand fährt das Schiff an dem Leuchtturm vorbei?

17. Gegeben sind zwei Geraden a und b, die sich nicht auf einem Zeichenblatt schneiden.
Wie kann man dennoch alle vier Winkel der Geradenkreuzung bestimmen?
Wie groß sind sie?

18. Das Kirchturmdach im Bild rechts muss neu gedeckt werden. 1 m^2 kostet 250 €.
Wie groß sind die Kosten?
Beachte: Die Höhe im Dreieck musst du zeichnerisch bestimmen.

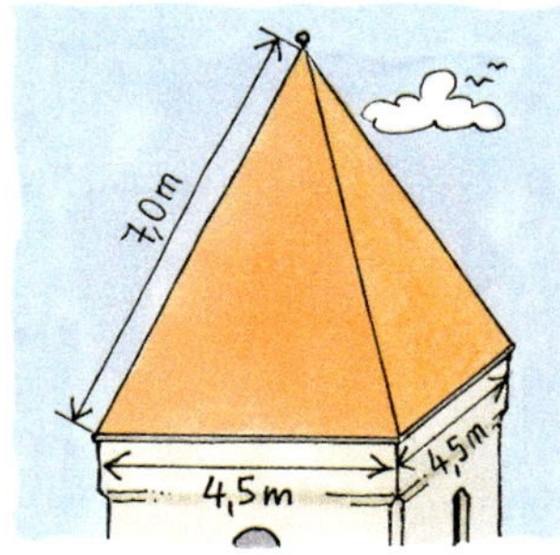

19. Zeichne fünf verschiedene Dreiecke mit dem Umfang u = 15 cm.

a) Berechne jeweils den Flächeninhalt.

b) Was für ein Dreieck hat vermutlich den größten Flächeninhalt?

20. Ein Schornstein wirft einen 64 m langen Schatten. Die Sonnenstrahlen treffen unter einem Winkel von 39° (gegen den Horizont) auf.
Wie hoch ist der Schornstein?

21. Unter welchem Höhenwinkel α sieht man aus einer Entfernung von 1 km die Spitze des Turmes vom Kölner Dom (Höhe 156 m)?

22. Konstruiere die Figur. Beschreibe dein Vorgehen.

a)

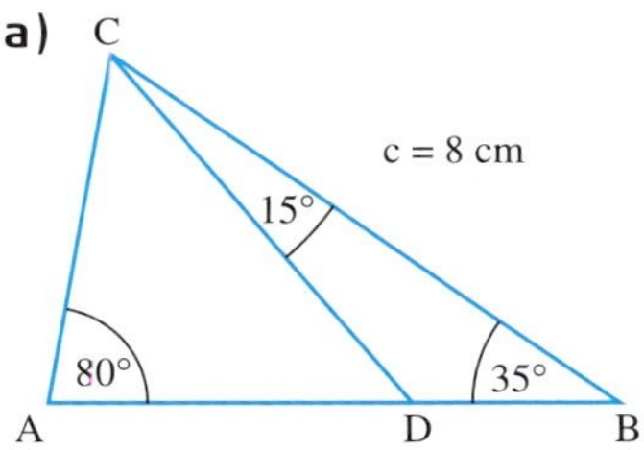

b)

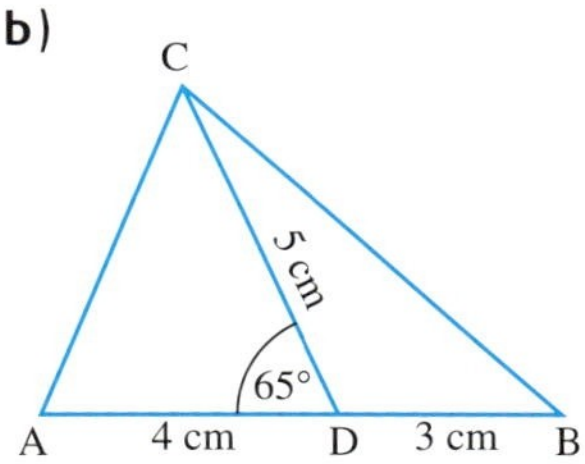

c)

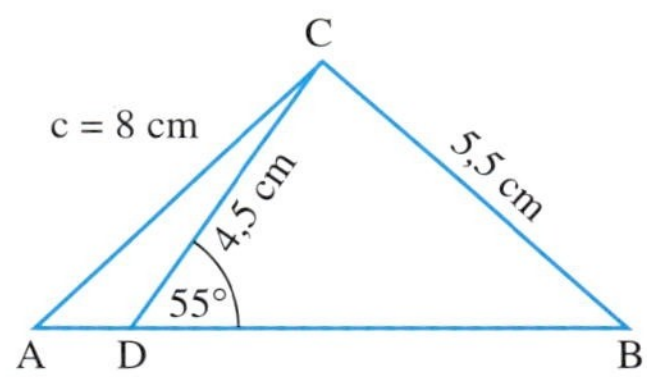

23. Führe nacheinander die folgenden Konstruktionen aus:
(1) Zeichne eine 7,6 cm lange Strecke $\overline{AB}$ und trage an $\overline{AB}$ in B den Winkel $\beta = 42°$ an.
(2) Konstruiere nun die Mittelsenkrechte zu $\overline{AB}$.
(3) Die Mittelsenkrechte zu $\overline{AB}$ schneidet den freien Schenkel von β im Punkt P. Zeichne um P einen Kreis durch B.
(4) Dieser Kreis soll der Umkreis eines Dreiecks ABC sein. Markiere den Punkt C und zeichne das Dreieck.
(5) Bestimme den Winkel γ.

24. Führe folgende Konstruktionen nacheinander aus:
(1) Konstruiere ein Dreieck ABC aus a = 4,5 cm, $\beta = 41°$ und $\gamma = 59°$.
(2) Konstruiere nun zu jeder Dreiecksseite die Senkrechte durch den gegenüberliegenden Eckpunkt.
(3) Konstruiere schließlich zu jeder Seite des Dreiecks ABC die Parallele durch den gegenüberliegenden Eckpunkt.
Was fällt dir auf?

BIST DU FIT?

1. Übertrage die Figur rechts in dein Heft. Markiere einen

a) Winkel und seinen Nebenwinkel blau;

b) Winkel und seinen Scheitelwinkel rot;

c) Winkel und seinen Stufenwinkel grün;

d) Winkel und seinen Wechselwinkel gelb.

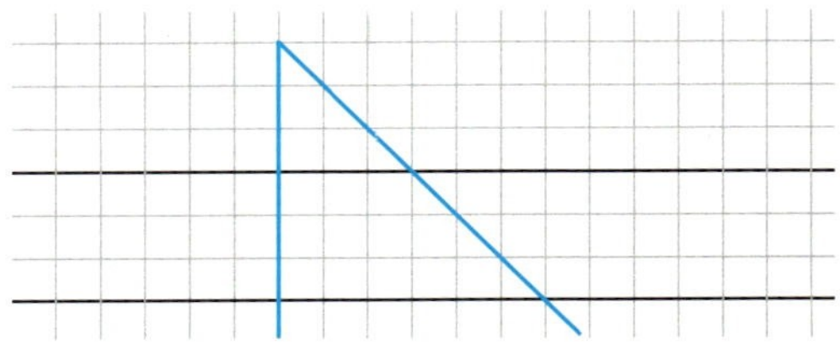

2. Die Geraden a und b sind parallel zueinander. Die Gerade g schneidet a und b.

a) Welche der Winkel sind Wechselwinkel zueinander, welche Stufenwinkel zueinander?

b) Wähle $\alpha_1 = 37°$. Bestimme die Größe der übrigen Winkel.

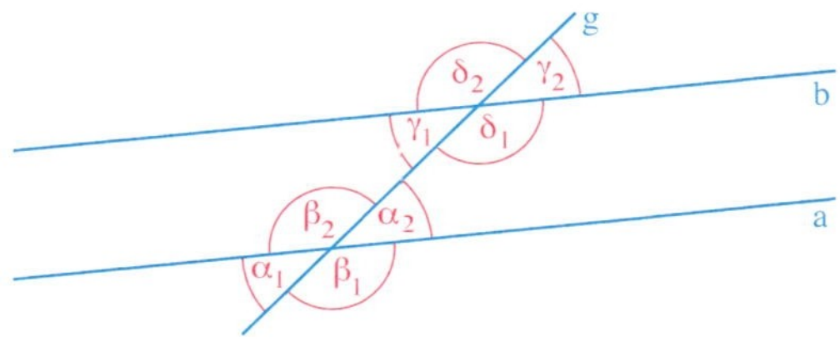

3. **a)** Zeichne zwei sich schneidende Geraden so, dass ein Winkel dreimal so groß wie sein Nebenwinkel ist.

b) Zeichne eine doppelte Geradenkreuzung, bei der α und β Wechselwinkel zueinander sind und der Nebenwinkel von β um 40° größer als α ist.

4. Berechne die fehlenden Innenwinkel der Figur.

a) Dreieck ABC mit α = 34° und γ = 78°

b) Gleichschenkliges Dreieck ABC (Basis $\overline{AB}$) mit γ = 54°

c) Gleichschenkliges Dreieck ABC (Basis $\overline{AB}$) mit α = 63°

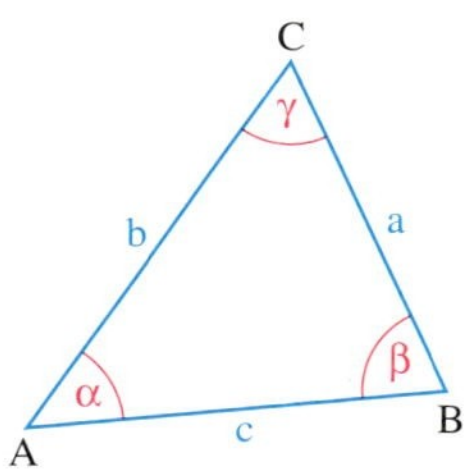

5. α, β und γ sind die Winkel eines Dreiecks. Berechne die Größe des dritten Winkels und entscheide, um was für ein Dreieck es sich handelt.

α	38°	126°		90°	33°		45°	60°			80°	5°
β	81°		77°		57°	112°		60°	30°	100°	90°	
γ		44°	56°	27°		48°	45°		90°	65°		2°

6. **a)** Kann man ein Dreieck ABC mit den angegebenen Winkeln zeichnen? Begründe.
(1) α = 88°; β = 88° (2) β = 84°; γ = 109° (3) α = 88°; β = 92°

b) Kann man ein Dreieck ABC mit den angegebenen Seitenlängen zeichnen? Begründe.
(1) a = 4,5 cm; b = 3,8 cm; c = 2,1 cm (3) a = 1,5 cm; b = 4,7 cm; c = 6,5 cm
(2) a = 2,4 cm; b = 5,3 cm; c = 2,9 cm (4) a = 7,2 cm; b = 3,9 cm; c = 4,4 cm

7. Zeichne das Dreieck. Bestimme die fehlenden Winkel.

a) Ein gleichschenkliges Dreieck ABC (Basis $\overline{AB}$) mit c = 5,4 cm und β = 42°.

b) Ein gleichschenkliges Dreieck (Basis $\overline{AB}$) mit c = 4,9 cm und γ = 90°.

c) Ein gleichseitiges Dreieck ABC mit a = 4,5 cm.

8. Zeichne das Dreieck ABC mit A(1|2), B(8|4) und C(5,5|7) in ein Koordinatensystem. Konstruiere die **a)** Mittelsenkrechten; **b)** Höhen; **c)** Winkelhalbierenden.

9. Konstruiere ein Dreieck ABC aus den gegebenen Größen. Bestimme durch Messen die übrigen Größen. Aus welchem der Kongruenzsätze folgt, dass alle Lösungsdreiecke mit den gegebenen Größen kongruent zueinander sind?
Beschreibe auch die Konstruktion.

a) $a = 5$ cm; $b = 4$ cm; $\gamma = 67°$
b) $c = 9$ cm; $a = 6$ cm; $\gamma = 53°$
c) $a = 4{,}5$ cm; $\beta = 57°$; $\gamma = 43°$
d) $a = 7$ cm; $b = 5$ cm; $c = 4$ cm
e) $c = 6{,}2$ cm; $a = 5{,}4$ cm; $\gamma = 129°$
f) $b = 6{,}1$ cm; $\beta = 24°$; $\gamma = 63°$

10. Konstruiere ein rechtwinkliges Dreieck aus den gegebenen Stücken. In Klammern ist die Seite angegeben, die dem rechten Winkel gegenüberliegt.

a) $c = 4{,}3$ cm; $\gamma = 27°$ (Seite $\overline{BC}$)
b) $b = 3{,}0$ cm; $c = 4{,}7$ cm (Seite $\overline{AB}$)
c) $c = 3{,}8$ cm; $\alpha = 34°$ (Seite $\overline{AC}$)
d) $a = 5{,}3$ cm; $\beta = 35°$ (Seite $\overline{BC}$)
e) $c = 4{,}4$ cm; $\beta = 40°$ (Seite $\overline{AB}$)
f) $b = 4{,}2$ cm; $\alpha = 54°$ (Seite $\overline{AC}$)

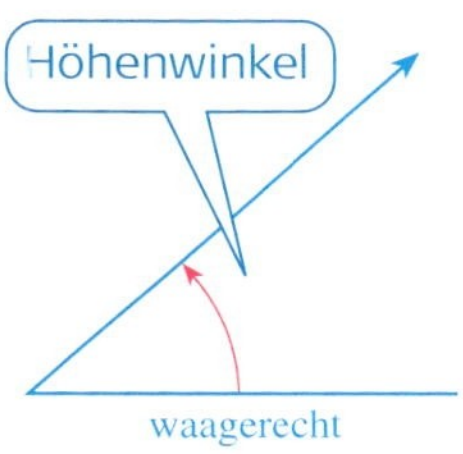

11. Die Höhe eines Schulgebäudes (ohne Dach) soll bestimmt werden. Hierzu wird ein Theodolit 21 m von der lotrechten Kante des Schulgebäudes entfernt aufgestellt. Damit wird der Höhenwinkel α gemessen: $\alpha = 29°$. Die Instrumentenhöhe beträgt 1,75 m.

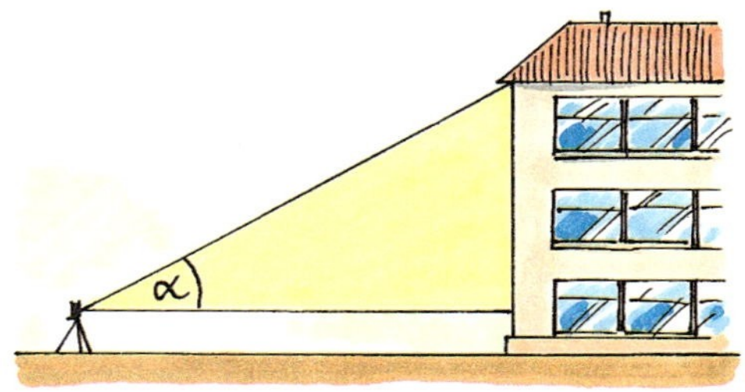

12. Eine 3,60 m lange Leiter lehnt an einer Hauswand. Sie steht unten 1,20 m von der Wand ab. Wie hoch reicht die Leiter? Fertige eine Zeichnung an.

13.

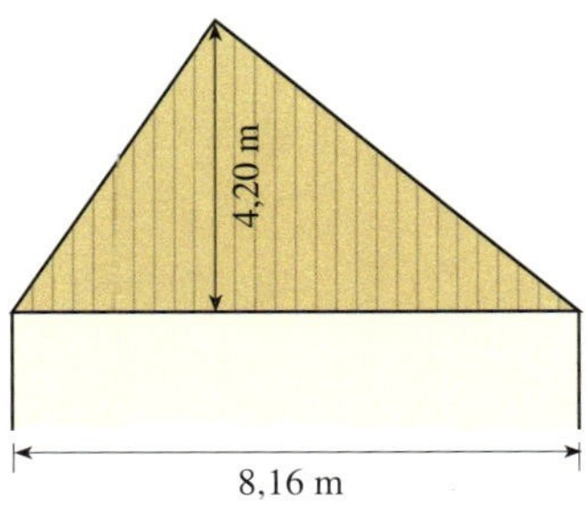

Der Dachgiebel eines Hauses ist mit Holz verschalt. Das Holz soll neu gestrichen werden.

a) Wie groß ist die zu streichende Fläche?
b) Für 1 m^2 benötigt man 60 ml Farbe pro Anstrich. Es erfolgen zwei Anstriche. Wie viel *l* Farbe werden benötigt? Reicht ein Überschlag?
c) Der Maler berechnet 36,50 € je m^2. Berechne die Kosten.

14. Gegeben ist im Koordinatensystem (Einheit 1 cm) ein Dreieck ABC mit:

a) A(1|0); B(7|1); C(0|7)
b) A(3|6); B(8|1); C(6|9)
c) A(5|0); B(11|1); C(1|2)
d) A(2|1); B(7|0); C(0|8)

Konstruiere jeweils den (1) Umkreis; (2) Inkreis.

15. Führe folgende Konstruktionen nacheinander aus:
(1) Konstruiere ein Dreieck ABC mit $c = 7{,}2$ cm, $b = 5{,}8$ cm und $\alpha = 45°$.
(2) Konstruiere nun den Umkreis des Dreiecks ABC.
(3) Wähle einen Punkt P auf dem Umkreis und konstruiere die Senkrechten zu den Dreiecksseiten bzw. ihrer Verlängerungen durch P.
Was fällt dir auf? Wähle weitere Punkte auf dem Umkreis. Kannst du damit deine Vermutung bestätigen?

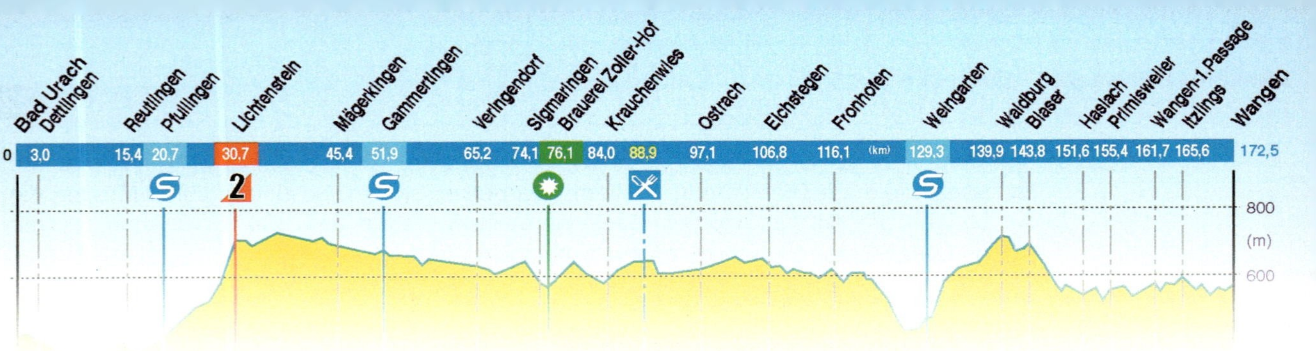

7 Zuordnungen in der Umwelt

- Welche Informationen kann man den Anzeigen entnehmen?
- Wie kann man sich am besten einen Überblick über mögliche Kosten verschaffen?
- Suche selbst ähnliche Anzeigen in Zeitungen, Illustrierten oder im Internet und versuche die entsprechenden Kosten realistisch einzuschätzen.

In diesem Kapitel lernst du ...

... wie man mit Tabellen und Graphen Abhängigkeiten zwischen Größen darstellen und erkennen kann. Weiterhin lernst du in besonderen Fällen Verfahren zur Berechnung von Preisen und anderen Größenangaben kennen.

ZUORDNUNGSTABELLEN

Aus Zuordnungstabellen Informationen ablesen

Einstieg

Der Preis von Heizöl ist abhängig von der Abnahmemenge.
Firma Bülow liefert Familie Meyer 5500 *l* und ihren Nachbarn 3600 *l* Heizöl.

➜ Wie viel Euro muss jeder bezahlen?

➜ Wie viel Euro hätte jeder gespart, wenn sie gemeinsam bestellt hätten?

Unsere aktuellen Heizölpreise

Abnahme (in *l*)	Preis (in € je 100 *l*)
bis 1000	63,20
1001 bis 3000	62,60
3001 bis 5000	61,80
5001 bis 7000	60,70
7001 bis 10000	59,50

Aufgabe

1. Für Fahrten zum Flughafen bieten private Reisedienste einen Bring- und Abholservice an.
Rechts siehst du die Fahrpreistabelle des Reisedienstes „Travel and Fly" für den Transfer von Coswig zum Flughafen Berlin-Schönefeld. Der Preis pro Person hängt von der Anzahl der insgesamt beförderten Personen ab.

Travel and Fly

Anzahl der Personen	Preis pro Person	
	Einfache Fahrt	Hin- und Rückfahrt
1	54,00 €	97,50 €
2	42,00 €	74,50 €
3	31,00 €	54,50 €
4	28,50 €	44,50 €
5	25,50 €	39,50 €
6	22,50 €	34,50 €
7	20,00 €	32,50 €
8	17,50 €	29,50 €

a) Was kannst du aus der Tabelle ablesen?

b) Familie Schwabe (3 Personen) und Familie Seifert (5 Personen) wollen zur selben Zeit zum Flughafen hin- und zurückfahren.
Wie viel Euro pro Person kann jede Familie sparen, wenn sie gemeinsam fahren statt getrennt?

c) Familie Scholz: „Wir haben 44,50 € pro Person für Hin- und Rückfahrt bezahlt." Wie viele Personen sind mitgefahren?

Lösung

a) Du kannst aus der Tabelle z. B. ablesen:
- Der Fahrpreis pro Person für die einfache Fahrt beträgt bei 2 Personen 42 €, bei 7 Personen 20 €.
- Der Fahrpreis pro Person für Hin- und Rückfahrt beträgt bei 3 Personen 54,50 €, bei 8 Personen 29,50 €.
- Jehr mehr Personen mitfahren, desto niedriger ist der Preis pro Person.
- Bucht man Hin- und Rückfahrt, so zahlt man weniger als das Doppelte für die einfache Fahrt.

b) Familie Schwabe könnte 54,50 € – 29,50 €, also 25,00 € pro Person sparen; Familie Seifert 39,50 € – 29,50 €, also 10 € pro Person.
Zu jeder Personenzahl (1. Spalte) gehört ein ganz bestimmter Preis für die einfache Fahrt (2. Spalte) und auch ein ganz bestimmter Preis für Hin- und Rückfahrt (3. Spalte).

c) Es sind 4 Personen mitgefahren.

Zum Festigen und Weiterarbeiten

2. Die Paketgebühr hängt von der Masse des Paketes ab.
Aus der Tabelle eines Paketdienstes kann man zu jeder Masse eines Paketes den zugehörigen Preis ablesen.
Die Tabelle stellt die **Zuordnung** *Paketmasse → Preis* dar.

a) Wie viel Euro kostet ein Paket, das 6,5 kg, 11,7 kg, 14 kg wiegt?

b) Wie viel wiegt ein Paket, für das man 8,50 € bezahlt?

c) Was ist günstiger:
ein Paket zu 18 kg oder 2 Pakete zu je 9 kg?

Paketdienst-Quick

bis 1 kg	3,50 €
über 1 bis 2 kg	4,00 €
über 2 bis 3 kg	4,50 €
über 3 bis 5 kg	5,00 €
über 5 bis 8 kg	5,50 €
über 8 bis 10 kg	6,00 €
über 10 bis 15 kg	7,00 €
über 15 bis 20 kg	8,50 €
über 20 bis 25 kg	9,00 €
über 25 bis 30 kg	12,50 €

3. In der Tabelle findest du für einen Sommertag Angaben zur Lufttemperatur.
Die Tabelle ist hier nicht in Spalten, sondern in Zeilen angelegt.

Zeitpunkt (Uhr)	6.00	9.00	12.00	15.00	18.00	21.00
Temperatur (in °C)	15	17	23	25	25	18

a) Welche Zuordnung ist in der Tabelle dargestellt?

b) Kann man aus der Tabelle entnehmen, wie die Temperatur um 11.00 Uhr, um 16.30 Uhr war? Welche Vermutungen sind möglich?

Information

Eine **Zuordnung** kann durch eine *Tabelle* gegeben sein. Jeder Größe in der ersten Spalte wird die danebenstehende Größe in der zweiten Spalte zugeordnet. Wir schreiben:
Größe in der ersten Spalte → Größe in der zweiten Spalte
Die Größe in der ersten Spalte nennen wir *Ausgangsgröße*,
die entsprechende Größe in der zweiten Spalte nennen wir *zugeordnete Größe*.

Beispiele:
Personenzahl → Fahrpreis
gelesen: Personenzahl wird zugeordnet Fahrpreis
Paketgewicht → Preis
Zeitpunkt → Temperatur

Personenzahl	Fahrpreis
1	108 €
2	162 €

Übungen

4. Im CITY-Parkhaus gelten die nebenstehenden Parktarife für einen Tag.

a) Welche Informationen kannst du der Tabelle entnehmen? Beschreibe die Zuordnung in Worten wie in der Information.

b) Herr Martin parkt sein Auto 1 h und 45 min. Wie viel muss er bezahlen?

c) Frau Giehl muss 3,50 € Parkgebühr zahlen. Wie lange hat sie ihr Auto geparkt?

Parkdauer	Parkgebühr
bis 10 min	frei
über 10 min bis 1 h	1,50 €
über 1 h bis 2 h	2,50 €
über 2 h bis 3 h	3,00 €
über 3 h bis 5 h	3,50 €
über 5 h	4,00 €

5. Ein Taxiunternehmen bietet feste Preise für Fahrten an. Zwischen 6 Uhr und 20 Uhr gilt der Tagestarif, zwischen 20 Uhr und 6 Uhr der Nachttarif.

a) Was kostet eine Taxifahrt am Tage zu einem 24 km entfernten Ziel?

b) Was würde diese Fahrt in der Nacht kosten?

c) Eine Taxifahrt in der Nacht hat 17,20 € gekostet.
Wie lang war die gefahrene Strecke?

d) Frau Wolter war mit dem Taxi zwischen 19 Uhr und 20 Uhr unterwegs und stellt fest, dass die Fahrt eine Stunde später um 3,20 € teurer gewesen wäre.
Wie weit kann sie gefahren sein?

e) Stelle selbst Fragen und beantworte sie mithilfe der Tabelle.

SECURI-TAXI

Entfernung (in km)	Tagestarif (in €)	Nachttarif (in €)
bis 2	2,00	3,00
über 2 bis 4	2,80	4,20
über 4 bis 6	3,50	5,40
über 6 bis 8	4,20	6,50
über 8 bis 10	5,00	7,50
über 10 bis 15	6,80	10,00
über 15 bis 20	8,60	12,40
über 20 bis 25	10,30	14,80
über 25 bis 30	12,00	17,20
über 30 bis 35	12,70	18,60
über 35 bis 40	13,40	19,00

6. Für Einzelkarten zum Besuch eines Fußballspiels in der Bundesliga gelten die nebenstehenden Preise (Kategorie 4 bis 6 sind weniger gute Sitzplätze, Kategorie 7 sind Stehplätze). Schüler und Studenten zahlen ermäßigte Preise.

a) Mike und sein Vater wollen möglichst wenig bezahlen
(1) für ein Fußballspiel;
(2) für einen Sitzplatz in der Mitte der Tribünen (Kategorie 1 bis 3).

b) Eine Gruppe aus 5 Erwachsenen und 6 Schülern möchte ein Fußballspiel besuchen. Berechne den Eintrittspreis für die Gruppe in jeder Preiskategorie.

Einzelkarten

Kategorie	*Vollzahler*	*ermäßigt*
1	36,00	30,00
2	29,00	23,00
3	27,00	21,00
4	21,00	15,00
5	15,00	11,50
6	12,00	8,50
7	10,00	7,00

7.

SPARKASSE
UMRECHNUNGSTABELLE Großbritannien

EUR	GBP	GBP	EUR
1	0.68	1	1.47
2	1.36	2	2.95
3	2.03	3	4.42
4	2.71	4	5.90
5	3.39	5	7.37
10	6.78	10	14.75
20	13.56	20	29.50
30	20.34	30	44.25
40	27.12	40	59.00
50	33.90	50	73.75
100	67.80	100	147.49
200	135.60	200	294.99
300	203.40	300	442.48
400	271.20	400	589.97
500	339.00	500	737.46

Die Schüler der Albert-Einstein-Schule planen eine Sprachreise nach England. Anhand der Umtauschtabelle einer Sparkasse machen sie sich mit dem Pfund Sterling (£) vertraut.

a) Welche Zuordnungen sind in der Tabelle dargestellt? Wofür steht GBP?

b) Rechne in die andere Währung um:
(1) Jan will 50 €, Jens 80 € Taschengeld mitnehmen.
(2) Die Überfahrt mit der Fähre kostet pro Schüler 28 €.

c) Der geplante Museumsbesuch kostet für alle 26 Teilnehmer 65 Pfund Sterling.
Wie viel Euro muss jeder bezahlen?

d) Stelle weitere Aufgaben zum Ablesen aus der Tabelle und schreibe die Ergebnisse in einem Satz auf.

e) Informiere dich über die aktuellen Umtauschkurse und vergleiche.

Zuordnungstabellen aus Texten oder Gleichungen aufstellen

Einstieg

kWh, Abkürzung für die Einheit Kilowattstunde. Brennt z.B. eine 100-W-Glühlampe 10 Stunden, so wird dafür eine elektrische Energie von 1 kWh benötigt.

Ein regionaler Stromanbieter wirbt für Normalhaushalte mit dem Stromtarif *basisbar* im Bild rechts. Julias Vater: „Wir haben im letzten Jahr 5137 kWh verbraucht."

→ Wie hoch sind die Kosten bei einem jährlichen Stromverbrauch von 4000 kWh, 4500 kWh, 5000 kWh, ...? Stelle eine Zuordnungstabelle auf.

Strom basisbar — *Energie aus der Region*

Grundpreis (pro Jahr) **50,00 €**

Arbeitspreis pro kWh) **0,12 €**

Aufgabe

1. Die Länge des Bremswegs eines Fahrzeugs hängt davon ab, wie schnell es fährt. In einem Lehrbuch für Fahrschulen ist eine Faustformel für den Bremsweg eines Autos angegeben:

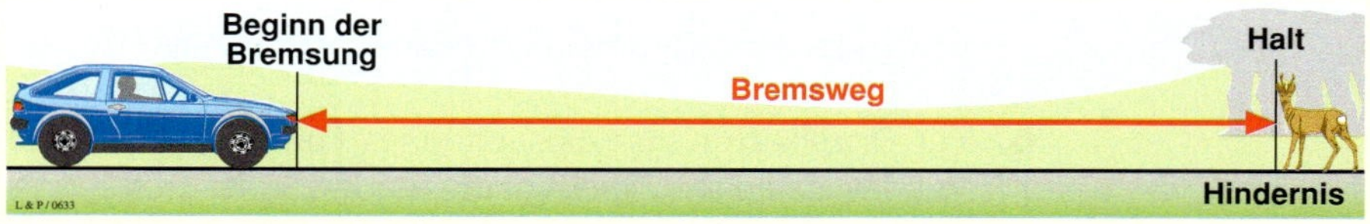

Vom Niedertreten des Bremspedals bis zum Stillstand des Fahrzeugs legt es einen bestimmten Weg zurück. Dieser Weg wird Bremsweg genannt. Für seine Länge gilt die Faustformel:

$$\text{Bremsweg (in m)} = \frac{\text{Geschwindigkeit (in }\frac{km}{h}\text{)}}{10} \cdot \frac{\text{Geschwindigkeit (in }\frac{km}{h}\text{)}}{10}$$

a) Lege eine Tabelle an, in der du zu den Geschwindigkeiten $10\,\frac{km}{h}$, $20\,\frac{km}{h}$, ..., $100\,\frac{km}{h}$ den zugehörigen Bremsweg (in m) angibst.

b) Untersuche, wie sich eine Erhöhung der Geschwindigkeit (z.B. um $10\,\frac{km}{h}$) auf den Bremsweg auswirkt.

Lösung

a) Durch die Faustformel (Gleichung) ist die Zuordnung *Geschwindigkeit → Länge des Bremsweges* gegeben. Bei einer Geschwindigkeit von $10\,\frac{km}{h}$ beträgt der Bremsweg (in m):

$\frac{10}{10} \cdot \frac{10}{10} = 1$

Zu einer Geschwindikgeit von $20\,\frac{km}{h}$ gehört der Bremsweg (in m):

$\frac{20}{10} \cdot \frac{20}{10} = 4$

Entsprechend erhältst du die übrigen Werte in der Tabelle.

Geschwindigkeit (in $\frac{km}{h}$)	Bremsweg (in m)
10	1
20	4
30	9
40	16
50	25
60	36
70	49
80	64
90	81
100	100

b) Erhöht man die Geschwindigkeit von $20\,\frac{km}{h}$ auf $30\,\frac{km}{h}$, so verlängert sich der Bremsweg um 5 m. Erhöht man dagegen die Geschwindigkeit von $90\,\frac{km}{h}$ auf $100\,\frac{km}{h}$, so verlängert sich der Bremsweg sogar um 19 m.
Je größer die Geschwindigkeit ist, desto mehr verlängert sich der Bremsweg bei einer Erhöhung der Geschwindigkeit um $10\,\frac{km}{h}$.

Zum Festigen und Weiterarbeiten

2. 

Für den Stromverbrauch werden von einem Anbieter pro Jahr 30 € Grundgebühr und 0,14 € pro kWh (Kilowattstunde) berechnet. Lege eine Tabelle für die Zuordnung *Stromverbrauch → Strompreis* an.
Wähle als Werte für die Ausgangsgröße 1 000 kWh; 1 500 kWh; 2 000 kWh; 2 500 kWh; . . . ; 5 000 kWh.

3. Es sollen quadratische Tischdecken mit den Seitenlängen 0,60 m, 0,80 m, 1,00 m, 1,20 m und 1,40 m hergestellt werden.

a) Die Größe der Tischdecke (Flächeninhalt) hängt von der Seitenlänge ab. Stelle für die Zuordnung *Seitenlänge (in m) → Flächeninhalt (in m²)* eine Zuordnungstabelle auf.

b) Die Tischdecken sollen mit einer Borte versehen werden. Die benötigte Länge der Borte hängt von der Seitenlänge der Tischdecke ab. Stelle für die Zuordnung *Seitenlänge (in m) → Länge der Borte (in m)* eine Zuordnungstabelle auf.

Information

Eine Zuordnung kann auch durch eine Wortform oder eine Gleichung gegeben werden.

Übungen

4. Eine Algenart bedeckt 1 m² der Oberfläche eines 8 200 m² großen Teiches. Die Algen vermehren sich so schnell, dass sich die von ihnen bedeckte Fläche jeden Tag verdoppelt.

a) Lege eine Tabelle für die Zuordnung *Anzahl der Tage → Größe der mit Algen bedeckten Fläche* an; wähle als Werte für die Ausgangsgröße 1, 2, 3, . . . , 10 Tage.

b) Wann ist der Teich vollkommen bedeckt?

5. Eine Kerze ist am Anfang 30 cm lang. Brennt sie, so wird sie pro Stunde um 6 cm kürzer.

a) Lege für die Zuordnung *Brenndauer b → Kerzenlänge k* eine Tabelle an. Wähle als Brenndauer 0, $\frac{1}{2}$, $1\frac{1}{2}$, 2, ..., 5 Stunden.

b) Wann ist die Kerze vollständig abgebrannt?

6. Ein Rechteck hat einen Umfang von 24 cm.

a) Ergänze die Zuordnungstabelle im Heft.

Breite	2 cm	4 cm	6 cm	8 cm	10 cm
Länge	10 cm				

b) Stelle für die Breiten 2 cm, 4 cm, 6 cm, 10 cm eine Zuordnungstabelle auf, aus der man den Flächeninhalt des entsprechenden Rechtecks ablesen kann.

7. In dem Foto links kannst du die amtlichen Devisenkurse in Euro (Preise für ausländische Währungen) ablesen; sie ändern sich täglich.
Lege für jede angegebene Währung eine Umrechnungstabelle an für 10, 20, . . . , 90, 100, 200, . . . , 900, 1 000 Yen [kanadische Dollar; Schweizer Franken].

△ **8.** **a)** Lisa kauft 13 Brötchen. Die Verkäuferin berechnet zuerst den Preis für 10 Brötchen, dann den Preis für 3 Brötchen.
Wie rechnet sie weiter?

b) Berechne vorteilhaft den Preis für 15, 18 und 8 Brötchen.

9. Ein Music-Shop bietet wegen Geschäftsaufgabe CDs zu Sonderpreisen an.
Tina und Tim haben je 50 €. Sie möchten für einen Teil dieses Geldes CDs kaufen.
Überlege dir sinnvolle Aufgaben und löse sie.

10. Es sollen Würfel mit den Kantenlängen 5 cm, 10 cm, 15 cm, 20 cm und 25 cm hergestellt werden. Dazu werden zunächst Kantenmodelle aus Holzstäben hergestellt und anschließend mit Buntpapier beklebt.

a) Die für einen Würfel benötigte Länge eines Holzstabes, der in gleich lange Stücke zersägt werden soll, hängt von der Kantenlänge des Würfels ab. Stelle für die Zuordnung *Kantenlänge (in cm)* → *Gesamtkantenlänge (in cm)* eine Zuordnungstabelle auf.

b) Die Größe des Buntpapiers, das für einen Würfel benötigt wird, hängt von der Kantenlänge ab. Stelle für die Zuordnung *Kantenlänge (in cm)* → *Oberflächeninhalt (in* cm^2*)* eine Zuordnungstabelle auf.

c) Das Volumen des Würfels hängt von der Kantenlänge ab. Stelle für die Zuordnung *Kantenlänge (in cm)* → *Volumen (in* cm^3*)* eine Zuordnungstabelle auf.

11. Tim hat 10 m Maschendraht. Er will damit einen rechteckigen Auslauf für sein Meerschweinchen einzäunen. Eine Seite grenzt an eine Wand.
Wählt Tim für die Länge 4 m, so bleiben für die beiden seitlichen Begrenzungen 6 m übrig, also muss der Auslauf 3 m breit sein. Zu anderen Längen gehören andere Breiten.

a) Lege für die Zuordnung
Länge a → *Breite b* eine Tabelle an.
Wähle als Längen: 3 m; 4 m; 5 m; 6 m; 7 m; 8 m

b) Stelle eine Formel auf, mit der du für jede gegebene Länge a bis 10 m die zugeordnete Breite b berechnen kannst: b = ☐

c) Jeder Länge a des rechteckigen Auslaufs ist auch ein ganz bestimmter Flächeninhalt A zugeordnet.
Lege eine Zuordnungstabelle für die Zuordnung *Länge a* → *Flächeninhalt A* an.
Wähle die Längen wie in Teilaufgabe a).

d) Wir fragen jetzt umgekehrt:
Wie lang ist der Auslauf, wenn er den Flächeninhalt 12 m^2, 12,50 m^2, 10,50 m^2 hat?

e) Wie lang muss der Auslauf angelegt werden, damit der Flächeninhalt möglichst groß ist?

GRAPH EINER ZUORDNUNG

Aus Graphen Informationen ablesen

Einstieg

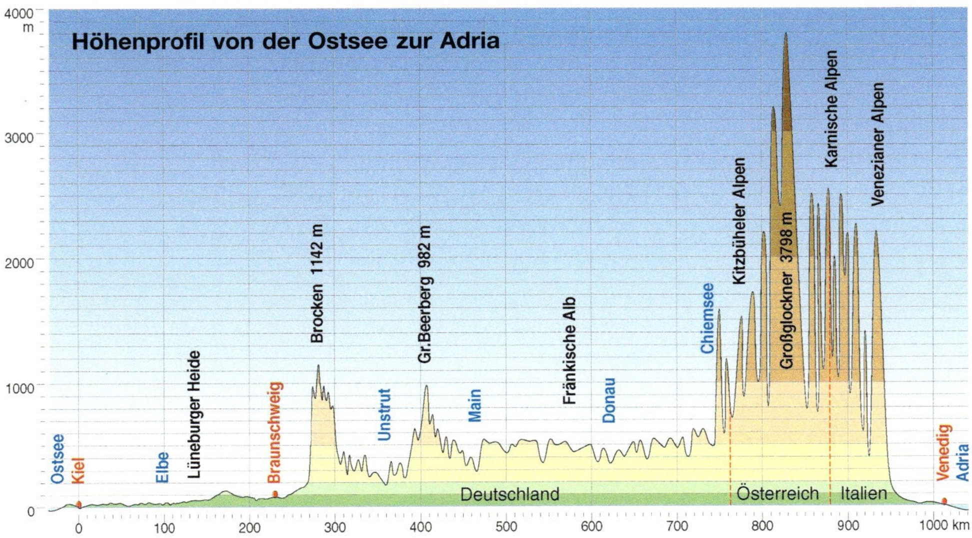

➜ Mache dich mit dem Höhenprofil vertraut. Welche Zuordnung kann man ablesen?

➜ Gib die Entfernung von Kiel und die Höhe über dem Meeresspiegel für einige markante Punkte an.

➜ Vergleiche die Höhenskala mit der Längenskala.
Warum vermittelt das Höhenprofil einen „falschen" Eindruck?

Aufgabe

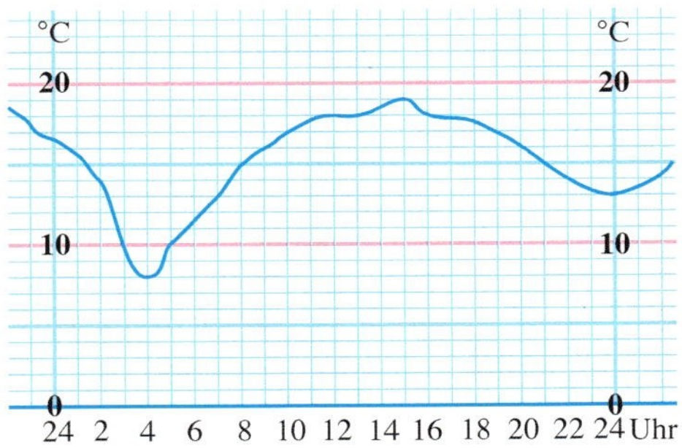

1. In Museen sind manche Gegenstände sehr temperaturempfindlich. Deshalb kontrolliert man den Temperaturverlauf mit Temperaturschreibern, die automatisch eine Temperaturkurve aufzeichnen.

a) Was kann man anhand der Kurve über den Temperaturverlauf aussagen?

b) Die Temperatur soll möglichst nicht unter 10 °C abfallen und nicht über 20 °C ansteigen. Sind diese Bedingungen eingehalten worden?

c) (1) Welches ist der Tiefstwert, welches der Höchstwert? Wann wurden sie erreicht?
(2) Wie hoch war die Temperatur um 13 Uhr?

d) Lege eine Zuordnungstabelle an für die Zuordnung *Zeitpunkt* → *Temperatur* für 12 Uhr, 14 Uhr, 16 Uhr, ..., 24 Uhr.

Lösung

a) Die Kurve beschreibt den Temperaturverlauf an einem Tag.
Zunächst fällt die Temperatur von ca. 16 °C um 0 Uhr auf etwa 8 °C um 4 Uhr. Dann steigt die Temperatur wieder an, um 15 Uhr beträgt sie etwa 19 °C. Danach sinkt die Temperatur wieder ab, um 24 Uhr beträgt sie etwa 13 °C.

b) Die Temperatur hat die (rote) 10 °C-Linie in der Zeit von 3 Uhr bis 5 Uhr unterschritten. Die rote 20 °C-Linie wurde nicht überschritten.

c) An den Pfeilen lesen wir ab:
(1) Tiefstwert: 4 Uhr: 8 °C
Höchstwert: 15 Uhr: 19 °C
(2) Temperatur um 13.00 Uhr: 18 °C

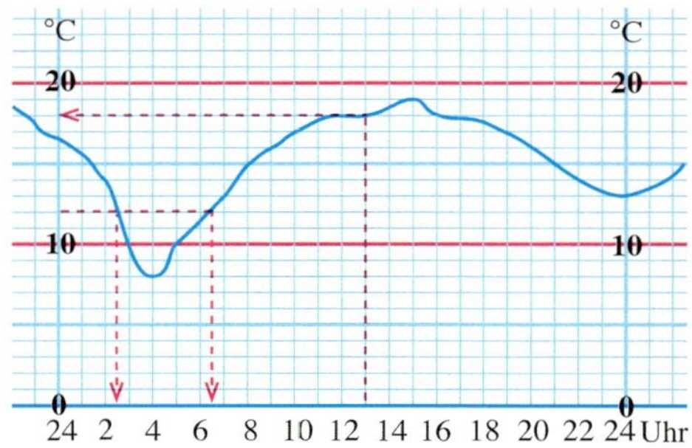

d)

Zeitpunkt (Uhr)	12	14	16	18	20	22	24
Temperatur (in °C)	18	18,5	18	17,5	16	14	13

Zum Festigen und Weiterarbeiten

2. a) Erweitere die Zuordnungstabelle in Aufgabe 1 und trage die Temperaturen für 2 Uhr, 4 Uhr usw. bis 10 Uhr ein.

b) Wann betrug die Temperatur 15 °C? Woran erkennt man an der Kurve, dass diese Umkehrfrage mehrere Antworten hat?

3. Sucht weitere Beispiele aus dem täglichen Leben, bei denen Kurven aufgezeichnet werden. Gebt jeweils auch die Zuordnung an.
Präsentiert eure Ergebnisse.

Information

Die Darstellung einer Zuordnung im Koordinatensystem heißt der **Graph der Zuordnung.**
An dem Graphen kann man auf einen Blick „Veränderungen" erkennen. Oft kann man auch den *Höchstwert* und den *Tiefstwert* der Zuordnung ablesen.
Auf der Achse nach rechts (x-Achse) werden die Werte der Ausgangsgröße markiert, auf der Achse nach oben (y-Achse) die Werte der zugeordneten Größe.
Jedem Wertepaar
(Ausgangsgröße | zugeordnete Größe)
entspricht ein Punkt des Graphen.

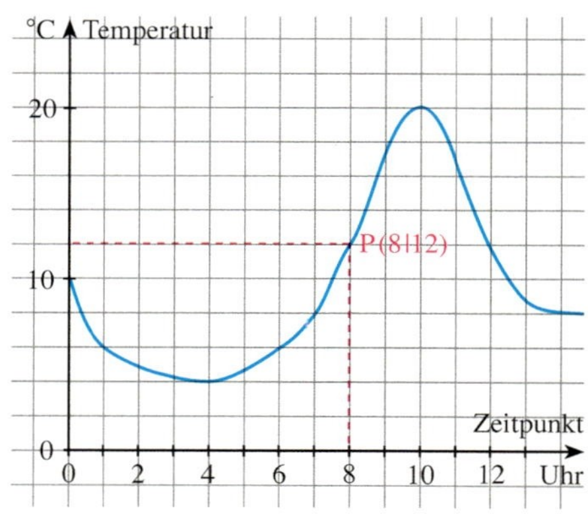

Beispiel: Um 8 Uhr betrug die Temperatur 12°C. Zu diesem Wertepaar gehört der Punkt P(8|12).

Übungen

4. Der Graph zeigt die Zuordnung *Flugzeit → Höhe über dem Meeresspiegel* für den Flug eines Segelflugzeuges.

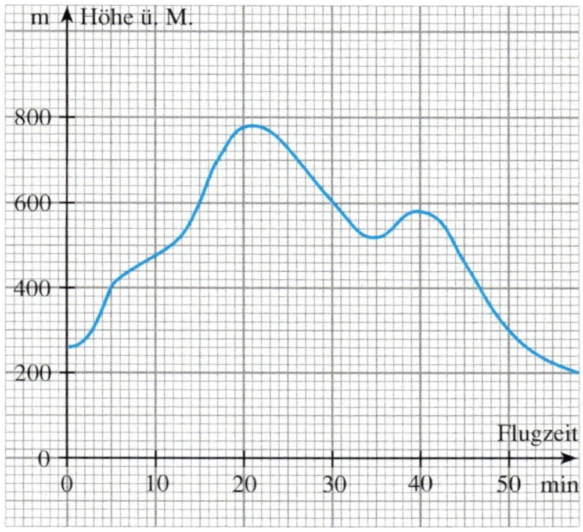

a) Welche Höhe hatte das Segelflugzeug jeweils nach 5 min, 17 min, 21 min, 35 min, 40 min, 50 min Flugzeit?
Lege eine Tabelle an.

b) Welches ist die größte Höhe, die das Segelflugzeug erreicht hat?
Wie lange ist es bis dahin geflogen?

c) Nach welcher Flugzeit erreichte das Segelflugzeug eine Höhe von 700 m?

d) Beschreibe, wie sich die Höhe des Segelflugzeuges während des Flugs ändert.

5. Der Graph rechts ist aus einem Autoprospekt. Er stellt die Zuordnung *Geschwindigkeit → Benzinverbrauch* dar. Für jede Geschwindigkeit zwischen 50 $\frac{km}{h}$ und 160 $\frac{km}{h}$ ist dargestellt, wie viel Liter Benzin man für eine 100 km lange Fahrt im 4. Gang benötigt.
Erstelle eine Zuordnungstabelle mit den Ausgangsgrößen 50 km pro Stunde, 60 km pro Stunde, ..., 160 km pro Stunde.

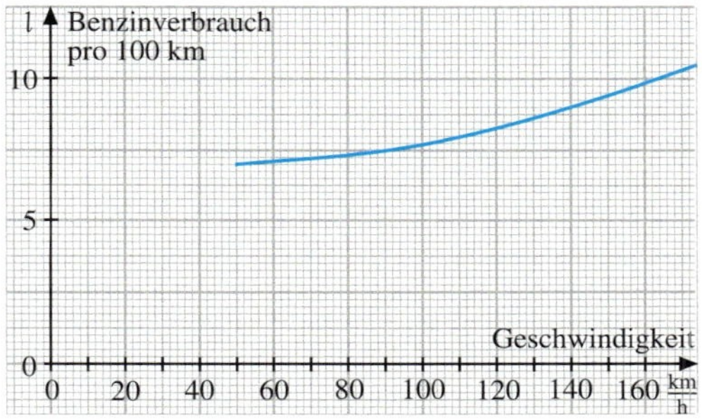

6. Unten siehst du das Höhenprofil einer Etappe der Tour de France.

a) Welche Zuordnung kann man aus diesem Höhenprofil ablesen?

b) An den mit (S) gekennzeichneten Stellen wurden Sprintwertungen und an den mit (HC) und (1) gekennzeichneten Stellen Bergwertungen durchgeführt. Gib für diese Stellen die Entfernung von Bourg-d'Oisans und die Höhe über dem Meeresspiegel (NN) an.

c) Ein Fahrer befindet sich in 1600 m Höhe. Wie viel km kann er von Bourg-d'Oisans entfernt sein?

d) Stelle weitere geeignete Fragen und beantworte sie mithilfe des Höhenprofils.

e) Das Höhenprofil vermittelt einen übertriebenen Eindruck von den Steigungen der Etappe. Woran liegt das?

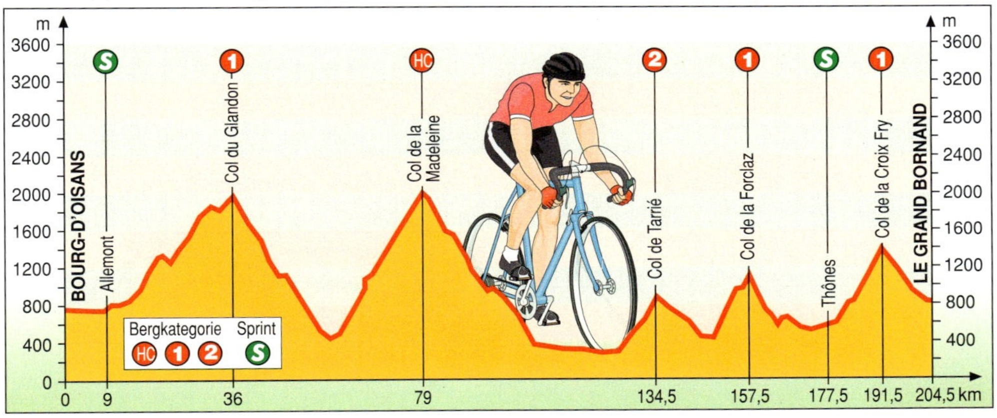

Graphen einer Zuordnung erstellen

Einstieg

Eine Bakterienkultur bedeckt am Anfang 0,5 cm² eines Nährbodens. Sie vermehrt sich so schnell, dass sich die bedeckte Fläche von Tag zu Tag verdoppelt.

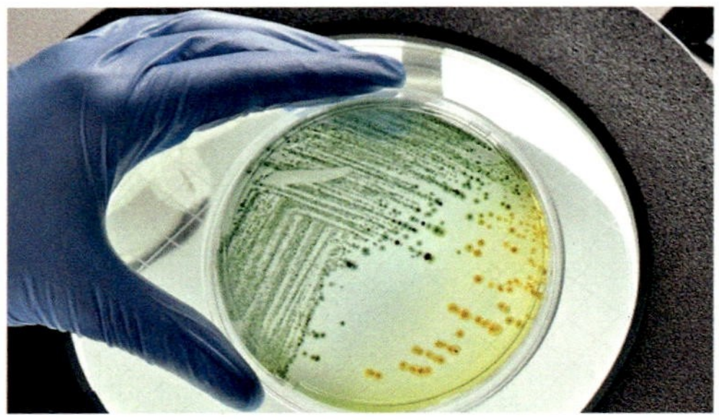

→ Lege eine Tabelle für die Zuordnung *Anzahl der Tage → Größe der bedeckten Fläche* für die erste Woche an.

→ Zeichne dann einen Graphen der Zuordnung.

→ Vergleiche die Darstellungsformen Tabelle und Graph bei dieser Zuordnung.

Aufgabe

1. Sebastians Vater vergleicht die Nutzungsgebühren der beiden Online-Dienste. Er stöhnt: „Das ist ja furchtbar kompliziert, wie soll ich denn da erkennen, welche Gebühren für mich günstiger sind?" Sebastians Mutter: „Mach dir doch eine Zeichnung, dann siehst du alles auf einen Blick."

a) Lege zunächst für den C-Online-Dienst eine Tabelle der Zuordnung *Nutzungsdauer (in Std.) → Gebühr (in €)* an, wähle 0 Std., 1 Std., 3 Std., 5 Std., 10 Std., 15 Std., 20 Std., zeichne dann den Graphen. Verbinde die Punkte des Graphen.

b) Zeichne für den Dienst Online-Serve den Graphen der entsprechenden Zuordnung in dasselbe Koordinatensystem. Was siehst du „auf einen Blick"?

Lösung

a) Die Online-Kosten pro Minute betragen bei C-Online 0,02 €.
Die Kosten pro Stunde betragen daher 60 · 0,02 € = 1,20 €.

Nutzungsdauer (in Std.)	Gebühr (in €)
0	5,20
1	6,40
3	8,80
5	11,20
10	17,20
15	23,20
20	29,20

Die einander zugeordneten Größen, z. B. 15 Std. und 23,20 €, fassen wir als Koordinaten eines Punktes P(15|23,2) auf und tragen ihn in ein Koordinatensystem ein.
So liefert die Zuordnungstabelle die markierten Punkte.

Graph der Zuordnung

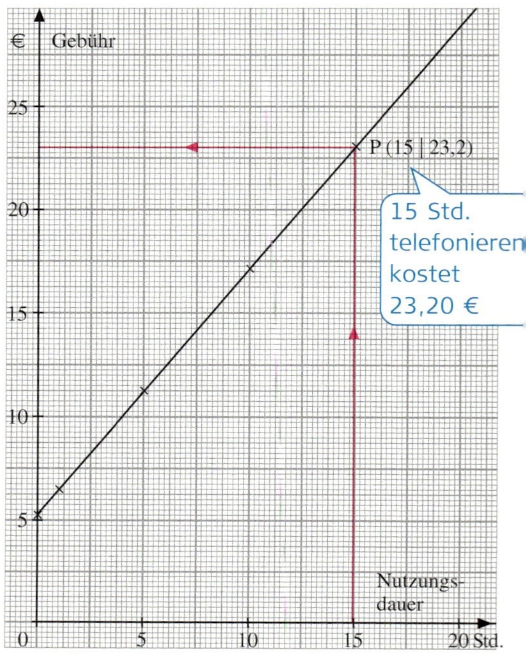

b) Bei Online-Serve muss bis zu einer Nutzungsdauer von 3 Std. nur die Grundgebühr bezahlt werden.
Die Punkte des Graphen liegen auf einer Strecke parallel zur x-Achse. Ab 3 Stunden kommen die Online-Kosten pro Stunde hinzu. Diese betragen bei Online-Serve
60 · 0,03 € = 1,80 €.
Die Punkte des Graphen liegen dann auf einer ansteigenden Geraden.

Nutzungsdauer (in Std.)	Gebühr (in €)
1 bis 3	4,00
5	7,60
10	16,60
15	25,60

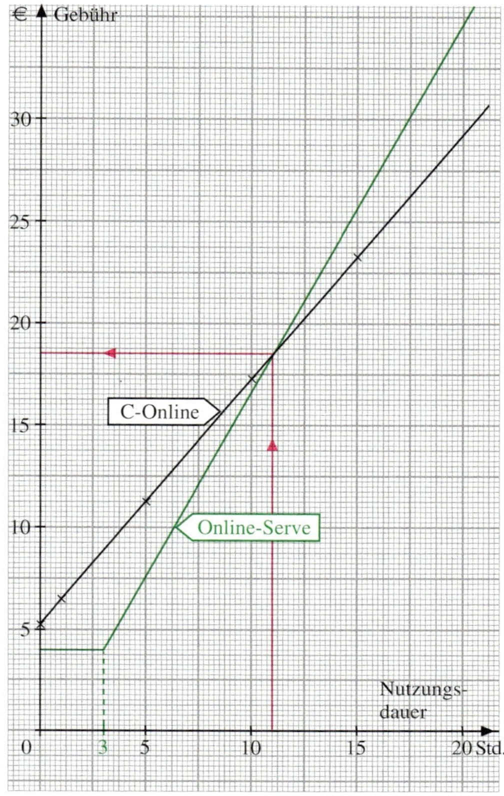

Die beiden Graphen schneiden sich in einem Punkt. Für den Schnittpunkt lesen wir ungefähr den Ausgangswert 11 Stunden ab.

Ergebnis:
Man kann „auf einen Blick" sehen: Bei einer höheren Nutzungsdauer als 11 Stunden ist C-Online günstiger, bei geringerer Nutzungsdauer ist Online-Serve günstiger.

Zum Festigen und Weiterarbeiten

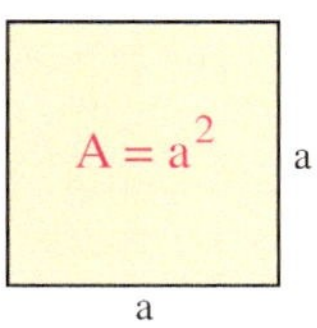

2. Patrick hat für die Zuordnung *Seitenlänge a eines Quadrates → Flächeninhalt* a^2 eine Zuordnungstabelle für a = 0 cm, 1 cm, 2 cm, 3 cm, aufgestellt und die Punkte geradlinig verbunden (siehe rechts).

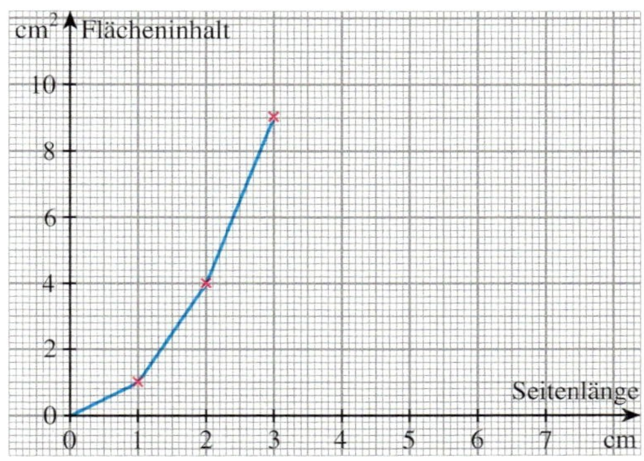

a) Lies am Graphen den Flächeninhalt für die Seitenlängen 0,5 cm, 1,5 cm, 2,5 cm ab.
Überprüfe das durch Rechnung.
Was stellst du fest?

b) Fertige selbst eine Zuordnungstabelle an. Wähle für a auch Zwischenwerte wie 0,2 cm, 0,5 cm, 0,7 cm, usw. Zeichne den Graphen.
Wie muss man die Punkte verbinden, damit man Zwischenwerte möglichst genau ablesen kann?

3. Betrachte noch einmal Aufgabe 1 a).
Lies am Graphen die Zwischenwerte ab für 7 Stunden, 13 Stunden, 19 Stunden, ...
Überprüfe das durch Rechnen.
Was stellst du fest? Begründe.

4. *Durchzeichnen oder nicht?*
Ein Computerhändler bietet DVD-RAM-Rohlinge an.
Jede DVD kostet 2,25 €, ein 3er Pack 6,00 €.

a) Lege eine Tabelle an für 1, 2, 3, ..., 6 DVDs.
Zeichne dann für die Zuordnung *Stückzahl → Gesamtpreis (in €)* einen Graphen. Wähle auf der Preisachse 1 cm für 1 €.

b) Überlege dir, ob es hier sinnvoll ist, die Punkte zu verbinden; denke an Zwischenwerte. Vergleiche mit Aufgabe 1.

Übungen

5. Eine Softwarefirma erstellt Programme zur Steuerung von Werkzeugmaschinen. Sie zahlt ihren Programmierern einheitlich 32 € pro Stunde.

a) Lege eine Tabelle für die Zuordnung *Anzahl der Stunden → Arbeitslohn* an. (Wähle 10, 15, 20, ..., 40 Stunden).
Zeichne den Graphen der Zuordnung. Wähle geeignete Achseneinteilungen.

b) Bestimme (ohne zu rechnen) mithilfe des Graphen den Arbeitslohn für 19 Stunden, 37 Stunden, 28 Stunden. Überprüfe jeweils durch Rechnen.

6. Für den Sicherheitsabstand, den ein Kraftfahrer von seinem Vordermann einhalten muss, sind Mindestwerte vorgeschrieben. Als Mindestabstand wird der Weg gerechnet, den das Fahrzeug in $1\frac{1}{2}$ Sekunden zurücklegt. Siehe dazu die Tabelle rechts.

a) Zeichne einen Graphen für die Zuordnung *Geschwindigkeit → Abstand.*

b) Bestimme aus dem Graphen den Sicherheitsabstand bei $70\,\frac{km}{h}$, $110\,\frac{km}{h}$, $145\,\frac{km}{h}$, $200\,\frac{km}{h}$.

Geschwindigkeit (in $\frac{km}{h}$)	Abstand (in m)
60	25
80	33
100	42
120	50
140	58
160	67
180	75

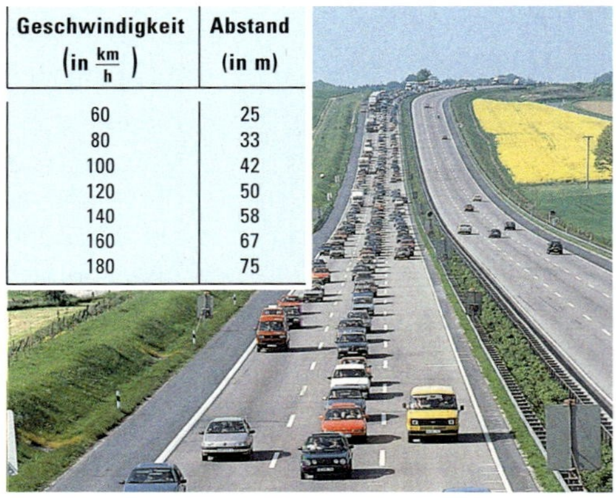

7. Im Bild siehst du die Graphen von drei Zuordnungen.

CD-Rohlinge
Anzahl → Preis

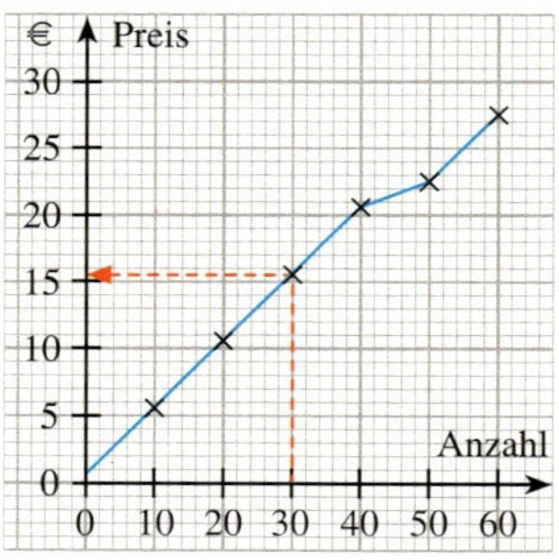

Käse
Masse → Preis

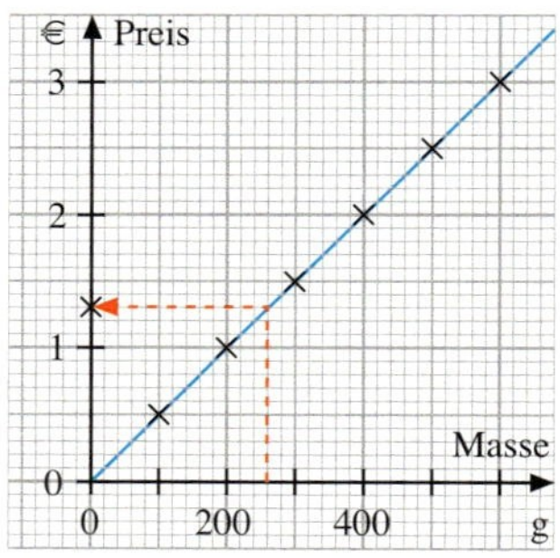

Produktion von Autos
Jahr → Produktionszahl

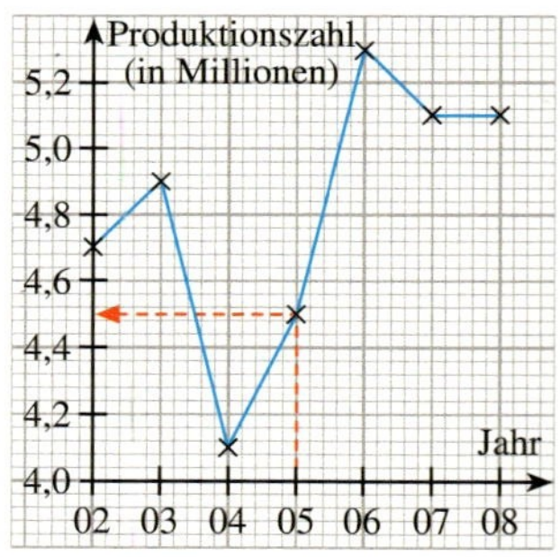

a) Welches Größenpaar gehört jeweils zu dem roten Pfeil?

b) Welche Informationen kann man aus dem Verlauf des Graphen entnehmen?

c) Für welche Zuordnung haben die Zwischenwerte (Punkte der durchgezeichneten Strecken) eine Bedeutung, für welche nicht? Begründe deine Antwort.

DIREKT PROPORTIONALE ZUORDNUNGEN

Regeln bei direkt proportionalen Zuordnungen – Graph

Einstieg

Ein Autohersteller gibt für sein Modell M3 den Benzinverbrauch pro 100 km an.

→ Wie kann man sich einen Überblick über den Benzinverbrauch auf unterschiedlichen Strecken verschaffen?

→ Welche Vorüberlegungen bzw. Annahmen sind dabei sinnvoll?

Aufgabe

1. a) 100 g Schinken kosten 1,40 €. Fülle die nebenstehende Tabelle aus.

b) Zeichne den Graphen der Zuordnung *Masse (in g) → Preis (in €)*.
Wie liegen die Punkte des Graphen? Beschreibe.

Masse (in g)	Preis (in €)
100	1,40
200	
500	
125	
50	

Lösung

a)

Masse (in g)	Preis (in €)
100	1,40
200	2,80
500	7,00
125	1,75
50	0,70

(Pfeile: 100 → 200: ·2; 100 → 500: ·5; 500 → 125: : 4; 500 → 50: : 10; ebenso bei den Preisen)

Wir überlegen:

(P1): Wer doppelt soviel (dreimal soviel, viermal soviel, ...) kauft, der soll auch doppelt soviel (dreimal soviel, viermal soviel, ...) bezahlen.

(P2): Wer halb soviel (ein Drittel, ein Viertel, ...) kauft, der braucht auch nur die Hälfte (ein Drittel, ein Viertel, ...) zu bezahlen.

b) Im Koordinatensystem wählen wir auf der Achse nach rechts (x-Achse) 1 cm für 100 g und auf der Achse nach oben (y-Achse) 1 cm für 1 €.
Ergebnis: Alle Punkte des Graphen liegen auf einem Strahl, der im Achsenschnittpunkt (Koordinatenursprung O) beginnt.

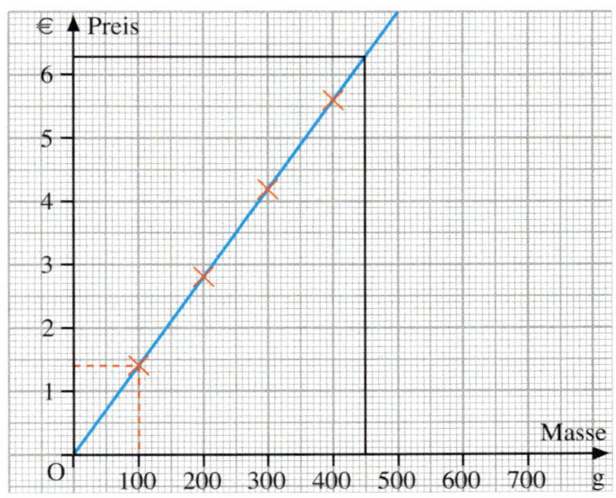

Information

(1) Regeln bei direkt proportionalen Zuordnungen

Bei Sachsituationen wie in Aufgabe 1 ist jeder Masse ein Preis zugeordnet. Dabei ist der Preis direkt proportional zur Masse. Bei Zuordnungen dieser Art gelten die Regeln (P1) und (P2).

Direkt proportionale Zuordnungen

Eine Zuordnung heißt **direkt proportional,** wenn die folgenden Regeln gelten:

(P1) Verdoppelt (verdreifacht, vervierfacht usw.) man eine Ausgangsgröße, so muss man auch die zugeordnete Größe verdoppeln (verdreifachen, vervierfachen usw.).

(P2) Halbiert (drittelt, viertelt usw.) man eine Ausgangsgröße, so muss man auch die zugeordnete Größe halbieren (dritteln, vierteln usw.).

Beispiel: Benzin

	Volumen (in l)	Preis (in €)	
	5	4,75	
$\cdot 6$			$\cdot 6$
	30	28,50	
: 3			: 3
	10	9,50	

(2) Schreibweise

Sind zwei Größen x und y zueinander direkt proportional, so schreiben wir kurz:

$y \sim x$

Wir lesen:
y direkt proportional zu x

Beispiele:

(1) In Aufgabe 1 gilt:
Preis ~ Masse

(2) Fährt ein Auto mit gleichbleibender Geschwindigkeit, so gilt:
Länge des Weges ~ benötigte Zeit

(3) Graph bei direkt proportionalen Zuordnungen

Bei jeder direkt proportionalen Zuordnung liegen die Punkte des Graphen auf einem **Strahl,** der im Koordinatenursprung O (0|0) (Achsenschnittpunkt) beginnt.
Man erhält alle Punkte des Graphen, indem man den Punkt P für ein Wertepaar einander zugeordneter Größen markiert und dann den Strahl vom Ursprung O aus durch P zeichnet.

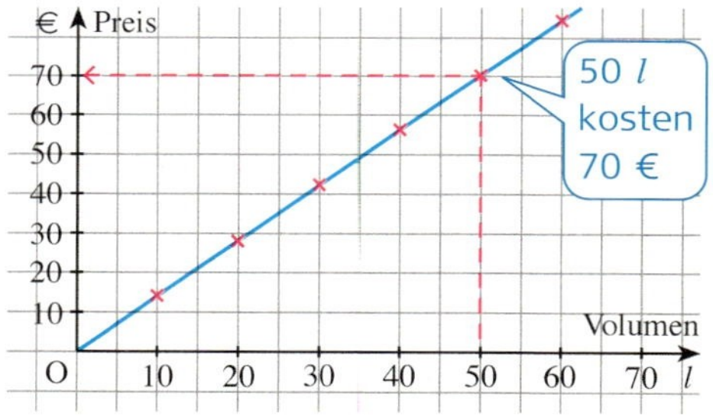

Zum Festigen und Weiterarbeiten

2. **a)** Der Preis für Nussschinken beträgt 1,60 € pro 100 g. Lege hierfür eine Tabelle an.

b) Zeichne den Graph der Zuordnung in das gleiche Koordinatensystem wie Aufgabe 1b). Vergleiche die beiden Graphen.

c) Zeichne jeweils (möglichst einfach) den Graph der Zuordnung in das gleiche Koordinatensystem ein:

3. Zuordnungen, bei denen eine Erhöhung der Ausgangsgrößen auch zu einer Erhöhung der zugeordneten Größen führt, nennt man *Je mehr – desto mehr*-Zuordnungen.

Beispiel: Die Zuordnung *Heizölmenge* → *Preis* ist eine „Je mehr – desto mehr" Zuordnung, denn je mehr Heizöl man kauft, desto mehr muss man bezahlen.

a) Nenne weitere *Je mehr – desto mehr*-Zuordnungen.

b) Begründe: Nicht jede *Je mehr – desto mehr*-Zuordnung ist direkt proportional.

Information

Für jede direkt proportionale Zuordnung gilt auch die Regel „je mehr – desto mehr" (wachsend).
Aber: „Je mehr – desto mehr" bedeutet noch nicht „direkt proportional".

Beachte: Wenn man einen Mengenrabatt erhält, ist die Zuordnung *Warenmenge* → *Preis* nicht direkt proportional. Auch beim Kauf von Minipackungen liegt meist keine direkt proportionale Zuordnung vor.

Übungen

4. Anna kauft 150 g, Boris 75 g, Jens 300 g und Sarah 60 g Bonbons. Wie viel muss jeder bezahlen? Stelle die Mengen und Preise in einer Tabelle zusammen.

5. Die Schüler einer Klasse haben Fotos von ihrer Klassenfahrt nachbestellt. Paul zahlt für 18 Bilder 4,68 €.
Wie viel kosten 9, 3, 12, 24 Bilder?
Erstelle dazu eine Tabelle und verdeutliche dein Vorgehen durch Pfeile.

6. Zeichne einen Graphen der direkt proportionalen Zuordnung und ergänze die Tabelle.

Masse (in kg)	2	4	6	0	3	5		
Preis (in €)	1,50	3,00	4,50				2,00	4,00

7. Teppichboden wird zu unterschiedlichen Preisen angeboten. Fülle die Tabelle mithilfe der Regeln (P1) und (P2) aus.

a)

Größe	Preis
8 m²	340,00 €
2 m²	
14 m²	
48 m²	
42 m²	

b)

Größe	Preis
9 m²	220,50 €
3 m²	
12 m²	
18 m²	
15 m²	

c)

Größe	Preis
5 m²	269,00 €
10 m²	
20 m²	
15 m²	
35 m²	

8. Fülle die Preistabelle für Superbenzin aus.

a)

Volumen	28 *l*	14 *l*	7 *l*	21 *l*	35 *l*
Preis	42,24 €				

b) Zeige anhand der Tabelle, dass bei direkt proportionalen Zuordnungen zur Summe und zur Differenz zweier Ausgangsgrößen auch die Summe und die Differenz der zugeordneten Größen gehört.

9. Zucker wird aus Zuckerrüben gewonnen. Aus 600 kg Zuckerrüben erhält man 100 kg Zucker.

a) Wie viel kg Zucker kann man jeweils aus folgenden Mengen gewinnen: 100 kg, 300 kg, 150 kg, 1 800 kg, 3 t, $1\frac{1}{2}$ t Zuckerrüben?

b) Zeichne den Graphen der Zuordnung *Masse der Zuckerrüben (in kg) → Masse des Zuckers (in kg)*.

c) Es sollen 500 kg; 7 000 kg; 1 500 kg; 2,5 t Zucker produziert werden. Wie viel kg Zuckerrüben sind zu verarbeiten?

10. Entscheide, ob die Zuordnung direkt proportional ist. Begründe.

a)

Entfernung	Preis
2 km	2,00 €
6 km	4,60 €
8 km	5,80 €
14 km	9,40 €

b)

Masse	Preis
500 g	1,90 €
1,5 kg	5,70 €
250 g	0,95 €
3 kg	11,40 €

c)

Masse	Preis
1 kg	2,43 €
2 kg	4,86 €
5 kg	12,15 €
10 kg	24,30 €

11. Für verschiedene Stoffe gilt jeweils Masse ~ Volumen. Zeichne die Graphen der Zuordnungen *Volumen → Masse* für die untenstehenden Stoffe in dasselbe Koordinatensystem. Wähle 1 cm für 1 cm^3 und 1 cm für 2 g.
Lies an den Graphen ab: Welche Masse haben 10 cm^3 von jedem Stoff?
Wie viel cm^3 von jedem Stoff haben die Masse 10 g?

Wasser
1 cm^3 wiegt 1 g

Holz
4 cm^3 wiegen 2,8 g

Glas
2 cm^3 wiegen 5,6 g

12. Liegt eine „Je mehr – desto mehr"-Zuordnung vor? Ist sie auch direkt proportional?

a) *Wassermasse → Wassergeld* (monatlich 1,95 € Grundgebühr; 1 m^3 kostet 2,14 €)

b) *Abfüllmenge → Anzahl der Flaschen* (Abfüllen von Wein in gleich große Flaschen)

c) *Masse → Porto/Preis* (Paket, siehe Seite 226)

d) *Kilometerzahl → Erstattungsbetrag* (0,32 € für jeden gefahrenen Kilometer)

e) *Seitenlänge → Flächeninhalt* (beim Quadrat)

f) *Kantenlänge → Volumen* (beim Würfel)

13. Ein Testzug benötigt bei gleichbleibender Geschwindigkeit auf einer Versuchsstrecke ohne Haltepunkt für 40 km eine Fahrzeit von 15 min.

a) Zeichne einen Graphen für die zugehörige direkt proportionale Zuordnung *Fahrzeit → Streckenlänge*.

b) Zeichne in das gleiche Koordinatensystem den Graphen für einen Testzug, der 45 km in 25 min durchfährt. Vergleiche beide Graphen.
Woran erkennt man, welcher Zug schneller ist?

Dreisatz bei direkt proportionalen Zuordnungen

Einstieg

Dominik möchte nicht 3 kg, sondern 5 kg dieser Äpfel kaufen.

→ Wie viel muss er bezahlen?

→ Welche Voraussetzung musst du machen, um den Preis zu berechnen?

Aufgabe

1. Selina hilft ihren Eltern bei der Vorbereitung einer Geburtstagsfeier.
„Ich habe ein tolles Rezept für einen Reissalat gefunden. Den mache ich für euch."
Zum Essen werden insgesamt 9 Personen erwartet.
Berechne, wie viel Reis Selina braucht. Beschreibe den Lösungsweg.

Gemischter Reissalat

Zutaten (für 4 Personen)

- 120 g Brühreis
- 180 g Champignonscheiben
- 300 g Ananas
- 160 g Mandarinenspalten
- 200 g gekochter Schinken
- 4 Esslöffel Mayonnaise
- 2 Esslöffel saure Sahne
- Salz, Currypulver

Lösung

Vorüberlegung:
Man nimmt an:
Für die doppelte (dreifache, ...) Personenzahl braucht man doppelt soviel (dreimal soviel, ...) Zutaten.
Das bedeutet: Man nimmt an, dass die Zuordnung *Personenzahl* → *Reisbedarf* (in g) direkt proportional ist.

Lösungsgedanke: 9 ist kein Vielfaches von 4. Deshalb kann man die Regel (P1) nicht unmittelbar anwenden. Aber man kann einen Zwischenschritt einschalten:
1. Satz: Für 4 Personen braucht man 120 g Brühreis (*gegebenes Größenpaar*).
2. Satz: Für 1 Person braucht man den vierten Teil, also 30 g Reis (*Zwischenwert*).
3. Satz: Für 9 Personen braucht man das 9fache, also 270 g Reis (*zu berechnende Größe*).

	Personenzahl	Bedarf an Reis (in g)	
	4	120	
: 4	1	30	: 4
· 9	9	270	· 9

Bei solchen Aufgaben treten „drei Sätze" auf. Deshalb heißen solche Aufgaben **Dreisatzaufgaben** bei direkt proportionalen Zuordnungen.

Zum Festigen und Weiterarbeiten

2. Berechne die übrigen Zutaten für Selinas Reissalat. Notiere für *eine* Zutat auch die drei Sätze des Dreisatzverfahrens.

3. Frau Lohr hat 20 *l* Super getankt und dafür 29,00 € bezahlt.
Herr Scholz hat an derselben Tankstelle 36,25 € bezahlt.
Wie viel *l* Super hat er getankt?

Benzinvolumen (in *l*)	Preis (in €)
20	29,00
□	□
□	36,25

4.

Adventskekse (40 Stück)
100 g *Margarine* 225 g *Mehl* 2 *Essl. saure Sahne*
150 g *Zucker* 25 g *Zitronat* 1 *Päckchen Vanillezucker*

a) Christa und Richard berechnen auf verschiedenen Wegen die Zutaten für 60 Adventskekse. Vergleiche und bewerte die Lösungswege.

Anzahl der Kekse	Margarine (in g)
40	100
: 40 → 1	□ (□)
· 60 → 60	□ (□)

Anzahl der Kekse	Margarine (in g)
40	100
: 2 → 20	□ (□)
· 3 → 60	□ (□)

b) Berechne möglichst im Kopf die Zutaten für 60 Stück Adventskekse.

Information

Lösungsverfahren für Dreisatzaufgaben bei direkt proportionalen Zuordnungen

Vergewissere dich zuerst, dass die Zuordnung *direkt proportional* ist.

Löse die Aufgabe dann mit einer *Tabelle:*
- Schreibe in die erste Zeile das gegebene Wertepaar.
- Lass die zweite Zeile zunächst frei.
- Schreibe in die dritte Zeile den dritten bekannten Größenwert.
- Suche in der zweiten Zeile einen *passenden Zwischenwert.*
- Fülle mithilfe der Regeln für direkt proportionale Zuordnungen die Lücken aus.

Volumen	Preis
100 *l*	32 €
□ → 10 *l*	□ (□)
□ → 270 *l*	□ (□)

oder

Volumen	Preis
100 *l*	32 €
□ → 1 *l*	□ (□)
270 *l*	(□)

„Eins" passt immer

Übungen

5. 6 Eier kosten 1,44 €.

a) Wie viel kosten 10 Eier? **b)** Wie viele Eier erhält man für 3,60 €?

c) Was meinst du: Wie viel kosten 10 000 Eier?

6. Konfitüre wird durch Kochen von Früchten mit Gelierzucker hergestellt. Bei 5 kg Sauerkirschen benötigt man 4 kg Gelierzucker.
Wie viel kg Gelierzucker benötigt man für 8 kg Sauerkirschen?

7. a) Tobias hat für 400 g frische Champignons 1,96 € bezahlt.
Die Waage zeigt für Pauls Champignontüte 300 g an.
Wie viel muss er bezahlen?

b) Michael hat für 550 g Bananen 0,99 € bezahlt.
Lauras Bananen wiegen 850 g.

c) Anne hat 325 g gelbe Paprikaschoten für 1,30 € gekauft.
David wiegt 975 g Paprikaschoten ab.

d) Birgül hat für 230 g Erdbeeren 1,15 € bezahlt. Gorans Erdbeerschale wiegt 450 g.

8. Familie Oetzmann renoviert ihre Terrasse.

a) Herr Oetzmann verlegt neue Betonplatten. Diese sind sehr schwer. 17 Platten wiegen 510 kg. Wie viel wiegen 12 Platten?
Eine Palette mit Betonplatten trägt die Aufschrift 1 320 kg. Wie viele Platten sind das?

b) Frau Oetzmann hat für die Umrandung 18 Lavendel-Pflanzen für insgesamt 18,90 € gekauft.
Um die Pflanzen etwas dichter zu setzen kauft sie noch 5 weitere Pflanzen.
Wie viel kosten diese?

c) Der Laubengang ist 6 m lang. Jonas hat die ersten 20 cm in 20 Minuten gestrichen.
Wie lange dauert seine Arbeit noch?

9. a) 10 Musiker spielen einen Tanz in 4 Minuten.
Wie lange brauchen 5 Musiker?

b) Ein 12-*l*-Gefäß kann man aus einer Leitung in 2 Minuten füllen.
Wie lange braucht man aus derselben Leitung für ein 18-*l*-Gefäß?

c) Ein Läufer legt die 200-m-Strecke in 20,6 s zurück.
Wie lange braucht er für 1 500 m?

10. Frau Lasch hat im Urlaub für 14 Tage (Übernachtung mit Frühstück) insgesamt 392 € bezahlt. Wie viel Euro muss Herr Lohe in derselben Pension für 8 Tage, Herr Neitz für 18 Tage, Frau Froh für 21 Tage, Herr Kraft für 12 Tage bezahlen?

11. a) Aus 50 kg Äpfeln erhält man 15 Flaschen Most.
Wie viele Flaschen Most erhält man aus (1) 40 kg; (2) 30 kg; (3) 80 kg; (4) 70 kg; (5) 35 kg Äpfeln?

b) Aus 12 kg Mehl erhält man 15 kg Brot.
Wie viel kg Brot erhält man aus (1) 20 kg, (2) 27 kg, (3) 7,5 kg, (4) $18\frac{1}{2}$ kg Mehl?

Quotientengleichheit – Berechnen von Größen mit einem konstanten Faktor

Einstieg

Lena will mit ihren Eltern nach Dänemark fahren. Ihr älterer Bruder Michael bereitet sich auf eine Schüleraustauschfahrt nach England vor. In der Tageszeitung finden sie die Informationen rechts.

DEVISENMARKT

1 Euro =	Devisen Geld/Brief	Sorten Ank./Verk.
Dänemark (dkr)	7,4453/7,4475	7,12/7,77
Großbrit. (Pfund)	0,6575/0,6580	0,63/0,69

→ Was kann man diesen Informationen entnehmen?

→ Wie könnte man sich einen Überblick verschaffen, um schnell den Wert einer Ware aus der Fremdwährung in Euro umzurechnen? Entwickle sinnvolle Vorschläge.

Aufgabe

1. Tanjas Mutter notiert regelmäßig, wie viel Liter Diesel sie getankt hat. Manchmal vergisst sie, auch den Preis zu notieren. Tanja findet diese Zettel rechts.

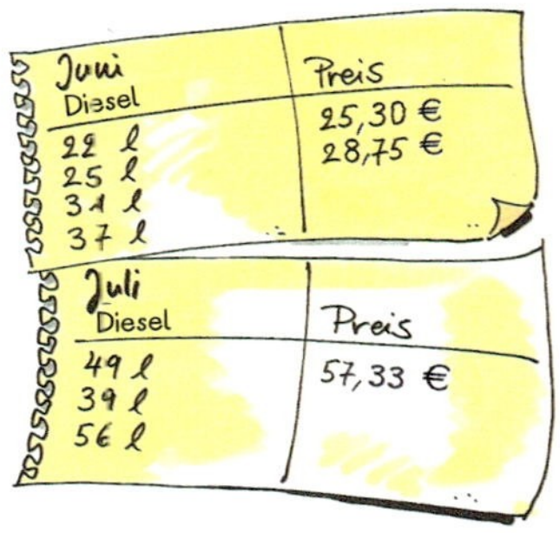

a) Wie kann Tanja erkennen, dass der Diesel im Juli teurer war?

b) Tanja weiß: Die Dieselpreise haben sich nur am 1. Juli geändert. Wie kann Tanja möglichst einfach die fehlenden Preise berechnen?

c) Für 32 *l* Diesel muss Tanjas Vater 37,76 € bezahlen.
Berechne möglichst einfach den Preis für 53 *l*, 39 *l*, 46,5 *l*, 59,5 *l* (gleiche Tankstelle).

Lösung

a) Aus den vollständig eingetragenen Größenpaaren kann Tanja den Preis für 1 *l* Diesel berechnen. Sie bildet den Quotienten aus den Maßzahlen und erhält:

Juni: $\frac{25{,}30}{22} = 1{,}15$ Juni: $\frac{28{,}75}{25} = 1{,}15$ Juli: $\frac{57{,}33}{49} = 1{,}17$

Aus diesen Quotienten kann man erkennen, dass sich der Preis pro Liter Diesel im Juli gegenüber Juni geändert hat. Er betrug im Juni 1,15 € und im Juli 1,17 €.
Die Zuordnung *Volumen → Preis* ist nur dann direkt proportional, wenn sich der Preis pro Liter *nicht* ändert.

b) Für den Monat Juni liegt eine direkt proportionale Zuordnung vor. Tanja benutzt den Preis pro Liter als Faktor zum Rechnen:

$31 \xrightarrow{\cdot 1{,}15} 35{,}65$ $37 \xrightarrow{\cdot 1{,}15} 42{,}55$

Für den Monat Juli liegt eine andere direkt proportionale Zuordnung vor. Hier kann man den neuen Preis pro Liter als Rechenfaktor benutzen:

$39 \xrightarrow{\cdot 1{,}17} 45{,}63$ $56 \xrightarrow{\cdot 1{,}17} 65{,}52$

c) *1. Schritt:* Bilde den Quotienten $\frac{\text{zugeordnete Größe}}{\text{Ausgangsgröße}}$. (Rechne nur mit den Maßzahlen.)

Du erhältst den Preis in € pro Liter: $\frac{37{,}76}{32} = 1{,}18$

2. Schritt: Benutze diesen Quotienten für alle weiteren Rechnungen als konstanten Rechenfaktor, z. B.: $53 \xrightarrow{\cdot 1{,}18} 62{,}54$

Diesel (Volumen in *l*)	53	39	46,5	59,5
Preis (in €)	62,54	46,02	54,87	70,21

Information

Bei einer direkt proportionalen Zuordnung haben die Quotienten einander zugeordneter Größen immer den gleichen Wert. Wir sagen: Es liegt **Quotientengleichheit** vor.
Dieser feste Quotient heißt **Proportionalitätsfaktor** der Zuordnung.
Beim Kauf z.B. von Benzin gibt dieser Wert den Preis pro Liter an.
Bei der Berechnung der Quotienten bezieht man auch die Maßeinheiten ein.

$\frac{31{,}46\ €}{22\ l} = \frac{35{,}75\ €}{25\ l}$
$= 1{,}43\ \frac{€}{l}$ (1,43 € pro Liter)

Zum Festigen und Weiterarbeiten

2. Bahir findet auf dem Kassenzettel seiner Mutter den nebenstehenden Ausdruck.

a) Erkläre die einzelnen Angaben.
Welche Zuordnung ist durch die Angaben festgelegt?
Welches ist der Proportionalitätsfaktor der Zuordnung?

b) Überprüfe, ob die Rechnung stimmt.

c) Berechne mithilfe dieser Angaben: Wie viel kosten 0,150 kg, 0,268 kg, 0,375 kg, 0,537 kg Gouda-Käse?

Käse-Kiste
Löcherstr. 13

kg	€/kg	€
	Gouda 45%	
0,120	8,65	1,04

3. In der Tabelle rechts einer direkt proportionalen Zuordnung
(1) ist ein Wertepaar falsch;
(2) wurde bei einem Paar gerundet.
Welche Wertepaare sind das?

Leberpastete

Masse	Preis
0,125 kg	1,41 €
0,245 kg	2,85 €
0,293 kg	3,31 €
0,375 kg	4,23 €
0,625 kg	7,05 €

4. **a)** Lena hat für 2,10 € Emmentaler Käse gekauft. Der Preis pro kg beträgt 8,40 €.
Wie viel wiegt das Käsestück?

b) Lena: „Ich kann Teilaufgabe a) ganz leicht mithilfe des Proportionalitätsfaktors lösen." Wie rechnet Lena?

c) Beantworte folgende Umkehrfragen mithilfe des Proportionalitätsfaktors in Teilaufgabe a).
(1) Wie viel kg Gouda-Käse kosten 3,48 € (Aufgabe 2)?
(2) Wie viel kg Leberpastete kosten 8,43 € (Aufgabe 3)?

Information

Quotientengleichheit – Proportionalitätsfaktor

(1) Die Quotienten $\frac{\text{zugeordnete Größe}}{\text{Ausgangsgröße}}$ müssen bei direkt proportionalen Zuordnungen für alle Wertepaare gleich sein (*Quotientengleichheit*).
Damit kann man prüfen, ob eine gegebene Zuordnung direkt proportional ist.

(2) Mit dem Proportionalitätsfaktor kann man bei einer direkt proportionalen Zuordnung zu jeder Ausgangsgröße die zugeordnete Größe berechnen und umgekehrt.

Ausgangsgröße —· Proportionalitätsfaktor→ zugeordnete Größe
Ausgangsgröße ←: Proportionalitätsfaktor— zugeordnete Größe

$37\ l \xrightarrow{\cdot 1{,}03\ \frac{€}{l}} 38{,}11\ €$
$37\ l \xleftarrow{:\ 1{,}03\ \frac{€}{l}} 38{,}11\ €$

Übungen

5. Entscheide mithilfe der Quotientengleichheit, ob die Tabelle eine direkt proportionale Zuordnung darstellt. Überprüfe auch mithilfe der Regeln (P1) und (P2) von Seite 238. Bei Quotientengleichheit: Notiere den Proportionalitätsfaktor. Was gibt er an?

a)

Masse (in kg)	Preis (in €)
1,5	6
4,5	18
0,5	2
2	8

b)

Volumen (in cm)	Masse (in kg)
120	180
30	45
150	235
270	425

c)

Zeit (in s)	Länge (in m)
15,6	6
5,2	2
52,4	24
67,6	26

6. Banken benutzen *Devisenkurse* als Rechenfaktoren beim Geldumtausch. Die Abbildung links bedeutet: „Der Wert eines US-Dollars (US-$) beträgt 0,80 €."
Der Kurs 0,80 $\frac{€}{\$}$ ist der Proportionalitätsfaktor der Zuordnung *Dollar → Euro-Betrag*.
Wie viel Euro bekommt man für 75 $, 125 $, 475,80 $, 2 450 $, 7 368 $?

7. Frau Brede hat ein neues Auto. Im ersten Monat hat sie viermal getankt und jedesmal die Anzahl der gefahrenen Kilometer und den Benzinverbrauch in *l* notiert:

(1) 230 km / 20,5 l
(2) 315 km / 30,4 l
(3) 365 km / 36,2 l
(4) 348 km / 26,8 l

a) Prüfe, ob die Zuordnung *Kilometerzahl → Benzinverbrauch* direkt proportional ist.

b) Frau Brede plant eine Urlaubsreise, bei der sie voraussichtlich 2 500 km mit ihrem Auto zurücklegen wird. Berechne, wie viel Liter Benzin sie voraussichtlich verbrauchen wird. Warum liefert eine solche Berechnung nur einen Schätzwert?

8. Prüfe, ob die gegebene Zuordnung direkt proportional ist. Falls nicht, begründe, warum hier keine direkt proportionale Zuordnung zu erwarten ist.

a) Kauf derselben Sorte Wein in verschiedenen Geschäften:

6 Flaschen	26,94 €
12 Flaschen	45,90 €
3 Flaschen	19,44 €

b) Gefahrene Zeit für verschiedene Strecken auf der Autobahn:

Magdeburg – Brandenburg (72 km)	0 h 58 min
Halle – Potsdam (114 km)	1 h 15 min
Burg – Helmstedt (54 km)	0 h 42 min

9. Ein Echolot sendet Schallwellen auf den Meeresgrund. Bei einer Wassertiefe von 1 500 m kehren diese nach 2 s zurück. Wie tief ist das Wasser, wenn die Schallwellen nach 1,5 s; 2,9 s; 0,6 s; 0,2 s; 2,2 s zurückkehren?

10. Gib ein Beispiel für eine *Je mehr – desto mehr*-Zuordnung an, die nicht direkt proportional ist.
Zeige, dass die Quotienten einander zugeordneter Größen in diesem Fall nicht immer den gleichen Wert haben.

INDIREKT PROPORTIONALE ZUORDNUNGEN

Regeln bei indirekt proportionalen Zuordnungen – Graph

Einstieg

Zwei Bagger benötigen zum Ausbaggern eines Flußabschnitts 14 Monate.

(1) Die Arbeit soll in 4 Monaten erledigt sein. Wie viele Bagger muss man einsetzen?

(2) In welchem Zeitraum ist die Arbeit voraussichtlich getan, wenn 8 Bagger eingesetzt werden?

(3) Von den beiden Baggern fällt einer nach 7 Monaten wegen eines Defekts aus. Wie lange muss der andere insgesamt baggern?

→ Welche Voraussetzungen bzw. Annahmen muss man machen, um die Fragen (1) bis (3) sinnvoll beantworten zu können?

Aufgabe

1.

Bei einer Weinlese werden viele Helfer benötigt, um einen Weinberg abzuernten. Der Winzer weiß aus Erfahrung:
Wenn ich 12 Helfer einsetzen kann, dauert die Weinlese 24 Tage.

a) Wie viele Tage müsste der Winzer einplanen, wenn er
(1) doppelt so viele,
(2) halb so viele Helfer einsetzen könnte?

b) Wie viele Tage müsste er einplanen, wenn er 4, 8, 16, 32 Helfer einsetzen könnte?
Lege eine Zuordnungstabelle an.

Lösung

a) Man nimmt an, dass alle Helfer pro Tag gleich viel Arbeit erledigen.
Dann gilt:
(A1) Doppelt so viele Helfer brauchen halb so viele Arbeitstage.
(A2) Halb so viele Helfer brauchen doppelt so viele Arbeitstage.
Eine solche Zuordnung heißt *indirekt proportional.*

b) Entsprechend gilt:
Ein Drittel der Helfer braucht dreimal so viele Tage.
Dreimal so viele Helfer brauchen nur ein Drittel so viele Arbeitstage usw.

Anzahl der Helfer	Anzahl der Arbeitstage
12	24
4	72
8	36
16	18
32	9

Information

Indirekt proportionale Zuordnungen

Eine Zuordnung heißt **indirekt proportional,** wenn die folgenden Regeln gelten:

(A1) Verdoppelt (verdreifacht, vervierfacht usw.) man eine Ausgangsgröße, so muss man die zugeordnete Größe halbieren (dritteln, vierteln usw.).

(A2) Halbiert (drittelt, viertelt usw.) man eine Ausganggröße, so muss man die zugeordnete Größe verdoppeln (verdreifachen, vervierfachen usw.).

„Je mehr – desto weniger" bedeutet noch nicht „indirekt proportional"

Beachte bei indirekt proportionalen Zuordnungen:
Es gilt auch die Regel „je mehr – desto weniger".
Aber: „Je mehr – desto weniger" bedeutet noch nicht „indirekt proportional".

Zum Festigen und Weiterarbeiten

2.

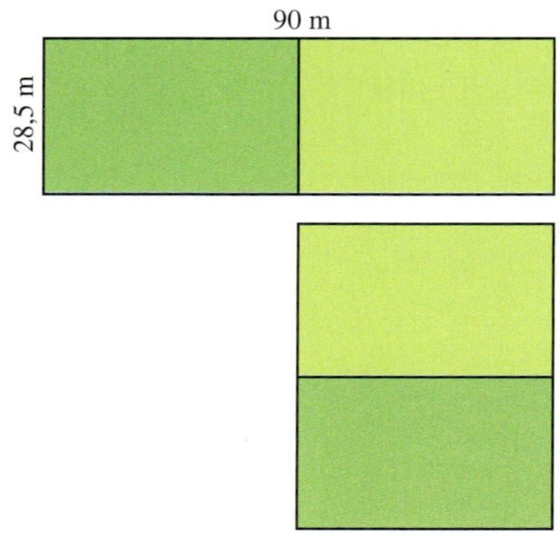

Ein rechteckiges Feld ist 90 m lang und 28,5 m breit. Es soll gegen ein Feld von gleichem Flächeninhalt getauscht werden, das 45 m, 30 m, 120 m lang ist.

a) Bestimme die Breite im Kopf.

b) Bestimme entsprechend für die Länge 135 m, 150 m, 60 m die zugeordnete Breite.

c) Bestimme die Länge, die zur Breite 38 m, 51,3 m gehört.

3. *Graph einer indirekt proportionalen Zuordnung*

Eine rechteckige Schafweide soll 360 m^2 groß sein.

a) Lege eine Tabelle für die Zuordnung *Länge → Breite* an und zeichne den Graphen dieser Zuordnung.
Beschreibe den Graphen.
Kann man einen Punkt des Graphen angeben, der genau auf einer der Achsen liegt?

b) Wie groß ist die Länge a, wenn die Breite 90 m, 180 m, 360 m, 4 m, 2 m, 1 m beträgt?

4. *„Je mehr-desto weniger"-Zuordnung*
Eine andere rechteckige Schafweide soll mit einem 60 m langen Zaun eingezäunt werden. Lege eine Tabelle für die Zuordnung *Länge a → Breite b* an.
Ist diese Zuordnung indirekt proportional?
Zeichne den Graphen dieser Zuordnung. Beschreibe ihn und vergleiche ihn mit dem Graphen aus Aufgabe 3.

Information

Bei jeder indirekt proportionalen Zuordnung liegen die Punkte des Graphen auf einer Kurve. Sie trifft keine der beiden Achsen.
Eine solche Kurve nennt man **Hyperbel.**

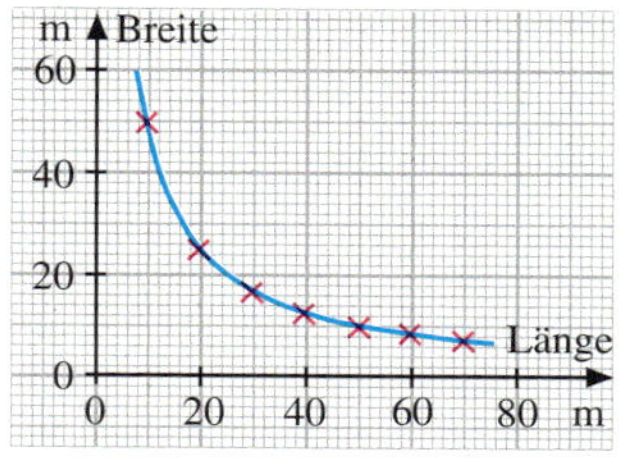

Graph einer indirekt proportionalen Zuordnung

Übungen

5. Im Lotto wird an jedem Wochenende eine bestimmte Geldsumme je Gewinnklasse ausgeschüttet. Eine Tippgemeinschaft aus 8 Personen teilt einen Gewinn (Gewinnklasse 4) gleichmäßig. Jedes Mitglied erhält 390 €.

a) Wie viel Euro erhält jedes Mitglied einer Tippgemeinschaft aus 4, 2, 6, 12, 16 Personen (gleiche Ziehung, gleiche Gewinnklasse)? Lege eine Tabelle an.

b) Wie hoch war die Gewinnsumme in der Gewinnklasse 4 bei dieser Ziehung?

6.

a) Die Lebensmittelvorräte im Basislager einer Expedition reichen bei 10 Expeditionsteilnehmern 24 Tage.
Wie lange reichen dieselben Vorräte bei 20, wie lange bei 5, 15, 3 Teilnehmern?

b) Wie viele Teilnehmer dürfen sich im Basislager aufhalten, wenn der Vorrat 20 Tage, 32 Tage, 36 Tage reichen soll? Runde das Ergebnis sinnvoll.

c) Die Vorräte in einem Basislager reichen bei 12 Teilnehmern 36 Tage. Wie lange reichen dieselben Vorräte bei 6 Teilnehmern, wie lange bei 18, 9, 3, 24 Teilnehmern?

7. a) In einer Fabrik sollen 1 000 Flaschen Limonade abgefüllt werden. Vier Abfüllmaschinen brauchen dafür 24 min.
Wie lange brauchen 2, 12, 6, 3, 1 Maschine(n)?

b) Durch eine Zuflussleitung kann man ein Wasserbecken in 90 Minuten füllen.
Wie lange dauert es, wenn man das Becken durch 2, 3, 5, 6 gleich starke Zuflussleitungen füllen würde?

c) Der Hafervorrat eines Reitstalls reicht bei 10 Pferden für 24 Tage.
Wie lange reicht derselbe Vorrat bei 20 Pferden, wie lange bei 5, 15, 3, 12 Pferden?

8. Ein Schulgarten ist 120 m^2 groß. Es sollen gleich große Beete angelegt werden.
Lege eine Tabelle für die Zuordnung *Anzahl der Beete* → *Größe eines Beetes* an.
Zeichne den Graphen.

9. Tanja und Lena wollen eine mehrtägige Radwanderung unternehmen. Die Strecke ist 180 km lang. Jeden Tag wollen sie eine gleich lange Strecke zurücklegen.
Lege eine Tabelle für die Zuordnung *Anzahl der Tage* → *Länge der Tagesstrecke (in km)* an.
Zeichne den Graphen.
Ist es hier sinnvoll, den Graphen durchzuzeichnen?

Dreisatz bei indirekt proportionalen Zuordnungen

Einstieg

Lauras Mutter spielt in einer Tippgemeinschaft aus 12 Personen mit. Sie freut sich über einen Lottogewinn.
Pias Vater hat mit seiner Tippgemeinschaft am selben Tag in derselben Gewinnklasse gewonnen. Seine Tippgemeinschaft besteht aus 8 Personen.

Aufgabe

1.

Zum Abtransport des Erdaushubs einer Baustelle hat eine Firma 5 Lastwagen eingeplant. Bei dieser Planung müsste jeder Lastwagen 24-mal fahren.
Wegen eines Motorschadens können aber nur 4 Lastwagen eingesetzt werden.
Wie oft muss jeder Lastwagen fahren?

Lösung

Vorüberlegung: Die Zuordnung *Anzahl der Lkw* → *Anzahl der Fahrten pro Lkw* ist indirekt proportional, denn bei der doppelten Anzahl von Lkw muss jeder Lkw nur halb so oft fahren usw.

Lösungsgedanke: 4 ist kein Teiler von 5. Daher kann man die Regel (A2) nicht unmittelbar anwenden. Aber man kann auch hier einen Zwischenschritt einschalten:

	Anzahl der Lkw	Anzahl der Fahrten pro Lkw	
: 5	5	24	· 5
· 4	1	120	: 4
	4	30	

1. Satz: Beim Einsatz von 5 Lastwagen muss jeder Lastwagen 24-mal fahren (*gegebenes Wertepaar*)
2. Satz: Beim Einsatz von nur 1 Lastwagen müsste der Lastwagen 120-mal fahren (*Zwischenwert*)
3. Satz: Beim Einsatz von 4 Lastwagen muss jeder Lastwagen 30-mal fahren (*zu berechnender Wert*)

Beachte: Wenn man in einer Spalte der Tabelle mit einer Zahl multipliziert [dividiert], so muss man in der anderen Spalte durch dieselbe Zahl dividieren [multiplizieren].

Information

Lösungsverfahren für Dreisatzaufgaben bei indirekt proportionalen Zuordnungen

Vergewissere dich zuerst, dass die Zuordnung indirekt proportional ist.
Löse die Aufgabe dann mit einer *Tabelle* in folgenden Schritten:

- Schreibe in die erste Zeile das gegebene Wertepaar.
- Lass die zweite Zeile zunächst frei.
- Schreibe in die dritte Zeile den dritten bekannten Größenwert.
- Suche in der zweiten Zeile *einen passenden Zwischenwert*.
- Fülle mithilfe der Regeln für indirekt proportionale Zuordnungen die Lücken aus.

	Länge	Breite	
□	9 m	8 m	□
□	3 m	□	□
	12 m	□	

Zum Festigen und Weiterarbeiten

2. a) Zur Erarbeitung eines Computerprogramms sollen 10 Programmierer eingesetzt werden. Bei dieser Planung wird mit 27 Arbeitstagen gerechnet. Tatsächlich können nur 9 Programmierer eingesetzt werden.
Wie viele Arbeitstage müssen jetzt eingeplant werden? Beschreibe dein Vorgehen.

b) Ein Wasservorratsbecken wird durch 6 gleich starke Pumpen in 120 Minuten gefüllt. Zwei Pumpen fallen aus. Wie lange dauert das Füllen? Beschreibe dein Vorgehen.

3. Als Zwischenwert muss man nicht immer „über 1 gehen". In Aufgabe 2 b) rechnet man vorteilhafter mit einem anderen Zwischenwert.
Beschreibe diesen Lösungsweg.

Anzahl der Pumpen	Zeitdauer (in min)
6	120
□ 2	▭ □
□ 4	▭ □

Übungen

4. Fünf Planierraupen benötigen zum Einebnen eines Geländes 20 Stunden.

a) Es stehen nur (1) vier, (2) sechs Planierraupen für dieselbe Arbeit zur Verfügung. Mit wie vielen Stunden kann man rechnen?

b) Die Arbeit soll in 8 Stunden erledigt sein. Wie viele Planierraupen werden gebraucht?

5. Ein Buch hat 520 Seiten. Auf jeder Seite sind 32 Zeilen.
Wie viele Seiten hätte das Buch, wenn auf jeder Seite (1) 40 Zeilen, (2) 36 Zeilen, (3) 28 Zeilen wären? (Die Anzahl der Buchstaben pro Zeile bleibt unverändert.)

6. Für eine Klassenfahrt erhält jede der 5 Parallelklassen des Jahrgangs 6 den gleichen Betrag als Zuschuss. Jeder der 27 Schüler der Klasse 6 a erhält 6 €.
Wie viel Euro erhält jeder Schüler der Klasse 6 b (24 Schüler), 6 c (25 Schüler), 6 d (30 Schüler) und 6 e (33 Schüler)?

7. Software-Firmen berechnen die Arbeitszeit für die Entwicklung einer neuen Software in *Mann-Tagen.* Ein neues Entwicklungsprojekt soll nach der ursprünglichen Planung in 180 Tagen abgeschlossen sein. Dafür sind 12 Software-Entwickler eingeplant.

a) Aus betriebsinternen Gründen können nur 8 Software-Entwickler eingesetzt werden.
Wie viel Entwicklungszeit muss jetzt eingeplant werden?

b) Ein Kunde besteht auf einer Fertigstellung innerhalb von 150 Tagen.

c) Wie viele Mann-Tage müssten eingeplant werden, wenn 4, 6, 10, 14, 16 Software-Entwickler zur Verfügung stehen?

Produktgleichheit – Berechnen von Größen mithilfe der Gesamtgröße

Einstieg

Im Bebauungsplan einer Gemeinde wird ein neues Baugebiet für junge Familien ausgewiesen. Das Neubaugebiet ist 18 000 m^2 groß; es soll in gleich große Bauplätze aufgeteilt werden. Für die Diskussion im Bauausschuss sollen mehrere Zuordnungen *Anzahl der Bauplätze → Größe der Bauplätze* vorbereitet werden.

➜ Lege eine Zuordnungstabelle an. Rechne möglichst einfach und beschreibe, wie du gerechnet hast.

Aufgabe

1. Ein Busunternehmer berechnet für eine Klassenfahrt von Lenas Klasse einen festen Betrag für einen Reisebus. Diese Buskosten werden zu gleichen Teilen auf alle Teilnehmer verteilt. Wenn alle 25 Schüler mitfahren, muss jeder 26 € bezahlen. Aus gesundheitlichen Gründen können aber voraussichtlich nicht alle Schüler mitfahren.

a) Wie viel Euro muss jeder Teilnehmer zahlen, wenn nur 24, 23, 22, 21, 20 Schüler mitfahren?

b) Zwei Parallelklassen mieten gemeinsam einen zweiten Bus zum selben Preis. Jeder Teilnehmer muss nur 16,25 € zahlen. Wie viele Schüler sind mitgefahren?

Lösung

a) *Vorüberlegung:* Es liegt eine indirekt proportionale Zuordnung vor. Die festen Buskosten sind die Gesamtgröße der Zuordnung. Es gilt: Bei doppelt so vielen Teilnehmern muss jeder einzelne nur halb so viel bezahlen usw.

1. Schritt: Berechnen der Buskosten (Gesamtgröße)

	Schülerzahl		Kosten pro Schüler		Buskosten
Rechnung:	25	·	26 €	=	650 €
	Ausgangsgröße	·	zugeordnete Größe	=	Gesamtgröße

2. Schritt: Berechnen der Kosten pro Teilnehmer

	Buskosten		neue Teilnehmerzahl		Kosten pro Teilnehmer
Rechnung:	650 €	:	24	=	27,08 €
	Gesamtgröße	:	Ausgangsgröße	=	zugeordnete Größe

Es ergibt sich folgende Zuordnungstabelle:

Teilnehmerzahl	25	24	23	22	21	20
Kosten pro Teilnehmer (in €)	26	27,08	28,26	29,55	30,95	32,50

b)

	Buskosten		neue Teilnehmerzahl		Kosten pro Teilnehmer
Rechnung:	650 €	:	16,25 €	=	40
	Gesamtgröße	:	zugeordnete Größe	=	Ausgangsgröße

Ergebnis: An der Fahrt haben 40 Schüler teilgenommen.

Zum Festigen und Weiterarbeiten

2. Durch Mitnahme von Geschwistern oder Eltern aus Lenas Klasse (Aufgabe 1) soll erreicht werden, dass jeder Teilnehmer weniger als 20 € zahlen muss.
Wie viele Teilnehmer müssen mindestens mitfahren?

3. Berechne mithilfe der Gesamtgröße:

a) Ein rechteckiges Feld ist 108 m lang und 32,50 m breit.
Welche Breite müsste ein gleich großes Feld mit der Länge 85 m, 95 m, 97 m, 100 m, 112,50 m, 127,35 m haben?

b) Im Lotto wird in der Gewinnklasse 4 ein Gewinn von 11 697,70 € ausgeschüttet. Wie viel Euro erhält jedes Mitglied einer Tippgemeinschaft aus 13, 12, ..., 3 Mitgliedern?

4. Ein Testzug fährt mit gleichbleibender Geschwindigkeit.

a) Bestätige, dass die Zuordnung
Geschwindigkeit → Fahrzeit
indirekt proportional ist.
Notiere die Gesamtgröße.
Was gibt sie an?

b) Übertrage die Tabelle dieser indirekt proportionalen Zuordnung ins Heft und vervollständige sie mithilfe der Gesamtgröße.

Geschwindigkeit (in $\frac{m}{min}$)	Fahrzeit (in min)
1 000	120
200	600
1 600	75
400	
1 200	
240	
	200
	50
	240

5. Der Schiffskapitän führt Buch über den Dieselvorrat des Schiffes, indem er jeden Tag die Tankanzeige notiert.
Überprüfe, ob die Zuordnung
Fahrzeit → Dieselvorrat
indirekt proportional ist. Begründe.

Fahrzeit	Dieselvorrat
1 Tag	20 000 *l*
2 Tage	19 500 *l*
3 Tage	19 000 *l*
4 Tage	18 500 *l*

Information

Produktgleichheit – Gesamtgröße einer indirekt proportionalen Zuordnung

(1) Die Produkte *Ausgangsgröße · zugeordnete Größe* müssen bei indirekt proportionalen Zuordnungen für alle Wertepaare gleich sein (*Produktgleichheit*).
Damit kann man prüfen, ob eine Zuordnung indirekt proportional ist.

(2) Mithilfe der Gesamtgröße kann man zu jedem Wert der Ausgangsgröße einer indirekt proportionalen Zuordnung den Wert der zugeordneten Größe berechnen und umgekehrt.

$\frac{\text{Gesamtgröße}}{\text{Ausgangsgröße}} = \text{zugeordnete Größe}$ $\qquad$ $\frac{\text{Gesamtgröße}}{\text{zugeordnete Größe}} = \text{Ausgangsgröße}$

Beispiel: Für ein Rechteck gilt: $\frac{\text{Flächeninhalt}}{\text{Länge}} = \text{Breite}$ $\qquad$ $\frac{\text{Flächeninhalt}}{\text{Breite}} = \text{Länge}$

Übungen

6. Ein rechteckiger Acker ist 90 m lang und 28,5 m breit. In der Tabelle rechts sind die Längen und Breiten weiterer Äcker angegeben, die dieselbe Größe haben sollen.
Überprüfe das.

Länge (in m)	Breite (in m)	Flächeninhalt (in m^2)
90	28,5	
22,5	114	
67,5	38	
135	19	
103,2	23,71	

7. Eine Klasse erhält aus der Elternspende einen festen Geldbetrag als Zuschuss für eine Klassenfahrt. Die Tabelle enthält den Betrag, den jeder Schüler erhält, je nachdem wie viele Schüler mitfahren.

a) Bestätige mithilfe der Produktgleichheit, dass die Zuordnung *Schülerzahl* → *Betrag pro Schüler* indirekt proportional ist.

b) Notiere die Gesamtgröße. Was gibt sie an?

c) Ergänze die Tabelle um 5 weitere Zeilen.

Schülerzahl	Betrag pro Schüler (in €)
25	18,00
24	18,75
20	22,50
18	25,00

8. Entscheide mithilfe der Produktgleichheit, ob eine indirekt proportionale Zuordnung vorliegt. Notiere bei einer indirekt proportionalen Zuordnung die Gesamtgröße.
Was gibt sie an?

a) Rechteck

Länge (in m)	Breite (in m)
54	38
45	45,6
30	68,4
36	57

b) Lebensmittelvorrat

Zahl der Personen	Zeit (in Tagen)
56	24
42	32
48	28
21	64

c) Geldbetrag

Zahl der Personen	Anteil pro Person (in €)
48	27,50
35	35,72
31	43,10
25	52,80

9. Übertrage die Tabelle der indirekt proportionalen Zuordnung ins Heft und vervollständige sie mithilfe der Gesamtgröße. Runde geeignet.

a) Feste Fahrstrecke

Geschwindigkeit (in $\frac{km}{h}$)	Fahrzeit (in min)
80	72
90	
100	
110	
120	

b) Rechtecke mit festem Flächeninhalt

Länge (in cm)	Breite (in cm)
32	16
24	
	17,2
57,2	
9,6	

c) Fester Geldbetrag

Schülerzahl	Anteil pro Schüler (in €)
32	17,50
28	
	5,60
17	
23	

10. Bei einem Autotest fahren mehrere Autos eine 240 km lange Strecke mit verschiedenen Durchschnittsgeschwindigkeiten.
Stelle eine Tabelle für die Zuordnung *Durchschnittsgeschwindigkeit* → *Fahrzeit für die gesamte Strecke* auf.
Denke dir selbst geeignete Werte aus.

VERMISCHTE UND KOMPLEXE ÜBUNGEN

1. **a)** Gib den Preis für 3 kg; 1,5 kg; 750 g; $2\frac{1}{2}$ kg Bananen an.
Wie viel kg Bananen bekommt man für 5 €?

b) Berechne den Preis für 750 g; $1\frac{1}{4}$ kg; 1 500 g; 2 kg Schweinefilet.
Wie viel kg Schweinefilet bekommt man für 10 €?

c) Berechne den Preis für 1 250 g; 400 g; $1\frac{1}{2}$ kg; 875 g Möhren.
Wie viel kg Möhren erhält man für 5 €?

2. Ordne die Limonadesorten nach dem Preis pro Liter.

3. Bestimme die fehlenden Preise. Die Zuordnung soll direkt proportional sein.

a)

10 Stück	2,80 €
5 Stück	
15 Stück	

b)

20 kg	45,00 €
22 kg	

c)

30 *l*	2,80 €
33 *l*	

d)

50 kg	15 €
60 kg	

e)

40 Stück	10 €
36 Stück	

f)

100 kg	80 €
7 kg	
93 kg	

g)

20 *l*	6 €
17 *l*	

h)

60 m	60 €
46 m	

4. Ein Hausbesitzer hat seine Ölheizung so eingestellt, dass sie täglich 14 Stunden in Betrieb ist. Er weiß, dass sein Heizölvorrat bei dieser Einstellung 5 Monate reicht.

a) Er beschließt, die Heizung auf einen Betrieb von täglich 16 Stunden einzustellen. Wie lange reicht dann der Heizölvorrat?

b) Das Öl soll 6 Monate reichen. Wie lange kann die Heizung täglich in Betrieb sein?

c) Welche Zuordnung hast du zur Lösung von Teilaufgabe a) und b) benutzt?
Welche Voraussetzung über diese Zuordnung hast du gemacht?
Wie sieht es damit in der Praxis aus?

5. Drei Jugendgruppen mieten sich für einen gemeinsamen Wochenendurlaub ein Ferienheim. Die Jugendgruppe aus Wörlitz hat 6 Teilnehmer, die aus Oranienbaum 8 und die aus Dessau 11. Die Kosten von 1 100 € sollen entsprechend der Gruppenstärken aufgeteilt werden.
Wie viel Euro entfallen auf die einzelnen Jugendgruppen?

6. Gegeben ist eine Reihe von Würfeln mit der Kantenlänge 1 cm, 2 cm, 3 cm, 4 cm, 5 cm usw.

a) Berechne die Volumina dieser Würfel.

b) Überprüfe, ob die Zuordnung *Kantenlänge* → *Volumen* direkt proportional ist. Begründe.

7. In den ersten 3 Tagen einer Klassenfahrt sind 27 kg Kartoffeln verbraucht worden.

a) Wie viel kg Kartoffeln müssen für die letzten 4 Tage noch gekauft werden?

b) Wie ist einzukaufen, damit man möglichst wenig bezahlen muss?

8. Ein Busunternehmer bietet für Tagesfahrten bis zu 500 km Busse zu einem Festpreis an. Die Klasse 6 a der Erich Kästner-Schule hat 24 Schüler, auf jeden entfallen 9,75 €. Wie viel Geld muss jeder in den anderen Klassen zahlen?

Klasse	6 b	6 c	6 d	5 a	5 b	5 c
Anzahl der Schüler(innen)	22	27	25	30	28	23

9. a) Ein Ei hart zu kochen, dauert 5 Minuten.
Wie lange dauert es bei 4 Eiern? Begründe deine Antwort.

b) Der Zeitbedarf beim Aufwärmen von Speisen in Mikrowellengeräten ist direkt proportional zur Menge der Speise und indirekt proportional zur Leistung des Gerätes. Um 150 ml Milch zum Kochen zu bringen, benötigt ein Mikrowellengerät mit 600 W Leistung 8 Minuten.
Wie lange benötigt ein Gerät mit 850 W Leistung um 200 ml zum Kochen zu bringen?

10. Die Fläche eines Neubaugebietes wird in 35 gleich große Bauplätze aufgeteilt. Jeder Bauplatz ist 680 m^2 groß.

a) Die Anzahl der Bauplätze soll auf 40 erhöht werden. Wie groß ist jetzt jeder?

b) Nach einem anderen Plan soll jeder Bauplatz 850 m^2 groß werden.
Wie viele Bauplätze können jetzt entstehen?

11. a) Frau Bauer hat für 13 m^2 Fliesen 299 € bezahlt. Herr Schulze kauft 9 m^2 Fliesen derselben Sorte. Wie viel muss er bezahlen?

b) Für einen Parkettfußboden (36 m^2) hat Frau Bauer 2 250 € bezahlt. Herr Schulte lässt sein Wohnzimmer (42,50 m^2) mit dem gleichen Parkett auslegen.

12. Um die Schadstoffbelastung der Luft zu vermindern, werden nebenstehende Vorschläge für eine Geschwindigkeitsbegrenzung (Tempolimit) auf Autobahnen diskutiert.
Frau Vogt besitzt einen schnellen Sportwagen, mit dem sie auf Autobahnen bequem eine durchschnittliche Reisegeschwindigkeit von 150 $\frac{km}{h}$ erreicht.

a) Lege für jede der durchschnittlichen Geschwindigkeiten 100 $\frac{km}{h}$, 120 $\frac{km}{h}$, 130 $\frac{km}{h}$, 150 $\frac{km}{h}$ eine Tabelle der Zuordnung *Fahrstrecke (in km) → Fahrzeit (in min)* an für 100 km, 150 km, ..., 1 000 km.

b) Zeichne den Graphen jeder Zuordnung aus Teilaufgabe a) in dasselbe Koordinatensystem. Vergleiche.

c) Für Frau Vogts Sportwagen sind unten Verbrauchswerte angegeben. Lege für jede Geschwindigkeit eine Tabelle der Zuordnung *Fahrstrecke (in km) → Benzinverbrauch (in l)* an.
Nimm die Fahrstrecken wie in Teilaufgabe a) an und zeichne das Schaubild jeder Zuordnung in dasselbe Koordinatensystem. Vergleiche.

Geschwindigkeit (in $\frac{km}{h}$)	100	120	130	150
Verbrauch (in *l* pro 100 km)	10,5	11,5	13,5	16,5

13. Wenn man einen *Preisvergleich* für Waren mit unterschiedlicher Menge bzw. unterschiedlicher Masse durchführen will, wählt man eine günstige Vergleichsmasse (Vergleichsmenge) und berechnet für jede Sorte den Preis für die Vergleichsmasse. Führe wie beim Einkaufen für einzelne Sorten einen Preisvergleich durch.
Rechne, wenn möglich, im Kopf. Runde dabei gegebenenfalls geschickt.

a) *Duschgel*

b) *Waschmittel*

14. Familie Witt möchte ihr Wohnzimmer renovieren. Im Bild siehst du den Grundriss des Zimmers.

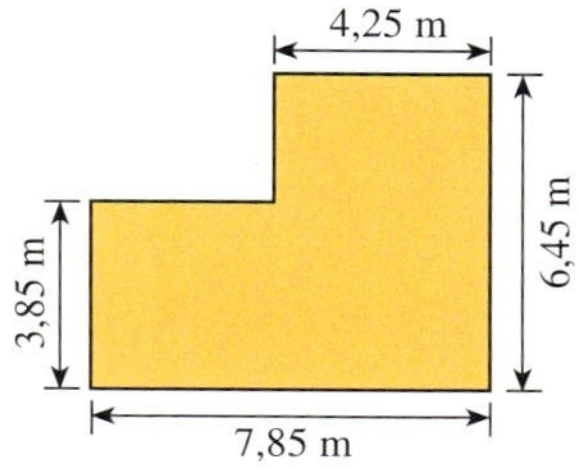

a) Das Zimmer soll einen neuen Fußbodenbelag aus Keramikfliesen zum Quadratmeterpreis von 54,74 € erhalten.
Wie teuer ist der Fußboden?

b) Die Decke erhält eine Holzvertäfelung zum Quadratmeterpreis von 7,65 €. Wie teuer ist die Wohnzimmerdecke?

c) Die Wände werden mit Raufasertapete tapeziert und anschließend gestrichen. Das Zimmer ist 2,65 m hoch; Fenster und Türen nehmen insgesamt eine Fläche von 13,50 m^2 ein. Der Maler berechnet für Tapezieren und Streichen 335,70 €. Frau Witt möchte den Quadratmeterpreis ausrechnen.

15. **a)** Der Korntankinhalt eines Mähdreschers wird in Liter angegeben. Ein Korntank mit 5 200 *l* Inhalt fasst 4,1 t Weizen; 3,2 t Gerste; 2,4 t Hafer.
Wie viel t Weizen [Gerste; Hafer] fasst ein Korntank mit einem Inhalt von 2 700 *l*, 6 500 *l*, 2 100 *l*, 4 600 *l*, 2 400 *l*?

b) 4 Mähdrescher benötigen zum Abernten der gesamten Getreidefläche 35 Stunden.
Wie viel Stunden benötigen dazu 3; 2; 1 Mähdrescher?

c) 3 Mähdrescher benötigen zum Abernten einer Getreidefläche 21 Stunden. Nach 5 Stunden fällt ein Mähdrescher aus.
Wie viel Zeit benötigen die beiden Mähdrescher noch?

BIST DU FIT?

1. Bei Flugreisen wird das Reisegepäck bei einer Fluggesellschaft bis zu einem Höchstgewicht von 20 kg kostenfrei transportiert. Ist das Gepäck schwerer, müssen die Reisenden für das Übergewicht einen zusätzlichen Preis bezahlen (siehe Tabelle).

Transportkosten für Reisegepäck

Übergewicht (in kg)	Kosten (in €)
bis 3	4,00
über 3 bis 6	7,50
über 6 bis 9	10,50
über 9 bis 11	13,00
über 11 bis 13	15,50
über 13 bis 15	18,00

a) Bestimme die Transportkosten für ein Reisegepäck mit dem Gesamtgewicht 19 kg; 29 kg; 33,6 kg.

b) Frau Teuber muss 15,50 € mehr bezahlen. Wie schwer kann ihr Gepäck gewesen sein?

c) Herr Melching stellt fest: „Ich hätte 3 € weniger bezahlt, wenn mein Gepäck nur 0,3 kg leichter gewesen wäre."
Wie viel € hat er bezahlt? Wie schwer war wohl sein Gepäck?

2. Ein Kaufhaus bietet CD-RW-Rohlinge an. Ein einzelner Rohling kostet 0,80 €, eine Fünferpackung kostet 3,50 €.

a) Wie viel kosten 1, 2, ..., 12 CD-Rohlinge bei günstigem Einkauf?

b) Zeichne den Graphen der Zuordnung.

3. Die Klasse 6b startet im Geographieunterricht das Projekt „Unser Wetter". Eine Gruppe hat sich im Internet die Temperaturdaten des vorangegangenen Tages besorgt.

Zeitpunkt (Uhr)	1	3	5	7	9	11	13	15	17	19	21	23
Lufttemperatur (in °C)	6	3	1	2	5	9	14	16	15	12	8	5

a) Zeichne mit den Daten in einem Koordinatensystem eine Temperaturkurve.

b) Simon behauptet: „Um 5 Uhr war es am kältesten und um 15 Uhr am wärmsten."
Was meinst du dazu?

4. Eine Reinigungsfirma zahlt ihren Mitarbeitern einheitlich 10,50 € pro Stunde.

a) Lege eine Tabelle für die Zuordnung *Anzahl der Stunden → Arbeitslohn* an.
(Wähle als Ausgangsgrößen 5, 10, 15, 20, 25, 30 Stunden.)

b) Zeichne den Graphen der Zuordnung.

c) Bestimme (ohne zu rechnen) mithilfe des Graphen den Arbeitslohn für
(1) 19 Stunden; (2) 7 Stunden; (3) 28 Stunden. Überprüfe jeweils durch Rechnung.

5. Die Wasserwerke einer Stadt stellen ihren Kunden für die Wasseruhr jährlich eine Grundgebühr von 65 € in Rechnung. Für den Wasserverbrauch kommen 3,60 € pro m^3 hinzu.

a) Familie Grümmel hatte im letzten Jahr einen Wasserverbrauch von 92 m^3.
Wie viel Euro musste sie insgesamt bezahlen?

b) Berechne den Rechnungsbetrag für einen jährlichen Wasserverbrauch von 10 m^3, 20 m^3, 30 m^3, ..., 120 m^3. Lege dazu eine Tabelle an.

c) Zeichne den Graphen für die Zuordnung *Wasserverbrauch (in m^3) → Rechnungsbetrag (in €)*.

6. Prüfe, ob eine direkt proportionale bzw. indirekt proportionale Zuordnung vorliegt. Begründe.

a)

Volumen (in m^3)	Masse (in t)
3	7,5
5	12,5
2,5	6,25
11	27,5

b)

Länge (in cm)	Masse (in kg)
178	76
158	36
185	105
170	70

c)

Anzahl der Maschinen	Arbeitszeit (in Stunden)
5	48
12	20
8	30
6	40

7. **a)** Frau Kraft hat für 35 Erdbeerpflanzen 22,75 € bezahlt. Herr Krug kauft 45 Pflanzen. Wie viel muss er bezahlen?

b) Frau Schulz kauft 7 Becher Saure Sahne und bezahlt 2,94 €. Herr Schäfer kauft 9 Becher. Wie viel zahlt er?

8. Vor einer Wahl will eine Wählerinitiative aus 12 Personen eine Anzeige in einer Tageszeitung veröffentlichen. Es war errechnet worden, dass jedes Mitglied sich mit 18 € an den Anzeigenkosten beteiligen sollte.
Es gelingt, 3 neue Mitglieder zu werben. Die Gesamtkosten ändern sich nicht.
Wie viel Euro muss jetzt jedes Mitglied bezahlen?

9. **a)** Familie Lohne bezahlt für ihre 112 m^2 große Wohnung 548,80 € Miete. Familie Franke bezahlt 470,40 € für 98 m^2. Welche Wohnung ist preisgünstiger? Begründe.

b) Frau Engel kauft ein Dutzend (zwölf) Eier für 1,56 € auf dem Wochenmarkt. Zwei Tage später zahlt sie bei ihrem Lebensmittelhändler für 10 Eier der gleichen Gewichtsklasse 1,35 €. Wo hat sie die Eier günstiger gekauft?

10. Ein Frachtschiff kann Trinkwasser mitnehmen, das für 18 Personen 48 Tage reicht.

a) Eine Fahrt dauert nur 40 Tage.
Wie viele Personen können zusätzlich mitgenommen werden?

b) Die Besatzung wird von 18 auf 22 Personen erhöht.
Wie viele Tage kann das Schiff höchstens unterwegs sein?

c) Welche Zuordnung hast du zur Lösung benutzt?
Welche Voraussetzung über diese Zuordnung hast du gemacht?

11. Übertrage die Tabelle ins Heft und fülle sie aus. Zeichne auch den Graphen der Zuordnung.

a) Rechteck mit gleichem Flächeninhalt

Länge (in cm)	Breite (in cm)
72	36
96	
84	
	48
	15
	24,5

b) Fester Hafervorrat

Zahl der Pferde	Anzahl der Tage
15	36
18	
12	
	60
	27
	45

c) Fester Geldbetrag

Personenzahl	Kosten pro Person
12	120,00 €
15	€
32	€
	80,00 €
	65,45 €
	49,66 €

IM BLICKPUNKT: SCHÄTZEN MIT DIREKT UND INDIREKT PROPORTIONALEN ZUORDNUNGEN

Twin-Tower in Berlin

Manchmal ist es schwierig oder viel zu zeitaufwändig, Größen genau zu bestimmen. Wir überlegen uns dann Verfahren, mit denen wir gute Schätzwerte ermitteln können. Dabei greifen wir häufig bewusst oder unbewusst auf Eigenschaften direkt oder indirekt proportionaler Zuordnungen zurück. Beim Abschätzen der Höhe eines Hauses kann man z.B. die Anzahl der Stockwerke zählen. Aus Erfahrung wissen wir, dass ein Stockwerk ungefähr 3 m hoch ist (bei Wohnhäusern in der Regel etwas weniger, bei Altbauten oft mehr).

1. **a)** Schätzt die Höhe des *Twin-Towers* in Berlin. Beschreibt euer Vorgehen.

b) Begründet: Bei der Schätzung seid ihr davon ausgegangen, dass die Zuordnung *Anzahl der Stockwerke* → *Höhe des Hauses* direkt proportional ist.
Welche weiteren Annahmen habt ihr gemacht?

2. Wie viele Haselnüsse passen in Christinas Gefäß?

a) Welchen Schätzwert erhält Christina, welchen Udo?
Vergleicht beide Vorgehensweisen.
Welcher Schätzwert ist eurer Meinung nach genauer? Erklärt.
Welche Annahmen habt ihr beim Abschätzen gemacht?

b) Begründet: Die Zuordnung
Größe des Messbechers → *Anzahl der Messbecher* ist indirekt proportional.

c) Beschreibt, wie man mithilfe einer Briefwaage die Anzahl der Haselnüsse in einer 200 g-Tüte abschätzen kann und führt das Verfahren durch.
Von welcher Zuordnung seid ihr ausgegangen?
Welche Eigenschaften habt ihr benutzt?

3. **a)** Wie viele Weizenkörner sind auf dem Anhänger?
Der Anhänger ist 4,5 m lang, 2,2 m breit und 0,9 m hoch.
Besorgt euch einige Weizenkörner und schätzt ab.

b) Bestimmt mit einer Briefwaage die Masse von 100 Körnern und schätzt damit ab, wie viel Tonnen Weizen auf dem vollen Anhänger sind.

4. Welche Aufgabenformulierung ist besser? Begründet. Löst auch die Aufgabe.

Für die Malerarbeiten in einem neuen Einfamilienhaus brauchen 3 Maler 7 Tage.
Wie lange brauchen 4 Maler?

Aufgrund von Erfahrungswerten schätzt der Betriebsleiter, dass für die Malerarbeiten in einem neuen Einfamilienhaus 3 Maler 7 Tage brauchen.
Wie lange werden schätzungsweise 4 Maler brauchen?

5. Auf dem Foto rechts seht ihr Schüler der 6. Klasse unter einem Baum.

a) Schätzt die Höhe des Baumes und die Höhe des Gebäudes rechts neben dem Baum.
Beschreibt eure Überlegungen.

b) Marco behauptet:
„Wie man auf dem Foto sieht, ist der Baum höher als der Kirchturm dahinter."
Was meint ihr?
Begründet eure Meinung.

c) Schätzt die Höhe eures Schulgebäudes oder anderer Gebäude und Objekte in eurer Umgebung. Erkundigt euch nach den tatsächlichen Höhen und vergleicht sie mit den Schätzwerten.

6. Bei einer Kontrolle von 500 Schrauben fand man 7 Schrauben mit einem defekten Gewinde. Die kontrollierten Schrauben wurden aus einer Produktion von 80 000 Schrauben zufällig ausgewählt. Schätzt, wie viele Schrauben in der gesamten Produktion fehlerhaft waren.

7. Überlegt euch ein Verfahren, wie ihr die Anzahl der Personen auf dem Schulfoto unten abschätzen könnt. Führt es durch. Worauf müsst ihr dabei achten?

8 Aufgabenpraktikum

Topfit – Vermischte Übungen 1

1. a) Berechne:

(1) $2{,}47 \cdot 1000$ (2) $32{,}4 + 3{,}24$ (3) $9{,}2 : 4$ (4) $5{,}3 - 3{,}5$ (5) $1{,}3 \cdot 0{,}4$

b) Ordne den Zahlen 2,0; $\frac{5}{5}$; 2,5; $\frac{6}{4}$; 1,7; $\frac{24}{10}$; 0,2 und $1\frac{4}{5}$ die Buchstaben zu.

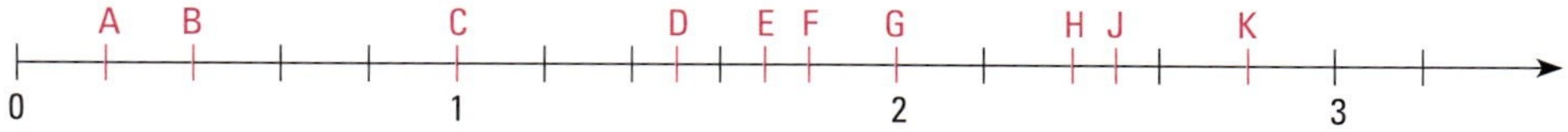

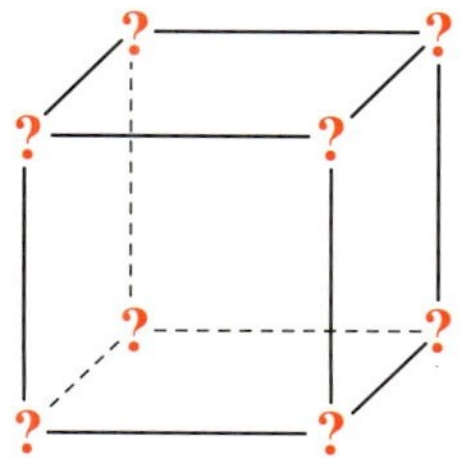

c) Skizziere das Schrägbild eines Würfels.
Setze dann in die acht Ecken des Würfels die Zahlen 1 bis 8 so ein, dass die Summe der Zahlen zu jeder Seite gleich 18 ist.

d) Runde

(1) 23 753 auf Hunderter; (2) 47,49 auf Ganze; (3) 8,605 auf Hundertstel.

e) Gib die Größe der rot markierten Winkel an.

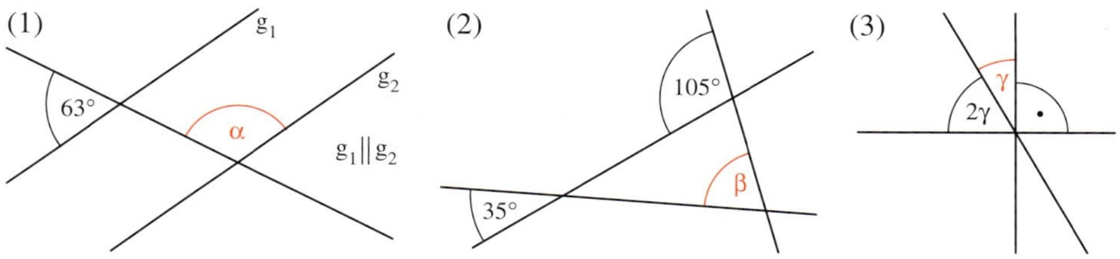

2. a) Gib vier verschiedene Möglichkeiten für die Seitenlänge eines Rechtecks an, dessen Flächeninhalt 36 cm^2 ist.

	1. Rechteck	**2. Rechteck**	**3. Rechteck**	**4. Rechteck**
Länge				
Breite				

b) Wie groß ist der Flächeninhalt

(1) des kleinen bzw. großen Quadrates?

(2) des Fünfecks?

Zu b):

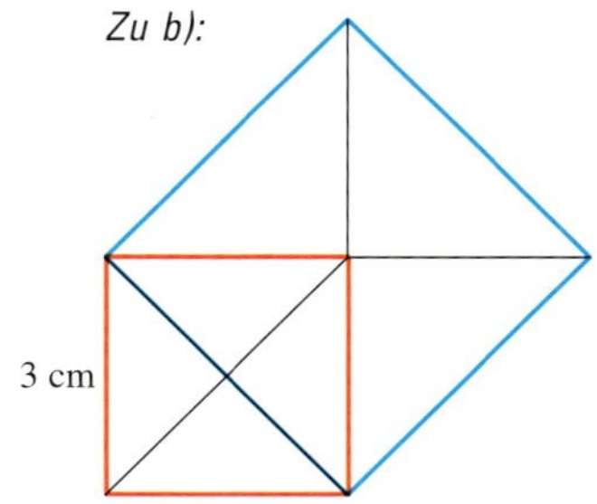

c) Eine Reisegruppe besteht zur Hälfte aus Frauen, zu einem Drittel aus Kindern und aus vier Männern.
Wie viele Personen gehören zur Reisegruppe?

d) Früher verreiste man mit einer Postkutsche und legte dabei in zwei Stunden etwa 9 km zurück.
Welche Strecke bewältigten die Reisenden demzufolge in fünf Stunden?

e) Bestimme den Flächeninhalt der gefärbten Fläche.

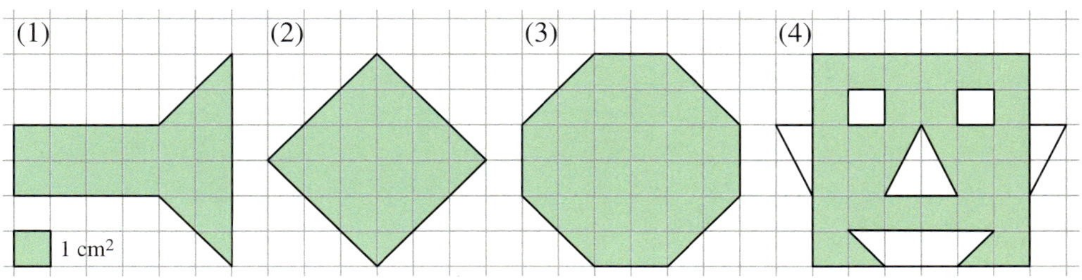

Topfit – Vermischte Übungen 2

1. a) Wie heißt die unbekannte Zahl?

(1) $x + 3{,}7 = 12$ (3) $4 \cdot \square + 27 = 63$ (5) 3,99 € + $\square$ € = 5,48 € (6)

(2) $72 : y = 12$ (4) 1; 4; …; 16; 25

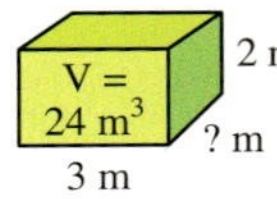

b) In den Dreiecken sind die Seiten $\overline{AC}$ und $\overline{BC}$ gleich lang. Berechne die fehlenden Winkel.

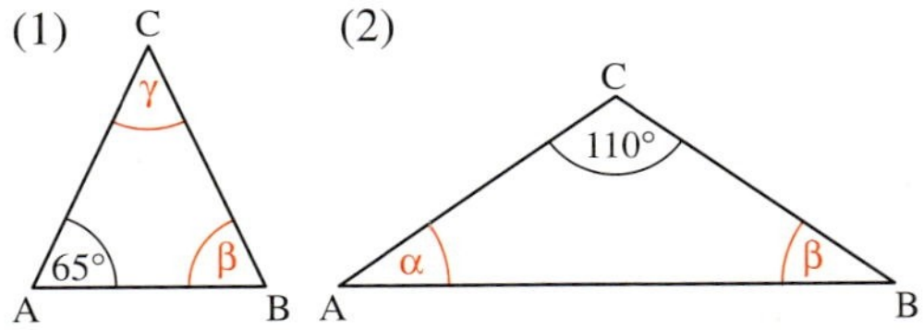

c) Das arithmetische Mittel aus der Zahl 27 und einer weiteren Zahl beträgt 40. Wie heißt die Zahl?

d) „Sag einmal, warst du nicht in Halle länger als in Dessau?" „Nein, ich bin immer noch 1,58 m."

e) Johann füllt Sand in acht Überraschungseier, sodass sie alle gleich schwer sind. Ein neuntes Ei macht er etwas leichter.
Seine Schwester Nora findet durch nur zwei Wägungen mit einer Schalenwaage (ohne Wägestücke) dieses Ei heraus.
Wie macht sie das?

2. a) Berechne

(1) das Vierfache von 2,35 €; (3) $10^3 + 10$;

(2) die Quadratzahl von 15; (4) den fünften Teil einer Stunde.

b) Setze – wenn möglich – für die Leerstellen passende Ziffern ein, sodass die Zahl durch

(1) 2, (2) 3, (3) 5, (4) 9, (5) 10 teilbar ist.

465□ 463□0 739□5 6□50 9876□ 787□

Wenn es mehrere Möglichkeiten gibt, versuche alle herauszubekommen.

c) Die Tabelle zeigt dir, wie viele Besucher in der letzten Woche ins *Cinemix* kamen.

Wochentag	So	Mo	Di	Mi	Do	Fr	Sa
Anzahl der Besucher	168	144	96	180	156	204	252

(1) Stelle die Anzahl der Besucherzahl in einem geeigneten Diagramm dar.

(2) Wie viele Besucher kamen durchschnittlich pro Tag ins Kino? Wie heißt dieser Wert?

d) In kochendes Wasser werden zwei Eier gelegt. Nach sechs Minuten sind sie hart gekocht. Welche Zeit benötigt man, wenn gleichzeitig vier Eier hart gekocht werden sollen?

e) In welchen Fällen liegt das Netz eines Quaders vor? Begründe.

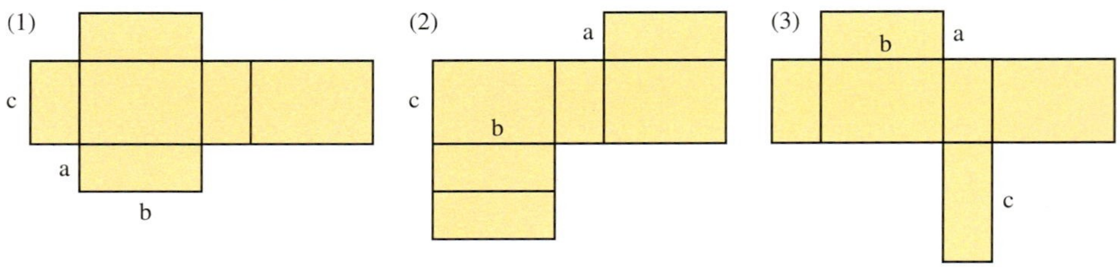

Topfit – Vermischte Übungen 3

1. a) (1) Übertrage die Tabelle in dein Heft. Trage dann nacheinander die gefundenen Zahlen der Rechenschlange ein.

A	B	C	D	E

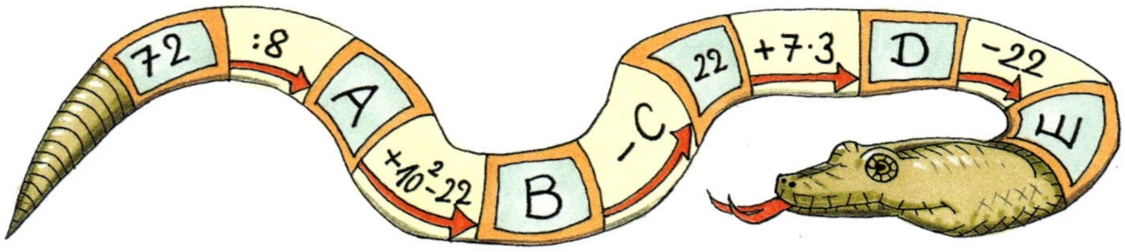

(2) Die Zahlen in der Tabelle bilden eine neunstellige „Riesenzahl". Wie weit ist diese Riesenzahl von einer Milliarde entfernt?

b) Wie viele Wellensittiche und wie viele Zwergkaninchen hat Johann, wenn seine fünf Tiere insgesamt 14 Füße haben?

c) Welche Überschläge für die Aufgabe $746 \cdot 58$ findest du gut? Begründe.

(1) $75 \cdot 60$ (3) $800 \cdot 6$ (5) $750 \cdot 60$ (7) $800 \cdot 60$
(2) $700 \cdot 60$ (4) $800 \cdot 5$ (6) $700 \cdot 50$ (8) $500 \cdot 60$

d) (1) Bilde aus den vier Ziffern 6, 0, 3 und 7 die größtmögliche und die kleinstmögliche vierstellige Zahl. (Jede Ziffer soll genau einmal vorkommen.)
(2) Berechne die Summe und die Differenz der zwei Zahlen.

e) 

Berlin

Herr Bahl fährt mit seinem Auto in drei Stunden von Berlin nach Tiefenau.
Dort kommt er 9.45 Uhr an.
Formuliere dazu Rechengeschichten.

Tiefenau

2. a) Rechenkärtchen!

(1) □ · □ – □ = □
(2) □ : □ + □ = □

b) Richtig oder falsch? Korrigiere das Ergebnis, falls notwendig.

(1) $14 + 3 \cdot 4 = 68$ (3) $17 - 4 \cdot 3 + 13 = 18$ (5) $5 \cdot (1000 - 100) = 4000$
(2) $56 - (27 - 13) = 32$ (4) $80 : 5 - 3 = 40$ (6) $7 + 3 \cdot (8 - 5) = 13$

c) Welcher Anteil an der Fläche ist gefärbt?

(1)  (2) 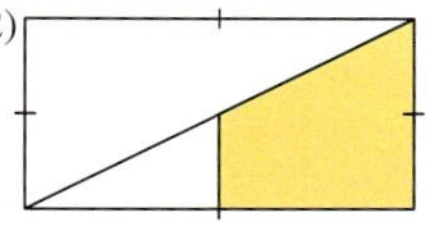

d) Herr und Frau Sommer besuchen mit ihren drei Kindern den Zoo.

e) Max hatte nach dem ersten Schulhalbjahr für seine sechs Mathematik-Zensuren einen Durchschnitt von 2,0 berechnet. Bei Nachfrage der Eltern erinnert er sich genau an die vier Zensuren 1, 2, 3 und 4. Finde die restlichen Zensuren.

Eintrittspreise:

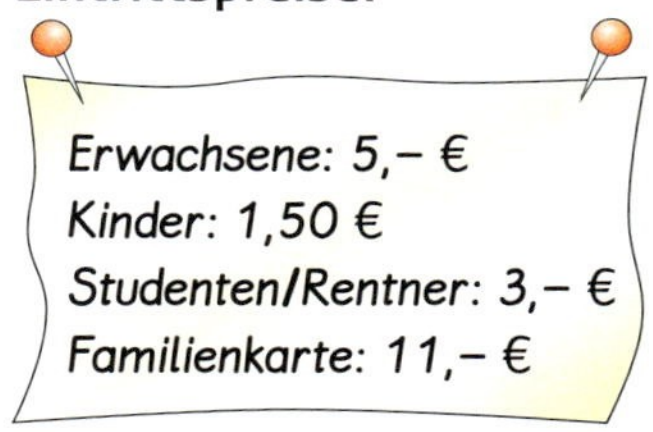

Topfit – Vermischte Übungen 4

1. a) (1) Bilde alle 3-stelligen Zahlen, welche die Ziffern 1, 3 und 6 genau einmal enthalten.
(2) Berechne anschließend die Summe dieser dreistelligen Zahlen.
(3) Kannst du ganz schnell das Ergebnis für die Summe aller dreistelligen Zahlen mit den Ziffern 1, 3, 7 sagen?

b) Finde die fehlenden Ziffern. Notiere die Aufgabe vollständig in deinem Heft.

(1)	(2)	(3)
25_	7__5	43,_7 €
+ 678	– _99_	+ _,84 €
__3	3333	_5,3_ €

c) Übertrage das Dreieck ABC mithilfe des Karonetzes in dein Heft.
(1) Wie groß sind die im Dreieck liegenden Winkel?
(2) Zeichne eine Gerade durch C, die zu $\overline{AB}$ senkrecht ist.
Nenne den entstehenden Schnittpunkt D.
(3) Spiegele das Dreieck ABC an der Geraden CD.

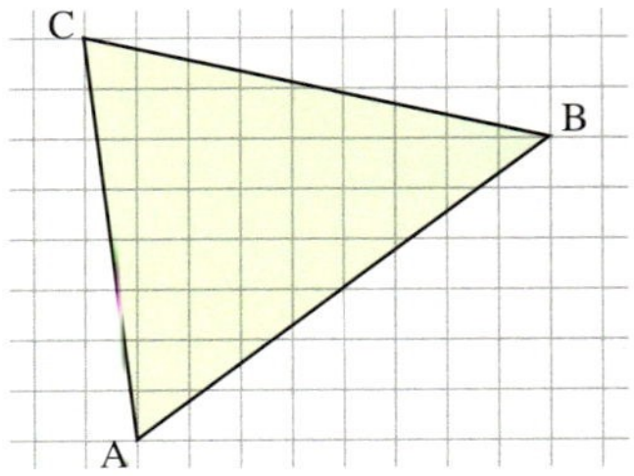

d) Stelle eine Gleichung auf und löse sie.
(1) Wenn ich eine Zahl vervierfache und dann 17 addiere, erhalte ich 53.
(2) Wenn ich vom Achtfachen einer Zahl 26 subtrahiere, erhalte ich 70.
(3) Wenn ich die Hälfte einer Zahl um 18 vermindere, erhalte ich 40.

e) Moritz hat die Zahlenkombination für sein Fahrradschloss vergessen. Er hatte sich aber beim Kauf des Schlosses seine vierstellige Geheimnummer als Zahlenrätsel aufgeschrieben.

◯ + ☽ = △ □
◯ · ◯ = ☽ △
Zahlenkombination:
☽ ◯ △ □

Einheit: 1 cm

2. a) (1) Zeichne das Dreieck ABC mit A(1|0), B(9|1) und C(3|5) in ein Koordinatensystem.
(2) Miss die drei Winkel in dem Dreieck.
(3) Miss die Abstände der drei Eckpunkte von den gegenüberliegenden Seiten.
(4) Bestimme den Umfang.

b) Schreibe in der in Klammern angegebenen Einheit.

(1) 73 mm (m)	(3) $\frac{3}{4}$ d (h)	(5) 17 g (kg)	(7) $\frac{3}{10}$ l (ml)
(2) $\frac{3}{5}$ cm (mm)	(4) $\frac{7}{60}$ h (s)	(6) 1,6 a (m^2)	(8) 0,457 cm^3 (mm^3)

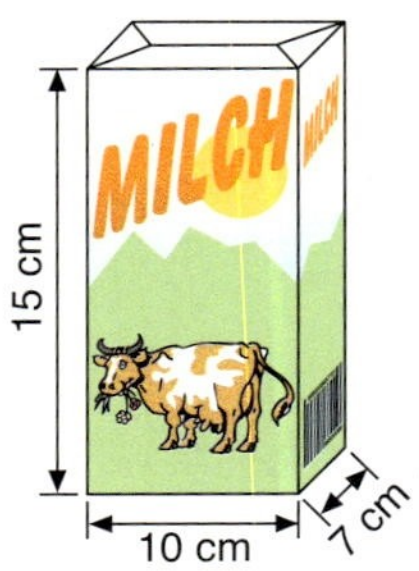

c) (1) Berechne den Oberflächeninhalt der Milchpackung.
(2) Bei der Herstellung der Packung wird mit Folie beschichteter Karton verwendet. Pro Packung braucht man das 1,2fache des Oberflächeninhalts. Wie viele Packungen kann man aus 10 m^2 Karton herstellen?
(3) In der Packung befindet sich 1 Liter Milch. Wie viel ml Luft sind in der Packung.

d) Ordne nach der Größe, beginne mit der kleinsten Zahl.
(1) 23,9; 24,17; 23,82; 24,7 (2) 2,089; 2,163; 1,3; 2,16

e) Martina, Ellen, Klaus und Atti verkaufen ihre alten Sachen auf dem Flohmarkt. Dabei werden sie 7 Blumentöpfe zu 0,48 € das Stück, 19 Bücher zu je 1,85 € und eine Kiste Legosteine für 12,49 € los. Am Schluss teilen sie das eingenommene Geld gleichmäßig unter sich auf.
Wie viel erhält jeder?

Topfit – Vermischte Übungen 5

1. a) Übertrage die Figur in dein Heft und zerlege sie in vier zueinander kongruente Teilfiguren.

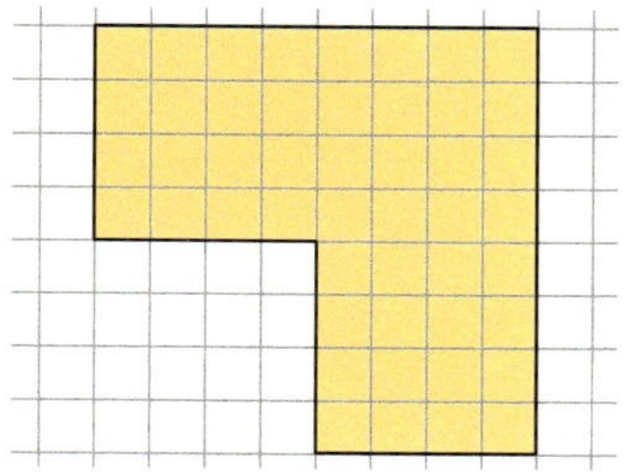

b)

Frau Sommer lagert in ihrem Keller zwei Sorten Äpfel. Bei einer Zwischenkontrolle muss sie leider 4 kg von der Sorte A und 5 kg von der Sorte B aussortieren. Ihr Sohn Paul meint daraufhin, dass die Sorte A haltbarer ist.

c) Bei einer Zeigeruhr kann man Winkel zwischen den beiden Zeigern betrachten. Dabei soll der Minutenzeiger den ersten, der Stundenzeiger den zweiten Schenkel bilden.

(1) Gib Uhrzeiten an, sodass zwischen den beiden Zeigern ein spitzer bzw. stumpfer bzw. rechter bzw. überstumpfer Winkel liegt.

(2) Wie groß ist der Winkel, den der Minutenzeiger [Stundenzeiger] in einer Stunde überstreicht?

Drehen gegen den Uhrzeigersinn!

d) Nora hat zweimal Wurstsalat, drei Vanille-Creme, $\frac{1}{2}$ kg Wurst, zwölf Milchpacks, zweimal Butter und eine Zeitschrift für 1,10 € eingekauft.

(1) Wie viel muss sie etwa bezahlen?

(2) Überprüfe deinen Überschlagswert durch eine Rechnung.

e) Lies! ... Rechne! ... Finde Wahrheit und Lüge!

24. Spieltag der 1. Bundesliga
FC Blayern am Ende

Diesen 24. Spieltag werden die Blayern wohl nicht vergessen.
Drei Viertel der 10 Feldspieler kamen schon mit schmutzigen Hosen auf den Platz.
Zwei Fünftel der Feldspieler stellten sich mindestens dreimal ins Abseits. Und der Elfmeter ... Mindestens fünf Meter über die Latte.
Damit konnten die Blayern von den ihnen in dieser Saison zugesprochenen 15 Elfmetern erst ein Fünftel verwandeln. Trauriger Rekord.
Dass nun bei diesem Spiel 9 Tore fielen, ist nur ein schwacher Trost.
Denn zwei Drittel davon wurden ganz klar irregulär erzielt.
Ein großes Lob gebührt dem FC Solar.
Sieben Sechstel der insgesamt 30 Zweikämpfe konnten seine Männer für sich entscheiden.
Dass der Fußball aber dennoch ein reines Glücksspiel ist, mag die Tatsache belegen, dass die Blayern völlig unverdient mit 8 : 1 gewonnen haben.

Komplexe Aufgaben

Eine Radtour

Einige Schüler einer 6. Klasse bereiten für die Sommerferien eine gemeinsame Fahrradtour auf dem Elbradweg vor. Durch Meißen und Dresden hindurch wollen sie bis in die Sächsische Schweiz radeln.

1. Auf der dreitägigen Radtour werden sie 150 km zurücklegen. Am ersten Tag wollen sie die Hälfte des Weges und am zweiten Tag ein Viertel des Weges zurücklegen. Gib die Längen der einzelnen Tagestouren an.

2. Auf dem gut ausgebauten Elbradweg kommen Radfahrer zügig voran. Die Schüler denken, dass sie eine durchschnittliche Geschwindigkeit von $12\,\frac{km}{h}$ erreichen werden.

a) Wie weit fahren sie in einer Minute?

b) Wie viel Zeit benötigen sie für einen Kilometer?

3. Damit die Schüler beim Radeln fit bleiben ist es wichtig, regelmäßig zu trinken. Fünf Schüler wollen Milch zum Picknick. Eine Kakaomilch kostet 0,35 € und eine Vanillemilch 0,23 €.

	Anna	Benno	Christian	Doris	Elly
Kakaomilch	3	1	2	4	1
Vanillemilch	1	3	2	–	4

4. Ein Vater begleitet die Klasse. Auf der ersten Etappe nimmt er für jeden Schüler 250 g Obst mit. An der Radtour wollen 23 Schüler teilnehmen. Er benutzt dafür zwei gleich große Gepäcktaschen (32 cm lang, 35 cm hoch, 12 cm breit).

5. Die Räder der meisten Schüler wurden in der Projektwoche von der Polizei codiert. Tina bildet zur Codiernummer ihres Fahrrades ein Rätsel:

- Schreibe erst unsere zweistellige und durch drei teilbare Hausnummer auf.
- Trage dahinter die Quersumme der Hausnummer als 3. Ziffer ein.
- Die weiteren Ziffern sind stets die Summe der zwei vorherigen.
- Die Codiernummer ist sechsstellig und enthält keine Eins.

6. Auf einem Wandertag bereiten sich die Schüler auf das gemeinsame Radfahren vor.

a) Bei einer Rast sieht Tony auf seinem Fahrradcomputer die Anzeige 01:35:44h und am Ende der Tour 03:55:27h.

b) Johannes fährt nicht so schnell wie Hendrik und Doris. Hendrik fährt nicht so schnell wie Doris, aber schneller als Benno. Wer ist der schnellste Radfahrer?

c) Sindy überlegt, wie lang eine „Fahrrad-Schlange" aus 25 Rädern ist, wenn jedes Fahrrad 200 cm lang ist. Der Sicherheitsabstand von Rad zu Rad soll 2,50 m betragen.

7. Richard und Paul kaufen vier Schläuche zu je 2,69 € und Flickzeug für 1,59 €. Paul bezahlt mit zwei 10-Euro-Scheinen.

Auf dem Bauernhof

Familie Schulz besitzt einen Bauernhof und bewirtschaftet insgesamt eine Fläche von 90 ha; davon sind $\frac{2}{5}$ Wald und $\frac{3}{20}$ Wiesen. Die restliche Fläche wird für den Ackerbau genutzt. Außerdem betreibt sie auf dem Hof noch Schweinemast und Milchviehhaltung.

1. **a)** Veranschauliche die Anteile mit einem geeigneten Rechteck.
b) Wie groß ist der Wald? Wie viel ha Wiesen gehören zu dem Hof?
c) Welchen Anteil macht die Ackerfläche an der Gesamtfläche aus? Wie groß ist sie?
d) Viele Landwirte geben die Größe ihrer Wirtschaftsfläche in Morgen an. Ein Morgen ist 2 500 m^2 groß. Wie viel Morgen bewirtschaftet Familie Schulz insgesamt?

2. In dem Schweinestall sind 24 rechteckige Buchten, die jeweils 4,2 m lang und 3,5 m breit sind. Jede Bucht hat für 14 Mastschweine Platz.
a) Wie viele Mastschweine passen insgesamt in den Schweinestall?
b) Wie viel m^2 Platz steht jedem Mastschwein zur Verfügung?

3. Familie Schulz hatte im letzten Jahr 38 Kühe. Die Milchleistung in dem Jahr kannst du der Tabelle entnehmen.

Monat	Jan.	Feb.	Mä.	Apr.	Mai	Juni	Juli	Aug.	Sep.	Okt.	Nov.	Dez.
Milchmenge (in m^3)	23,5	25,2	25,3	22,8	23,9	23,4	21,7	20,8	20,3	18,4	19,6	25,4

a) Wie viel Liter Milch hat jede Kuh durchschnittlich in dem Jahr produziert?
b) Die Molkerei bezahlte für einen Liter Milch 0,31 €.
Berechne die Jahreseinnahmen aus dem Milchverkauf.
c) Die Gesamtkosten (Stall, Futter, Tierarzt, ...) betragen jährlich etwa 1650 € pro Kuh.
Wie groß ist der Gewinn pro Kuh aus dem Milchverkauf?

4. Bei der Durchforstung des Waldes wurden die Stämme der gefällten Fichten auf 2 m Länge zersägt und am Rand des Waldweges gestapelt. Der Holzstapel hat näherungsweise die Form eines Quaders. Er ist durchschnittlich 1,6 m hoch und 35 m lang. Das Volumen des Holzes wird in Raummetern angegeben.
1 Raummeter Holz ist ein Holzstapel, der einschließlich der Hohlräume 1 m^3 groß ist.
a) Herr Schulz verkauft das Holz an ein Fernheizkraftwerk, das ihm pro Raummeter 32,75 € bezahlt.
Wie viel Euro erhält er?
b) Holz ist ein nachwachsender Rohstoff. $6\frac{1}{4}$ Raummeter Fichte haben den gleichen Heizwert wie 1000 Liter Heizöl.
Wie viel Liter Heizöl werden durch das Fichtenholz ersetzt?

Anhang

LÖSUNGEN ZU BIST DU FIT?

Seite 25

1. a) $7 \mid 28$, $7 \nmid 40$
b) $8 \nmid 36$, $9 \mid 54$
c) $8 \mid 96$, $12 \nmid 112$
d) $11 \nmid 111$, $9 \mid 144$
e) $45 \mid 990$, $17 \mid 153$

2. a) $T_{56} = \{1, 2, 4, 7, 8, 14, 28, 56\}$
b) $T_{68} = \{1, 2, 4, 17, 34, 68\}$
c) $T_{55} = \{1, 5, 11, 55\}$
d) $T_{104} = \{1, 2, 4, 8, 13, 26, 52, 104\}$
e) $T_{264} = \{1, 2, 3, 4, 6, 8, 11, 12, 22, 24, 33, 44, 66, 88, 132, 264\}$
f) $T_{380} = \{1, 2, 4, 5, 10, 19, 20, 38, 76, 95, 190, 380\}$

3. a) $V_7 = \{7, 14, 21, 28, 35, 42, 49, 56, 63, 70, 77, 84, \ldots\}$
b) $V_8 = \{8, 16, 24, 32, 40, 48, 56, 64, 72, 80, 88, 96, \ldots\}$
c) $V_{12} = \{12, 24, 36, 48, 60, 72, 84, 96, 108, 120, 132, 144, \ldots\}$
d) $V_{14} = \{14, 28, 42, 56, 70, 84, 98, 112, 126, 140, 154, 168, \ldots\}$
e) $V_{21} = \{21, 42, 63, 84, 105, 126, 147, 168, 189, 210, 231, 252, \ldots\}$
f) $V_{17} = \{17, 34, 51, 68, 85, 102, 119, 136, 153, 170, 187, 204, \ldots\}$
g) $V_{102} = \{102, 204, 306, 408, 510, 612, 714, 816, 918, 1020, 1122, 1224, \ldots\}$
h) $V_{125} = \{125, 250, 375, 500, 625, 750, 875, 1000, 1125, 1250, 1375, 1500, \ldots\}$

4. a) falsch; wahr; wahr; wahr
b) wahr; wahr; wahr; wahr
c) wahr; wahr; falsch; wahr
d) wahr; falsch; wahr; falsch

5. a) 36, 64, 72, 310, 400, 5316, 6172, 9186, 9700, 60002, 87904, 185558, 72856392
b) 36, 45, 72, 927, 1017, 5316, 7623, 9186, 37851, 5687469, 72856392
c) 35, 45, 125, 310, 400, 2225, 9700, 8041565
d) 36, 45, 72, 927, 1017, 7623, 5687469
e) 310, 400, 9700
f) 400, 9700

6. 12; 15; 33; 39; 56; 49; 81

7. a) 4; 10 **b)** 7; 15 **c)** 35; 6 **d)** 13; 12

8. a) 30; 30 **b)** 104; 75 **c)** 120; 36 **d)** 130; 400

9. 2 m

10. Bei jedem 15-ten Fahrrad.

11. a) 7, 11 **b)** 19, 23, 31 **c)** 37, 41, 47 **d)** 67, 73, 83

Seite 61

1. a) $\frac{7}{8}$; $1\frac{1}{7}$; $\frac{1}{2}$; 2; $2\frac{2}{5}$ **b)** $4\frac{2}{7}$; 7; $15\frac{2}{5}$; $11\frac{10}{19}$

2. $\frac{5}{8}$; $\frac{3}{11}$; $\frac{3}{5}$; $\frac{5}{12}$; $2\frac{2}{3}$; $\frac{4}{11}$; $\frac{3}{5}$; $2\frac{1}{4}$

3. a) $\frac{150}{100}$; $\frac{175}{100}$; $\frac{120}{100}$; $\frac{70}{100}$; $\frac{55}{100}$; $\frac{72}{100}$; $\frac{46}{100}$ **b)** $\frac{1250}{1000}$; $\frac{440}{1000}$; $\frac{1125}{1000}$; $\frac{88}{1000}$; $\frac{205}{1000}$; $\frac{180}{1000}$; $\frac{52}{1000}$

4. a) $<$; $>$ **b)** $=$; $<$ **c)** $>$; $=$ **d)** $<$; $<$ **e)** $=$; $<$ **f)** $<$; $<$

5. a) $2\frac{5}{6} < 3\frac{1}{6} < 4\frac{7}{12} < 4\frac{5}{8} < 5\frac{7}{9}$ **b)** $2\frac{7}{18} < 2\frac{5}{12} < 3\frac{7}{25} < 3\frac{7}{15} < 4\frac{5}{12} < 5\frac{6}{11} < 5\frac{3}{5} < 6\frac{3}{25} < 6\frac{3}{4}$

6. A: $\frac{2}{25} = 0{,}08$; B: $\frac{4}{25} = 0{,}16$; C: $\frac{8}{25} = 0{,}32$; D: $\frac{10}{25} = \frac{2}{5} = 0{,}4$; E: $\frac{16}{25} = 0{,}64$; F: $\frac{18}{25} = 0{,}72$; G: $\frac{20}{25} = \frac{4}{5} = 0{,}8$; H: $\frac{27}{25} = 1{,}08$

7. a) $0{,}06 = \frac{6}{100} = \frac{3}{50}$; $0{,}008 = \frac{8}{1000} = \frac{1}{125}$; $0{,}475 = \frac{475}{1000} = \frac{19}{40}$; $0{,}053 = \frac{53}{1000}$; $0{,}48 = \frac{48}{100} = \frac{12}{25}$;
$0{,}206 = \frac{206}{1000} = \frac{103}{500}$; $1{,}36 = \frac{34}{25} = 1\frac{9}{25}$; $2{,}145 = \frac{429}{200} = 2\frac{29}{200}$; $5{,}095 = \frac{1019}{200} = 5\frac{19}{200}$; $9{,}603 = \frac{9603}{1000} = 9\frac{603}{1000}$
b) $0{,}0009 = \frac{9}{10000}$; $0{,}00008 = \frac{8}{100000} = \frac{1}{12500}$; $0{,}0038 = \frac{38}{10000} = \frac{19}{5000}$; $0{,}4055 = \frac{4055}{10000} = \frac{811}{2000}$;
$0{,}0485 = \frac{485}{10000} = \frac{97}{2000}$; $1{,}0007 = 1\frac{7}{10000}$; $2{,}00005 = 2\frac{1}{20000}$; $1{,}00082 = 1\frac{41}{50000}$; $3{,}03506 = 3\frac{1753}{50000}$

8. a) $\frac{8}{1000} = 0{,}008$; $\frac{90}{1000} = 0{,}090 = 0{,}09$; $\frac{230}{1000} = 0{,}230 = 0{,}23$; $\frac{70}{100} = 0{,}70 = 0{,}7$;
$\frac{7}{10000} = 0{,}0007$; $\frac{18}{10000} = 0{,}0018$; $\frac{1524}{10000} = 0{,}1524$; $\frac{255}{100000} = 0{,}00255$
b) $10\frac{9}{10} = 10{,}9$; $7\frac{20}{100} = 7{,}20 = 7{,}2$; $20\frac{6}{1000} = 20{,}006$; $2\frac{65}{1000} = 2{,}065$; $9\frac{115}{1000} = 9{,}115$;
$13\frac{87}{1000} = 13{,}087$; $30\frac{6}{1000} = 30{,}006$

9. a) $2\frac{1}{2} = 2{,}5$; $5\frac{1}{4} = 5{,}25$; $6\frac{1}{5} = 6{,}2$; $2\frac{1}{8} = 2{,}125$; $10\frac{1}{10} = 10{,}1$; $3\frac{2}{5} = 3{,}4$
b) $3\frac{1}{20} = 3{,}05$; $4\frac{1}{25} = 4{,}04$; $1\frac{1}{50} = 1{,}02$; $20\frac{3}{4} = 20{,}75$; $4\frac{4}{5} = 4{,}8$; $1\frac{3}{8} = 1{,}375$

Seite 223

9. a) c = 5,0 cm; α = 66°; β = 47° (sws)
b) α = 32°; β = 95°; b = 11,2 cm (SsW)
c) α = 80°; b = 3,8 cm; c = 3,1 cm (wsw)
d) α = 101,5°; β = 44,5°; γ = 34,0° (sss)
e) α = 42,6°; β = 8,4°; b = 1,2 cm (SsW)
f) α = 93°; a = 15,0 cm; c = 13,4 cm (wsw)

10. a) a = 9,5 cm; b = 8,4 cm; α = 63°
b) a = 3,6 cm; α = 50°; β = 40°
c) a = 2,6 cm; b = 4,6 cm; γ = 56°
d) b = 3,0 cm; c = 4,4 cm; γ = 55°
e) a = 3,4 cm; b = 2,8 cm; α = 50°
f) a = 3,4 cm; c = 2,5 cm; γ = 36°

11. etwa 13,4 m **12.** 3,4 m

13. a) 17,136 m^2 **b)** 2056,32 ml ≈ 2,06 *l*; Ja, es reicht ein Überschlag. **c)** 625,46 €

14. a) (1) M(3,5|4); (2) W(2,7|2,3)
b) (1) M(7|5); (2) W(5,2|6)
c) (1) M(6,8|7,8); (2) W(5,3|0,8)
d) (1) M(5,7|6,0); (2) W(3,4|2,2)

15. Die so entstehenden Punkte liegen auf einer Geraden. Verbindet man sie, so entsteht ein neues Dreieck.

Seite 258

1. a) 19 kg – 0 €; 29 kg – 10,50 €; 33,6 kg – 18 € **b)** über 31 bis 33 kg **c)** 10,50 €; 26,3 kg

2. a)

Rohling	1	2	3	4	5	6	7	8	9	10	11	12
Preis (in €)	0,80	1,60	2,40	3,20	3,50	4,30	5,10	5,90	6,70	7,00	7,80	8,60

b) –

3. a) Auf der x-Achse (1 Stunde – 1 cm) wird der Zeitpunkt (Uhr) und auf der y-Achse (10 °C – 1 cm) wird die Lufttemperatur (in °C) abgetragen.
b) Er kann sich nicht sicher sein, da die Lufttemperatur sich auch während der Stunde verändert und somit auch unter 5 °C gesunken bzw. über 15 °C gestiegen sein kann.

4. a)

Stunden	5	10	15	20	25	30
Arbeitslohn (in €)	52,50	105	157,50	210	262,50	315

b) 10 Stunden – 1 cm auf der x-Achse; 1 mm – 1 € auf der y-Achse
c) (1) ≈ 200 € (2) ≈ 75 € (3) ≈ 290 €

5. a) 396,20 €
b)

jährl. Wasserverbrauch (in m^3)	10	20	30	40	50	60	70	80	90	100	110	120
Preis (in €)	101	137	173	209	245	281	317	353	389	425	461	497

c) Auf der x-Achse (10 m^3 – 1 cm) wird der Wasserverbrauch (in m^3) und auf der y-Achse (50 € – 1 cm) wird der Preis (in €) abgetragen.

Seite 259

6. a) Die Zuordnung ist proportional. Der Quotient ist bei allen Werten gleich.
b) Die Zuordnung ist weder proportional noch indirekt proportional (weder quotienten-, noch produktgleich).
c) Die Zuordnung ist indirekt proportional. Das Produkt ist bei allen Werten gleich.

7. a) Herr Krug zahlt 29,25 €. **b)** Herr Schäfer zahlt 3,78 €. **8.** Jedes Mitglied zahlt jetzt 14,40 €.

9. a) Die Wohnung von Familie Franke ist günstiger; sie zahlt für 1 m^2 4,80 €, Familie Lohne zahlt für 1 m^2 4,90 €.
b) Auf dem Markt sind die Eier günstiger; Marktpreis 0,13 €, Lebensmittelhändler 0,135 €.

10. a) Es können 3 weitere Personen mitgenommen werden.
b) Das Schiff kann max. 39 Tage unterwegs sein. **c)** 18 Personen entsprechen 48 Tage.

11. a)

Länge (in cm)	Breite (in cm)
72	36
96	27
84	30,9
54	48
172,8	15
105,8	24,5

b)

Pferde (in Stück)	Anzahl der Tage
15	36
18	30
12	45
9	60
20	27
12	45

c)

Personenanzahl	Kosten pro Person
12	120,00 €
15	96,00 €
32	45,00 €
18	80,00 €
22	65,45 €
29	49,66 €

STICHWORTVERZEICHNIS

Achsenspiegelung 146, 147
–, Eigenschaften der 151
Achsensymmetrie 142, 147
achsensymmetrisch 142
Addieren
– bei gemischter Schreibweise 68
– von Dezimalbrüchen 70
– von gleichnamigen Brüchen 63
– von ungleichnamigen Brüchen 64
Anteil 27, 51
– -s, Bestimmen des 43
arithmetisches Mittel 107
Assoziativgesetz 127

Bandornament 154
Basis 182
Basiswinkel 182
Basiswinkelsatz 183
Behauptung 174
Bildfigur 151, 190
Bruch 27
– als Maßzahl 27
– als Quotient natürlicher Zahlen 29
–, gemeiner 27, 34
– in gemischter Schreibweise 27
Bruchstrich 27

deckungsgleich 189, 190
Dezimalbruch 33, 38, 56
–, endlicher 105
–, periodischer 105, 106
direkt proportionale Zuordnung 238, 239, 242
Distributivgesetz 127
Dividieren
– von Dezimalbrüchen 100, 103
– von gemeinen Brüchen 89
– von Größen 93
Doppelbruch 125
drehsymmetrisch 165
Dreieck
–, Bezeichnungen am 179
– -e, Einteilung der 180
– -s, Flächeninhalt eines 215
– -e, gleichschenklige 182, 183, 184
– -e, gleichseitige 184
– -s, Höhen des 204
– -s, Inkreis des 211
– -e, Innenwinkelsatz für 179
–, Mittelsenkrechte im 206
– -e, rechtwinklige 180
– -e, spitzwinklige 180
– -e, stumpfwinklige 180
– -s, Umfang eines 215
–, Umkreis im 207
– -e, unregelmäßige 184
Dreiecksungleichung 194
Dreisatzaufgaben 241, 242, 250
Durchmesser 207
Durchschnitt 107

endlicher Dezimalbruch 105
Endnullen 56
Endstellenregel für die Teilbarkeit 12
Erweitern eines Bruches 34

Fixelement 147
– -e der Achsenspiegelung 147
– der Verschiebung 157
Fixgerade 147
Fixpunkt 147
Flächeninhalt eines Dreiecks 215

Ganzes
–, Bestimmen des 46
gebrochene Zahlen 32, 131
gemeiner Bruch 27, 34
gemeinsame Vielfache 23
gerade Zahlen 12
gleichschenkliges Dreieck 182, 183, 184
gleichnamig 52
gleichseitiges Dreieck 184
Gleichung 129, 229
–, Lösung einer 129
Grad 125
Graph einer Zuordnung 232, 238
größter gemeinsamer Teiler 20

Hauptnenner 53, 64
Höhen des Dreiecks 204
Hundertstel 38
Hyperbel 249

indirekt proportionale Zuordnung 248, 250, 253
Innenwinkelsatz für Dreiecke 179
Inkreis des Dreiecks 211

Kehrwert eines Bruches 89
kleinstes gemeinsames Vielfaches 23
Kommutativgesetz 127
kongruent 189, 190
Kongruenzsätze 193, 196, 198, 200, 201
Kreis 207
– -es, Mittelpunkt des 207
– -es, Radius des 207
Kürzen eines Bruches 34, 79, 84

Lösung einer Gleichung 129

Mittel
–, arithmetisches 107
Mittelpunkt 207
Mittelsenkrechte 152, 183
– im Dreieck 206, 207
Modalwert 242
Multiplizieren
– von Dezimalbrüchen 96
– von gemeinen Brüchen 83, 84

natürliche Zahlen 32, 131
Nebenwinkel 173
Nebenwinkelsatz 174
negative Zahlen 134
Nenner 27

Ordnen
– von Brüchen 32, 33
Originalfigur 151, 190

Parkettierung 160
periodischer Dezimalbruch 105, 106
positive Zahlen 134
Primzahlen 17
Probe 129
Produktgleichheit 253
Proportionalitätsfaktor 245
Punktsymmetrie 162
punktsymmetrisch 162

Quersummenregel für die Teilbarkeit 15
Quotientengleichheit 245

Radius 207
rechtwinkliges Dreieck 180

Satz 174
Scheitelwinkel 173
Scheitelwinkelsatz 174
Schenkel 182, 187
Seiten-Winkel-Beziehung im Dreieck 187
Spiegelgerade 146
spiegeln 146
spitzwinkliges Dreieck 180
Strahl 238
Stufenwinkel 176
Stufenwinkelsatz 176
stumpfwinkliges Dreieck 180
Subtrahieren
– bei gemischter Schreibweise 68
– von Dezimalbrüchen 70
– von gleichnamigen Brüchen 63
– von ungleichnamigen Brüchen 64
Symmetrieachse 142
Symmetriezentrum 162, 165

Tausendstel 38
Teil einer Größe
– -s, Bestimmen des 43
Teilen
– von gemeinen Brüchen 77
Teiler
– einer Zahl 7
–, größter gemeinsamer 20
teilerfremd 20
Teilermenge 7
Terme 123
– -n, Vorrangregeln für das Berechnen von 123

Umfang eines Dreiecks 215
Umformen
– von Brüchen in Dezimalbrüche 41
Umkreis im Dreieck 207
ungerade Zahlen 12
unregelmäßiges Dreieck 184

Verbindungsgesetz 127
Vervielfachen
– von gemeinen Brüchen 73
Vergleichen
– von Dezimalbrüchen 56
– von Brüchen 52, 53
Verhältnis 51
Verschiebung 155, 156
–, Eigenschaften der 157
–, Fixelemente der 157
–, Richtung der 155
–, Weite der 155
Verschiebungspfeil 155
Vertauschungsgesetz 127
Verteilungsgesetz 127
Vielfache 9, 23
Vielfachenmenge 9
Voraussetzung 174
Vorrangregeln
– für das Berechnen von Termen 123

Wechselwinkel 176
Wechselwinkelsatz 176
Winkelhalbierende 152, 183, 209
– -n, Eigenschaften der 209
– im Dreieck 210, 211
Winkelmesser 125

x-Achse 232

y-Achse 232

Zahlen
–, gebrochene 32, 131
–, gerade 12
–, natürliche 32, 131
–, negative 134
– ordnen 134
–, positive 134
–, ungerade 12
Zahlengerade 134
Zahlenstrahl 32, 33
Zähler 27
Zehntel 38
Zuordnung 226, 229
–, direkt proportionale 238, 239, 242
–, Graph einer 232, 238
–, indirekt proportionale 248, 250, 253
Zuordnungstabelle 226